Elektrische Antriebe in der Zellstoff- und Papierindustrie

Von

Dipl.-Ing. Ferdinand Schiller

Mit 255 Abbildungen

Springer-Verlag
Berlin/Göttingen/Heidelberg
1964

Alle Rechte, insbesondere das der Übersetzung in fremde Sprachen, vorbehalten
Ohne ausdrückliche Genehmigung des Verlages ist es auch nicht gestattet,
dieses Buch oder Teile daraus auf photomechanischem Wege
(Photokopie, Mikrokopie) oder auf andere Art zu vervielfältigen
ISBN-13: 978-3-642-49022-4   e-ISBN-13: 978-3-642-92890-1
DOI: 10.1007/978-3-642-92890-1
© by Springer-Verlag OHG., Berlin/Göttingen/Heidelberg 1964
Softcover reprint of the hardcover 1st edition 1964
Library of Congress Catalog Card Number: 64—14614

Titel-Nummer 1211

Die Wiedergabe von Gebrauchsnamen, Handelsnamen, Warenbezeichnungen usw. in diesem Buche berechtigt auch ohne besondere Kennzeichnung nicht zu der Annahme, daß solche Namen im Sinne der Warenzeichen- und Markenschutz-Gesetzgebung als frei zu betrachten wären und daher von jedermann benutzt werden dürften

Vorwort

Die Fortschritte in der Produktivität der Zellstoff- und Papierfabriken, wie sie besonders im letzten Jahrzehnt in Erscheinung traten, können auf neue technologische Erkenntnisse, die Entwicklung der Arbeitsmaschinen zu immer größeren, leistungsfähigeren Einheiten und auf die Weiterentwicklung der Antriebe, Steuerung und Regelung zurückgeführt werden. Gerade die letztere hat im Zuge der allgemeinen Fortschritte auf diesem Gebiet eine geradezu stürmische und befruchtende Anwendung in der Zellstoff- und Papierindustrie gefunden.

Wie in jedem industriellen Unternehmen sind auch in einer Zellstoff- und Papierfabrik eine Reihe von technischen Disziplinen wirksam, die sich hier mit den Kenntnissen von den verwendeten Stoffen in ihrem jeweiligen Fertigungszustand, mit den Fabrikationsverfahren und Arbeitsmaschinen, den elektrischen Antriebsmaschinen und mit den Steuerungen und Regelungen befassen. Diese Gebiete sind in vielen guten Büchern und Einzelarbeiten ausführlich behandelt. Aber erst das Zusammenwirken der einzelnen Disziplinen gibt die betriebsfähige Fabrik.

Der große und stetig wachsende Umfang der einzelnen Disziplinen macht es schwierig, außer auf dem einen oder anderen Spezialgebiet auch bei den sonstigen technischen Disziplinen in genügender Weise unterrichtet zu sein. Dies will das vorliegende Buch erleichtern, indem es dem Elektriker auch einen Überblick über die technologischen Grundlagen, Verfahren und Arbeitsmaschinen gibt, den Konstrukteur und den Betriebsmann in die Technik der elektrischen Antriebe, Steuerungen und Regelungen einführt. Der Verfasser hofft daher, mit diesem Buche eine Lücke in der vorhandenen Literatur auszufüllen.

Die Fülle des Stoffes zwang zur Beschränkung. Es wurde daher versucht, jeweils das Grundsätzliche aufzuzeigen und durch einzelne Beispiele zu belegen. Die Technologie und die Arbeitsmaschinen wurden der Arbeit vorangestellt. Bei den Arbeitsmaschinen wurde versucht, sie auf wenige Maschinenelemente zurückzuführen, die durch Variation und Kombination die Mannigfaltigkeit des Maschinenparkes ergeben. Beim Antrieb werden die mechanischen, besonders aber die elektrischen Ausführungen behandelt. Die grundsätzlichen Eigenschaften und die Anforderungen der Arbeitsmaschinen werden klargestellt, durch Aufgliederung des Antriebs in Motor, Energiequelle, Drehzahlsteuerung und Regelung auch deren Eigenschaften aufgezeigt. Zum Antrieb einer Maschine durch mehrere Motoren wird über die zusätzlichen Bedingungen und die Abwandlungen der Antriebsglieder berichtet. Bei den unterschiedlichen anzutreibenden Maschinen war nur noch auf Besonderheiten und auf die Strenge hinzuweisen, mit der die Anforderungen jeweils einzuhalten sind. Beispiele erläutern jeweils die Anordnungen, mit denen Antrieb, Steuerung und Regelung ausgeführt wird. Schließlich wird noch in einem besonderen Abschnitt die Steuerung und Regelung der Arbeitsabläufe und der Stoffströme behandelt, die zusammen mit den Antrieben die Automation des Betriebes fördern.

So möge das Buch dem projektierenden Elektroingenieur, dem Maschinenkonstrukteur und dem Betriebsmann einen Überblick über die Einrichtungen, die elektrischen Antriebe, Steuerungen und Regelungen in der Zellstoff- und Papierindustrie geben und ihm im einzelnen bei der Ausübung seiner Tätigkeit behilflich sein.

Bei der Durcharbeitung des Buches hat der Verfasser große Unterstützung von seiten der Siemens-Schuckertwerke AG durch Anregungen und Zurverfügungstellung vieler Unterlagen gefunden, wofür an dieser Stelle herzlichst gedankt sei.

Erlangen, im März 1964

Ferdinand Schiller

Inhaltsverzeichnis

	Seite
I. Grundzüge der Zellstoff- und Papierfabrikation	1
A. Stoffaufbereitung	2
1. Rohstoffe	2
2. Aufschließen der Rohstoffe	3
3. Aufbereiten der Fasern	6
4. Zusatzstoffe	9
5. Stoffmischung	9
B. Herstellung und Verarbeitung von Papier und ähnlichen Bahnen	10
1. Arbeitsverfahren der Papiermaschine und ähnlicher Maschinen	10
2. Fertigbearbeitung der Papierbahn	14
3. Veredelung der Bahn	17
4. Papiersorten	18
II. Die Arbeitsmaschinen	19
A. Aufbau der Maschinen für durchlaufende Bahnen	19
1. Bausteine der Maschinen	20
a) Die Walze als Baustein	20
b) Mitlaufende Bänder	22
c) Sonstige Bausteine	23
2. Baugruppen der Arbeitsmaschinen	23
a) Papiermaschine	24
b) Fertigbearbeitungs- und Veredelungsmaschinen	25
B. Arten der Papiermaschinen	26
C. Gemeinsame Antriebskennzeichen der Arbeitsmaschinen	27
1. Arbeitsmaschinen und Verfahren	28
2. Arbeitsgeschwindigkeit	28
3. Hilfsgeschwindigkeit	29
4. Beschleunigen der Maschinen	29
5. Zugeinstellung	30
6. Zugaufrechterhaltung	30
D. Unterschiede der Antriebskennzeichen der Arbeitsmaschinen	31
1. Arbeitsbereich	32
2. Beschleunigung	32
3. Einstellung und Aufrechterhaltung der Züge	33
III. Verhalten der Bahn	33
A. Eigenschaften des Papiers	33
1. Zugfestigkeit	34
2. Dehnung	35
3. Zeitverhalten der Dehnung	38

Inhaltsverzeichnis

	Seite
B. Verhalten der Bahn auf der Papiermaschine	40
1. Verhalten der Bahn auf den Walzen	41
2. Verhalten in der freien Bahn	44
a) Stationäre Dehnung	45
b) Sprunghafte Änderung der Geschwindigkeit	45
c) Dehnung bei endlicher Geschwindigkeit	46
d) Bezugssysteme der Dehnung	50
3. Einfluß von Störungen	51
a) Einfluß von technologischen Abweichungen	51
b) Einfluß von Drehzahlabweichungen des Antriebes	52

IV. Antrieb der Arbeitsmaschinen, mechanischer Antrieb   52

A. Antrieb der Walzen	52
1. Mitnahme der Nebenwalzen	53
a) In der frei laufenden Bahn	53
b) Mitnahme durch Reibung an Bändern	53
c) Mitnahme durch Reibung am Umfang	54
2. Starre Antriebsverbindung mehrerer Walzen	54
a) Hochdruckpresse, Friktions- und Kunststoffkalander	54
b) Rotationsdruckmaschinen	55
c) Trockengruppen	55
B. Antrieb der Maschinengruppen	57
1. Anforderungen an die Antriebe hinsichtlich der Drehzahl	58
a) Anforderungen an den Antrieb einer Teilmaschine	58
b) Anforderungen an den Antrieb der ganzen Maschine	58
2. Schema des Antriebes der Maschinengruppen	59
3. Transmissionsantrieb	60
4. Paralleltransmission	62
5. Längstransmission	62
a) Mit Kegelscheiben	63
b) Mit Keilriemen	63
c) Mit Differentialgetrieben	63
6. Steuerung der Antriebe	66
7. Mechanische Zugeinstellung	66
a) Auf Kegelscheiben	66
b) Verstellgetriebe mit keilförmigen Umlaufflächen	68
c) Zugeinstellung bei Antrieben mit Differentialgetrieben	69
8. Mechanische Wickler	70
a) Umfangs- und Achswickler	70
b) Achswickler mit Reibungskupplung	71
c) Achswickler mit Verstellgetriebe	72
d) Wickler mit Differentialgetriebe für Umfangs- und Achsantrieb	73
e) Mechanische Bremsung ablaufender Papierrollen	74
9. Hydrostatische Antriebe	75
a) Wirkungsweise und Antriebsformen	75
b) Hydrostatische Mehrmotorenantriebe	77
c) Hydraulische Kreisläufe	79
d) Störgrößen und Regelung	79

Inhaltsverzeichnis VII
Seite

e) Bauarten 80
f) Ausrüstung und Anwendung 80
10. Antrieb mit Dampfkraftmaschinen 81

V. Elektrischer Antrieb, Gleichstrom-Einmotorenantrieb 83

A. Kennzeichen und Eigenschaften von Arbeitsmaschine und Antriebsmotor 84
  1. Arbeitsmaschine und Motor 84
  2. Aufbau und Wirkungsweise von Gleichstrom-Nebenschlußmaschinen 85
  3. Drehzahlverhalten des Nebenschlußmotors 88

B. Gleichspannungsquellen 89
  1. Gleichstrom-Fabriknetz 89
  2. Gleichstromquellen mit Maschinenumformern 90
    a) Mehrleiternetz 90
    b) Leonardgenerator 90
    c) Generator veränderbarer Drehzahl 90
    d) Generator in Zu- und Gegenschaltung 91
    e) Der Einankerumformer 94
  3. Stromrichter 94
    a) Stromfluß und Spannungssteuerung 95
    b) Entladungsgefäße 99
    c) Transduktoren (Magnetverstärker) 102
    d) Halbleiter 105

C. Drehzahlsteuerung 115
  1. Drehzahlverstellung bei Gleichstrom-Nebenschlußmotoren ... 116
  2. Ankersteuerung 117
  3. Anwendungsformen der Ankersteuerung 119
    a) Direktes Einschalten 119
    b) Anlassen mit Widerstand 120
    c) Anlassen mit Generator 122
    d) Verkleinerung der Geschwindigkeit, Bremsen 124
    e) Ausschalten, Bremsen durch Auslauf 125
    f) Mechanische Reibungsbremse 126
    g) Ankerkurzschlußbremse 126
    h) Schnellbremsen 127
    i) Grenzen beim Anlassen und Bremsen von Gleichstrommotoren 131
  4. Feldsteuerung 133
  5. Anwendung der Feldsteuerung 134
  6. Drehzahlsteuerung bei Siliziumgleichrichtern mit Zu- und Gegenspannung 136
    a) Einmotorenantrieb mit Zu- und Absatzmaschine ... 136
    b) Zweimotorenantrieb mit zwei Siliziumgleichrichtern und Zu- und Absatzmaschine 137
  7. Grenzen der Drehzahlsteuerung 138

D. Regelung 139
  1. Grundbegriffe der Regelung 140
  2. Die Regelstrecke 141

	Seite
3. Zeitkonstanten im Regelkreis	142
4. Regler, Hauptgruppen und Eigenschaften	144
a) Zeitverhalten des Reglers, Rückführung	145
b) Verstellart des Stellgliedes	149
c) Regelenergie	149
d) Arten der Regel- und Stellenergie	150
e) Bewegungsverhalten, ruhende Regler	151
f) Regelgrößen	151
g) Sollwertverhalten der Regelung	153
h) Unterteilte Regelung	154
5. Begrenzung der Regelung, Strombegrenzung	156
6. Darstellung von Regelkreisen	158
E. Regelung der Antriebe	160
1. Regelung des Vorschubes bei Holzschleifern	160
a) Schleifer und Antrieb	160
b) Regelung bei Pressenschleifern	162
c) Regelung bei Stetigschleifern	163
d) Regelung bei Mehrfachantrieb, Übergaberegelung, Doppelschleiferregelung	167
2. Mahldruckregelung bei Kegelmühlen und Refinern	168
3. Regelung der Drehzahl von Papiermaschinen	169
a) Toleranzen von Papiergewicht und Drehzahlabweichung	169
b) Regelung der Spannung	169
c) Regelung der Drehzahl	170
4. Drehzahlregelung von Stoffpumpen	172
5. Drehzahlregelung bei Kalandern	173
6. Antrieb von Umrollern	174
a) Umroller mit Tragwalzen	175
b) Umroller mit Achsantrieb	176
VI. Elektrischer Antrieb der Teilmaschinen, Mehrmotorenantrieb	177
A. Kennzeichen der Antriebe offener Maschinen	177
B. Gleichspannungsquellen	178
1. Gemeinsame Sammelschiene (Eingeneratorantrieb)	178
2. Antrieb mit Einzelgeneratoren	179
3. Antrieb mit mehreren Generatoren und gemeinsamer Sammelschiene	181
4. Mehrmotorenantrieb mit Gleichrichtern	182
5. Zusatzmaschinen	183
C. Drehzahlsteuerung	184
1. Anlassen	184
a) Arbeiten bei Kriechgeschwindigkeit	184
b) Anlassen eines Teilmotors	185
c) Netzbelastung durch Stromstöße beim Anlassen	186
d) Synchronisieren	187
2. Hochfahren	188
3. Geregeltes Hochfahren	190

Seite
4. Verminderung der Geschwindigkeit, Bremsen 192
5. Umkehr der Drehrichtung 192

D. Regelung bei Mehrmotorenantrieb 193
  1. Gemeinsame Regelung des Motorverbandes 193
  2. Regelung der Motoren 194
    a) Verhalten ohne Regelung 194
    b) Geregelter Bahnlauf 196
    c) Gleichlaufregelung in Motorfeld oder Ankerspannung . . . 198
  3. Gleichlauf durch Lastausgleich 200
  4. Gleichlaufregelung mit Messung der Winkelabweichung 201
    a) Wirkungsweise 201
    b) Winkelmeßeinrichtungen 202
    c) Übertragung der Geschwindigkeit 207
    d) Zugeinsteller und ihre Schaltung 209
    e) Steller und Regler 211
    f) Schnelle elektronische Winkelregelung 213
    g) Begrenzung des Stellbereiches 216
  5. Gleichlaufregelung mit Drehzahlmessung 217
    a) Wirkungsweise 217
    b) Meßkreise, Zugeinstellung 218
    c) Elektronische Regler 219
  6. Digitale Regelung 220
  7. Gleichlauf mit Regelung des Durchhangs 224
  8. Gleichlauf mit Regelung der Bahnspannung 226
  9. Kombinierte Regelungen 228
 10. Lastabhängiger Gleichlauf 230
 11. Vergleich der Gleichlaufregelungen 231

E. Steuerung und Regelung von Mehrmotorenantrieben an Arbeitsmaschinen 233
  1. Entwässerungs- und Trockenmaschinen für Zellstoff- und Holzschliff 233
  2. Papiermaschinen 234
    a) Größe und Geschwindigkeit 234
    b) Regelung 235
    c) Energieversorgung und Steuerung 236
    d) Auswahl der elektrischen Maschinen 237
  3. Elektrowickler 239
    a) Grundlagen 239
    b) Wickler mit Gleichstrom-Nebenschlußmaschinen 240
    c) Wickler mit Gleichstrom-Reihenschlußmotoren 246
    d) Rollenwechsel beim Wickeln 248
  4. Umroller mit elektrischer Bremsung 254
    a) Umroller mit Tragwalzen 254
    b) Umroller mit Achsantrieb 260
  5. Kalander 260
    a) Ab- und Aufroller 260
    b) Antrieb der Kalanderwalzen 262
  6. Papierveredelungsmaschinen 263

Inhaltsverzeichnis

Seite

    7. Zahnrad-Untersetzungsgetriebe 265
       a) Getriebeuntersetzung und Stellbereich der Regelung 265
       b) Bemessung der Getriebe 267
       c) Bauformen 268

VII. Elektrischer Mehrfachantrieb geschlossener Maschinengruppen .. 272

  A. Mechanischer Mehrfachantrieb 272

  B. Elektrischer Zusatzantrieb 274

  C. Elektrischer Mehrfachantrieb kraftschlüssiger Maschinen 276
       a) Mehrfachantrieb von Walzenpaaren 276
       b) Mehrfachantrieb von Siebpartien 278
       c) Mehrfachantrieb der Pressenpartie 280
       d) Selbstabnahme 281

  D. Mehrfachantriebe formschlüssiger Maschinen 283

  E. Elektrische Helferantriebe bei mechanischem Hauptantrieb ... 285

VIII. Drehstromantriebe mit Drehzahlsteuerung und Regelung 288

  A. Drehstrom-Asynchronmotoren 288
    1. Wirkungsweise 288
    2. Antriebe mit verstellbarem Schlupfwiderstand 290
    3. Antriebe mit festem Schlupfwiderstand 290
    4. Antriebe mit Feldschwächung 291
    5. Drehzahlverstellung durch Frequenzänderung, elektrische Welle 292

  B. Drehstrom-Nebenschlußmotoren 294
    1. Der läufergespeiste Drehstrom-Nebenschlußmotor 294
    2. Der ständergespeiste Drehstrom-Nebenschlußmotor 295
    3. Antriebe mit Drehstrom-Nebenschlußmotoren 297
    4. Elektrowickler mit Wechselstrommotoren 301

  C. Drehstromkaskaden 302

IX. Steuerung und Regelung des Arbeitsablaufes in Zellstoff- und Papierfabriken 304

  A. Technologie der Arbeitswege 305
    1. Der Lauf des Stoffes 305
    2. Hilfsstoffe 309
    3. Hilfsarbeitswege an Arbeitsmaschinen 313
    4. Abfallstoffe 314

  B. Steuerung und Regelung 315
    1. Forderungen des Fabrikationsablaufs 315
    2. Stoffstraßen 315
    3. Handsteuerung 317
    4. Beobachtung und Messung von Betriebsgrößen 318
    5. Meßgeräte 319

6. Registrieren der Betriebsgrößen 327
7. Fernsteuerung 329
8. Meßwertumformer, Regler, Stellgeräte 330
9. Der Weg zur Automation 335

C. Beispiele von Stoffstraßen 337
   1. Beschickung von Holzschleifern und Holzhackern 337
   2. Aufschließen und Bleichen von Zellstoff. 339
   3. Stofflöser (Pulper) 341
   4. Stoffaufbereitung 343
   5. Zyklieranlagen 344
   6. Stoffzentrale 345
   7. Stoffzentrale und Stoffauflauf 350
   8. Papiermaschine 353
   9. Fertigbearbeitung 359

D. Meß-, Steuer- und Regelzentralen 360
   1. Zentraler Meß- und Steuerstand 360
   2. Aufstellungsplatz 361
   3. Fernübertragung der Signale 362
   4. Geräteinhalt und Gliederung der Zentralen 362

Rückschau und Ausblick 365

Literaturnachweis 367

Sachverzeichnis 370

Bezeichnungen und Formelzeichen

atro	absolut trocken	A	Arbeit	α	Winkel
b	Beschleunigung	B	Breite	γ	Flächengewicht
d	Durchmesser	C	Kapazität, Integrationskonstante	δ	Dehnung
e	Basis der natürlichen Logarithmen	E	induzierte Spannung, Elastizitätsmodul	ε	Winkelbeschleunigung
f	Frequenz			η	Wirkungsgrad
g	Erdbeschleunigung	F	Federkonstante, Fläche	λ	spezif. Verlängerung
h	Hub			μ	Beiwert der Reibung
i	elektr. Erreger-, Meß-, Steuerstrom	G	Gewicht	π	$= 3{,}14159$
		J	Laststrom	σ	spezif. Spannung
k	Konstante	L	Selbstinduktion, kinetische Energie	τ	Zeitkonstante der laufenden Bahn
l	Länge				
m	Masse	M	Drehmoment	φ	Phasenwinkel
n	Drehzahl	N	Leistung	ω	Winkelgeschwindigkeit
p	spezifischer Druck	P	Kraft		
q	Gewicht der Einheitslänge	Q	Fördermenge	Δ	kleine Abweichung einer Größe
		R	Widerstand		
r	Halbmesser	S	Längskraft	Φ	magnetisches Feld
s	Weg	T	Zeitkonstante	Θ	Schwungmoment
t	Zeit	U	Klemmenspannung		
v	Geschwindigkeit	V	(Hub-)Volumen		
w	Windungszahl				

I. Grundzüge der Zellstoff- und Papierfabrikation

Auch in der Zellstoff- und Papierindustrie ist die Grundlage der technischen Fertigung die Technologie, die Kenntnisse von den zu verwendenden Stoffen, der Bearbeitung und der dazu benötigten Maschinen und Einrichtungen. Die dabei vorgesehenen Arbeitsvorgänge werden als Verfahren bezeichnet. Um aus den Rohstoffen fertiges Papier herzustellen, müssen sehr viele Arbeitsvorgänge aneinandergereiht werden. Dabei wird der Papierstoff mit Hilfsstoffen zusammengebracht, durch Maschinen bearbeitet, in Gefäßen gemischt oder chemischen Reaktionen ausgesetzt.

Um die Stoffe durch Maschinen oder Behälter von einer zur nächsten Arbeitsstelle zu bringen, sind Antriebe erforderlich. Oft liegen Stoffströme hydraulischer Art vor. Dann bewirkt der hydraulische Druck den Fluß des Stromes, der aber durch angetriebene Pumpen aufrechterhalten werden muß. So können die Antriebe als die primären die Fertigung in Gang haltenden Arbeitsmittel angesehen werden. Dabei führten die Forderungen der wirtschaftlichen Fertigung zu stetig verfeinerten Steuerungen und Regelungen der Antriebe. Hydraulische Ströme können auch durch Überlauf im offenen Gefäß oder durch Drosselung mit Ventil oder Schieber in geschlossener Leitung gesteuert und geregelt werden, wobei die treibenden Antriebe der Pumpen ungeregelt bleiben. Ebenso werden gasförmige Hilfsstoffe, wie Heizdampf, durch Ventile geregelt. Auch diese Regeltechnik wird in großem Maße angewendet.

Betrachtet man die Fertigung unter dem Gesichtspunkt des grundsätzlichen Fabrikationsverfahrens, so lassen sich zwei große Abteilungen feststellen, die des Lösens der einzelnen Teilchen aus dem Rohstoff und die des Zusammenfügens zum Endprodukt.

In der ersten Abteilung des Aufschließens und der Aufbereitung werden die festen Rohstoffe auf mechanischem oder auf chemischem Wege bei gleichzeitiger Veränderung ihrer Struktur zu sog. Halbstoff aufgeschlossen, durch Mahlen in Einzelfasern aufbereitet und in einer wäßrigen Faseraufschwemmung für die Weiterverarbeitung bereitgestellt.

Die Papierfabrikation im engeren Sinne befaßt sich als zweite Abteilung mit dem Zusammenfügen der Fasern. Papier wird meistens aus mehreren Stoffarten hergestellt. Bevor der Stoff auf die Papiermaschine aufläuft, müssen daher die einzelnen Stoffkomponenten in der gewünschten Menge zugeteilt und gut durchmischt werden. Auf der Papiermaschine werden die Fasern unter gleichzeitigem Wasserentzug zu einer endlosen Papierbahn geformt, anschließend weiterbearbeitet und veredelt. Entsprechend diesen gegensinnigen Verfahren sind auch die Arbeitsmaschinen weitgehend auf die gegensätzlichen Arbeitszwecke ausgerichtet.

A. Stoffaufbereitung

Das aus den Rohstoffen gewonnene Fasergut soll in einer Sortierung und Mischung bereitgestellt werden, die es erlaubt, auf der Papiermaschine die gewünschte Papiersorte mit den geforderten Eigenschaften herzustellen. Dabei ist es von der Führung der Aufbereitung abhängig, aus den gegebenen Rohstoffen ein Faserprodukt von erwünschter Beschaffenheit und großer Gleichmäßigkeit herzustellen.

Die Rohstoffe müssen zunächst gereinigt und unbrauchbare oder minderwertige Bestandteile ausgeschieden werden. Sie werden nach Herkunft getrennt aufgeschlossen, da fast stets unterschiedliche Aufschlußverfahren zweckmäßig sind. Die gewonnenen Halbstoffe wurden in älteren, diskontinuierlich arbeitenden Aufbereitungsanlagen in der gewünschten Menge und Mischung in die Mahlholländer eingetragen und mit den Zuschlägen, wie Leim-, Füll- und Farbstoffen, gemeinsam aufbereitet. In den neueren kontinuierlichen Mahlanlagen wird jede Stoffart gesondert aufbereitet und in Vorratsbütten gestapelt, aus welchen die Komponenten im gewünschten Mengenverhältnis der Papiermaschinenbütte zugeteilt werden. Der Grund hierfür liegt darin, daß dabei die einzelnen Halbstoffe unterschiedlich aufbereitet werden können und die Mischung leicht geändert werden kann.

1. Rohstoffe

Zur Gewinnung von Papierfasern stehen eine große Reihe unterschiedlicher Rohstoffe zur Verfügung. Die hauptsächlichsten sind:

Hölzer: Nadelhölzer (Fichte, Tanne, Kiefer), Laubhölzer (Birke, Pappel, Buche), subtropische und tropische Hölzer (Eukalyptus, Bambus).

Einjährige Gräser (Getreide- und Reisstroh).

Esparto, Schilf, Papyrus, Bagasse (Rückstände des Zuckerrohrs).

Lumpen und Linters, Altpapier.

In neuerer Zeit haben auch Bestrebungen zu Erfolg geführt, aus synthetischen Fasern Papierstoff für besondere Zwecke herzustellen. Allerdings haben sich diese Versuche z. Z. noch nicht in einer größeren industriellen Produktion ausgewirkt.

Die natürlichen Fasern unterscheiden sich nicht nur entsprechend ihrer Herkunft aus unterschiedlichen Pflanzen, in großem Maße sind auch Standort, Klima und Wachstum für die Ausbildung der Fasern maßgebend. Bereits im Rohstoff besitzen die Fasern unterschiedliche Länge, Stärke, Struktur, Ligningehalt, Zelleninhalt, Festigkeit u. a. In den Fabriken wird zwar meist nur eine kleine Anzahl unterschiedlicher Rohstoffe verarbeitet, bedingt durch das herzustellende Endprodukt und den Umstand, daß der Transport der Rohstoffe vom Standort der Pflanzen bis zur Fabrik die Gestehungskosten nicht unwesentlich belasten kann. Das Aufschließen und die Aufbereitung der Rohstoffe muß aber der wechselnden Qualität Rechnung tragen.

2. Aufschließen der Rohstoffe

Die Hölzer werden den Fabriken in Stämmen, Stangen, Knüppeln angeliefert. Soweit noch nicht im Walde geschehen, müssen die Hölzer in der Fabrik sorgfältig von Rinde und Bast wegen derer geringen Faserqualität befreit werden. Das geschieht auf Entrindungsmaschinen, z. B. großen, sich langsam drehenden Trommeln, mit offenen Stirnseiten, durch welche die Knüppel in Achsrichtung wandern. Bei der Rotation bewirkt das Aufeinanderschlagen der Knüppel das Lösen der Rinde, was durch kräftige Wasserstrahlen gefördert wird. Bei anderen Maschinen wird jeder Stamm durch umlaufende Messer von der Rinde befreit. Verbliebene Rindenreste, ebenso größere Äste werden auf Sondermaschinen entfernt.

Zum mechanischen Aufschließen der Hölzer werden Holzschleifer verwendet. Dabei werden die Knüppel von etwa 8 bis 20 cm Stärke und einer Länge entsprechend der Steinbreite von 0,5 bis etwa 2 m an den Schleifstein angepreßt und unter Zusatz von Spritzwasser zerschliffen. Der Stein watet in der wäßrigen Schliffmasse eines unterhalb des Steines aufgestellten Troges, zusätzliche Spritzrohre säubern den Schleifstein von anhaftenden Fasern.

Bei dem Pressenschleifer Abb. 1a werden die Knüppel einzeln von Hand oder auf einmal mittels einer Fülleinrichtung in die Kammern von zwei bis vier über den Steinumfang verteilten Pressen eingeschoben und mittels Preßstempel hydraulisch an den Stein angepreßt. Der Schacht des Magazinschleifers Abb. 1b mit zwei beiderseits angeordneten Pressen kann fortlaufend beschickt werden. Beim Rücklauf einer Presse fallen die Knüppel vor den Preßstempel, und der Vorschub beginnt von neuem. Beide Bauformen arbeiten mit Unterbrechungen

I. Grundzüge der Zellstoff- und Papierfabrikation

in der Zeit von Rücklauf bis Wiederanstellen einer jeden Presse, was verminderte Produktion bedeutet und auch eine große Laständerung des Antriebes zur Folge hat.

Die stetigen Schleifer ermöglichen Füllen ohne Unterbrechung des Schleifens. Beim Kettenschleifer, Bauart Voith, Abb. 1c, liegen die Knüppel in einem von 2 Transportketten gebildeten Schacht. Stössel

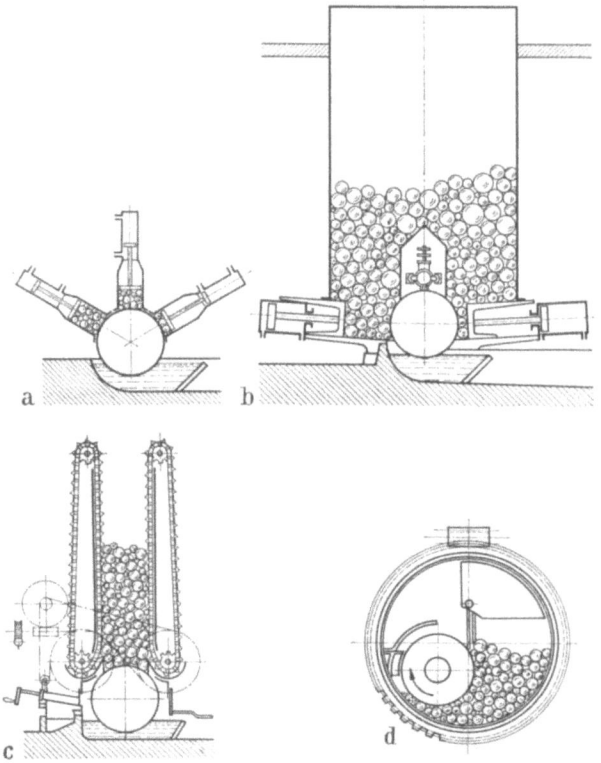

Abb. 1a—d. Bauarten von Holzschleifern
a Pressenschleifer; b Magazinschleifer; c Kettenschleifer; d Ringschleifer

an den Ketten fassen die äußeren Knüppel und pressen mit zunehmendem Vorschub den ganzen Stapel an den Schleifstein. Der Schleifstein des Ringschleifers (Roberts-Schleifer Abb. 1d) wird von einer exzentrisch angeordneten Trommel umgeben. In den von Stein und Trommel gebildeten, sichelförmigen Hohlraum werden die Knüppel eingelegt und von der in der Drehrichtung des Steines langsam umlaufenden Trommel an den Stein angepreßt.

Bei der *chemischen Aufbereitung* zu Zellstoff oder Halbzellstoff werden die Stämme oder Knüppel zunächst in Hackmaschinen zerschnitzelt

A. Stoffaufbereitung

und die Schnitzel in die Vorratssilos über den Zellstoffkochern geblasen. Der Holzhacker (Abb. 2) besteht aus einer, mit bis zu zwölf radial gestellten Messern besetzten Schwungscheibe von etwa 2,5 m Dmr. und einem feststehenden Gegenmesser. Die Holzstämme gleiten in einer geneigten Rinne der Schnittstelle zu. In den säurefest ausgekleideten, stehenden Zellstoffkochern (s. Abb. 227) bis etwa 300 m³ Inhalt werden die Schnitzel nach unterschiedlichen Verfahren mittels Säuren oder Laugen gekocht, wobei die Säure meist in Wärmeaustauschern durch Dampf erhitzt und durch die Kocher getrieben wird. In anderen Fällen wird die Kochflüssigkeit durch eingeführten Dampf direkt erwärmt. Das Kochen bewirkt, daß die jede Faser umhüllende, thermoplastische Ligninschicht und damit der Zusammenhalt der Fasern gelöst wird.

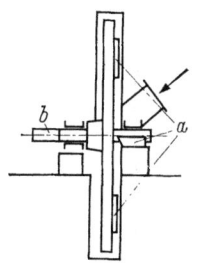

Abb. 2. Holzhacker
a Messer; b Antrieb

Die Säure oder Lauge wird abgezogen, die verwendeten Chemikalien werden wiedergewonnen. Der Faserinhalt der Kocher wird abgelassen, gewaschen und meist mit Chlor gebleicht. Dies erfolgt vielfach in Bleichholländern, in deren großen Trögen mit nicht ganz durchgehender Mittelwand Propellerpumpen für den Umlauf der Faseraufschwemmung sorgen. In neueren Anlagen fließt der Stoff durch Bleichtürme und geschlossene Behälter, wobei Chlor bzw. Bleichflüssigkeit in entsprechender Menge zugesetzt wird. Aus wirtschaftlichen Gründen wird meist eine Dreistufenbleiche vorgesehen. Bei dem sog. Sulfitverfahren entsteht ein Zellstoff, der bei den meisten Papieren und zur Herstellung von Viskose in der Kunstseidenindustrie verwendet wird. Der in brauner Farbe anfallende Sulfatzellstoff besitzt eine besonders hohe Festigkeit, er wird hauptsächlich zu Kabel-, Sackpapier und Karton für feste Kisten weiterverarbeitet. Die beschriebenen Verfahren arbeiten mit Ausnahme der Turm- und Behälterbleiche diskontinuierlich. Es sind auch kontinuierlich arbeitende Sulfatkochverfahren entwickelt worden, bei dem der Aufschluß in mehreren, einander nachgeschalteten Stufen erfolgt.

Holzschliff und Zellstoff werden vielfach aus Gründen der Stapelung und des Verkaufs auf Maschinen, die der Papiermaschine ähneln, zu Bahnen entwässert, gegebenenfalls getrocknet und in Wickeln oder in Ballen aus Pappebogen gestapelt.

Gräser werden in Ballen oder Bündeln angeliefert. Diese werden geöffnet, gehäckselt und entstaubt.

Lumpen müssen nach Qualität und Farbe sortiert, gegebenenfalls auch entstaubt und gewaschen werden. Zur Zerkleinerung dienen Reißwölfe. Die weitere Aufschließung von Stroh oder Lumpen erfolgt meist in langsam rotierenden Kugelkochern (Abb. 3) unter Zusatz von Kalkmilch. Dabei wird der Heizdampf in der Drehachse zugeführt. Bei diesem

Kochvorgang erfolgt lediglich ein sanftes Lösen der Fasern, man erhält den wenig geschmeidigen Strohstoff, der für minderen Karton weiterverarbeitet wird, bzw. eine Aufschwemmung der Lumpenfasern. Zur Erzeugung von Strohzellstoff sind intensivere Kochverfahren erforderlich, ebenso bei der Verarbeitung von Bagasse.

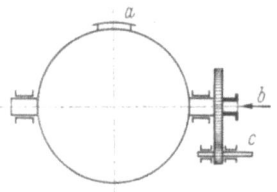

Abb. 3. Kugelkocher
a Füll- und Entleerungsstutzen;
b Dampfeintritt; *c* Antrieb

Soweit *Ausschuß* in der Trockenpartie der Papiermaschine, bei Kalandern und Umrollern anfällt, wird dieser sofort der Ausschußverarbeitung, die meist im Keller unterhalb der Schlußgruppen der Papiermaschine angeordnet wird, zugeführt, unter Wasserzusatz zu einem Faserbrei aufgelöst und aufbereitet. Der in der Naßpartie anfallende Ausschuß wird in die darunter angeordnete Bütte geleitet und aufgelöst.

Angelieferte Ballen von *Altpapier* werden ebenso wie Ballen von Zellstoff oder Holzschliffpappe nach Öffnen der Ballen einem Stofflöser (Pulper), das ist eine zylindrische Bütte nach Abb. 243 u. 244, zugeführt.

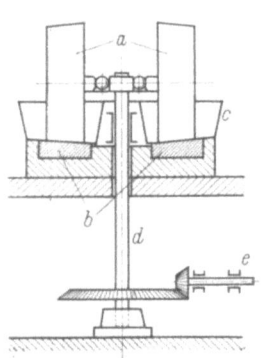

Abb. 4. Kollergang
a Mahlsteine (Basalt);
b Grundwerk (Granit);
c Wanne; *d* Königswelle;
e Antrieb

Hier erzeugt ein Propeller unterschiedlicher Formgebung mit senkrechter Achse eine kräftige Wasserströmung, welche die Ballen zu Fasern auflöst. Diese Stofflöser ersetzen wegen ihrer großen Leistungsfähigkeit in fortschreitendem Maße die früher vielfach verwendeten Kollergänge (Abb. 4). Bei diesen treibt eine senkrechte Königswelle über Gelenke zwei schwere kegelige Kollersteine mit horizontalen Achsen, die entsprechend der Drehung der Königswelle auf einem Grundstein abrollen. Die Steine liegen in einer Wanne, in welche die aufzulösenden Bogen unter geringem Wasserzusatz gegeben werden. Die mahlende Wirkung der Steine ergibt ein krümeliges, feuchtes Fasergut.

3. Aufbereiten der Fasern

Das beschriebene Aufschließen der Rohstoffe liefert Halbstoff, in dem neben Einzelfasern in großer Menge Faserbündel und gröbere Bestandteile enthalten sind. Für die Herstellung von Papier muß eine möglichst vollständige Auflösung und Vergleichmäßigung erfolgen. Aufgabe der Aufbereitung ist aber auch, den Fasern eine Beschaffenheit zu geben, daß bei der späteren Blattbildung die Fasern miteinander eine feste Bindung eingehen. Diese erfolgt nach NISSER [25] weniger durch Verfilzung, sondern durch ein Zusammenschweißen, wobei als Binde-

A. Stoffaufbereitung

mittel die Hemizellulose wirkt. Zum geringen Teil ist diese der äußeren Faserwand angelagert, vornehmlich aber in den inneren Schichten vorhanden. Deshalb muß die Faserwand auf mechanischem Wege aufgerissen werden, wobei Hemizellulose unter Wasseraufnahme herausquillt, ein Gel bildet, später bei Wasserentzug eintrocknet und bei engem Kontakt mit anderen Fasern eine feste Verbindung schafft.

Die Auflösung erfolgt in Mahlmaschinen (Mühlen) unterschiedlicher Bauart. Die älteste Mahlmaschine ist der *Holländer* (Abb. 5). Er wird auch heute noch, und zwar besonders zur Aufbereitung des Stoffes für Feinpapier verwendet. Er besteht aus einer angetriebenen Walze, an deren Umfang in den Mantellinien Messer befestigt sind. Ihr gegenüber auf dem Boden eines Troges liegt ein in gleicher Weise mit Messern besetztes Grundwerk.

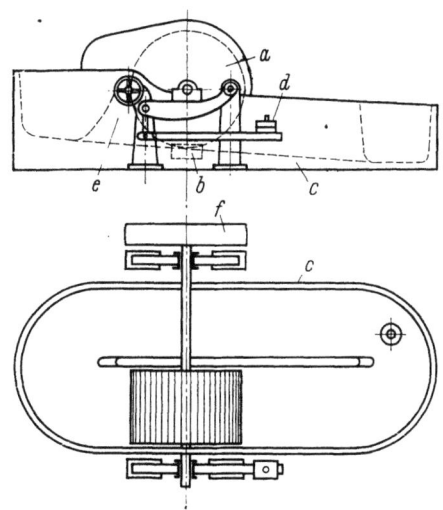

Abb. 5. Holländer

a Mahlwalze; *b* Grundwerk; *c* Trog; *d* Gewichtsbelastung; *e* Handrad für Anheben der Walze; *f* Riemenscheibe

Die Walze ist auf Hebeln gelagert, so daß durch Gewichtsbelastung der Mahldruck eingestellt werden kann. Bei der Rotation treibt die Walze den Stoff zwischen Grundwerk und Walze hindurch. Der geförderte Stoff fließt um die Mittelwand des Troges erneut der Mahlwalze zu. Durch die quetschende und schneidende Wirkung der Messer erfolgt eine Auflösung und Vergleichmäßigung des Stoffes. Der Holländer arbeitet diskontinuierlich. Nach Beendigung der Mahlung wird der fertige Stoff abgelassen und neuer Stoff eingefüllt.

Die neueren *Kegelstoffmühlen, Kegelrefiner und Scheibenmühlen* arbeiten ohne Unterbrechung des Stofflaufes. Kegelmühlen und Refiner (Abb. 6) bestehen aus einem kegeligen, innen mit Messern besetzten Gehäuse, in dem ein an seinem Mantel be-

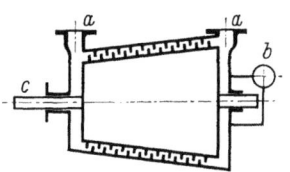

Abb. 6. Kegelstoffmühle

a Stoffein- bzw. -austritt; *b* Verstelleinrichtung des umlaufenden Kegels; *c* Antriebswelle

messerter, angetriebener Kegel rotiert. Der Spalt zwischen den Messern ist durch axiale Verschiebung des Läufers einstellbar. Stoffzu- und -ablauf befinden sich am kleinen bzw. großen Kegeldurchmesser des Gehäuses.

Die Kegelstoffmühlen, auch Jordanmühlen genannt, werden vornehmlich im Stoffzulauf zur Papiermaschine angeordnet und dienen zum Nachmahlen und zur Vergleichmäßigung des Stoffes. Sie werden mit größeren Abmessungen bei kleineren Drehzahlen (250 bis 400 U/min) ausgeführt und benötigen auch größere Antriebsleistungen von etwa 200 bis 350 kW.

Die Kegelrefiner dienen vornehmlich zum Mahlen von Halbstoff, sie werden aber auch vorteilhaft an Stelle von Raffineuren zur Auflösung groben Holzschliffes (Splitter u. dgl.) in Fasern eingesetzt. In verschiedenen Größen gebaut, benötigen sie eine Antriebsleistung von etwa 15 bis 150 kW bei einer üblichen Drehzahl von 970 U/min. Die Bemessung richtet sich weitgehend nach der gewünschten Mahlung. Für volle Aufbereitung fließt der Stoff durch eine Reihe dieser Mühlen.

Scheibenmühlen arbeiten ähnlich. Hierbei wird eine umlaufende Mahlscheibe gegen eine feststehende gedrückt. Bei manchen Mühlen arbeiten zwei umlaufende Scheiben gegen die Stirnseiten der Mittelscheibe.

Sortierung. Mit Rücksicht auf die Mahlung des Stoffes und seine möglichst gleichmäßige Beschaffenheit vor dem Auflauf auf die Papiermaschine ist es erwünscht, schon nach dem ersten Aufschließen der Rohstoffe und auch später eine Sortierung des Stoffes vorzunehmen. Sie hat die Aufgabe, aus dem Stoff die gröberen Bestandteile, wie Splitter, Knoten, größere Faserbündel und Stippen herauszusichten. Das bringt den Erfolg, daß die gröberen Bestandteile nochmals besonders aufbereitet, evtl. für Papiere geringerer Qualität verwendet werden können. Andererseits wird dadurch eine größere Gleichmäßigkeit des Papierstoffes erreicht.

Zur Sortierung werden Plansiebe und umlaufende Rundsiebe mit verschiedener Maschenweite verwendet. Zur Trennung zieht man vor der Papiermaschine auch die Zentrifugalkraft heran, z. B. in Stoffschleudern mit umlaufender Trommel oder in Rohrschleudern, bei welchen der Stoff durch Spiralrohre getrieben wird.

Die aufbereitete Faser. Die im Rohstoff enthaltene natürliche Faser wird durch Aufschließen und Aufbereiten in ihrer Form und in ihren Eigenschaften nicht unwesentlich geändert. Bei der chemischen Aufschließung bleibt im wesentlichen nur das Zellgerüst übrig. Beim Holzschliff bleibt die Substanz der Faser erhalten, das mechanische Herausreißen der Fasern und Faserbündel aus ihrem Verband hat natürlich auch vielfach ein Zerreißen der Fasern zur Folge. Holzschlifffasern sind steif und kaum formbar, so daß sie bei der Blattbildung Kontakte mit Nachbarfasern in geringerem Maße eingehen.

Durch die Mahlung wird der Stoff weiter in Einzelfasern und Fibrillen aufgelöst, gleichzeitig aber auch viele Fasern gekürzt und zerrissen, so daß sich ein Gemisch von kleinen Faserbündeln, Einzelfasern, Faserbruchstücken unterschiedlicher Länge und Stärke und Faserschleim ergibt. Zu beachten ist auch, daß die Zellenwände der leeren Zellstoffaser gegeneinander gedrückt werden und so verschiedene Formen bilden. Insgesamt wird die freie Oberfläche der Fasern und Faserbruchstücke vergrößert. Je länger die Mahlung dauert, desto kleiner wird der Anteil der langen Fasern und desto größer der der kurzen Stücke. Papiere aus solchem schmierigen Stoff werden sehr dicht, bei der Herstellung sind sie aber auch schwer zu entwässern. Dagegen ist kurze Zeit gemahlener Stoff rösch und eignet sich daher besonders zu voluminösen und durchlässigen Papiersorten. Die Fasern unterscheiden sich auch durch ihre Quellvermögen, d. h. die Bereitschaft, Wasser aufzunehmen, und durch die Verhornung. Ebenso ist die im Papier erzielbare Festigkeit und andere Eigenschaften von den Fasern und ihrer Aufschließung abhängig.

4. Zusatzstoffe

Zur Erzielung besonderer Eigenschaften werden dem Papierstoff Zusatzstoffe beigemischt. Zu diesen Zuschlägen gehören beispielsweise tierischer Leim, der das Fließen von Tinte und Druckfarbe verhindert, verschiedene Erden, wie Kaolin, das die Hohlräume des Papiers füllt und Farbstoffe. Ihre Art und Menge richtet sich wieder nach der gewünschten Eigenschaft des zu fertigenden Papiers. Auch die Zuschläge werden als feste Stoffe der Fabrik angeliefert. Sie müssen daher zerkleinert, aufgeschlämmt, verdünnt und konditioniert werden, bevor sie dem Stoff zugesetzt werden.

5. Stoffmischung

Bei der Herstellung einer Papiersorte auf der Papiermaschine wird hohe Gleichmäßigkeit des Stoffes verlangt. Außer einer laufenden Prüfung der eingebrachten Roh- und Halbstoffe und der Aufbereitung, insbesondere der Mahlung, muß stets für eine gute Durchmischung des Stoffes Sorge getragen und eine Entmischung durch Ausflocken oder Absetzen verhindert werden. Wo ein Arbeitsgang beendet ist, wird der Stoff, seien es die Chargen der Kocher und Holländer oder der Ausstoß einer Refinerserie, in eine Bütte entleert, die den Stoffbedarf für eine längere Produktionszeit aufnehmen kann. Ein Mischwerk hält dauernd den Stoff in Bewegung, verhindert so das Absetzen der Teilchen, gleicht aber auch noch verbliebene Unterschiede der einzelnen Chargen oder der kontinuierlichen Produktion aus. Dies gilt besonders für die Papiermaschinenbütte. Beim Weiterlauf wird der Stoff mit dem Siebrückwasser gemischt und dem Stoffauflauf der Papiermaschine zugeführt.

B. Herstellung und Verarbeitung von Papier und ähnlichen Bahnen

Der aufbereitete Stoff wird auf der Papiermaschine aus einer wäßrigen Stoffaufschwemmung zur Papierbahn geformt. Auch Halbstoff, wie Zellstoff und Holzschliff, werden auf ähnlichen Maschinen zu Zellstoff- bzw. Holzschliffpappe entwässert und getrocknet. In grundsätzlich gleicher Weise wird Karton (Papier mit einem Flächengewicht von mehr als 150 bis etwa 400 g/m²) gefertigt. Auch das nasse Verfahren bei der Herstellung von Faserplatten ähnelt dem des Papiers.

Bei der Fabrikation von Bahnen aus Kautschuk und Buna, von Filmen, Viskose- und Plastikfolien geschieht zwar die Blattbildung und die Weiterbehandlung der Bahn entsprechend anderen technologischen Verhältnissen, für den Lauf der Bahn und den Antrieb der nachgeschalteten Teilmaschinen gelten aber die gleichen grundsätzlichen Forderungen wie bei der Papiermaschine. Dies trifft auch für die der Papiermaschine nachgeschalteten Maschinen zur Fertigbearbeitung, Verarbeitung und Veredelung von Papierbahnen zu.

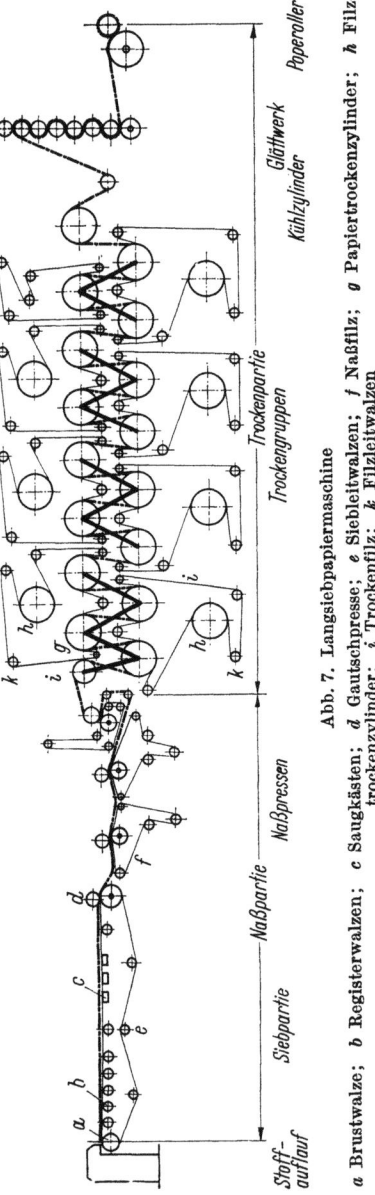

Abb. 7. Langsiebpapiermaschine

a Brustwalze; *b* Registerwalzen; *c* Saugkästen; *d* Gautschpresse; *e* Siebleitwalzen; *f* Naßfilz; *g* Papiertrockenzylinder; *h* Filztrockenzylinder; *i* Trockenfilz; *k* Filzleitwalzen

1. Arbeitsverfahren der Papiermaschine und ähnlicher Maschinen

Bei den Maschinen zur Herstellung von Papier oder ähnlichen Bahnen läuft die Bahn von dem Ort ihrer Bildung nacheinander durch eine Reihe von vielfach sehr unterschiedlichen Teilmaschinen, die zusammen die Papiermaschine (Abb. 7) bilden. An ihrem Ende wird die erzeugte Bahn aufgerollt oder in Bogen gestapelt.

B. Herstellung und Verarbeitung von Papier und ähnlichen Bahnen

Die einzelnen Teilmaschinen haben ganz bestimmte Aufgaben bei der Fertigung bzw. der Weiterverarbeitung der Bahn zu erfüllen. Bei der Papiermaschine wird in der Langsiebpartie aus der durch einen dünnen Spalt des Stoffauflaufes etwa mit Siebgeschwindigkeit gepreßten wäßrigen Faseraufschwemmung (Verdünnung bis über 1:200) das Papiervlies gebildet, wobei der größte Teil des Wassers frei durch das Sieb hindurch abläuft. Die folgenden Registerwalzen entziehen dem Papier durch Adhäsionskräfte weiteres Wasser, das von den Walzen durch die Zentrifugalkraft abgeschleudert wird. Sieb und Bahn gleiten anschließend über Saugkästen, deren Unterdruck die Bahn weiter entwässert, gleichzeitig aber auch Luft durch die Bahn hindurch aufnimmt. Schließlich wird die Bahn in der Gautschpresse oder der sie vielfach ersetzenden Siebsaugwalze weiter entwässert und zu den Naßpressen als freie Bahn ohne Unterstützung übergeführt. Mit der Siebpartie wird ein Trockengehalt der Bahn von etwa 20% erreicht, der jedoch vom Grad der Mahlung des Stoffes und dem Blattgefüge abhängig ist. In den nachgeschalteten Pressen wird die Entwässerung durch Saugen und Auspressen bei Papiermaschinen bis zu 35%, bei Zellstoff- und Holzschliffmaschinen bis zu etwa 50% atro erhöht.

Die verbliebene Feuchtigkeit kann nicht weiter auf mechanischem Wege, sondern nur durch Trocknung auf dampfbeheizten Trockenzylindern oder mittels Warmluft in Trockenschränken auf einen Trockengehalt von 90 bis 95% vermindert werden. Die Bahn wird dann auf Kühlzylindern gekühlt, in Glättwerken geglättet und in der Rollmaschine aufgewickelt, bei Zellstoff und stärkeren Kartonbahnen gleich zu Bogen geschnitten und gestapelt. Vielfach werden für besondere Zwecke noch weitere Teilmaschinen eingebaut, z. B. für Oberflächenbehandlung, wie der Egoutteur auf dem Sieb zur Egalisierung oder zum Eindrücken von Wasserzeichen, Streichanlagen und Leimpressen zum Auftragen von Streichmasse oder Leim, Feuchteinrichtungen zur nachträglichen Befeuchtung und anderes.

Karton wird durch Zusammenführen der auf Rund- und Langsieben gebildeten noch nassen Bahnen und anschließendem Pressen hergestellt. Dabei werden die aus geringerem Stoff bestehenden Mittelschichten auf einer Rundsiebpartie, die äußeren Deckschichten aus besserem Stoff auf Langsiebpartien gebildet. Die Rundsiebpartie (Abb. 8) besteht aus mehreren umlaufenden Rundsieben, das sind Walzen mit einem Siebmantel, die in mit Stoff versorgten Mulden waten, so daß sich bei Durchtritt des Wassers in das Innere der Walze ein Faservlies auf dem Siebzylinder bildet. Das eingedrungene Wasser wird in der Walzenachse herausbefördert. An die hintereinander angeordneten Rundsiebe wird ein langer endloser Filz mittels Preßwalzen angedrückt, so daß daran die einzelnen Papiervliese haftenbleiben und so eine mehrschichtige, starke

12   I. Grundzüge der Zellstoff- und Papierfabrikation

Bahn bilden. Filz und Bahn laufen durch mehrere Pressen zur Entwässerung und Festigung der Bahn. Durch Einbau einer Saugkammer in den Siebzylinder, ähnlich wie bei Saugwalzen, kann die Entwässerung erhöht, stärkere Einzelbahnen oder höhere Arbeitsgeschwindigkeit erreicht werden. Nach dem Zusammengautschen der von Lang- und Rundsiebpartie kommenden Einzelbahnen läuft die Kartonbahn

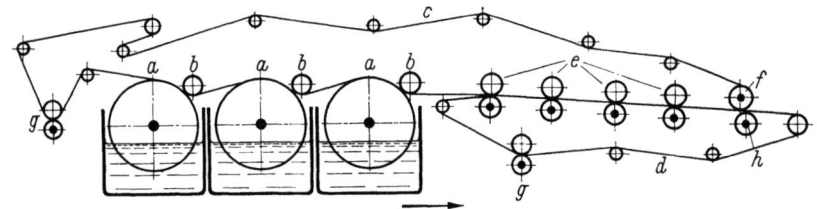

Abb. 8. Rundsiebpartie

a Rundsiebe; *b* Abgautschwalzen; *c* Oberfilz; *d* Unterfilz; *e* Vorpressen; *f* Gautschpresse; *g* Filzwaschpresse; *h* Hauptantrieb; ✦ mögliche zusätzliche Antriebe

durch eine Pressen- und Trockenpartie ähnlich der Papiermaschine. Auf solchen Maschinen können Kartons bis zu 1000 g/m² hergestellt werden. Meist werden Kartons mit mehr als 400 g/m² als Pappen bezeichnet.

Pappen, auch mit Hand- oder Wickelpappen bezeichnet, mit einem Gewicht bis zu 5000 g/m², entstehen auf der Formatwalze, um die von 1 oder 2 Rundsieben oder einem Langsieb kommende Bahnen in vielen Lagen aufgewickelt werden (Abb. 9). Bei Erreichen der gewünschten Stärke wird der Pappenzylinder quer zum Lauf aufgeschnitten.

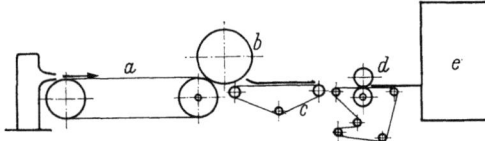

Abb. 9. Wickelpappenmaschine (Formatmaschine)
a Langsieb; *b* Formatwalze; *c* Steuerfilz; *d* Naßpresse; *e* Schrank- (Kanal-) Trockner

Das eine Ende des so erhaltenen vielschichtigen Bogens wird auf den über einen Vorzugtisch von Bogenlänge laufenden Steuerfilz geführt. Ist der Bogen ganz auf den Tisch aufgelaufen, wird die Fördergeschwindigkeit des Filzes auf den der Lagenzahl entsprechenden Bruchteil umgesteuert, mit der die Bogen durch 1 bis 2 Walzenpressen, bei sehr kleinen Geschwindigkeiten auch durch eine Plattenpresse, zu einem Kanaltrockner geführt und anschließend durch Längs- und Querschneider geteilt werden.

Die Lagenzahl wird vorgewählt, das Aufschneiden der Bahn und die Umsteuerung der Tischgeschwindigkeit können dann automatisch nach erreichter Lagenzahl bzw. nach erfolgtem Auflaufen auf den Tisch erfolgen. Die Ausführung der Drehzahlsteuerung kann so getroffen sein, daß der Vorzugtisch durch Schaltkupplungen wechselweise an die Antriebe des Siebes oder der Pressen gelegt oder ein Motor für Antrieb des Tisches auf die Geschwindigkeit der Motoren für Sieb- bzw. Pressen-

B. Herstellung und Verarbeitung von Papier und ähnlichen Bahnen

und Trockenpartie umgesteuert wird. Mit derartigen, unterschiedlich aufgebauten *Formatpapiermaschinen* werden auch Papiere mit nur wenigen Lagen hergestellt. Bei den höheren Geschwindigkeiten werden dann Trockenzylinder an Stelle von Kanaltrocknern verwendet.

Faserplatten werden ähnlich wie Papier auf einem Langsieb großer Länge erzeugt, auf das der Stoff in dicker Schicht auffließt. Seine Entwässerung erfolgt durch Registerwalzen, Saugkästen, einer größeren Zahl von Vorpressen mit kleinerem Walzendurchmesser und 2 Hauptpressen. Um ein Ausweichen oder Reißen der Bahn beim Pressen zu vermeiden, wird um sämtliche Oberwalzen der Pressen ein gemeinsames Obersieb geführt. Die Bahn läuft dann auf einem Rollgang durch einen bis 200 m langen Einbahntrockenschrank. Kurze Baulänge besitzt der Etagentrockner, in dem die nasse, in Tafeln geschnittene Bahn mittels einer Beschickungseinrichtung in Etagen gestapelt und getrocknet wird. Bei Herstellung von *Hartplatten* werden die feuchten Platten auf einem Etagenwagen gestapelt, von diesem in die Etagen einer Heizpresse geschoben, wobei zwischen je 2 Faserplatten eine von Heißwasser durchflossene Heizplatte liegt. Die Faserplatten werden bei einem Druck von 45 bis 60 kg/cm^2 gepreßt und getrocknet. Dabei wird das der Rohfaser anhaftende Lignin und die zugesetzten schmelzbaren Bindemittel flüssig und die Fasern miteinander verkittet.

Bei anderen Bahnen fehlt die Faserstruktur. Nach chemischer Behandlung wird Zellstoff in Viskose- oder Azetatlösung übergeführt, aus welchen Zellfolie (Zellophan, Zellglas u. a.) oder Filme hergestellt werden. Organischen Ursprungs sind auch die Bahnen aus Kautschuk, während solche aus Buna oder Plastik aus synthetischen Rohstoffen gearbeitet werden.

Bei der Herstellung von *Zellfolien* wird die Viskose mittels einer Pumpe durch einen Spalt in ein Fällbad gedrückt. Sie erstarrt, wird in Waschbädern gereinigt und auf vielen kleinen Trockenzylindern getrocknet. Bei der Trocknung entsteht größere Schrumpfung in Bahnbreite und Längung in der Laufrichtung. Filme werden meist auf eine Gießtrommel gedrückt und wie vor weiterbehandelt, wobei die Trocknung meist in einem Trockenschrank erfolgt.

Für *Gummibahnen* aus Kautschuk oder Buna wird der Rohstoff auf Walzwerken ausgewalzt und dabei durchwärmt, als schmaler Streifen oder Wickelpuppe dem Vierwalzenkalander (s. Abb. 190) aufgegeben und infolge der unterschiedlichen Walzendrehzahl zu einem gleichmäßigen Band ausgewalzt, evtl. auf ein eingeführtes Cordband beiderseitig aufgetragen. Anschließend wird das Band von einer Vorzugpresse abgezogen, über Kühlzylinder geführt und aufgerollt. Das fertige Gut wird schließlich vulkanisiert. Zur Fertigung von *Plastikfolien* wird das angelieferte Plastikgranulat in Extrudern erwärmt, als Strang ausgepreßt und direkt oder nach Auswalzen als Puppe dem Vierwalzenkalander zugeführt, dessen Walzen mit Dampf beheizt werden. Anschließend wird die Bahn fallweise auf geringe Dicke verzogen oder geprägt, dann gekühlt und aufgewickelt. Aus starken Bahnen werden Platten für Fußbodenbelag in gewünschter Größe ausgestanzt.

2. Fertigbearbeitung der Papierbahn

Das am Ende der Papiermaschine aufgewickelte Papier weist vielfach Mängel, Aus- oder Abrisse, zu hohen Trockengehalt auf, die vor Weiterverarbeitung beseitigt werden müssen. Dazu dienen *Umrollmaschinen* mit Achsantrieb der Aufwickelrolle (Abb. 10), die als Vor- oder Feuchtumroller verwendet werden. Tragwalzenroller mit Umfangsantrieb wickeln fertige Rollen. Bei diesen liegt die Aufwickelrolle über dem Spalt der mit kleinem Abstand nebeneinander angeordneten Tragwalzen, an die die Rolle durch eine Belastungswalze angepreßt wird (Abb. 11). Bei Dupliermaschinen werden mehrere meist dünne Zellstoffbahnen von Vorratsrollen abgezogen, mit einem Walzenpaar durch Pressen zu einer Bahn vereinigt, längsgeschnitten und aufgerollt.

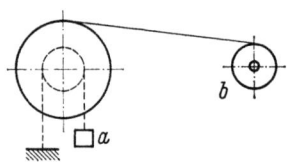

Abb. 10. Vorroller
a Bremse; *b* Antrieb

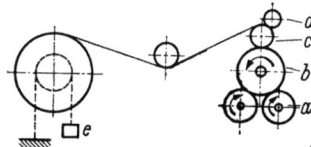

Abb. 11. Umroller (Rollenschneidemaschine) mit Tragwalzenaufrollung
a Trag- (Stütz-) Walzen; *b* aufgewickelte Rolle; *c* Belastungs- oder Messerwalze; *d* Kreismesser; *e* Bremse

Die breite Papierbahn der Papiermaschine muß durch umlaufende Tellermesser auf gängige Breiten längsgeschnitten werden. Vielfach geschieht dies bereits auf der Papiermaschine vor dem Aufrollen. In neueren Anlagen wird die Teilung erst auf dem auch als *Rollenschneidmaschine* bezeichneten Tragwalzenumroller vorgenommen, der von der evtl. auf dem Vorroller kontrollierten Rolle abgewickelt und Fertigrollen gewünschter Breite, Bahnlänge und Rollenhärte liefert. Soweit nicht bereits auf der Papiermaschine vor dem Aufwickeln eine gewünschte Oberflächenbefeuchtung durch Besprühen mit Wasser erfolgte, kann dies beim Umrollen erfolgen und dann die Rolle durch längere Lagerung klimatisiert werden. Um diesen Reifevorgang zu beschleunigen, werden vielfach *Konditioniermaschinen* aufgestellt, bei welchen durch Befeuchtung und nachfolgende Trocknung, auch durch Streckung innere Papierspannungen beseitigt und der Feuchtigkeitsgehalt der Bahn der Umgebung und den Anforderungen der Weiterverarbeitung angepaßt wird.

Vielfach soll in *Querschneidern* (Abb. 12) Papier und Karton zu Bogen geschnitten werden. Dazu werden die von der Papiermaschine

B. Herstellung und Verarbeitung von Papier und ähnlichen Bahnen 15

ablaufende oder mehrere, von Vorratsrollen durch eine Vorzugspresse abgezogene Bahnen durch Längsschneider geteilt, durch eine rotierende Messerwalze mit feststehendem oder ebenfalls rotierendem Gegenmesser quergeschnitten und die Bogen mit einem umlaufenden Filz oder mit Bändern auf dem Ablegetisch gestapelt. Die Zahl der Bahnen ist durch den Förderfehler der Vorzugwalzen begrenzt. Die Bahnstärke bewirkt, daß die vom Umfang der angetriebenen Vorzugwalze entfernteren Bahnen mit entsprechend größerer Geschwindigkeit durchlaufen, was zu Fehlern in der Bogenlänge führt. Neuere schnelle Querschneider arbeiten mit gleichmäßigem Bahndurchlauf und Scherenschnitt bei schräg verstellbarer Messerwalze, wodurch ein rechtwinkeliger Schnitt bewirkt wird. Sie besitzen stufenlos verstellbare PIV-Getriebe für Antrieb der Messerwalze zum Schneiden unterschiedlicher Bogenlänge, bewirken eine überlappte Ablage auf den Transportbändern, so daß die Bogen mit kleiner

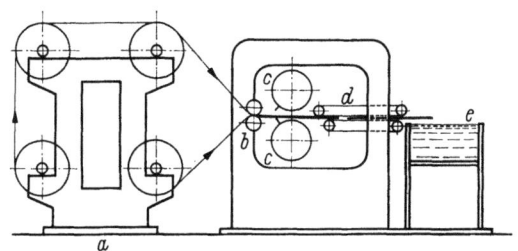

Abb. 12. Rotations-Querschneider
a Rollenständer; *b* Vorzugpresse; *c* Rotierende Messerwalzen; *d* Ableger; *e* Stapel

Ablegegeschwindigkeit sicher gestapelt werden. Damit läßt sich eine Papiergeschwindigkeit bis etwa 200 m/min, bei Karton auch darüber erreichen.

Bei den Gleichlaufquerschneidern laufen beide spiralförmig angeordnete Messer um, und zwar während der Schnittperiode mit der Papiergeschwindigkeit, im übrigen verzögert entsprechend der eingestellten Formatlänge. Dies wird durch ein Koppelgetriebe erreicht. Duplexquerschneider besitzen 2 Schneideeinrichtungen, so daß die längsgeteilte Bahn in zwei unterschiedliche Formate geschnitten werden kann. Vielfach ist es aber wirtschaftlicher, breite Bahnen auf der Rollmaschine zu teilen und dann Simplexquerschneider mit nur einer Schneideeinrichtung zu verwenden. Um die Stillstandszeiten beim Rollenwechsel wesentlich zu verkürzen, werden die Abrollständer in doppelter Ausführung und beweglich vorgesehen, so daß der Rollenwechsel durch Verschieben der Ständer nach der Seite und in Laufrichtung oder durch eine Drehbühne schnell erfolgen kann.

Zum Schneiden von Papier arbeiten Querschneider stets als unabhängige Einzelmaschinen. Bei Zellstofftrocken- und bei Kartonmaschinen werden sie als Schlußgruppe angeordnet, um die hergestellten starken Bahnen im Gleichlauf mit der Maschine sofort zu schneiden.

Der *Kalander* der Fertigbearbeitung (Abb. 13), auch Super- oder Satinierkalander genannt, gibt dem von der Papiermaschine maschinenglatt gelieferten Papier die gewünschte hohe Glätte. Diese ist abhängig von der Zusammensetzung des Papiers, den die Poren füllenden Zusatzstoffen und dem Feuchtigkeitsgehalt, der bei Druck- und Schreibpapier gering, bei Pergamin- und Kondensatorpapier mit 25 bis 35% hoch gehalten wird. Die Feuchte macht die Bahn geschmeidig und ermöglicht, daß sich die rauhe Oberfläche schließt. Die Papierbahn muß daher beim Umrollen vielfach gefeuchtet und zur Vergleichmäßigung in oft klimatisierten Räumen gelagert werden.

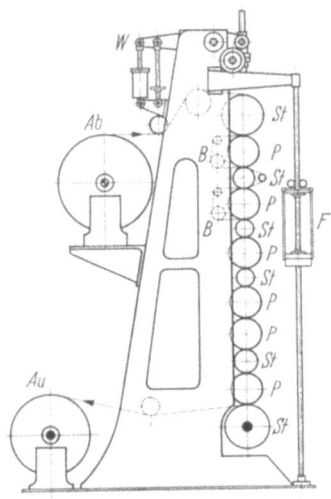

Abb. 13. Papierkalander
St Stahlwalzen; P Papierwalzen; B Blasenrollen; W Walzenbelastung; Ab Abwickelrolle; Au Aufwickelrolle; F Fahrbühne; ◆ Antrieb; ◆ Bremsung

Meist besitzen die Kalander 10 bis 12 Walzen, für Pergamin werden bis zu 20 Walzen vorgesehen. Sie werden übereinander angeordnet, wobei die Walzenlager in vertikalen Gleitbahnen der beiden Ständer beweglich geführt werden. Durchwegs werden Wälzlager verwendet. Harte Walzen aus Kokillenstahlguß wechseln mit elastischen Hartpapierwalzen ab, bei deren Herstellung auf die Stahlachse Papierblätter gefädelt, mit hohem Druck zusammengepreßt, anschließend überdreht und poliert werden. Betriebsmäßig drücken die Walzen mit ihrem Eigengewicht und einer auf die oberste Walze gegebenen, meist hydraulischen Zusatzbelastung aufeinander. Die unterste (Stahl-) Walze ist fest gelagert und wird angetrieben. Bei hoher Walzenzahl greift der Antrieb vielfach an der dritten oder fünften Walze, von unten gezählt, an. Dann muß die Kupplung zum Antrieb die Achsverlagerung beim Anpressen, Lüften und Nachschleifen zulassen. Die abzuwickelnde, an ihrer Achse abgebremste Papierrolle liegt hoch, da das Papier an der obersten Walze eingeführt wird. Dabei wird die zu einer Spitze gerissene Bahn bei Hilfsgeschwindigkeit von Hand durch die Walzenspalte und schließlich zum Aufrolltambour geführt. Zur Erleichterung des Einführens wird eine durch Fußschalter vertikal gesteuerte Fahrbühne vorgesehen. Ist die Bahn faltenlos in voller Breite eingeführt, wird Zusatzdruck gegeben und auf Arbeitsgeschwindigkeit hochgefahren. Das ohne Zusatzdruck durchlaufende Papier ist unbrauchbar. Das Aufwickeln geschieht meist mit einem Achswickler, bei sehr großen Kalandern werden Roller mit einer oder zwei Tragwalzen vorgesehen.

Die Glättung des Papiers wird durch Verdichtung unter Druck und durch Reibung bewirkt, die bei der elastischen Verformung der Papierwalzen bei Berührung mit den Stahlwalzen entsteht. Die auftretende Wärme bringt das enthaltene Wasser zum Verdampfen. Zur gleichmäßigen Entdampfung, Verhütung von Falten und Platzen der Bahn führt man die Bahn zur Kühlung von Spalt zu Spalt über außenliegende Blasenrollen. Bei hohen Temperaturen werden die Stahlwalzen gekühlt, bei Pergamin mit seinem hohen Feuchtegehalt werden einzelne Stahlwalzen geheizt.

Für Sonderzwecke werden Spezialmaschinen verwendet. Auf *Bogenkalandern* werden schwere Kartons satiniert, wobei die Bogen vom Stapel durch Bandführung zur oberen Walze geleitet werden. Buntpapier, Spielkartenkarton und Preßspan erhalten auf *Friktionskalandern* Hochglanz. Diese können aus zwei mit unterschiedlicher Geschwindigkeit angetriebenen Stahlwalzen mit dazwischenliegender Papierwalze ohne Antrieb bestehen. Druck und Geschwindigkeitsunterschied ergeben hohe Glätte der stark gefeuchteten Bahn. Neuerdings werden auch Zweiwalzenkalander mit einem durch ihre Antriebe erzwungenen Geschwindigkeitsverhältnis bis zu 1 : 2,5 verwendet.

In *Kalibrierkalandern* werden vorkalandrierte Spezialkartons, z. B. für Hollerith-Buchungsmaschinen unter hohem Druck auf genaue Stärke gepreßt. Um einem Papier eine besondere Oberfläche zu geben, z. B. in Form von Körnung, Hämmerung, Linien, künstlichen Wasserzeichen u. dgl., werden *Prägekalander* verwendet. Er besteht aus einer angetriebenen, gravierten Stahlwalze und einer Papierwalze, die unter hohem Druck aufeinandergepreßt werden.

3. Veredelung der Bahn

Das von der Papier- bzw. der Fertigbearbeitungsmaschine kommende Papier wird vielfach in weiteren Maschinen unmittelbar zu Fertigerzeugnissen verarbeitet. Andere Papiere erhalten erst einen Auftrag oder eine Tränkung mit besonderen Stoffen.

Zu den Verarbeitungsmaschinen gehören z. B. die Maschinen zur Herstellung von Papiersäcken und Tüten, von Hülsen als Kern für aufzuwickelnde Papierrollen, wobei die Hülsenstärke aus vielen Lagen von aufgewickeltem und verklebtem Papier besteht, von Kopsen für die Aufwicklung von Spinngut u. a.

In den Auftragmaschinen wird die Papierbahn mit verschiedenen Stoffen bestrichen, z. B. mit Klebstoff, wasser- und klebstoffabweisenden Stoffen oder mit Streichmasse zur Herstellung von Kunstdruckpapier. Auf anderen Maschinen werden Kohle-, Schmirgel-, Photopapier oder Filme hergestellt oder die Bahn mit Kunststoff, Metallfolie u. a. beschichtet. Bei Druckmaschinen wird die Druckfarbe auf die Bahn aufgetragen, allerdings nicht in einer zusammenhängenden Schicht, sondern entsprechend den Lettern oder Zeichnungen der Druckplatten.

Vielfach wird die Papierbahn durch Tränkebäder geführt, z. B. bei der Herstellung von Pergament-, Isolier- und Paraffinpapier, Preßspan und Dachpappe, bei dieser gegebenenfalls auch zusätzlich mit Sand bestreut.

Die Mannigfaltigkeit dieser Verarbeitungs- und Veredelungsmaschinen ist sehr groß. Neu auftauchende Werkstoffe und Arbeitsverfahren lassen immer wieder neuartige Arbeitsmaschinen entstehen. Auch diese Maschinen bestehen aus einer Reihe von Teilmaschinen, wie Abrollung und Aufrollung mit dazwischengeschalteten Sondermaschinen entsprechend dem Bearbeitungszweck. Dazu gehören Teilmaschinen zum Auftragen und Beschichten, Befeuchten, Tränken, Imprägnieren, Trocknen, Schneiden und andere. Auch diese Sondermaschinen bestehen im wesentlichen aus den gleichen Bausteinen, vornehmlich Walzen in unterschiedlicher Ausführung und Anordnung.

4. Papiersorten

Die auf Papiermaschinen hergestellten Papiersorten sind sehr mannigfaltig. Sie werden als *holzfrei oder holzhaltig* bezeichnet, je nachdem, ob sie Zellstoff allein oder auch eine Beimischung von Holzschliff enthalten. Ein weiteres Unterscheidungsmerkmal ist die Art des verwendeten Zellstoffes. Die Hauptgruppen sind Sulfit- und Sulfatzellstoff.

Ein anderes Kennzeichen ist die Dichte des Papiers, die vornehmlich durch die Mahlung, aber auch durch die Arbeit auf der Papiermaschine bestimmt ist. Stark gemahlener, schmieriger Stoff gibt dichte, durchscheinende Papiere, wie Greasproof, Pergamin, transparente Pauspapiere. Voluminöse Papiere erfordern röschen Stoff. Schreib- und bessere Papiere sind geleimt und enthalten Füllstoffe.

Neben der Stoffbeschaffenheit ist für die Papiersorte auch die Arbeit in der Papiermaschine maßgebend. Dazu gehören Flächengewicht, Dicke, Porosität, Beschaffenheit der Oberfläche und andere. Die sehr abweichenden Eigenschaften des Papiers erfordern eine besondere Ausrüstung und Führung der Papiermaschine, weshalb diese im Laufe der Zeit zu einer Reihe von Sondertypen weiterentwickelt wurden.

Die Papiersorten werden meist nach ihrem Verwendungszweck bezeichnet, z. B. Zeitungs-, Druck-, Kabel-, Sack-, Streich-, Schreib-, Zeichen-, Photo-, Paus-, Durchschlag-, Zigaretten-, Kondensatorpapier, sanitäre Papiere und viele andere. Papier aus Sulfatzellstoff, wie Kabel- und Sackpapier wird wegen seiner hohen Festigkeit auch mit Kraftpapier benannt.

In ähnlicher Weise werden die vielen Kartonsorten gekennzeichnet. Natürlich tragen auch die weiterverarbeiteten und veredelten Papiere besondere Bezeichnungen, es sei nur auf Kunstdruck-, Kohle-, Schmirgelpapier und Dachpappe hingewiesen. Die Erzeugnisse, sei es Rohpapier oder veredeltes Papier, werden von den Herstellerfirmen mit Markennamen belegt. Die technische Bezeichnung der vielen Papiersorten füllt ein ganzes Lexikon.

II. Die Arbeitsmaschinen

Zur Aufschließung und Aufbereitung der Rohstoffe, Herstellung, Verarbeitung und Veredelung der Papierbahn ist entsprechend dem in sehr vielen Stufen fortschreitendem Arbeitsverfahren eine große Anzahl unterschiedlicher Arbeitsmaschinen erforderlich. Die Maschinen zum Aufschließen und Aufbereiten arbeiten unabhängig von Nachbarmaschinen im Chargenbetrieb oder mit gleichmäßigem Stoffdurchfluß. Dieser stellt sich als Transportaufgabe dar, seine Änderung wirkt sich erst in längerer Zeit auf das Stoffgut aus. Zum Antrieb genügen fast durchwegs Drehstrommotoren konstanter Drehzahl. Die Antriebstechnik interessiert daher nur die besonderen Bedingungen des Anlaufes und des Betriebes der Einzelmaschinen. Ihr relativ einfacher Aufbau wurde bereits auf S. 3ff. behandelt.

Anders ist dies bei der Papiermaschine und den nachfolgenden Arbeitsmaschinen, durch die eine zusammenhängende Papierbahn mit veränderbarer Geschwindigkeit läuft. Die Bahn kann eine Längskraft übertragen, sich dabei dehnen und die Drehzahl benachbarter Teile der Maschine beeinflussen. Andererseits wirken Drehzahländerungen auf die Bahn ein. Solche Störungen treten in sehr kurzen Zeiten auf. Daher ist eine genauere Kenntnis des Aufbaus dieser meist verwickelten Maschinen für die Auslegung des Antriebes von besonderem Interesse.

A. Aufbau der Maschinen für durchlaufende Bahnen

Wie schon die Beschreibung dieser Maschinen auf S. 10ff. zeigt, bestehen diese aus einer sehr unterschiedlichen Anzahl von aneinandergereihten Teilmaschinen, die als Baugruppen anzusprechen sind. Jede Baugruppe enthält Bausteine unterschiedlicher Art und besonderer Ausführung. Bausteine und Baugruppen wiederholen sich vielfach und bilden so die oft sehr umfangreichen Arbeitsmaschinen für durchlaufende Bahnen. Die Bausteine lassen sich auf wenige Grundformen reduzieren, die nur durch ihre jeweils besondere Ausführung, Anordnung und Einwirkung auf die Bahn zu unterschiedlichen Arbeitsergebnissen führen.

Im folgenden werden Bausteine und Baugruppen der Papiermaschine kurz beschrieben, soweit letztere nicht schon auf S. 11ff. behandelt wurden. Aus ihnen setzen sich auch andere Arbeitsmaschinen zusammen, wobei nur vereinzelt zusätzliche Bausteine benötigt werden.

II. Die Arbeitsmaschinen

1. Bausteine der Maschinen

Jede Baugruppe (Teilmaschine) besteht aus einer größeren Anzahl von Bausteinen. Diese können auf zwei beherrschende Grundformen, nämlich Walzen und Bänder, zurückgeführt werden. Die sehr unterschiedlichen Ausbildungsformen der Walzen und ihr verschiedenartiges Zusammenwirken entsprechend dem angestrebten Zweck gibt ihnen eine sehr große Mannigfaltigkeit. Weiter werden noch einige Bausteine für die Durchführung besonderer Aufgaben verwendet. Die wichtigsten Ausführungen und Anordnungen sind in Abb. 14 dargestellt.

a) Die Walze als Baustein. Eine sehr vielfältige Verwendung findet bei allen Arbeitsmaschinen die Walze. In ihrer Grundausführung dient sie als Trag-, Leit- und Spannwalze zum Tragen, Umlenken und Spannen von Bahn und Bändern. Die Registerwalzen im ersten Teil der Siebpartie tragen nicht nur das Sieb, sie üben besonders bei höherer Geschwindigkeit auch Saugkräfte auf das auf dem Sieb liegende Papiervlies aus und unterstützen so die Entwässerung. Als Spiralwalze hält sie mit ihren aufgesetzten, von der Mitte aus gegensinnig laufenden Spiralen die Filze glatt und faltenfrei. Zur Sicherung eines geradlinigen Laufes des Bandes kann eine Leitwalze als Regelwalze schräg zum Band gestellt werden. In den Trocken- und Schlußgruppen werden Papierleitwalzen vielfach federnd gelagert, so daß Änderungen der Bahnspannung weich aufgefangen werden und die Gefahr des Papierbruches gemindert wird. Manche Leitwalzen werden neuerdings aus aneinandergereihten Gliedern hergestellt. Mit ihnen läßt sich eine Krümmung der Walzenachse erreichen, so daß die Bahn in der ganzen Breite gleichmäßig gespannt wird und Längsfalten verhütet werden.

Für die Aufwicklung werden Rollstangen mit aufgeschobenen Hülsen kleinen Durchmessers oder Walzen, Tamboure genannt, mit 200 bis 500 mm Dmr. verwendet, um die die Papierbahn aufgewickelt wird.

Die Walzen werden in großem Umfange als Preßwalzen verwendet, zum Auspressen des Wassers und zum Anpressen der noch feuchten Bahn am Trockenzylinder, so daß durch den entstehenden Bügeleffekt eine Glättung der Bahnoberfläche erzielt wird. Bei Hochdruckpressen von Zellstoffentwässerungsmaschinen werden die Walzen zur Steigerung der Entwässerung geriffelt. Die 2 Walzen der filzlosen Presse am Ende der Pressenpartie oder der Feuchtglätte zwischen den Trockengruppen, ebenso die vielen Walzen (2 bis 10) des (Trocken-) Glättwerkes, auch Maschinenkalander genannt, am Schlusse der Maschine sorgen ebenfalls für die Beseitigung der Sieb- und Filzmarkierung und eine glatte Oberfläche.

Die aufeinanderliegenden Walzen haben meist Mäntel aus unterschiedlichem Material, wie Stahl, Stahlhartguß, Bronze, Kupfer, Granit,

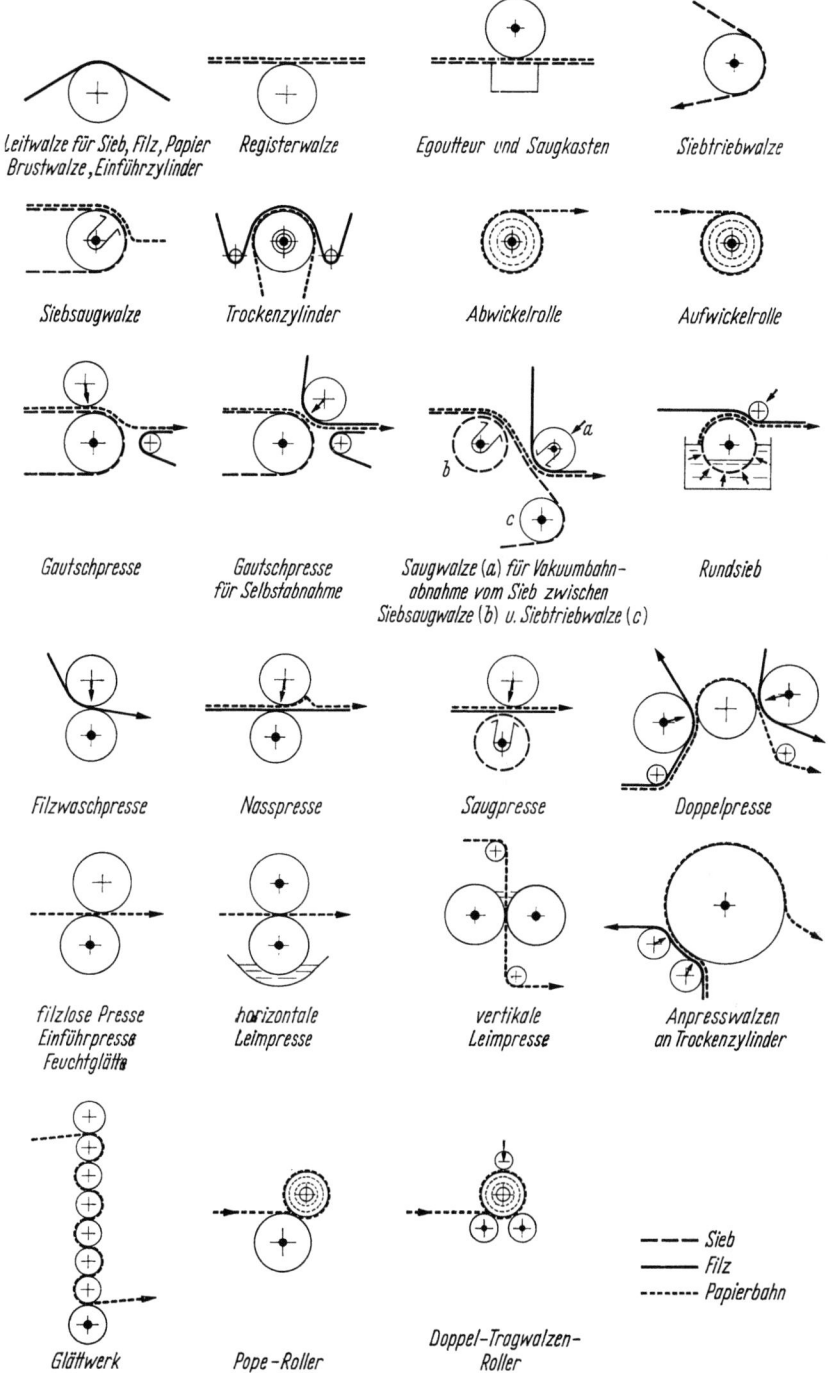

Abb. 14. Walze, Sieb und Filz als Bausteine in Maschinen für Papierbahnen

Basalt, Gummi, Hartpapier. Die Oberwalze der Gautschpresse in der Siebpartie wird mit einem Filz (Manchon) bezogen. Vielfach werden unterschiedliche Walzen miteinander gepaart, so daß einer härteren eine weichere Oberfläche gegenübersteht. Dies gibt nicht nur einen weicheren, stoßfreien Betrieb, die unterschiedliche Adhäsion zu dem feuchten Papier gestattet auch einen leichten Übergang der Bahn auf die nächste Walze oder einen Filz.

Eine Weiterentwicklung der Preßwalzen stellen die Saugwalzen dar. Ihr aus Bronze bestehender Mantel ist auf seiner ganzen Arbeitsfläche mit vielen radialen Bohrungen versehen. An ihrer Innenseite liegt in der ganzen Walzenbreite eine feststehende, gegen einen Mantelsektor geöffnete, im übrigen abgedichtete Kammer, die unter Vakuum steht, Feuchtigkeit und Luft aus der Bahn absaugt und durch die Walzenachse herausbefördert. Die Saugwalze wird auch zur Entwässerung von Filzen und zur Abnahme und Überleitung der nassen Bahn von Filzen auf andere Walzen und Filze verwendet.

Beim Rundsieb wird der Walzenmantel als Sieb ausgeführt. Der Egoutteur ist eine leichte, mit einem Sieb bezogene Walze, die in der Siebpartie auf die Bahn gelegt wird. Er dient zur Egalisierung der Bahnoberfläche und bei Ausführung mit in den Bezug eingeflochtenen Mustern zur Erzeugung von Wasserzeichen.

Zum Trocknen der Bahn werden vornehmlich dampfbeheizte Trockenzylinder aus Gußeisen von meist 1500 mm Dmr. verwendet. Das anfallende Kondensat wird durch umlaufende spiralige Schöpfer auf die Zylinderachse angehoben und nach außen befördert. Bei schnell laufenden Maschinen verwendet man Siphone, die das Kondensat durch Saugen abführen. Für besondere Zwecke, z. B. bei Herstellung dünner sanitärer Papiere oder zur Erzielung einer hohen einseitigen Glätte werden Trockenzylinder bis zu 6 m Dmr. verwendet.

Zum Abkühlen der getrockneten Papierbahn werden Zylinder mit Kupfermantel vorgesehen, die von innen her mit kaltem Wasser gekühlt werden. In Rotationsdruckmaschinen werden die Druckzylinder mit den halbkreisförmigen Druckplatten belegt.

b) Mitlaufende Bänder. Die Walzenbausteine genügen nicht immer, um die Bahn zu bilden, zu tragen und zu bearbeiten. Dazu sind vielfach noch umlaufende, endlose Bänder unterschiedlicher Ausführung nötig.

Dazu gehört das Langsieb zur Bildung und Entwässerung des Papiervlieses. Dem Sieb obliegt dabei auch die Aufgabe, die Bahn zu tragen, bis sie beim Verlassen des Siebes so gefestigt ist, daß es auf eine kurze Strecke frei von einer Unterstützung zur nächsten Maschinengruppe, der Naßpresse, geführt werden kann.

Zur Entwässerung der Bahn in den Pressen werden weiche, saugfähige Wollfilze verwendet, welche die Bahn durch die Presse zur nächsten Teilmaschine tragen. Das abgepreßte Wasser wird von dem Filz aufgenommen, dem es beim Rücklauf durch eine Filzpresse wieder entzogen wird. In den Trockengruppen wird die Bahn durch mitlaufende, dicke Woll- oder dünnere Baumwoll-Asbest-Filze an die Trockenzylinder angepreßt. Die Filze nehmen die aus dem Papier übertretende Feuchtigkeit auf, sie wird beim Rücklauf durch Filztrockenzylinder wieder entfernt.

Oft dienen Bänder lediglich zum Transport der Bahn. Zum Beispiel erfordern Maschinen mit mehreren Sieben besondere Transportfilze, um die von einem Sieb abgenommene Bahn mit einer anderen zusammenzuführen. Wenn die Bahn bei Betriebsbeginn oder nach Abriß durch die Trockenpartie geführt werden muß, verwendet man bei schnell laufenden Maschinen eine Seilaufführung. Dabei wird ein schmaler Randstreifen der Bahn zwischen zwei nebeneinanderlaufende endlose Seile geklemmt, die von Rillen am Mantelrand der Trockenzylinder geführt werden. Bei Querschneidern werden die geschnittenen Bogen durch einen Filz, bei neueren Maschinen durch in Abstand angeordnete schmale Bänder zum Ablegestapel befördert. In Trockenkanälen von Streichmaschinen fördern umlaufende Ketten Tragestangen oder Walzen, über welche die Bahn läuft oder an welchen sie in Schlaufen aufgehängt wird.

c) **Sonstige Bausteine.** Zu den Grundbausteinen, Walzen und Bändern kommen noch einige besondere Bausteine für spezifische Aufgaben. Dazu gehören Wasser- und Dampfsprührohre zur Unterdrückung von Blasen und Schaum auf der nassen Bahn und zur Reinhaltung von Walzen, Sieben und Filzen. Saugkästen in fest stehender, oszillierender oder rotierender Bauart für die Entwässerung am Sieb und von Filzen. Schaber zur Säuberung der Walzen von Rückständen und zur Kreppung der Papierbahn. Streichstangen zur Verhinderung von Längsfalten in der Bahn und andere.

Auch in den der Papiermaschine nachgeschalteten Maschinen zur Fertigbearbeitung, Verarbeitung und Veredelung, ebenso bei der Herstellung ähnlicher Bahnen aus anderen Stoffen, werden die gleichen Bausteine verwendet, vielfach in besonderer Ausführung und Anordnung entsprechend dem angestrebten besonderen Zweck.

2. Baugruppen der Arbeitsmaschinen

Durch Zusammenstellen von Bausteinen unterschiedlicher Art und Anzahl entstehen die Baugruppen (Teilmaschinen) für die einzelnen Fertigungsaufgaben. Eine Arbeitsmaschine kann im Grenzfall bei Umrollmaschinen aus nur 2 Baugruppen bestehen, die bei einfachen Achsumrollern lediglich je 1 Walze zum Ab- bzw. Aufwickeln der Bahn enthalten. Dagegen können Spezial-Feinpapiermaschinen bis zu 40 Baugruppen umfassen. Gewisse Baugruppen, wie Pressen und

Trockengruppen, in manchen Fällen auch Glättwerke, werden besonders bei Papiermaschinen mehrfach vorgesehen, wobei Entwässern, Trocknen und Glätten der Bahn in mehreren Stufen vorgenommen wird. Diese Unterteilung ist zweckmäßig, weil dabei eine unterschiedliche Einstellung der Drücke oder Temperaturen vorgenommen werden kann und bessere Ergebnisse wirtschaftlicher erzielt werden. Andererseits ergibt die Unterteilung die Möglichkeit, den auftretenden Dehnungen und Schrumpfungen der Bahn durch Einstellung der Geschwindigkeit der Teilmaschinen Rechnung zu tragen. Weiter gestattet die Unterteilung der Trockenpartie, zwischen diese Gruppen an die Stellen des für das Arbeitsverfahren günstigsten Feuchtigkeitsgehaltes der Bahn Teilmaschinen mit anderem Arbeitszweck, wie Feuchtglätten, Leimpressen, Streichanlagen u. a., einzuschalten.

Die Teilmaschinen für den gleichen Arbeitszweck sind hinsichtlich ihrer Bauart und ihrer Größe sehr verschieden. Seinen Grund hat dies in der unterschiedlichen Beschaffenheit der Papierfasern und der Papiersorten, der gewünschten Arbeitsgeschwindigkeit und nicht zuletzt in der fortschreitenden technischen Entwicklung des Maschinenbaues. Eine Übersicht über die einzelnen Teilmaschinen nebst kurzer Erläuterung ihrer Arbeitsverfahren gibt nachstehende Zusammenstellung:

a) Papiermaschine

Langsiebpartie und *Rundsiebpartie* zur Bildung des Faservlieses und seiner Entwässerung (s. S. 11).

Saugsiebzylinder: Rundsieb mit bis 3,5 m Dmr. mit eingebauten Vakuumsaugeeinrichtungen zur Herstellung dicker Bahnen aus Zellstoff oder Holzschliff.

Naßpressen: mit durchlaufendem endlosem Filz zum Tragen der Bahn und Aufnahme der ausgepreßten Feuchtigkeit als Legefilzpresse (Siebseite der Bahn liegt auf dem Filz), Steig- oder Wendepresse (Oberseite der Bahn liegt auf dem Filz; Siebseite auf der nackten Walze zwecks Beseitigung der Sieb- und Filzmarkierung).

Doppelpresse: mit drei aneinandergedrückten Walzen und 2 Filzen.

Filzlose Presse am Eingang der Trockenpartie zur Glättung. Bei Einfach- und Doppelpressen werden vielfach Saugwalzen verwendet.

Feuchtpressen: innerhalb der Trockenpartie, zur Glättung, ohne Filz.

Leimpresse mit horizontalem oder vertikalem Bahndurchlauf zur Oberflächenleimung.

Streichanlagen innerhalb der Papiermaschine in unterschiedlicher Ausführung zum Aufbringen dünner Aufstriche, meist mittels Auftragwalzen, zur Erzielung glatter Oberflächen.

Trockengruppen: Zylindertrockner, dampfbeheizt mit umlaufenden, die Bahn anpressenden Trockenfilzen. Bei Karton vielfach auch ohne Filz.

Vakuumtrockner (Minton-Trockner): Trockenzylinder in einem unter Vakuum gehaltenen Kasten, Ein- und Ausführung der Bahn durch Walzenspalt, bessere Verdampfung, weniger Zylinder.

Ventilator- (Kasten-) Trockner: Bahn wird im Kasten über Leitwalzen meist mehrfach übereinander hin- und hergeführt und durch Warmluft getrocknet. Bei neueren Ausführungen wird die Bahn auf weite Strecken von einem Warmluftstrom getragen.

Infrarottrockner: mit elektrischen Strahlern für besondere Zwecke, als Zusatztrocknung, insbesondere auch zur Beseitigung geringer Oberflächenfeuchtung.

Glättwerk: (Maschinenkalander) 2 bis 10 übereinanderliegende Hartgußwalzen, Belastung durch Eigengewicht der Walzen und Zusatzdruck. Beim Naßglättwerk wird die Bahn während des Durchlaufes gefeuchtet, beim Heißglättwerk werden einzelne Walzen mit Dampf beheizt.

Längsschneider: umlaufende Tellermesser mit fest stehender Gegenmesserscheibe zum Beschneiden der Ränder und Teilen der Bahn.

Querschneider: meist mit Längsschneidern zusammengebaut, zur Unterteilung der Bahn in Bogen.

Aufroller: Poperoller mit einer Tragwalze von etwa 1100 mm Dmr., Aufwickeln der Bahn durch Umfangreibung.

Achswickler: mit Antrieb an der Tambour- bzw. Rollstangenachse.

Kombinierte Roller (Allroller): Anwickeln auf Tragwalzenroller, Übergang auf Achsantrieb und Freiwickeln.

b) Fertigbearbeitungs- und Veredelungsmaschinen

Manche der bei Papiermaschinen gebräuchlichen Teilmaschinen sind auch bei den nachgeschalteten Maschinen zu finden. Dazu kommen noch andere Teilmaschinen entsprechend dem jeweiligen Arbeitszweck. Nachstehend seien einige aufgeführt:

Abroller: mit Bremse an der Achse der Vorratsrolle.

Abzugwalzen: Zweiwalzenpresse zum Abzug der Bahn vom Abroller.

Doppeltragwalzen-Aufroller: an Umrollern und großen, schnellen Kalandern.

Auftrageeinrichtungen zum Auftragen dünner Schichten von Streichmasse, Klebstoff, wasserabweisender Stoffe, Kunststoff, Metallschichten u. a.

in *Streichmaschinen*, wobei das Auftragen und die Einstellung der Strichstärke durch Auftragwalzen, rotierende Bürsten, Luftbürsten oder durch Streichrakel erfolgt. (Durch Streichen und anschließendes Glätten wird die Bedruckbarkeit erhöht.)

in *Klebemaschinen* zum Zusammenkleben mehrerer Bahnen (starkes Zeichenpapier und Karton).

in Beschichtungsmaschinen zum Auftragen einer Kunststoffschicht, die in Extrudern erwärmt und mittels einer Schneckenpresse durch einen Spalt auf die Bahn gedrückt wird.

Bestreumaschinen: zum Bestreuen der frei laufenden Bahn mit Schmirgel, Sand, Puder u. a.

Streckwerke: zum Dehnen von Bahnen mittels mehrerer mit unterschiedlicher Geschwindigkeit laufender Walzenpaare.

Druckwerke: zum Bedrucken von Bahnen.

Füll-, Wasch- und Tränkekästen: Bahn läuft in den Kästen meist über Leitwalzen durch die Tränkflüssigkeit (Fällbad, schweflige Säure, Paraffin, Waschwasser u. a.).

B. Arten der Papiermaschinen

Unterschiedlicher Aufbau, Zweck und Arbeitsverfahren haben besonders bei Papiermaschinen zu einer großen Reihe von Bezeichnungen geführt, die im folgenden mit kurzer Erläuterung aufgeführt werden. Maschinen zur Herstellung von Bahnen aus anderen Werkstoffen, ebenso Verarbeitungs- und Veredelungsmaschinen werden in ähnlicher Weise bezeichnet.

Filzlose Entwässerungsmaschinen für Zellstoff oder Holzschliff, nach einzelnen Lieferern auch mit Kamyr-Maschinen bezeichnet. Sie bestehen aus einem großen Saugsiebzylinder mit bis 3,5 m Dmr., meist drei filzlosen, vielfach geriffelten Pressen für hohen Liniendruck, wobei die Oberwalzen mittels Zahnräder von den Unterwalzen getrieben werden. Anschließend Längs- und Querschneider (Schere). Entwässerung auf etwa 50% atro. Vereinzelt auch mit Trockenpartie wie im folgenden. Bahngewicht bis 2000 g/m^2, maximale Arbeitsgeschwindigkeit bis 35 m/min, Arbeitsbereich bis 1 : 3.

Zellstoff-Trockenmaschinen in Bauart der Papiermaschine, mit Langsieb, Filzpressen, Vorwärmzylinder zwischen zwei Pressen zum besseren Entwässern beim Pressen, Zylindertrockengruppen, Längs- und Querschneider. Neuere Maschinen mit Trockenschrank und Ventilatoren für Warmluft. Bahngewicht bis 1000 g/m^2, maximale Arbeitsgeschwindigkeit meist 50 m/min, neue Maschinen bis 100 m/min, Arbeitsbereich 1 : 3.

Papiermaschinen mit Sieb-, Pressen-, Zylindertrockenpartie, Kühlzylinder, Glättwerk, Aufroller. Nach der Art des Siebes mit Langsieb- (Fourdrinier-) oder Rundsiebmaschine bezeichnet.

Kartonmaschinen zur Herstellung von Karton mit Rundsiebpartie oder mehreren Langsieben oder mit Rund- und Langsieben.

Pappenmaschinen: langsam laufende Rundsiebmaschinen zur Herstellung dicker Pappe.

B. Arten der Papiermaschinen

Faserplattenmaschinen zur Herstellung von Dämm- oder Hartfaserplatten. Naßverfahren wie bei Papiermaschinen im Unterschied von Spanplatten, die aus Holzschnitzeln und Bindemitteln im Trockenverfahren hergestellt werden.

Kombinierte Papiermaschinen. Trockenpartie mit normalen Trockengruppen (Zylinder 1500 mm Dmr.) und ein bis zwei großen Trockenzylindern.

Einzweckpapiermaschine zur Herstellung der gleichen Papiersorte.

Zeitungspapiermaschine für Zeitungspapier, schnell laufend, maximal 900 m/min, bis 8 m breit, kleiner Arbeitsbereich 1:2, viele Trockenzylinder (bis etwa 60), in 2 bis 4 Gruppen zusammengefaßt.

Druckpapiermaschine für unterschiedliche Druckpapiere, wie Zeitungsmaschine, kleinere Geschwindigkeit, größerer Arbeitsbereich.

Kraftpapiermaschine für festes Sulfatzellulosepapier, wie Sack- und Kabelpapier, feste Verpackungskartons, Aufbau sehr ähnlich der Druckpapiermaschine, jedoch kleiner, maximale Breite etwa 6 m, Geschwindigkeit bis 600 m/min.

Pergaminpapiermaschine für fettdichte- und Transparentpapiere. Lange Siebpartie, sonst ähnlich der Kraftpapiermaschine, Breite bis 5 m, Geschwindigkeit bis etwa 500 m/min.

Mittelfein-, Fein- und Feinstpapiermaschinen in viele Gruppen unterteilt, geringe Breite (4,5 bis 2,5 m), kleinere Höchstgeschwindigkeit (400 bis 100 m/min, Qualitätspapiere werden langsam gearbeitet). Großer Geschwindigkeitsbereich je nach Sortenprogramm bis über 1:10.

Kondensator- und Zigarettenpapiermaschinen bis etwa 12 Trockenzylinder, meist mit eigenem Filz und Filztrockner wegen Zugeinstellung, Breite bis 3,5 m, Geschwindigkeit bis 200 m/min, Papiergewichte 6 bis 25 g/m².

Yankee- (Selbstabnahme-Tissue-) Maschinen: Kurzes Sieb, Presse, 1 großer Trockenzylinder 3 bis 6 m Dmr. (für dünne Papiere alle unter einem Oberfilz), bisweilen Nachtrockenzylinder und 1 bis 2 Zweiwalzenglättwerke, Aufroller; glatte, gekreppte und sanitäre Papiere (Zellstoffwatte, Gesichtstücher, Toilettenkrepp), Einwickel- und Packpapiere, für einseitige Glätte mit 1 bis 2 Anpreßwalzen am Zylinder, für stärkere Papiere ohne Oberfilz. Breite bis 5 m, Geschwindigkeit für dünne Papiere bis 1000 m/min, sonst etwa bis 400 m/min.

Formatmaschinen zur Herstellung mehrlagiger Bogen aus einer Bahn.

C. Gemeinsame Antriebskennzeichen der Arbeitsmaschinen

Der grundsätzlich gleichartige Aufbau der mannigfaltigen Arbeitsmaschinen und ihre ähnliche Arbeitsweise ergeben eine weitgehende Übereinstimmung hinsichtlich der Anforderungen an ihren Antrieb.

Bedingt ist dies dadurch, daß durch die Arbeitsmaschine die endlose Papierbahn läuft und alle Teilmaschinen hinsichtlich ihrer Funktion auf diese ausgerichtet sind, die Bahn also im Mittelpunkt der Fabrikation steht. Aus den Wechselwirkungen zwischen Teilmaschine, Arbeitsverfahren, Bahn und Antrieb ergeben sich die bestimmenden Größen, die als gemeinsame Kennzeichen dieser Maschinen angesprochen werden können.

1. Arbeitsmaschinen und Verfahren

Die unterschiedlichen Arbeitsmaschinen bestehen aus einer Stoffzuführung, sei es der Stoffauflauf der Papiermaschine oder die Düse der Zellfolienmaschine, sei es die Abrollung bei den Weiterverarbeitungsmaschinen.

Die Maschinen selbst enthalten eine große Anzahl von Walzen, dazu einzelne Bänder, auf welchen die Bahn aufliegt und die gleichzeitig den Transport der Bahn durch die Maschine vornehmen. Dabei vollziehen sich die technologischen Vorgänge in einer Anzahl von Arbeitsstufen vornehmlich während der Auflage der Bahn auf den Walzen und Bändern. Nur in weit geringerem Maße wird auch die frei schwebende Bahn für das technologische Verfahren herangezogen. Zum Beispiel erfolgt beim freien Übergang der Bahn zwischen den Trockenzylindern ein Ausdampfen, ebenso bei Trocknung durch Infrarotstrahlen und im Ventilatortrockner. Auch das Tränken und Waschen einer Bahn u. a. geschieht im freien Lauf.

Am Schlusse der Maschine wird die Bahn gestapelt, meist wird sie zu Rollen aufgewickelt, in selteneren Fällen in Bogen abgelegt.

2. Arbeitsgeschwindigkeit

Die Arbeitsmaschinen erfordern eine stufenlose Verstellung des Geschwindigkeitsniveaus der ganzen Maschine innerhalb des Arbeitsbereiches. Das ergibt sich daraus, daß eine Arbeitsmaschine für eine bestimmte maximale Geschwindigkeit und Produktion konstruiert ist und bei der Herstellung oder Weiterverarbeitung unterschiedlicher Papierbahnen aus technologischen Gründen auch nur unterschiedliche Höchstgeschwindigkeiten erreicht werden können.

Grundsätzlich müssen z. B. auf der gleichen Papiermaschine stärkere Sorten wegen der Entwässerung und Trocknung mit geringerer Geschwindigkeit hergestellt werden. Andererseits verlangen dünnere Qualitätspapiere mit Rücksicht auf die erstrebten Bahneigenschaften und die sonst auftretende Häufung von Papierbrüchen, daß mit kleinerer Geschwindigkeit gearbeitet wird.

Bei der Papierfabrikation wird gleichbleibendes Flächengewicht verlangt. Deshalb muß sowohl die Menge des zulaufenden Stoffes als auch die eingestellte Geschwindigkeit durch Regelung gleichgehalten werden. Auch bei manchen Fertigbearbeitungsmaschinen ist eine Regelung der Arbeitsgeschwindigkeit erwünscht, wenn auch vielfach nicht erforderlich.

3. Hilfsgeschwindigkeit

Außerdem wird eine niedrige Hilfsgeschwindigkeit benötigt, bei Papiermaschinen zu Hilfsarbeiten, wie Einziehen und Reinigen von Sieb und Filzen, Anwärmen und Abkühlen von Trockenzylindern, bei Nachbearbeitungsmaschinen zum Einführen der Bahn in die Maschine. Die Hilfsgeschwindigkeit beträgt bei den Nachbearbeitungsmaschinen 10 bis 15 m/min, bei Papiermaschinen etwa 15 bis 30 m/min.

An das Gleichbleiben der Hilfsgeschwindigkeit werden keine strengen Anforderungen gestellt. Die Papiermaschine läuft bei Hilfsarbeiten ohne Papier. Hierbei und beim Einziehen des Papiers in die Nachbearbeitungsmaschinen treten keine größeren Änderungen des Drehmomentes auf. Erst wenn nach erfolgtem Durchführen die Bahn gespannt und z. B. bei Kalandern durch Pressen Last gegeben wird, treten größere Drehmomente auf. Dabei wird der einsetzenden Verkleinerung der Hilfsdrehzahl meist dadurch entgegengewirkt, daß die Maschine auf Arbeitsgeschwindigkeit hochgefahren wird. Nur wenn die Hilfsgeschwindigkeit gegenüber der höchsten Arbeitsgeschwindigkeit sehr klein ist, wird eine Regelung notwendig.

4. Beschleunigen der Maschinen

Die Arbeitsmaschinen verlangen, daß beim Hoch- und Niederfahren auch die Beschleunigung bzw. Verzögerung bei allen Teilmaschinen möglichst gleich groß ist. Bewirken die Antriebe ungleiche Beschleunigung, so versuchen die entstehenden zusätzlichen Bahnspannungen einen Ausgleich herbeizuführen. Das ist aber nur in dem Maße möglich, als die Bahn die notwendigen Kräfte übertragen kann, ohne daß sie Schaden leidet, d. h. daß ein Papierbruch bzw. ein Lockerwerden vermieden wird. Diese Forderung muß besonders dann beachtet werden, wenn die Schwungmomente der Teilmaschinen sehr unterschiedlich sind. Papiermaschinen werden bei Betriebsaufnahme in die Nähe der für die gewünschte Papiersorte zuträglichen Geschwindigkeit gebracht, dann wird Stoff auf die Maschine gegeben und nach erreichtem richtigem Lauf auf die zuträgliche Geschwindigkeit erhöht. Bei Sortenwechsel wird auf die neue Geschwindigkeit und das gewünschte Flächengewicht umgestellt.

Bei allen Nachbearbeitungsmaschinen wird die Bahn bei Hilfsgeschwindigkeit durch die Maschine hindurchgeführt und anschließend auf Arbeitsgeschwindigkeit gegangen. Hat die Fertigrolle den gewünschten Durchmesser erreicht oder wird die Vorratsrolle leer, werden die Rollen ausgewechselt. Das Einbringen einer neuen Vorratsrolle ist meist mit einer Rücknahme der Geschwindigkeit bis zum Stillstand verbunden. Neuerdings finden Einrichtungen für fliegendes Ankleben der neuen Bahn während des Laufes Eingang.

5. Zugeinstellung

Der kontinuierliche Arbeitsablauf erfordert auch einen gleichmäßigen Durchlauf der Bahn. Beides ist bestimmt durch die Umlaufgeschwindigkeit der Walzen. An den Übergangsstellen treten in der freien Bahn Auswirkungen der technologischen Prozesse in Form einer Verlängerung oder Verkürzung der Bahn in Erscheinung. Dazu kommt, daß die Bahn eine vorgeschriebene Spannung besitzen soll, einerseits wegen Erzielung gewünschter Bahneigenschaften, z. B. Erhaltung der Dehnbarkeit durch geringe Bahnspannung, andererseits richtiger Einlauf in die nächste Teilmaschine mit genügend gespannter Bahn zur Vermeidung von Falten.

Die Anpassung an die auftretende, technologisch bedingte Längenänderung der Bahn und die Erzielung der gewünschten Bahnspannung, die mit einem Dehnen der Bahn verbunden ist, wird durch die Einstellung unterschiedlicher Umfangsgeschwindigkeit der Walzen der Teilmaschinen erreicht. Dies erfolgt durch Verstellung der Drehzahlen an den Eintriebsstellen. Man nennt dies Einstellung der Züge. Diese sind also durch die Drehzahl bedingt. Deshalb versteht man im Sprachgebrauch unter Zug meist das Verhältnis der Differenz der Umfangsgeschwindigkeit von zwei benachbarten Walzen zu der der ersten Walze. Sie entspricht der zwischen den 2 Walzen auftretenden Dehnung und angenähert der Zugspannung. Bei den Zügen kommt es also auf das Drehzahlverhältnis der Teilmaschinen an. Die zugelassene Zugspannung ist abhängig von der Festigkeit der Bahn, die bei nassem Papier sehr klein ist. Sie liegt z. B. nach dem Verlassen des Siebes in der Größenordnung von Gramm je cm Bahnbreite, bei fertigem Papier oder Karton jedoch bei mehreren kg/cm. Dabei muß man weit von der Reißfestigkeit der Bahn entfernt bleiben, da sonst die Gefahr des Bahnbruches eintritt.

Die relative Größe des Zuges wird in Prozent der Umfangsgeschwindigkeit ausgedrückt. Bei Papiermaschinen beträgt er zwischen Sieb und 1. Presse je nach Papiersorte etwa 2 bis 6%, zwischen den Pressen etwa 0,5 bis 1,5% und zwischen den Schlußgruppen, ebenso bei den nachgeschalteten Arbeitsmaschinen in der Größenordnung von einigen $^0/_{00}$. In der Trockenpartie kann auch Schrumpfung eintreten, der Zug liegt hier um ± 0.

6. Zugaufrechterhaltung

Die Größe der eingestellten Zugspannung ist nicht unveränderlich. Während des Laufes der Bahn durch die Papiermaschine können Abweichungen in der Beschaffenheit der Bahn auftreten, hervorgerufen durch Qualitätsunterschiede des zugeführten Papierstoffes oder durch Änderung im Verfahren, z. B. stärkeres Saugen oder Anstellen der Pressen, Verstellung der Trocknung und anderes. Solche Abweichungen können sich auch unbeabsichtigt einstellen, wenn z. B. das Vakuum nachläßt oder der Druck des Heizdampfes sich ändert. All diese Störeinflüsse haben zur Folge, daß in der Beschaffenheit der Bahn in den einzelnen Teilmaschinen Abweichungen auftreten, die sich in unterschiedlicher Längung der Bahn und merklicher Veränderung der Bahnspannung äußern. Die ursprünglichen Bahnspannungen lassen sich, abgesehen von der Beseitigung der Ursachen, nur durch Nachstellen der Zugeinstellung, also Änderung der Antriebsdrehzahl einer Teilmaschine, wiederherstellen.

Die angedeuteten technologischen Vorgänge haben meist auch Änderungen im Widerstandsdrehmoment der Teilmaschinen zur Folge. Außerdem können größere Unterschiede im Reibungsmoment der Maschinen auftreten, z. B. zwischen kalter und warmgelaufener Maschine, bei Anstellung der Schaber oder auftretenden mechanischen Mängeln, wie Beschädigung von Lagern.

Zu diesen aus der Arbeitsmaschine kommenden Abweichungen des Widerstandsmomentes kommen noch die in den mechanischen und elektrischen Antriebselementen liegenden, auf Drehzahlabweichung hinwirkenden Störeinflüssen, zu denen z. B. Schlupf, Netzspannung, Temperatur und andere gehören. Man muß daher sicherstellen, daß trotz aller Störungen die Verhältnisse der Umfangsgeschwindigkeit bzw. die Drehzahlen der angetriebenen Teilmaschinen gleichbleiben. Bei Verwendung mechanischer Transmissionen muß die Gleichhaltung der Drehzahlen an den Teilmaschinen durch ihre konstruktive Ausführung, bei elektrischen Mehrmotorenantrieben durch besondere Gleichlaufregeleinrichtungen sichergestellt werden.

Bei der Weiterverarbeitung von Papier können an einzelnen Teilmaschinen ähnliche, auf Drehzahländerung hinwirkende und die Fabrikation störende Einflüsse auftreten. Dann ist auch hier die Verwendung von Gleichlaufsicherungen zweckmäßig. Meist aber ist die Auswirkung auf das feste Papier gering, so daß die Einstellung der Züge von Hand ausreicht, besonders wenn die Maschinen nicht mit sehr hoher Geschwindigkeit arbeiten sollen.

D. Unterschiede der Antriebskennzeichen der Arbeitsmaschinen

Bei den beschriebenen gemeinsamen Antriebskennzeichen besteht bei den einzelnen Maschinen eine Reihe von Unterschieden hinsichtlich ihrer Auswirkung auf den Antrieb. Diese Unterschiede beziehen sich weniger auf die Art der Kennzeichen, bei allen Maschinen lassen sich die gleichen feststellen. Aber die Größe der Auswirkung kann bei jedem Kennzeichen sehr unterschiedlich sein.

1. Arbeitsbereich

Der Arbeitsbereich von Papiermaschinen ist gegeben durch das Programm der herzustellenden Papiersorten. Noch bis nach 1945 wurden insbesondere für bessere Papiere Vielzweckmaschinen aufgestellt, die Geschwindigkeitsarbeitsbereiche von 1 : 10 bis 1 : 20 erforderten. Das Wachsen der Betriebe und die zunehmende Rationalisierung haben den Maschinen wenige, gleichartige Papiere zugeteilt, so daß ein Arbeitsbereich bis zu 1 : 6 meistens ausreicht. Die Spezialisierung und die fortschreitende Technik erlaubt, in größerem Maße breiter und schneller laufende Spezialpapiermaschinen zu bauen, die schließlich zu sehr leistungsfähigen Einzweckmaschinen führen. Dann wird der Arbeitsbereich nicht mehr durch ein vielgestaltetes Programm bestimmt. Die untere Arbeitsgeschwindigkeit ist durch die Verhältnisse gegeben, die bei Inbetriebnahme und sonstigen, ungünstigen Voraussetzungen eine sichere Produktion erlauben. Nach dem Einfahren aber wird die Geschwindigkeit stetig erhöht und die durch Stoff und richtige Funktion der einzelnen Bausteine der Maschine gegebenen Grenzen immer weiter hinausgeschoben. Als Beispiel einer solchen Maschine sei die zur Herstellung von Zeitungspapier angeführt, bei der vielfach ein Arbeitsbereich von 1 : 2 für ausreichend gilt.

Auch bei den Maschinen zur Bearbeitung und Veredelung des Papiers ist die Größe der Maschinen und die Geschwindigkeit, z. T. dank der Einführung neuerer Veredelungsverfahren, bedeutend angestiegen. Da aber weiterhin für das Einführen der Bahn etwa die gleiche niedrige Arbeitsgeschwindigkeit benötigt wird, steigt der notwendige Stellbereich an. Die sich einführende Methode, bei leer werdender Abwickelrolle die Bahn der neuen Rolle im Lauf, evtl. bei verminderter Geschwindigkeit, anzukleben, bringt zwar für den Betrieb eine Erleichterung und Produktionserhöhung, bei Betriebsbeginn und bei Papierbruch muß aber der Stellbereich von der Einziehgeschwindigkeit an durchfahren werden.

2. Beschleunigung

Ungleiche Beschleunigung wirkt sich vor allem bei Maschinen mit großen Schwungmomenten und Papieren geringer Festigkeit aus. Dazu kommt, daß bei schnellen Maschinen auch das Hoch- und Abwärtsfahren schneller erfolgen soll. Dies muß besonders bei größeren Papiermaschinen, Schnellrollern und schnellen Kalandern beachtet werden. Sonst ist es meist zulässig, wenn sich die Bahn durch Änderung ihrer Spannung an dem Ausgleich der Beschleunigung beteiligt.

3. Einstellung und Aufrechterhaltung der Züge

Einstellung und Aufrechterhaltung der Züge stellen an die Antriebe der Arbeitsmaschinen unterschiedlich strenge Anforderungen. Maßstab hierfür ist einerseits, ob die Bahn fähig und ob es aus Gründen der Fertigung auch zulässig ist, daß sie wechselnde Kräfte auf die benachbarte Teilmaschine überträgt. Dabei ist Voraussetzung, daß die an der Teilmaschine auftretenden Abweichungen des Drehmomentes kleiner sind als die Drehmomente, die durch die zulässige Änderung der Spannung in der zu- und ablaufenden Bahn ausgeübt werden. Das trifft meist nur bei kleinen Teilmaschinen und trockenem, festem Papier oder Karton zu. Bei den meisten Fertigbearbeitungs- und Veredelungsmaschinen kann man mit dem Ausgleich durch die Bahnkräfte auskommen. Dies ist auch bei den Schlußgruppen von Maschinen zur Herstellung von festem Papier und Karton bei kleinerer Geschwindigkeit möglich. Andere Maschinen, wie Papiermaschinen und einzelne Gruppen in Veredelungsmaschinen, benötigen jedoch besondere Maßnahmen zur Einstellung und Gleichhaltung der Züge. Dabei zeigt sich, daß die erforderliche Genauigkeit sehr unterschiedlich ist, je nachdem, ob es sich um kleinere Maschinen mit wenig empfindlichen Papieren oder um große Schnelläufermaschinen für gering beanspruchbare Papiere handelt.

Die Art des Arbeitsverfahrens und der dadurch bedingte Aufbau der Arbeitsmaschinen bringen zugleich mit der technischen Fortentwicklung eine Erleichterung des Betriebes mit sich. Beispielsweise hat in der Naßpartie einer Papiermaschine die Abnahme der Bahn durch einen Filz und die Verwendung von Doppelpressen die Verminderung der Überführstellen und der Zahl der Zugregelungen zur Folge.

III. Verhalten der Bahn

A. Eigenschaften des Papiers

Das Papier ist ein sehr inhomogenes Gebilde, bestehend aus Fasern und Faserbruchstücken sehr unterschiedlicher Länge und Stärke. Die mehr oder weniger gekräuselten Fasern sind miteinander verflochten und bilden so unregelmäßige Hohlräume, die bei nassem Papier mit Wasser, bei getrocknetem mit Luft gefüllt sind. Bei den höheren Trockengehalten treten noch zusätzliche Bindungen chemischer Art an den Berührungspunkten der enger aneinandergerückten Fasern ein.

Für den viel geschlungenen Lauf der Bahn durch die Papier- und die nachgeschalteten Verarbeitungsmaschinen sind einige ihrer

Eigenschaften von besonderer Bedeutung, da sie die Anforderungen an den Lauf der Bahn entscheidend bestimmen. Dazu gehören vor allem die Festigkeit und die Dehnung, dann auch Flächengewicht und Biegesteifigkeit. Viele andere Eigenschaften der Bahn, wie Dichte, Beschaffenheit der Oberfläche, Saugfähigkeit, Berstdruck, Falzwiderstand und andere sind für den Lauf der Bahn ohne Bedeutung.

1. Zugfestigkeit

Als technisches Maß für die Zugfestigkeit von Papier wird die sog. Reißlänge verwendet. Sie ist jene Länge, bei der ein 1 cm breiter, einseitig eingespannter Streifen Papier infolge des Eigengewichtes zum Bruch führt. Dieses auf 1 cm Breite bezogene Eigengewicht stellt die Bruchlast bzw. Bruchfestigkeit σ dar, die sich als Produkt aus Reißlänge l in Metern und Flächengewicht γ in Gramm je Quadratmeter ergibt:

$$\sigma = \frac{l\gamma}{100} \quad \text{g/cm} \tag{1}$$

Die Reißlänge kann also auch als die auf die Einheit des Flächengewichtes bezogene Bruchfestigkeit verstanden werden und gibt damit einen besseren Vergleich mit anderen Papiersorten als die Bruchlast selbst.

Für eine Betrachtung des Laufes der Bahn durch die Papiermaschine ist die mit zunehmender Entwässerung und Trocknung ansteigende Bruchlast an den Überführungsstellen von Interesse. Die Eigenschaften der Bahn an den einzelnen Stellen ihres Laufes durch die Papiermaschine werden mit dem Beiwort initial gekennzeichnet. Untersuchungen von BRECHT und ERFURT [3a] an Papierproben, die auf einem Blattbildungsgerät hergestellt wurden, wobei das Blatt bei der Trocknung frei schrumpfen konnte, führten für verschiedene Papierstoffe zu einem Verlauf der initialen Bruchlast gemäß Abb. 15a. Sie zeigt, daß die Bruchlast zwischen etwa 15 bis 40% atro, was dem Bereich der Pressenpartie der Papiermaschine entspricht, nur langsam zunimmt, aber anschließend rasch ansteigt. Das Verhältnis der initialen Bruchlast zwischen 20 und 90% atro beträgt für die untersuchten Stoffe etwa 1:20 bis 1:100.

Einen besseren Aufschluß über den Verlauf der Bruchlast gibt deren logarithmische Darstellung in Abb. 15b. Man kann deutlich 4 Formen des Anstieges feststellen, bei denen steilere mit flacherer Zunahme abwechselt. Nach den herrschenden Anschauungen werden in den beiden nassen Stadien die gekräuselten und verfilzten Fasern vornehmlich durch die gegenseitige Reibung, die sog. Zwischenfaserreibung, zusammengehalten. Dazu kommt im 1. Stadium die Oberflächenspannung des Wassers, das sich zwischen den einzelnen Fasern befindet und das Faservlies zusammenzieht. Im 3. und 4. (Trocken-) Stadium kommen durch das nahe Aneinanderrücken die Faser-zu-Faser-Bindungen zur Geltung. Diese ergeben sich aus Zahl und Haftkraft der Berührungsstellen zwischen den Fasern. Dazu kommt jetzt auch die Eigenfestigkeit der Fasern. Von Einfluß auf die initiale Bruchlast sind außer dem Rohstoff dessen Quellung, d. h. das Vermögen der Fasern, Wasser aufzunehmen, der Grad seiner Mahlung und die Formbeschaffenheit der Stoffe (Faserlangstoff und Feinstoff).

Zu beachten ist auch die Weiterreißfestigkeit. Ist einmal ein Einriß in eine Papierbahn erfolgt, so sinkt die zum Weiterreißen erforderliche Kraft in größerem Maße. Dazu kommt, daß durch den Einriß die Bahn schmäler wird, die Bahnspannung sich aber nicht immer im gleichen Maße vermindert. Das Einreißen führt daher meist zum Bruch in der ganzen Bahnbreite.

2. Dehnung

Unter Einwirkung äußerer Kräfte wird das Papier wie alle festen Körper verformt. Bei seiner flächenhaften Natur und den vornehmlich in der Bahnebene angreifenden Kräften äußert sich dies vor allem in einer Längs- oder Querdehnung bzw. Schrumpfung. Diese Dehnung hat z. T. elastischen Charakter, wobei nach Wegfall der Kraft die Deh-

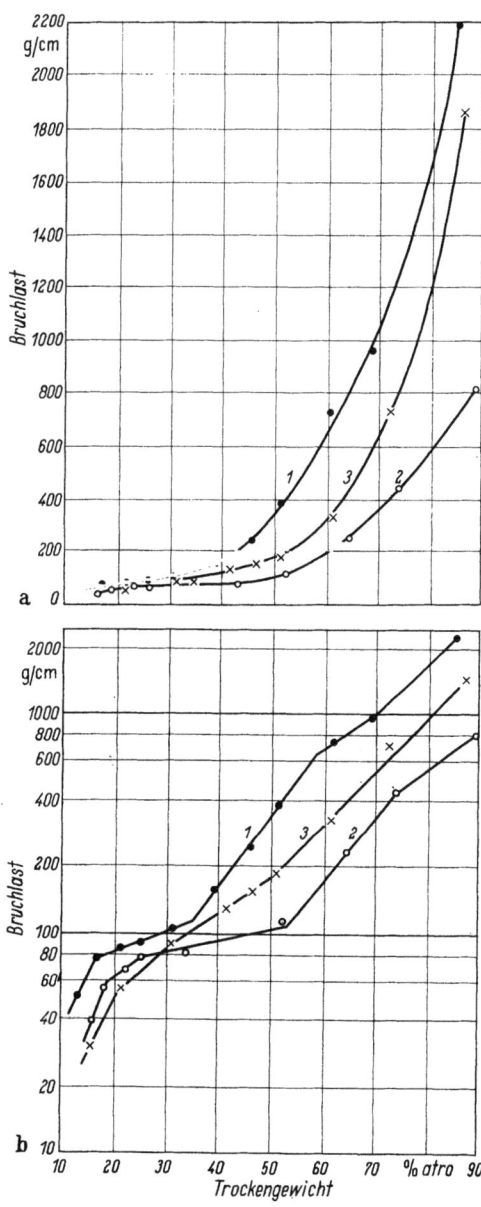

Abb. 15a u. b. Initiale Naßfestigkeit in Abhängigkeit vom Trockengehalt. Bruchlast in linearem (a) bzw. logarithmischem (b) Maßstab
1 Sulfitzellstoff I (feucht); *2* Sulfitzellstoff II (getrocknet); *3* Holzschliff; nach BRECHT und ERFURT

nung wieder verschwindet, z. T. tritt ein plastisches Fließen, also eine nicht umkehrbare Verformung ein.

Die auftretende elastische Dehnung δ_e ist im Bereich kleiner Verformungen bei gegebenem Elastizitätsmodul E, Querschnittfläche F der äußeren Kraft S proportional (HOOKEsches Gesetz):

$$\delta_e = \frac{S}{EF} \qquad (2)$$

Von geringerer Bedeutung ist die zeitabhängige elastische Dehnung, auch elastische Nachwirkung genannt, die den gleichen Gesetzen unterliegt und ebenfalls umkehrbar ist. Hierbei tritt die volle Dehnung nicht sofort, sondern allmählich nach Ablauf einer längeren Zeit auf.

Die plastische Dehnung δ_p ist nach BRECHT und ERFURT [3b] proportional der Scherspannung σ_0, der Zeit t und dem Kehrwert einer Materialkonstante k, der Scherungsviskosität:

$$\delta_p = \frac{\sigma_0 t}{k} \qquad (3)$$

Die Gesamtdehnung ist die Summe beider:

$$\delta = \delta_e + \delta_p \qquad (4)$$

Von der elastischen Dehnung unterscheidet sich die plastische auch dadurch, daß sie nicht umkehrbar ist. In den auf üblicher Weise gewonnenen Meßwerten der Bruchdehnung sind die elastische und die plastische Dehnung enthalten. Sie wird meist bei 65° relativer Luftfeuchte und 20 °C ermittelt und beträgt bei lufttrockenen Papieren normaler Beschaffenheit in der Längsrichtung 0,7 bis 5%, in der Querrichtung 1 bis 7%.

Die Untersuchungen über das Kraftdehnungsverhalten zeigen einen weitgehend gleichartigen Verlauf selbst sehr nasser Vliese gegenüber

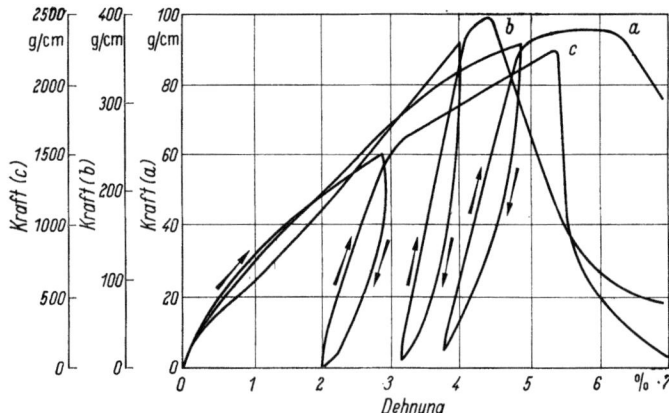

Abb. 16. Kraft-Dehnungs-Verhalten eines Papiers bei verschiedenem Trockengehalt
a 21% atro; *b* 51% atro; *c* 89% atro Fichten-Sulfitzellstoff ungebleicht, 14° SR; nach BRECHT und ERFURT

dem trockenen Papier. Abb. 16 zeigt als Beispiel dieses Verhalten bei drei verschiedenen Trockengehalten mit unterschiedlichem Kraftmaßstab, aber gleichem Dehnungsmaßstab. Selbstverständlich bestehen große Unterschiede, sowohl hinsichtlich der Kraft als auch der Dehnung zwi-

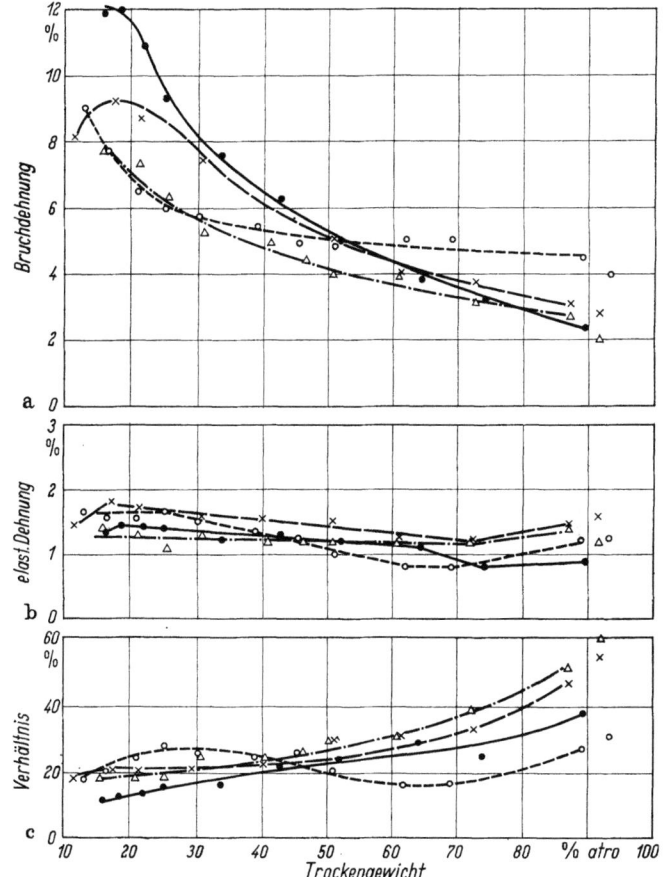

Abb. 17a—c. Dehnung von Halbstoffen in Abhängigkeit vom Trockengehalt
a Bruchdehnung δ; b Elastische Dehnung δ_e; c Verhältnis elastische zu Bruchdehnung δ_e/δ;
— — — Sulfitzellstoff I; ——— Sulfitzellstoff II; — · — · Holzschliff I; — ·· — ·· Holzschliff II; nach BRECHT und ERFURT

schen nassem und trockenem Papier. Die Schlingen im Kraftdehnungsverlauf sind dadurch entstanden, daß der Probestreifen entlastet und nach eingetretener Schrumpfung erneut belastet wurde.

Die obere Kurvenschar a der Abb. 17 zeigt die Veränderung der Bruchdehnung für 3 Papierhalbstoffe bei fortschreitender Trocknung. Die Bruchdehnung, in der die elastische und die plastische Dehnung enthalten ist, hat ihren Höchstwert bei kleinem Trockengehalt. Sie verminderte sich bei den getrockneten Proben auf $^1/_2$ bis $^1/_6$. Ihr Verlauf ist gegensinnig zu dem der Bruchlast und die Änderung auch wesentlich kleiner, die bei der Bruchlast gemäß früherem das 20- bis 100fache beträgt. Die mittleren Schaulinien b der Abb. 17 zeigen den Verlauf der elastischen Dehnung, die im ganzen Bereich nur geringeren Änderungen unterliegt. Bei c ist der Anteil der elastischen Dehnung an der Bruchdehnung gezeichnet. Er beträgt bei sehr nassem Halbstoff wegen der großen Gesamtdehnung etwa 10 bis 20%, aber 25 bis 60% bei den getrockneten Proben.

Wird ein Papier vorgetrocknet und wiederbefeuchtet, so sinkt die Bruchdehnung gegenüber den initialen Werten. War das Papier nur wenig vorgetrocknet (bis etwa 40% atro) ist der Unterschied gering. Bei stärkerer Vortrocknung fällt aber die Bruchdehnung des genäßten Papiers sehr stark unter die ursprünglichen initialen Dehnungen ab, die Bruchdehnung wird also in hohem Maße irreversibel.

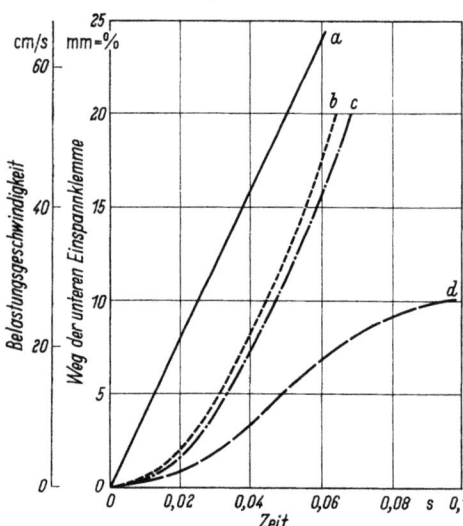

Abb. 18. Belastungsgeschwindigkeit eines Papierstreifens im Streckgerät (Papier 25% atro, 100 mm Einspannlänge, Belastung 120 g/cm nahe der Bruchlast)

a Theoretische Fallgeschwindigkeit = theoretische maximale Belastungsgeschwindigkeit; b Theoretischer Weg der unteren Einspannklemme bei freiem Fall, wenn kein Papier eingespannt ist; c gemessener Weg; d maximal gemessener Weg mit eingespanntem Papierstreifen; nach BRECHT und FÜHRLBECK

Die Größe und der Verlauf der initialen Dehnung werden auch weitgehend von Stoffart, Mischungsverhältnis, Mahlung und Faserform (lang, kurz, fein) beeinflußt.

3. Zeitverhalten der Dehnung

Setzt man einen Papierstreifen in einem Streckgerät durch Anhängen eines Gewichtes einer sprunghaften Belastung aus, so erfolgt nach BRECHT und FÜHRLBECK [4a] die Dehnung nach Kurve d der Abb. 18 mit einer Verzögerung gegenüber dem Wege c, den die untere Klemme mit angehängtem Gewicht bei freiem Fall durchlaufen würde. Die Abweichung des Verlaufes von c gegenüber dem theoretischen freien Fall b ist vornehmlich durch den Auslösemechanismus des Gerätes bedingt. Der Verlauf der Dehnung gilt für alle Trockengehalte und Belastungen. In spätest 0,1 s wird die der Belastung entsprechende Dehnung erreicht. Hält die Zugkraft an, so entsteht allmählich eine weitere, wesentlich kleinere Nachdehnung (Abb. 19a), die bei langer

A. Eigenschaften des Papiers

Dauer der Kraftwirkung zum Bruch führt. Dieses Kriechen der Dehnung oder Fließen ist ebenfalls bei jedem Trockengehalt und bei unterschiedlicher Größe der Kraft feststellbar. Bei kleinen Kräften kann der Bruch erst nach vielen Tagen eintreten.

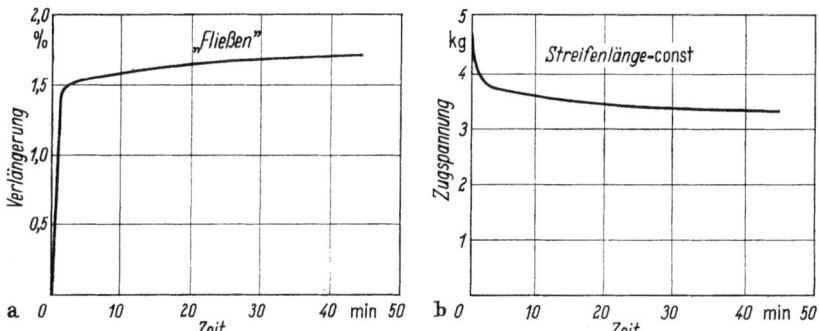

Abb. 19a u. b. Nachdehnung (Fließen) bei konstanter Belastung a und Zugspannungs-Relaxation bei konstanter Streifenlänge b für ein mechanisch konditioniertes Sulfatpapier (erste Belastung mit 75% der Bruchlast; nach STEENBERG

Dehnt man einen Papierstreifen längere Zeit, so daß sich die Kriechdehnung ausbilden konnte, und hält man anschließend die erreichte Streifenlänge konstant, so findet man ein erst rasches, später langsames Zurückgehen der Papierspannung (Abb. 19b). Unterwirft man ein Papier einer Wechselbeanspruchung, indem man es erstmalig belastet und nach Entlastung erneut belastet, so bringt die zweite kleinere Belastung auch eine kleinere Dehnung. Bei neuerlicher Ent- und Belastung entsteht wieder eine Dehnung in der Größe der zweiten (Abb. 20). Das Papier wurde mechanisch konditioniert.

Tritt in einer Bahn an einer Stelle eine erhöhte Zugspannung auf, so gleicht sich diese mit der Zeit über eine größere Fläche der Bahn aus. Durch diese Eigenschaft wird die Gefahr des Papierbruchs vermindert.

Wird bei einem Papier beliebigen Trockengehaltes die Bela-

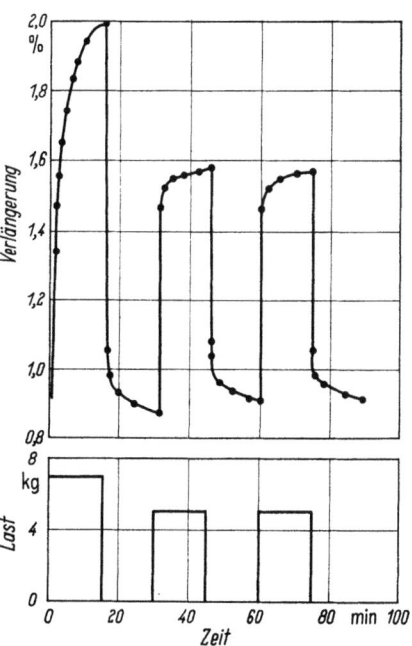

Abb. 20. Dehnung bei wiederholter Belastung mit 75% bzw. 50% der Bruchlast; nach STEENBERG

stung in mehreren, aufeinanderfolgenden Stufen aufgebracht, so entsteht jeweils in kurzer Zeit eine entsprechende Teildehnung mit anschließender kleiner Kriechdehnung (Abb. 21). Auch wenn man das nasse Papier nach einer Streckung trocknet, wobei die Schrumpfung sich frei auswirken kann oder völlig verhindert wird, und dann stufen-

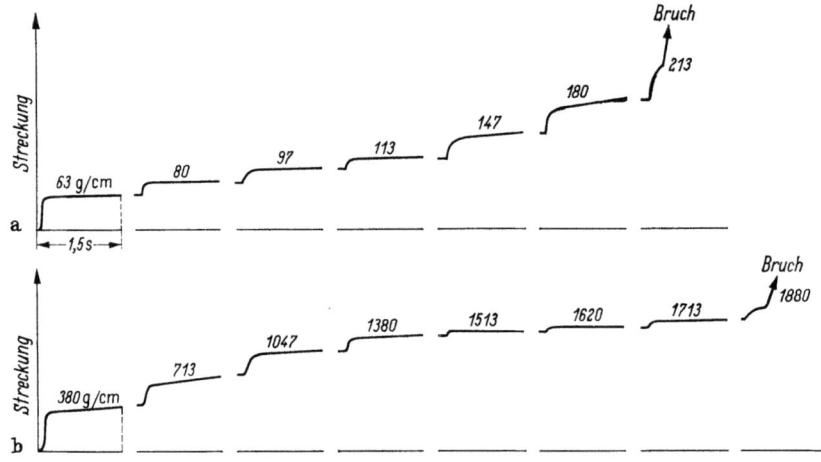

Abb. 21a u. b. Stufenweise Höherbelastung initialfeuchter Papierstreifen bei 32% (a) und 70% atro (b); nach BRECHT und FÜHRLBECK

weise belastet, wiederholt sich dieses Verhalten. Bei einer Belastung in der Nähe der Bruchgrenze geht die Dehnung langsamer in die kriechende über.

B. Verhalten der Bahn auf der Papiermaschine

Wenn man im Laboratorium auf einem Blattbildungsgerät einen Papierbogen herstellt, ihn trocknet und die Papierstreifen hinsichtlich seiner Eigenschaften untersucht, so lassen sich die einzelnen Bedingungen und Einflüsse bei jeder Untersuchung mit hoher Genauigkeit festlegen. Schwieriger ist dies bei der Herstellung von Papierbahnen auf der Papiermaschine, weil in jeder Teilmaschine eine Reihe von Einflüssen unterschiedlicher Art wirksam werden. Dazu kommt, daß die für Untersuchungen erwünschte Reproduzierbarkeit der Einstellung und der Wirksamkeit selbst bei der gleichen Papiermaschine von vielen, den Bausteinen eigenen Faktoren abhängig ist.

An jeder Teilmaschine greift an der Überführungsstelle die freie Bahn mit einer Zugspannung an. Diese kann nicht beliebig klein gehalten werden, weil zum Abzug einer an der Walze haftenden feuchten Bahn eine Kraft benötigt wird. Andererseits muß ein Flattern vermieden und ein faltenfreier Einlauf in die nächste Teilmaschine sichergestellt sein.

B. Verhalten der Bahn auf der Papiermaschine

Die Entwässerung und Trocknung der Bahn ist stets mit zusätzlichen Einflüssen auf das Gefüge der Bahn und die Bindung der Fasern verbunden, bedingt durch den Aufbau und die Beschaffenheit der Teilmaschine und das Arbeitsverfahren. Wenn die nasse Bahn, von einem Filz getragen, durch eine Naßpresse läuft, wird nicht nur Feuchtigkeit ausgepreßt und von dem Filz übernommen, gleichzeitig erfolgt auch eine Verdichtung. Beim Lauf über einen Trockenzylinder wird das Papier durch einen Filz, der den größten Teil des ausgetriebenen Wassers aufnimmt, an den Zylinder angepreßt. Je nach Anpreßdruck wird das beim Trocknen auftretende Schrumpfen der Bahn mehr oder weniger verhindert. Die Anpressung kann nicht beliebig vermindert werden, weil sonst Dampfblasen entstehen. Auch die Temperatur der Heizung darf nur in beschränktem Maße geändert werden. Alle diese beispielsweise angeführten Einflüsse bewirken Änderungen in den Eigenschaften der Bahn. So lassen sich fast überall in der Papiermaschine gleichzeitige, unterschiedliche Einwirkungen auf die Bahn feststellen.

Wenn sich nach vorstehendem der technologische Prozeß der Papierherstellung im wesentlichen an den Berührungsflächen von Bahn und Sieb, Filzen und Walzen vollzieht, so ist die frei gespannte Bahn zwischen benachbarten Walzen nicht völlig unbeteiligt. Ist das Gefüge der Bahn nicht ganz gleich, so entstehen unterschiedliche Bahnspannungen, die durch unterschiedliche Dehnung im Sinne einer Egalisierung wirken. Da ein bleibender Erfolg nur durch den plastischen Anteil der Dehnung gewährleistet ist, hängt er von der Dauer der Krafteinwirkung, also auch der Durchlaufzeit durch die freie Strecke ab. In den Trockengruppen dampft das Wasser auch in den freien Übergangsstellen zwischen den Trockenzylindern aus und vergrößert so, wenn auch nur wenig, den Trockengehalt. In starkem Maße ist dies bei Verwendung von Lufttrockeneinrichtungen der Fall, wenn z. B. Infrarotstrahler angesetzt werden oder wenn die Bahn in Kastentrocknern Warmluftströmen ausgesetzt wird.

Untersuchungen von Brecht und Führlbeck [4b] an einer Versuchspapiermaschine haben gezeigt, daß unter Berücksichtigung der unterschiedlichen Einflüsse das Verhalten der Bahn auf der Papiermaschine weitgehend den durch Laborversuche gewonnenen Erkenntnissen ähnelt. Insbesondere hat sich ergeben, daß die Zugspannung der Bahn an den Überführungsstellen maßgebend die Papiereigenschaften beeinflußt.

1. Verhalten der Bahn auf den Walzen

Bei den technologischen Vorgängen der Papierherstellung auf den Walzen üben die Zugspannungen in der zu- und in der ablaufenden Bahn einen maßgebenden Einfluß auf die Streckung des Papiers auf der Walze aus.

III. Verhalten der Bahn

Die in die Walze einlaufende Bahn ist bereits entsprechend ihrer Spannung gedehnt. Beim Lauf über die Walze wird die Bahn entwässert bzw. getrocknet, gepreßt und geglättet. Dabei ändert sich das Dehnungsverhalten, es entstehen auch zusätzliche Bahnspannungen, hervorgerufen durch die Schrumpftendenz bei der Entwässerung und Trocknung und durch das Walken beim Pressen und Glätten. Dazu kommen die Einwirkungen der Spannungen in der zu- und ablaufenden Bahn, gegebenenfalls auch die Fliehkraft und die Adhäsion an der Walze. Soweit diese Kräfte in der Längsrichtung der Bahn wirken, kommt es zu einer Dehnung oder Schrumpfung. Diese kann nur nach den Gesetzen der Reibung in gleicher Weise wie beim Riementrieb [35] auftreten. Sieht man von den erwähnten zusätzlichen Kräften, von Verformungen und den Änderungen in der Beschaffenheit der Bahn ab, so ergibt sich folgendes:

Wird die Bahn z. B. durch eine Preßwalze oder einen Filz bei kleinem Umschlingungswinkel an die Walze mit dem spezifischen Druck p angepreßt, so ist bekanntlich die zwischen Walze und Bahn übertragene Umfangskraft als Differenz der äußeren Bahnkräfte S und S_1

$$S - S_1 = \int \mu\, p\, B\, dl = \mu\, p\, B\, l \tag{5}$$

Dabei ist die Reibungsziffer μ, der spezifische Druck p und die Bahnbreite B als konstant angenommen. Bei Berücksichtigung des Umschlingungswinkel α ohne äußere Anpressung ist

$$S - S_1 = S_1 (e^{\mu \alpha} - 1) \tag{6}$$

In den beiden Gleichungen bezeichnen l bzw. α den Betrag der Länge bzw. des Winkels, die notwendig sind, damit der entstehende Reibungshalt, der durch die rechte Gleichungsseite ausgedrückt wird, der äußeren Kräftedifferenz entspricht. Dabei ändert sich die Dehnung entsprechend Gl. (2) um

$$\delta_{02} - \delta_{01} = \frac{S_2 - S_1}{E\,F} = \frac{v_2 - v_1}{v_1} \tag{7}$$

Sie wurde hierbei auch dem Verhältnis der stationären Geschwindigkeitsdifferenz zur Einlaufgeschwindigkeit gleichgesetzt (s. S. 45). Es tritt also ein Dehnungsschlupf $v_2 - v_1$ auf, der proportional der Differenz der äußeren Kräfte ist. Dieser Schlupf kommt wie folgt zustande: Ist zunächst $S_2 = S_1$, so läuft die Bahn unter der Spannung S_1 mit Umfangsgeschwindigkeit der Walze. Wird jetzt S_2 um dS erhöht, wobei dS gleich der möglichen, auf das Bahnelement $d\alpha$ ausgeübten Reibungskraft dP sein soll, so wird es um

$$d\delta = \frac{dP}{E\,F} = \frac{dv_2}{v_1} \tag{8}$$

gedehnt, wobei ein Schlupf dv_2 entsteht. Wird S_2 um $2\,dS$ erhöht, so wird jetzt das 2. Bahnelement in gleicher Weise gedehnt. Das hat zur

Folge, daß das 1. Element nochmals um $d\delta$ schlüpfen muß. Dies wiederholt sich bei weiterer Erhöhung von S_2 so lange, bis die Summe aller Elementarreibungskräfte dP gleich der Differenz der äußeren Kräfte $S_2 - S_1$ geworden ist. Dehnung und Schlupf entsprechen dabei der Gl. (6). Diese enthält man auch, wenn man Gl. (8) mit den Grenzen 1 und 2 integriert, wobei $P = S_2 - S_1$ wird. Dabei ergibt sich ein Dehnungsbereich l_d, der kleiner als der Bereich der Anpressung, der Haftbereich l_h sein muß, wenn nicht die ganze Bahn über die Walze schlüpfen soll. Tritt Gleiten der ganzen Bahn ein, erfolgt dies in Richtung der größeren äußeren Kraft.

Wird S_2 kleiner als S_1, so wird sich bei vorhandener Schrumpffähigkeit der Bahn zunächst das im Auslauf erste Bahnelement verkürzen, wobei die Reibungskraft ihre Richtung wechselt. Im weiteren läuft die Schrumpfung in ganz ähnlicher Weise wie die Dehnung ab.

In Abb. 22 ist dies nach KESSLER [18a] für ein Walzenpaar dargestellt, wobei Bahnstärke und Walzenkrümmung übertrieben gezeichnet sind.

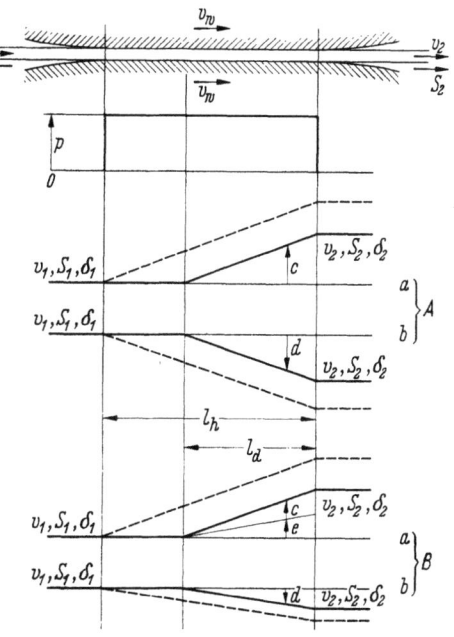

Abb. 22. Schlupf der Bahn über eine Walze bei konstanter Anpressung und elastischem (A) bzw. elastisch-plastischem (B) Verhalten der Bahn

a Dehnung bei $S_2 > S_1$ und $v_2 > v_1$; b Schrumpfung bei $S_2 < S_1$ und $v_2 < v_1$; S_1, S_2 Längskraft in der Bahn; v_1, v_2 Geschwindigkeit der Bahn; v_w Geschwindigkeit der Walze; δ Dehnung der Bahn; l_d Dehnungsbereich; l_h Haftbereich; — — — möglicher extremer Verlauf ohne Gleiten; c elastische Dehnung; d elastische Schrumpfung; e plastische Dehnung

Sind $v_1 = v_2$ und $S_1 = S_2$, so läuft die Bahn durch, ohne daß sie eine zusätzliche Dehnung erfährt oder Kräfte zwischen Bahn und Walze übertragen werden. Änderungen einer Größe beeinflussen die benachbarten Bahnelemente auf der Walze. Stationärer Zustand tritt erst ein, wenn die Bahn mit der Umfangsgeschwindigkeit der Walze einläuft, die Dehnung oder Schrumpfung der Differenz der Längskräfte entspricht, an der Auslaufkante ansetzt und die Bahn mit der durch Dehnung oder Schrumpfung erreichten Geschwindigkeit abläuft. Es ergibt sich, daß dabei den Bahnteilen mit der größeren Geschwindigkeit stets auch die größere Bahnspannung zugeordnet ist.

Bei einer plastischen Bahn ist die Dehnung gemäß Gl. (3) proportional der Scherspannung σ_0, so daß sie ebenfalls erst mit Auftreten einer Längskraft S zustande kommt. Da eine solche Bahn auch bei Entspannung nicht schrumpft, sondern eine entstandene plastische Dehnung erhalten bleibt, ist die Auslaufgeschwindigkeit stets größer, höchstens gleich, niemals aber kleiner als die Einlaufgeschwindigkeit in die Walze, es sei denn, daß sich das Dehnungsverhalten bei der Bearbeitung auf der Walze ändert. Für die plastische Bahn gilt also von Abb. 22a nur der Fall a. Der plastische Anteil der Dehnung ist im Papier, besonders wenn es naß ist, sehr erheblich. Die in Abb. 22a dargestellte Dehnung ist daher nur zu einem Teil auf das elastische Verhalten der Bahn zurückzuführen. Wenn daher der Fall b der Schrumpfung eintritt, so beteiligt sich daran nur der elastische Anteil, d. h., die mögliche Schrumpfung ist proportional dem Anteil des elastischen am Gesamtdehnungsverhalten und der mögliche Geschwindigkeitsunterschied im Falle der Dehnung größer als im Falle der Schrumpfung (Abb. 22b).

Soweit sich durch die Bearbeitung auf der Walze das Kraft-Dehnungs-Verhalten verschiebt, ändert sich auch der Dehnungsbereich, selbst wenn Reibungsziffer und Anpreßdruck konstant bleiben. Entstehende Längskräfte, z. B. infolge Quellung oder Entwässerung, überlagern sich der Bahnspannung und ergeben eine Änderung der Dehnung. Verformungen, z. B. durch Pressen, können in Längsrichtung zusätzlichen Schlupf verursachen, der im Einlauf gegen den Papierlauf gerichtet ist, so daß die Einlaufgeschwindigkeit zur Walze sinken kann.

Die Bahn läuft in kurzer Zeit über die einzelnen Walzen. Da die Dehnung schnell den einwirkenden Kräften folgt, findet sie im wesentlichen auf den Walzen statt. Nur die Zeit erfordernde Nachdehnung kann sich erst bei längerem Lauf unter Spannung ausbilden. Sie kann vernachlässigt werden, weil das Dehnungsverhalten bereits in den folgenden Teilmaschinen geändert wird.

2. Verhalten in der freien Bahn

Wenn in der frei laufenden Bahn eine technologische Bearbeitung, z. B. Trocknen vorgenommen wird, so entsteht auch hier eine allmähliche Änderung des Kraft-Dehnungs-Verhaltens. Das Trocknen ist meist mit einer Schrumpfungstendenz verbunden, die bei fester Zu- und Auslaufgeschwindigkeit der Walzen zu erhöhter Bahnspannung führt. Vermieden wird dies durch Verminderung der Geschwindigkeit der nächsten Walze. Beim Fehlen äußerer Einwirkungen läuft die Bahn durch die freie Strecke hindurch, ohne eine Änderung zu erfahren.

Die Bahnlänge auf der Walze und in der freien Strecke stellen einen Papiervorrat dar. Änderungen der Bahnspannung werden auf den Walzen von den Reibungskräften aufgenommen, in der freien Bahn über die ganze Länge übertragen, weil zusätzliche innere oder äußere Kräfte meist fehlen. Den Verlauf von Bahnkraft, Bahnspannung, Dehnung und Geschwindigkeit beim Lauf der Bahn durch zwei aufeinanderfolgende Teilmaschinen und die freie Strecke erhält man durch Aneinanderreihen des Verlaufes auf den einzelnen Walzen gemäß Abb. 22. Alle Änderungen vollziehen sich auf der Walze innerhalb des Dehnungsbereiches. Dieser ist meistens im Verhältnis zur Länge der freien Strecke sehr klein. Man kann ihn daher vernachlässigen und unterstellen, daß an der Bahn erst im Austrittspunkt der Geschwindigkeitsunterschied und die zugehörige Dehnung wirksam werden. Bei Erreichen des stationären Zustandes ist diese Dehnung auf die ganze freie Strecke übertragen.

Zur Bestimmung der Dehnung genügt es also, die frei laufende Bahn mit ihrer Strecklänge l zu betrachten, sowohl im stationären Zustand als auch bei Eintritt von Störungen.

a) Stationäre Dehnung. Mit Dehnung wird das Verhältnis der Längenänderung eines Bahnstückes zur Länge des gleichen Stückes im ursprünglichen Zustand bezeichnet.

$$\delta_{01} = \frac{l_1 - l_0}{l_0} = \frac{\Delta l}{l_0} \tag{9}$$

Im stationären Zustand ändert sich die zwischen zwei Punkten 0 und 1 enthaltene Menge nicht, der Zulauf muß gleich dem Ablauf sein. Bezeichnet q das Gewicht der Einheitslänge der Bahn, so ist

$$q_0 v_0 = q_1 v_1 \tag{10}$$

Auch das Gewicht der Länge l_0 kann sich bei Dehnung auf l_1 wegen Erhalten der Menge nicht ändern, d. h.

$$q_0 l_0 = q_1 l_1 \tag{11}$$

Hieraus ergibt sich mit den Gln. (10) und (11) aus Gl. (9)

$$\delta_{01} = \frac{v_1 - v_0}{v_0} = \frac{\Delta v}{v_0} \tag{12}$$

Da also die stationäre Dehnung nur durch den stationären Geschwindigkeitsunterschied bedingt ist, können vorübergehende Abweichungen der Geschwindigkeit, ebenso deren Folge, wie die Verschiebung der relativen Winkellage der Walzen, nur einen vorübergehenden Einfluß auf die Dehnung ausüben. Die Bahnspannung bleibt stationär gleich. Anders ist es, wenn das Kraft-Dehnungs-Verhalten der Bahn, z. B. durch Entwässerung, geändert wird. Dann ändert sich auch bei gleichgebliebenem Geschwindigkeitsunterschied zwar nicht die Streckung, also die Dehnung, sondern die Bahnspannung.

b) Sprunghafte Änderung der Geschwindigkeit. Wird in einer stationär laufenden Bahn die Geschwindigkeit des Auslaufpunktes sprunghaft um

$\pm \Delta v$ geändert, so kann die Dehnung in der Bahnstrecke wegen des in ihr enthaltenen Papiervorrates nur allmählich sich ändern. Solche Vorgänge verlaufen nach einer e-Potenz der Zeit entsprechend Abb. 23. Ihr Verlauf wird dargestellt durch:

$$\delta = \delta_0 \pm \frac{\Delta v}{v} (e^{-t/\tau} - 1) \qquad (13)$$

Dieses Verhalten ist auch die Ursache dafür, daß die Dehnung bei vorübergehender Abweichung der Geschwindigkeit wieder den ursprünglichen Betrag annimmt.

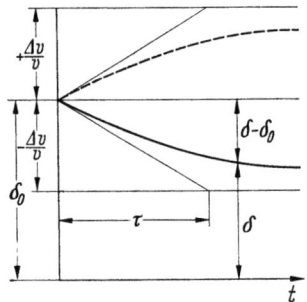

Abb. 23. Verlauf der Dehnung δ bei sprunghafter Änderung der Geschwindigkeit um $\pm \Delta v$

Der Beiwert τ, als Zeitkonstante des Vorganges bezeichnet, ist die Zeit, die ein Bahnelement zum Durchlaufen der betrachteten Strecke benötigt. Sie ergibt sich aus der Länge der Strecke l und der Papiergeschwindigkeit v zu

$$\tau = \frac{l}{v} \qquad (14)$$

Je größer die Geschwindigkeit, desto schneller wird der neue Zustand erreicht. Wird sie unendlich groß, folgt die Dehnung sofort der Änderung der Geschwindigkeit und nimmt den ihr sonst nur im stationären Zustand entsprechenden Betrag an. Sie ist der Abweichung $\Delta v_{(t)}$ proportional, auch wenn sich diese kontinuierlich ändert, also

$$\delta_p = \frac{\Delta v(t)}{v} \qquad (15)$$

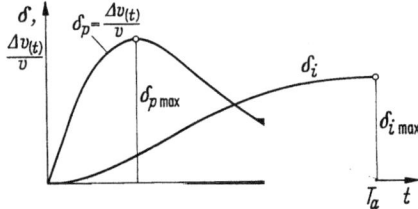

Abb. 24
Proportionaler (δ_p) und integraler (δ_i) Verlauf der Dehnung δ bei $v = \infty$ bzw. $v = 0$

Wird im anderen Extrem ein Bahnstück l an einem Ende fest eingespannt und dem anderen Ende eine Geschwindigkeit $\Delta v_{(t)}$ erteilt, so ergibt sich aus Gl. (9)

$$\delta_i = \frac{1}{l} \int \Delta v_{(t)} \, dt \qquad (16)$$

Bei der Durchlaufgeschwindigkeit Null hat also die Dehnung integralen Charakter. Die Abb. 24 zeigt den Verlauf dieser Dehnungen nach Gln. (15) und (16).

c) **Dehnung bei endlicher Geschwindigkeit.** In Abb. 25 läuft die Bahn mit der konstanten Geschwindigkeit v_1 spannungslos, also ungedehnt den Walzen 1 zu und mit der veränderlichen Geschwindigkeit v_2 und der entstandenen Dehnung δ aus der freien Strecke l aus und in die Walzen 2 ein. Die im Zeitelement dt auslaufende, gedehnte Bahnlänge beträgt $v_2 \, dt$. Die zulaufende, ungedehnte Länge $v_1 \, dt$ ist in der freien Strecke auf $(1 + \delta) v_1 \, dt$ gedehnt. Die Differenz beider Bahnstücke entspricht der Länge $l d\delta$, um die das in der freien Strecke enthaltene Papier durch die eintretende Änderung $d\delta$ der Dehnung gedehnt wurde

$$v_2 dt - (1 + \delta) v_1 dt = l d\delta \qquad (17)$$

Mit Einführung der Zeitkonstante τ der Bahn nach Gl. (14) und $\Delta v_{(t)} = v_2 - v_1$ erhält man die Differentialgleichung der Dehnung:

$$\frac{d\delta}{dt} = -\delta \frac{v_1}{l} + \frac{v_2 - v_1}{l} = \frac{1}{\tau}\left(-\delta + \frac{\Delta v(t)}{v}\right) \qquad (18)$$

Auch aus ihr lassen sich die auf anderem Wege gefundenen Gln. (12), (13), (15) und (16) ableiten.

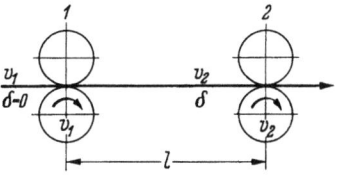

Abb. 25. Anordnung von zwei Walzenpaaren

Wenn sich die Geschwindigkeitsabweichung $\Delta v(t)$ nur vorübergehend ändert, interessiert besonders die auftretende maximale Dehnung. Betrachtet man unter diesem Gesichtspunkt die Gl. (15), erkennt man, daß bei unendlich großer Geschwindigkeit die maximale Dehnung zu der Zeit eintritt, wenn $\Delta v_{(t)}$ seinen Größtwert erreicht. Ihr Maximum beträgt dann

$$\delta_{p\,\max} = \frac{\Delta v_{\max}}{v} \qquad (19)$$

Bei Geschwindigkeit Null erreicht nach Gl. (16) die Dehnung ihr Maximum, wenn $\Delta v_{(t)}$ nach der Zeit T_a wieder Null wird. T_a bezeichnet man in der Regeltechnik mit Anregelzeit. Es wird

$$\delta_{i\,\max} = \frac{1}{l}\int_0^{T_a} \Delta v_{(t)}\,dt \qquad (20)$$

Mit wachsender Geschwindigkeit verschiebt sich also der Zeitpunkt, zu dem die maximale Dehnung eintritt, vom Zeitpunkt des nächsten Nulldurchgangs der Geschwindigkeit bis zum Eintritt ihres größten Betrages. Bei maximaler Dehnung ist ihre Änderung, also die linke Seite von Gl. (18) gleich Null. Man erhält daraus

$$\delta_{\max} = \frac{\Delta v(t_{\max})}{v} \qquad (21)$$

Das heißt, $\delta_{\max}$ ist stets gleich der auf v bezogenen Abweichung der Geschwindigkeit zum Zeitpunkt des Erreichens der maximalen Dehnung. Anders ausgedrückt: Der abfallende Ast der Kurve $\Delta v_{(t)}/v$ nach Abb. 24 ist der geometrische Ort der Amplituden der maximalen Dehnung für $\infty > v > o$. Dies gilt bei jeder Geschwindigkeit v, wenn nur der Verlauf von $\Delta v_{(t)}/v$ der gleiche ist. Trotz gleichbleibender relativer Abweichung der Geschwindigkeit $\Delta v_{(t)}/v$ steigt also die maximale Dehnung mit der Durchlaufgeschwindigkeit.

Ist bei unterschiedlichem v der Verlauf von $\Delta v_{(t)}$ derselbe, ergibt sich für $\Delta v_{(t)}/v$ eine Kurvenschar gemäß Abb. 26 mit proportionalen Ordinaten. Die Kurve für $v = \infty$ verschwindet in der Abszissenachse, die maximale Dehnung, die sich zur Zeit $t_{\max}$ des Eintritts der maximalen Geschwindigkeitsabweichung einstellt, wird Null. Die Kurve für $v = o$ wird zur Ordinate über dem Zeitpunkt T_a, sie schließt sich im

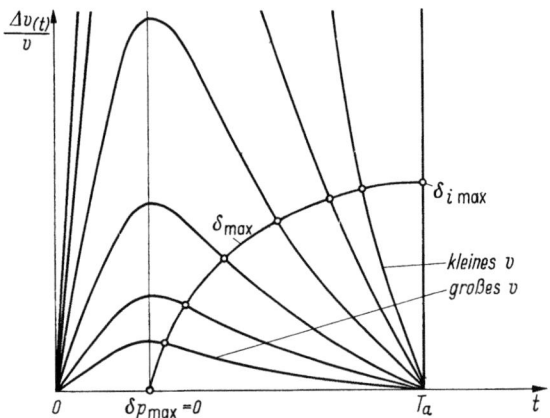

Abb. 26. Maximale Dehnung $\delta_{\max}$ bei unterschiedlicher Geschwindigkeit und gleichem Verlauf der Abweichung $\Delta v_{(t)}$

Unendlichen mit der Ordinatenachse. Hier ist die maximale Dehnung durch Gl. (16) gegeben. Der geometrische Ort für die max. Dehnung bei allen Geschwindigkeiten setzt an den Punkten der extremen Dehnungen an und schneidet als Trajektorie im rechten Winkel alle Kurven der Schar. Die Ordinaten der Schnittpunkte geben die zugehörige maximale Dehnung, ihre Abscissen den Zeitpunkt ihres Eintritts. Damit läßt sich die maximale Dehnung aus dem durch einen Schreiber aufgezeichneten Verlauf der Geschwindigkeitsabweichung Δv zeichnerisch finden. Die Größe der Dehnung δ_i erhält man durch Planimetrieren der geschriebenen Kurve und Division mit der freien Länge unter Beachtung der Maßstäbe. Der Betrag wird als Ordinate über der Zeit T_a eingetragen. Zum genaueren Zeichnen der Trajektorie kann man Teilstücke der zugehörigen Kurvenschar mit proportionalen Amplituden einzeichnen.

Zur Berechnung der Dehnung muß Gl. (18) integriert werden. Mit der Grenze $\delta = \delta_0$ zur Zeit $t = o$ und $\Delta v_{(t)}$ klein[1] gegen v ergibt sich nach bekannter Integrationsformel

$$\delta = e^{-t/\tau} \left[\delta_0 + \frac{1}{l_0} \int_0^t \Delta v_{(t)} e^{t/\tau} dt \right] \tag{22}$$

---

[1] Sonst kommen zu den Exponenten $\mp t/\tau$ noch die Summanden $\mp \dfrac{1}{l_0} \int \Delta v_{(t)} dt$ hinzu.

B. Verhalten der Bahn auf der Papiermaschine 49

Man sieht, die Anfangsdehnung δ_0 beim Einlauf verschwindet mit der Zeit und mit einer Schnelligkeit, die durch die Bahnzeitkonstante τ bestimmt ist. Dafür entsteht eine neue Dehnung, die von der freien Länge l_0, der Geschwindigkeitsabweichung $\Delta v_{(t)}$ und der Zeitkonstante τ abhängig ist. Der allgemeine Verlauf der beiden Summanden und der Gesamtdehnung ist in Abb. 27 dargestellt.

Das Integral der Gl. (22) läßt sich nur berechnen, wenn der Verlauf von $\Delta v_{(t)}$ als mathematische Funktion vorliegt. Die Lösung erscheint von geringerem Interesse, weil der grundsätzliche Verlauf bereits beschrieben wurde.

In der freien Strecke herrscht in jedem Bahnelement die gleiche Längsspannung. Zum gleichen Zeitpunkt sind alle Bahnelemente um den gleichen Betrag gedehnt. Für die plastische Verformung gilt dies nur so lange, bis die maximale Spannung und Dehnung erreicht ist. Bei ihrem Rückgang behalten die Elemente der freien Strecke

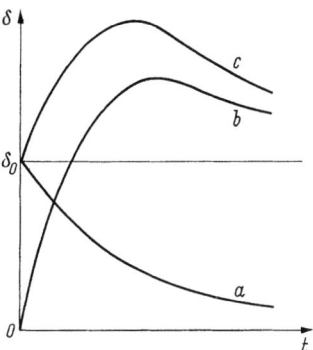

Abb. 27. Verlauf von Vordehnung (a), entstehende Dehnung (b) und resultierender Dehnung (c)

und die neu einlaufenden Elemente die bisher erhaltene bzw. die beim Einlauf eintretende plastische Dehnung bei und laufen mit dieser durch die Strecke hindurch. Dies hat zur Folge, daß die Bahnspannung und

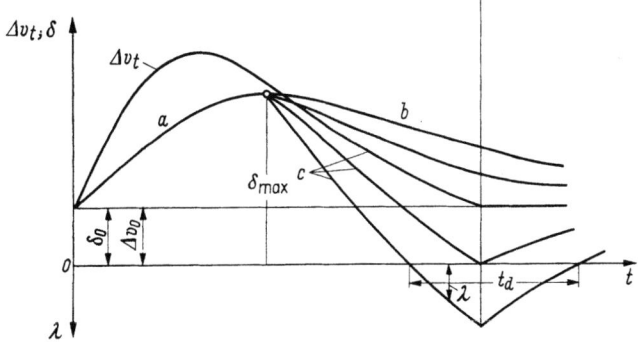

Abb. 28. Verlauf der Dehnung im Einlaufpunkt der freien Strecke bei rein elastischer (a und b) und bei elastisch-plastischer Bahn (a und c)
λ relative Bahnverlängerung, t_d Zeitdauer des Durchhängens; Δv_0 stationärer Unterschied der Geschwindigkeiten; δ_0 stationäre Dehnung

damit die elastische Dehnung, ebenso die Gesamtdehnung als Summe von plastischen und elastischen Anteilen schneller zurückgehen, als es den obigen Formeln entspricht. Dabei ist zu beachten, daß die plastische und damit die Gesamtdehnung an den einzelnen Stellen der Strecke unterschiedlich wird. Betrachtet man nur den Punkt des Einlaufes in

Schiller, Elektrische Antriebe 4

die Strecke, so ergeben sich für unterschiedliche plastische Anteile Dehnungslinien gemäß Abb. 28. Bei großem plastischem Anteil kann eine relative Bahnverlängerung λ entstehen und zu Durchhang führen, wenn die elastische Dehnung aufgezehrt ist. Der Durchhang wird durch den stationären Geschwindigkeitsunterschied Δv_0 allmählich beseitigt. Ebenso stellt sich nach einiger Zeit in der Strecke wieder die Δv_0 entsprechende stationäre Dehnung δ_0 ein.

d) **Bezugssysteme der Dehnung.** Es ist vielfach gebräuchlich, die Dehnung zu bestimmen, die zwischen zwei aufeinanderfolgenden Gruppen $(n-1)$ und n auftritt, weil sie als Folge der technologischen Bearbeitung einen Rückschluß auf diese zuläßt.

$$\delta_n = \frac{v_n - v_{n-1}}{v_{n-1}} \quad \text{oder} \quad 1 + \delta_n = \frac{v_n}{v_{n-1}} \qquad (23)$$

Da die Bahn meist mit einer Vordehnung einläuft, gibt die Dehnung nach Gl. (23) nur die Änderung der bereits vorhandenen Dehnung an und für sich keinen Aufschluß darüber, wie groß die Gesamtdehnung ist, die ebenfalls von Interesse ist. Die absolute Dehnung ε bezieht man daher nach KESSLER [18a] auf die Geschwindigkeit v_0 der ungedehnten Streckenlänge l_0 in der Form

$$\varepsilon_n = \frac{v_n - v_0}{v_0} \quad \text{oder} \quad 1 + \varepsilon_n = \frac{v_n}{v_0} \qquad (24)$$

Zwischen beiden Bezugssystemen bestehen folgende Beziehungen:

$$\left.\begin{array}{l} 1 + \varepsilon_n = (1 + \delta_1)(1 + \delta_2)\ldots(1 + \delta_n) = (1 + \varepsilon_{n-1})(1 + \delta_n) \\ \varepsilon_n - \varepsilon_{n-1} = (1 + \varepsilon_{n-1})\delta_n = \frac{v_{n-1}}{v_0}\delta_n \end{array}\right\} \qquad (25)$$

Natürlich ist die durch die Dehnung zwischen 2 Teilmaschinen verursachte Verlängerung eines Bahnstückes l in beiden Bezugssystemen gleich groß, nämlich

$$l_n - l_{n-1} = l_{n-1}\delta_n = l_0(\varepsilon_n - \varepsilon_{n-1}), \qquad (26)$$

Werden in die erste der Gln. (25) für δ die elastischen und plastischen Anteile entsprechend der Gln. (2) und (4) eingesetzt, ergibt sich

$$(1 + \varepsilon_n) = (1 + \delta_{p_1} + k_1 S_1)(1 + \delta_{p_2} + k_2 S_2)\ldots(1 + \delta_{p_n} + k_n S_n) \qquad (27)$$

worin k ein Materialfaktor ist, der wie δ_p bei der Papiermaschine in Laufrichtung kleiner wird. Man sieht daraus, daß die plastischen Dehnungen δ_p und die Materialziffern k bei gleicher Gesamtdehnung von erheblichem Einfluß auf die Zugspannungen sind, von der vornehmlich der Papierbruch abhängig ist.

Wegen der unterschiedlichen plastischen und elastischen Anteile gibt die Dehnung in der Naßpartie vornehmlich Aufschluß über das plastische

Fließen, in der Trockenpartie über die Zugspannung. Die Gesamtdehnung ε kennzeichnet die stattgefundene Gesamtstreckung.

3. Einfluß von Störungen

Veränderungen in den Eigenschaften und dem Verhalten der Bahn auf den Walzen und in der freien Strecke werden durch Eingriffe in den Betrieb oder durch auftretende Störungen hervorgerufen. Letztere können auf technologische Abweichungen oder auf Änderungen im Verhalten des Antriebes zurückgeführt werden.

a) Einfluß von technologischen Abweichungen. Die Ursache technologischer Änderungen kann in der Beschaffenheit des zugeführten Papierstoffes oder Papiers liegen. Auch die benötigten Hilfsmittel, wie Vakuum zur Entwässerung oder Heizdampf zur Trocknung und sonstige Hilfsmittel sind nicht frei von Abweichungen. Die Beschaffenheit der Maschine mit ihren vielen Walzen, Filzen und sonstigen Einzelheiten soll ein völlig gleichmäßiges Arbeiten gewährleisten und trotz des Verschleißes, dem besonders Sieb und Filze, aber auch die Bezüge und die Mantelflächen der Walzen unterworfen sind, keine, wenigstens aber keine schnell auftretende Störungen verursachen. Nicht zuletzt ist es die Art der Betriebsführung, die viele Möglichkeiten zum Eingriff in den Ablauf der Fertigung hat und beim Einstellen in der Nähe der Grenzlagen unbeabsichtigte Störungen herbeiführen kann.

Solche vorgesehene oder unbeabsichtigte Änderungen haben fast stets außer einer Änderung der technologischen Beschaffenheit, wie Trockengehalt, Dichte und anderem auch das Auftreten zusätzlicher Längsspannungen in der Bahn zur Folge, die im Sinne einer Dehnung oder Schrumpfung der Bahn wirken und eine Änderung der Spannung in den Überführungsstellen zur Folge haben. Im Grenzfall kann dies zu Durchhang oder Bahnbruch führen. Die ursprüngliche Bahnspannung kann nur durch Beseitigung der technologischen Ursache oder durch Verstellung der Walzendrehzahl erreicht werden.

In den meisten Fällen haben technologische Änderungen auch eine Änderung des erforderlichen Antriebsmomentes der Walze zur Folge. Von der Ausführung des Antriebes hängt es ab, ob und in welcher Größe eine Abweichung der Drehzahl eintritt. Es kann auch vorkommen, daß sich die Störungen periodisch mit dem Umlauf einer Walze oder eines Filzes wiederholen. Die Frequenzgleichheit zeigt an, wo die Ursache zu suchen ist. Solche periodische Störungen, die besonders als Drehzahlabweichungen mit Frequenzen unter 5 Hz stören, können durch Drehzahlregelung nur schwer beseitigt werden. Da sie auch periodische Abweichungen im Papier ergeben, sollten die Störungen, wie auch sonst, an der Stelle ihrer Entstehung beseitigt werden.

b) Einfluß von Drehzahlabweichungen des Antriebes. Eine zweite Art der Einwirkung auf das Verhalten der Papierbahn ist durch die Eigenschaften des Antriebes bei Vornahme von Verstellungen der Antriebselemente oder bei Störungen innerhalb des Antriebes oder bei Änderungen der Last gegeben. Sie wirken sich in einer Änderung der Antriebsdrehzahl aus.

Bei den mechanischen Antriebsteilen kann dies durch Schlupf oder größere Lose in Riementrieben, Regelgetrieben und Kupplungen verursacht werden. In gleicher Weise wirken Drehzahländerungen des Antriebsmotors, sei es ein hydraulischer Motor, eine Dampfmaschine oder Turbine oder ein Elektromotor. Änderungen der Drehzahl führen zu einer Änderung der Zugkräfte in der Papierbahn, z. B. hat eine Erhöhung der Drehzahl eine Vergrößerung des Bahnzuges vor der Walze, gleichzeitig aber auch eine Verminderung der Bahnkraft in der nachfolgenden freien Bahnstrecke zur Folge. Daraus ergibt sich die Forderung, daß die eingestellten Walzendrehzahlen konstant bleiben sollen. Deshalb sollen alle Teile des Antriebes so ausgeführt sein, daß die Entstehung von Drehzahlabweichungen, hervorgerufen z. B. durch Schlupf, exzentrische Riemenscheiben oder Zahnräder, Schwankungen von Dampfdruck, Spannung und Frequenz des elektrischen Netzes, Spannungsabfälle, Temperaturänderungen u. a. von vornherein möglichst weitgehend durch Ausschaltung oder Kompensation der Störeinflüsse vermieden werden. Darüber hinaus ist meistens eine Regelung auf konstante Drehzahl notwendig.

IV. Antrieb der Arbeitsmaschinen, mechanischer Antrieb

A. Antrieb der Walzen

Die Maschinen zur Herstellung oder Verarbeitung von Papierbahnen bestehen aus einer sehr unterschiedlichen Anzahl von Walzen. Zum Beispiel besitzt der einfache Achsumroller nur zwei Tamboure für das Ab- und Aufwickeln der Bahn. Dagegen benötigt eine schnell laufende Zeitungspapiermaschine mehr als 250 Walzen, die während der Fabrikation mit Arbeitsgeschwindigkeit laufen müssen. Von dieser großen Walzenzahl sind nur etwa ein Drittel mit der Papierbahn in Berührung, die übrigen dienen zur Führung des Siebes und der Filze. Diese bleiben meistens ohne äußeren Antrieb, sie werden von Sieb und Filzen durch Umfangsreibung mitgenommen. Bei großen Maschinen werden einzelne dieser Walzen auch von außen angetrieben, weil dadurch Sieb und Filz von der Übertragung des erforderlichen größeren Antriebsmomentes entlastet und damit die Bänder geschont werden.

A. Antrieb der Walzen

Bei den von der Bahn berührten Walzen werden lediglich die Hauptwalzen von Naßpartie, Glättwerk und Roller einzeln von außen angetrieben. Die große Zahl der Papiertrockenzylinder wird durch Zahnräder zu mehreren Gruppen zusammengefaßt und jede Gruppe mit einem Antrieb versehen. Die noch verbleibenden, vom Papier berührten Walzen werden entweder von der Bahn, dem Filz oder bei Pressen von der Hauptwalze durch Reibung mitgenommen. Auf diese Weise wird trotz der vielen Walzen die Anzahl der äußeren Antriebe auf etwa 15 vermindert, die jedoch beim Achsumroller auf 1 Antrieb sinkt, bei stark unterteilten Spezialmaschinen bis auf 40 ansteigen kann. Hiernach ergeben sich für die einzelnen Walzen außer dem direkten Antrieb einer Hauptwalze von außen folgende Antriebsarten:

1. Mitnahme der Nebenwalzen

Mitnahme der Nebenwalzen durch Reibung. Diese Antriebsart ist nur so weit zulässig, als durch die Kraftübertragung auf die Nebenwalze im stationären Betrieb oder bei Beschleunigung keine schädliche Beanspruchung der Papierbahn, des Siebes oder der Filze auftritt, welche die Qualität des Papiers oder die Lebensdauer von Sieb und Filzen merklich beeinträchtigt. Der Anwendungsbereich des Reibungsantriebes beschränkt sich also auf Walzen mit relativ kleinen Antriebsmomenten.

a) In der frei laufenden Bahn werden Papierleitwalzen durch Reibung an der Bahn mitgenommen. Da sie aber bei Fehlen des Papiers zum Stillstand kommen, müssen die Walzen beim Aufführen des Papiers beschleunigt werden, was eine zusätzliche Beanspruchung der Bahn bedeutet. Das gleiche gilt für das Hochfahren besonders bei Verarbeitungsmaschinen wie bei Schnellrollern. Bei größeren Schwungmomenten der Walzen und kurzen Hochlaufzeiten sieht man daher einen Riemenantrieb der Papierleitwalze von der nächsten Maschinengruppe aus oder einen Antriebsmotor vor.

b) Mitnahme durch Reibung an Bändern bewirkt den Antrieb von Brustwalze, Register- und Leitwalzen der Siebpartie. Zur Schonung des Siebes ist es bei größeren und schnell laufenden Maschinen zweckmäßig, die erste Siebrückenlaufwalze, auch die Brustwalze, mit einem zusätzlichen Antrieb zu versehen. Auch Egoutteure größerer Maschinen sollen einen Antrieb einstellbarer Drehzahl erhalten, damit der störende Schlupf gegenüber dem Sieb vermieden wird.

Für Mitnahme durch einen Filz gilt das gleiche. Soweit die Bahn auf dem Filz aufliegt, ist besonders darauf zu achten, daß seine Dehnbarkeit Unterschiede in der Umfangsgeschwindigkeit der Walzen zur Folge hat. Eine solche Mitnahme kommt bei Papiermaschinen vor allem in der Rundsiebpartie, bei Überführungsfilzen und bei Naßpressen vor.

Auch hier sollen Walzen mit größerem Antriebsmoment, wie Rundsiebzylinder, Vorpressen, Filzwaschpressen u. a. einen zusätzlichen Antrieb erhalten.

In Trockengruppen werden die Filztrockenzylinder und die Filzleitwalzen stets vom Filz mitgenommen. Gespannte Filze stellen eine kraftschlüssige Kupplung in der Art eines Riemenantriebes dar. Man hat daher in Trockengruppen mit nur 2 bis 3 Trockenzylindern unter dem gleichen Filz nur 1 Zylinder von außen angetrieben, so daß die übrigen vom Filz mitgenommen wurden. Wegen der Dehnung und Schrumpfung der Filze blieb diese Antriebsart aber auf Sonderfälle beschränkt.

Bei einer Walzengruppe, die ein Filz kraftschlüssig umschließt, wird der Antrieb vornehmlich an der Walze, die das größte Antriebsmoment fordert, angeordnet. Dies ist meist die in Laufrichtung letzte von der Bahn berührten Walze, von der aus die Bahn zur nächsten Maschinengruppe übergeführt wird. Auch wenn mehrere Walzen etwa gleich große Antriebsmomente benötigen, soll die letzte Walze angetrieben werden. Dann werden alle vorhergehenden Walzen gezogen, die Geschwindigkeit der Walzen und des Filzes steigen wegen der Kraftübertragung und der Filzdehnung in Richtung des Papierlaufes ein wenig an und die Bahn liegt unter leichter Spannung auf dem Filz.

c) **Mitnahme durch Reibung am Umfang** einer Hauptwalze erfolgt bei allen Pressen, bei Anpreßwalzen an Trockenzylindern, bei Kalandern und Umfangswicklern. Dabei wird die von der angepreßten Walze geforderte Antriebskraft von der angetriebenen Hauptwalze durch das Papier, vielfach auch durch einen Filz hindurch übertragen. Naturgemäß ist die Umfangsgeschwindigkeit der getriebenen Walze um den Schlupf kleiner, so daß dadurch auch das Papier besonders beansprucht wird. Größerer Schlupf, der besonders bei empfindlicheren Papieren und besonderen Arbeitsvorgängen, z. B. bei der Oberwalze einer Siebsaugwalze oder der Leimpresse, ebenso bei Anpreßwalzen an Yankeezylindern vermieden werden soll, läßt sich nur durch besonderen Antrieb vermeiden, dessen Drehzahl bei hohen Ansprüchen geregelt wird.

2. Starre Antriebsverbindung mehrerer Walzen

Bei vielen Arbeitsmaschinen kann eine Reihe aufeinanderfolgender, papierführender Walzen mechanisch starr über Zahnräder und Wellen gekuppelt werden. Das ist immer dann möglich, wenn das Drehzahlverhältnis aufeinanderfolgender Walzen bei Abwicklung verschiedener Fabrikationsprogramme nicht geändert werden muß und auch ein Nachschleifen der Walzen nicht erforderlich ist.

a) **Hochdruckpresse, Friktions- und Kunststoffkalander.** Beispiele hierfür sind die *filzlose Hochdruckpresse* in Maschinen zur Entwässerung von Zellstoff oder Holzschliff. Dabei wird die Oberwalze der Presse von der Unterwalze mittels eines Zahnrades angetrieben.

Friktionskalander zur Hochglanzglättung von Buntpapieren bzw. zum Verzug und Glätten von Kunststoffolien bestehen aus 2 bis 4 aneinander gepreßten Walzen, die mit unterschiedlichen Umfangsgeschwindigkeiten angetrieben werden.

Bei mechanischem Antrieb erfolgt dies über Zahnräder. Vielfach ist vorgesehen, daß bei Programmwechsel die Umfangsgeschwindigkeiten durch Wechselräder geändert werden können. Ähnlich sind die Verhältnisse bei der vor dem Aufroller angeordneten Streck- und Reckpartie mancher Auftragsmaschinen. Hier wird die Bahn zunächst durch eine Vorzugspresse und anschließend um einige mit unterschiedlicher Geschwindigkeit laufende Walzen geführt, so daß die vorher behandelte Bahn gestreckt wird. Alle Walzen sind mechanisch miteinander verbunden.

b) Rotationsdruckmaschinen. Bei Rotationsdruckmaschinen werden alle Walzen über Zahnräder und Wellen miteinander gekuppelt, wobei die Walzen gleiche Umfangsgeschwindigkeit besitzen. Zwischen aufeinanderfolgenden Druckwerken wird die Bahn über Leitwalzen frei geführt. Durch unrichtige Bemessung der freien Bahnwege, durch Klebestellen in der Bahn, durch Dehnen oder Schrumpfen des Papiers beim Druck- und Trockenvorgang und durch Schwankungen in der Papierspannung kann eintreten, daß beim Lauf der Bahn vom ersten zum zweiten Druckwerk nicht wieder der gleiche Bahnpunkt an die richtige Stelle des nachfolgenden Druckwerkes kommt, so daß unsauberer Druck, besonders bei Mehrfarbendruck auftritt. Es müssen daher Korrekturen der freien Bahnlänge vorgesehen werden, indem entweder eine Papierleitwalze durch Parallelverschieben die freie Bahnlänge ändert oder ein im Antrieb des Druckwerkes angeordnetes Differentialgetriebe eine Verdrehung der Winkellage des Druckwerkes ermöglicht. Diese Verstellung kann durch die Registerregelung selbsttätig vorgenommen werden, bei der die relative Verschiebung aufgebrachter Farbmarken photoelektrisch laufend gemessen, elektronisch umgeformt und bei Abweichungen in die nötige Verstellung umgesetzt wird.

c) Trockengruppen. In Trockengruppen werden die Zylinder einer jeden Reihe von Filzen kraftschlüssig umschlungen. Da Dehnung und Schrumpfung der Filze meist die gewünschte gleiche Umfangsgeschwindigkeit der Zylinder beeinträchtigen, ist es üblich, alle Trockenzylinder einer Gruppe untereinander über Zahnräder, evtl. in Verbindung mit Wellen, formschlüssig zu kuppeln. Diesem mechanischen Antrieb muß besonders bei großen Trockengruppen für hohe Arbeitsgeschwindigkeit besondere Sorgfalt bei der Konstruktion und bei der Fertigung gewidmet werden, damit die Formschlüssigkeit durch die Zahnräder und die Kraft-

56 IV. Antrieb der Arbeitsmaschinen, mechanischer Antrieb

schlüssigkeit durch die Filze nicht zu unruhigem Betrieb und Maschinenschäden führt.

Die gleichen Probleme treten überall auf, wenn in einer kraftschlüssig geschlossenen Walzengruppe mehr als eine Walze auf mechanische Weise formschlüssig angetrieben werden soll, z. B. in Rundsiebpartien, in geschlossenen Selbstabnahmemaschinen und anderen Filzgruppen, ebenso bei Antrieb der Oberwalzen von Pressen. Eine starre Kupplung ist meist nicht möglich, weil diese der nötigen Einstellbarkeit der Drehzahl, verursacht durch Dehnung des Filzes und Nachschleifen

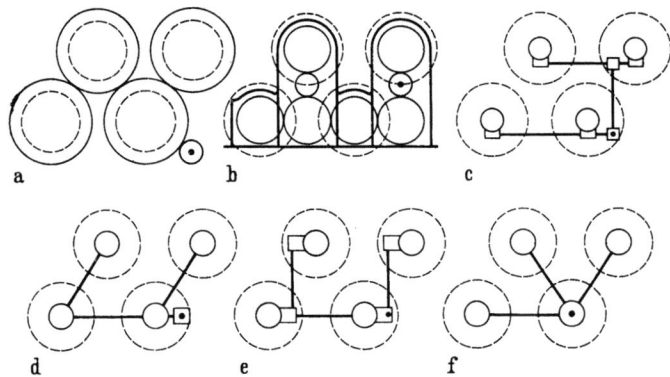

Abb. 29a—f. Antrieb der Zylinder in Trockengruppen
a große offen laufende Zahnräder; b gekapselter Stirnradantrieb mit Zwischenrädern;
c—f Antriebe mit Schnecken, Stirn- und Winkelrädern in unterschiedlichen Kombinationen,
mit horizontalen, senkrechten oder schrägen Verbindungswellen

der Walzenbeläge, nicht Rechnung trägt. Sieht man aber eine einstellbare Übersetzung vor, z. B. in Form eines Kegelscheibentriebes, so ist nur schwer eine Einstellung zu finden, die dem durch den Filz geforderten Drehzahlunterschied entspricht. Das Ergebnis ist oft ungleichmäßige Lastverteilung, die den Filz übermäßig beansprucht oder zu losem Filz führen kann.

In Abb. 29a bis f sind einige der verbreitetsten Antriebsanordnungen an den Trockenzylindern von Papiermaschinen schematisch dargestellt. Die Anordnung a zeigt große ineinandergreifende Stirnräder, welche die Durchmesser der Trockenzylinder überragen und fliegend auf die vom Heizdampf und dem Kondensat durchströmten Zylinderzapfen aufgesetzt werden. Der Antrieb der Gruppe erfolgt über ein kleines Zahnrad, das mit einem Zylinderrad kämmt. Der Einfluß der Temperatur kann zur Verwerfung der Räder führen, dem man durch große Zahnteilung und größeres Zahnspiel Rechnung trug. Unruhiger Lauf, besonders bei höheren Arbeitsgeschwindigkeiten, ist nicht zu vermeiden.

Diese Antriebsart ist bei allen größeren und schnellen Papiermaschinen durch den gekapselten Stirnradantrieb nach Anordnung b ersetzt worden. Der Raddurchmesser beträgt etwa $^2/_3$ der Zylinder, die Zylinderräder sind durch im Gehäuse gelagerte Zwischenräder verbunden. Die Schmierung erfolgt durch Einspritzen von Öl von einer zentralen Anlage aus. Die Anordnung ermöglicht eine feinere Verzahnung, die gestattet, 20 und mehr Zylinder miteinander zu verbinden. Der Antrieb der Gruppe erfolgt an einem Zwischenrad, dessen Drehzahl entweder gleich dem eines Zylinders oder bei Verwendung kleinerer Zwischenräder entsprechend größer ist.

Bei kleineren und mittelgroßen Papiermaschinen wird auf jeden Zylinderzapfen ein geschlossenes Getriebe gesetzt, die auf unterschiedliche Weise miteinander durch Wellen und Kupplungen verbunden sind. Die Anordnungen c bis f zeigen dies. Für die Getriebe, die auf die Stuhlung gesetzt oder an die Zylinderlager angebaut werden, verwendet man Schnecken besonderer Ausführung, Stirn- und Winkelräder in unterschiedlichen Kombinationen. Die Getriebe der Zylinder werden durch horizontal, schräg oder vertikal angeordnete Wellen miteinander verbunden. Die Wellenstücke zwischen den Getrieben sind in ihrer Lage ohne besondere Lager durch Kupplungen gehalten. Die Kupplungen sollen möglichst drehstarr sein, aber eine kleine Schränkung der Wellenlage zulassen. Eine besondere Ausführung stellen die sternförmig abgehenden Wellenstücke der Anordnung f dar. Die Filztrockenzylinder bleiben allgemein ohne Räderantrieb. Die Mitnahme durch den Filz ist hier ausreichend. Der Antrieb der ganzen Gruppe erfolgt meist über Winkelräder im Zuge der unteren Zylinderreihe.

Zur Erhöhung der freien Zugänglichkeit der Papiermaschine wurde vereinzelt der Antrieb nach den Skizzen a und e von der Papiermaschine abgerückt und in einer besonderen Stuhlung untergebracht. Dies erfordert noch eine Wellenverbindung zwischen Zylindern und Getrieben. Es muß dann die Zuführung des Heizdampfes und die Abfuhr des Kondensates durch die triebseitigen Zylinderzapfen erfolgen.

Bei Zeitungspapiermaschinen wird der letzte Zylinder, der Kühlzylinder, in kleinem Winkel vom letzten Trockenfilz umschlossen, er wird bisweilen an den Räderverband der Trockengruppe angeschlossen, vielfach erhält er einen eigenen Antrieb mit einstellbarer Drehzahl. Bei anderen Papiermaschinen werden ein oder mehrere Kühlzylinder vorgesehen, die weder durch einen Filz noch durch Zahnräder mit den letzten Trockenzylindern verbunden sind, sondern einen Hauptantrieb erhalten.

B. Antrieb der Maschinengruppen

Die Drehzahlen der Antriebe müssen besonderen Bedingungen genügen, die nachstehend zusammengestellt sind. Anschließend werden die hierzu verwendeten mechanischen Antriebe beschrieben.

1. Anforderungen an die Antriebe hinsichtlich der Drehzahl

a) Anforderungen an den Antrieb einer Teilmaschine

1. Die Drehzahl der angetriebenen Walzen muß feinfühlig eingestellt werden können.
2. Die Drehzahlverhältnisse der Walzen müssen konstant bleiben, auch bei Verstellung der Arbeitsgeschwindigkeit.
3. Der Einstellbereich für die Umfangsgeschwindigkeit der Walzen beträgt einige Promille bis zu mehreren Prozenten, in Sonderfällen bei Kreppung von Papier oder Verzug von Folien bis zu etwa 1 : 3. Er muß auch das Nachschleifen der Walzen berücksichtigen.
4. Bei lose aufgeführter Bahn ist besonders bei langsam laufenden Maschinen ein Aufholen der Bahn zweckmäßig.
5. Bei Einstellung des Kreppungsgrades auf Kreppmaschinen sollen die dem Kreppschaber folgenden Antriebe gleichzeitig und gleichmäßig ihre Drehzahl ändern.
6. Bei kraftschlüssig verbundenen Antrieben, z. B. über Filze oder den Umfang von Walzen, muß eine geringe Drehzahlverstellung bzw. eine Lastverteilung möglich sein.
7. Bei starr gekuppelten Antrieben muß eine Lastverteilung vorgesehen werden.
8. Die angetriebenen Maschinengruppen von Papiermaschinen sollen einzeln stillgesetzt und aus dem Stillstand wieder auf die Geschwindigkeit der übrigen Gruppen angelassen werden.
9. Bei Papiermaschinengruppen mit sehr großen Schwungmomenten, ebenso bei Kalandern und Schnellrollern ist beim Stillsetzen eine Abbremsung zwecks Verkürzung der Auslaufzeit erwünscht.
10. Für einzelne Gruppen, besonders für die Siebpartie, evtl. auch für die Pressen von Papiermaschinen, ebenso bei Roll- und anderen Maschinen, ist kurzzeitiges Vorrücken aus dem Stillstand erwünscht.
11. In Sonderfällen ist bei Glättwerken von Papiermaschinen eine Drehrichtungsumkehr für Hilfsarbeiten erwünscht (Entfernen von Ausschuß, der sich um eine Walze gewickelt hat). Bei Pressen oder Achsaufwicklern wird bisweilen bei Wechsel der Betriebsart Änderung der Drehrichtung gefordert.

b) Anforderungen an den Antrieb der ganzen Maschine

12. Die Arbeitsgeschwindigkeit von Papiermaschinen muß in einem Bereich von wenigstens 1 : 2 bei Zeitungsmaschinen, bis 1 : 20 bei manchen Spezialmaschinen für vielseitiges Fertigungsprogramm feinfühlig eingestellt werden können.
13. Die eingestellte Papiergeschwindigkeit muß im ganzen Arbeitsbereich gleichgehalten werden, Genauigkeit 1 bis $5^0/_{00}$ bei höchster Geschwindigkeit je nach Anforderungen.

14. Für Hilfsarbeiten soll die Geschwindigkeit der Papiermaschine oder jeder einzelnen Maschinengruppe auf 15 bis 30 m/min ermäßigt werden. Dabei ergeben sich Steuerbereiche von Hilfs- bis zur höchsten Arbeitsgeschwindigkeit bis zu etwa 1 : 30.

15. Bei Übergang zwischen Hilfs- und Arbeitsgeschwindigkeit ist wegen des Fehlens von Papier ein Gleichlauf der Teilmaschinen nicht erforderlich.

16. Bei Kalandern, Rollmaschinen, Querschneidern und Papierverarbeitungsmaschinen muß die Drehzahl von der Einziehgeschwindigkeit (10 bis 12 m/min) bis zur höchsten Arbeitsgeschwindigkeit bei möglichst gleichbleibenden Papierzügen gesteuert werden können. Dabei ergeben sich größte Steuerbereiche bei Kalandern bis etwa 1 : 80, bei Schnellrollern bis etwa 1 : 170.

17. Bei diesen mit fertigem Papier arbeitenden Maschinen ist meist keine hohe Konstanz der Arbeitsgeschwindigkeit notwendig. Größerer Drehzahlabfall bei Belastung ist jedoch besonders bei Kalandern und Schnellrollern unerwünscht. Daher ist bei großen und schnellen Maschinen eine Regelung auf konstante Geschwindigkeit vielfach zweckmäßig. Bei Querschneidern soll während des Schneidens nur ein geringer Drehzahlabfall eintreten.

18. Beim Einziehen des Papiers mit anschließender Belastung sollen — besonders bei Kalandern und Umrollern — keine größeren Drehzahlabfälle auftreten. Bei Maschinen für hohe Arbeitsgeschwindigkeit ist daher eine Regelung der Einziehgeschwindigkeit notwendig.

2. Schema des Antriebes der Maschinengruppen

Den Teilmaschinen muß die benötigte Antriebsleistung aus der Energiequelle unter Einhaltung der Drehzahlbedingungen zugeführt werden. Dementsprechend muß die bereitstehende Energie in einem Umformer auf die der gewünschten Drehzahl des Antriebsmotors entsprechende Form gebracht, auf die einzelnen Teilantriebe unter Anpassung an die den Zügen entsprechenden Drehzahlen verteilt und über Untersetzungsgetriebe den einzelnen Walzen mit unterschiedlichen Durchmessern zugeführt werden. Dabei kann die Verteilung auf mechanischem Wege in einer von einem Motor getriebenen Transmission (Einmotorenantrieb) vorgenommen werden. Bei Mehrmotorenantrieb werden die Motoren jeder Teilmaschine über eine Energieverteilung von einem oder mehreren Umformern gespeist. Dabei können grundsätzlich hydraulische, Dampf- oder Elektromotoren verwendet werden.

Die Abb. 30 zeigt schematisch die Anordnung bei Ein- und Mehrmotorenantrieb mit 3 Teilmaschinen. Der Aufbau beider Anordnungen ist in den Grundzügen der gleiche, nur sind bei Mehrmotorantrieb mechanische Elemente und der Motor durch mehrere Motoren und ihre Zusatzeinrichtungen ersetzt.

Der dargestellte Umformer entfällt bei Verwendung von Dampfmaschinen oder Drehstromkommutatoren, weil hier die Einstellung des Drehzahlstellbereiches in den Antriebsmaschinen durchgeführt werden

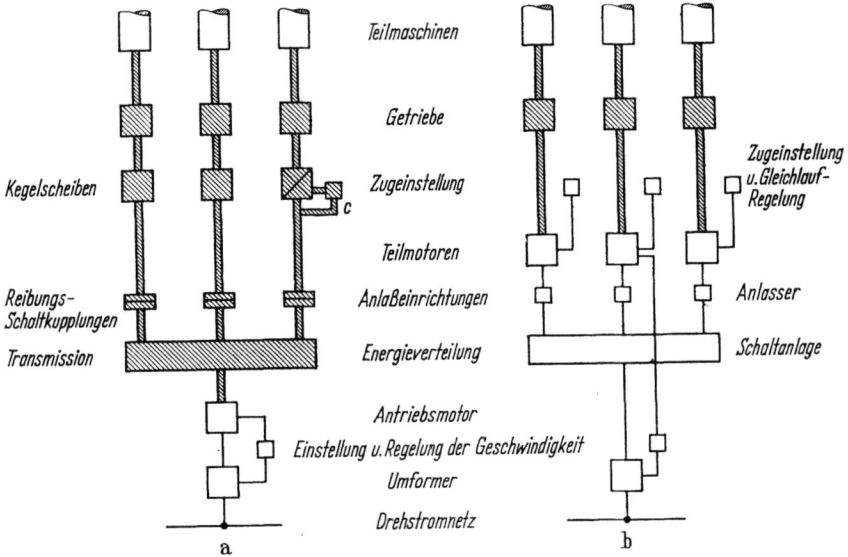

Abb. 30a u. b. Schema einer Maschine mit mehreren Eintrieben

a mit Transmission und einem Motor; b mit Mehrmotorenantrieb; c Stellgetriebe für Zugeinstellung im Nebenschluß zum Differentialgetriebe, mechanische Antriebsteile schraffiert

kann. Werden bei kleinen Arbeitsmaschinen normale Drehstrommotoren verwendet, entspricht dem Umformer ein Getriebe mit einstellbarer Untersetzung.

3. Transmissionsantrieb

Die mechanische Verteilung der Energie wird durch die gemeinsame Transmission bewirkt. Die Abzweigungen zu den einzelnen Teilmaschinen erfolgen über Schaltkupplungen zum Stillsetzen und Wiedereinschalten der Teilmaschinen. Diese Kupplungen sollen beim Einschalten sanft fassen und die Teilmaschine allmählich auf die durch Motor und Transmission gegebene Drehzahl bringen. Es werden daher Reibungskupplungen verwendet, bei welchen der Anpreßdruck an den Reibflächen auf mechanischem, elektromagnetischem oder pneumatischem Wege allmählich gesteigert wird. Die Kupplungen müssen sehr reichlich dimensioniert werden, einmal um auch etwa auftretenden größeren Beschleunigungsstößen gewachsen zu sein, zum anderen, um die während des

Anfahrens in der Kupplung entstehende Reibungswärme ohne Schaden aufzunehmen und an die Umgebung abzuführen. Die während des Hochfahrens in der Kupplung durch Reibung in Wärme umgesetzte Arbeit ist beträchtlich. Das Drehmoment M an der Kupplung zur Beschleunigung der Massen mit dem Trägheitsmoment Θ und zur Überwindung des Reibungsmomentes M_w der Maschine ist bei der Winkelgeschwindigkeit ω:

$$M = \Theta \frac{d\omega}{dt} + M_w \qquad (28)$$

Die in Wärme umgesetzte Arbeit A ist in jedem Zeitelement proportional dem Drehmoment und der Relativgeschwindigkeit der Kupplungshälften:

$$A = \int_0^{\omega_0} M(\omega_0 - \omega)\, dt = \frac{1}{2}(\Theta \omega_0^2 + M_w \omega_0 T) = L + \frac{N_0 T}{2} \qquad (29)$$

Bei der Integration ist gleichmäßiger Hochlauf in der Zeit T bei konstantem Moment M_w angenommen. Die Reibungsarbeit der Kupplung ist also gleich der auf die Maschine übertragenen kinetischen Energie L zuzüglich der Reibungsarbeit in der Maschine, die gleich dem halben Produkt aus Antriebsleistung N_0 bei voller Geschwindigkeit und Hochlaufzeit ist.

Zur Einstellung der Züge werden vornehmlich Riementriebe mit verstellbarer Übersetzung, meist Flachriemen mit Kegelscheiben, aber auch verstellbare Keilriementriebe verwendet. Diese Triebe dienen außer zur Zugverstellung auch zur Übertragung der Antriebsleistung auf die getriebene Gruppe. Damit durch Riemenschlupf die geforderte Konstanz der Drehzahl in möglichst geringem Maße gestört wird, müssen diese Riementriebe sehr reichlich dimensioniert werden. Dies bedeutet aber eine Begrenzung der übertragbaren Leistung. Eine bedeutende Verbesserung, die auch sehr große Leistungen beherrscht, ergibt sich dadurch, daß das Verstellgetriebe parallel zu einem Räderdifferentialgetriebe gelegt wird, wie in Abb. 30 unter c dargestellt ist. Dabei wird erreicht, daß nur ein kleiner Teil der Antriebsleistung über das Regelgetriebe fließt, während der Hauptteil der Leistung von den Zahnrädern des Differentialgetriebes unmittelbar zur Teilmaschine übertragen wird. Bei dieser Antriebsart können all seine Teile auf Maschinenflur angeordnet werden.

Der Transmissionsantrieb hat sich durch die erzielten Fortschritte im Bau von mechanischen Übertragungsmitteln, wie Wellen, Lagern, Riementrieben, Zahnradgetrieben und Kupplungen, der Entwicklung der Papiermaschine in Richtung steigender Leistung und Geschwindigkeit in weitem Maße angepaßt.

IV. Antrieb der Arbeitsmaschinen, mechanischer Antrieb

4. Die Paralleltransmission

Bei den älteren, bis etwa 1918 gebauten Transmissionen trug gemäß Abb. 31 eine parallel zu den Papiermaschinenwalzen liegende Hauptwelle mehrere Kegelscheiben, von denen Riemen zu den Gegenscheiben auf den mit den Walzen durch Reibungskupplungen verbundenen Antriebswellen führten. Von diesen liefen weitere Kegelscheibentriebe zu den Nachbargruppen. Maschinen mit größerer Anzahl von Teilmaschinen besaßen meist mehrere Hauptwellen, die untereinander durch

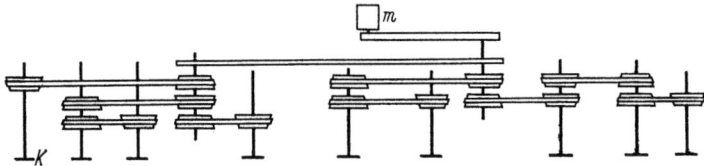

Abb. 31. Paralleltransmission
K Reibungskupplungen; m Antriebsmotor

Flachriemen oder bei größeren Leistungen und Entfernungen durch Seiltriebe verbunden wurden. Eine oder zwei Hauptwellen wurden vom Antriebsmotor mittels Riemen getrieben.

Bei diesem Parallelantrieb liefen die Wellen mit den niedrigen Drehzahlen der Papiermaschinenwalzen. Trotz Verwendung möglichst großer Kegelscheiben ergaben sich nur geringe Riemengeschwindigkeiten. Es mußten daher breite Riemen, große, breite Scheiben und schwere Wellen vorgesehen werden. Solange es noch keine in der Drehzahl verstellbaren Motoren gab, wurde die Arbeitsgeschwindigkeit über Riemenstufentriebe und sehr breite Kegeltrommeln eingestellt. Dies brachte natürlich einen sehr großen Raumbedarf mit sich, der meist den der Papiermaschine selbst überschritt. Dazu kam noch die geringe Zugänglichkeit der Triebseite der Papiermaschine. Bei größeren Papiermaschinen hat man dabei auch das Kellergeschoß unterhalb der Antriebswellen zu den Teilmaschinen in Anspruch genommen, um hier die Hauptwellen unterzubringen. All dies führte zur Entwicklung des Längsantriebes.

5. Die Längstransmission

Hierbei wird gemäß Abb. 32 entlang der Papiermaschine eine schnell laufende Längswelle angeordnet, die bei ihrer großen Länge in mehrere

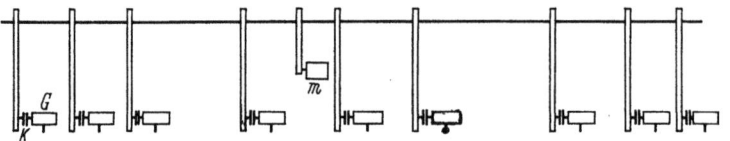

Abb. 32. Längstransmission
K Reibungskupplungen; G Getriebe; m Antriebsmotor

miteinander festgekuppelte Wellenstücke unterteilt ist. Sie läuft bei höchster Geschwindigkeit mit einer Drehzahl von 400 bis 700 U/min und wird meist in ihrer Mitte von dem Antriebsmotor über Riemen, ein in den Wellenstrang eingebautes Getriebe oder in direkter Kupplung mit den beiden Wellenenden des Motors getrieben. Die Längswelle wird über Maschinenflur an der Gebäudewand, bei größeren Maschinen im Kellergeschoß untergebracht.

a) Mit Kegelscheiben. Auf die Welle sind alle treibenden Kegelscheiben aufgesetzt. Die hohe Drehzahl und Riemengeschwindigkeit ermöglicht schmale Riemen und relativ kleine Kegelscheiben. Die Gegenkegelscheiben treiben die Teilmaschinen über schaltbare Reibungskupplungen, Winkelstirnradgetriebe, Verbindungswellen und Kupplungen.

Der Aufwand an Material und die Abmessungen sind bei dem Längsantrieb bedeutend kleiner geworden. Auch die Zugänglichkeit der Triebseite der Papiermaschine wurde verbessert. Dabei ermöglichen die schnell laufenden Kegelscheibentriebe die Übertragung größerer Antriebsleistungen.

b) Mit Keilriemen. Eine besonders platzsparende Ausführung für kleinere Papiermaschinen geben verstellbare *Keilriementriebe* an Stelle von Kegelscheiben. Damit kann die Längswelle auf Maschinenflur angeordnet und so leicht überblickt werden. Für die Keilriementriebe gelten natürlich die gleichen Anforderungen an Unveränderlichkeit des Riemenschlupfes wie bei Kegelscheibentrieben.

Nur bei Arbeitsmaschinen geringen Leistungsbedarfes (bis etwa 60 PS) und kleinen Stellbereiches (etwa 1 : 3) können mechanische Getriebe mit verstellbarer Übersetzung auch zur Einstellung des Arbeitsbereiches verwendet werden. Für größere Leistungen werden stets Motoren mit Drehzahlverstellung verwendet.

c) Mit Differentialgetrieben. Der Antrieb mit *Längswelle und Differentialgetrieben* findet in neuerer Zeit bei Papiermaschinen bis zu größten Antriebsleistungen Anwendung. Dies wurde damit erreicht, daß die benötigte Leistung unter Verzweigung zum größten Teil direkt, zu einem kleinen Teil über das zur Zugeinstellung dienende Verstellgetriebe 2 Wellen eines Differentialgetriebes zugeführt wird. Die dritte, austreibende Welle läuft mit einer durch das Verstellgetriebe veränderbaren Drehzahl und überträgt die Summe der beiden zugeführten Leistungen [16].

Die kinematischen Beziehungen ergeben sich aus dem Schema Abb. 33. Der Abzweig von der Transmission treibt mit der Drehzahl n_0 in das Kegelrad-Differentialgetriebe ein. Ein Abtrieb führt mit gleicher Drehzahl zum verstellbaren Getriebe, dessen Untersetzung in der Mittellage gleich eins sei und bei einer Verstellung $n_0/n_1 = x_s$ betrage. Die Untersetzung der Zahnräder des Antriebes sei $n_1/n_2 = x_r$. Dann ist die

IV. Antrieb der Arbeitsmaschinen, mechanischer Antrieb

Drehzahl n des abtreibenden Zahnrades des Differentialgetriebes

$$n = \frac{n_0 + n_2}{2} = \frac{1}{2}\left(n_0 + \frac{n_1}{x_r}\right) = \frac{n_0}{2}\left(1 + \frac{n_1}{x_r n_0}\right) = \frac{n_0}{2}\left(1 + \frac{1}{x_r x_s}\right) \quad (30)$$

Ändert sich die Untersetzung des Stellgetriebes durch Verstellung oder Schlupf von x_s in

$$x'_s = \frac{n_0}{n'_1} \quad (31)$$

so ergibt sich mit Gl. (30) und (31)

$$\frac{n - n'}{n} = \frac{n_1 - n'_1}{n_1} \frac{1}{1 + x_r x_s} \quad (32)$$

Die Drehzahländerung $(n_1 - n'_1)/n_1$ im Verstellgetriebe wird also im Austrieb des Differentialgetriebes entsprechend der um 1 vergrößerten Gesamtübersetzung $x_r x_s$ verkleinert

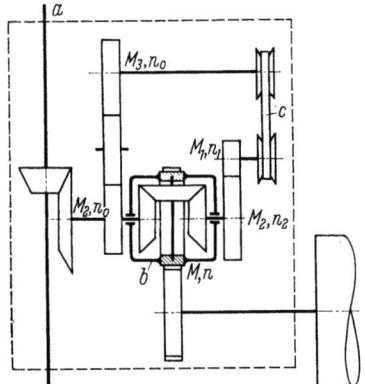

Abb. 33. Antrieb mit Längswelle(a), Differentialgetriebe (b) und Getriebe mit einstellbarer Übersetzung (c)

Mit Gl. (32) können die Übersetzungen bestimmt werden. Wird die Verstellung auf die Mittellage des Stellgetriebes bezogen, wobei $x_s = 1$ und $n_1 = n_0$ ist, so wird

$$\frac{n - n'}{n} = \frac{n_0 - n'_1}{n_0} \frac{1}{1 + x_r} \quad (33)$$

Durch Umformung ergibt sich

$$\frac{n'_1}{n_0} = \frac{n'}{n}(1 + x_r) - x_r \quad (34)$$

Wird bei Verstellung ins Schnelle $n'/n = 1,05$ verlangt und soll dies mit einer Übersetzung des Stellgetriebes $n'_1/n_0 = 1,5$ erreicht werden, erhält man durch Einsetzen in Gl. (34) $x_r = 9$. Um bei Verstellung ins Langsame eine gleich große Drehzahländerung des Differentialgetriebes zu erreichen, das ist bei $n'/n = 0,95$, ist bei dem gleichen $x_r = 9$ eine größere Verstellung des Stellgetriebes notwendig, die sich durch Einsetzen zu $n'_1/n_0 = 1/2$ ergibt. Bei gleich großer Verstellung entsprechend $n'_1/n_0 = 1/1,5$, erhält man am Differentialgetriebe nur eine Drehzahlverstellung entsprechend $n'/n = 0,966$.

Als Antriebsleistung, die auch gleich der Summe der Abzweigleistung N_D und N_S des Eintriebes sein muß, erhält man mit Gl. (30)

$$N = \frac{M n}{973} = \frac{2 M_2 n}{973} = \frac{M_2 n_0}{973}\left(1 + \frac{1}{x_r x_s}\right) = N_D + N_S \quad [\text{kW}] \quad (35)$$

Hieraus ergibt sich als Verhältnis der Leistungen, in den Zweigen

$$\frac{N_S}{N_D} = \frac{1}{x_r x_s} \quad (36)$$

Die Leistung, die dem Differentialgetriebe mit der Drehzahl n_0 direkt zugeführt wird, ist unabhängig von den Übersetzungen x_s und x_r im Zweig des Verstellgetriebes. Von diesem wird eine von den beiden Untersetzungen abhängige Zusatzleistung übertragen.

Bei Verstellung der Getriebübersetzung oder bei einem im Getriebe auftretenden Schlupf tritt im Differential als Reaktion auf die entstandene Beschleunigungskraft auch eine gleich große Erhöhung der Antriebskraft im direkten Antrieb des Differentials auf. Es gelten also für die Beschleunigung auch bei einseitigem Eingriff die gleichen Beziehungen wie beim stationären Betrieb, d. h., die Beschleunigungskräfte, Momente und Leistungen verteilen sich wie im stationären Betrieb auf die beiden Zweige. Das Verstellgetriebe muß also den bei Verstellung oder Schlupf auftretenden anteiligen Beschleunigungskräften gewachsen sein.

Bei der konstruktiven Ausführung solcher Differentialantriebe werden auch Stirnradplanetengetriebe verwendet. Die unterschiedlichen niedrigen Drehzahlen und Achshöhen der Teilmaschinen erfordern noch weitere Räderpaare, die in Abb. 33 nicht dargestellt sind.

Die Leistungsgrenze eines solchen Antriebes liegt besonders in der mit der Antriebsleistung wachsenden Leistung des Verstellgetriebes und der dabei erzielbaren Genauigkeit der eingestellten Untersetzung, zum anderen in der Ausführbarkeit sehr großer Differentialgetriebe.

Eine Ausführung von BLACK CLAWSON [1] vermeidet das mechanische Stellgetriebe und sieht entsprechend der vereinfachten Schaltung in Abb. 34 vor, daß die Zusatzleistung dem Differentialgetriebe d durch einen hydraulischen Motor m zugeführt wird, der von einer Pumpe p_1 mit Drehstrommotor gespeist wird. Die Drehzahl des Ölmotors kann durch Änderung des Hubvolumens der Pumpe verstellt werden. Zur Gleichhaltung der Drehzahl des Ölmotors ist eine Regelung mittels Ölpumpen p_2 und p_3 vorgesehen, die als Tachometermaschinen wirken und von der Längswelle bzw. dem Ölmotor m am Differential-

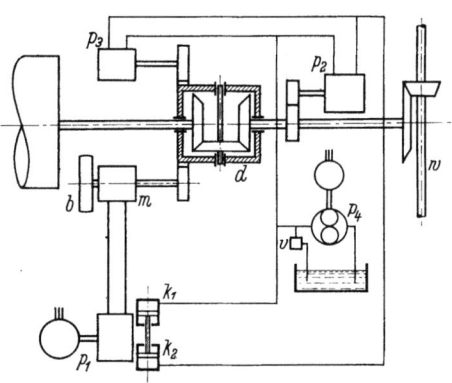

Abb. 34. Antrieb mit Längswelle (w) und Differentialgetriebe (d) mit hydraulischem Motor (m)
p_1, p_2 Ölpumpen mit veränderbarem Hubvolumen;
p_3, p_4 Ölpumpen mit festem Hubvolumen;
k_1, k_2 Steuerkolben; v Überstromventil; b hydraulisch gesteuerte Haltebremse; nach BLACK CLAWSON

getriebe getrieben werden. Das Drehzahlverhältnis der Pumpen p_2 und p_3 und damit der Papierzug wird durch Verstellung des Hubvolumens der Pumpe p_2 bewirkt. Von den Verbindungsleitungen der beiden Pumpen führen Impulsleitungen zu den Kolben k_1 und k_2, die bei Abweichung der Impulsdrücke das Hubvolumen der Pumpe p_1 verstellen. Die Pumpe p_4 mit Überströmventil v deckt etwa auftretende Ölverluste. An dem Motor m ist noch eine hydraulisch gesteuerte Bremse b vorgesehen, die bei Störungen ein Hochlaufen des Motors verhindert.

Statt eines hydraulischen Zusatzantriebes kann auch eine elektrische Einrichtung mit Regelmotor und Drehzahlregelung vorgesehen werden.

6. Steuerung der Antriebe

Bei Antrieben mit Längswelle beschränkt sich die Steuerung der Geschwindigkeit auf das Hoch- und Niederfahren bis auf Hilfsgeschwindigkeit der ganzen Maschine, auf die Einstellung der Züge durch Verstelltriebe und auf das Abschalten und Wiederanlassen einzelner Gruppen durch schaltbare Reibungskupplungen. Mit diesen wird bei kleiner Geschwindigkeit auch das kurzzeitige Kriechen einzelner Teilmaschinen vorgenommen. Neuere Antriebe erhalten fast durchwegs Fernsteuerungen, wobei elektrische Stellmotoren, hydraulische oder pneumatische Einrichtungen Anwendung finden.

Um einzelne Teilmaschinen, besonders Trockengruppen, unabhängig von der Geschwindigkeit der Längswelle mit Hilfsgeschwindigkeit fahren zu können, erhalten große Papiermaschinen mit Längswelle vielfach Hilfsantriebe mit je einem Drehstromasynchronmotor, der nach Abschalten der Teilmaschine von der Längswelle durch eine besondere Schaltkupplung an die Teilmaschine gelegt wird.

7. Mechanische Zugeinstellung

Zur Einstellung der Drehzahlen der Teilmaschinen entsprechend den im Papier auftretenden Dehnungen und Schrumpfungen werden Umschlingungsgetriebe verstellbarer Untersetzung [40] mit Kegelscheiben geringer Steigung und Flachriemen oder mit keilförmigen Umlaufflächen verwendet.

a) **Auf Kegelscheiben.** Für die Leistungsübertragung auf Kegelscheiben gelten die Gesetze des Flachriemenantriebes, wie sie bereits bei dem Verhalten der Papierbahn auf den Walzen (s. 42ff.) behandelt wurden. In Abb. 35 ist ein Riementrieb und seitlich von den Scheiben über dem aufgeklappten, vom Riemen berührten Scheibenumfang der Verlauf von Riemenspannung und -geschwindigkeiten aufgetragen. Der Haltebereich, der der festen Umschlingung der Scheibe durch den Riemen entspricht, setzt sich aus dem Ruhe- und dem Dehnungs-, auch Funktionsbereich genannt, zusammen. Im Ruhebereich findet keine Gleitbewegung zwischen Riementeilchen und Scheibe, aber auch keine Kraftübertragung statt. Riemen und Scheibe haben gleiche Geschwindigkeit. Innerhalb des Dehnungsbereiches steigt auf der getriebenen

Scheibe die Geschwindigkeit des auflaufenden Riemens infolge Dehnung von v_2 auf v_1. Auf der treibenden Scheibe ändert sich im Dehnungsbereich die Geschwindigkeit infolge Schrumpfung des Riemens von v_1

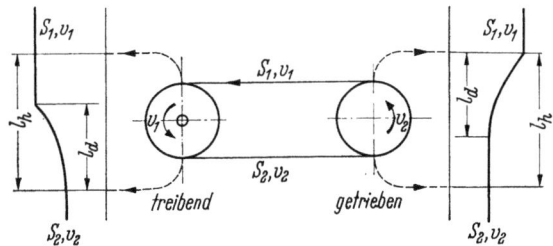

Abb. 35. Kräfte und Geschwindigkeiten beim Flachriementrieb
l_d Dehnungsbereich; l_h Haftbereich

auf v_2. Die Umfangsgeschwindigkeit jeder Scheibe ist gleich der des auflaufenden Riemens, also v_1 an der treibenden und v_2 an der getriebenen Scheibe.

Mit der Länge l_0 eines ungedehnten Riemenstückes, seinen Längen l_1 bzw. l_2 entsprechend den Dehnungen δ_1 bzw. δ_2 und der gleichen Durchlaufzeit t durch einen festen Punkt wird:

$$v_1 = l_1/t = l_0(1+\delta_1)/t \\ v_2 = l_2/t = l_0(1+\delta_2)/t \tag{37}$$

Der Schlupf des Triebes ist damit

$$s = \frac{v_1 - v_2}{v_1} = 1 - \frac{1+\delta_2}{1+\delta_1} = \frac{\delta_1 - \delta_2}{1+\delta_1} \tag{38}$$

Reicht l_h einer Scheibe nicht zur Übertragung der Antriebskraft $S_2 - S_1$ aus, so tritt ein Schlüpfen des Riemens über die Scheibe ein. Um dieses zu vermeiden, müssen die Triebe reichlich dimensioniert sein, so daß bei betrieblicher Änderung von Reibungszahl, Riemendehnbarkeit, Riemenlänge u. dgl. der Dehnungsbereich l_d bei den zu übertragenden Kräften auf beiden Scheiben stets kleiner als der mögliche Haltebereich l_h bleibt. Auf Kegelscheiben laufende Riemen haben die Tendenz, in Richtung des größeren Scheibendurchmessers aufzulaufen. Das hat zur Folge, daß die Riemenspannung in der auf dem größeren Durchmesser laufenden Faser größer ist, der Riemen in der Breite also ungleichmäßig trägt und die Laufflächen auf beiden Scheiben gegeneinander versetzt sind. Um diese, den Lauf störenden Mängel klein zu halten, sollen die Scheiben flache Steigung und größeren Achsabstand besitzen und Riemen möglichst geringerer Breite verwendet werden.

Riemen auf Kegelscheiben müssen schon wegen der Einstellung durch Riemengabeln oder Rollen geführt werden. Damit sich bei der Verschiebung des Riemens die Riemenlänge nicht ändert, kann durch Bombierung der Kegelscheiben eine gleichbleibende Riemenlänge erreicht werden. Bei kleinen Trieben, wie sie besonders bei Regeleinrichtungen verwendet werden, werden aber meistens Spannrollen vorgesehen.

b) Verstellgetriebe mit keilförmigen Umlaufflächen. Da zur Zugeinstellung meist nur eine sehr geringe Änderung des Übersetzungsverhältnisses notwendig ist, wird bei Verwendung von Keilriemen eine normale Keilriemenscheibe mit festem Profil mit einer zweiten gepaart, die in der Scheibenebene geteilt ist und deren Hälften zur Einstellung der Untersetzung durch einen mechanischen Trieb auf unterschiedlichen Abstand gebracht werden. Dabei soll die Lage der Riemenmitte zur Vermeidung von Riemenverschleiß erhalten bleiben. Meist werden mehrere solcher Triebe nebeneinander mit gemeinsamer Verstellung der entsprechenden Scheibenhälften angeordnet. Da bei der Verstellung die notwendige theoretische Riemenlänge sich ändert, wird wegen fester Riemenlänge und gleichbleibendem Achsabstand meist eine Riemenspannvorrichtung vorgesehen.

Auch bei Keilriementrieben gelten die Gesetze des Flachriementriebes (s. S. 66). Im Funktionsbereich ändert sich die Riemenspannung stetig. Dies bewirkt, daß sich der Riemen infolge Längsdehnung und Querschrumpfung allmählich tiefer zwischen die Scheiben einkeilt. In Abb. 36 ist in übertriebenem Maße der spirale Weg eines Riemenpunktes relativ zur Scheibe dargestellt. Die Reibungskräfte sind der Bewegungsrichtung der Riemenpunkte auf der Scheibe entgegengesetzt. Zu Beginn des Funktionsbereiches ist die Reibung radial gerichtet und erst im weiteren Verlauf ergeben sich immer größer werdende Komponenten in Umfangsrichtung. Da nur diese für die Kraftübertragung wirksam sind, ist die Übertragungsfähigkeit eines Keilriemens etwa nur die Hälfte des Betrages[1], der sich nach Gl. (6) bei Berücksichtigung der Flankenneigung ν zur Scheibenebene ergibt. Die Geschwindigkeit der treibenden Scheibe ist im Einlaufradius des Riemens (im Ruhebereich α) gleich der des gespannten, die der getriebenen Scheibe gleich der des losen Trums. Mit der beliebigen Länge l_0 eines ungedehnten Riemenstückes wird

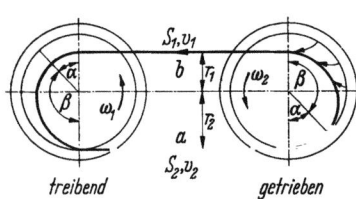

Abb. 36. Kraftübertragung mit Keilriemen

α Ruhebereich; β Funktions (Dehnungs-) Bereich $\alpha + \beta$ Haftbereich; a loses Trum; b gespanntes Trum

$$v_1 = r_1 \omega_1 = l_0 (1 + \delta_1) t, \qquad v_2 = r_2 \omega_2 = l_0 (1 + \delta_2) t \qquad (39)$$

und der Schlupf

$$s = \frac{\omega_1 - \omega_2}{\omega_1} = 1 - \frac{v_2}{v_1} \frac{r_1}{r_2} = 1 - \frac{1 + \delta_2}{1 + \delta_1} \frac{r_1}{r_2} \qquad (40)$$

---

[1] $S_1 - S_2 = S_1 (e^{\mu \beta / \sin \nu} - 1)$.

Die unterschiedlichen Halbmesser vergrößern also den Schlupf des Keilriemens.

c) Zugeinstellung bei Antrieben mit Differentialgetrieben. Wenn auch bei dieser Anordnung nur eine relativ kleine Teilleistung von dem Verstellgetriebe zu übertragen ist, soll Schlupf möglichst vermieden werden. Als Verstellgetriebe werden vornehmlich PIV-Umschlingungsgetriebe mit Keilscheiben und Lamellenzahnkette gemäß dem Schema Abb. 37 verwendet. Jedes Kettenglied enthält eine größere Anzahl radial liegender

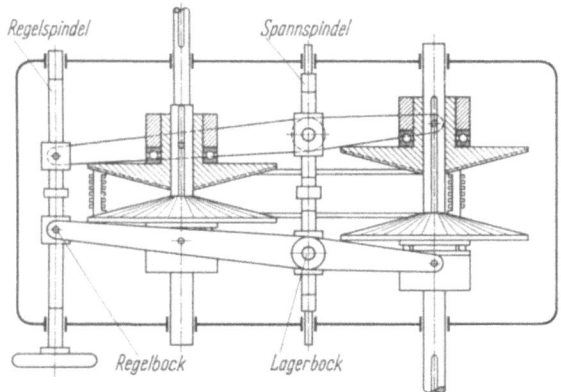

Abb. 37. PJV-Getriebe mit Lamellenzahnkette

und axial beweglicher Stahllamellen, die in radiale Schlitze auf den Kegelscheiben eingreifen und so eine formschlüssige Kraftübertragung erwarten lassen. Aber auch bei dieser Anordnung tritt eine zunehmende Verkeilung ein, so daß bei Laständerung wie bei dem Keilriemen als Übertragungsmittel eine als Schlupf bezeichnete Änderung der Übersetzung auftritt. Durch die Anordnung mit Differentialgetriebe wirkt sich der Schlupf in vermindertem Maße entsprechend den im Zweig des Verstellgetriebes eingebauten Übersetzungen aus, aber der beim Dauerbetrieb auftretende Verschleiß begünstigt die Vergrößerung des Schlupfes, so daß kleine von der Last abhängige Drehzahländerungen auftreten.

Bei größten Papiermaschinen kommt man an die Leistungsgrenze dieser Verstellgetriebe, so daß Sondermaßnahmen, z. B. Parallelschaltung von zwei Verstellgetrieben mit gleichzeitiger Verstellung ergriffen werden müssen. Die Verwendung hydraulischer Motoren für den zweiten Eintrieb in das Differentialgetriebe ermöglicht zwar auch die Übertragung großer Leistungen. Aber solche Antriebe sind mit bedeutendem Schlupf in Motor und speisender Pumpe behaftet. Es muß dann eine Regelung des Motors auf konstante Drehzahl vorgesehen werden s. S. 65).

8. Mechanische Wickler

a) Umfangs- und Achswickler. Am Ende der Arbeitsmaschinen wird die Papierbahn aufgewickelt. Beim Umfangswickler geschieht dies so, daß die aufzuwickelnde Rolle an eine Tragwalze von 900 bis 1100 m Dmr. oder an zwei kleinere Stützwalzen von etwa 600 mm Dmr. gleichzeitig angepreßt und durch Umfangsreibung von den angetriebenen Tragwalzen mitgenommen wird.

Der Anpreßdruck wird durch das Eigengewicht von Tambour und Papierrolle erzeugt. Um ihn bei dem wachsenden Rollengewicht gleichzuhalten bzw. einzustellen, wird der Tambour um die Tragwalze geschwenkt oder zusätzlich auf hydraulischem Wege an die Tragwalze angepreßt, wobei der Druck mit wachsendem Rollendurchmesser gesteuert wird. Bei Umrollmaschinen gibt die oberhalb der Papierrolle angeordnete Belastungswalze anfangs einen Zusatzdruck, der allmählich durch Anheben der Walze verringert wird. Die Steuerung der Belastung erfolgt mittels eines elektrischen Drehmagneten oder hydraulisch.

Da bei diesen Rollmaschinen die Geschwindigkeit des Papiers der des Umfanges der Tragwalze entspricht, gelten für den Antrieb die gleichen Anforderungen wie bei den übrigen Walzen der Maschinen. Aufroller mit einer Tragwalze werden hauptsächlich bei schnelleren Papiermaschinen und bei großen, schnell laufenden Kalandern verwendet. Zwei Stützwalzen sieht man durchwegs bei Umrollmaschinen vor.

Tragwalzenroller geben im allgemeinen hartgewickelte Rollen. Nur bei Sonderausführung der Maschinen ist auch weichere Wicklung erzielbar. Achsantrieb der Papierrolle ermöglicht weiche bis mittelharte Wicklung, je nachdem, ob mit kleinerer oder größerer Papierspannung aufgerollt wird. Solche Wickler werden hauptsächlich bei langsam laufenden Papiermaschinen für bessere Papiere, Papierverarbeitungsmaschinen und Kalandern verwendet. Bei Aufführen des Papiers von Hand ist die Geschwindigkeit auf etwa 200 bis 250 m/min beschränkt.

Während beim Tragwalzenroller die Bahn stets in voller Breite, bei Rollenschneidmaschinen auch in mehreren Bahnen unterteilt um die gleiche Achse aufgerollt wird, erfolgt bei Achsantrieb und geteilten Bahnen die Aufwicklung einer jeden Bahn gesondert. Für den Rollenwechsel muß eine Wickelstelle mehr vorgesehen werden. Geteilte Bahnen werden auf Rollstangen mit Papphülsen von etwa 70 bis 120 mm Dmr., maschinenbreite Bahnen auf Tamboure von etwa 250 bis 500 mm Dmr. aufgewickelt. Mehrere Wickelstellen werden übereinander angeordnet, in seltenen Fällen sieht man bei maschinenbreiter Wicklung auch einen drehbaren Rollenstern mit 3 Wickelstellen vor.

Bei Achsantrieb der Rolle muß die Antriebsdrehzahl bei gleichbleibender Papiergeschwindigkeit infolge Zunahme des Rollendurchmessers abnehmen. Dabei soll die Bahnspannung konstant bleiben, vielfach ist eine geringe Abnahme der Spannung erwünscht, um gleichmäßig harte Rolle zu erhalten. Konstante Bahnspannung bedeutet bei gleichbleibender Geschwindigkeit konstante Wickelleistung und zunehmendes Drehmoment bei wachsendem Durchmesser

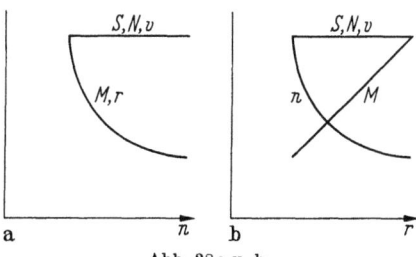

$$N = \frac{Sv}{6120} = \frac{Mn}{6120} = \frac{Srn}{6120} \;[\text{kW}] \tag{41}$$

Abb. 38a u. b.
Mechanische Kenngrößen des Achswicklers

Es ergibt sich also eine hyperbolische Verknüpfung von M und n bzw. r und n (Abb. 38).

b) Achswickler mit Reibungskupplung. Bei dieser Antriebsart wird eine betriebsmäßig schlüpfende Reibungskupplung verwendet, deren eine Hälfte mit der Papierrolle über eine Klauenkupplung für Rollenwechsel verbunden ist und deren zweite Hälfte mit einer Voreilung von 15 bis 20% gegenüber der Papiergeschwindigkeit von dem Transmissionsantrieb oder einem Teilmotor der Arbeitsmaschine getrieben wird (Abb. 39). Das Reibungsmoment M_r ist proportional der Reibungsziffer und dem Anpreßdruck, die auf die Rolle übertragene Leistung ergibt sich aus Gl. (41) mit $M = M_r$. Diese nimmt also bei konstantem Anpreßdruck mit der Rollendrehzahl n ab (Abb. 40a), so daß in gleichem Maße auch die Bahnspannung zurückgeht. Daher muß in kurzen Abständen der Anpreßdruck von Hand nachgestellt werden (Abb. 40b). Dies kann nur nach Augenschein und Abfühlen der Bahn vorgenommen werden. Unterstellt man eine kontinuierliche Nachstellung entsprechend dem Momentverlauf in Abb. 38, so ist die von der Transmission mit der Drehzahl n_t zugeführte

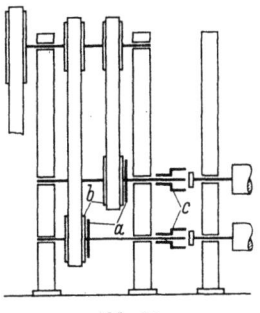

Abb. 39
Achswickler einer Papiermaschine mit Reibungskupplung (a), Losscheibe (b) und Klauenkupplung (c)

Leistung N_t ebenfalls durch Gl. (41) mit $M = M_r$ und $n = n_t$ bestimmt. Der momentane Wirkungsgrad ergibt sich bei 20% Voreilung zu

$$\eta = \frac{N}{N_t} = \frac{n}{n_t} = \frac{n}{1{,}2\,n_0} = 0{,}83 \cdot \frac{r_0}{r} \tag{42}$$

Hierin bedeuten n_0 und r_0 Drehzahl und Halbmesser der leeren Rolle. Der Wirkungsgrad sinkt also mit wachsendem Rollenhalbmesser. Der Unterschied zwischen übertragener und zugeführter Leistung wird in der Reibungskupplung in Wärme verwandelt, die bei größeren Leistungen nur schwierig abgeführt werden kann.

An Stelle mechanischer Reibungskupplungen werden auch unter Öl laufende Lamellenkupplungen verwendet, bei welchen durch Wasserkühlung eine bessere Abfuhr der Reibungswärme erzielt wird. Auch hier gelten die obigen Darstellungen.

c) **Achswickler mit Verstellgetriebe.** Wickelantriebe mit Verstellgetriebe und Abtastung des Rollendurchmessers durch Fühlrollen oder Überwachung der Aufrollgeschwindigkeit durch Tänzerwalzen werden in der Papierindustrie nicht angewendet, weil diese Elemente den Betrieb stören bzw. den Anforderungen hinsichtlich Zugeinstellung und Konstanz der Bahnspannung nicht genügen.

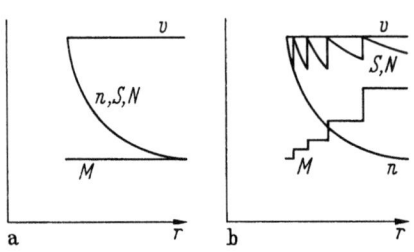

Abb. 40a u. b. Kenngrößen des Achswicklers mit Reibungskupplung
a ohne; b mit Nachstellung der Reibungskupplung in zeitlichen Abständen

Es sind auch Regelgetriebe bekannt, bei welchen das austreibende Drehmoment mit einem Sollwert verglichen und bei Abweichungen das Übersetzungsverhältnis verstellt wird. Ein Beispiel hierfür ist eine Sonderausführung des PIV-Getriebes von REIMERS [12]. Bei diesem Kegelscheiben-Umschlingungstrieb mit glatter Oberfläche der Kegelscheiben und Rollenkette (Abb. 41) wird die Kraft durch Reibung übertragen, die durch axiales Anpressen der Scheiben an die Rollen der Kette erzeugt wird. Die Anpreßkräfte P_1 und P_2 der Scheibenpaare stehen in einem bestimmten Verhältnis zueinander, derart, daß die Änderung der einen Kraft zwangsläufig unter gleichzeitiger Veränderung der Kettenradien eine entsprechende Änderung der Anpreßkraft am zweiten Scheibenpaar bewirkt.

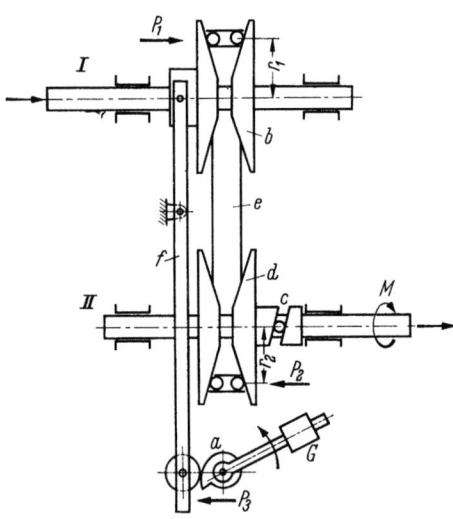

Abb. 41. Achswickler mit PIV-Getriebe und mechanischer Regelung
G Gegengewicht; a Kurvenscheibe; b, d Scheibenpaare; e Rollenkette; f Hebel; P_1, P_2, P_3 Anpreßkräfte; r_1, r_2 Laufradien nach PIV-REIMERS

Den Verlauf der übertragenen Leistung bei Änderung der Übersetzung bestimmt als Sollgröße das Gewicht G in Verbindung mit der

Kurvenscheibe a. Diese ergeben an dem mit konstanter Drehzahl angetriebenen Scheibenpaar b die Anpreßkraft P_1. Das Drehmoment an der austreibenden Welle II übt mittels der Kurvenscheiben c als Istgröße die Anpreßkraft P_2 auf das Scheibenpaar d aus. Sie entspricht dem Sollwert, wenn bei dem jeweiligen Übersetzungsverhältnis Gleichgewicht zwischen den Kräften P_1 und P_2 besteht. Bei größer werdendem Wickeldurchmesser nimmt die Anpreßkraft P_2 zu, über die Kette e, Scheiben b und Steuerhebel f verdreht sich die Steuerkurve a. Dadurch verkleinert sich ihr wirksamer Hebelarm unter gleichzeitiger Vergrößerung der auf den Steuerhebel f ausgeübten Kraft P_3, bis wieder Gleichgewicht zwischen den Anpreßdrücken P_1 und P_2 hergestellt ist. Die Drehung der Kurvenscheibe c hat eine Änderung der Laufradien r_1 und r_2 im Sinne einer Verkleinerung der austreibenden Drehzahl zur Folge. Die Form der Kurve a ist so ausgeführt, daß bei der nun verminderten Drehzahl der Austriebswelle II die übertragene Leistung gleichbleibt. Bei dieser proportionalen Regelung wird also die Istgröße P_2 mit der Sollgröße P_1 verglichen, wobei die Sollgröße durch Gewicht G und Kurvenscheibe a der eintretenden Verstellung nachgeführt wird. Das Blockschaltbild der Regelung zeigt Abb. 42. Die Genauigkeit der Regelung ist von der Ausführung der Steuerkurve a und von den mit dem Verschleiß zunehmenden Losen abhängig. Deshalb ist die Einrichtung nur für langsam verlaufende Aufwicklung bei gleichbleibender Arbeitsgeschwindigkeit geeignet.

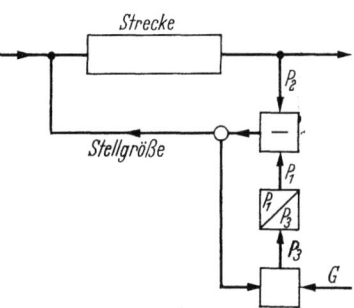

Abb. 42. Blockschaltbild des Achswicklers Abb. 41

d) Wickler mit Differentialgetriebe für Umfangs- und Achsantrieb. Umroller für in weiten Grenzen einstellbare Wickelhärte erhalten bei der z. B. von der Maschinenfabrik Goebel, Darmstadt, gebauten Ausführung eine Leistungsverzweigung mittels Differentialgetriebe für Antrieb der Tragwalzen und der daraufliegenden Papierrolle. Das Schema zeigt die Abb. 43. Für das Differentialgetriebe gilt:

$$\frac{M}{2} = M_1 + M_b = M_2 \qquad (43)$$

$$n = \frac{n_1 + n_2}{2} = \frac{v}{2}\left(\frac{1}{r_1} + \frac{1}{r_2}\right) \qquad (44)$$

Da n und r_1 konstant sind, erhöht sich mit zunehmendem Rollenhalbmesser r_2 die Papiergeschwindigkeit v nach einer gleichseitigen Hyperbel. Die Bahnspannungen betragen:

$$S_1 = \frac{M_1}{r_1}; \qquad S_2 = \frac{M_2}{r_2}; \qquad S = S_1 + S_2 \qquad (45)$$

Aus den Gln. (43) und (45) errechnet sich als Verhältnis der Teilspannungen

$$\frac{S_1}{S_2} = \frac{M_1 r_2}{M_2 r_1} = \frac{S r_2 - M_b}{S r_1 + M_b} \qquad (46)$$

Wird nicht gebremst ($M_b = 0$), verhalten sich die Teilspannungen umgekehrt wie die Halbmesser. Bei Wickelbeginn ist r_2 klein, also die vom Achsantrieb bewirkte Teilspannung S_2 groß, sie nimmt mit wachsender Rolle ab. Bei der von der Tragwalze übertragenen Spannung S_2 ist es umgekehrt. Der Achsantrieb wickelt also einen festen Kern. Das Bremsmoment M_b verkleinert das Verhältnis S_1/S_2, so daß bei gleicher Gesamtspannung S die vom Achsantrieb erzeugte Spannung S_2 größer wird. Damit lassen sich also die Teilspannungen nach Bedarf einstellen. Das Bremsmoment M_b hat einen Leistungsverlust zur Folge. Bei der Untersuchung ist der Schlupf der Papierrolle auf den Tragwalzen nicht berücksichtigt. Durch Verstellung des Anpreßdruckes kann er und damit die Wickelhärte beeinflußt werden. Bezüglich der ablaufenden Rolle sei auf den folgenden Abschnitt verwiesen.

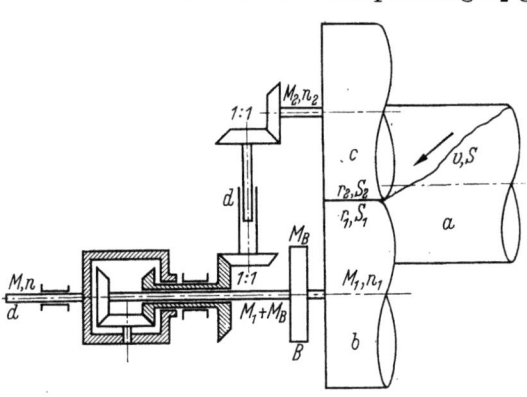

Abb. 43. Umrollerantrieb mit Differentialgetriebe
a Abwickelrolle; *b* Stützwalzen mit mechanischer Bremse *B*; *c* Aufwickelrolle; *d* Antriebs- bzw. Teleskopwelle nach GOEBEL

e) **Mechanische Bremsung ablaufender Papierrollen.** Die ablaufende Papierrolle in Verarbeitungsmaschinen muß zur Erzielung der gewünschten Bahnspannung abgebremst werden. Dazu werden Friktionskupplungen, bei größeren Leistungen Bandbremsen, gegebenenfalls mit Wasserkühlung, verwendet. Bei gleichbleibendem Bremsmoment und abnehmendem Rollendurchmesser vergrößert sich die Bahnspannung entsprechend $S = M/r$. Für gleichbleibende Spannung wäre daher die Bremse laufend von Hand oder besser durch eine Regelung zu lüften. Daher werden besonders für Schnellumroller auch pneumatisch-hydraulische Regelungen auf konstanten Zug des ablaufenden Papiers gebaut.

Bei der Ausführung nach Abb. 44 wird die gespannte, ablaufende Bahn um einen maschinenbreiten Streichschuh gelenkt. Eine Preßluftleitung führt über ein Drosselventil zu einer Reihe über die Bahnbreite verteilte Bohrungen im Schuh, so daß die Bahn durch die austretende Luft bei Änderung der Bahnspannung unterschiedlich stark angehoben wird. Dadurch ändert sich die austretende Luftmenge und damit der Staudruck im Zuführungsrohr. Der Staudruck wird gemessen und einem pneumatischen Regler zur Verstellung der Bremse zugeführt. Durch die Luftpolster zwischen Bahn und Austrittsöffnungen im Streichschuh wird die beim Gleiten vorhandene Reibung z. T. vermindert.

Beim Hochfahren ist die Bahnspannung gleich der Summe von Brems- und Beschleunigungskraft an der Rolle. Bei völlig gelöster Bremse und Vernachlässigung der Reibung in den Lagern der Rolle ist also die Beschleunigungskraft gleich der Bahnspannung und durch deren zugelassene Größe begrenzt. Sie ist auch die Grenze für die mögliche Hochfahrgeschwindigkeit.

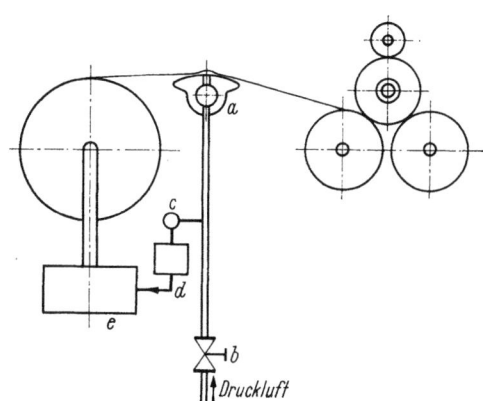

Abb. 44. Mechanische Bremsregelung
a Bremsschuh; b Drosselventil; c Staudruckmesser; d Regler; e Bremse

An die pneumatische Meßeinrichtung kann auch über einen pneumatisch-elektrischen Meßwandler ein elektrischer Regler angeschlossen werden, der einen die mechanische Bremse ersetzenden elektrischen Bremsgenerator steuert (s. S. 254). Da sich dieser auch auf motorischen Betrieb steuern läßt, ist die Beschleunigung nicht mehr durch die Bahnspannung begrenzt.

9. Hydrostatische Antriebe

Vereinzelt werden in der Papierindustrie für Maschinen veränderlicher Drehzahl auch hydrostatische Antriebe verwendet. Derartige Antriebe wandeln die zur Verfügung stehende mechanische Energie in ventillosen Verdrängerpumpen (Kolbenpumpen) in hydraulische Energie um, wobei vor allem Öl als Energieträger verwendet wird. In einem gleichartigen Ölmotor wird die hydraulische Energie in mechanische rückverwandelt, wobei am Ölmotor durch Steuerung des Ölflusses unterschiedliches Drehmoment und veränderbare Drehzahlen erhalten werden. Die hydrostatischen Antriebe wirken vornehmlich durch den Öldruck, die Strömungsgeschwindigkeit ist nur von untergeordneter Bedeutung.

a) Wirkungsweise und Antriebsformen. Die von der Pumpe geförderte Ölmenge muß stets von dem Motor geschluckt werden, wenn in den Leitungen zwischen Pumpe und Motor keine Leckverluste eintreten.

IV. Antrieb der Arbeitsmaschinen, mechanischer Antrieb

Bezeichnen *1* die Pumpe, *2* den Motor, V das Hubvolumen (cm³), Q die Fördermenge (cm³/sec⁻¹), $p = p_d - p_s$ (kg/cm⁻²) die Druckdifferenz zwischen Druck- und Saugseite, so ergeben sich mit HAFFNER [*13*] bei den unterschiedlichen Verlustarten Beziehungen nach folgenden Gln. (47):

Mengenwirkungsgrad $\quad \eta_Q = \eta_{Q1}\,\eta_{Q2}$
Druckwirkungsgrad $\quad \eta_p = \eta_{p1}\,\eta_{p2}$
Mechanischer Wirkungsgrad $\quad \eta_m = \eta_{m1}\,\eta_{m2}$
Hydraulischer Wirkungsgrad $\quad \eta_h = \eta_{h1}\,\eta_{h2} = \eta_p\,\eta_Q$
Gesamtwirkungsgrad $\quad \eta = \eta_1\,\eta_2 = \eta_m\,\eta_h = \eta_m\,\eta_p\,\eta_Q$

Fördermenge $\quad Q_1 = \dfrac{V_1\,n_1}{60}\,\eta_{Q1} \quad$ [cm³sec⁻¹]

Schluckmenge $\quad Q_2 = \dfrac{V_2\,n_2}{60\,\eta_{Q2}} = Q_1 \quad$ [cm³sec⁻¹]

Drehzahlverhältnis $\quad \dfrac{n_2}{n_1} = \eta_{Q1}\,\eta_{Q2}\,\dfrac{V_1}{V_2}$

Mechanische Eintriebs- bzw. Austriebsleistung von Pumpe bzw. Motor

$$N_1 = \frac{M_1\,n_1}{973} = \frac{p\,Q_1}{\eta_1 \cdot 612\,000} = \frac{p\,V_1\,n_1}{612\,000\,\eta_{p1}\,\eta_{m1}} \quad [\text{kW}]$$

$$N_2 = \frac{M_2\,n_2}{973} = \frac{p\,Q_2\,\eta_2}{612\,000} = \frac{p\,V_2\,n_2\,\eta_{p2}\,\eta_{m2}}{612\,000} \quad [\text{kW}]$$

und
$$\frac{N_2}{N_1} = \eta$$

Drehmoment $\quad M_1 = \dfrac{973\,N_1}{n_1} = \dfrac{p\,V_1}{628\,\eta_{p1}\,\eta_{m1}} \quad$ [mkg]

$\quad M_2 = \dfrac{973\,N_2}{n_2} = \dfrac{p\,V_2\,\eta_{p2}\,\eta_{m2}}{628} \quad$ [mkg]

ihr Verhältnis $\quad \dfrac{M_2}{M_1} = \eta_p\,\eta_m\,\dfrac{V_2}{V_1}$

Der Druck p stellt sich proportional dem von der angetriebenen Maschine verlangten Moment ein. Im gleichen Maße ändern sich auch M_1, M_2 und N. Setzt man konstante Drehzahl der Pumpe voraus, so ist eine Änderung von Drehzahl und Moment des Motors nur durch Änderung des Hubvolumens an Pumpe oder Motor möglich. Je nachdem, ob, oder an welcher Maschine verstellt wird, ergeben sich unterschiedliche Wirkungen.

Hydraulische Welle. V_1 und V_2 sind konstant. Damit ergibt sich

$$\frac{n_2}{n_1} = \eta_Q \frac{V_1}{V_2}\,; \qquad \frac{M_2}{M_1} = \eta_p\,\eta_m \frac{V_2}{V_1} \tag{48}$$

Drehzahlen und Momente stehen im festen Verhältnis, das bei Belastung lediglich infolge Änderung der Wirkungsgrade beeinflußt wird. Um die durch den Mengenwirkungsgrad η_Q bedingte Lastabhängigkeit der Drehzahl n_2 zu vergrößern, kann z. B. ein Teil der von der Pumpe geförderten Ölmenge über ein Drosselventil unmittelbar zur Saugseite geführt werden.

Sekundärregelung (im Ölmotor, ohne Berücksichtigung der Wirkungsgrade) $V_1 =$ konstant, $V_2 =$ verstellbar. Damit ergibt sich:

$$\left. \begin{aligned} V_2 n_2 &= V_1 n_1 = \text{konst.} \\ M_1 &= \frac{p V_1}{628} = \text{konst.} \\ M_2 &= \frac{V_2}{V_1} M_1 = \frac{p V_2}{628} \\ 973 N &= M_2 n_2 = \frac{p}{628} V_1 n_1 = \text{konst.} \end{aligned} \right\} \quad (49)$$

n_2 ändert sich also mit dem Kehrwert von V_2, das Sekundärmoment M_2 ist proportional dem sekundären Hubvolumen V_2, der Stellbereich der Drehzahl

$$n_{2\min} = \frac{V_1 n_1}{V_{2\max}} < n_2 < \frac{V_1 n_1}{V_{2\min}} = n_{2\max} \quad (50)$$

Die maximale Drehzahl $n_{2\max}$ ist durch die mechanisch zulässige Drehzahl begrenzt.

Primärregelung (in der Pumpe, ohne Berücksichtigung der Wirkungsgrade) $V_1 =$ verstellbar, $V_2 =$ konst. Damit ergibt sich:

$$\left. \begin{aligned} n_2 &= \frac{V_1}{V_2} n_1 \\ M_1 &= \frac{p V_1}{628} \\ M_2 &= \frac{V_2}{V_1} M_1 = \frac{p V_2}{628} = \text{konst.} \\ 973 N &= M_2 n_2 = \frac{p V_1}{628} n_1 \end{aligned} \right\} \quad (51)$$

n_2, M_1 und N sind proportional V_1, M_2 bleibt konstant, solange p gleichbleibt. Die Sekundärdrehzahl läßt sich vom Maximum bis Null steuern, wenn V_2 von einem Maximum bis Null verstellt wird. Durch Umsteuern ist auch Übergang in entgegengesetzte Drehrichtung möglich. Man kann auch Primär- und Sekundärverstellung kombinieren.

Hydrostatische Antriebe verhalten sich ähnlich wie Gleichstromantriebe in Leonardschaltung. Dabei entspricht dem Leonardgenerator die Pumpe, ihrem Hubvolumen V_1 die Leonardspannung und dem Strom der Öldruck. Das Hubvolumen V_2 des Ölmotors ist dem Feld des Gleichstrommotors vergleichbar.

b) Hydrostatische Mehrmotorenantriebe. Man kann von einer Pumpe auch mehrere Motoren speisen. *Bei Parallelschaltung* erhält jeder Motor den gleichen Druck, dem das abgegebene Moment proportional ist. Ändert sich das Widerstandsmoment der angetriebenen Maschine, so bleibt das Motormoment bestehen. Die Motordrehzahl ändert sich so lange, bis das Widerstandsmoment dem Motormoment wieder gleich wird. Dies kann zum Durchgehen oder zum Stillstand der Maschine führen. Extreme Drehzahlen werden verhindert, wenn die einzelnen Arbeitsmaschinen kraftschlüssig verbunden sind. Dabei werden die Änderungen des Momentes einer Teilmaschine über die mechanische Verbindung der Teilmaschinen ausgeglichen, so daß das Verhältnis der Antriebsleistungen bestehenbleibt. Bei einer solchen Änderung der Summe des Leistungsbedarfes aller Teilmaschinen ändert sich auch der in der Pumpe erzeugte Öldruck und die Drehzahl aller Motoren paßt sich dem geänderten Druck an. Um das zu vermeiden, kann ein Regler eingesetzt werden, der durch Hubverstellung der Pumpe den Öldruck gleichhält. Damit wird die Fördermenge dem jeweiligen Verbrauch angepaßt. Es verbleiben aber Drehzahlabweichungen, soweit sich der Mengenwirkungsgrad ändert.

Ist der Kraftschluß elastisch, z. B. bei Verbindung mittels eines Filzes, so ändert sich auch die Motordrehzahl entsprechend der Momentänderung und der Dehnbarkeit des Filzes.

Bei Papier- und ähnlichen Maschinen ist die Parallelschaltung der Motoren nur anwendbar, wenn z. B. in einer durch einen Filz geschlossenen Gruppe außer der von der Transmission angetriebenen Hauptwalze noch andere Walzen mit sog. Helferantrieben versehen werden sollen.

Die Anordnung mit parallelen Ölmotoren entspricht einem elektrischen Mehrmotorenantrieb in Leonardschaltung mit in Reihe geschalteten Motoren.

Bei der *Reihenschaltung* fließt die Fördermenge nacheinander durch alle Motoren. Diese müssen daher unabhängig von der zu übertragenden Leistung für die gleiche Schluckmenge bemessen werden. Die Drehzahl der Motoren kann durch Veränderung ihres Hubvolumens eingestellt werden. Bei Verstellung des Hubvolumens der Pumpe ändern alle Motoren ihre Drehzahlen im gleichen Maße.

Das im Motor wirksame Drehmoment ist proportional seinem eingestellten Hubvolumen und dem im Motor verarbeiteten Druckgefälle, wobei die Summe aller Druckgefälle gleich dem Pumpendruck ist. Änderungen der Last haben unmittelbar eine gleichsinnige Änderung des verarbeiteten Druckgefälles zur Folge, so daß sich auch der Pumpendruck entsprechend ändert.

Ein Antrieb mit Reihenschaltung der Ölmotoren ist mit einem elektrischen Mehrmotorenantrieb mit Leonardgenerator und parallel geschalteten Gleichstrommotoren vergleichbar.

c) **Hydraulische Kreisläufe.** Das Öl durchfließt Pumpe und Motoren in einem Kreislauf. Beim offenen Kreislauf saugt die Pumpe aus einem offenen Ölbehälter, in den das aus den Motoren ausströmende Öl zurückfließt. Der Sekundärdruck ist konstant und entspricht der Atmosphäre. Bei weitläufigen Anlagen kann auch eine besondere Speisepumpe vorgesehen werden, die für die maximale, umlaufende Ölmenge zuzüglich aller Leckverluste bemessen sein muß. Sie entlastet die Ölpumpe, die nunmehr vornehmlich nur der Zuteilung der Fördermenge dient. Im geschlossenen Kreislauf sind die Niederdruckseiten von Motoren und Pumpen durch eine Rohrleitung verbunden. Zur Deckung der Leckverluste und zur Erneuerung, Reinigung, Kühlung und Entlüftung des Öles muß eine Speisepumpe vorgesehen sein, die in die Niederdruckleitung einspeist. Gleichzeitig werden aus dieser Leitung 10 bis 15% der maximal umlaufenden Fördermenge mittels eines Überströmventils in den Ölbehälter zurückgeführt.

Bei diesen Kreisläufen bestimmt die Drehrichtung und die Hubrichtung der Pumpe die Strömungsrichtung. Der Drehsinn des Ölmotors wird noch durch seine Hubrichtung festgelegt. Zum Reversieren des Motors werden Umsteuerschieber vorgesehen, mit denen am Motor Zufluß und Abfluß vertauscht werden. Dabei wird auch durch die Drosselung des Ölstromes eine Abbremsung der angetriebenen Maschine erzielt. Die Bremsleistung geht dabei in Wärme über.

Beim geschlossenen, doppeltwirkenden Kreislauf erfolgt das Reversieren durch Umlegen des Primärteils in die umgekehrte Hubrichtung. Dabei kehren sich Strömungsrichtung und Hochdruckseite um. Deshalb müssen Hoch- und Niederdruckleitung mit der gleichen Ausrüstung (Überdruckventile u. a.) bestückt werden. Im Betrieb kann auch bei schnellem Verzögern (Bremsen) die Hochdruckseite bei gleicher Strömungs- und Drehrichtung wechseln. Pumpe und Motor wechseln dann ihre Funktion (generatorische Bremsung).

d) **Störgrößen und Regelung.** Die eingestellte Drehzahl hydrostatischer Antriebe wird durch eine Anzahl von *Störgrößen* beeinflußt. Dazu gehören vornehmlich die Kompressibilität des Triebmittels Öl, besonders bei Lufteinschlüssen, die Leckverluste in Pumpe, Motor und Leitungen, die Rückströmverluste beim Hubwechsel, die Druckverluste im Kreislauf, Änderungen des Lastmomentes, die sich über Druck und Fördermenge in Drehzahlabweichungen auswirken, der Verschleiß in Pumpe und Motor.

Soweit Drehzahlschlupf bei den Arbeitsmaschinen nicht erwünscht ist, müssen Regelungen vorgesehen werden, die den Hub von Pumpe oder Motor verstellen. Als Regelgröße kann dabei die Drehzahlabweichung, in manchen Fällen auch der Primärdruck dienen. Bei der Verstellung müssen die nicht unerheblichen Massen des umlaufenden Öles bewegt werden, so daß nur eine langsame Regelung mit größeren Regelabweichungen erwartet werden kann.

e) **Bauarten.** Die konstruktive Ausführung der hydraulischen Antriebe ist mannigfaltig. Meist werden Kolbenmaschinen verwendet, wobei mehrere Zylinder mit in der Phase verschobenen Kolben zu einem Block zusammengefaßt werden. Bei der Steuerung werden Schlitze im Zylinder der Anordnung von Schiebern oder Ventilen vorgezogen.

Die Verstellung des Hubes wird z. B. dadurch möglich, daß die Zylinderachse gegenüber der Umlaufebene der Kurbel in schräger Lage angeordnet wird. Durch Änderung des Schränkungswinkels α wird der Hub verstellt. Abb. 45a zeigt die grundsätzliche Anordnung bei einem

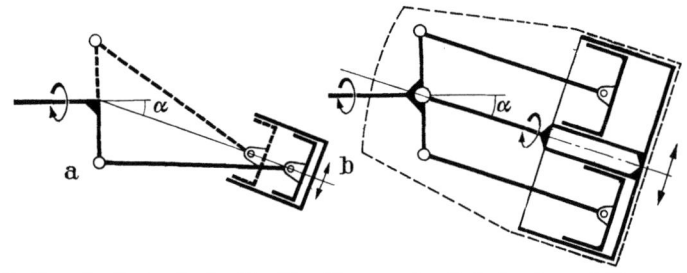

Abb. 45a u. b. Hydraulische Maschine (Pumpe oder Motor) mit verstellbarem Hub
α Schwenkwinkel

Zylinder. In Abb. 45b bilden mehrere im Kreis angeordnete Zylinder einen Block, der mit der Drehzahl der Antriebswelle um eine gegenüber der Antriebswelle geknickte Achse rotiert. Der Zylinderblock wird von einem nichtrotierenden, aber mit den Zylindern schwenkbaren Gehäuse umschlossen.

Pumpe und Motor werden auch vielfach zu einem Block zusammengebaut, so daß gesonderte Verbindungsleitungen entfallen. Sollen von einer Pumpe mehrere Motoren getrieben werden, müssen natürlich Pumpe und Motoren getrennt angeordnet werden.

f) **Ausrüstung und Anwendung.** Zur Ausrüstung der hydrostatischen Antriebe gehören je nach Bedarf: Filter, Kühler, Manometer, Rückschlagventil, Druckbegrenzungs- (Überström-)Ventil, Mengenregler, Drehzahlbegrenzeinrichtungen, Steuer- und Abschaltventile, By-Pässe, Rücklauf für Lecköl, Ölbehälter, Speisepumpe, Ölleitungen u. a.

In der Zellstoff- und Papierindustrie werden verschiedentlich Arbeitsmaschinen kleiner Antriebsleistung, die Drehzahlverstellung erfordern, mit einem hydraulischen Antrieb versehen. Vereinzelt sind auch hydraulische Mehrmotorenantriebe mit wenigen Antriebsstellen und Drehzahlregelung für kleine, langsam laufende Maschinen gebaut worden. Neuerdings ist diese Antriebsart auch bei Papiermaschinen mit Längswellenantrieb vorgeschlagen worden, um in kraftschlüssig (z. B. durch einen

Filz) geschlossenen Maschinengruppen als Helferantriebe noch weitere Walzen anzutreiben oder um das mechanische Stellgetriebe durch eine hydraulische Anordnung mit Drehzahlregelung (s. S. 65) zu ersetzen. In größerem Maße findet die Hydraulik Anwendung zum Verstellen und Anpressen von Walzen.

10. Antrieb mit Dampfkraftmaschinen

Ursprünglich wurden die Papiermühlen von Wasserrädern getrieben. Die mit der Erfindung der Dampfmaschine und der Papiermaschine einsetzende Industrialisierung machte bald die Dampfmaschine zum beherrschenden Kraftlieferanten, wobei weitläufige Transmissionen, Seil- und Riemenantriebe die Antriebskraft auf die ganze Fabrik verteilten. Die von der Papiermaschine zum Trocknen der Papierbahn benötigte Wärme wurde als gedrosselter, dem Kessel entnommener Frischdampf den Trockenzylindern zugeführt.

Mit dem Aufkommen von Dampfmaschinen einstellbarer Drehzahl wurden diese als Antriebsmaschinen für Papiermaschinen vorgesehen, wobei der Abdampf zur Heizung der Trockenzylinder verwendet wurde. Dabei zeigte sich, daß der bei der notwendigen Antriebsleistung anfallende Heizdampf nur in seltenen Fällen mit dem Bedarf übereinstimmt (Abb. 46).

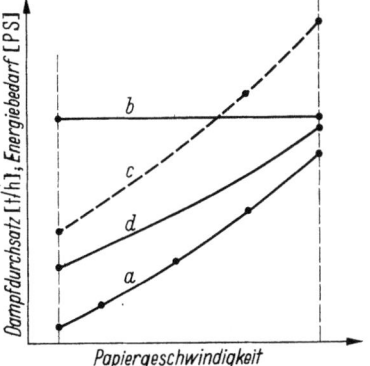

Abb. 46. Antriebsleistung (a), Heizdampfbedarf (b) einer Papiermaschine und der Leistung entsprechender Dampfdurchsatz einer Trommelturbine bei einem Druckgefälle von 10/3 ata (c) und von 35/3 ata (d)

Die Antriebsleistung steigt mit der Arbeitsgeschwindigkeit, der Bedarf an Heizdampf bleibt aber bei voller Trockenleistung gleich. Je nach dem verarbeiteten Druckgefälle und dem Wirkungsgrad der Kraftmaschine, der besonders bei einfachen Turbinen unterschiedlich sein kann, erhält man auch einen unterschiedlichen Dampfdurchsatz. Die Unterschiede zwischen Lieferung und Bedarf werden um so größer, je größer der Arbeitsbereich der Papiermaschine ist. Bei Hilfsarbeiten und ausgeschalteter Heizung muß der Abdampf einem anderen Verbraucher zugeführt oder über Dach ausgeblasen werden. Dazu kommt, daß die für eine bestimmte Leistung anfallende Dampfmenge vom Kesseldruck abhängig ist. Da dieser wegen Erzielung guter Wirkungsgrade bei der Krafterzeugung möglichst hoch zu wählen ist, muß zusätzlich Dampf aus einer Zwischenentnahmestelle der Hauptkraftmaschine oder gedrosselt aus dem Kessel entnommen werden. Letzteres ist unwirtschaftlich, weil der gespannte Dampf nicht vorher zur Krafterzeugung herangezogen wurde. Ersteres erfordert außer der Hochdruckdampfleitung noch eine Niederdruckleitung, die beide vom Krafthaus zur Papiermaschine geführt werden müssen.

Bei Dampfkraftmaschinen einstellbarer Drehzahl vermindert sich der Wirkungsgrad bei kleinen Drehzahlen besonders bei Dampfturbinen erheblich. Im übrigen liegt bei diesen relativ kleinen Kraftmaschinen der Wirkungsgrad niedriger als bei den großen Maschinen des Krafthauses.

Aus all diesen Gründen ist es fast stets wirtschaftlicher, die Gesamtleistung der Fabrik in einer großen Dampfturbine mit Zwischendampfentnahme für die Heizung zu erzeugen und die elektrische Energie durch Kabel zu den Motoren an den Arbeitsmaschinen zu übertragen. Die Verluste der elektrischen Übertragung verschlechtern keineswegs die Energiebilanz der Anlage. Als besondere Vorteile kommen die große Beweglichkeit bei der Verteilung der Energie, der Anordnung und der guten Regelbarkeit der elektrischen Antriebe zur Geltung.

Trotzdem wurden für den Antrieb von Papiermaschinen immer wieder auch Dampfkraftmaschinen aufgestellt, wobei in neuerer Zeit Dampfturbinen bevorzugt werden. Diese liefern ölfreien Dampf, der den Wärmeübergang in den Trockenzylinder nicht durch Ablagerung einer isolierenden Ölschicht beeinträchtigt. Solche Dampfturbinen besitzen bei kleinen Leistungen meist nur ein Curtisrad, bei größeren Leistungen wird eine größere Stufenzahl vorgesehen. Sie werden hochtourig bis zu 18000 U/min und für Leistungen von etwa 200 bis 2000 PS ausgeführt. Erforderlich ist ein Präzisions-Reduktionsgetriebe für sekundär 600 bis 1000 U/min, dessen austreibende Welle beiderseits mit der Längswelle an der Papiermaschine gekuppelt wird.

Die Aufstellung von Dampfkraftmaschinen hat meist besondere, durch die jeweiligen Verhältnisse bedingte Gründe, für die einige Beispiele gegeben werden sollen. Nur selten kommt es vor, daß der Bedarf an Leistung und Heizdampf mit der Lieferung der Kraftmaschine wenigstens bei der Hauptarbeitsgeschwindigkeit annähernd übereinstimmt. Es tritt aber immer wieder der Fall ein, daß die Kesselanlagen reichlich, die Kraftmaschinen aber knapp sind und das für die Erweiterung des Kraftwerkes benötigte Kapital erst zu einem späteren Zeitpunkt flüssig wird. Hier kann es lohnend sein, eine neue Papiermaschine für eine Übergangszeit mit einer Dampfkraftmaschine auszurüsten. Man hat auch den Leonardgenerator eines elektrischen Antriebes mit einer besonderen Dampfturbine angetrieben. Dabei konnte der Ausgleich zwischen Kraft und Dampf durch einen Drehstromgenerator geschaffen werden, der von der Turbine getrieben wird und mit dem Netz parallel arbeitet. Jetzt wird der Heizdampf stets voll zur Energieerzeugung herangezogen. Unterschiede im Leistungsbedarf werden durch generatorischen oder motorischen Betrieb der Drehstrommaschine ausgeglichen.

In anderen Anlagen können Überschüsse in sehr billigem Abfallbrennmaterial vorhanden sein, die einen Dampfbetrieb rechtfertigen. In jedem Falle soll aber vor einer Entscheidung über die Antriebsart eine eingehende Prüfung der Energie- und Betriebsverhältnisse der ganzen Fabrik vorgenommen werden.

Dampfkraftmaschinen erfordern empfindliche, schnell wirkende Drehzahlregler hoher Genauigkeit. Das ist einerseits bedingt durch den steilen Verlauf der ungeregelten Drehzahl über dem Drehmoment, dazu kommt, daß das Drehmoment in starkem Maße durch die im Fabrikbetrieb oft schwankenden Dampfzustände vor und hinter der Maschine beeinflußt wird. Andererseits soll besonders bei größeren und schnellen Papiermaschinen die Drehzahl bei 10% Laständerung mit einer Genauigkeit bis zu $1^0/_{00}$ gehalten werden, damit bei den mechanischen Antrieben die eingestellten Züge an den Gruppen mit meist sehr unterschiedlichen Schwungmassen durch Drehzahlabweichungen nicht beeinflußt werden. Die Regelung erfolgt mit mechanischen oder hydraulischen Fliehkraftreglern. Zur Beherrschung des großen Geschwindigkeitsbereiches von Hilfs- bis Höchstgeschwindigkeit wird dem Regler ein Wechsel- oder ein kontinuierliches Stellgetriebe vorgeschaltet.

Beim Antrieb mit Kolbendampfmaschine werden meist stehende schnell laufende Kapselmaschinen mit Schiebersteuerung verwendet, die bei größeren Leistungen vielfach mehrere Zylinder erhalten. Kolbenmaschinen besitzen einen besseren Wirkungsgrad als Turbinen, der ölhaltige Dampf verunreinigt jedoch die Trockenzylinder, wenn nicht für eine gute Entölung des Abdampfes Sorge getragen wird.

V. Elektrischer Antrieb, Gleichstrom-Einmotorenantrieb

Der mechanische Antrieb übernimmt die von einem Motor mit dessen Drehzahl gelieferte mechanische Antriebsenergie, wandelt Drehmoment und Drehzahl meist in fester Übersetzung entsprechend den zweckmäßigen Verhältnissen der Übertragungstriebe und den Anforderungen der Walzen um und verteilt so die Energie auf die Antriebsstellen der Arbeitsmaschine. Nur soweit es sich um kleinere Leistungen oder geringere Drehzahlbereiche handelt, werden auch Getriebeanordnungen mit verstellbaren Untersetzungen verwendet. In wenigen Sonderfällen sind auch mechanische Regelungen solcher verstellbarer Untersetzungen ausgeführt worden. Die Einstellung der geforderten unterschiedlichen Geschwindigkeit bleibt vornehmlich dem Antriebsmotor überlassen.

Die Anwendung von Dampfkraftmaschinen oder von hydraulischen Motoren ist auf besonders gelagerte Fälle und Arbeitsmaschinen beschränkt. Der beherrschende Antriebsmotor von Arbeitsmaschinen mit verstellbarer Drehzahl in der Zellstoff- und Papierindustrie ist daher der Elektromotor.

Dies verdankt er einer Reihe von Eigenschaften, die ihn auch für sehr unterschiedliche Verhältnisse als geeignete Antriebsmaschine erscheinen lassen. Elektromotoren können für alle Leistungen hergestellt werden. Die sich daraus ergebende leichte Unterteilbarkeit der elektrischen Leistung gestattet, Elektromotoren auch an Nebenwalzen von Arbeitsmaschinen einzusetzen, wenn ihre Aufstellung eine Verbesserung der Produktivität des Betriebes zur Folge hat. Dabei entfallen die oft störenden Transmissionen, ausschlaggebend ist aber die große Freizügigkeit hinsichtlich der Anordnung des Elektromotors, die Anpassung des Antriebes an das Arbeitsverfahren durch Bereitstellung fester oder leicht einstellbarer, unterschiedlicher Drehzahlen und durch deren Regelbarkeit, die hinsichtlich ihrer Güte den jeweils gestellten Anforderungen bis zu höchster Genauigkeit angepaßt werden kann. Dem Bedarf entsprechend kann daher die Ausführung der elektrischen Antriebe sehr unterschiedlich sein. Die höchsten Anforderungen an den Antrieb stellen Papiermaschinen, weiterhin Rollmaschinen und Kalander. Zum Antrieb dieser Maschinen werden vorzugsweise Gleichstrommotoren verwendet, die ihre Drehzahl in weiten Bereichen steuern und mit hoher Genauigkeit regeln lassen. Nur in geringerem Maße ist dies mit Drehstrommotoren möglich.

Es wird daher zunächst der Antrieb mit einem Gleichstrommotor behandelt. Die dabei aufgedeckten Verhältnisse treffen auch im wesentlichen zu, wenn der eine Antriebsmotor durch mehrere Motoren ersetzt wird. Bei solchen Mehrmotorenantrieben treten aber zusätzlich besondere Aufgaben der Steuerung und Regelung auf, die im Abschnitt VI (S. 177ff.) erläutert werden. Der Antrieb kraftschlüssig verbundener Maschinengruppen durch mehrere Motoren, ebenso das Zusammenarbeiten eines elektrischen Antriebes mit anders gearteten mechanischen und elektrischen Antrieben verlangt besondere Anordnungen, die wie die Drehstromantriebe in den Abschnitten VII und VIII (S. 272ff. und S. 288ff.) beschrieben werden.

A. Kennzeichen und Eigenschaften von Arbeitsmaschine und Antriebsmotor

1. Arbeitsmaschine und Motor

Die Einheit Arbeitsmaschine und Motor ist, antriebstechnisch gesehen, gekennzeichnet durch das jeweils erforderliche Antriebsdrehmoment und die gewünschte Drehzahl. Bei einer Änderung der Drehzahl wirkt das Schwungmoment von Maschine und Motor als Trägheit verzögernd, wobei die umlaufenden Massen als Energiespeicher wirken.

Sind das Widerstandsmoment W der Arbeitsmaschine und das vom Motor entwickelte Drehmoment M gleich groß, so läuft die Maschine mit der dem Drehmoment durch die Motorcharakteristik zugeordneten Drehzahl in stationärem Zustand. Bei Momentunterschieden wird die Maschine beschleunigt oder verzögert, bis bei einer anderen Drehzahl wieder Momentgleichheit eintritt. Die Winkelbeschleunigung ε ist abhängig vom Beschleunigungsmoment und von der Summe der auf die gleiche Drehachse bezogenen Schwungmomente von Arbeitsmaschine und Motor. Bei Umrechnen auf eine schneller laufende Welle sind die Schwungmomente entsprechend dem Quadrat der Drehzahlen zu vermindern. Das geschilderte Verhalten wird durch die dynamische Grundgleichung ausgedrückt, wobei die Zeiger m und a auf Motor und Arbeitsmaschine hinweisen.

$$M_m - M_a = (\Theta_m + \Theta_a)\,\varepsilon. \tag{52}$$

2. Aufbau und Wirkungsweise von Gleichstrom-Nebenschlußmaschinen

Gleichstrommaschinen (Abb. 47) [*38*] besitzen ein im Raume feststehendes, kreisförmiges Magnetjoch, an dessen innerem Umfang die Magnetpole mit den Polschuhen, abwechselnd ein Plus- und ein Minuspol, angeschraubt sind. Meist werden bei schnell laufenden Maschinen 4, bei großen Leistungen auch 6 Pole vorgesehen. Die Polwicklungen werden bei steuer- und regelbaren Maschinen fremd erregt, d. h. an eine fremde, möglichst konstante Erregerspannung angeschlossen. Für Regelzwecke wird die Polwicklung oft in eine Haupt- und eine Regelwicklung unterteilt. Sie erzeugen ein im Raume stillstehendes magnetisches Feld, das den Anker durchflutet und sich über die Polpaare und das Magnetjoch schließt.

Die Spulen der Ankerwicklung sind in Längsnuten am Umfang des Ankers versenkt und untereinander in Reihe geschaltet. Bei Rotation des Ankers im Magnetfeld werden in der Ankerwicklung

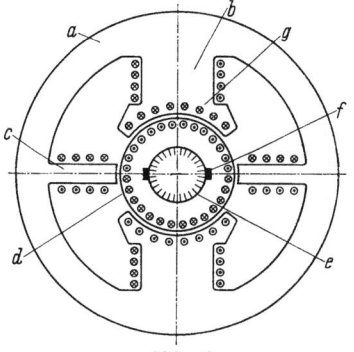

Abb. 47
Gleichstrommaschine, zweipolig
a Magnetjoch; *b* Magnetpole mit Polschuhen; *c* Wendepole; *d* Anker; *e* Kommutator; *f* Kohlebürsten; *g* Kompensationswicklung

Wechselspannungen erzeugt. Um diese gleichzurichten, sind die einzelnen Spulen an die Stege (Lamellen) eines auf der Ankerwelle angeordneten Stromwenders (Kommutators) angeschlossen, von dem mittels Kohlebürsten Spannung und Strom des Ankers abgenommen und so gleichgerichtet werden. Die Bürsten sind in der neutralen Zone angeordnet, d. h.

zwischen benachbarten Polen, wo die Feldstärke des Anker und Pole durchdringenden Feldes und damit die Spannung in der hier jeweils durchlaufenden Spule zu Null wird. Die Anzahl der Stromabnahmestellen zwischen je 2 Polen ist gleich der Anzahl der Pole. Bei vier- und mehrpoligen Maschinen werden die sich ergebenden zwei und mehr Stromkreise parallel geschaltet. Bei größeren Strömen erfolgt die Abnahme des Stromes durch Bürstensätze mit mehreren Bürsten.

Der in der Ankerwicklung fließende Strom erzeugt ein ebenfalls im Raume stillstehendes Feld, das senkrecht zum Feld der Pole gerichtet ist. Dieses durch die Ankerrückwirkung hervorgerufene Querfeld verzerrt das Feld unter den Polschuhen und verschiebt die neutrale Zone. Da durch die endliche Bürstenbreite 2 Stege des Stromwenders überdeckt werden, wird die an diese Stege angeschlossene Spule kurzgeschlossen. Ihre kleine Spannung wird durch die Feldverschiebung erhöht und so die funkenfreie Stromwendung ungünstig beeinflußt. Deshalb werden in der neutralen Zone zwischen je 2 Hauptpolen Wendepole angeordnet, die, vom Ankerstrom durchflossen, hier das Querfeld aufheben. Dadurch wird eine gute Stromwendung bei allen Ankerströmen erreicht.

Die Feldverzerrung unter den Hauptpolen bewirkt, besonders bei geschwächtem Magnetfeld zur Erzeugung kleiner Generatorspannung oder bei Motoren mit Drehzahlverstellung durch Feldsteuerung, daß die Kennlinien der Generatorspannung und der Motordrehzahl mit zunehmender Strombelastung immer flacher werden, so daß die Stabilität der Maschinen gefährdet wird. Eine in den meisten Fällen genügende Abhilfe schafft eine auf die Magnetpole aufgebrachte, vom Ankerstrom in wenig Windungen durchflossene Reihenschlußwicklung, die beim Generator als Gegenreihenschlußwicklung das Hauptfeld schwächt, beim Motor als Hilfsreihenschlußwicklung das Hauptfeld verstärkt. Damit wird erreicht, daß die Spannungs- bzw. Drehzahlkennlinien der Maschinen auch bei Nennstrom genügend geneigt sind.

Die Feldverzerrung unter den Polschuhen durch das Querfeld induziert an den Stellen starken Feldes höhere Spannungen, die bei großer Strombelastung zu Rundfeuer am Stromwender führen können. Außerdem ergibt sich eine Verkleinerung der gemittelten Feldstärke, so daß die erzeugte Spannung bzw. das entwickelte Drehmoment kleiner werden. Man bringt daher bei größeren Maschinen auf die Polschuhe eine Kompensationswicklung auf, deren Stäbe in Nuten der Polschuhe parallel zur Welle eingelegt und vom Ankerstrom durchflossen werden. Sie bewirkt weitgehend eine gleichmäßige Kompensation des Querfeldes. Bei kleinen Maschinen wird wegen der Kosten auf die Kompensationswicklung verzichtet, man nimmt dabei die Feldverzerrung unter den Polschuhen in Kauf. Kompensierte Maschinen gestatten eine stärkere Belastung, was sich besonders beim Anfahren und Bremsen auswirkt.

A. Kennzeichen und Eigenschaften

Solche Maschinen können kurzzeitig mit dem 2- bis 2,2fachen Anfahrmoment belastet werden, wogegen normale Maschinen nur das 1,5- bis 1,6fache aufweisen.

Die Wechselströme der Ankerwicklung bewirken eine Ummagnetisierung des Eisens und durch Induktion Wirbelströme. Beides bedingt Leistungsverluste. Um diese weitgehend zu vermeiden, wird der Anker aus dünnen, kreisförmigen Blechen zusammengesetzt, die gegeneinander durch ein dünnes Papier oder eine Lackschicht isoliert sind. Um bei genuteten Ankern die Wirbelströme an der Polschuhoberfläche zu unterdrücken, werden meist auch die Polschuhe aus Blechen zusammengesetzt. Aus Gründen der Fertigung wird dann gleich der ganze Pol aus Blechen hergestellt, das Joch wird jedoch massiv ausgeführt. Die geblätterte Ausführung vermindert auch die elektromagnetischen Zeitkonstanten der Maschinen, was für die Regelung von Bedeutung ist.

Die Magnetisierung der Pole wird durch den Erregerstrom bewirkt. Da das Feld allmählich einem Sättigungszustand zustrebt, ergibt sich für das Feld und die Ankerspannung über dem Erregerstrom ein zunächst annähernd linearer, später immer stärker gekrümmter Verlauf, der durch die Magnetisierungskennlinie (Leerlaufcharakteristik) der Maschine gekennzeichnet ist (Abb. 48). Bei der Bemessung von Steuerungen und Regelungen muß also darauf geachtet werden, daß zur Erzielung gleicher Drehzahl- oder Spannungsänderung bei größeren Stellbereichen unterschiedlich große Änderungen des Erregerstromes notwendig sind.

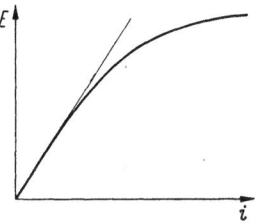

Abb. 48. Leerlaufcharakteristik einer Gleichstrommaschine
i Erregerstrom; E Ankerspannung

Für die stromführenden Teile der Maschine wird Kupfer verwendet. Sein Ohmscher Widerstand vergrößert sich bei 1 °C Temperaturzunahme um $3,8^0/_{00}$. Das hat zur Folge, daß sich die Drehzahl der Motoren bzw. die Spannung der Generatoren zwischen kaltem und betriebswarmem Zustand ändert, was bei Bemessung der Einstellgeräte zu berücksichtigen ist.

Bei Erregermaschinen zur Erzeugung einer möglichst konstanten Spannung für die Felder von Generatoren und Motoren wird zusätzlich zur Nebenschlußwicklung, die hier von der Ankerspannung gespeist wird, eine vom Ankerstrom durchflossene, kräftige Reihenschlußwicklung aufgebracht, die das Nebenschlußfeld verstärkt und den bei Belastung auftretenden Spannungsabfall weitgehend aufhebt. Die Auslegung geschieht meist so, daß bei dem erwarteten Lastbereich die Ankerspannung nahezu gleichbleibt.

Die Abb. 49 zeigt die Schaltung einer Nebenschlußmaschine. Für Umkehrung von Ankerspannung und Strom bzw. des Drehsinnes müssen die Anschlüsse von Anker mit Wendepolen oder die der Nebenschlußwicklung vertauscht werden. Bei Umkehr des Feldes sind auch die Anschlüsse der Reihenschlußwicklung zu vertauschen.

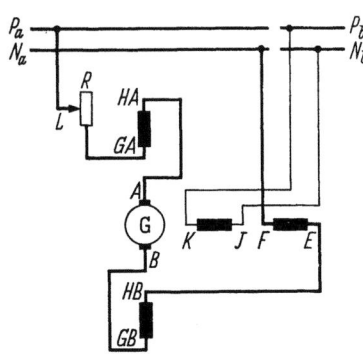

Abb. 49. Schaltung einer Gleichstromnebenschlußmaschine
HA/GA, HB/GB symmetrisch geschaltete Wendepolwicklungen; F/E Hilfsreihenschlußwicklung; K/J Nebenschlußwicklung; R/L Anlasser

Bei den in der Papierindustrie nur selten verwendeten Reihenschlußmotoren wird die Feldwicklung mit dem Anker in Reihe geschaltet. Als Reihenschlußwicklung bewirkt sie einen kräftigen, mit der Last abfallenden hyperbelähnlichen Drehzahlverlauf (Abb. 177). Bei Leerlauf steigt die Drehzahl erheblich an. Bisweilen wird noch eine zusätzliche Nebenschlußwicklung vorgesehen, durch Verstellung des in ihr fließenden Erregerstromes kann der Drehzahlverlauf in begrenztem Maße gehoben und gesenkt werden.

3. Drehzahlverhalten des Nebenschlußmotors

Die in der Zellstoff- und Papierindustrie verwendeten Elektromotoren besitzen Nebenschlußverhalten, d. h., die Drehzahl sinkt zwischen Leerlauf und Nennlast nur um wenige Prozent (Abb. 50). Erst bei großer Überlast tritt ein stärkerer Drehzahlabfall ein, der schließlich zum Stillstand führt. In der Regel sind solche Überlastungen der Motoren nicht zulässig, so daß Abschaltung durch Schutzeinrichtungen vorgesehen wird.

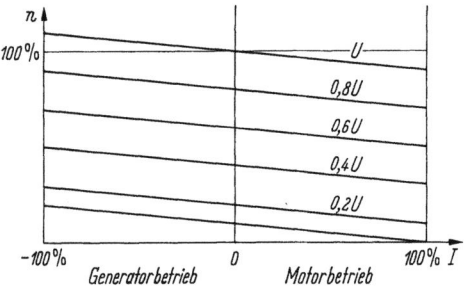

Abb. 50. Drehzahlkennlinien einer Gleichstrommaschine bei konstanter Erregung und unterschiedlicher Ankerspannung U

Wird die Last negativ, d. h., wird die Maschine von außen angetrieben, erhöht sich die Drehzahl über die des Leerlaufes, der Motor wird zum Generator, er bremst und liefert elektrische Leistung in das Netz. Dabei kehrt sich die Richtung des Ankerstromes um. Wird die Maschine an kleinere Ankerspannungen gelegt, verschiebt sich die Drehzahlkennlinie etwa parallel, wie es in Abb. 50 dargestellt ist. Besonders bei vorgesehener Regelung im Motorfeld ist ein geringer stetiger Drehzahlabfall im gesamten Last- und Drehzahlbereich notwendig. Dabei ist für die Stabilität des Antriebes der ganze Ankerkreis maßgebend, also auch Spannungsänderungen des den Motor speisenden Generators. Diese können durch den Verlauf der Kennlinie der Generatorspannung und der Drehzahl des den Generator treibenden Drehstrommotor bei Laständerung bedingt sein.

B. Gleichspannungsquellen

In modernen Zellstoff- und Papierfabriken liefert das eigene Kraftwerk, gegebenenfalls unter gleichzeitigem Fremdbezug elektrischer Energie, Drehstrom hoher Spannung, meist von 6 kV, der den einzelnen Abteilungen der Fabrik zugeführt, für Motoren unter etwa 200 kW in Transformatoren in Niederspannung umgespannt und auf die Motoren der Abteilung verteilt wird. Für die Antriebe von Arbeitsmaschinen veränderbarer Drehzahl wird jedoch vornehmlich Gleichstrom benötigt. Auch Elektrolyseanlagen, z. B. zur Erzeugung von Chlor für das Bleichen von Zellstoff, erfordern Gleichstrom hoher Stromstärke. Ebenso kann die Steuerung und Regelung der Antriebe und der Fabrikationsverfahren den Gleichstrom nicht entbehren, wenn auch nur eine kleine Leistung gebraucht wird. Zur Erzeugung des Gleichstromes wurden im Laufe der Entwicklung unterschiedliche Einrichtungen geschaffen. Im folgenden sind nur die Grundzüge der Gleichstromerzeugung, besonders im Hinblick auf ihre Anwendung in der Zellstoff- und Papierindustrie, behandelt.

1. Gleichstrom-Fabriknetz

In kleineren Papierfabriken ist bisweilen noch aus der Entwicklungszeit der elektrischen Antriebe ein Gleichstromnetz konstanter Spannung vorhanden, an das alle Antriebe mit verstellbarer Drehzahl, manchmal sogar Motoren konstanter Drehzahl, angeschlossen sind. Das Gleichstromnetz wird von Generatoren gespeist, die von der Fabriktransmission oder von den Kraftmaschinen der Zentrale getrieben werden. Von späteren Erneuerungen oder Erweiterungen sind oft ein Gleichstromgenerator mit Drehstrommotor, ein Einankerumformer, Quecksilber- oder Halbleitergleichrichter für konstante Spannung vorhanden.

Solche Fabriknetze konstanter Gleichspannung sind den Anforderungen moderner Arbeitsmaschinen wenig gewachsen, weil seine wechselnde Belastung, besonders durch Ein- und Abschaltung von Antrieben zu Schwankungen der Netzspannung führt, die durch Regelung nur unvollkommen ausgeregelt werden können und Drehzahlabweichungen der angeschlossenen Antriebe ergeben. Solche älteren Gleichstromfabriknetze sind außerdem zu einem Fremdkörper moderner Fabriken geworden und erschweren die Betriebsführung.

Deshalb hat sich der Grundsatz herausgebildet, daß Drehstrom die alleinige Versorgungsspannung der Fabrik ist und Gleichstrom örtlich an der Stelle des Bedarfes und gesondert für jede anzutreibende Maschine erzeugt wird. Daß trotzdem noch vereinzelt Gleichstromnetze in älteren Fabrikanlagen vorkommen, ergibt sich daraus, daß eine Umstellung der elektrischen Anlage eines Fabriktteiles aus wirtschaftlichen Gründen vielfach nur dann vorgenommen wird, wenn auch die Maschinenanlage modernisiert wird.

2. Gleichstromquellen mit Maschinenumformern

a) Mehrleiternetz. Bei dieser aus der Frühzeit der Antriebstechnik stammenden Methode wurde der Motoranker nacheinander an die Schienen z. B. eines Dreileiternetzes angeschlossen, an welchen konstante Spannungen von z. B. 75, 150 und 215 V liegen. Diese Spannungen ergeben 3 Geschwindigkeitsstufen, Zwischenstufen konnten durch Feldsteuerung des Motors eingestellt werden. Die Anordnung hat sich mit Aufkommen der Leonardschaltung überlebt.

b) Leonardgenerator. Der Leonardgenerator, mit konstanter Drehzahl angetrieben, liefert eine Ankerspannung, die von der Größe seiner Erregung abhängig ist. Die kleinste Spannung ist bestimmt durch die bei Nullerregung vorhandene Remanenz, die durch die zuletzt gefahrene Magnetisierungsrichtung (positiv oder negativ) gegeben ist. Durch geringe entgegengesetzte Erregung kann die Remanenz beseitigt werden.

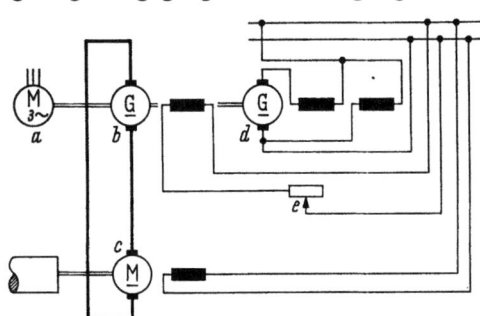

Abb. 51. Antrieb in Leonardschaltung
a Drehstrommotor; *b* Leonardgenerator; *c* Arbeitsmotor; *d* Erregermaschine; *e* Generator-Feldsteller

Das Grundschaltbild eines Antriebes in Leonardschaltung zeigt die Abb. 51.

Der Leonardgenerator wird meist durch einen Drehstrommotor (Asynchron- oder Synchronmotor) angetrieben. In seltenen Fällen wird er gleichzeitig mit einem Synchrongenerator der Netzversorgung von einer Kraftmaschine der Zentrale angetrieben. Solche Anordnungen sind ungünstig, weil meist lange Leitungen zum Gleichstrommotor nötig sind. Sie beeinträchtigen auch die Beweglichkeit des Betriebes bei Erweiterungen. Zweckmäßiger ist der Antrieb mittels Drehstrommotor und Aufstellung des Umformers zusammen mit der Schaltanlage in einem geschlossenen Raum in der Nähe der anzutreibenden Arbeitsmaschine.

c) Generator veränderbarer Drehzahl. Eine sich stetig ändernde Spannung erhält man auch, wenn der konstant erregte Generator mit veränderbarer Drehzahl angetrieben wird. Davon wird Gebrauch gemacht, wenn eine Walze mit einer Drehzahl proportional der der Hauptmaschine angetrieben werden soll, der Anschluß beider an den gleichen Leonardgenerator aber nicht möglich oder nicht zweckmäßig ist. Ersteres ist der Fall, wenn z. B. die Hauptmaschine einen mechanischen Antrieb besitzt oder von einem Drehstrommotor, einem Gleichstrommotor mit zusätzlicher Feldsteuerung getrieben wird oder ein Stufengetriebe zwischen Gleichstromhauptmotor und Arbeitsmaschine geschaltet ist. In solchen Fällen wird der Generator von einer Antriebswelle der Arbeitsmaschine angetrieben, so daß die Drehzahl und damit die Spannung des Generators im ganzen Arbeitsbereich proportional der Geschwindigkeit der Arbeitsmaschine ist.

Solche Anordnungen sind auf kleine Leistungen beschränkt, weil für Aufstellung des Generators an den Antriebswellen der Arbeitsmaschinen meist nur wenig Raum zur Verfügung steht. Bei größeren Leistungen werden Leonardumformer mit Drehstrommotor aufgestellt, deren Spannung entsprechend den Anforderungen geregelt wird.

d) Generator in Zu- und Gegenschaltung. Hierbei wird zu der von einem Netz gelieferten, meist aber in einem besonderen Generator erzeugten konstanten Gleichspannung die veränderbare Spannung eines zweiten Generators — kurz Zusatzmaschine genannt — zu- oder gegengeschaltet, wobei die veränderbare Erregung des Generators von einem

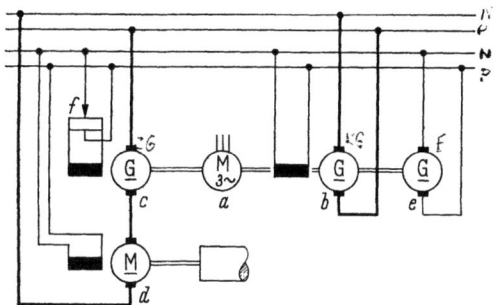

Abb. 52. Antrieb in Zu- und Gegenschaltung
a Drehstrommotor; *b* Generator für konstante Spannung; *c* Zu- und Absatzmaschine; *d* Arbeitsmotor; *e* Erregermaschine; *f* Feldumkehrsteller

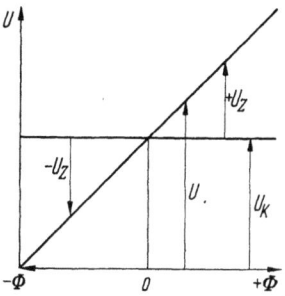

Abb. 53. Spannungskennlinie bei Zu- und Gegenschaltung
U_K konstante Spannung; U_Z Zu- und Absatzspannung; U resultierende Spannung; Φ Feld der Zu- und Absatzmaschine

Höchstbetrag bis Null gesteuert wird. Abb. 52 zeigt die Schaltung, Abb. 53 den Verlauf der Gleichspannung. Bei Umkehrung der Erregung nimmt die Maschine, die jetzt bei ungeänderter Stromrichtung als Motor läuft, aus dem Netz Spannung auf. Damit erhält der Verbraucher die Summe bzw. Differenz der Spannungen von Netz und Zusatzmaschine mit einem Stellbereich von einem kleinsten Betrag (evtl. Null) bis zum Höchstbetrag der gleich der zweifachen Netzspannung ist. Die Schaltung wird auch an Stelle der Leonardschaltung verwendet.

Bei vorhandenem Gleichstromnetz erhält die Zusatzmaschine einen Gleichstrom- oder Drehstrommotor, alle Maschinen sind bei beabsichtigter Verdoppelung der Spannung für den halben Leistungsbedarf der Arbeitsmaschine unter Berücksichtigung ihrer Wirkungsgrade auszulegen. Zu beachten ist, daß der Motor des Umformers bei der Gegenschaltung als Generator läuft. Meist wird die konstante Spannung in einem besonderen Generator erzeugt und zusammen mit der Absatzmaschine von einem für die Gesamtleistung bemessenen Drehstrommotor angetrieben. Gewöhnlich wird mit dem Umformer auch eine Erregermaschine gekuppelt, von der die Erregerleistung der Gleichstrommaschinen geliefert wird.

Bei einem Vergleich von Leonard- und Zu- und Gegenschaltung hinsichtlich der ungeregelten Spannung bzw. der Drehzahl des Arbeitsmotors seien zunächst für Leonardgenerator, Konstantgenerator und Zusatzmaschine gleiche Ausführung und Kennlinien zugrunde gelegt. Die Änderung der Strombelastung bei gleichbleibender Drehzahl des Umformers gibt in der Konstant- und in der Zugegenmaschine zusammen die gleiche Änderung des Spannungsabfalls wie im Leonardgenerator. Meist erhält aber der Umformer einen Drehstromasynchronmotor mit lastabhängiger Drehzahl. Da dieser in beiden Fällen gleich belastet ist, sind auch die auftretenden Abweichungen der Drehzahl und der Gesamtspannung gleich.

Eine Abweichung der Erregerspannung wirkt sich proportional im Erregerstrom aus. Da stets gesättigte Maschinen verwendet werden, ergibt die gleiche Änderung der Erregerspannung wegen der Krümmung der Leerlaufkennlinie eine größere Abweichung der Ankerspannung bei kleiner Erregung. Dies tritt für die Leonardschaltung bei kleiner, für die Zu- und Gegenschaltung bei mittlerer Ankerspannung ein. Diese Abweichungen ergeben aber bei niedrigen Spannungen eine größere relative Drehzahländerung. Zum Teil werden diese dadurch ausgeglichen, daß sich auch das Feld des Motors an der Arbeitsmaschine ändert. Um möglichst konstante Erregerspannung zu erhalten, werden in beiden Schaltungen besonders kompoundierte Erregermaschinen verwendet, die im Verhältnis zur Belastung reichlich ausgelegt werden und so praktisch konstante Erregerspannung liefern.

Die beiden Schaltungen können also als gleichwertig hinsichtlich der auftretenden Spannungs- und Drehzahlabweichungen angesehen werden. Um diese, die vornehmlich durch die Spannungsabfälle verursacht werden, möglichst klein zu halten, wird bei der Zu- und Gegenschaltung der Generator für konstante Spannung meist kompoundiert und die Zusatzmaschine mit einer leichten Gegenreihenschlußmaschine ausgerüstet. Letztere wird auch bei Leonardgeneratoren verwendet, stets aber eine Regelung auf konstante Drehzahl des Arbeitsmotors vorgesehen, bei sehr hohen Ansprüchen auch in Verbindung mit Messung der Spannungsabweichung (s. S. 172). Die Verwendung einer Regelung entspricht auch den gegen früher sehr gestiegenen Ansprüchen hinsichtlich Gleichbleibens der Drehzahl, die durch Auslegung der Maschinen allein kaum befriedigt werden können. Denn die Kompoundierung des ganzen Kreises von Umformer und Arbeitsmotor ist dadurch begrenzt, daß am Motor noch ein genügender Drehzahlabfall zur Sicherung seines stabilen Verhaltens bleibt.

Bei Vergleich der Wirkungsgrade können die gleichen Motoren an Arbeitsmaschine und Umformer außer Betracht bleiben, weil sie ja in beiden Schaltungen gleich groß sind. Da die beiden Gleichstrommaschinen der Zu- und Gegenschaltung nur die halbe Größe des Leonardgenerators haben, sind die Verluste in beiden bei gleichen Verhältnissen größer als in einer einzigen Maschine doppelter Größe. Geringere Verluste ergeben sich bei dem Leonardgenerator auch dadurch, daß sich bei diesem der Erregerbedarf von der vollen Erregung an stetig vermindert, bei der Zusatzmaschine aber die Erregerleistung im unteren Bereich wieder ansteigt. Dazu kommt noch die gleichbleibende Erregung des Konstantgenerators. Die Verluste sind also bei der Zu- und Gegenschaltung im ganzen Bereich etwas größer.

Bei Zu- und Gegenschaltung ist gegenüber der Leonardschaltung eine weitere Maschine erforderlich, es muß also ein weiterer Kommutator gewartet werden. Die Vorteile der Leonardschaltung haben dazu geführt, daß sie von den meisten Elektrofirmen bevorzugt vorgesehen wird.

In einer Reihe von Sonderfällen hat die Zu- und Gegen- bzw. die einseitige Zuschaltung überall dort Eingang gefunden, wo damit noch besondere Effekte erreicht werden. Das trifft dann zu, wenn mehrere unterschiedlich zu steuernde oder zu regelnde Motoren eine Zusatzspannung zur Kompensation der Spannungsabfälle und zur Verstellung oder Regelung der Drehzahl erhalten sollen. Dabei sind die Zusatz- und Gegenspannungen meist nur klein.

Bei einer Gleichstrommaschine, die mit dem Antriebsmotor der Arbeitsmaschine und einem Gleichstromnetz oder mit einem gesondert angetriebenen Generator in Reihe liegt, besteht die Gefahr des Durchgehens, wenn der Antriebsmotor der Gleichstrommaschine abgeschaltet wird. Läuft der Generator als Absatzmaschine, also motorisch, so wird er bei Abschaltung seines Antriebes beschleunigt, während gleichzeitig der Antriebsmotor der Arbeitsmaschine wegen ihrer größeren Schwungmassen und ihres Reibungsmomentes zum Stillstand kommt. Lief die Maschine beim Abschalten ihres Motors als Zusatzgenerator, so kommt sie zuerst zum Stillstand und läuft dann in entgegengesetzter Richtung hoch. Auch bei einem Leonardantrieb mit großen Schwungmassen der Arbeitsmaschine kann dies bei scharfem generatorischem Abbremsen eintreten, wenn der Bremsstrom, mit dem der Leonardgenerator motorisch getrieben wird, den Schalter des generatorisch laufenden Drehstrommotors durch Überstrom auslöst. Je nach der Nennspannung der ausfallenden Gleichstrommaschine und der am Motor der Arbeitsmaschine gerade herrschenden Spannung kann eine sehr erhebliche Überdrehzahl auftreten, die eine Zerstörung der Maschine zur Folge hat. Man muß daher dafür Sorge tragen, daß bei Ausfall des Drehstrommotors durch einen Hilfskontakt am Schalter oder durch einen Drehzahlwächter der Gleichstromkreis durch einen Schalter geöffnet wird.

e) **Der Einankerumformer.** Dieser entspricht in seinem Aufbau einer Gleichstrom-Nebenschlußmaschine, auf deren Anker 3 oder 6 Schleifringe angeordnet sind (Abb. 54). Die Schleifringe sind in gleichen Abständen an die Ankerwicklung, ihre Bürsten an die je nach Schleifringanzahl drei- oder sechsphasige Sekundärwicklung eines vom Drehstromnetz gespeisten Transformators angeschlossen. Die Magnetpole des Ständers werden mit Gleichstrom konstant erregt. Der Anker läuft wie eine Synchronmaschine mit fester, durch die Netzfrequenz und die Polpaarzahl bestimmter Drehzahl. Auch das Verhältnis der Gleichspannung zum verketteten Effektivwert auf der Wechselstromseite ist fest, es ist bei 3 bzw. 6 Schleifringen 1,63 bzw. 2,82. Die bei Lauf der Maschine auftretenden Reibungs-, Ummagnetisierungs- und Wirbelstromverluste werden durch ein in der Maschine entwickeltes Drehmoment gedeckt.

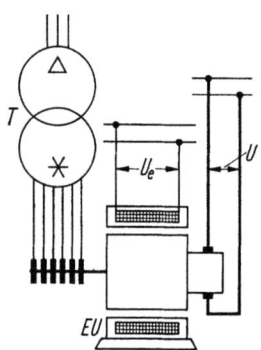

Abb. 54. Grundschaltung eines Einanker-Umformers
T Transformator; U_e Erregerspannung; EU Einankerumformer; U Gleichgerichtete Spannung

Im Vergleich zu einem Umformer mit Motor und Generator sind seine Verluste geringer, selbst bei Einbeziehung der Verluste in dem stets notwendigen Transformator. Der Einankerumformer ist empfindlich hinsichtlich Kommutierung, besonders bei Laststößen, man findet ihn daher nur noch in älteren Papierfabriken zur Speisung eines konstanten Gleichstromnetzes.

3. Stromrichter

Bei den behandelten Gleichstromgeneratoren wurde die elektrische Energie aus mechanischer durch Umformung gewonnen. Der Generator wurde vereinzelt direkt von einer Dampfkraftmaschine, seltener von einer Wasserturbine, meist aber von einem Drehstrommotor angetrieben. Diese Umformung ist mit größeren Verlusten verbunden. Dazu kommt, daß im Gleichstromgenerator aus der mechanischen Antriebsenergie erst Wechselstrom erzeugt wird, den Stromwender und Bürsten in Gleichstrom umformen. Es lag daher nahe, den in der Kraftzentrale in großen

B. Gleichspannungsquellen

Einheiten mit bestem Wirkungsgrad erzeugten Drehstrom an der Stelle des Verbrauchs möglichst ohne Zwischenumwandlung in mechanische Energie direkt in Gleichstrom umzuformen. Das wurde schon frühzeitig mit dem Einankerumformer für konstante Gleichspannung durchgeführt.

a) Stromfluß und Spannungssteuerung. Statt der Stromwendung am Kommutator eines umlaufenden Ankers führt auch die Stromsperre für die negative Halbwelle des Wechselstromes in ruhenden Stromrichtern, wie Entladungsgefäßen und Halbleitern, zum Gleichstrom. Ein solches Gerät hat die Eigenschaft, daß es den Strom nur in einer Richtung durchläßt, in der Gegenrichtung aber sperrt. Man bezeichnet es daher auch mit Ventil.

Schaltung. Um auch die negative Halbwelle eines Wechselstromes auszunutzen oder die einzelnen Phasen eines Mehrphasenstromes gleichzurichten, werden mehrere Ventile in unterschiedlichen Schaltungen verwendet. Die für Wechselstrom und für Drehstrom gebräuchlichen Schaltungen sind in der Abb. 55 zusammengestellt. Bei Wechselstrom

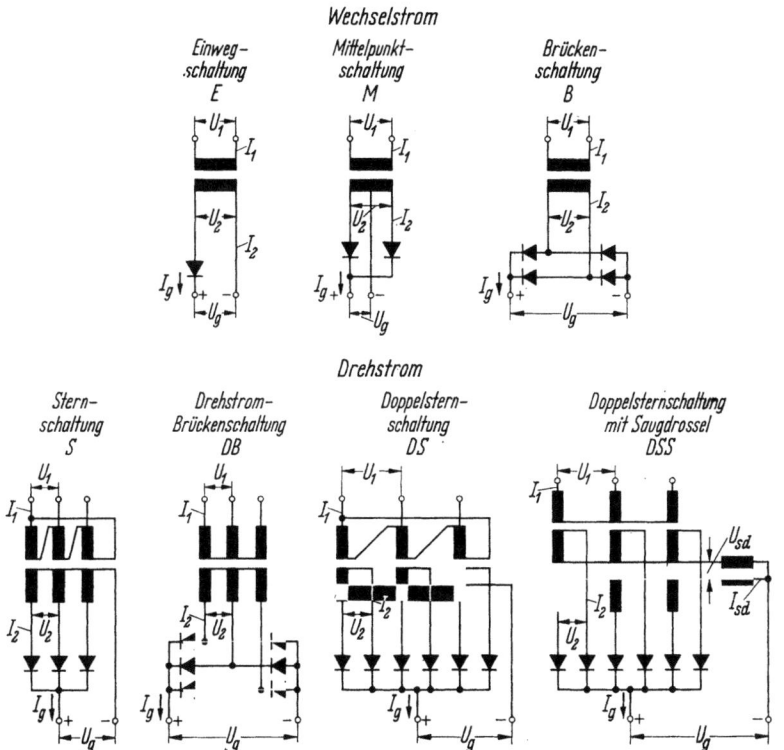

Abb. 55. Schaltung von Gleichrichtern

U_1, U_2 primäre, sekundäre Phasenspannung; J_1, J_2 Primär-, Sekundärstrom; U_g Gleichspannung; J_g Gleichstrom

läßt die Einwegschaltung nur die positive Halbwelle der einphasigen Wechselspannung hindurch. Man erhält einen intermittierenden, durch Lücken unterbrochenen Gleichstrom. Bei der Mittelpunkt- und der Brückenschaltung setzt sich der Gleichstrom aus den beiden aneinander anschließenden Halbwellen zusammen. Bei Drehstrom liefert die Sternschaltung (dreiphasige Mittelpunktschaltung) eine Gleichspannung, die sich bei induktionsfreier Belastung aus den Kuppen zwischen den Schnittpunkten benachbarter Halbwellen zusammensetzt. Ähnlich ist es bei der Doppelsternschaltung für 6 Phasen, die besonders bei Quecksilberdampfgleichrichtern für Speisung von Antrieben angewendet wird. In den Schnittpunkten der Halbwellen wechselt der Strom zum nächsten Ventil, bei mehranodigen Gefäßen zur nächsten Anode mit höher werdendem Potential über. Der bisher durchflossene Stromweg wird stromlos.

Bei Halbleitern, wird die Brückenschaltung bevorzugt. In Abb. 55 ist die Wechselstrom- und die Drehstrombrückenschaltung dargestellt. Die Ventile sind hier in doppelter Anzahl vorhanden, von denen je zwei von einer Halbwelle durchflossen werden. Im Strompfad tritt also der Spannungsabfall von 2 Ventilen auf.

Wenn man die Dauer einer Welle des Wechselstromes mit 2π bzw. $360°$ und die Phasenzahl mit p bezeichnet, ergibt sich die Dauer des Stromdurchganges durch ein Ventil zu

$$\delta = \frac{2\pi}{p} \quad \text{bzw.} \quad \frac{360°}{p} \tag{53}$$

Die Ventile werden also nur intermittierend belastet.

Wie beim Einankerumformer steht auch beim Stromrichter der Mittelwert der sich ergebenden Gleichspannung U_{g0} zum Effektivwert U_s der Phasenspannung in einem festen Verhältnis, dem Gleichrichtungsfaktor U_{g0}/U_s. Er ist von der Schaltung und der Phasenzahl abhängig und in Tab. 1 angegeben.

Tabelle 1. Gleichrichtungsfaktor U_{g0}/U_s

Schaltung	Einwegschaltung	Mittelpunktschaltung					Brückenschaltung	
p	1	2	3	6	12	∞	2	3
U_{g0}/U_s	0,45	0,9	1,17	1,35	1,398	1,4	1,8	2,34

Da bei der Gleichrichtung die einzelnen Kuppen des Wechselstromes aneinander gereiht werden, besitzt die gleichgerichtete Spannung eine gewisse Welligkeit, die mit größerer Phasenzahl abnimmt. Das Herausschneiden der Wechselstromkuppen hat auch zur Folge, daß bei den sehr geringen Trägheiten der Ventile Spannungsschwankungen des Wechselstromes sofort auch in der Gleichspannung auftreten.

B. Gleichspannungsquellen

Spannungssteuerung. Um aus der Wechselspannung eine veränderbare Gleichspannung zu erhalten, kann man dem den Stromrichtern vorgeschalteten Transformator durch Sterndreieckschaltung oder über Anzapfungen der Transformatorwicklungen eine unterschiedliche Wechselspannung entnehmen. Ersteres wird benutzt, um bei größeren Stellbereichen ein sehr unterschiedliches Spannungsniveau einzustellen. Mit vielen Anzapfungen oder mit kontinuierlich verstellbarem Abgriff (bei kleinen Leistungen) kann die Wechselspannung in kleinen Stufen bis stetig verstellt werden. Der Drehtransformator ermöglicht auch bei größeren Leistungen eine kontinuierliche Verstellung der Wechselspannung. Dabei können aus Gründen der Typenbeschränkung auch mehrere Maschinen parallel gelegt und gleichzeitig verstellt werden. Die bei Verwendung einfacher Drehtransformatoren auftretende Phasenverdrehung der Wechselspannung ist wegen der nachfolgenden Gleichrichtung ohne Bedeutung. Bei größeren Leistungen werden Doppeldrehtransformatoren verwendet, wodurch die Phasenverschiebung, besonders aber die entstehenden Drehmomente, kompensiert werden.

Eine zweite bei Quecksilberdampfgleichrichtern, Transduktoren und Halbleitern verwendete Methode der Spannungssteuerung besteht darin, daß man den Beginn des Stromdurchganges, die Zündung der Halbwelle, verzögert, den Stromdurchgang also länger sperrt. In Abb. 56a bis c ist dies für die positiven Halbwellen eines Dreiphasenstromes dargestellt. Bei a ist der Stromweg während der Dauer $2\pi/p$ geöffnet. Wenn im Punkt 1 das Potential unter das der nächsten Halbwelle sinkt, wechselt der Strom zum nächsten Ventil über. Wird in b der Stromdurchgang entsprechend dem Winkel α später freigegeben, hört er auch um α später im Punkt 2 auf und wechselt gleichzeitig auf den nächsten Stromweg über. Dabei ist die Dauer des Stromdurchganges die gleiche geblieben. Die in a symmetrischen Stromkuppen werden aber unsymmetrisch, die schraffierte Fläche, aus der sich der

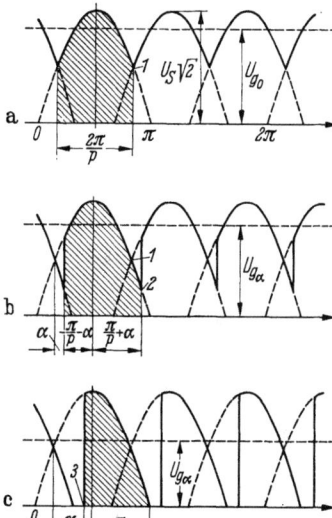

Abb. 56a—c. Bildung der Gleichspannung

a ungesteuert, unverzögerter Anodenwechsel; b gesteuert, α Zündwinkel, U_s effektive Wechselspannung; Ug_0, Ug_α Mittelwert der Gleichspannung bei Zündwinkel 0 bzw. α

mittlere Gleichstrom ergibt, wird kleiner. In c wird der Stromdurchgang erst beendigt, wenn die Wechselspannung durch Null geht. Die Stromsperre wird beim nächsten Ventil erst später in Punkt 3 aufgehoben.

Schiller, Elektrische Antriebe

Es tritt also bereits ein Lücken des Stromes auf. Die Zündverzögerung α vermindert den Mittelwert der Gleichspannung U_g gegenüber dem maximalen Mittelwert U_{g0} entsprechend:

$$U_g = U_{g0} \cos \alpha \qquad (54)$$

Bei der Zündung von Quecksilber- und Halbleiterstromrichtern kommt es darauf an, daß an das Steuerglied im Takte der Wechselstromfrequenz zum Zündzeitpunkt eine Spannung gelegt wird, die das Potential des Steuergliedes über die notwendige Zündspannung hebt. Nach erfolgter Zündung bleibt der Stromdurchgang bestehen, bis das nächste Ventil den Strom übernimmt. Die Steuerspannung kann daher nach der Zündung wieder abgeschaltet werden. Der Verlauf der Zündspannung

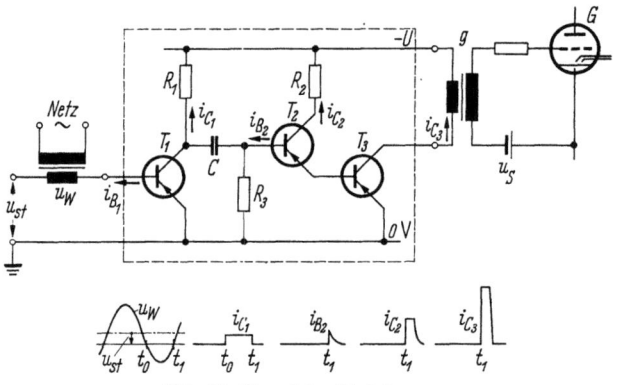

Abb. 57. Transistor-Stoßsteuerung

T Transistoren; R Widerstände; C Kondensator; G Gleichrichter; g Gitterübertrager; U_w Wechselspannung; U_{st} Steuerspannung; U_s Sperrspannung; i Steuerströme nach MEISSEN [23]

streut meistens, so daß eine nur flach ansteigende Steuerspannung ungenaue Zündzeitpunkte ergibt. Man verwendet daher meist eine Stoßsteuerung, bei der zum gewünschten Zündzeitpunkt eine sehr steil ansteigende Stoßspannung an das Steuerglied gelegt wird. Die Stoßspannung wird aus der Wechselspannung über Elektronenröhren oder Transistoren gewonnen, wobei verstellbare Zündzeitpunkte durch Phasenverschiebung der Wechselspannung oder eine verstellbare Steuergleichspannung erreicht wird. Ein Beispiel mit Schalttransistoren zeigt Abb. 57. Hier wird der Wechselspannung U_W einer Steuerspannung U_{st} überlagert. Ihre Summe wird durch einen ersten Transistor in einen Rechteckstrom, mit Hilfe des Kondensators C und weiterer Transistoren in Stromstöße verwandelt, die im Steuerglied die nötige Spannung zur Folge haben.

Bei der Spannungssteuerung durch Zündpunktverschiebung der Anodenströme verschiebt sich auch der Primärstrom im Transformator um den gleichen Winkel, dies hat zur Folge, daß sich der Leistungsfaktor bei konstantem Gleichstrom proportional mit dem Aussteuerwinkel verkleinert.

Stromrichter lassen im Gegensatz zu Maschinen den Strom nur in einer Richtung durch. Für Rückarbeiten ins Netz durch generatorisches Bremsen oder Umkehr der Drehrichtung von Antrieben läßt sich die erforderliche Umkehr der Stromrichtung durch Wechselrichter ermöglichen. Diese bestehen aus je 2 Gleichrichtern, je einer für jede Stromrichtung, in Antiparallelschaltung (Abb. 58). Der Aufwand wird also verdoppelt. Wechselrichter werden daher nur eingesetzt, wenn der Wechsel der Richtung sehr häufig erforderlich ist. In der Papierindustrie ist dies kaum notwendig. Mit geringerem Aufwand wird elektrisches Bremsen durch Umpolung des Motorfeldes erzielt. Dabei behält der Ankerstrom seine Richtung, der Motor wird zum Generator.

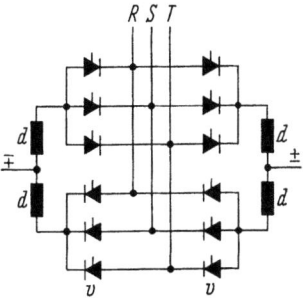

Abb. 58. Wechselrichter- (Antiparallel-) Schaltung von Stromrichtern

v gesteuerte Stromrichter; d Drosseln

b) **Entladungsgefäße, Elektronenröhren.** In einer geschlossenen, auf Hochvakuum gebrachten Röhre (Abb. 59) sind 2 Elektroden — Anode und Kathode — angeordnet, an die eine äußere Spannung mit dem Pluspol an der Anode angelegt wird. Die Kathode wird durch direkte oder indirekte Heizung zum Glühen gebracht, so daß sie unter Einwirkung der angelegten äußeren Spannung Elektronen zur Anode aussendet. Es kommt eine Entladung zustande, wobei der Strom gemäß Festlegung von der Anode zur Kathode fließt. Bei umgekehrter Pola-

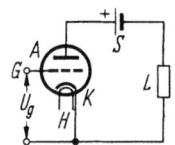

Abb. 59. Elektronen-Röhre

A Anode; K Kathode; G Gitter; H Heizung; S Gleichspannungsquelle; L Lastwiderstand; U_g Gitterspannung

rität der Spannung findet kein Stromfluß statt, weil die austretenden Elektronen von der jetzt auf negativem Potential befindlichen Anode abgestoßen werden. Die Anordnung wirkt als Gleichrichter. Auf diese Weise kann man nur kleine Ströme durch das Rohr hindurchschicken. Dazu kommt, daß eine hohe Spannung zwischen Anode und Kathode notwendig ist. Dieser Spannungsverlust ergibt einen kleinen Wirkungsgrad. Hochvakuumröhren werden daher nur angewendet, wenn es auf größere Verluste nicht ankommt.

Bringt man zwischen die Elektroden ein Gitter (Abb. 59), durch dessen Löcher die Elektronen hindurchtreten können, läßt sich durch Anlegen einer Spannung zwischen Gitter und Kathode die Stärke des durchtretenden Anodenstromes beeinflussen. Ist das Gitterpotential gegenüber der Kathode negativ, werden einzelne Elektronen vom Durch-

100   V. Elektrischer Antrieb, Gleichstrom-Einmotorenantrieb

tritt durch das Gitter abgelenkt, bei positivem Potential wird die Zahl der durchtretenden Elektronen erhöht. Bei einer kleinen Änderung der Gitterspannung ändert sich die am Verbraucher anstehende Spannung in großem Maße. Man erhält also eine hohe Spannungsverstärkung. Bei negativem Potential des Gitters erfolgt die Verstärkung leistungslos. Hochvakuumröhren werden daher für den Aufbau schneller elektronischer Regler verwendet, die mit sehr kleinen Regelspannungen ausgesteuert werden. Da für das Stellglied einer Regelung meist größere Leistung benötigt wird, werden in der Endstufe des Reglers mehrere Röhren parallelgeschaltet.

Glühkathodengleichrichter bestehen aus einem mit Edelgas (Argon) gefüllten Gefäß (Abb. 60a), von dem die Anode, das Steuergitter und

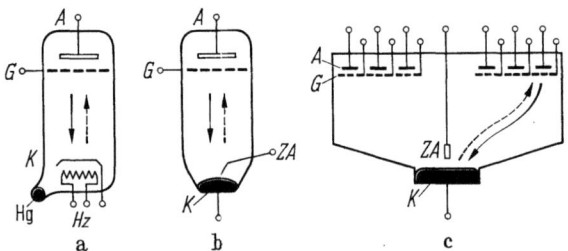

Abb. 60a—c. Bauarten der Entladungsgefäße
a Glühkathode b Quecksilberdampfstromrichter, einanodig c wie b, jedoch sechsanodig
A Anode; *G* Gitter; *K* Kathode; *Hz* Heizung; *Hg* Quecksilbertropfen; *ZA* Hilfs- (Zünd-) Anode;
———→ Richtung des elektrischen Stromes (Durchlaßrichtung);
-------→ Richtung der Elektronen; nach ANSCHÜTZ

die Kathode (meist Wolframdraht mit Barium- oder Calciumdioxidschicht) umschlossen sind. Die Kathode wird direkt oder indirekt aufgeheizt. Sie benötigt daher gewisse Zeit bis zur Betriebsbereitschaft. Die begrenzte Elektronenemission wird erhöht, wenn statt des Argons Quecksilberdampf verwendet wird, der von einem Tropfen flüssigen Quecksilbers im Fuß des Gefäßes geliefert wird. Die Wirkungsweise entspricht weitgehend der des Quecksilberdampfgleichrichters. Glühkathoden werden nur für kleine Leistungen hergestellt. Sie wurden als Leistungsstufen in elektrischen Reglern und für die Stromversorgung von Antrieben kleiner Leistung verwendet. Sie werden auch mit Stromtor oder Thyratron bezeichnet.

Quecksilberdampfstromrichter [33]. Dieser Stromrichter ist mit einer bzw. 6 Anoden in einem Gefäß in der Abb. 60b und c schematisch dargestellt. Die Abb. 61 zeigt die Schaltung bei 6 neuerdings bevorzugten Einanodengefäßen. Die Kathode wird von flüssigem Quecksilber gebildet. Für die Anoden wird Graphit verwendet, das Gehäuse besteht aus Eisen, es wird hoch evakuiert, Wandung und Durchführungen der Elektroden müssen in hohem Grade luftdicht sein. Zur Ingangsetzung wird der Stromrichter durch eine Hilfs- (Zünd-) Anode gezündet. Diese wird mit dem Quecksilber der Kathode in Berührung gebracht, wobei ein Hilfslichtbogen und auf dem Quecksilberspiegel der unregelmäßig wandernde Kathodenfleck entsteht. Bei der hier herrschenden

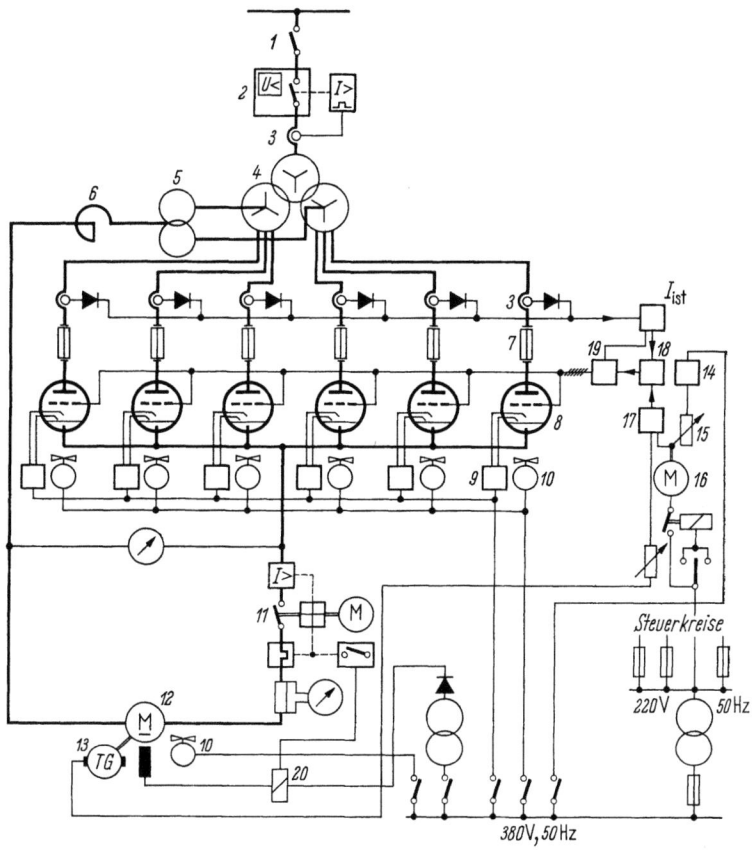

Abb. 61. Schaltung eines Quecksilberdampf-Stromrichters mit 6 Einanodengefäßen
1 Trennschalter; *2* Netzschalter; *3* Stromwandler; *4* Haupttransformator; *5* Saugdrossel; *6* Glättungsdrossel; *7* Anodensicherungen; *8* Einanodengefäße; *9* Zündung, Erregung; *10* Lüfter; *11* Motorschalter; *12* Arbeitsmotor; *13* Tachogenerator; *14* Konstantspannungsgerät; *15* Sollwerteinsteller; *16* Antrieb dazu; *17* Drehzahlregler; *18* Stromregler; *19* Gittersteuersatz; *20* Relais für Feldüberwachung

hohen Temperatur wird Quecksilber verdampft, damit das Gefäß gefüllt und Elektronen werden emittiert. Diese ionisieren den Dampf, so daß nur eine geringe von der Belastung unabhängige äußere Spannung von 15 bis 25 V notwendig ist, um diesen Spannungsabfall im Gefäß zu überwinden. Eine kleine Spannung genügt jetzt, um die emittierten Elektronen durch den ionisierten Dampf zur Anode zu leiten, die Hauptentladung hat eingesetzt.

Zur Steuerung des Stromrichters dienen Steuergitter aus Graphit vor jeder Anode. Wenn das Gitter auf einem gegenüber der Kathode negativen Potential liegt, wird das Entstehen einer Entladung zur zugehörigen Anode verhindert. Zur Zündung wird das Gitter im gewünschten Zeitpunkt im Takt der Frequenz des Wechselstromes an positives Potential gelegt, wie auf S. 97 beschrieben.

Beim Stromdurchgang entsteht Verlustwärme, sie wird durch Kühlung des Gefäßes mittels eines Ventilators, bei sehr großen Leistungen durch Wasserkühlung abgeführt. Quecksilberstromrichter sind empfindlich gegen niedrige Temperaturen. Bei Aufstellung in kalten Räumen wird daher das Gefäß geheizt. Oft läßt man bei großen Stromstärken mehrere Anoden parallel arbeiten. Um eine gleichmäßige Verteilung des Stromes sicherzustellen, werden in jedem Zweig Anodendrosseln vorgesehen. Zu jeder Gleichrichteranlage gehört ein Transformator, der die Netzspannung (bei größeren Leistungen Hochspannung) auf die gewünschte Phasenzahl und die erforderliche Spannung transformiert.

Die Verluste in einer Gleichrichteranlage sind im wesentlichen durch den Spannungsabfall im Lichtbogen bestimmt. Dazu kommen noch die Verluste in Transformator und Drosseln. Die Lichtbogenspannung ist im Verhältnis zum Spannungsabfall in Hochvakuumröhren niedrig, wie schon angegeben etwa 15 bis 25 V. Günstigste Wirkungsgrade erhält man durch Wahl einer möglichst hohen Anodenspannung. Für Antriebe mit einstellbarer Drehzahl nimmt man daher 500 bis 600 V. Noch höhere Spannungen bis 1200 V sind ausführbar, wenn der Antriebsmotor in zwei mechanisch gekuppelte Maschinen mit in Reihe geschalteten Ankern unterteilt

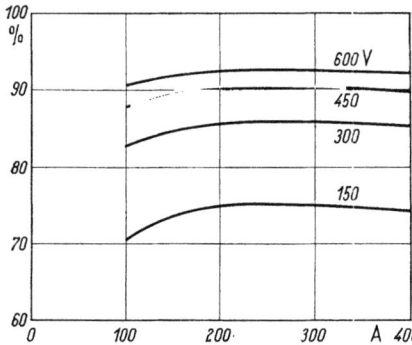

Abb. 62. Wirkungsgrad eines Quecksilberdampf-Gleichrichters bei unterschiedlicher Aussteuerung und Belastung

werden kann. Solche Anordnungen werden gern für den Antrieb der Transmission von Papiermaschinen gewählt. Der Wirkungsgrad von Quecksilberdampfgleichrichtern ist bedeutend besser als bei Maschinenumformern, weil die erheblichen Verluste in jeder Maschine bei der Zwischenumformung der Netzenergie vermieden werden. Die Abb. 62 zeigt den Verlauf des Wirkungsgrades in Abhängigkeit von der Aussteuerung bzw. der Belastung.

c) **Transduktoren (Magnetverstärker)** [36]. Transduktoren haben ähnlich den Quecksilberdampfgleichrichtern die Eigenschaft, daß von den Halbwellen des Wechselstromes nur Teilstücke durchgelassen werden, deren Größe mittels einer Steuerspannung verstellt werden kann. Aus der ursprünglichen Sinusform wird ein gezackter Wechselstrom. In Verbindung mit ungesteuerten Gleichrichtern (Halbleitern) erhält man einen Gleichstrom einstellbarer Spannung.

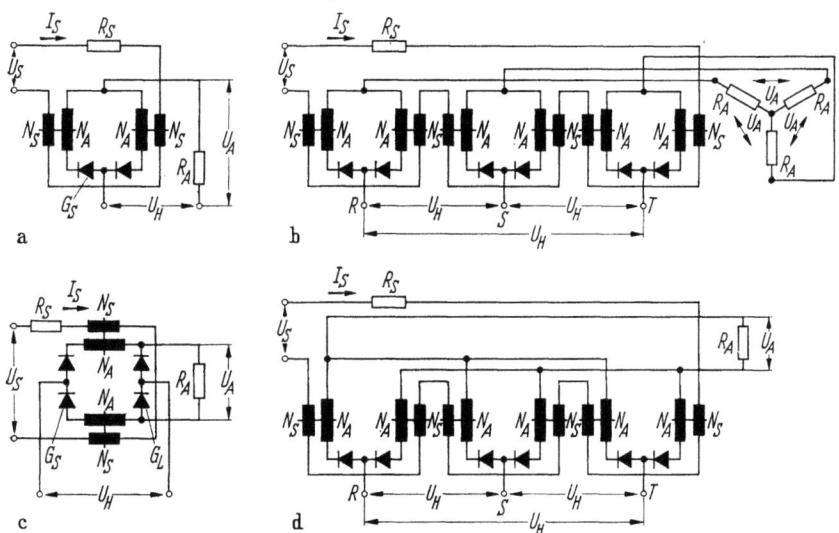

Abb. 63 a—d. Schaltungen von Transduktoren mit Selbstsättigung
a Einphasenschaltung mit Wechselstromausgang; b Drehstromschaltung mit Wechselstromausgang; c Einphasenschaltung mit Gleichstromausgang (Einphasen-Brückenschaltung); d Drehstromschaltung mit Gleichstromausgang (Drehstrom-Brückenschaltung)
U_H Eingangswechselspannung; U_A Ausgangsspannung; U_S Steuerspannung; J_S Steuerstrom; G_S Sättigungsgleichrichter; G_L Lastgleichrichter; R_A Lastwiderstand; R_S Steuerwiderstand; N_A Drosseln; N_s Steuerwicklung

Die Abb. 63 zeigt die gebräuchlichen Schaltungen. Der Transduktor in Einphasenschaltung mit Wechselstromausgang (Abb. 63a) besteht aus zwei parallelliegenden Drosseln, durch die sog. Sättigungsgleichrichter nur die positive bzw. negative Halbwelle des einspeisenden Wechselstromes hindurchlassen. Jede Drossel besitzt einen geschlossenen Kern aus ferromagnetischer Eisenlegierung, wobei eine möglichst steile, eckige Hystereseschleife ähnlich Abb. 64 angestrebt wird. Die Magnetisierung des Kerns erfolgt durch die speisende Wechselstromspannung. Auf den Kernen ist noch je eine Steuerwicklung angeordnet, beide werden von Gleichstrom gegensinnig durchflossen. Sie sind in Reihe geschaltet, so daß sich die in den Steuerwicklungen induzierten Spannungen von 50 Hz aufheben. Durch den Steuerstrom J_s sei eine negative Feldstärke H aufgebracht, so daß sich der Anfangs-

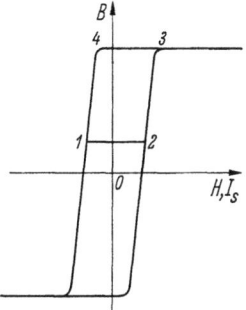

Abb. 64. Hystereseschleife, idealisiert
B magnetischer Fluß; H Feldstärke; J_s Steuerstrom

punkt 1 auf der Magnetisierungskennlinie ergibt. Die positive Halbwelle magnetisiert die Drossel von 1 über 2 nach 3 auf, wo die Sättigung erreicht ist. Die ihr entsprechende Änderung des magnetischen Flusses ist proportional der Spannungszeitfläche F, d. h., die Spannung steht eine bestimmte Zeit nahezu voll an der Drossel an, wobei nur eine kleine Spannung am Lastwiderstand wirksam wird. Mit Erreichen der Sättigung wird die volle Spannung hindurchgelassen. Aus der Halbwelle wurde also von der Drossel ein Teilstück herausgeschnitten. In Punkt 4 beginnt die Ummagnetisierung durch die negative Halbwelle, die eine F gleiche Spannungszeitfläche benötigt. Der Stromfluß bleibt jedoch wegen des vorgeschalteten Gleichrichters gesperrt.

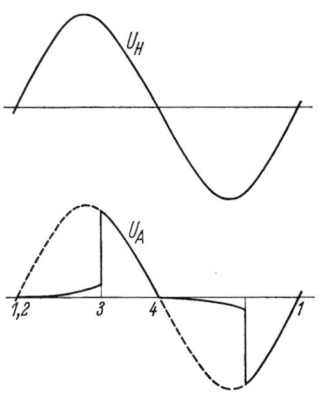

Abb. 65. Idealisierter Verlauf der Ausgangsspannung eines Transduktors entsprechend Abb. 63a
U_H Eingangsspannung; U_A Ausgangsspannung, Ziffern entsprechend den Bezeichnungen in Abb. 64.

In der zweiten Drossel geschieht das gleiche an der negativen Halbwelle. Aus der sinusförmigen Spannung wurde durch die beiden Drosseln eine Wechselspannung mit einem Verlauf entsprechend Abb. 65 durchgelassen. Bei Verstellung des Steuerstromes ändert sich die Spannungszeitfläche und damit die durchgelassene Spannung.

Beim Steuern verschiebt sich der Zeitpunkt, zu dem die Sättigung eintritt und die Spannung voll durchgelassen wird. Man spricht daher bei Transduktoren vom Sättigungswinkel, der dem Zündwinkel der Quecksilberstromrichter entspricht. In Abb. 66 ist die Steuerkennlinie eines Endstufen-Transduktors mit Gleichstromausgang, normiert auf die Nennausgangsspannung, dargestellt.

Gleichstrom erhält man bei Verwendung von Gleichrichterventilen. Die Abb. 63c und d zeigt die Einphasen- und die Drehstrombrückenschaltung mit Gleichstromausgang. In Abb. 63b ist noch die Drehstromschaltung mit Wechselstromausgang dargestellt.

Die vom Steuerstrom bewirkte Vormagnetisierung ist nur von den erzeugten Amperewindungen abhängig. Deshalb kann die Steuerwicklung beliebig unterteilt werden, wovon bei Transduktoren vielfältig Gebrauch gemacht wird.

Transduktoren sind wie andere leistungssteuernde Einrichtungen durch die Verstärkung und die Zeitkonstante gekennzeichnet. Unter Verstärkung versteht man das Verhältnis von Durchgangs- zur Steuerleistung:

$$V = N_d/N_s \qquad (55)$$

B. Gleichspannungsquellen

Die Zeitkonstante ergibt sich daraus, daß für die Änderung der magnetischen Felder eine gewisse Zeit benötigt wird. Sie ist von der Beschaffenheit des Kernes, von Widerstand, Frequenz und Verstärkung abhängig und bedeutend größer als bei Entladungsgefäßen oder Halbleitern. Dazu kommt wie bei Quecksilber- oder Halbleiterstromrichtern eine Totzeit von einer Halbwelle, da die Steuerung erst nach Ablauf des Stromdurchganges in der nächsten Halbwelle wirksam wird. Durch Verwendung guter Regler kann ihr Einfluß weitgehend kompensiert werden. Soweit im Einzelfalle die gewünschte Verstärkung und zugelassene Zeitkonstante nicht mit einer Transduktorstufe erreicht werden können, verwendet man eine Vor- und eine Leistungsstufe. Für den Vorverstärker werden oft auch Transistorgeräte gewählt. Transduktoren werden für einen großen Leistungsbereich hergestellt, von wenigen Watt bei Vorverstärkern bis zu Geräten für 1000 A und darüber.

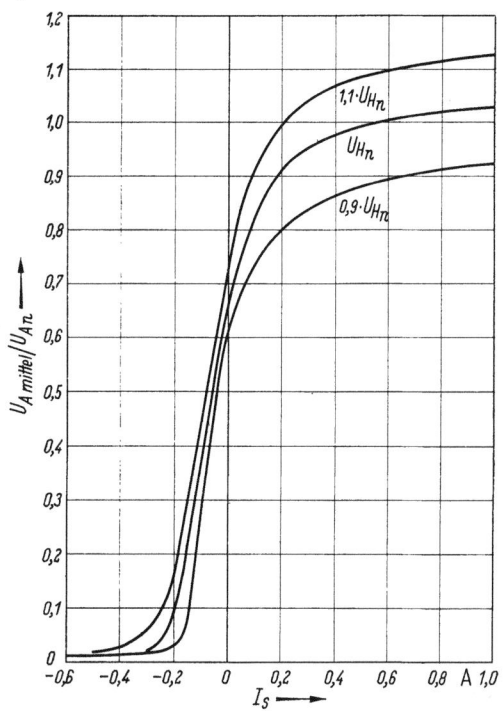

Abb. 66. Steuerkennlinie eines Endstufen-Transduktors mit Gleichstromausgang bei Nenneingangsspannung U_{Hn}, 1,1 U_{Hn} und 0,9 U_{Hn}; U_{An} Nennausgangsspannung; $U_{A\,mittel}$ Mittelwert der Ausgangsspannung; J_s Steuerstrom; nach SSW

d) **Halbleiter.** In der Antriebstechnik werden für die Versorgung elektrischer Maschinen und Geräte mit Gleichstrom und für die Steuerung und Regelung in zunehmendem Maße Halbleiter verwendet. Solche Einrichtungen zeichnen sich aus durch ruhende Betriebsweise, bei der jede Bewegung von Massen fehlt, sehr kleine Zeitkonstanten, die rasche Wirkung ermöglichen, kleine Verluste entsprechend hohem Wirkungsgrad, geringen Raumbedarf und lange Lebensdauer. Sie lassen sich unterscheiden in Vielkristallhalbleiter aus Kupferoxydul oder Selen und in Einkristallhalbleiter aus Germanium oder Silizium. Nach dem Bauelement geordnet ergeben sich die zweischichtigen Dioden und die mehrschichtigen Halbleiter-Bauelemente, wie z. B. die Transistoren und die gesteuerten Gleichrichter, die auch mit Thyratron, Trimistor oder Siliziumstromtor bezeichnet werden.

V. Elektrischer Antrieb, Gleichstrom-Einmotorenantrieb

Die vornehmlich verwendeten Halbleiter Germanium und Silizium gehören zur IV. Gruppe des periodischen Systems der Elemente. Die 4 Valenzen der Atome sind im Kristall mit denen der Nachbaratome gebunden. Im absoluten Nullpunkt gibt es im reinen Kristall keine freien Ladungsträger, der Kristall wird zum Isolator. Durch Wärmeschwingungen können sich einzelne Elektronen lösen, so daß sie frei beweglich werden. Dadurch wird das Atom mit dem jetzt fehlenden Elektron zum Träger einer positiven Ladung. Der Kristall erhält eine Leitfähigkeit, die man Eigenleitung nennt.

Ersetzt man im Kristall einzelne Atome durch solche der V. Gruppe, wie Antimon, so entsteht eine Schicht mit Überfluß an frei beweglichen negativen Elektronen. Man nennt die Schicht n-leitend. Dotiert man den Kristall mit Atomen der III. Gruppe, so fehlen im Kristallgitter Elektronen. Fehlende negative Ladungsträger können in ihrer Auswirkung aber vorhandenen positiven Ladungsträgern gleichgesetzt werden, es ergibt sich eine p-Leitung.

Dioden. Bei diesen wird ein dünnes Kristallplättchen verwendet, dessen eine Seite n- und dessen zweite Seite p-leitend ist. Beiderseits

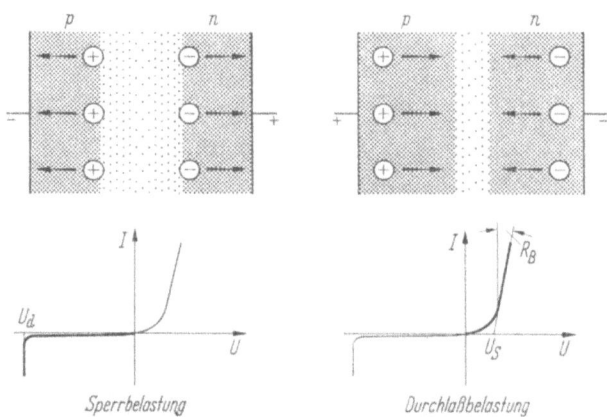

Abb. 67. Grundsätzliche Wirkungsweise eines pn-Gleichrichters
U_s Schleusenspannung; U_d Durchbruchspannung

werden Elektroden angelegt. Wird an die n-Elektrode der positive Pol einer Spannung gelegt, werden die negativen Elektronen zur n-Seite herangezogen und die positiven Ladungsträger in Richtung der p-Elektrode abgedrängt. In der Mitte entsteht eine breite, an beweglichen Ladungsträgern verarmte Zone. Dadurch steigt der Widerstand und es kommt nur ein minimaler Sperrstrom zum Fließen. Bei entgegengesetzter Polung wird die Mitte mit Ladungsträgern angereichert, so daß bereits bei kleinen Spannungen große Ströme durchgelassen werden. Die Abb. 67

zeigt diese Verhältnisse und die Sperr- und Durchlaßkennlinie. In der Durchlaßrichtung steigt der Strom zunächst nach einer e-Potenz und anschließend steil geradlinig an. Die Verlängerung der Geraden schneidet auf der Abszisse eine Spannung ab, die man mit Schleusenspannung bezeichnet. In Sperrichtung bleibt der durchgelassene Strom minimal klein, er wächst jedoch bei Erreichen der Durchbruchspannung U_d lawinenartig an, was durch große Erwärmung meist zur Zerstörung der Diode führt.

Die Kennlinie einer Diode ist je nach dem verwendeten Material, der Dotierung mit Fremdatomen und der Güte der Ausführung unterschiedlich. In der Tab. 2 sind Kennwerte von Halbleiterdioden zusammengestellt, die bei guten neueren Ausführungen erreicht wurden. Die Zahlen dienen nur zur Orientierung, im Einzelfall sind die Angaben des Herstellers zu beachten. Bei Leistungsgleichrichtern konnte sich Germanium nicht durchsetzen.

Tabelle 2. Kennwerte von Halbleiterdioden

Halbleiter	Selen	Germanium	Silizium
Schleusenspannung . . . . . [V]	0,6	0,5	0,7
betrieblich zugelassene Spitzensperrspannung . . [V]	42	155	700
Nennsperrspannung . . . . [V]	30	110	420
Stromdichte, Mittelwert während der Durchlaßphase . . . . . [A/cm²]	0,55	100	250
Spannungsabfall bei Nennlast [V]	1,2	0,8	1,0
maximale Temperatur in den Sperrschichten . . . . . [°C]	85	75	190
Wirkungsgrad bei Nennlast .	92	98	99

Bei Dioden muß darauf geachtet werden, daß die vom Hersteller angegebenen Kennwerte in keinem Betriebszustand überschritten werden. Bei höheren Spannungen sind mehrere Zellen in Reihe zu legen, bei größeren Stromstärken parallelzuschalten. Dabei sind die Nenndaten herabzusetzen, um ungleicher Stromverteilung Rechnung zu tragen. Können an die Zellen Überspannung, z. B. durch Schaltvorgänge gelangen, muß für eine ausreichende Dämpfung, z. B. durch Schutzkondensatoren, gesorgt oder die Diode für eine entsprechend höhere Sperrspannung ausgewählt werden. Der Spannungsabfall in den Halbleitern hat Verlustwärme zur Folge, die über vorgesehene Kühlflächen abgeleitet wird. Auf die Ableitung der Wärme von den Kühlflächen muß besonders geachtet werden.

Bei Selendioden wird der Halbleiter auf ein kreisförmiges oder rechteckiges Trägerblech (Größe bis 900 cm² bei den größten Typen) aufgedampft, mit einem Schutzlack überzogen, beiderseits Elektrodenplatten aufgesetzt und durch einen isoliert durchgesteckten Bolzen zusammengehalten. Auf dem Bolzen werden meist mehrere Halbleiter in Reihenschaltung in Säulen angeordnet. Die Säulen, meist mehrere parallel, werden in Rahmen befestigt, in einem Gehäuse zu einem Gerät zusammengesetzt, einzelne Säulen auch unmittelbar in Schaltschränken montiert. Die Trägerplatten dienen gleichzeitig zur Kühlung im freien Luftstrom oder unter Verwendung eines Lüfters. Bei großen Leistungen oder für Aufstellung in aggressiver Atmosphäre werden die Säulen in einen Kessel gesetzt und mit Öl gekühlt.

Dioden aus Germanium oder Silizium sind gegenüber Selenzellen wegen der höheren Stromdichte klein. Die kreisförmigen, dünnen Tabletten sind dicht in eine Kapsel eingeschlossen und stehen hier unter einem Schutzgas. Bei der Ausführung einer Siliziumgleichrichterzelle der SSW entsprechend Abb. 68 erfolgt der positive Anschluß der Tablette mit einer flexiblen Litze durch eine dichte Glaseinschmelzung. Die Kapsel bildet den Minuspol. Auf einen Gewindestutzen am Gehäuse wird der Kühlkörper aufgeschraubt. Kleinste Gleichrichter mit Lötfahnen als Elektroden können unmittelbar in den Leitungszug eingesetzt werden. Größere Zellen werden auf Isolierstoffplatten gesetzt und hier gleich in den unterschiedlichen Schaltungen zu Geräten verdrahtet. Bei großen Leistungen werden die Zellen in Gerüsten und Schränken mit den sonst erforderlichen Geräten angeordnet.

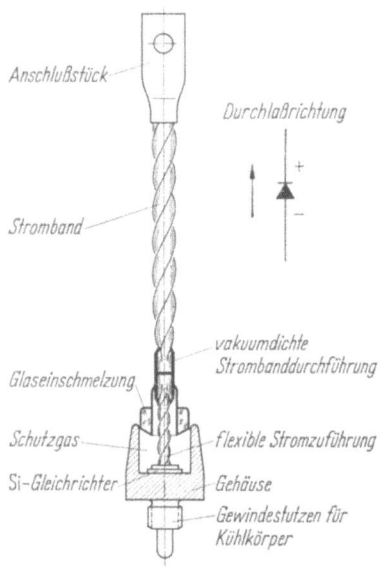

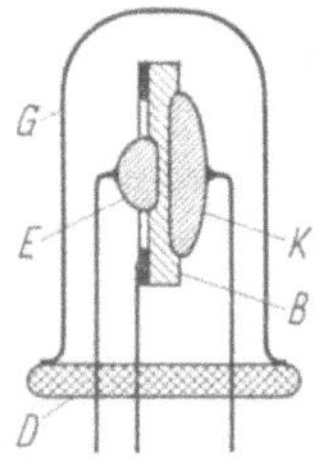

Abb. 68. Schematischer Schnitt durch eine Silizium-Gleichrichterzelle; nach SSW

Transistoren. Den schematischen Aufbau eines Transistors [34] zeigt die Abb. 69. Auf ein dünnes Basisplättchen aus n-leitendem Germanium oder Silizium werden beiderseits je eine Indiumperle auflegiert. Dabei entsteht auf jeder Seite der Basis eine p-leitende Schicht. Die kleinere Perle wird Emitter E, die größere Kollektor K genannt. Durch Anschlußdrähte werden diese und die Basis B durch die Durchführungsplatte D nach außen geführt. Das ganze System wird in ein Gehäuse G eingeschlossen, so daß der Transistor von

Abb. 69. Aufbau des Transistors
E Emitter; B Basis; K Kollektor; G Gehäuse; D Elektrodendurchführung; nach SSW

der Außenluft getrennt ist und z. B. unter einem Schutzgas arbeitet. Der Transistor hat Eigenschaften ähnlich einer Elektronenröhre: Durch den Eingangsstrom wird der Ausgangsstrom gesteuert. Er wird in 3 Schaltungen (Abb. 70) betrieben. Sie werden mit Emitter-, Basis- oder Kollektorschaltung bezeichnet, je nachdem, welche der 3 Elektroden der gemeinsame Pol für den Eingangs- und Ausgangskreis bildet.

Die einzelnen Schaltungen besitzen ein unterschiedliches Verhalten, weshalb sie jeweils für besondere Aufgaben verwendet werden. Für einen bestimmten, als Beispiel gewählten Transistor sind in der Abb. 70 die Strom- und Spannungswerte eingetragen. In der Steuer- und Regeltechnik wird vielfach die Emitterschaltung benützt. Bei dieser genügt bereits ein kleiner Eingangsstrom am Emitter, um einen großen Strom im Ausgang (Kollektor) zu erhalten. Es ergibt sich also eine große Verstärkung. Man benützt diesen Effekt, um mit sehr kleinen Gleichstromsignalen kontaktlos größere Ströme zu schalten.

Transistoren haben in der neueren Steuer- und Regeltechnik weite Verbreitung gefunden. In zunehmendem Maße finden mit ihnen aufgebaute elektronische Einrichtungen auch in der Zellstoff- und Papierindustrie Eingang. Die Steuerung verwickelter Vorgänge mit vielen

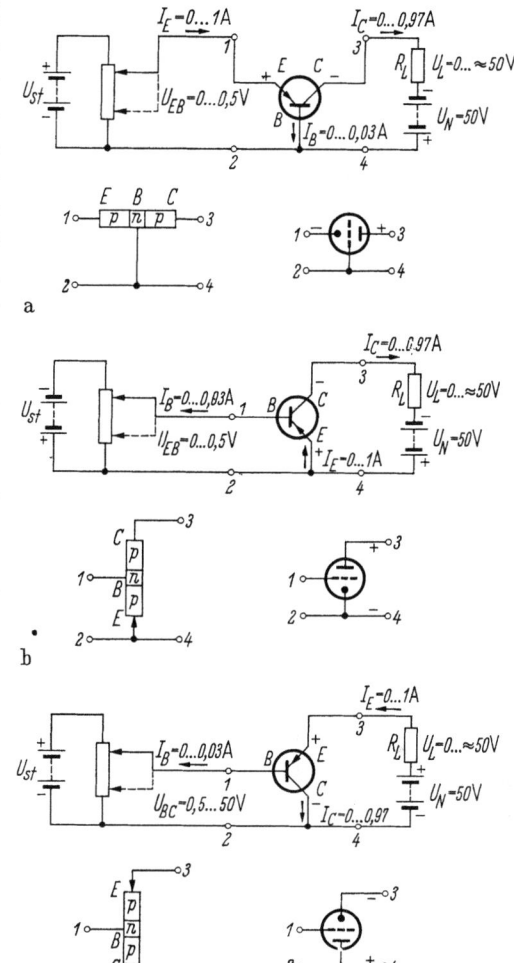

Abb. 70a—c. Grundschaltungen eines Transistors, gezeichnet mit Transistorsymbol bzw. als Dreischichter und vergleichsweise Schaltung einer Elektronenröhre
a Emitterschaltung; b Basisschaltung; c Kollektorschaltung
U_{st} Steuerspannung; U_L Spannung am Lastwiderstand; U_N Netzspannung
Die eingetragenen Werte gelten für einen bestimmten, als Beispiel gewählten Transistor; nach SSW

Abhängigkeiten, bei denen die bisher verwendeten Relais- und Schützsteuerungen einen hohen Aufwand erfordern, läßt sich mit Schalttransistoren in einfacher, sicherer, übersichtlicher und raumsparender Weise durchführen. Damit können viele der mit zunehmender Automatisierung auftretenden Aufgaben beherrscht werden. Die sehr kleinen Schaltzeiten ermöglichen einen sehr raschen Ablauf der Vorgänge, was oft der Produktion besonders zustatten kommt. Die Schaltvorgänge spielen sich auf einem sehr niedrigen Leistungsniveau ab, erst im Ausgang der Einrichtung wird das gebildete Signal so weit verstärkt, daß es über Relais oder Schütze in den Arbeitsvorgang eingreifen kann. Die Lieferfirmen haben diesen Systemen mit Transistorbausteinen besondere Bezeichnungen gegeben, wie Siemens-Simatic, AEG-Logistat, BBC-Elektronik u. a. Eine Weiterbildung sind die elektronischen Zählwerke, die sehr schnelle Impulsfolgen zählen, worauf sich auch die digitale Regelungstechnik aufbaut.

Besondere Bedeutung gewinnen die elektronischen Datenverarbeitungsanlagen auf digitaler Basis. Ihnen wird ein gewünschtes Programm eingegeben, d. h., der Ablauf der Vorgänge zur Verarbeitung der einlaufenden Betriebsdaten vollzieht sich nach diesem Programm, wobei gegebenenfalls auch Rechenoperationen vorgenommen werden. Im Ausgang werden die Ergebnisse in Zahlenreihen laufend angezeigt und gedruckt, bei fortgeschrittener Beherrschung des Arbeitsprozesses wird auch steuernd oder regelnd in den Arbeitsablauf eingegriffen. Solche Datenverarbeitungsanlagen sind bereits in einzelnen Betrieben der Zellstoff- und Papierindustrie erstellt worden, z. B. bei der Füllung und der Überwachung des Kochprozesses von Zellstoffkochern, bei Zuteilung der Papierstoffe für die Papiermaschine und auch bei der Papiermaschine selbst.

Mit Transistoren werden auch schnelle Regler aufgebaut, z. B. Zweipunktregler. Dabei geht die Entwicklung dahin, stetig stellbare Verstärker zu verwenden, wozu die Fortschritte im Bau steuerbarer Siliziumgleichrichter den Weg weisen.

Bei dem sehr niedrigen Leistungsniveau der Transistoren, es fließen nur Ströme in der Größenordnung von mA, sind auch die Abmessungen klein mit Durchmessern von wenigen mm. Daher werden die Zellen oft im Zuge der Stromleitungen angeordnet, mit denen ihre Anschlüsse verlötet werden. Bei umfangreichen Geräten werden Platten mit gedruckten Schaltungen verwendet, mit Transistoren, Dioden, Widerständen u. a. besetzt, mit einer isolierenden Schutzschicht vergossen und mittels Steckerleisten in die Gerätegehäuse eingesetzt.

Gesteuerte Halbleitergleichrichter.[1] Gesteuerten Gleichstrom liefert ein vierschichtiger Halbleiter, bei dem p- und n-leitende Schichten

---

[1] Bei einzelnen Herstellern sind auch ältere Bezeichnungen eingeführt, wie Siliziumstromtor bei SSW oder Thyratron u. a.

miteinander abwechseln. Die äußere p-Schicht (p-Emitter) ist die Anode, die äußere n-Schicht (n-Emitter) die Kathode. Die Steuerelektrode ist an die der Kathode benachbarter p-Schicht (p-Basis) angeschlossen. Die Schaltung mit der Wechselspannungsquelle U und dem Lastwiderstand R zeigt Abb. 71. Für die negative Halbwelle ist der Stromdurchgang wie bei der Diode bis auf einen sehr kleinen Reststrom gesperrt. Liegt an der Steuerelektrode keine Spannung, hat die Anordnung auch in Durchlaßrichtung einen großen Widerstand. Erreicht die äußere Wechselspannung die Durchbruch- (Kipp-) Spannung U_K, werden die Halbleiter sprunghaft gut leitend, ihr Widerstand und die am Gleichrichter anstehende Spannung U_g sinken auf einen sehr kleinen Wert ab, und der Strom J steigt plötzlich stark an. Dieses Verhalten ist durch die Kennlinie Abb. 72 dargestellt. Legt man an die Steuerelektrode eine positive Spannung an, so erfolgt die Zündung bereits bei einer positiven Anodenspannung U_{K1}, die kleiner als die Kippspannung U_K ist.

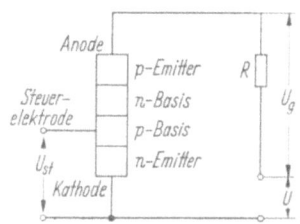

Abb. 71. Schaltung eines gesteuerten Halbleiter-Gleichrichters

U Netz-Wechselspannung; U_{st} Steuerspannung; U_g Ausgangs-Gleichspannung; R Lastwiderstand

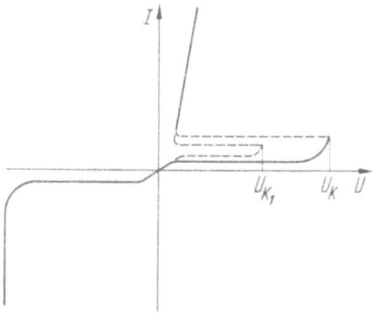

Abb. 72. Kennlinie eines gesteuerten Halbleiter-Stromrichters

U_K, U_{K1} Kippspannung bei Steuerspannung $U_{st} = 0$ bzw. U_{st1}; J Laststrom

Nach erfolgter Zündung wird die Steuerelektrode wirkungslos. Der Strom fließt so lange, bis die Wechselspannung durch Null geht. Man hat es also wie bei Entladungsgefäßen in der Hand, die Zündung durch Steuerspannungsstöße entsprechender Größe im gewünschten Zeitpunkt zu bewirken und damit den Halbleiter zu steuern. Zur Zündung werden Transistorsteuersätze ähnlich den bei Quecksilbergleichrichtern verwendeten benützt.

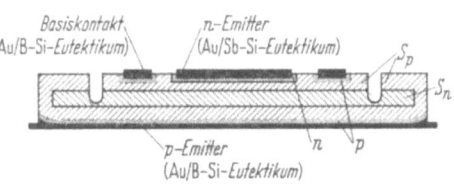

Abb. 73. Aufbauschema eines gesteuerten Silizium-Stromrichters; nach SSW

Solche Halbleiter werden auf Basis Silizium hergestellt. Bei dem in Abb. 73 dargestellten Schnitt durch eine Si-Tablette, Bauart SSW, werden die mit n- und p-Emitter bezeichneten Schichten an die Wechselspannung angeschlossen. Um den n-Emitter ist in gleicher Ebene der kreisringförmige Basiskontakt angeordnet, der bei Anlegen an die Steuerspannung gegenüber dem n-Emitter positives Potential erhält und den Stromübergang zum p-Emitter sofort bewirkt. Die Schwierigkeiten bei der Herstellung derartiger Stromtore liegen vor allem darin, Silizium von sehr großer Reinheit zu erhalten, es zweckentsprechend mit den Fremdstoffen zu dotieren und einen stromdurchlässigen und wärmefesten Verband der einzelnen Schichten zu schaffen.

Gegenüber Siliziumdioden lassen gesteuerte Halbleiter nur kleinere Sperrspannung und Stromdichte zu, so daß sie nur schwächer belastet werden können. Bei höheren Spannungen müssen daher z. Z. 2 Zellen in Reihe geschaltet werden, die gleichzeitig gesteuert werden. Die Technik der gesteuerten Halbleiter ist noch in Entwicklung begriffen, so daß Einheiten für größere Ströme und Spannungen erwartet werden können. Solange diese nicht vorliegen, lassen sich durch Parallel- oder Reihenschaltung von zwei kleinen Einheiten höhere Ströme und Spannungen beherrschen. Auch hierbei werden die Schaltungen gemäß Abb. 55 verwendet.

In vielen Fällen, z. B. für die Erregung von Motoren, genügt ein begrenzter Spannungssteuerbereich. Man kann dann die Maschine mit 2 Erregerwicklungen ausführen, von denen eine von einem Gleichrichter konstant, die andere von einem gesteuerten Halbleiter veränderbar erregt wird. Wie in Abb. 74 an einer Einphasenschaltung dargestellt, kann man auch in die Strompfade der beiden Halbwellen je eine Diode und einen gesteuerten Halbleiter in Reihe schalten. Dieser ist hierin in der üblichen vereinfachten Darstellung als Diode mit angedeuteter Steuerelektrode gezeichnet. Bei voller Aussteuerung bleibt jedoch bei dieser Schaltung eine Restspannung von einigen Prozent der maximalen Spannung. Die gesteuerte Halbleitertablette ist wie die Diode in ein Gehäuse eingeschlossen, an die metallische Körper zur Abführung der Verlustwärme angesetzt sind. Bei Verwendung als Leistungsstufe eines elektronischen Reglers kann die Zelle wie die Vorstufen in einen Einschub des Reglerschrankes eingebaut werden, wobei natürlich für Entlüftung gesorgt werden muß.

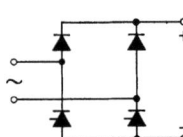

Abb. 74. Wechselstrombrückenschaltung mit gesteuerten und ungesteuerten Halbleiter-Gleichrichtern

Die ungesteuerten Silizium-Gleichrichter haben wegen ihrer geringen Verluste zu Kombinationen mit Maschinen zur Änderung der Wechseloder der Gleichspannung geführt, die in vielen Fällen günstigere Wirkungsgrade ergeben, als es mit anderen Quellen veränderbarer Gleichspannung möglich ist. Kleine Leistungen werden mit Anzapfungen der Sekundärwicklung des Transformators beherrscht, wobei der

Abgriff über einen getrennten Stufenschalter oder unmittelbar an den Windungen der Wicklung erfolgt.

Besonderen Auftrieb erhielt das System konstante Gleichspannung mit zusätzlichen Maschinen zur Spannungsverstellung bei größeren und großen Leistungen [15b]. Solche Kombinationen bringen besonders dann wirtschaftliche Vorteile bei der Anschaffung und im Betrieb, wenn der normale Drehzahlarbeitsbereich relativ klein ist, d. h., das Verhältnis 1:3 nicht wesentlich überschreitet. Man muß aber beachten, daß besonders die Anordnungen mit geringstem Aufwand an installierter Leistung einen zusätzlichen Aufwand hinsichtlich Steuerung und Regelung (s. S. 136) erfordern. Es ist daher zu erwarten, daß diese Kombination von Gleichrichtern und Maschinen nur einen Übergang zu dem in Entwicklung befindlichen leistungsstarken, steuerbaren Halbleiter-Gleichrichter darstellen, wie es zur Zeit des Aufkommens elektrischer Antriebe mit verstellbarer Drehzahl auch mit den Mehrleiternetzen zugunsten der Leonardschaltung geschah.

Bei Antrieben in Zu- und Gegenschaltung ist die Zusatzspannung und die Konstantspannung meist gleich groß, so daß damit außer dem Arbeits- auch der Anlaßbereich durchfahren werden kann. Werden für Anlassen besondere Schaltungen und Geräte vorgesehen (s. S. 136), so kann die konstante Spannung höher entsprechend der mittleren Arbeitsgeschwindigkeit gewählt werden. Es wird dann auch bei den Grenzgeschwindigkeiten der größere Teil der Leistung mit besserem Wirkungsgrad im Gleichrichter umgeformt und die Zu- und Absatzmaschine ist

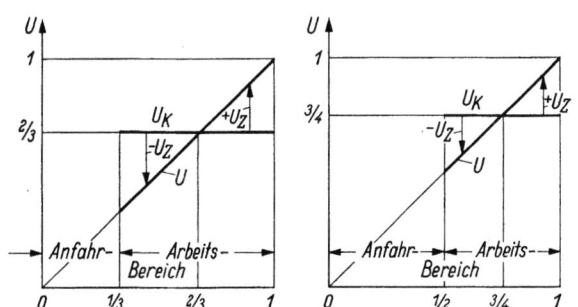

Abb. 75. Zu- und Gegenschaltung für verkürzten Spannungsbereich
U_K Konstantspannung; U_Z Zu- und Absatzspannung; U Arbeitsspannung

nur für eine kleinere Spannung und Leistung auszulegen, z. B. bei einem Arbeitsbereich von 1:3 gemäß Abb. 75 nur für $1/3$, bei 1:2 nur für $1/4$ der maximalen Spannung und Leistung. Die Steuerung und Regelung erfolgt entsprechend Abb. 76 im Feld der Zusatzmaschine.

In Abb. 77 ist der Wirkungsgrad eines ungesteuerten Siliziumgleichrichters mit Zu- und Gegenschaltungsmaschine mit einer Gesamtleistung

114   V. Elektrischer Antrieb, Gleichstrom-Einmotorenantrieb

von 3400 kW über der Gleichspannung (maximal 600 V), also der Papiergeschwindigkeit, aufgetragen. Zum Vergleich sind auch die Wirkungs-

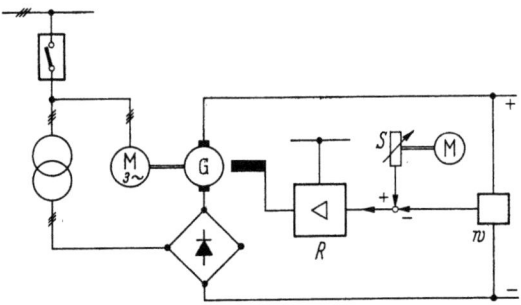

Abb. 76. Siliziumgleichrichter mit Umformer in Zu- und Gegenschaltung
S Sollwerteinsteller; w Gleichspannungswandler für Ist-Wert; R Regler

grade eines Quecksilberdampfgleichrichters und eines Leonardumformers mit Synchronmotor eingezeichnet.

Eine Änderung der Gleichspannung läßt sich auch bei größeren Leistungen durch Verstellung der den Gleichrichter speisenden Wechselspannung mittels eines Transformators mit Anzapfungen und Stufenschalter oder mittels eines Drehtransformators nach Abb. 78 erzielen, wenn auf folgendes geachtet wird. Transformatoren bieten keinen Eingriff zu einer schnellen Regelung der Spannung bei Netz- und Lastschwankungen. Dazu muß noch ein Transduktor vorgesehen werden. Stufentransformatoren müssen besonders bei Anschluß großer Motoren mit kleinem Spannungsabfall sehr feinstufig sein, weil Spannungssprünge in der Größe des Nennspannungsabfalls der Motoren auch Stromstöße von der Größe des Nennstromes zur Folge haben. Die Stromstöße werden in ihrem zeitlichen Verlauf bereits durch die Induktionen in den Motoranker

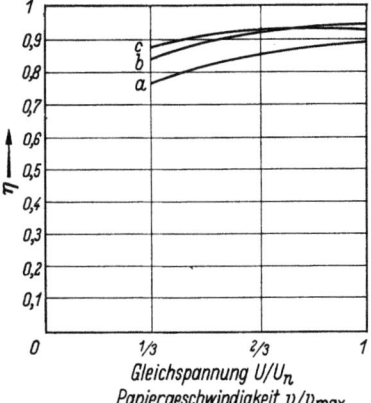

Abb. 77. Wirkungsgrade von 3,4 MW-Gleichspannungsquellen über der Spannung (Papiergeschwindigkeit)
a Leonardumformer; b Quecksilberdampfgleichrichter; c Siliziumgleichrichter mit Zu- und Gegenschaltungsmaschine; nach SSW

gemildert, zur weiteren Dämpfung dient eine Drossel und eine schnelle Regelung des Transduktors. Wenn bei kleinerer Leistung die Spannungsabfälle der Motoren größer werden, kann bei gleichem Spannungsbereich auch die Stufenzahl vermindert werden. Drehtransformatoren, die zum Ausgleich der entstehenden Drehmomente als Doppeldrehtransformatoren ausgeführt werden, stellt man nur für begrenzte Leistungen und Spannungen her. Wird mehr benötigt, muß man mehrere Drehtransformatoren vorsehen.

In manchen Fällen ist es zweckmäßig, zwei sich weit überlagernde Spannungsbereiche durch Stern-Dreieck-Umschaltung des Gleichrichtertransformators vorzusehen. Dann ändert sich die Gleichrichterspannung im Verhältnis $1:\sqrt{3}$, die Arbeitsspannung ist die Summe aus dieser und der Zusatzspannung. Das Verhältnis der maximalen Gleichspannungen der beiden Bereiche ist dann $(U_g + U_z)/(\sqrt{3}U_g + U_z)$. Hierin ist U_g die Spannung des Gleichrichters bei Sternschaltung des Transformators und U_z die maximale Zusatzspannung.

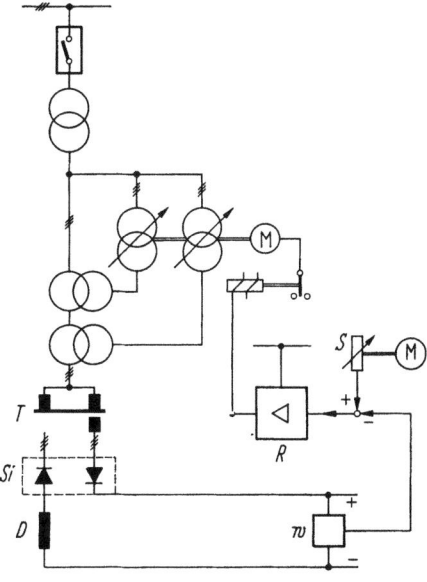

Abb. 78. Siliziumgleichrichter mit Doppeldrehtransformator und Transduktor

T Transduktor *Si* Siliziumgleichrichter; *D* Glättungsdrossel; *S* Sollwerteinsteller; *w* Gleichstromwandler für Ist-Wert; *M* Stellmotor für Doppeldrehtransformator (wird durch Nachlaufregelung bei Überschreitung der Bereichsgrenzen des Reglers gesteuert) bzw. Sollwerteinsteller; nach SSW

C. Drehzahlsteuerung

Bei vielen Arbeitsmaschinen genügen Antriebe mit einstellbarer Drehzahl. Die geringen Drehzahlabweichungen, bedingt durch den Nebenschlußcharakter der verwendeten Motoren sind bei diesen Maschinen meist von untergeordneter Bedeutung. Dazu gehören alle Maschinen, die fertige Papierbahnen weiterverarbeiten, wie Kalander, Umrollmaschinen, Querschneider und Veredelungsmaschinen. Solche Antriebe werden vornehmlich gesteuert. Der Begriff der Steuerung besagt, daß auf einen gegebenen Steuerbefehl hin eine oder eine Folge von Schalthandlungen oder Vorgängen in vorgeschriebener Reihenfolge und zeitlichem Verlauf durchgeführt wird.

Beispiele von Drehzahlsteuerungen sind das Einschalten und Anlassen des Motors, die Verstellung der Drehzahl oder des Drehmomentes, das Abschalten, erforderlichenfalls mit anschließendem Abbremsen und anderes. Erfolgt die Steuerung kontinuierlich oder stufenweise, gegebenenfalls mit Wiederholung eines Arbeitsspieles, so spricht man von einer Programmsteuerung. Die Steuerung bewirkt nur einen Ablauf in der Richtung des gegebenen Befehls, die Reihenfolge der Schalthandlungen und die Quantität der erfolgenden Verstellungen ist nur durch die Schaltung und die Dimensionierung der verwendeten Geräte bestimmt.

Bei dem Beispiel eines Achswicklers, bei dem der zunehmende Durchmesser der Rolle abgetastet und durch die Bewegung des Tasthebels das Gerät zur Verminderung der Motordrehzahl verstellt wird, ist die Größe der Drehzahlverstellung von der Abstufung des Stellwiderstandes und der Übersetzung zwischen Tast- und Stellhebel abhängig. Dies bedeutet, daß der Papierzug nur bei genauester Übereinstimmung von Stellweg und Quantität der Drehzahlverstellung konstant bleibt. Das ist aber schwierig zu erreichen, weshalb Steuerungen für die Einstellung von Quantitäten bei höheren Anforderungen vielfach wenig geeignet sind und Regelung vorgezogen wird.

1. Drehzahlverstellung bei Gleichstrom-Nebenschlußmotoren

Das Verhalten eines Motors ist durch seine elektrischen Eigenschaften bestimmt. Das in einer Gleichstrommaschine erzeugte Drehmoment M ist gleich dem Produkt aus Ankerstrom J und Magnetfeld Φ. Beim Lauf wird im Anker eine Spannung E induziert, die der aufgedrückten Netzspannung U entgegengerichtet ist. Sie ist proportional dem Produkt aus Drehzahl n und Feld Φ. Die Differenz der beiden Spannungen treibt den Strom J durch den Anker, dessen Größe durch den Ohmschen Ankerwiderstand R gegeben ist.

Es sind also im stationären Zustand:

$$\left.\begin{array}{ll}
\text{das Drehmoment} & M = J\Phi \\
\text{die induzierte Spannung} & E = n\Phi \\
\text{der Spannungsabfall im Anker} & U - E = JR \\
\text{daraus die Drehzahl} & n = \dfrac{1}{\Phi}(U - JR) = \dfrac{1}{\Phi}\left(U - \dfrac{MR}{\Phi}\right) \\
\text{die mechanische Leistung an der Welle} & N_m = \dfrac{Mn}{973{,}7} \dfrac{JE}{1000} = \dfrac{J}{1000}(U - JR) \quad [\text{kW}] \\
\text{die elektrische Leistung im Anker} & N_e = \dfrac{JU}{1000} \quad [\text{kW}] \\
\text{die elektrischen Anker-Verluste} & N_a = N_e - N_m = \dfrac{J^2 R}{1000} \quad [\text{kW}]
\end{array}\right\} \quad (56)$$

Die Drehzahl ist demnach von der zugeführten Spannung, dem Feld und der Belastung entsprechend dem Strom bzw. dem Moment abhängig. Bleiben Spannung und Feld konstant, so entsteht bei Änderung der Last eine Beschleunigung oder Verzögerung der Umlaufzahl, bis Last-

C. Drehzahlsteuerung

und Motormoment wieder gleich werden. Der Drehzahlabfall ergibt sich zu

$$\Delta n = \Delta J \frac{R}{\Phi} = \Delta M \frac{R}{\Phi^2}$$

Er beträgt $\quad \Delta n_0 = \dfrac{J_0 R}{\Phi} = \dfrac{M_0 R}{\Phi^2}$ (57)

wenn sich die Last von Leerlauf bis Nennlast entsprechend J_0 bzw. M_0 ändert. Sein Betrag entspricht etwa 3 bis 10% der Nenndrehzahl des Motors bei großer bzw. kleiner Leistung. Er ist in seiner absoluten Größe unabhängig von der Ankerspannung.

In Abb. 79 ist der Verlauf der Drehzahl n, der gleich dem der induzierten Ankerspannung E ist, über dem Drehmoment M bzw. dem

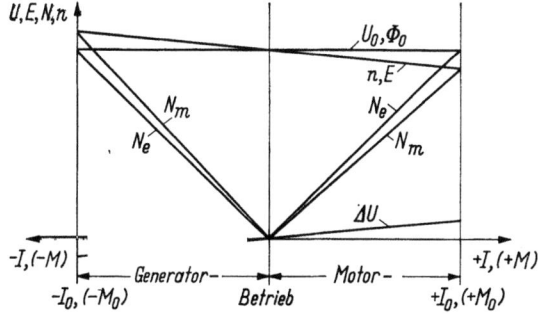

Abb. 79. Kennlinien einer Gleichstromnebenschlußmaschine bei höchster Spannung U_0 und konstantem Feld Φ_0
N_m mechanische, N_e elektrische Leistung; E induzierte Spannung

Ankerstrom J, dargestellt. Bei gleichbleibender Netzspannung U_0 sinken Motordrehzahl und induzierte Ankerspannung nach der gezeichneten Kennlinie. Wird die Maschine in gleicher Drehrichtung mit einer Drehzahl angetrieben, die größer als die bei Leerlauf ($J = 0$) ist, wird sie zum Generator. E wird größer als U, M und J wechseln die Richtung.

Aus den Gln. (56) geht hervor, daß die Drehzahl des Motors außer infolge Änderungen der Last, die meist nur kleine Drehzahlabweichungen zur Folge haben, in größerem Bereich durch Verstellung der Ankerspannung oder des Motorfeldes beeinflußt werden kann.

2. Ankersteuerung

Bei konstantem Feld ist das Drehmoment unabhängig von der angelegten Spannung und wie die aufgenommene elektrische Leistung proportional dem Strom, die induzierte Spannung proportional der Drehzahl. Die Kennlinien für den Verlauf der Drehzahl über dem Strom sind daher bei unterschiedlichen Ankerspannungen zueinander parallel

(Abb. 80). Die mechanische Leistung erhält einen wegen des Spannungsabfalls leicht parabolischen Verlauf, der bei höheren Ankerspannungen als praktisch linear zum Strom angesehen werden kann. Erst, wenn sich bei kleinen Spannungen der Spannungsabfall stärker auswirkt, kommt die Krümmung des Leistungsverlaufes zur Geltung.

Wird die Ankerspannung gleich dem doppelten Spannungsabfall bei Nennstrom, so erreicht die mechanische Leistung hier noch ihr Maximum. Bei größerer Belastung wird zwar das geforderte Drehmoment

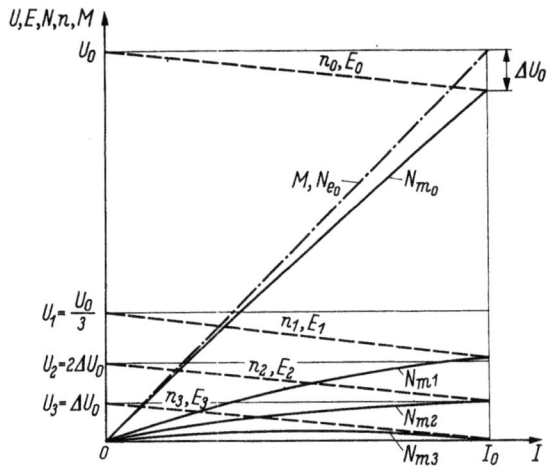

Abb. 80. Kennlinien eines Gleichstromnebenschlußmotors bei unterschiedlicher Spannung U und konstantem Feld

durch steigenden Strom aufgebracht, aber die infolge Spannungsabfall sinkende Drehzahl läßt die mechanische Leistung entsprechend dem quadratisch steigenden Ankerverlust $J^2 R$ stärker zurückgehen. Bei einer Spannung gleich dem Abfall gibt der Motor bei halbem Nennstrom maximale Leistung, er kommt aber bei Nennlast zum Stillstand. Die Verstellung der Ankerspannung ermöglicht also, den Motor vom Stillstand bis zu seiner Nenndrehzahl zu steuern. Bei kleinen Spannungen ist der relative Drehzahlabfall $\Delta n/n$ sehr groß, so daß sich Laständerungen in großen relativen Drehzahlabweichungen bemerkbar machen. Mit sehr kleinen Drehzahlen, die hauptsächlich für Hilfsarbeiten und Einziehen von Papier in die Arbeitsmaschine benötigt werden, kann man daher nur fahren, wenn nur kleine Momentschwankungen auftreten. Sonst muß eine Drehzahlregelung oder ein besonderer Hilfsmotor verwendet werden.

Zu beachten ist, daß bei gleichbleibendem Ankerstrom und Feld die Drehzahl rascher absinkt als die Ankerspannung verkleinert wird. Ist das Verhältnis der Spannungen U/U_0, so ergibt sich aus den Gln. (56)

für die Drehzahlen
$$\frac{n}{n_0} = \frac{U - JR}{U_0 - JR} = \frac{U/U_0 - JR/U_0}{1 - JR/U_0} \tag{58}$$

Die Gleichung ist in Abb. 81 dargestellt. Wird die Spannung von U_0 ausgehend ($U/U_0 = 1$) herabgesetzt, verkleinert sich die Drehzahl und damit n/n_0 rascher als U/U_0, so daß bei $U = JR$ das Drehzahlverhältnis $n/n_0 = 0$ wird und der Motor zum Stehen kommt. Dieses Verhalten erfordert besondere Beachtung, wenn von Motoren auf einem verstellbaren Drehzahlniveau Gleichlauf in größerem Drehzahlbereich gefordert wird.

3. Anwendungsformen der Ankersteuerung

Die Steuerung der Motoren im Anker wird beim Einschalten, Anlassen und Abwärtsfahren, also bei Verstellung der Arbeitsgeschwindigkeit, angewendet.

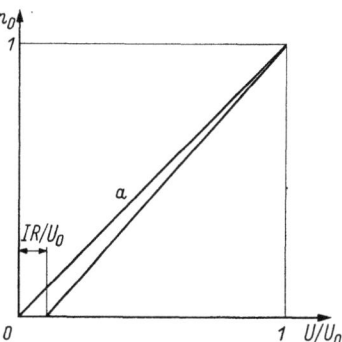

Abb. 81. Verlauf der Drehzahl bei Verkleinerung der Ankerspannung
a Verlauf bei Leerlauf ($I = 0$)

a) Direktes Einschalten. Beim unmittelbaren Anlegen des Motorankers an eine Spannung steigt sein Strom mit geringer Verzögerung auf einen Betrag an, der bei festgehaltenem Anker gleich dem Kurzschlußstrom J_K ist:

$$J_K = \frac{U}{R} \tag{59}$$

Die Verzögerung ist bedingt durch die elektrische Trägheit des Ankerkreises, die durch die elektromagnetische Zeitkonstante T_e des Ankers als Verhältnis von Selbstinduktion L und Widerstand R des Ankerkreises ausgedrückt wird:

$$T_e = \frac{L}{R} \tag{60}$$

Wird der Motor nicht festgehalten, so beginnt er hochzulaufen, wobei im Anker eine wachsende Gegenspannung induziert wird. Sie bewirkt, daß das Ansteigen des Ankerstromes verzögert wird und er bei weitem nicht den Kurzschlußstrom erreicht. Auch der Anlauf des Motors erfolgt verzögert, verursacht durch die Trägheit der umlaufenden Massen von Motoranker und Arbeitsmaschine. Diese wird ausgedrückt durch die elektromechanische Anlaufzeitkonstante T_a. Sie bedeutet die Zeit, die benötigt wird, um Motor und Maschine mit dem bei Stillstand des Motors auftretenden Moment M_{st} auf die volle Drehzahl n_0 des Motors zu bringen und berücksichtigt seinen Spannungsabfall.

120   V. Elektrischer Antrieb, Gleichstrom-Einmotorenantrieb

Sie ist
$$T_a = \frac{\Theta \omega_0}{M_{st}} = \frac{\Theta g \omega_0^2 R}{U^2} = \left(\frac{\pi n_0}{60}\right)^2 \frac{G D^2}{N_K} \qquad (61)$$

Hierin bedeutet $N_K = U^2/R$ die Kurzschlußleistung in Watt, g die Erdbeschleunigung. Sie ist zugesetzt, um $\Theta \omega_0^2$ ebenfalls in Watt auszudrücken. Die beiden Vorgänge, verzögerter Anstieg des Stromes und der Drehzahl, laufen gleichzeitig ab. Ist die elektromagnetische Zeitkonstante T_e gegenüber der Anlaufzeitkonstante T_a klein, was meist, besonders bei vorgeschaltetem Ankerwiderstand zutrifft, dann ist der erste Vorgang bereits nahezu abgelaufen, bevor sich der Anker merklich in Bewegung setzt. Dann ergibt sich nach RÜDENBERG [39] als Maximalbetrag des Stromes

$$J_{\max} = \frac{U}{R}\left(\frac{T_e}{T_a}\right)^{\frac{T_e/T_a}{1-T_e/T_a}} \qquad (62)$$

Der große, bei direktem Einschalten auftretende Maximalstrom verbietet es, Gleichstrommotoren unmittelbar an höhere Spannungen zu legen. Man verwendet diese Methode nur, um den Motor vom Stillstand auf die niedrige Hilfsgeschwindigkeit zu bringen, wobei als Grenze eine Spannung etwa gleich dem doppelten Spannungsabfall im Motoranker dienen mag.

b) Anlassen mit Widerstand. Wird der Motor über einen Widerstand ans Netz gelegt, so gelten zwar die gleichen Überlegungen wie vorher. Da aber der äußere Widerstand R_w ein Mehrfaches des Ankerwiderstandes beträgt, bleibt der wegen der sehr klein gewordenen elektromagnetischen Zeitkonstante T_e schnell und mit nahezu vollem Betrag auftretende Maximalstrom $J = U/(R_A + R_w)$ in zulässigen Grenzen. Der Motor läuft auf eine Drehzahl hoch, die durch den stationären Laststrom und den Spannungsabfall in Anlaßwiderstand und Anker gegeben ist.

In Abb. 82 ist über dem Drehmoment der Drehzahlverlauf bei unterschiedlichen Widerständen R_1 bis R_6 im Ankerkreis durch schräg

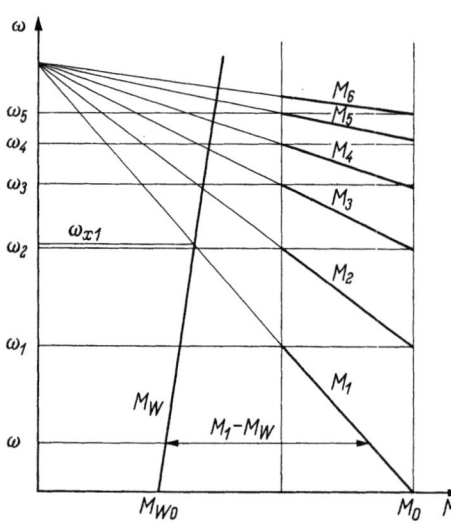

Abb. 82
Drehzahlverlauf bei Anlassen mit Widerstand
ω Winkelgeschwindigkeit; M_w Widerstandsmoment;
$M_1 \cdots M_6$ Drehmoment-Geschwindigkeitsverlauf der
Anlaßstufen $1 \cdots 6$; nach RÜDENBERG

C. Drehzahlsteuerung

liegende Gerade M_1 bis M_6 dargestellt. Das Widerstandsmoment M_w der Arbeitsmaschine ist mit geradlinigem Verlauf angenommen. Der Motor läuft nach dem Einschalten auf die stationäre Winkelgeschwindigkeit ω_{x1} hoch, die sich aus dem Schnittpunkt der Linien M_w und M_1 ergibt. Dabei vermindert sich das beschleunigende Überschußmoment $(M_1 - M_w)$ auf Null. Meist wird aber bereits vorher bei Erreichen der kleineren Winkelgeschwindigkeit ω_1 auf die nächste Stufe mit kleinerem Anlaßwiderstand umgeschaltet, da das letzte Stück der Drehzahlerhöhung mit einer relativ großen Anlaßzeit verbunden ist. Das Spiel beginnt von neuem, aber auf einem höheren Drehzahlniveau. Für den Hochlauf besteht folgende Beziehung:

$$\Theta \frac{d\omega}{dt} = M - M_w = \Delta = \Delta_x \frac{\omega_x - \omega}{\omega_x} \tag{63}$$

Die Größe

$$T_x = \frac{\Theta \omega_x}{\Delta_x} \tag{64}$$

ist die Anlaufzeitkonstante der Stufe x, mit ihr wird Gl. (63)

$$\frac{d\omega}{dt} = -\frac{\omega - \omega_x}{T_x} \tag{65}$$

Durch Integrieren erhält man:

$$\omega = \omega_x - (\omega_x - \omega_1) e^{-t/T_x} \tag{66}$$

worin ω_1 die Winkelgeschwindigkeit bei Übergang auf die Stufe x mit der Zeitkonstante T_x bedeutet und die Zeit t für jede Stufe von Null an gerechnet ist. Der Unterschied zwischen ω_x und ω_1 verschwindet also beim Weiterschalten exponentiell, wie es in Abb. 83 dargestellt ist.

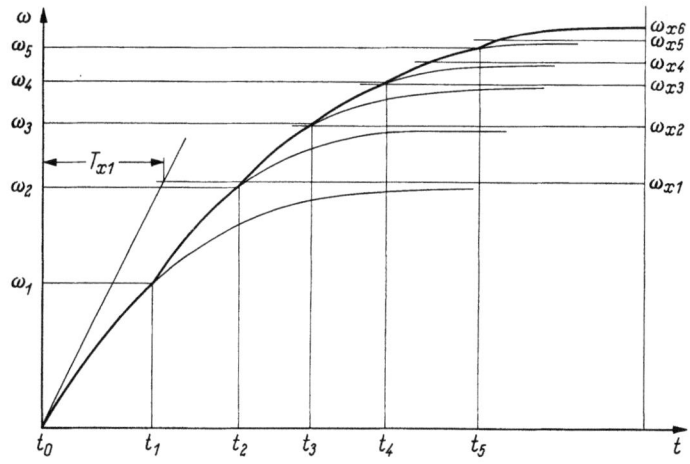

Abb. 83. Zeitlicher Verlauf der Winkelgeschwindigkeit beim Anlassen mit Stufenwiderständen T_{x1} Anlaßzeitkonstante der Stufe $x1$; ω_{x1} Enddrehzahl der Stufe $x1$; nach RÜDENBERG

Wird bei Erreichen der Geschwindigkeit ω_2 weitergeschaltet, so errechnet sich die Anlaufzeit der Stufe x aus Gl. (66) zu

$$t_x = T_x \ln \frac{\omega_x - \omega_2}{\omega_x - \omega_1} \qquad (67)$$

Die Summe der Stufenanlaßzeiten gibt die gesamte Anlaßzeit. Zum Anlassen werden vielfach handbetätigte Stufenschalter in Flachbahn- oder Schaltwalzenausführung verwendet. Hierbei ist es der Bedienung überlassen, nach jeder Schaltstufe so lange zu warten, bis der Anlaßstrom in die Nähe des stationären Stromes abgeklungen ist. Um zu frühes Weiterschalten mit unerwünscht großen Stromstößen zu vermeiden, wird besonders bei größeren Antrieben gesteuertes Anlassen mit motorisch getriebenen Schaltwalzen oder einer Schützsteuerung vorgesehen, bei welchen feste Schaltzeiten durch die mechanische Ausführung des Stellantriebes oder durch Zeitrelais gegeben sind. Bei gesteuertem Anlassen kommt man meist mit 4 bis 6 Stufen gut aus, bei Handanlassen wählt man gern eine größere Stufenzahl, um hohe Stromspitzen bei zu frühem Weiterschalten zu vermeiden.

Das beschriebene Anlaßverfahren wird bei Motoren angewendet, die an ein Netz konstanter Gleichspannung angeschlossen werden. Dazu gehören in der Zellstoff- und Papierindustrie vor allem Antriebe mit Drehzahlverstellung durch Feldschwächung für kleinere Arbeitsmaschinen. Oft müssen Gleichstrommotoren an ein Netz verstellbarer Spannung angeschlossen werden. Dies trifft besonders bei Mehrmotorenantrieben zu. Die hierbei auftretenden besonderen Verhältnisse werden auf S. 185 behandelt.

c) **Anlassen mit Generator.** Ankergesteuerte Antriebe erhalten ihre Spannung von Stromquellen, deren Spannung von einem Betrag entsprechend der Hilfsdrehzahl bis zur maximalen Arbeitsgeschwindigkeit kontinuierlich gesteuert wird. Hierbei wird der Motor beim Einschalten zunächst auf Hilfsgeschwindigkeit gebracht und anschließend durch Vergrößerung der Spannung auf die gewünschte Arbeitsgeschwindigkeit hochgefahren.

Der Spannungsbereich von Null bis zur höchsten Spannung sei U_0, der in der Zeit t_0 mit konstanter Geschwindigkeit durchfahren wird, dann ist die jeweilige Spannung

$$U = \frac{U_0}{t_0} t \qquad (68)$$

Setzt man voraus, daß das Widerstandsmoment der Maschine während des Hochfahrens konstant ist, so ist auch die Beschleunigung konstant, sie beträgt

$$\varepsilon_0 = \frac{d\omega}{dt} = \frac{\omega_0}{t_a} \qquad (69)$$

C. Drehzahlsteuerung

d. h., auch Beschleunigungsmoment und -strom und der ihm entsprechende Spannungs- und Drehzahlabfall bleiben konstant. Bei einer Anlaufzeit gleich der Anlaufzeitkonstante T_a läuft der Motor entsprechend Definition (s. S. 119) mit dem Kurzschlußstrom U_0/R hoch. Ist die Hochlaufzeit t_0, so wird der Beschleunigungsstrom J_b proportional dem Kurzschlußstrom und dem Verhältnis der Kehrwerte der Anlaufzeiten, woraus sich auch Spannungs- und Drehzahlabfall ergeben.

$$\left.\begin{array}{l} J_b = \dfrac{U_0}{R}\dfrac{T_a}{t_0} \\[4pt] \Delta U = J_b R = \dfrac{U_0}{t_0} T_a \\[4pt] \Delta \omega_0 = \dfrac{\omega_0}{t_0} T_a \end{array}\right\} \quad (70)$$

Dabei entspricht ω_0 dem Drehzahlabfall beim Kurzschlußstrom.

Damit und mit Kenntnis des Betrages von T_a läßt sich der Verlauf von Spannung, Strom und Drehzahl aufzeichnen (Abb. 84). Die induzierte Spannung E verläuft wie die Winkelgeschwindigkeit ω. Vorstehendes gilt für das gleichmäßige Hochfahren. Wenn die Spannung U von Null an erhöht wird, vergeht erst die Totzeit T_t, bis das Motormoment im Punkte 0 gleich dem Widerstandsmoment geworden ist. Jetzt steigen E, ε und ω allmählich an, bis z. Z. t_1 die nunmehr gleichbleibende Beschleunigung ε_0 erreicht ist. Der anfängliche Anlauf läßt sich unter Berücksichtigung des Trägheitsmomentes Θ, der Zeitkonstanten T_e und T_a und der ansteigenden Spannung U berechnen. Hier aber genügt es, den Verlauf mit einem flachen Bogen einzuzeichnen.

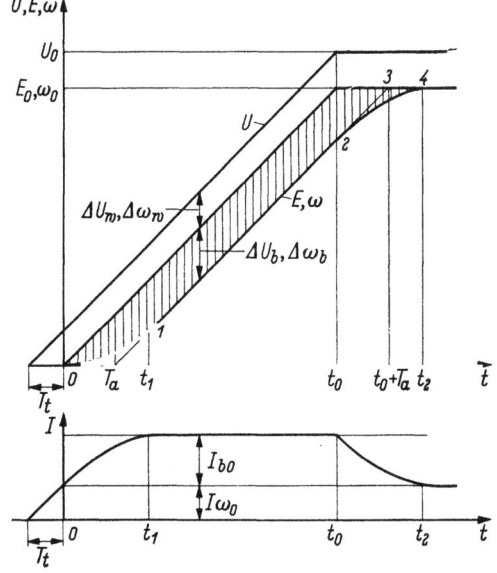

Abb. 84. Hochfahren mit der Ankerspannung
Zeiger w entsprechend dem Widerstandsmoment;
Zeiger b entsprechend der Beschleunigung

Ähnliches tritt ein, wenn die Erhöhung der Spannung U aufhört und ω, E, J zur Zeit t_2 in den Endwert einlaufen. Die schraffierte Fläche der Abb. 84 stellt den beim Hochlaufen infolge des verzögerten Anlaufes verlorenen Winkel dar. Die Flächeninhalte der Dreiecke $0-T_a-1$ und $2-3-4$ im An- und Auslauf sind gleich groß.

Der verlorene Winkel, um den der Motor gegenüber einem idealen Antrieb mit der Anlaßzeitkonstante $T_a = 0$ zurückbleibt, ist als Inhalt der schraffierten Fläche gleich dem Flächeninhalt eines Rhombus mit der Höhe $\Delta\omega_0$ und der Basis t_0 bzw. der Höhe ω_0 und der Basis T_a, also

$$\alpha = \Delta\omega_0 t_0 = \omega_0 T_a \tag{71}$$

oder

$$\frac{\alpha}{2\pi} = \frac{\omega_0}{2} T_a = \frac{n_0}{60} T_a \quad \text{Umdrehungen}, \tag{72}$$

wenn der Winkel statt im Bogenmaß mit der Anzahl der Umdrehungen angegeben werden soll. Wie aus den Gln. (72) hervorgeht, ist der Winkel nur von der erreichten Drehzahl und der Anlaufzeitkonstante abhängig, nicht aber davon, ob der Hochlauf schnell oder langsam erfolgt. Die notwendige größere Beschleunigung bei schnellerem Hochlauf ergibt sich aus dem steileren Anstieg der Spannung. Wird nur ein Teilbereich, z. B. $(\omega_2 - \omega_1)$ kontinuierlich durchfahren, so ist dieser für ω_0 einzusetzen. Dann wird der verlorene Winkel entsprechend kleiner. Soweit es sich um Antriebe mit nur einem Antriebsmotor handelt, ist diese Verzögerung ohne Bedeutung, der sanfte Übergang zu Beginn und am Ende der Beschleunigung ist sogar erwünscht. Bei Antrieben mit mehreren Motoren und unterschiedlichen Zeitkonstanten wirkt sich dies jedoch in einer Änderung der Bahnspannung bzw. des Durchhanges aus (s. S. 188).

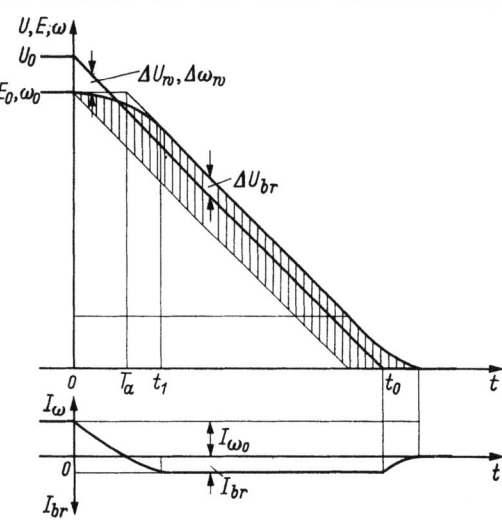

Abb. 85. Abwärtsfahren mit der Ankerspannung Zeiger w entsprechend dem Widerstandsmoment; Zeiger br entsprechend dem Bremsmoment

d) Verkleinerung der Geschwindigkeit, Bremsen. Bei Verkleinerung der Ankerspannung (Abb. 85) gilt das gleiche wie bei der Erhöhung. Nur wird wegen der verzögerten Folge der Drehzahl die induzierte Spannung E größer als beim Hochfahren, sie kann auch größer als die äußere Spannung U werden, so daß in der Maschine eine generatorische Wirkung, also eine generatorische Abbremsung, entsteht. Ist $(U - E)$ positiv, aber kleiner als die im stationären Zustand des Motors zur Überwindung des Widerstandsmomentes erforderliche Spannungsdifferenz $(U_0 - E_0)$, so läuft der Antrieb als Motor mit entsprechend kleinerem Strom, wird bei schnellem

Bremsen E größer als U, so wird die Maschine zum Generator und schickt unter Umkehr der Stromrichtung Leistung ins Netz. Bei jeder Geschwindigkeitsverminderung fließt die in den umlaufenden Massen gespeicherte Energie zurück, dient zur Überwindung der Maschinenreibung, entlastet so den Motor und treibt mit der Restenergie den Motor generatorisch an. Auch hier entsteht — wie beim Hochfahren — ein Winkel gegenüber einem der Spannung ohne Verzögerung folgenden idealen Motor (entsprechend $T_a = 0$), der bei gleichen Verhältnissen dem beim Hochfahren entspricht.

Diese stetige Abbremsung kann bis zum Stillstand der Arbeitsmaschine durchgeführt werden. Voraussetzung ist, daß der Motor an dem Generator veränderlicher Spannung bleibt oder für das Abwärtsfahren auf eine Anlaßmaschine geschaltet wird. In vielen Fällen ist dies nicht notwendig. Dann stehen eine Reihe anderer Bremsanordnungen zur Verfügung.

e) Ausschalten, Bremsen durch Auslauf. Wird der Motor abgeschaltet, verzögert der Reibungswiderstand die Drehzahl. Die kinetische Energie wird dabei in den Lagern, Zahnrädern u. dgl. in Wärme umgesetzt. Für konstant bleibendes Reibungsmoment M_R gilt:

$$M_R = -\Theta \frac{d\omega}{dt} \tag{73}$$

Dies integriert gibt

$$\omega = \omega_0 - \frac{M_R}{\Theta} t \tag{74}$$

Der Auslauf sollte also linear erfolgen. Da sich aber bei den meisten Maschinen das Leerlaufmoment mit der Drehzahl ändert, nimmt der Auslauf meist einen gekrümmten Verlauf, wobei sich die Auslaufzeit oft wesentlich verlängert.

Der Auslauf wird auch benützt, um das Schwungmoment von Maschine mit Antrieb festzustellen. Dazu wird das vom Motor abgegebene Drehmoment kurz vor der Abschaltung gemessen und der Verlauf der Drehzahl nach dem Abschalten aufgezeichnet. Für den Neigungswinkel α der Tangente an die Auslaufkurve im Abschaltpunkt gilt

$$\tan \alpha = \frac{d\omega}{dt} = \frac{\pi}{30} \frac{dn}{dt} = -\frac{M_R}{\Theta} \tag{75}$$

woraus Θ berechnet werden kann. Da das Anlegen der Tangente zu Ungenauigkeiten führen kann, ist es besser, das benötigte Antriebsmoment bei mehreren unterschiedlichen Drehzahlen zu messen und dann den Verlauf der Drehzahl beim Auslauf aufzuzeichnen (Abb. 86). Für kleinere Drehzahlunterschiede Δn kann das Moment als konstant angesehen werden, so daß sich aus dem Verhältnis $\Delta n/\Delta t$ und dem zugehörigen M_R das Trägheitsmoment errechnen läßt. Die Wiederholung

126 V. Elektrischer Antrieb, Gleichstrom-Einmotorenantrieb

an anderen Auslaufstellen gibt Kontrollen, die sich zur Bildung eines Mittelwertes anbieten.

Bei den meisten Gleichstromantrieben genügt Abschaltung des Motors zum Stillsetzen der Arbeitsmaschinen. Nur wenn man kurze Auslaufzeiten wünscht, werden Bremseinrichtungen vorgesehen. Das trifft zu, wenn in Papierbearbeitungs- und Veredelungsmaschinen bei Papierbruch das Ablaufen von Papier von der Rolle zwecks Ausschußverminderung auf ein Kleinstmaß reduziert werden soll oder wenn eine lange Auslaufzeit, z. B. bei großen Trockengruppen schnell laufender Papiermaschinen, große Mengen von Ausschußpapier anfallen läßt und die Aufnahme von Hilfsarbeiten stark verzögert.

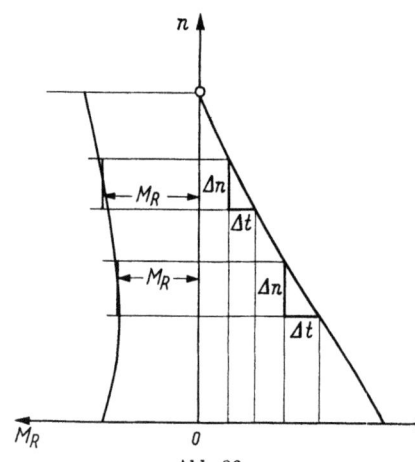

Abb. 86
Auslaufdrehzahl und Widerstandsmoment zur Bestimmung des Trägheitsmomentes

f) Die mechanische Reibungsbremse. Die mechanische Reibungsbremse fällt unter gleichzeitiger Abschaltung des Motors vom Netz ein, ihr Bremsmoment führt zusammen mit dem Reibungsmoment der Arbeitsmaschine die kinetische Energie in Wärme über. Bleibt die Reibung konstant, so ist der Drehzahlverlauf ebenfalls durch die Gl. (74) und (75) gegeben, wenn für M_R die Summe von Reibungsmoment der Maschine und Moment der Bremse eingesetzt wird. Die Geschwindigkeit vermindert sich wieder linear mit der Zeit, sofern die Reibungsziffern von Bremse und Maschine konstant bleiben.

g) Die Ankerkurzschlußbremse. Bei der *Ankerkurzschlußbremsung* wird der Motoranker vom Netz ab- und auf einen Bremswiderstand geschaltet. Die Maschine arbeitet jetzt als Generator und schickt die Energie in den Widerstand. Vor der Umschaltung ist das Moment des Motors gleich dem Widerstandsmoment der Arbeitsmaschine. Es beträgt

$$M_m = k\,\Phi\,J_m = \frac{E_0}{\omega_0}\,\frac{U_0 - E_0}{R_a} \tag{76}$$

Nach der Umschaltung ist der Widerstand des Ankerkreises $R_a + R_b$ und $U_0 = 0$. Das Bremsmoment hat entgegengesetzte Richtung des motorischen Momentes, es erhält daher negatives Vorzeichen. Damit wird das Bremsmoment

$$-M_{b0} = -\frac{E_0}{\omega_0}\,\frac{E_0}{R_a + R_b} = -\frac{E_0}{\omega_0}\,\frac{U_0 - J_m R_a}{R_a + R_b} \tag{77}$$

Da E_0/ω_0 konstant ist, wird M_{b0} abhängig von der Belastung J_m des Motors, außerdem von dem Kehrwert der Widerstände im Ankerkreis. Das größte Bremsmoment tritt auf, wenn der Motor leer lief ($J_m = 0$). Mit dem Nennmoment des Motors $M_{m0} = E_0 J_{m0}/\omega_0$ wird Gl. (77)

$$\frac{M_{b0}}{M_{m0}} = \frac{U_0 - J_m R_a}{J_{m0}(R_a + R_b)} \tag{78}$$

Lief der Motor leer ($J_m = 0$) und ist z. B. $J_{m0} R_a = 0{,}06\,U$ und wird $R_b = 9\,R_a$ gewählt, so ergibt sich $M_{b0} = 1{,}66\,M_{m0}$, mit dem im ersten Augenblick gebremst wird. Während des Bremsens gilt für Gl. (77) mit $E = E_0 \omega/\omega_0$

$$M_b = \frac{E_0}{\omega_0} \frac{E}{R_a + R_b} = \left(\frac{E_0}{\omega_0}\right)^2 \frac{\omega}{R_a + R_b} \tag{79}$$

Das Bremsmoment nimmt also linear mit der Geschwindigkeit ω ab. Der zeitliche Verlauf der Drehzahl ergibt sich aus der dynamischen Grundgleichung. Der verzögernd wirkende Reibungswiderstand der Maschine soll vernachlässigt werden. Es ist mit Gl. (79)

$$-M_b = -\left(\frac{E_0}{\omega_0}\right)^2 \frac{\omega}{R_a + R_b} = \Theta g \frac{d\omega}{dt} \tag{80}$$

Daraus wird durch Integration und Einsetzen der dem Widerstand $(R_a + R_b)$ entsprechenden Anlaßzeitkonstante T_a nach Gl. (61)

$$\omega = \omega_0\, e^{-t/T_a} \tag{81}$$

Lief der Motor nur mit der Hälfte der maximalen Drehzahl, so setzt das Bremsmoment auch nur mit halber Größe ein. Zur Erzielung einer gleich starken Abbremsung müßte der Bremswiderstand auf $R_b = 4\,R_a$ verkleinert werden. Eine solche Anpassung an die Drehzahl kann nach Abb. 87 stufenweise durch Kurzschließen eines Teils des Bremswiderstandes mittels Schütze erfolgen, die z. B. durch Spannungs- oder Stromrelais bei Erreichen eines festgelegten Kleinstwertes nacheinander gesteuert werden. Dies ist ziemlich umständlich, deshalb wird die Ankerkurzschlußbremsung bei drehzahlgesteuerten Gleichstrommotoren wenig verwendet.

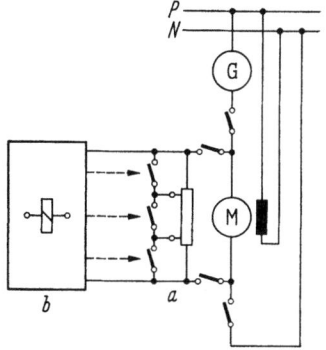

Abb. 87. Antrieb mit Ankerkurzschlußbremsung

a Bremswiderstand mit Schützen; *b* Gerät mit Spannungs- oder Stromrelais zur Steuerung der Schütze

h) Schnellbremsen. Bei Auftreten von Papierbruch will man Kalander und Umroller schnell zum Stillstand bringen, um so die als Ausschuß zu betrachtende, von der Rolle ablaufende Papiermenge möglichst klein zu halten. Bei kleinen, langsam laufenden Maschinen nimmt man den Energieverlust in Kauf, der bei der Ankerkurzschlußbremsung oder einer mechanischen Bremse entsteht. Bei großen und schnellen Maschinen ist die Rückgewinnung der kinetischen Energie erwünscht, zumal dabei auch eine schnelle Abbremsung erreicht werden kann.

Den Weg dazu bietet die rasche Verkleinerung der Ankerspannung. Da bei Kalandern der oberste Drehzahlbereich vielfach durch Feldschwächung erreicht wird, liegt es nahe, durch schnellen Rücklauf von Feld- und Spannungssteller zunächst den Motor auf volles Feld zu steuern und anschließend die Spannung des Leonardgenerators zu vermindern. Um ein Bremsmoment zu erhalten, muß erst ein Stellweg zurückgelegt werden, da außerdem der Anlauf des Stellers mit einer Verzögerung erfolgt, wird mit dem Rücklaufkommando durch ein Schütz der Feldsteller des Motors kurzgeschlossen bzw. in die Feldwicklung des Generators ein Widerstand gelegt. Beide Maßnahmen haben zur Folge, daß die im Leonardgenerator induzierte Spannung kleiner als die des Antriebsmotors wird, die Funktion beider also vertauscht wird, so daß Schwungenergie in den Umformer fließt. War beim Antreiben die im Leonardgenerator induzierte Spannung E_{g0}, so betrug die induzierte Motorspannung bei dem für Antrieb erforderlichen stationären Strom J_{m0} und dem Ankerwiderstand $R = R_g + R_m$ von Generator und Motor

$$E_{m0} = E_{g0} - J_{m0} R \tag{82}$$

Wird zu Bremsbeginn bei gleichbleibendem Motorfeld die Generatorspannung durch Einlegen eines Widerstandes in seine Feldwicklung auf $E_{g1} = E_{g0} \Phi_1/\Phi_0$ reduziert, so gibt diese mit E_{m0} die Differenzspannung

$$\Delta E_0 = E_{m0} - E_{g0} \frac{\Phi_1}{\Phi_0} = E_{g0}\left(1 - \frac{\Phi_1}{\Phi_0}\right) - J_{m0} R \tag{83}$$

Sie treibt den Bremsstrom J_{b0}, mit dem die Bremsung einsetzt

$$J_{b0} = \frac{\Delta E_0}{R} = \frac{E_{g0}}{R}\left(1 - \frac{\Phi_1}{\Phi_0}\right) - J_{m0} \tag{84}$$

Ihm entspricht ein Bremsmoment M_{b0}, das man durch Multiplikation mit dem Motorfeld Φ_m erhält.

$$M_{b0} = J_{b0}\, \Phi_m = \frac{E_{g0}\, \Phi_m}{R}\left(1 - \frac{\Phi_1}{\Phi_0}\right) - J_{m0}\, \Phi_m = M_{st}\left(1 - \frac{\Phi_1}{\Phi_0}\right) - M_{m0} \tag{85}$$

worin M_{st} das Stillstandsmoment, M_{m0} das des Motors beim Antreiben der Maschine bedeutet. Strom und Moment verringern sich bei zunächst gleichbleibender Generatorspannung mit der einsetzenden Verkleinerung der Drehzahl. Wird anschließend die Spannung der Leonardmaschine gleichmäßig vermindert, entsteht im Motor ein konstantes Bremsmoment M_b. Daher gilt für dieses und das konstante bremsende Reibungsmoment M_r der Maschine und der evtl. vorgesehenen mechanischen Bremse die Gl. (74). Kommt zur Zeit $t = t_0$ die Maschine zum Stillstand ($\omega = 0$), so folgt aus Gl. (74), wenn für M_R das Moment $M_b + M_r$ gesetzt und die Anlaufzeitkonstante T_a entsprechend Gl. (61) eingeführt wird

$$M_b = \frac{\Theta \omega_0}{t_0} - M_r = M_{st} \frac{T_a}{t_0} - M_r \qquad (86)$$

M_b kann negativ werden, wenn t_0 groß gewählt oder das mechanische Bremsmoment M_r groß ist. Dann wird vom Motor nicht gebremst, sondern angetrieben und dadurch die durch M_r bewirkte Bremsung verzögert, so daß die Arbeitsmaschine nur langsam zum Stillstand kommt. Dies läßt sich aber durch Wahl einer kurzen Auslaufzeit t_0 verhindern. Schwierig wird dies nur, wenn die mechanische Bremse im Betriebe auf sehr unterschiedliches Moment eingestellt wird. Es ist daher besser, zunächst ohne Bremse zu fahren und sie erst bei Erreichen kleiner Drehzahl als Stillstandsbremse einfallen zu lassen.

Soll das Bremsmoment M_b gleich dem bei sprunghafter Reduktion der Generatorspannung entstandenen Bremsmoment M_{b0} entsprechend Gl. (85) sein, so erhält man durch Gleichsetzen mit Gl. (86)

$$\frac{T_a}{t_0} + \frac{\Phi_1}{\Phi_0} = 1 + \frac{M_r - M_{m0}}{M_{st}} \qquad (87)$$

Wählt man t_0 und Φ_1 so, daß diese Gleichung erfüllt wird, so erfolgt die Bremsung im ganzen Bereich wie beim ersten Einsetzen der Bremsung. Das Antriebsmoment M_{m0} ist gleich dem Reibungsmoment der Arbeitsmaschine. Die Differenz $(M_r - M_{m0})$ gibt dann das Moment M_{br} der mechanischen Bremse. Aus Gl. (87) wird

$$\frac{T_a}{t_0} + \frac{\Phi_1}{\Phi_0} = 1 + \frac{M_{br}}{M_{st}} \qquad (88)$$

Wird ohne mechanische Bremse gearbeitet, ist der Summand mit M_{br} Null.

Der rücklaufende Steller ermäßigt die Spannung des Leonardgenerators nur bis auf Remanenz. Ist diese erreicht, verkleinert sich bei weiter abfallender Maschinendrehzahl der Bremsstrom, die Antriebsmaschine wird wieder zum Motor. Bei kleinem Reibungsmoment kommt die Arbeitsmaschine nicht zum Stillstand, vielmehr dreht der Motor ganz langsam durch. Vielfach wird der Generatorsteller so ausgelegt, daß er in seiner untersten Stellung eine Generatorspannung bewirkt, die den Motor mit Einziehgeschwindigkeit laufen läßt. Beim Abbremsen jedoch wird die Einzieh- und Remanenzspannung gern durch eine Selbstentregung des Generators beseitigt. Dazu wird bei Erreichen kleiner Ankerspannung die Feldwicklung des Generators vom Erregernetz abgeschaltet und in entgegengesetzter Richtung an die vom Generator gelieferte Restspannung angeschlossen. Die Abschaltung vom Erregernetz läßt das Feld zurückgehen, was durch die Gegenerregung noch beschleunigt wird. Schließlich wird ein Gegenfeld aufgebaut, das auch die Remanenz beseitigt, so daß der Antrieb stromlos zum Stillstand kommt.

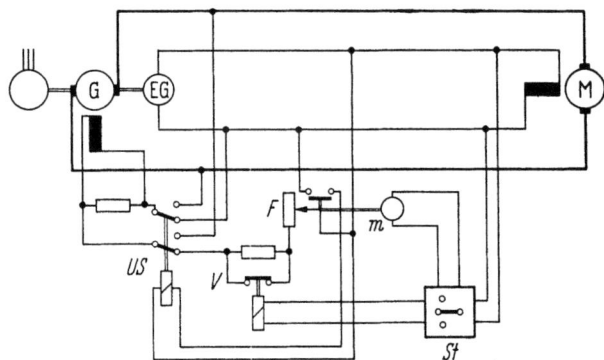

Abb. 88. Bremsung eines Kalanderantriebes mit Vorsteuerung der Generatorspannung und Selbstentregung

US Umschaltschütz; *F* Generator-Feldsteller; *m* Stellmotor; *V* Vorsteuerung des Generatorfeldes; *St* Steuergerät

In Abb. 88 ist die grundsätzliche Schaltung mit Steller, Schaltwiderstand und Umschaltschützen für das Generatorfeld dargestellt. Abb. 89 zeigt den Verlauf der Spannungen von Beginn des Bremsens

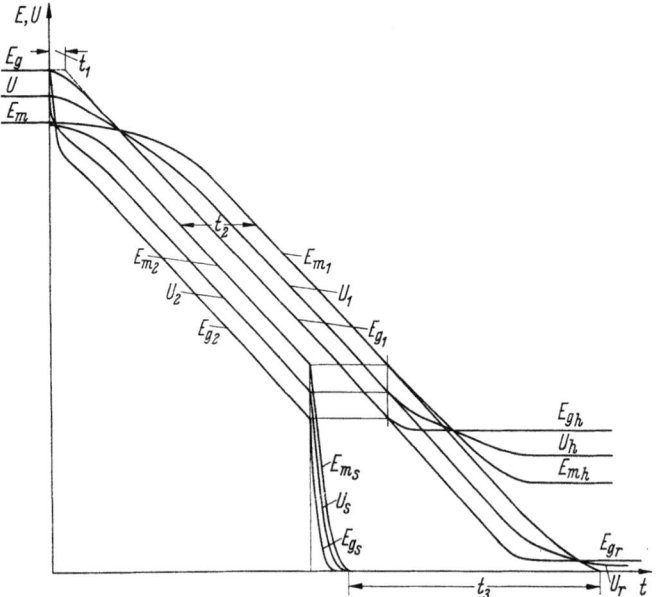

Abb. 89. Verlauf der Spannungen bei generatorischem Bremsen

E_g Induzierte Spannung im Generator; E_m Induzierte Spannung im Motor; U Klemmenspannung; *Zeiger 1* Spannung bei Stellerrücklauf; *Zeiger h* bei Hilfsspannung; *Zeiger r* bei Remanenz (Stillsetzen); *Zeiger 2* bei Vorsteuerung der Generatorspannung; *Zeiger s* bei Selbstentregung; t_1 Anlaufzeit des Stellers; t_2 Verkürzung der Bremszeit durch Generator-Vorsteuerung; t_3 durch Vorsteuerung und Selbstentregung

bis zur Hilfsgeschwindigkeit, der Remanenzspannung und dem Stillstand. Dabei ist unterstellt, daß der Bremsstrom durch entsprechende Bemessung von Schaltwiderstand und Stellgeschwindigkeit so groß wie der Strom beim Antreiben ist und bei allen Drehzahlen im stationären Zustand gleichbleibt. Die Spannungsabfälle sind wegen der Darstellung übertrieben groß angenommen. Die Abbildung bezieht sich auf den Fall konstanten Motorfeldes. Die Spannungen mit dem Zeiger 1 beziehen sich darauf, wenn das Bremsen nur durch Rücklauf des Stellers vorgenommen wird. Sein Anlauf bewirkt die Zeitverzögerung t_1. Bei dieser Bremsung ist der Übergang auf Hilfsspannung (Zeiger h) und auf Remanenz (Zeiger r) gezeichnet. Dabei ist die Remanenzspannung kleiner als die beim Antreiben auftretende Spannungsabfälle angenommen, so daß der Motor bei verbleibendem kleinem Strom zum Stillstand kommt. Zur Beseitigung der Remanenz kann man auch eine kleine Gegenerregung auf den Generator geben. Die Spannungen mit dem Zeiger 2 treten bei Vorsteuerung der Generatorspannung auf. Diese bewirkt eine Verkürzung der Bremszeit um t_2.

Bei Erreichen der Einziehspannung ist Selbstentregung vorgesehen (Zeiger s). Damit kommt der Antrieb um die Zeit t_3 früher stromlos zum Stehen, als es durch Steuerung des Stellers allein eintritt.

Die elektrische Bremsung kann kräftig ausgeführt werden. Übliche Motoren sind mit dem 1,5 bis 1,6fachen, Maschinen mit Kompensationswicklung mit dem 2 bis 2,2fachen Nennmoment belastbar. Man erhält Schnellbremszeiten von etwa 5 bis 3 s.

Da es oft schwierig ist, die Ankerspannung wirklich linear zu erhöhen oder zu verkleinern, und da eine fest eingestellte Vorsteuerung bei Bremsbeginn wegen der Krümmung der Magnetisierungskennlinie eine von der jeweiligen Ankerspannung abhängige Spannungsänderung gibt, erfolgt die Bremsung nicht durchwegs mit konstantem bzw. dem zugelassenen Moment. Bei Bedarf läßt sich dies beim Bremsen, ebenso beim Anlassen durch Regelung (s. S. 190) erreichen.

i) Grenzen beim Anlassen und Bremsen von Gleichstrommotoren. Die Größe der zulässigen Anlauf- und Bremsmomente ist von der Belastbarkeit des Motors und den Eigenschaften der Gleichspannungsquelle abhängig, die den Gleichstrom liefert bzw. beim Bremsen aufnehmen soll. Die üblichen Gleichstrommaschinen können kurzzeitig mit erhöhtem Strom belastet werden. Wird für die Arbeitsmaschine ein im Verhältnis zur Betriebslast sehr hohes Losbrechmoment verlangt, z. B. bei einem Kalander mit Gleitlagern, dann ist dieses hohe Moment meist durch zusätzliche Belastung durch den Anpreßdruck der Walzen bedingt, die besonders bei längerem Stillstand das Öl aus den Lagern preßt und zu trockener Reibung führt. In solchen Fällen soll vor dem Anlassen eine Preßölschmierung hohen Druckes einen Ölfilm unter die Tragzapfen drücken, wodurch das Losbrechdrehmoment auf erträgliche Beträge zurückgeht. Im übrigen ist es stets möglich und auch vom Betriebe erwünscht, entlastet anzufahren und erst nach dem Anlauf Zusatzlast zu geben. Man kommt dann zu Maschinengrößen, die auch der Betriebslast gut entsprechen.

Bei Maschinen mit großen Schwungmomenten und kurzen Anlauf- und Bremszeiten, besonders bei Schnellumrollern, aber auch bei großen Trockengruppen schnell laufender Papiermaschinen, bestimmen Schwungmomente und kurze Anlauf- bzw. Bremszeiten die Größe der elektrischen Maschinen. Diese müssen nach der geforderten Beschleunigung bzw. Verzögerung bemessen werden, so daß sich für den stationären Betrieb eine schwache Belastung ergibt. Für die Auswahl der Motorgröße sind die benötigten Drehmomente für Losbrechen, Hochfahren und Bremsen und die zugelassene Motorüberlastung maßgebend. Das Moment des Motors beträgt:

$$\text{beim Hochfahren} \quad M_m = \frac{\pi}{30} \frac{GD^2}{4g} \frac{n_0}{t_0} + M_r$$

$$\text{beim Abbremsen} \quad M_b = \frac{\pi}{30} \frac{GD^2}{4g} \frac{n_0}{t_0} - M_r$$

(89)

Für das Reibungsmoment ist für das Hochfahren der voraussichtlich größte, für das Bremsen der voraussichtlich kleinste Betrag einzusetzen.

Das Gleichstromnetz, an das der Motor angeschlossen wird, muß imstande sein, den Leistungsbedarf beim Hochfahren zu decken und beim Bremsen die gelieferte Bremsleistung aufzunehmen. Der Leonardgenerator muß daher in gleicher Weise wie der Motor dimensioniert werden. Wird der Gleichstrom direkt aus dem Drehstromnetz mittels eines Stromrichters oder eines Halbleitergleichrichters gewonnen, so ist zu beachten, daß diese den Strom nur in einer Richtung entsprechend dem motorischen Betrieb durchlassen. In der Gegenrichtung, also bei generatorischem Bremsen, ist der Stromdurchgang gesperrt. Das bedeutet, daß der Motor beim Abwärtsfahren nur bis zu seinem Leerlauf entlastet werden kann. Die Maschine würde dann so auslaufen, wie dies bei abgeschaltetem Motor der Fall ist. Nur wenn an dem gleichen Gleichstromnetz noch andere Motoren liegen und die Gewähr besteht, daß die Last dieser eingeschalteten Motoren stets größer ist als die mögliche Bremsleistung an der abgeschalteten Maschine, kann an diesem Motor mit voller Leistung gebremst werden. Dieser liefert jetzt die Energie für die übrigen am Netz liegenden Motoren, so daß der Gleichrichter entlastet wird. Die Aufstellung eines zweiten Gleichrichters in Antiparallelschaltung, die die Bremsung gestattet, ist hier nicht wirtschaftlich, weil Schnellbremsung relativ selten vorkommt und andere Bremsmethoden, wie mechanische oder Ankerkurzschlußbremsung, angewendet werden können.

4. Feldsteuerung

Wird das Feld des Motors verstellt, so ist entsprechend den Gln. (56) bei Gleichbleiben von Strom und Spannung das Moment proportional dem Feld, die Drehzahl proportional dem Kehrwert des Feldes, während die Leistung konstant bleibt. Der Spannungsabfall bewirkt, daß die Drehzahlkennlinien für schwächeres Feld stärker geneigt sind, also nicht mehr parallel wie bei Verstellung der Ankerspannung bleiben (Abb. 50). In Abb. 90 sind über dem Ankerstrom die Drehzahlkennlinien n_1, $n_{0,5}$ und $n_{0,33}$ für volles, 0,5 und 0,33 Feld aufgetragen, wobei Abb. 90a für volle und b für ein Drittel Ankerspannung gilt. Bei dieser ergibt der größer gewordene relative Spannungsabfall JR/U auch einen größeren, relativen Drehzahlabfall $\Delta n/n$. Die Drehmomente M_1, $M_{0,5}$, $M_{0,33}$ werden durch die Feldschwächung verkleinert, sie sind aber unabhängig von der Spannung. Die übertragene mechanische Leistung N_m wird durch das Feld nicht beeinflußt, sie verkleinert sich bei Herabsetzung der Spannung proportional zur Drehzahl.

Motoren für größere Feldsteuerung müssen für niedrige Nenn-

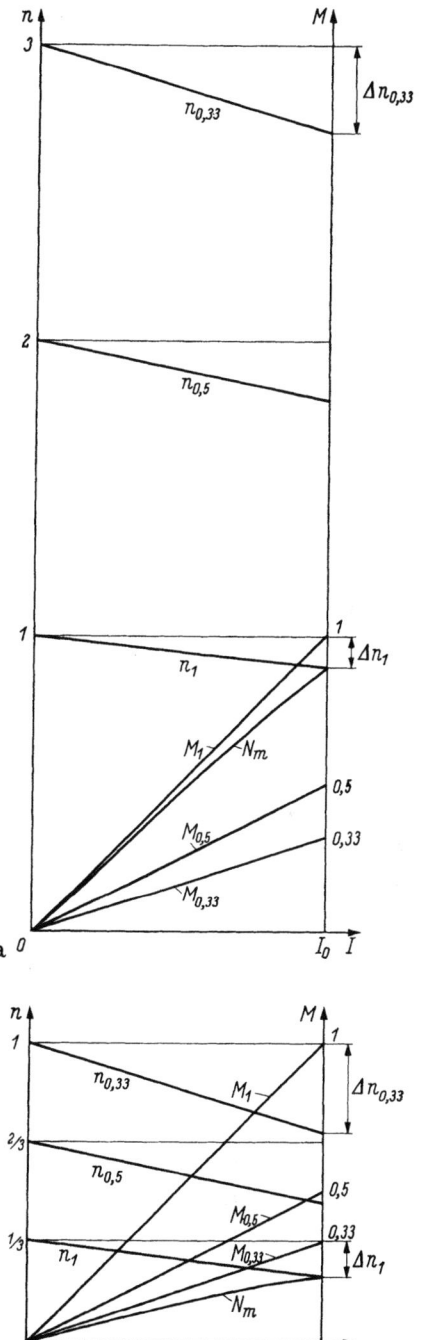

Abb. 90a u. b. Kennlinien eines Gleichstrommotors bei Feldsteuerung
a bei voller; b bei $1/3$ Ankerspannung
Zeiger 1, 0,5, 0,33 bei vollem, halbem, drittel Feld; n Drehzahl; M Drehmoment; N_m mechanische Leistung

drehzahl bei vollem Feld gewickelt werden und besitzen daher einen größeren Spannungsabfall, besonders Motoren kleiner Leistung. Der Abbildung ist ein Abfall von 10% zugrunde gelegt. Das von der Erregerwicklung in den Magnetpolen erzeugte Feld wird bei schwacher Erregung in zunehmendem Maße durch das vom Ankerstrom erzeugte Querfeld verzerrt, was die Kommutierung sehr beeinflußt. Aus diesen Gründen hat sich eine Feldsteuerung von etwa 1:3 als wirtschaftliche Grenze ergeben. Da sich bei Feldschwächung das Drehmoment vermindert, wird Feldsteuerung bei kleinen Spannungen vermieden.

5. Anwendung der Feldsteuerung

Bei einzelnen Antrieben, die an eine konstante Gleichspannung angeschlossen sind oder die zunächst durch Ankersteuerung auf die der höchsten Ankerspannung entsprechende Drehzahl gebracht werden, wird durch anschließende Feldsteuerung die erforderliche Höchstdrehzahl erreicht. Bei einer dritten Gruppe von Maschinen wird die Feldsteuerung auch bei unterschiedlichen Ankerspannungen angewendet.

Das erste kann Anwendung finden bei Antrieben, die nur einen Drehzahlstellbereich von weniger als 1:3 erfordern, wie manche Stoffpumpen, der Schüttelbock an Papiermaschinen und verschiedene Hilfsantriebe.

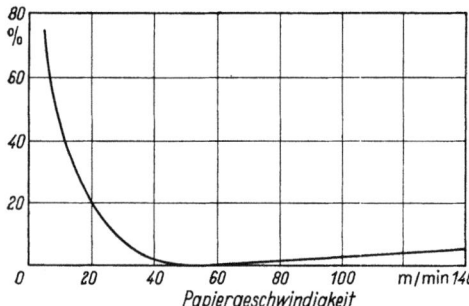

Abb. 91. Relativer Anstieg des Drehmomentes einer Papiermaschine

Nach Beendigung der Ankersteuerung wird beim Antrieb von Papiermaschinen durch einen Motor die Feldsteuerung gern angewendet, wenn das erforderliche Drehmoment bei der kleinsten Arbeitsgeschwindigkeit größer als bei höchster ist. Das Drehmoment einer Papiermaschine bei Betrieb mit Papier steigt bei niedrigen Geschwindigkeiten etwa nach Abb. 91. Das Drehmoment bei sehr kleiner Geschwindigkeit ist danach größer als bei höherer, wenn beide relativ klein sind. Bei höherer Geschwindigkeit steigt das Moment weiter langsam an.

Die elektrischen Maschinen müssen nach dem Produkt aus größtem Strom und höchster Spannung ausgelegt werden. Bei gleichem Feld entspricht der Strom dem Drehmoment und die Spannung der Drehzahl. Bei reiner Spannungssteuerung sind also die Maschinen im oberen Geschwindigkeitsbereich im Strom nur teilbelastet. Legt man den Motor bei der gleichen Enddrehzahl für Anker- und anschließende Feldsteuerung aus, so erhält man gleichen Strom bei kleinster und größter Geschwin-

C. Drehzahlsteuerung

digkeit, wenn der Feldsteuerbereich gleich dem Momentanstieg zwischen größter und kleinster Geschwindigkeit gemacht wird.

In Abb. 92 entsprechen den Drehzahlen 20 und 100% Drehmomente M von 125 und 100%. Entsprechend dem Momentanstieg ist eine gleich große Feldsteuerung von 25% entsprechend einer Drehzahl von 80 bis 100% vorgesehen. Damit wird der Strom J bei der kleinsten Geschwindigkeit auf den bei der größten vermindert und innerhalb des Bereiches kleiner, so daß hier die schraffierte Momentreserve besteht. In der Abb. 92 ist auch der Verlauf der Ankerspannung U, des Feldes Φ und der benötigten Leistung N eingetragen. Die verfügbare Leistung hat den gleichen Verlauf wie U. Für den Leonardgenerator genügt jetzt eine Type entsprechend dem Bedarf bei voller Drehzahl, während bei reiner Spannungssteuerung wegen des größeren Stromes bei kleiner Geschwindigkeit eine um 25% größere

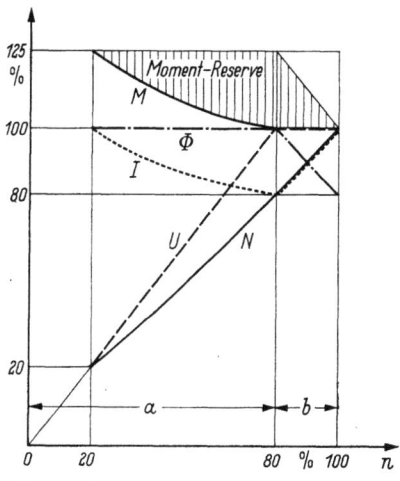

Abb. 92. Steuerung eines Papiermaschinenantriebs durch Verstellung der Spannung (a) und des Feldes (b)

Type gewählt werden müßte. Für den Motor kommt bei gleicher maximaler Drehzahl auch die gleiche Type in Frage, bei Feldsteuerung muß er lediglich für eine kleinere Grunddrehzahl gewickelt werden.

Mit dem Kalander werden die stärkeren Papiere im unteren Arbeitsbereich und unter erhöhtem Druck, also mit größerem Antriebsmoment geglättet. Dazu kommt, daß die reine Ankersteuerung bei großen Stellbereichen zwischen Einzieh- und Höchstgeschwindigkeit nur sehr kleine Einziehspannungen ergibt, die bei Belastung stärkeren Drehzahlabfall zur Folge haben. Aus beiden Gründen wird daher vielfach eine zusätzliche Feldsteuerung von etwa 50% vorgesehen, die einerseits eine bessere Ausnützung des Leonardgenerators und andererseits eine Erhöhung der Einziehspannung bei kleinerer Strombelastung bringt.

Obwohl bei Schnellumrollern für sehr unterschiedlich schwere Papiere gleichartige Verhältnisse vorliegen, bevorzugt man hier meistens Schaltgetriebe zwischen Antrieb und Roller mit 2 bis 3 verschiedenen Untersetzungen, weil bei diesen Maschinen Stellbereich und Anstieg des Drehmomentes bei starken Papieren meist bedeutend größer sind.

Feldsteuerung bei unterschiedlichen Ankerspannungen wird bei Wicklern mit Achsantrieb der Aufwickelrolle angewendet. Solche Wickler benötigen bei konstantem Papierzug gleichbleibende Antriebsleistung, wofür sich besonders feldgesteuerte Motoren eignen. Dazu gehören die Elektrowickler an Papiermaschinen und Kalandern und der Antrieb des Vorrollers.

Soweit ein Motor im Verband eines Mehrmotorenantriebes läuft, wird die Feldverstellung zur Einstellung und Regelung der Drehzahl oder der aufzunehmenden Last verwendet. Dies geschieht meist nur in kleineren Bereichen. Größere Bereiche können sich ergeben, wenn z. B. in einer Papiermaschine das Papier gekreppt wird. Dabei müssen die Maschinen hinter dem Kreppschaber entsprechend langsamer laufen. Werden diese nur von einem Motor getrieben, sei es, daß hierfür eine Transmission vorgesehen ist oder nur der Aufroller einer Yankeemaschine anzutreiben ist, so genügt ein Feldsteller. Der Motor läuft dann bei größter Kreppung mit vollem Feld.

6. Drehzahlsteuerung bei Siliziumgleichrichtern mit Zu- und Gegenspannung

Die auf S. 113 ff. behandelten Schaltungen mit Siliziumgleichrichtern als Konstantspannungsquelle erfordern für die Steuerung im Anlaßbereich besondere Vorkehrungen. Bei Mehrmotorenantrieben von Papiermaschinen werden stets Anlaßeinrichtungen für jeden Motor vorgesehen, die auch bei Verwendung von Siliziumgleichrichtern zur Durchsteuerung des Anlaßbereiches genügen. Die Antriebe mit einem oder zwei mechanisch gekuppelten Motoren und mit Zu- und Absatzmaschine benötigen aber besondere Steuereinrichtungen.

a) Einmotorenantrieb mit Zu- und Absatzmaschine. Wird vom Gleichstromnetz nur ein Motor, z. B. für Antrieb der Transmission einer Papiermaschine, gespeist, so kann durch besondere Schaltfolge an den Bausteinen der Stromversorgung das Anlassen des Motors durchgeführt werden. Ist die Zusatzmaschine, z. B. gemäß Abb. 75 für einen Arbeitsbereich der Papiermaschine von 1:3 bemessen, so kann der Motor mittels der Zusatzmaschine nach der Schaltung der Abb. 93 bei offenem Netzschalter S_4 des Gleichrichters vom Stillstand bis zur untersten Arbeitsgeschwindigkeit hochgefahren werden. Dabei wird ihr Feldsteller St_1 von der Mittelstellung Null bis in die Endstellung entsprechend größter Zusatzspannung gebracht. Die Gleichrichterzellen liegen in Durchlaßrichtung und lassen den Strom durch. Hierauf wird die Zusatzmaschine mittels der Erregerschütze S_2 und S_3 umgepolt und der Gleichrichter mit dem Schalter S_4 an das Drehstromnetz gelegt.

Während des Umpolens wird das Entstehen eines Bremsstromes verhindert, weil der Gleichrichter diese Stromrichtung sperrt. Die Drehzahl des jetzt stromlos laufenden Motors fällt etwas ab, bis nach Beendigung der Umpolung die Netzspannung so weit abgesunken ist, daß der Motor wieder Strom aufnimmt. Gleichzeitig wird der Regler R für konstante

Spannung eingeschaltet. Er bewirkt an einer Regelwicklung der Zusatzmaschine, daß der Motor die durch den Sollwertsteller gegebene Drehzahl annimmt. Jetzt kann der Motor mit dem Sollwertsteller St_2 bis zu seiner Höchstdrehzahl gesteuert werden. Dabei durchläuft die Zusatzmaschine ihren ganzen Spannungsbereich von größter Absatz- bis größter Zusatz-

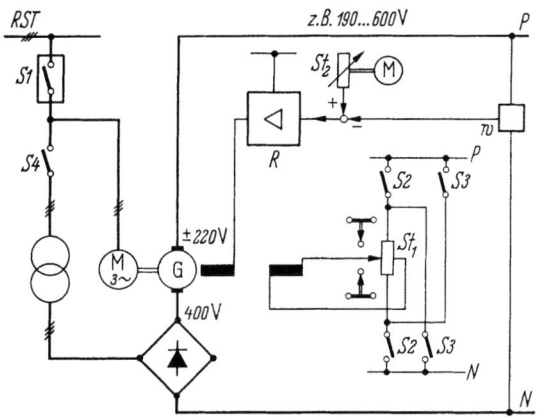

Abb. 93. Siliziumgleichrichter und Zu- und Gegenschaltungsmaschine mit verkürztem Spannungsbereich. Hochfahrschaltung
St_1 Umkehrfeldsteller für Generator G; w Spannungswandler; St_2 Sollwerteinsteller; R Spannungsregler; S_1, S_4 Netzschalter; S_2, S_3 Erregerschütze, nach SSW

spannung. Ihre maximale Spannung wird wegen des Drehzahlabfalls des Motors und der vorgesehenen Drehzahlregelung zweckmäßig etwas größer als ein Drittel der höchsten Arbeitsspannung gewählt.

b) Zweimotorenantrieb mit zwei Siliziumgleichrichtern und Zu- und Absatzmaschine. In Abb. 94 wird die Papiermaschine von zwei miteinander gekuppelten Motoren für je 600 V getrieben, deren Anker in Reihe geschaltet sind. Sie werden von 2 Siliziumgleichrichtern je 410 V und einer Zu- und Absatzmaschine von ± 380 V gespeist, die ebenfalls in Reihe geschaltet sind. Wird nur ein Gleichrichter an das Drehstromnetz gelegt, so läßt sich durch Steuerung der Zu- und Absatzmaschine ein Spannungsbereich von 410 − 380 = 30 V bis 410 + 380 = 790 V entsprechend Kriechbetrieb bis $\frac{2}{3}$ der maximalen Geschwindigkeit erreichen.

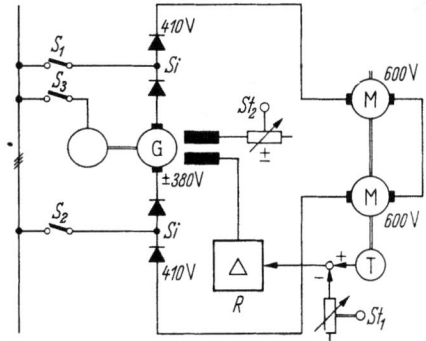

Abb. 94. Zweimotorenantrieb mit Siliziumgleichrichter und Zu- und Gegenschaltungsmaschine mit verkürztem Spannungsbereich
Si Siliziumgleichrichter; G Zu- und Gegenschaltungsmaschine; M Antriebsmotoren; T Tachometermaschine; R Drehzahlregler; St_1 Sollwerteinsteller; S_1, S_2, S_3 Netzschalter; St_2 Umkehrfeldsteller zu G; nach SSW

Wenn die Zusatzmaschine durch Umpolen auf Absatzspannung gebracht und der zweite Gleichrichter auf das Drehstromnetz geschaltet wird, so erhält man eine kleinste Gleichspannung von 440 V, die durch Steuerung der Zusatzmaschine bis auf 1200 V entsprechend einem zweiten Bereich von 37 bis 100% der maximalen Arbeitsgeschwindigkeit erhöht werden kann. Man erhält also zwei sich stark überlappende Steuerbereiche.

Je nach Einstellung der Steuerung kann die Umschaltung bei einer Arbeitsspannung zwischen 440 und 790 V vorgenommen werden. Bei der Umschaltung muß darauf geachtet werden, daß die Spannung U_m an jedem Motor nach dem Umschalten nur um die Spannung ΔU_m entsprechend dem eingetretenen Abfall der Motordrehzahl kleiner als vor der Umschaltung ist, also

oder
$$2 U_m = U_{gl} + U_{z1} = 2 U_{gl} - U_{z2} + 2 \Delta U_m$$
$$U_{gl} = U_{z1} + U_{z2} - 2 \Delta U_m. \tag{90}$$

Bei Einhaltung dieser Bedingung kann die Umschaltung grundsätzlich bei jeder Spannung innerhalb des Bereiches 440/790 V vorgenommen werden. Dabei gehört aber entsprechend Gl. (90) zu jeder Zusatzspannung U_{z1} eine andere Absatzspannung U_{z2}. Die Umpolung der Maschine entsprechend der Bedingung bei jeder Spannung vorzunehmen, erfordert daher besonderen Aufwand. Beschränkt man die Umschaltung auf nur eine Arbeitsgeschwindigkeit, so kann die erforderliche Absatzspannung einmal einjustiert und stets bei der Umpolung angesteuert werden. Zweckmäßig ist es, die Umsteuerung etwas unterhalb der Höchstgeschwindigkeit des unteren Steuerbereiches vorzunehmen. Die Steuerung wird am einfachsten, wenn $U_{z1} = U_{z2} = \frac{1}{2} U_{gl} + \Delta U_m$ gemacht und der zweite Steuerbereich bei Erreichen der Umschaltspannung durch einen Steuerbefehl angesteuert wird.

7. Grenzen der Drehzahlsteuerung

Die Antriebe mit einstellbarer Drehzahl werden durch Steuerung auf die für die Fertigung gewünschte Drehzahl gebracht. Die eingestellte Drehzahl ist jedoch von Störgrößen abhängig, wie Frequenz und Spannung des speisenden Netzes, Belastung der Maschine, Temperatur u. a. Bei Einmotorenantrieb beeinflussen die auftretenden Drehzahlabweichungen den Ablauf der Fertigung nur in bestimmten Fällen, weil die Abweichungen meist genügend starr auch auf die übrigen Walzen durch die mechanische Transmission oder durch die Papierbahn ohne schädliche Änderung der Bahnspannung übertragen werden. Das ist stets bei Maschinen zur Verarbeitung von fertigem Papier der Fall. Werden aber Bahnen hergestellt, bewirken Drehzahlabweichungen Änderungen des Flächengewichtes. Soweit die Produktion, z. B. dicke Bahnen von Zellstoff oder Holzschliff, nach ihrem Gesamtgewicht verkauft werden oder in die weitere Fabrikation gehen, spielen geringe Änderungen des Flächengewichtes meist nur eine untergeordnete Rolle. Bei Papier- und anderen Bahnen wird aber stets ein gleichbleibendes Flächengewicht verlangt, hier muß die Steuerung durch eine Regelung der Arbeitsgeschwindigkeit ergänzt werden. Bei großen Steuerbereichen von Kalandern oder anderen Maschinen kann es erwünscht sein, auch die Hilfsgeschwindigkeit durch Regelung gleichzuhalten.

Wenn bei Mehrmotorenantrieb der mechanische Antrieb der Walzen durch Motoren ersetzt wird, genügt es bei Maschinen zur Weiterverarbeitung von festem Papier meist, ihre Drehzahl von Hand einzustellen. Hohe Arbeitsgeschwindigkeit, Einstellung sehr kleiner oder großer Papierzüge läßt es bei Verarbeitungsmaschinen geraten erscheinen, eine Drehzahlregelung wenigstens an den Teilantrieben vorzusehen, deren Drehzahl die Bahn stärker beeinflußt. Bei Maschinen zur Herstellung von Bahnen muß jeder Teilmotor geregelt werden, es sei denn, daß man es z. B. bei Maschinen zur Entwässerung von Zellstoff mit sehr kleiner Geschwindigkeit der Bedienung überlassen kann, bei größeren Änderungen des Durchhanges die Drehzahl einzelner Teilmaschinen nachzustellen.

D. Regelung

So weit das Drehzahlverhalten der Motoren und deren Steuerung die Anforderungen der Arbeitsmaschinen nicht mit hinreichender Genauigkeit erfüllen kann, wird eine Regelung der Drehzahl vorgesehen. In den letzten Jahrzehnten ist im Zuge der Rationalisierung, Spezialisierung, Verbesserung der Qualität und Erhöhung der Produktion die Leistungsfähigkeit der Arbeitsmaschinen durch Bau größerer Einheiten mit wachsender Arbeitsbreite und Arbeitsgeschwindigkeit bedeutend angestiegen, wobei die Maschinen durch den Einbau zusätzlicher Einrichtungen einen verwickelteren Aufbau erhielten. Ebenso wurden auch die Arbeitsverfahren verbessert und durch weitgehende Auflösung in nacheinander ablaufende Einzelarbeitsvorgänge einer laufenden Kontrolle unterworfen. Dazu kam das Streben, alle Arbeiten in einem möglichst gleichbleibenden stetigen Fluß des Arbeitsgutes durchzuführen.

All dies macht es notwendig, die Überwachung zu verschärfen, dabei aber das Personal auch von der laufenden Nachstellung des Arbeitsablaufes bei eintretenden Änderungen zu entlasten. Daher gewann die Regelung eine sehr große Bedeutung. In zunehmendem Maße geht das Streben dahin, alles was einer Regelung zugänglich ist, zu regeln und das noch nicht Regelbare durch entsprechende Gestaltung des Arbeitsverfahrens regelbar zu machen. So ist schon heute die Regelung ein unentbehrliches Mittel zur Beherrschung der Fertigung geworden. Deshalb soll im folgenden über die Grundzüge der Regelung berichtet werden. Ihre Anwendung bei den einzelnen Zweigen der Zellstoff- und Papierindustrie wird in weiteren Abschnitten behandelt.

Die hauptsächlichen Benennungen und Begriffe der Regelungstechnik sind durch die DIN-Norm 19226 [8] festgelegt. In den folgenden Abschnitten werden diese benützt.

1. Grundbegriffe der Regelung

Die Regelung ist ein Vorgang, bei dem der Istwert einer Größe, der Regelgröße, fortlaufend gemessen, mit dem vorgegebenen Sollwert der Regelgröße verglichen, auf diesen gebracht und gehalten wird. Hierdurch entsteht ein Wirkungsablauf in einem geschlossenen Kreis, dem Regelkreis (Abb. 95). Zur Regelung gehört also laufendes Messen und Vergleichen und als Folge Stellen im Sinne der Aufrechterhaltung der Regelgröße. Es wird nur die Größe konstant gehalten, die gemessen wird. Der Vorgang des Regelns läuft meistens selbsttätig, ohne menschliches Zutun ab. In seltenen Fällen findet Handregelung statt, wobei der Mensch als übertragendes Glied bei dem Vorgang mitwirkt. Die Unzulänglichkeiten bei der Beobachtung der Abweichungen und beim Eingriff durch den Menschen ergeben größere Ungenauigkeiten.

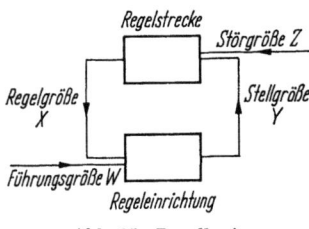

Abb. 95. Regelkreis

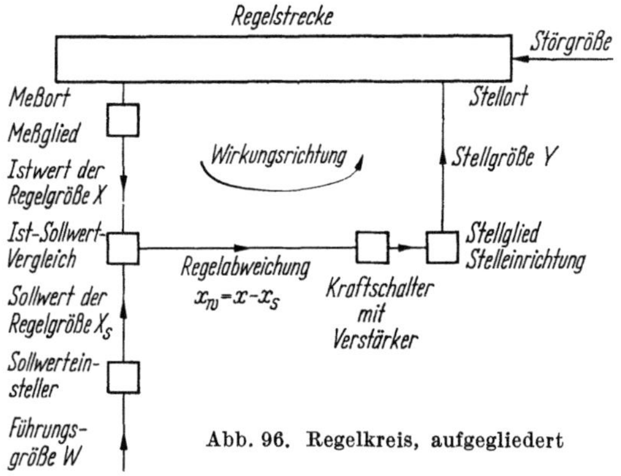

Der Regelkreis besteht aus der Regelstrecke und der Regeleinrichtung. Unter Regelstrecke versteht man den Bereich der Anlage, dessen Zustandsänderungen, hervorgerufen durch Störgrößen, die zu regelnde Größe beeinflussen, z. B. Arbeitsmaschine und Antriebsmotor, dazu gehören aber auch von außen einwirkende Größen, wie elektrisches Netz, Dampfnetz der Heizung, Zustand des Arbeitsgutes u. a., sofern diese auf die Regelgröße einwirken. Die Regeleinrichtung umfaßt die Meßeinrichtung für den Istwert der Regelgröße X, den Sollwerteinsteller, den Vergleich von Ist- und Sollwert, ein oder mehrere Geräte, von denen die Regelabweichung X_w, das ist die Differenz von Ist- und Sollwert,

Abb. 96. Regelkreis, aufgegliedert

unter Verwendung von Verstärkern in gewünschter Weise zur Beeinflussung der Stellgröße Y geändert wird, und die Stelleinrichtung. Eine Regeleinrichtung im engeren Sinn besitzt mindestens eine Meßeinrichtung für die Regelabweichung und eine Einrichtung, die eine Änderung der Stellgröße veranlaßt. Der Ist-Sollwert-Vergleich ist vielfach mit dem Regelgerät vereinigt. Ein oder mehrere Verstärker sind oft als besondere Stufen nachgeschaltet. In Abb. 96 ist der Regelkreis nochmals aufgegliedert dargestellt.

Regeleinrichtung und Regelstrecke sind gerichtete Glieder, sie wirken nur in einer Richtung des Regelkreises. In umgekehrter Richtung ist die Beeinflussung unbedeutend. Die Eingangsgröße bestimmt die Ausgangsgröße.

Die Stellgröße ist die Ausgangsgröße des Reglers, die die Wirkung des Stellgliedes bestimmt. Dieses hat die Eigenschaften eines Stellers und ist das Eingangsglied der Regelstrecke.

Vielfach stellt das Stellglied in der Regelstrecke einen Energie- oder Massenstrom, den Stellstrom ein. Beispiele hierfür enthält die Tab. 3.

Tabelle 3. *Beispiele für Stellglieder, Stellgrößen, Stellstrom*

Stellglied	Stellgröße	Wirkung einer Stellgrößenänderung	Stellstrom
Klappe, Ventil	Drehwinkel, Hub	Änderung des Durchgangsquerschnitts	Durchfluß
Steller bzw. Erregerwicklung eines Gleichstrommotors	Erregerstrom	Änderung der Anker-EMK	magnetischer Fluß im Motor
Gleichrichter	Zündwinkel	Änderung des Anodenstromes	Anodenstrom
Verstärkerröhre	Gitterspannung	Änderung des Anodenstromes	Anodenstrom

2. Die Regelstrecke

Eine Regelstrecke ist durch ihr Beharrungs- und ihr Zeitverhalten gekennzeichnet. Zu ersterem gehört ihre Kennlinie, die angibt, wie sich die Regelgröße in Abhängigkeit von der Stellgröße ändert. Stellt man dies für unterschiedliche Werte der Störgrößen fest, erhält man ein Kennlinienfeld. In Abb. 97 ist dieses für einen elektrischen Stromerzeuger gezeichnet.

Das Verhältnis von Stellgrößenänderung y zur im Beharrungszustand bewirkten Regelgrößenänderung x bezeichnet man mit Ausgleichswert $q = y/x$. Bezieht man die Änderung der Größen auf die absoluten Beträge, nennt man dieses bezogene Verhältnis Ausgleichgrad. Sein Kehrwert ist der Übertragungsfaktor.

Das Zeitverhalten der Regelstrecke wird durch die zeitliche Abhängigkeit zwischen Stell- und Regelgröße beschrieben. Wird die Stellgröße sprunghaft geändert, so folgt die Regelgröße nicht immer gleichzeitig und in proportionalem Maße, ihr Verlauf wird mit Übergangsfunktion oder Sprungantwort bezeichnet. Statt der Stellgröße kann auch eine Störgröße, z. B. die Belastung, sprunghaft geändert werden. Auf gleiche Weise kann auch das Übergangsverhalten eines jeden Gliedes des Regelkreises festgestellt werden.

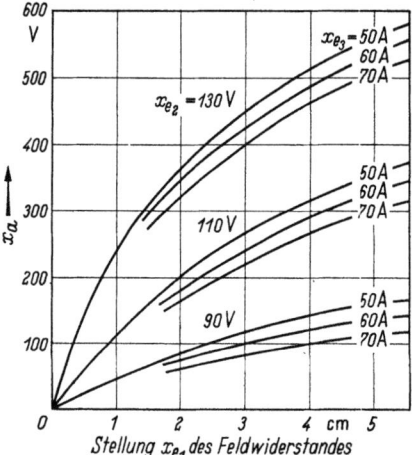

Abb. 97. Kennlinienfeld eines Stromerzeugers mit mehreren Eingangs- (Stör-) Größen, Klemmenspannung x_a über der Stellung x_{e_1} des Feldwiderstandes mit der im Feldkreis wirksamen Netzspannung x_{e_2} und dem Belastungsstrom x_{e_3}

Bei der Regelung ergibt sich im Beharrungszustand der Regelgröße eine bleibende Regelabweichung, die durch Meß-, Lose-, Reibungs-, Nullpunktfehler u. a. verursacht werden. Dazu kommt beim P-Regler noch die P-Abweichung (s. S. 146). Beide zusammen müssen unterhalb der im Einzelfall zulässigen Regelabweichung liegen. Während des Regelvorganges treten vorübergehende, meist mit dynamisch bezeichnete Abweichungen auf. Ihr größter Betrag wird Überschwingweite genannt.

Auf den Regelkreis, vornehmlich auf die Regelstrecke, wirken meist mehrere Störgrößen. Bei einer Drehzahlregelung sind dies Belastung, Drehzahl des Umformers, Netzspannung und Frequenz, Temperatur u. a. Meist ist die Belastung die wichtigste Störgröße.

3. Zeitkonstanten im Regelkreis

Das Beharrungsverhalten der Glieder eines Reglers ist wie das der Regelstrecke durch ihre Kennlinie gekennzeichnet. Auch hier sind die Kennlinien meist gekrümmt ähnlich Abb. 97, seltener linear, wie bei einem Ohmschen Widerstand.

Bei Betrachtung des Zeitverhaltens eines Gliedes des Regelkreises, sei es in der Strecke oder im Regler, ergibt sich, daß die Ausgangsgröße mancher Glieder der Eingangsgröße sofort folgt, bei anderen aber eine Verzögerung eintritt. Diese wird vornehmlich durch eine Speicherwirkung des Gliedes hervorgerufen. Das Verhalten selbst wird durch Zeitkonstanten gekennzeichnet, die besagen, in welcher Zeit der Endzustand erreicht würde, wenn sich die Größe mit der auftretenden größten Änderungsgeschwindigkeit bis zum Erreichen des Endwertes ändern würde.

Vielfach ist die Zeitkonstante eines Gliedes nur klein, so daß sie vernachlässigt werden kann. Viele kleine Zeitkonstanten eines Kreises können jedoch in ihrer Summe einen erheblichen Betrag ergeben. In Regelstrecken bzw. Gliedern des Regelkreises mit einem Speicher folgt die Ausgangsgröße der sprunghaft aufgebrachten Eingangsgröße mit einer Verzögerung entsprechend einer e-Potenz. Bei einer solchen Übergangsfunktion gemäß Abb. 98 gibt die Subtangente der an den Verlauf im Punkte der größten Änderungsgeschwindigkeit angelegten Tangente die Zeitkonstante T. Nach Ablauf dieser Zeit hat sich die Größe auf den Betrag $x_{a_0}(1 - e^{-1}) = 0{,}63\, x_{a_0}$ vermindert. Zu diesen Zeitkonstanten gehört die elektromagnetische Zeitkonstante, die durch das Verhältnis von Selbstinduktion und Ohmschen Widerstand des Kreises bestimmt ist [Gl. (60)]. Hier stellt das magnetische Feld den Energiespeicher des Kreises dar, der bei Änderung der Spannung die des Stromes verzögert. Beachtliche Beträge können die Erregerzeitkonstanten von elektrischen Maschinen erreichen, wogegen die des Ankerkreises meist klein ist.

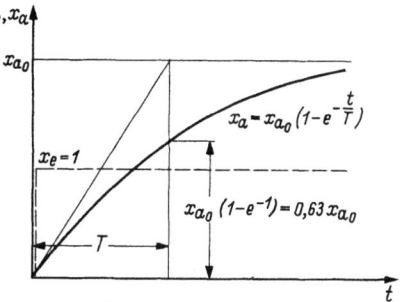

Abb. 98. Übergang nach einer e-Potenz
x_e, x_a Änderung der Eingangs- bzw. Ausgangsgröße; T Zeitkonstante

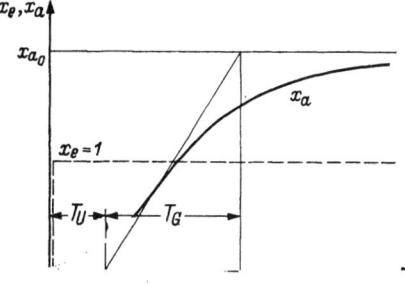

Abb. 99. Übergang mit Wendetangente
T_U Verzugszeit; T_G Ausgleichzeit

Bei Gleichstrommotoren, die bei Regelantrieben vornehmlich verwendet werden, kommt die elektromechanische Anlaufzeitkonstante T_a in Frage, die auch den Spannungsabfall infolge des Ohmschen Widerstandes im Ankerkreis berücksichtigt. Sie wird durch die Gl. (61) auf S. 120 bestimmt. Bei großen Schwungmassen von Motoranker, angetriebener Arbeitsmaschine und der Übertragungsglieder, wie Kupplungen u. dgl., kann diese Zeitkonstante sehr groß werden und mehrere Sekunden betragen. Hier stellt die Schwungenergie den Speicher dar.

Manche Regelstrecken besitzen mehrere voneinander unabhängige Speicher, z. B. bei einem Antrieb das gesteuerte Feld des Motors oder Generators und die umlaufenden Massen. In einem solchen Fall läuft die Übergangsfunktion der Strecke verzögert und mit horizontaler Tangente an (Abb. 99). Durch Anlegen einer Tangente im Punkte der größten Änderungsgeschwindigkeit erhält man die Verzugszeit T_U und die Ausgleichzeit T_G. Bei Antrieben ist T_U gegenüber T_G, die z. B. der vorher genannten Anlaufzeitkonstante des Antriebes entspricht, meist klein, bei anderen Strecken, z. B. beim Zufluß einer Flüssigkeit in einen Behälter durch Steuerung des Ventils, kann sie von erheblicher Bedeutung sein.

Das Zeitverhalten von Gliedern wird auch durch die Zuordnung von Ein- und Ausgangsgröße beschrieben, wenn auf den Eingang zeitlich sinusförmige Änderungen mit den Frequenzen zwischen Null und Unendlich gegeben werden. Man erhält den Frequenzgang als das Verhältnis $F(j\omega)$ des Zeigers des sinusförmigen Ausgangs und des Zeigers des sinusförmigen Eingangs im eingeschwungenen Zustand. Seine Ortskurve wird in der komplexen Zahlenebene mit der Kreisfrequenz ω oder der Frequenz f dargestellt (Abb. 100).

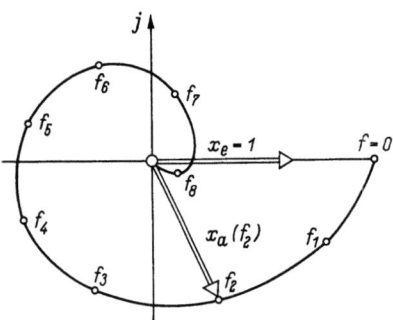

Abb. 100. Ortskurve des Frequenzganges x_e, x_a Zeiger des Eingangs bzw. Ausgangs

Manche Regelstrecken besitzen eine *Totzeit*. Sie muß erst durchlaufen werden, bevor die vorgenommene Änderung des Einganges im Ausgang wirksam wird. Die Totzeit einer Regelstrecke kann bereits durch den räumlichen Abstand des Stellortes vom Meßort bedingt sein. Ein Beispiel hierfür ist die Regelung des kantenrechten Laufes von laufenden Bahnen. Wenn vom Meßort über den Regler ein Stellbefehl gegeben wird, dauert es gewisse Zeit, bis die Verstellung am Meßort fühlbar wird. Das Verhältnis der Entfernung von Stellort und Meßort zur Laufgeschwindigkeit der Bahn bestimmen die Größe der Totzeit, die bei manchen Regelstrecken erheblich sein kann. Kleine Totzeiten können auch durch Lose in Kupplungen und Zahnrädern, in Arbeitsmaschine und Antrieb, in der Stelleinrichtung und auch in mechanischen Reglern verursacht werden.

Totzeiten bedeuten eine Unstetigkeit im Regelkreis. Sie unterbrechen die Kontinuität zwischen Messen und Stellen. Wenn bei einer Regelstrecke die Regelung nach Ablauf einer Totzeit rasch anläuft, d. h. die Strecke kurze Anlaufzeit besitzt, wird die Regelung um so schwieriger, je kleiner die Anlaufzeit im Verhältnis zur Totzeit ist, weil die Störungen und die Gegenwirkungen des Reglers stoßartig einsetzen und vor Ablauf einer neuen Totzeit nicht berichtigt werden können. Totzeiten sollen daher weitgehend vermieden werden.

4. Regler, Hauptgruppen und Eigenschaften

Ein Regler hat die Aufgabe, aus der Regelabweichung die Stellgröße zu bilden, die durch Störgrößen verursachte Regelabweichungen auf

D. Regelung

möglichst kleine Beträge in kurzer Zeit beschränkt und so die Regelgröße konstant hält. Dies wird durch seine Eigenschaften bewirkt, die je nach Bauart und Ausstattung unterschiedlich sind. Bei der großen Mannigfaltigkeit der Regler gibt die Unterscheidung nach unterschiedlichen Kenngrößen Aufschluß über typische Eigenschaften, jede Kenngröße ermöglicht auch die Zusammenfassung der Regler in einzelne Hauptgruppen mit entsprechenden Benennungen. Die wichtigsten Kenngrößen sind: Zeitverhalten, Verstellart des Stellgliedes, Regelenergie, Art der Regelenergie, Bewegungsverhalten, Regelgrößen, Sollwertverhalten, Unterteilung der Regelung. Die Ausführung der Regler ist sehr mannigfaltig. Im folgenden werden die typischen Eigenschaften in Gruppen zusammengefaßt. Die Beschreibung einzelner Regler wird in den späteren Abschnitten nur als Beispiel bei besonderen Regelungen behandelt.

a) Zeitverhalten des Reglers, Rückführung. Bei einem idealen Regler sollte die aufgeschaltete Stellgröße gleichzeitig und in entsprechender Größe mit den Störgrößen wirksam werden, so daß Abweichungen der Regelgrößen möglichst gar nicht entstehen.

Bei einer Strecke, die praktisch frei von Verzögerungen ist, würde also ein solcher Regler jeweils die richtige Stellgröße liefern, wenn man dafür sorgt, daß die vom Regler gebildete Stellgröße eine der Regelgröße proportionale Wirkung auf die Strecke ausübt. Wächst die Regelabweichung bei Auftreten einer Störgröße nach einem Integral an, dann sollte auch der Regler ein integrales Wachsen der Stellgröße bewirken, so daß sich Regelabweichung und Nachstellung in gleicher Größe, aber in gegensinniger Richtung ändern. Sind in der Regelabweichung Anteile enthalten, die durch eine proportionale bzw. eine integrale Wirkung der Störgrößen verursacht wurde, wird man dem Regler ein gleichartiges Verhalten geben, wobei die Größe der Anteile entsprechend ihrem Verhältnis in der Strecke einzustellen wäre.

Die Verzögerungen, die im Regelkreis, besonders in der Strecke, aber auch im Regler enthalten sind, bewirken, daß die Stellgrößenänderung verspätet gegenüber den eingetretenen Störgrößen wirksam wird. Man kann die Verzögerung dadurch aufholen, daß man dem Regler eine voreilende Wirkung gibt. Diese bringt die Ableitung der Regelgröße nach der Zeit. Läßt man sie im Regler wirksam werden, so eilt die Stellgröße der Regelabweichung vor und hebt so bei entsprechender Einstellung die Verzögerung in der Strecke auf. Das wird derart durchgeführt, daß vornehmlich den festgestellten großen Zeitkonstanten der Strecke je ein einstellbares Vorhaltglied im Regler zugeordnet wird.

Das Zeitverhalten eines Reglers kann aus seiner Übergangsfunktion oder seinem Frequenzgang bestimmt werden. Dazu wird der Regler vom Regelkreis abgetrennt und auf seinen Eingang eine Änderung der Regelgröße oder des Sollwertes gegeben. Nach einer sprunghaften Verstellung der Regelgröße ergeben sich die in Abb. 101 gezeigten idealen Übergangsfunktionen der Stellgröße. Für eine allmähliche Änderung der Regelgröße zeigt Abb. 102 den Verlauf der Stellgrößen, die in gleicher Weise wie bei

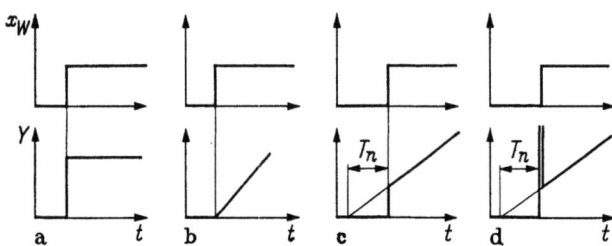

Abb. 101 a–d
Übergänge idealisierter Regler bei sprunghafter Verstellung der Regelabweichung x_w
a P-Regler; b J-Regler; c PJ-Regler; d Regler mit D-Einfluß (PJD-Regler);
T_n Nachstellzeit; Y Stellgröße

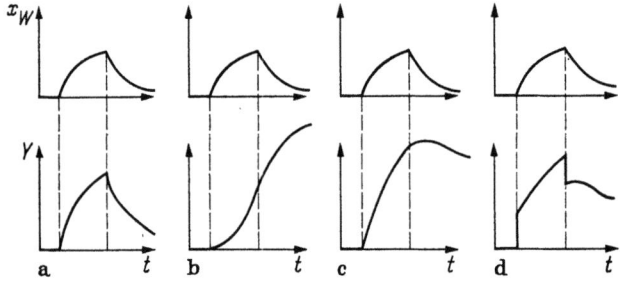

Abb. 102 a–d
Verhalten verschiedener Regler bei allmählicher Änderung der Regelabweichung x_w
a P-Regler; b J-Regler; c PJ-Regler; d Regler mit D-Einfluß (PJD-Regler); Y Stellgröße

sprunghafter Änderung beeinflußt werden. Wie diese Abbildungen zeigen, unterscheidet man entsprechend ihrem Zeitverhalten folgende Arten von Reglern.

P-Regler (proportional wirkender Regler). Im Beharrungszustand entspricht jedem Wert der Regelgröße ein bestimmter Wert der Stellgröße, wobei sich die proportionale Zuordnung beider entlang des Stellbereiches ändern kann.

Beispiel: Spannungsregler eines Generators mittels Röhrenregler. Die Abweichung der zu regelnden Spannung liegt als Gitterspannung am Rohr, der Anodenstrom ist proportional der Gitterspannung und steuert die Erregung des Generators.

Die Änderung der Regelgröße, die zur Änderung der Stellgröße über den Stellbereich nötig ist, heißt *P-Bereich des Reglers*. Um die im stationären Zustand notwendige Stellgröße aufrecht zu erhalten, ist eine bleibende Abweichung der Regelgröße vom Sollwert erforderlich, deren Größe bei Verwendung eines fehlerlosen Reglers mit *P*-Abweichung bezeichnet wird. In überkommener Weise wird sie auch statische Abweichung genannt.

J-Regler (integral wirkender Regler). Im Beharrungszustand ist jedem Wert der Regelgröße eine bestimmte Änderungsgeschwindigkeit der Stellgröße zugeordnet. Der Wert der Stellgröße ist dann dem Zeitintegral der Regelabweichung proportional. Auch bei sehr kleiner, andauernder Abweichung erreicht die Stellgröße schließlich einen endlichen Betrag.

Beispiele: Spannungsregler eines Generators mittels Spannungsrelais und Stellmotor. Der Verstellwinkel des Stellers ist das Zeitintegral der Winkelgeschwindigkeit des Stellmotors. Oder Gleichlaufregelung mittels Differentialgetriebe, dem die Ist- und die Solldrehzahl zugeführt werden. Der Steller wird so lange verstellt, bis Ist- und Solldrehzahl gleich sind. Für den Verstellwinkel gilt das gleiche wie vor.

Bei einem fehlerlosen J-Regler ist also die Abweichung der Regelgröße x (Drehzahl) im Beharrungszustand Null, es verbleibt jedoch ein Winkelfehler, dessen Betrag $\int_{t_1}^{t_0} x\, dt$ ist. Hierbei ist $(t_1 - t_0)$ die Dauer des Regelvorganges.

Regler mit D-Einfluß (Differenzierend wirkender Einfluß). Die Regler erhalten D-Einfluß, wenn eine zusätzliche Beeinflussung der Stellgröße erzeugt wird, die der Änderungsgeschwindigkeit der Regelabweichung, das ist ihrem Differentialquotienten, nach der Zeit gleich ist.

P-, J- und D-Verhalten können in einem Regler kombiniert werden. Man erhält dann PJ-, PD-, JD- oder PJD-Regler. Vielfach läßt sich dies durch entsprechende Ausbildung des Reglers erreichen. In Abb. (103) sind solche Regler als elektromechanische Regler mit einer Spule als Meßwerk dargestellt, wobei eine Feder das P-Verhalten, eine Bremse das J- und die elektrische Differenzierung der an die Spule angelegten Spannung das D-Verhalten bewirken. Einer Regeleinrichtung kann zusätzlich zur Regelgröße eine von dieser abhängige Hilfsgröße

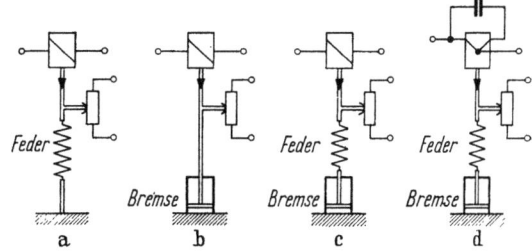

Abb. 103 a—d
Beispiele elektromechanischer Spannungsregler
a P-Regler; b J-Regler; c PJ-Regler; d Regler mit D-Einfluß (PJD-Regler)

aufgeschaltet werden, von der die Regelgröße ebenfalls gesteuert wird. Das trifft zu, wenn an der Strecke außer der Regelgröße eine Hilfsgröße gemessen wird, die der Ableitung der Regelgröße entspricht. Zum Beispiel ist die Spannung einer Tachometermaschine die Regelgröße einer Drehzahlregelung, die durch ein Differentialgetriebe gemessene Winkelabweichung stellt als Zeitintegral der Drehzahlabweichung die abgeleitete Hilfsgröße dar. Die Regelung erhält damit *PJ*-Verhalten.

Rückführung: Der zeitliche Verlauf und der Betrag der vom Regler gelieferten Stellgröße ist von den seinem Eingang zugeführten Meßgrößen und von deren Verarbeitung in den zum Ausgang führenden Gliedern des Reglers abhängig. Zusätzlich lassen sich diese durch die Rückführung beeinflussen. Dabei wird der Ausgang des Reglers über Glieder, die eine gewünschte Veränderung seines Verhaltens bewirken, in den Eingang zurückgeführt. Hat der aufgeschaltete Rückführimpuls die gleiche Richtung wie die Regelgröße, wirkt die Rückführung kompoundierend. Das hat im stationären Zustand zur Folge, daß die Rückführung die Eingangsgröße unterstützt, so daß schon eine kleinere Abweichung der Regelgröße die notwendige Stellgröße liefert. Solche Rückführungen werden nur in begrenztem Maße angewendet, weil dadurch das stabile Verhalten der Regelung beeinträchtigt werden kann.

Meist wirkt die Rückführung gegenkompoundierend, sie schwächt also die Eingangsgröße. Größe und Verlauf des wirksamen Einganges können durch die Rückführung auf unterschiedliche Weise beeinflußt werden. Bei rein elektrischen Reglern setzt Ohmscher Widerstand die Rückführspannung proportional zur Ausgangsspannung herab, so daß

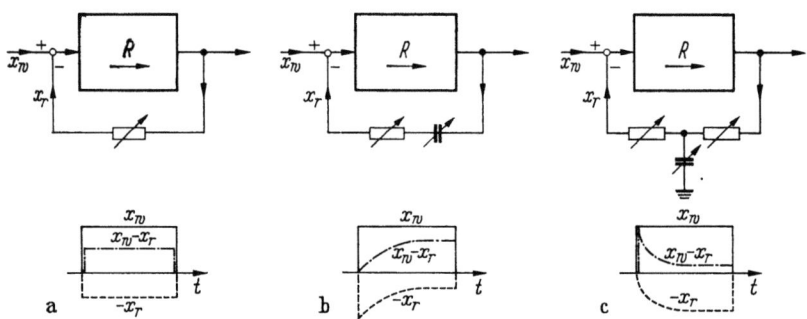

Abb. 104 a — c. Elektrische Rückführungen
a starr; b integral; c mit Vorhalt
x_w rechteckiger Eingangsstoß; x_r in Eingang rückgeführt; $x_w - x_r$ resultierender Eingang

ihre Wirkung durch Änderung des Widerstandes eingestellt werden kann. Ein Kondensator im Stromlauf gibt durch den kräftig einsetzenden Ladestrom zunächst volle Auswirkung der Rückführung, die sich aber mit zunehmender Aufladung vermindert. Die resultierende Eingangsspannung wird also erst stark verkleinert und steigt erst allmählich an. Man erhält ein *J*-Verhalten. Ein Kondensator, der einerseits auf Nullpotential (Erde), andererseits an die Rückführung angeschlossen ist, macht diese zunächst wirkungslos, da der Strom als Ladestrom zur Erde fließt. Mit zunehmender Aufladung wird die Rückführung verstärkt und so der resultierende Eingang gedrosselt. Es ergibt sich also zunächst eine kräftige Spitze, die entsprechend dem Betrag der Widerstände bzw. der starren Rückführung zurückgeht. Man erhält einen Vorhalt, der die verzögernde Wirkung von Zeitkonstanten verkleinert. Durch Verstellung der Kapazität der Kondensatoren kann der gewünschte Verlauf an die Erfordernisse angepaßt werden. In Abb. 104 sind diese Rückführungen schematisch dargestellt. Bei mechanischen Reglergliedern wird die Rückführung auf mechanische Weise durch Gestänge, Kurvenscheiben, Dämpfungspumpen u. a. erzielt.

b) Verstellart des Stellgliedes. Wenn das Stellglied durch den Regler stetig verstellt wird, spricht man von *stetigen Reglern*. Bei diesen kann die Stellgröße jeden Wert innerhalb des Stellbereiches einnehmen. Eine stetige Wirkung kommt auch dann zustande, wenn Stellgröße oder Stellstrom Wechselkomponenten enthalten. Zum Beispiel wird bei Gleichrichtern der Mittelwert des Anodenstromes durch die Gitterspannung gesteuert.

Beim Zweipunktregler sind nur 2 Werte der Stellgröße möglich, auf die sich die Stellgröße abwechselnd einstellt. Daher unterliegt auch der Wert der Regelgröße einem dauernden Wechsel. Ihr Sollwert ist der Wert der Regelgröße bei Wechsel der Stellgröße, gegebenenfalls der Mittelwert, wenn er in beiden Richtungen unterschiedlich ist. Die Auswirkung der Pendelung kann vielfach unterdrückt werden, wenn zwischen Meßort und Netzbereich der zu regelnden Anlage ein Speicher geschaltet wird.

Beispiel: Der Tirrill-Regler ist ein Zweipunktregler in bezug auf den geregelten Feldstrom. Er ist jedoch für die Generatorspannung ein stetiger Regler. Da sich die Pendelungen in der Spannung wegen der Speicherwirkung des Feldkreises nicht mehr bemerkbar machen. Auch für den Regler mit Kontaktscheiben und den Transistor-Zweipunktregler gilt das gleiche.

c) Regelenergie. Regler benötigen zum Arbeiten Energie, die vielfach von der Meßeinrichtung geliefert wird. Dabei stellt die Meßeinrichtung den Stellstrom unmittelbar ein.

Beispiel: Bei einem Wälzregler stellt das Meßwerk die Wälzkontakte zur Einstellung des Erregerstromes ein. Gleichlaufeinrichtungen mit Messung der Winkellage verdrehen den Feldsteller oder liefern unmittelbar den eingestellten Erregerstrom. Der Erregerstrom beider Beispiele ist der Stellstrom.

Vielfach muß eine Hilfsenergie die zur Verstellung des Stellgliedes erforderliche Arbeit leisten. Dann besteht der Regler aus wenigstens 2 Stufen: In der ersten steuert das Meßwerk die Hilfsenergie, die zweite den Stellstrom.

Zum Beispiel betätigt das Meßwerk die Umkehrschütze eines Stellmotors, der mit der Hilfsenergie gespeist wird. Vom Stellmotor wird der Stellstrom (Erregerstrom) eingestellt. Bei einer mehrstufigen Röhrenanordnung kann die erste Röhre ein Teil der Meßeinrichtung sein. Liefert die letzte Röhre unmittelbar den Stellstrom der Regelstrecke, so ist die für die Anodenströme der vorhergehenden Röhren benötigte Energie Hilfsenergie.

Bei Reglern mit Hilfsenergie ist die zum Stellen verwendete Energie ein Mehrfaches der von der Meßeinrichtung gelieferten. Man bezeichnet dies mit Verstärkung. Sie ermöglicht, schon mit kleinen Regelabweichungen große Stellgrößen zu steuern. Dabei kommt es häufig vor, daß die erste Stufe nur eine kleine Verstärkung gibt und die benötigte Stelleistung durch eine nachgeschaltete Verstärkerstufe geliefert wird. Diese kann mit dem Regler konstruktiv zusammengebaut sein, in anderen Fällen wird sie vereint mit dem Steller am Stellort an der Arbeitsmaschine angeordnet. Vielfach wird in der ersten Stufe elektrischer Regler die Spannung leistungslos verstärkt, d. h., der Meßeinrichtung wird eine der Regelabweichung entsprechende Spannung zugeführt, ohne daß ein Strom zum Fließen kommt. Das ist z. B. bei einem Elektronenrohr der Fall, dessen Gitter von der Spannung stromlos gesteuert wird. Erst in nachgeschalteten Stufen kommen Ströme zum Fließen, so daß sich hier eine Leistungsverstärkung ergibt.

Der Verstärkungsgrad, d. h. das Verhältnis der Spannungen bzw. Leistungen in Eingang und Ausgang, ist während der Beharrung, d. h. im statischen Zustand der Regelung, konstant. Das Zeitverhalten einer eingebauten Rückführung kann aber den Verstärkungsgrad des Regelvorganges, also die dynamische Verstärkung, erheblich beeinflussen.

d) **Arten der Regel- und Stellenergie.** Hinsichtlich der wirksamen Energieart unterscheidet man mechanische, hydraulische, pneumatische und elektrische Regler. Dabei kommt es häufig vor, daß in den nachfolgenden Stufen eines Reglers die Energieart wechselt, so daß man diese Regler mit der Kombination der verwendeten Energiearten bezeichnet. Die Auswahl des Reglers nach der zu verwendenden Energieart hängt vornehmlich von dem Verwendungszweck und den örtlichen Betriebsbedingungen ab. So werden z. B. pneumatische und hydraulische Regler gern dann bevorzugt, wenn für die Verstellung große Kräfte bei kleinem Hub benötigt werden oder wenn sie in Räumen mit aggressiven oder explosiven Gasen aufgestellt werden sollen. In solchen Fällen kann es zweckmäßig sein, nur für den am Stellort im Betriebsraum angeordneten Stellantrieb, evtl. mit einem zugehörigen Verstärker ein Gerät mit pneumatischer Hilfsenergie zu wählen, den Regler selbst aber in elektrischer Ausführung in der Regelzentrale anzuordnen (s. S. 363). Bei einem derartigen Wechsel der Hilfsenergie ist es meistens notwendig, das von einer Stufe gelieferte Steuersignal in die abweichende Art der Hilfsenergie der nächsten Stufe in besonderen Umformern (Transmittern) umzuwandeln.

D. Regelung 151

e) **Bewegungsverhalten, ruhende Regler.** Viele Regler enthalten mechanisch bewegliche Teile, wie bewegliche Spulen, Anker, Magnetkerne, Federn, Dämpfungspumpen, Kolben, elektrische Kontakte u. a. Auch die in überkommener Weise mit Kraftschalter bezeichneten Schaltstellen für Hilfsenergie und Stellstrom gehören hierzu. Solche Teile sind vielfach der Abnützung unterworfen, ihre Masse verursacht für ihre Bewegung Verzögerungen in der Weiterleitung der Impulse, ebenso stört auch auftretende Lose den Ablauf des Regelvorganges, so daß der Schnelligkeit und der erzielbaren Genauigkeit der Regelung enge Grenzen gesetzt sind.

Diese Mängel werden bei den neueren elektrischen Reglern vermieden. Soweit Bewegungsvorgänge zu messen sind, werden zwar Geräte mit umlaufendem oder drehbarem Anker, wie Tachometermaschinen, Drehgeber u. a., erforderlich. An so manchen Arbeitsmaschinen können Bewegungsvorgänge oder -ergebnisse mit nichtbewegten elektrischen Einrichtungen gemessen werden. Dazu gehört z. B. die lichtelektrische Abtastung des Arbeitsgutes beim Durchhang von Bahnen, Zählung aufgebrachter Marken zur Messung von Geschwindigkeit oder Längung, Füllstand eines Behälters, Druckdosen zur Messung von Bahnspannung, Gewicht und Füllmenge, der Torduktor zur Messung des Drehmomentes in Wellen. Wenn zur Steuerung des Stellstromes eine mechanische Bewegung erforderlich ist, muß diese das Stellgerät weiterhin ausführen. Vielfach kann jedoch ein elektrischer Stellstrom durch ruhende Geräte, z. B. gesteuerte Gleichrichter, Transduktoren, gesteuert werden, so daß zu bewegende Steller, ebenso Erregermaschinen, entbehrlich werden.

Innerhalb des Reglers werden die beweglichen Kraftschalter für die Hilfsenergie entbehrlich, ebenso entfallen die beweglichen Magnetanker, Federn oder Dämpfungspumpen. An Stelle dieser Teile ermöglichen magnetische Kippverstärker, Elektronenröhren, Halbleiter, seien es Transistoren oder Dioden, Ohmsche Widerstände, Drosselspulen und Kondensatoren einen bewegungslosen Ablauf der Regelvorgänge, so daß man so zu *ruhenden Reglern* kommt. Der Regelvorgang ist jetzt nicht mehr an Teilen des Reglers sichtbar, zur Überwachung müssen Meßinstrumente eingesetzt werden, die Vorgänge in Form von Bewegungen der Zeiger oder Schreibfedern oder bei digitalen Einrichtungen durch Anzeige von Zahlen aufzeigen.

f) **Regelgrößen.** Bei den zu regelnden Antrieben der Zellstoff- und Papierindustrie sollen unterschiedliche Regelgrößen konstant gehalten werden. Nach ihnen werden auch die verwendeten Regler und die Regelung benannt.

Die *Regelung der Spannung* eines Gleichstromnetzes dient meistens dazu, Störgrößen, wie den Einfluß von Änderungen der Last, der Spannung und der Frequenz des speisenden Drehstromnetzes, von dem Gleichstromnetz fernzuhalten. Da solche Störungen vielfach rasch auftreten, müssen sie durch schnelle Regler ausgeregelt werden, bevor sie sich noch auf die Drehzahl der mit größeren Trägheiten behafteten Antriebe auswirken können. Regelung der Spannung soll bei geregelten Antrieben stets vorgesehen werden, wenn bei Antrieben mit mehreren Motoren Gleichrichter verwendet werden. Auch bei Antrieben mit nur einem Motor für hohe Drehzahlgenauigkeit, z. B. beim Transmissionsantrieb schnell laufender Papiermaschinen, kann dies zweckmäßig sein, weil dadurch die Drehzahlregelung entlastet wird. In einzelnen Fällen wird auch die Spannung des Erregernetzes durch einen Regler gleichgehalten.

Stromregelung ist notwendig, wenn ein Verbraucher unabhängig von der Drehzahl mit konstanter Last (Moment) arbeiten soll, z. B. werden die Antriebsmotoren von Holzschleifern und Kegelrefinern durch Verstellung des Vorschubes bzw. der Anpressung auf konstanten Strom geregelt. Bei im Felde gesteuerten Elektrowicklern dient die Regelung des Ankerstromes zur Aufrechterhaltung konstanten Papierzuges. Auch für Anfahren und Bremsen mit konstantem Moment wird die Stromregelung verwendet. Ebenso werden die mit einem Hauptantrieb kraftschlüssig verbundenen Helferantriebe von Papiermaschinen geregelt. Auch ein Gleichstromgenerator, der ein bestehendes Netz veränderbarer Spannung verstärken soll, kann eine Stromregelung für konstante Belastung des Generators erhalten.

Auch *die Leistung* kann an Stelle des Stromes bei Schleifern, Mühlen und Wicklern gemessen und konstant gehalten werden.

Die Drehzahlregelung dient zur Aufrechterhaltung der Arbeitsgeschwindigkeit von Papiermaschinen u. ähnlichen Maschinen, großen Kalandern und Schnellrollern. Bei den letzteren regelt sie auch die Einziehgeschwindigkeit; sie kann für gleichmäßiges Hochlaufen und Bremsen sorgen. Auch die Gleichlaufregelung ist eine Drehzahlregelung mit einer Tachometermaschine am Motor, bei der die Motordrehzahl auf dem vom Sollwert vorgeschriebenen Betrag gehalten wird. Wird der Gleichlauf mit Messung der relativen Winkel- (Phasen-) Lage zweier mit Ist- und Sollwert der Drehzahl verbundenen Vektoren gemessen, z. B. mittels eines Differentialgetriebes oder der Phasenverschiebung des Wechselstromes von Gebermaschinen, so hat man es mit einer integralen Drehzahlregelung, die auch mit Winkelregelung bezeichnet wird, zu tun. Die Regelgröße ist jetzt das Zeitintegral der Drehzahlabweichung, die relative Winkellage des Motorläufers zum Sollwert.

Die Lageregelung hat die Aufgabe, die relative oder absolute Lage einer zu messenden Größe aufrechtzuerhalten. Man kann daher auch die Gleichlaufregelung mit Differentialgetriebe als Lageregelung bezeichnen. Eine Lageregelung ist die Regelung des kantenrechten Laufes von

D. Regelung

Papierbahnen, Langsieben und Filzen, desgleichen die Regelung des Durchhanges einer laufenden Bahn. Auch Regelung mittels Fühlwalze, die auf die freie Bahn eine konstante Spannkraft ausübt, gehört dazu.

Als Bahnspannungsregelung wäre sie jedoch anzusprechen, wenn sich die auf die Bahn ausgeübte Kraft mit der Lage der Walze ändert. Dies trifft zu, wenn die Walze mit einer Feder aufgehängt ist (Bahnspannungsfühler).

Auch die *Lastverteilung* zwischen parallel arbeitenden Generatoren oder Motoren kann geregelt werden. Das kann bei größeren Gleichstromgeneratoren erwünscht sein, die auf die gleiche Sammelschiene arbeiten. Auch bei formschlüssig gekuppelten Motoren an Rotationsmaschinen, seien es Drehstrom-Kommutatormotoren mit Drehzahlverstellung durch Bürstenverschiebung oder Gleichstrommotoren mit je einem zugeordneten Transduktor, ist eine Regelung der Lastverteilung erwünscht.

g) Sollwertverhalten der Regelung. Die Regelungen werden nach dem Verhalten der Sollwerte unterschiedlich bezeichnet:

Die *Festwertregelung* ist gekennzeichnet durch einen einstellbaren, aber konstant bleibenden Sollwert. Zum Beispiel Konstanthaltung von Spannung, Strom, Leistung, Drehzahl, Bahnspannung, Durchhang, Lage, Menge, Temperatur, Konsistenz, Feuchte, Flächengewicht u. a.

Bei der *Folgeregelung* folgt der Sollwert einer von der Regelung unabhängigen, veränderlichen Führungsgröße.

Bei der *Zeitplan- (Programm-) Regelung* wird der Sollwert entsprechend einem vorgegebenen Zeitplan (Programm) selbsttätig geändert. Zum Beispiel wird der Sollwert der Temperatur- und Druckregelung in einem Zellstoffkocher nach einem selbsttätig ablaufenden Zeitplan verstellt.

Die Bezeichnung *Verhältnisregelung* weist auf eine Folgeregelung hin, bei der das Verhältnis der sich ändernden Führungsgröße und des Sollwertes der geführten Regelung konstant bleibt.

Es ist also notwendig, daß bei sich ändernder Führungsgröße der Sollwert in gleichem Verhältnis verstellt wird. Dies kann auf unterschiedliche Weise durchgeführt werden. Sind bei mehreren geregelten Teilstrecken die Sollwerte jeder Regelung voneinander unabhängig, dann muß bei einer Änderung der Führungsgröße jeder Sollwert, z. B. durch ein Multipliziergerät mit einem Faktor multipliziert werden, der gleich dem der Änderung der Führungsgröße ist. In dieser Weise kann das Verhältnis der Temperaturen von Trockenzylindern von Papiermaschinen geregelt werden. Werden dabei die Zylindertemperaturen durch Druckregler und Ventile für die Zuführung des Heizdampfes geregelt, so kann die Änderung des Dampfdurchsatzes bei Ansprechen der Feuchtemessung am Papier durch Multiplizieren der Sollwerte mit dem Feuchtewert erzielt werden.

Bei der Gleichlaufregelung werden die Sollwerte aller Antriebsregler und der der Arbeitsgeschwindigkeit von der gleichen Leitgröße durch die Sollwerteinsteller abgeleitet. Die Leitgröße ist hier die Führungsgröße. Wird diese verstellt, ändern sich mit der Leit- (Führungs-) Größe Istwerte und Sollwerte in gleichem Maße, so daß sich eine besondere Nachstellung der Sollwerte erübrigt. So kann auch bei einer Gleichlaufregelung von einer Regelung der Drehzahlverhältnisse (Relationen) gesprochen werden. Hier kommt noch hinzu, daß mit der Führungsgröße fast stets auch die Regelgrößen verstellt werden. Es brauchen also nur die Unterschiede zwischen den sich ändernden Soll- und Istwerten ausgeregelt werden.

Die Verhältnisse selbst sind durch die Sollwerteinsteller bestimmt. Geregelt wird in beiden Fällen wie bei jeder Regelung nur auf Gleichheit von Soll- und Istwert. Änderungen der Sollwerte durch Störgrößen werden von der Regelung nicht erfaßt. Die Bezeichnung Verhältnisregelung setzt also voraus, daß die Sollwerte nicht durch Störgrößen beeinflußt werden. Die Bezeichnung fixiert vor allem den Unterschied gegenüber anderen Regelungen, bei der z. B. der absolute Betrag der Niveauunterschiede von Spannungen, Drehzahlen, Flüssigkeitsstand in Behältern u. a. konstant gehalten werden soll.

Die *Nachlaufregelung* ist eine Folgeregelung, deren Führungsgröße sich vornehmlich als Weg von Hebeln oder Wellen darstellt. Es kann aber auch die Führungsgröße als elektrische Spannung vorliegen, der durch ein Potentiometer eine zweite Spannung nachgeführt wird.

Bei der *Kaskadenregelung* werden zwei oder mehr Regelkreise derart zusammengeschaltet, daß der führende Hauptregler den Sollwert des nachfolgenden Reglers verstellt.

h) **Unterteilte Regelung.** Betrachtet man eine Regelung, z. B. die der Drehzahl eines Motors in Leonardschaltung durch einen Drehzahlregler mit einer Transduktorenstufe (Abb. 105a), so kann jedem Glied der Anordnung eine Zeitkonstante zugeordnet werden, die den zeitlichen Verlauf der Ausgangsgröße bei einem Stoß auf den Eingang des Gliedes bestimmt. Die wichtigen Zeitkonstanten sind in die Abbildung eingetragen. Dabei sind die Anlaßzeitkonstante T_a des Antriebes und die Erregerzeitkonstante T_e des Leonardgenerators relativ groß, die des Transduktors T_{Tr} und der Ankerspannung T_u kleiner und die übrigen von Regler, Tachomaschine u. a. evtl. vorgesehenen Gliedern, wie Glättungsdrosseln, klein, Der Regler muß also gegen eine große Anzahl unterschiedlich großer Zeitkonstanten arbeiten und daher bei höheren Ansprüchen an die Regelung in verwickelter Ausführung mit mehreren entsprechenden Rückführungen, z. B. als JPD-Regler vorgesehen werden. Vielfach ist es schwierig, solche Regler an ihren Einstellgliedern auf optimale Beträge einzustellen.

Einfache Verhältnisse bringt eine Unterteilung des Regelkreises in einander überlagerte Kreise[1], in denen neben wenigen kleinen nur eine große Zeitkonstante wirksam ist. Dabei werden mehrere Regler für unterschiedliche Regelgrößen, in unserem Beispiel Drehzahl, Strom, Ankerspannung mit einer gemeinsamen Verstärkerstufe derart in Reihe geschaltet, daß die Ausgangsgröße eines Reglers den Sollwert für den folgenden darstellt. Die Reihenfolge in der Anordnung der Regler muß die Wirkungsfolge berücksichtigen, die bei Betätigung des Stellgliedes

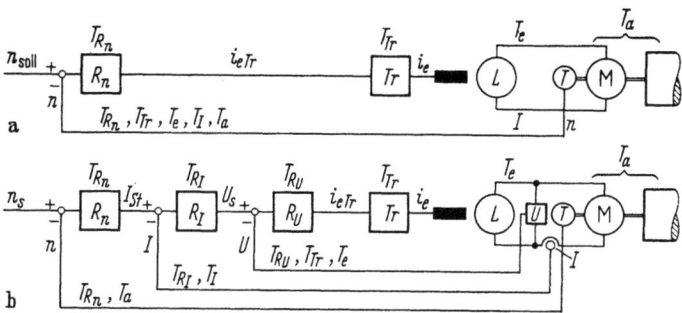

Abb. 105a u. b. Drehzahlregelung mit Transduktor mit einem Regelkreis (a) und mit unterlagerten Strom- und Spannungsregelkreisen (b)
T Zeitkonstanten; Tr Transduktor; R Regler; n Drehzahl; J Ankerstrom; U Ankerspannung; i_e Erregerstrom; nach SSW

in der Regelstrecke eintritt. In Abb. 105b ist der Ausgangsstrom des Transduktors der Stellstrom der Regelstrecke. Er bewirkt eine Verstellung der Ankerspannung U mit einem zeitlichen Verlauf entsprechend der Erregerzeitkonstante T_e. Die Spannung U wird gemessen, mit dem vom vorhergehenden Regler R_J gelieferten Sollwert U_s verglichen und bei Abweichungen so lange nachgeregelt, bis U dem Sollwert U_s entspricht. In dem Spannungsregelkreis sind nur die Zeitkonstanten T_e, T_{RU} und T_{Tr} wirksam.

Die Spannung U hat einen Ankerstrom J zur Folge. Der Vergleich mit dem vom vorgeschalteten Drehzahlregler R_n gelieferten Sollwert J_s veranlaßt den Stromregler R_J, seinen Ausgang U_s derart zu ändern, daß J gleich J_s wird. Im Stromregelkreis sind nur die Zeitkonstanten des Ankerkreises T_J und des Stromreglers T_{RJ} wirksam. Die des unterlagerten Spannungskreises kommen nicht mehr in Betracht, weil sie bereits von dem Spannungsregler kompensiert werden.

Der Ankerstrom bewirkt zusammen mit dem Motorfeld ein Drehmoment, das zur Drehzahländerung führt. Die Abweichung hat mit den im Drehzahlreglerkreis vorhandenen Zeitkonstanten des Anlaufes T_a und T_{Rn} des Reglers eine Änderung seines Ausganges J_{St} zur Folge, so daß die unterlagerten Strom- und Drehzahlregler ansprechen.

---

[1] Von SSW mit Transidyn-Regelung (eingetragenes Warenzeichen) benannt.

Oft wird auf einen besonderen Spannungsregelkreis verzichtet und seine Aufgabe dem Ankerstromregelkreis übertragen, in dem nach Weglassen des Spannungsreglers auch die Zeitkonstante T_e und T_{Tr} wirksam werden. Bei unterlagerter Regelung kann man Regler mit einfacheren Rückführungen verwenden; sie lassen sich besser auf optimalen Betrag einstellen. Damit kann man für viele Regelkreise einer Fabrik gleiche Regler verwenden und vereinfacht damit die Reservehaltung.

5. Begrenzung der Regelung, Strombegrenzung

Jede Regelung ist durch ihren Stellbereich begrenzt. Dieser wird vornehmlich dem Bereich der Änderungen der Störgrößen, insbesondere der Last, angepaßt. Das hat die erwünschte Folge, daß bei größeren Änderungen von Ist- oder Sollwert eine Überlastung der geregelten Maschine weitgehend vermieden wird oder bei Störungen, wie Wegbleiben des Istwertes, der Anstieg der Regelgröße entsprechend dem Stellbereich des Reglers beschränkt bleibt.

Wenn die Regelung auf unterschiedlichem Niveau der Drehzahl oder Spannung arbeiten soll, wird gern der Stellbereich des Reglers wie vor

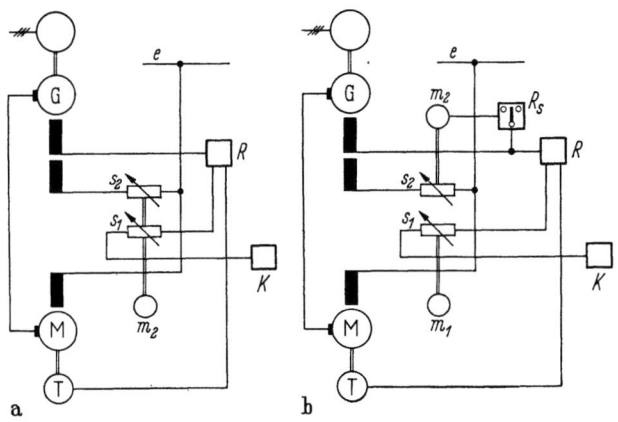

Abb. 106a u. b
Leonardantrieb mit Niveau-Steller und Drehzahlregler für begrenzten Stellbereich
a mit gekuppeltem Niveau- (S_1) und Sollwertsteller (S_2); b mit Nachlauf des Niveaustellers
e Erregerspannung; K Konstantspannung; T Tachometermaschine; R Regler; m Stellmotoren;
Rs Relais zur Steuerung von m_2 bei Annäherung der Reglerstellung an die Bereichgrenzen

bemessen und für die Einstellung des Niveaus ein besonderer Steller verwendet. Bei der jetzt in unterschiedlichem Betrag anfallenden Regelgröße muß diese beim Vergleich dem festen Sollwert durch einen Steller angepaßt oder der Sollwert durch einen Steller auf das jeweilige Niveau gebracht werden. Niveau- und Sollwertsteller werden miteinander gekuppelt oder der Niveausteller dem Sollwertsteller durch eine Nachlaufsteuerung nachgeführt (Abb. 106).

D. Regelung

Die neueren, schnellen elektrischen Regler geben bereits mit relativ kleinen Abweichungen vom Sollwert volle Aussteuerung. Gerade der rasche und kräftige Anstieg der Stellgröße bewirkt ein schnelles Abfangen der durch die Störgröße verursachten Abweichung der Regelgröße, so daß sie bereits in kurzer Zeit ausgeregelt wird. Dazu kommt, daß diese Regler meist mit nur unerheblichem Aufwand auch für größere Stellbereiche ausgeführt werden können. Sie eignen sich daher auch gut für Beherrschung des ganzen Niveaubereiches. Dann muß aber der Gesamtstellbereich auf den bei verschiedenen Niveaus benötigten Bereich begrenzt werden, weil sonst z. B. der geregelte Motor, die mechanischen Übertragungsglieder, wie Kupplungen, Getriebe und Wellen, und die Arbeitsmaschine durch Überlastung besonders gefährdet werden. Dies kann durch eine einstellbare Begrenzung des Stellstromes verhindert werden.

Dazu wird in den Pfad des Regelstromes ein Glied gelegt, das trotz weiter steigender Tendenz der Regelspannung bei Überschreiten der eingestellten Grenze nur einen praktisch konstanten Strom durchläßt. Eine solche Kennlinie besitzt z. B. ein Eisenlampenwiderstand (Abb. 107). Bei schnellen elektrischen Reglern sieht man aber einen nachgeschalteten Verstärker mit einer derartigen Kennlinie oder eine in Abb. 108 dargestellten Begrenzung durch Überlauf mittels eines Ventils (Diode) vor. Die Diode a liegt mit ihrer positiven Klemme an dem positiven

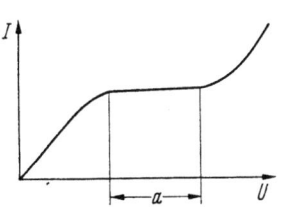
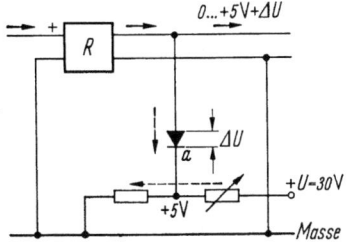

Abb. 107
Kennlinie eines Eisenwasserstoff-Widerstandes
a Spannungsbereich für konstanten Strom

Abb. 108
Begrenzung durch Überlauf mittels Diode (a)
R Regler, ΔU Schwellspannung von a

Potential des Regelstromes. Ihre negative Klemme ist an ein einstellbares aber konstantes positives Potential angeschlossen. Überschreitet das Potential des Regelstromes am Abzweig zur Diode das konstante Potential zusätzlich der kleinen Schwellspannung der Diode, wird diese durchlässig; über sie fließt jetzt Strom ab, während der weiterfließende Regelstrom wegen des hohen Widerstandes des anschließenden Strompfades praktisch konstant bleibt. Man erhält also einen Überlauf. Die geregelte Maschine läuft mit dem gleichbleibenden Grenzstellenstrom so lange ungeregelt weiter, bis die Regelabweichung die durch die Einstellung des konstanten Potentials gegebene Grenze unterschreitet. Die

Einrichtung verhindert nur eine Übersteuerung des Reglers und evtl. dadurch verursachte Überlastung, nicht aber, wenn diese durch andere Ursachen, z. B. Erhöhung der an den Anker gelegten Spannung bedingt ist. Die in Abb. 108 eingetragenen Spannungsbeträge sind beispielsweise angegeben.

Eine sichere Begrenzung des Laststromes erhält man nur durch seine Messung und Regelung mittels eines Stromreglers (Abb. 109), dessen Sollwert der ankommende, begrenzte Regelstrom J_b ist. Dieser entsteht aus dem Reglerstrom J_n durch die Begrenzung B entsprechend der Schaltung in Abb. 108. Der Laststrom J wird auf den dem Sollwert J_B entsprechenden Betrag eingeregelt. Er bleibt so lange bestehen, bis das Potential am Abzweig zur Diode den Grenzwert unterschreitet. Die Diode sperrt wieder und der kleiner gewordene Laststrom folgt im weiteren Verlauf dem Regelstrom als ihrem Sollwert.

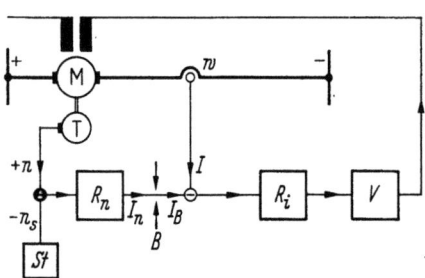

Abb. 109
Begrenzung mittels Überlauf und Stromregler
M Motor; T Tachometermaschine; St Sollwertsteller; R_n Drehzahlregler; B Überlaufbegrenzung; w Stromwandler; R_i Stromregler; V Verstärker; J_n Reglerstrom; J_B begrenzter Strom; J Strom vom Wandler entsprechend Motorstrom

Die Überlaufschaltung mit nachfolgender Stromregelung wird bei mannigfaltigen Regelaufgaben angewendet, nicht nur beim stationären Betrieb, auch beim Anlauf und Bremsen. Wenn es darauf ankommt, die Spannung, z. B. eines Generators zu begrenzen, kann der Stromregler durch einen Spannungsregler ersetzt werden.

6. Darstellung von Regelkreisen

In überkommener Weise werden die Haupt-, Steuer- und Regelkreise in einer zeichnerischen Form dargestellt, bei der die einzelnen Glieder entsprechend der örtlichen Anordnung in Regelstrecke, Antrieben und Umformern, in Schalt- und Geräteschränken und im Steuerstand zusammengefaßt sind. Solche Schaltbilder können bei umfangreichen Anlagen eine große, unhandliche Zeichenfläche erfordern, bei der die einzelnen Leitungen schwierig zu verfolgen sind. Man ist daher dazu übergegangen, das Gesamtschaltbild durch ein Prinzipschaltbild zu ersetzen, bei dem die einzelnen oder mehrere zusammengehörige Bausteine durch je ein Symbol (Kreis oder Quadrat) ohne innere Schaltung angedeutet werden. Für jedes Symbol wird ein besonderes Einzelschaltbild angefertigt, bei dem die Stromläufe ohne Berücksichtigung der räumlichen Anordnung der einzelnen Bauelemente in möglichst geradliniger Folge dargestellt werden. Alle derartigen Schaltbilder können zu einem Schaltbuch zusammengestellt werden, dessen einzelne Blätter von der prinzipiellen Gesamtanordnung bis zu den Schaltungsdetails des letzten Gerätes führen.

Bei der Darstellung von Regelungen und Regelkreisen haben sich Prinzipschaltbilder besonders in Form von Blockschaltbildern als sehr

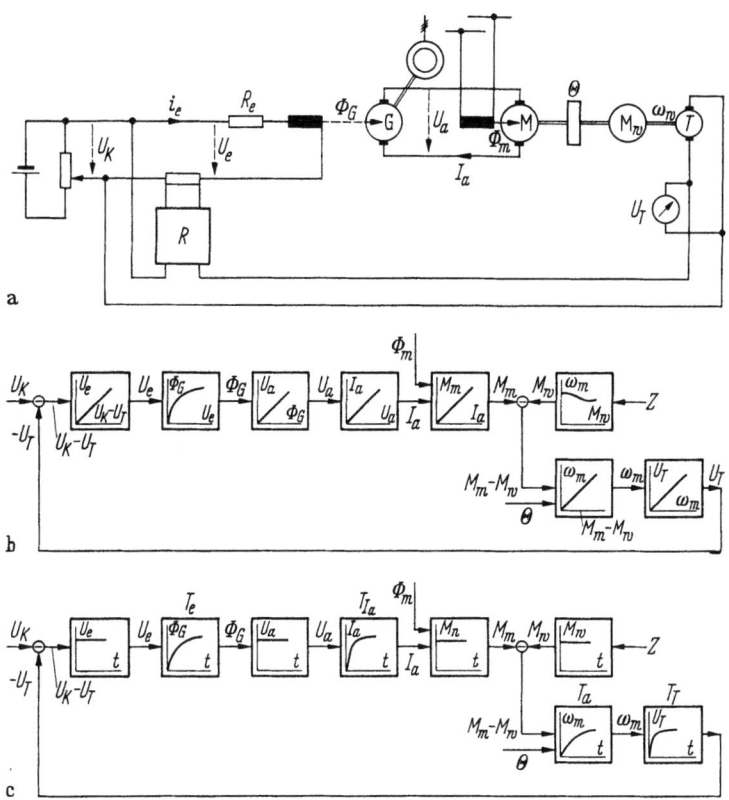

Abb. 110a—c. Schaltbild einer Drehzahlregelung
a Stromlauf; b Blockschaltung mit Zusammenhang der stationären Werte; c mit Übergängen bei sprunghafter Änderung und Zeitkonstanten

U_K Konstantspannung (Sollwert); U_e, i_e Erregerspannung und -strom des Generators G; U_a, J_a Spannung und Strom der Anker; U_T Tachospannung; Φ_G, Φ_m Fluß in Generator bzw. Motor; Θ Trägheitsmoment von Motor und Maschine; ω Winkelgeschwindigkeit; M_m Motormoment; M_w Widerstandsmoment; Z Störgröße

fruchtbar erwiesen. Dabei stellt jeder Block, meist ein rechteckiges Kästchen, ein Gerät oder eine Gerätekombination dar. Die Verbindungslinien der einzelnen Blöcke sind dabei auch als gerichtete Wirkungslinien für die ablaufenden Regelvorgänge aufzufassen. Da bei einer Regelung das Zeitverhalten eines jeden Bausteines von Regelstrecke und Regler eine wichtige Rolle spielt, wird in die einzelnen Kästchen das Zeitverhalten, die Übergangsfunktion oder der Frequenzgang eines jeden Blockes eingetragen, nach dem sich sein Ausgang bei sprunghafter Verstellung seines Einganges ändert. Man sieht dabei in sehr übersichtlicher Weise, wie sich die Regelstrecke in ihren Gliedern mit ihren oft sehr unterschiedlichen Zeitkonstanten verhält und kann danach und mit Kenntnis der Beträge der Zeitkonstanten der Regelstrecke den zu wählenden Aufbau des Reglers bestimmen. In der Abb. 110 ist für eine Drehzahlregelung unter (a) des Stromlaufbild gezeichnet. Bei den zugehörigen Blockschaltbildern ist in (b) zum Verständnis des Zusammenhangs der einzelnen Größen ihre stationäre Abhängigkeit dargestellt. In die Blöcke der Abb. (c) sind die bei sprunghafter Änderung des Einganges auftretenden Übergänge gezeichnet und die dabei wirksamen Zeitkonstanten angeschrieben. Für den Regler R ist ein proportionales Zeitverhalten angenommen.

E. Regelung der Antriebe

Die stetig steigenden Anforderungen an den störungsfreien Ablauf der Fertigung fordern bei den Antrieben der Zellstoff- und Papierindustrie in zunehmendem Maße den Einsatz von Regelungen. Zu regeln ist dabei hauptsächlich der Vorschub bei Holzschleifern und Kegelmühlen, die Mischung und Förderung des Stoffes vor und zur Papiermaschine, die Drehzahl von Zellstoff-, Karton- und Papiermaschinen und ihrer Teilmaschinen, von Elektrowicklern, großen Kalandern, schnell laufenden Umrollern und auch von Teilantrieben der Papierveredelungsmaschinen, bei denen höhere Ansprüche auftreten.

Dabei sind grundsätzlich größere Abweichungen zulässig für die Einhaltung der absoluten Geschwindigkeit und bei den relativen Abweichungen benachbarter Teilmaschinen mit sehr kleiner Arbeitsgeschwindigkeit. Große schnell laufende Papiermaschinen erfordern sowohl hohe Genauigkeit der Drehzahlverhältnisse als auch der absoluten Geschwindigkeit, für die letztere besonders wegen Rückwirkung auf den Gleichlauf der Motoren bzw. auftretenden Schlupf in den Variatorgetrieben. Bei den Antrieben können daher vielfach Regelungen unterschiedlicher Genauigkeit vorgesehen werden. Es ist jedoch zu beachten, daß auch bei einfacheren Maschinen an die Regelung steigende Ansprüche gestellt werden. Da der Mehraufwand für eine größere Genauigkeit meistens nicht sehr erheblich ist, wird es sich empfehlen, die bessere Regelung vorzusehen.

1. Regelung des Vorschubes bei Holzschleifern

a) **Schleifer und Antrieb.** Bei den auf S. 3 beschriebenen Schleifern ist das Reibungsmoment am Schleifstein von Art und Beschaffenheit der Knüppel (Kern- und Splintholz), der effektiven Schleiffläche, bedingt

E. Regelung der Antriebe

durch den Abschliff und die Zwischenräume zwischen den Knüppeln, dem Vorschub, der Beschaffenheit der Steinoberfläche und der Temperatur abhängig. Für die Oberfläche des Steines ist seine Körnung und die Verschmierung durch auf ihm haftende Fasern maßgebend. Außer dem An- und Abstellen einer Presse bewirken die zunehmende Verdichtung des Holzstapels, die schließlich in nur kleinen schnellen Lageänderungen einzelner Knüppel vor sich geht, Änderungen der effektiven Schleiffläche. Dies und die meist ungleichmäßige und wechselnde Verschmierung des Steines, dazu noch bei Pressenschleifern das Ab- und Abstellen der Pressen, ergeben stoßartige Änderungen des Reibungsmomentes.

Vielfach wird mit Rücksicht auf die Belastung des elektrischen Netzes gewünscht, daß die Strom- oder Leistungsaufnahme des den Stein antreibenden Motors, der je nach Größe des Schleifers eine Antriebsleistung von 300 PS bei kleinen Schleifern bis zu 5000 PS für zwei miteinander gekuppelte große Schleifer benötigt, durch Regelung des Vorschubes konstant gehalten wird. Dabei ist zu beachten, daß die Übergangsfunktion des Schleifers eine Zeitkonstante von 3 bis 5 s besitzt. Es dauert also sehr lange, bis sich die Verstellung des Vorschubes am Stein auszuwirken beginnt, zumal auch Totzeiten bei der Formierung des Holzstapels zu überwinden sind. Bei diesem Verhalten des Schleifers kann keine Regelung das Auftreten der Laststöße auffangen, sondern lediglich auf einen Mittelwert der Last einregeln. Bei Führung des Schleifprozesses soll daher auf Vermeidung großer Laststöße, z. B. durch Reinhaltung des Steines, gleichmäßiges Einlegen der Knüppel u. a. geachtet werden.

Es ist also wenig sinnvoll, für die Regelung des Vorschubes von Holzschleifern sehr schnelle Regler einzusetzen, da diese stark abgedämpft werden müssen. Gerechtfertigt ist aber, wenige, gängige Bauteile der neueren Reglertechnik zu einfachen Reglern zusammenzusetzen, die den Ansprüchen genügen und die Vorteile des ruhenden Betriebes ohne besondere Wartung bieten.

Laständerungen äußern sich beim Motor im aufgenommenen Strom, der bei konstanter Netzspannung und Erregung seinem Drehmoment entspricht. Änderung der Spannung des Netzes oder seiner Frequenz haben auch bei gleichgebliebenem Strom eine Änderung der Leistung zur Folge. Wenn daher eine Regelung auf konstante Leistung gefordert wird, so ist zu beachten, daß eine sinkende Netzspannung meist auf eine starke Belastung der Kraftzentrale hinweist. Bei Leistungsregelung wird die Absenkung der Spannung durch Erhöhung der Stromentnahme beantwortet, die knappe Zentrale wird also noch stärker belastet. Dies führt zu unerwünschten Rückwirkungen auf am gleichen Netz hängende Antriebe von Papiermaschinen, deren Drehzahl durch Änderung von

Spannung und Frequenz gestört wird. Benötigen die Schleifer einen erheblichen Teil der Leistung der Zentrale, so entsteht die Gefahr, daß bei den vorkommenden Laststößen des Schleifers die Schalter der Zentrale ausfallen. Insbesondere in diesen Fällen soll man sich mit einer Regelung auf konstanten Strom begnügen, zumal die Regelgröße Strom mit einfacheren Mitteln zu messen ist als die Leistung. Auch bei Antrieb des Schleifers durch einen Synchronmotor kann die Stromregelung verwendet werden. Bei Erzeugung von Blindleistung im Synchronmotor muß man nur beachten, daß jetzt zur Anzeige der Schleiferlast nicht mehr ein Strommesser, sondern ein Leistungsmesser verwendet werden muß.

Die neueren Erkenntnisse haben ergeben, daß mit konstantem Vorschub ein gleichmäßigerer und besserer Holzschliff gewonnen wird. Wenn es daher auf Qualität ankommt, fährt man meist ohne Regelung. Nur bei Schliff geringerer Qualität, der als Füllstoff verwendet wird, setzt man die Vorschubregelung in Betrieb. Es fehlt auch nicht an Vorschlägen, den Vorschub entsprechend laufender Messung der Qualität des erzeugten Schliffes oder der sie bedingenden Ersatzgrößen zu regeln.

b) Regelung bei Pressenschleifern. Der Vorschub wird durch das den Preßzylindern zugeführte Preßwasser bewirkt, die Regelung erfolgt mittels eines Drosselventils in der Druckleitung, das durch den Regler, einen Drehmagneten oder einen N. u. K.-Regler, verstellt wird.

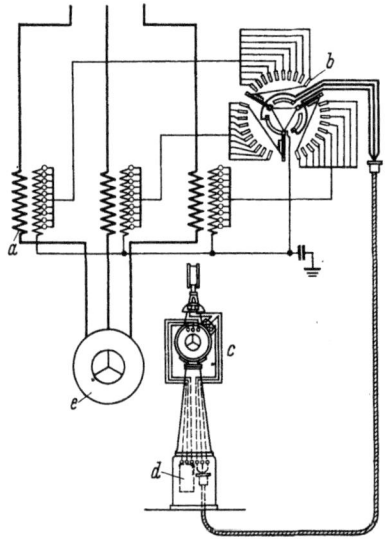

Abb. 111. Regelung des Vorschubes eines Pressenschleifers mit Stromdrehmagnet
a Stromwandler mit Laststufen; *b* Stufenschalter; *c* Strom-Drehmagnet; *d* Läuferwiderstand; *e* Schleifermotor; nach SSW

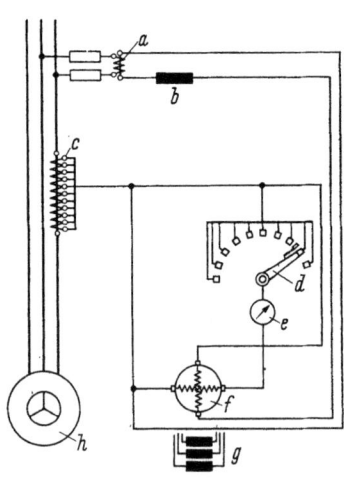

Abb. 112. Regelung des Vorschubes eines Pressenschleifers mit Leistungsdrehmagnet
a Spannungswandler; *b* Drosselspule; *c* Stromwandler; *d* Stufenschalter; *e* Strommesser; *f* Leistungsdrehmagnet; *g* Läuferwiderstand; *h* Schleifermotor; nach SSW

E. Regelung der Antriebe

Der Drehmagnet für Stromregelung wird primär über einen vielstufigen Einstellschalter an die Anzapfungen eines Stromtransformators angeschlossen (Abb. 111). Die Wicklung des schleifringlosen Läufers liegt bei dem kleinen Drehwinkel mittels beweglicher Leitungen an einem Widerstand. Seinem Drehmoment halten ein Gewicht oder Federn das Gleichgewicht. Bei Änderung des Stromes verstellt der Läufer mittels Exzenter oder Zahnsegment das Drosselventil der Druckwasserleitung. Das Meßwerk liefert also die Stellenergie, die Regelung hat P-Verhalten. Bei Leistungsregelung erhält der Ständer des Drehmagneten ein wattmetrisches Drehsystem mit einer Spannungs- und einer Stromwicklung, die an Spannungs- und Stromwandler angeschlossen werden (Abb. 112).

Die Ausführung mit N.u.K.-Regler (Abb. 113)[1] besitzt eine Stromspule, die den Steuerkolben eines Ölservomotors mit Drehkolben zur Verstellung des Ventils steuert. Der Regler besitzt eine einstellbare nachgiebige Rückführung, die bei höherer Stellgeschwindigkeit und ge-

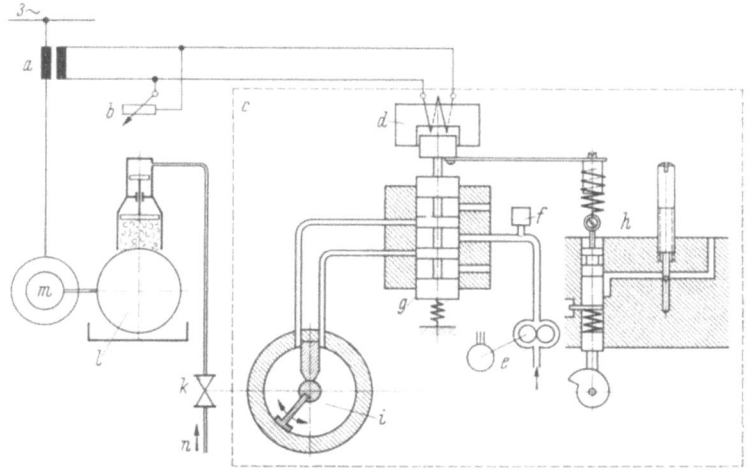

Abb. 113
Regelung des Vorschubes eines Pressenschleifers mit Strommessung und N.u.K.-Öldruckregler
a Stromwandler; *b* Sollwerteinsteller; *c* N.u.K.-Regler; *d* Strom-Meßwerk; *e* Ölpumpe mit Motor; *f* Überdruckventil; *g* Steuerschieber; *h* nachgiebige Rückführung; *i* Drehkolbenmotor; *k* Stellventil; *l* Schleifer; *m* Schleifermotor; *n* Druckwasser

ringer Dämpfung auftretende Pendelungen unterdrückt. Zur Leistungsmessung werden an einem Waagebalken zwei Magnete mit Wicklungen für Strom und Spannung verwendet, die bei Abweichung vom Sollwert den Waagebalken verdrehen und so den Steuerkolben des Reglers verstellen.

c) **Regelung bei Stetigschleifern.** An Stelle der früher vorgesehenen hydraulischen Vorschubmotoren und Regler werden durchwegs Gleich-

---

[1] Hersteller: Hagenuk.

stromnebenschlußmotoren mit Regelung der Ankerspannung des speisenden Leonardgenerators verwendet. Damit werden auch die Mängel älterer Antriebe mit Asynchron-Vorschubmotoren und Läuferregelung, besonders der Verschleiß am Steller, vermieden.

Ist der Strom oder die Leistung des Schleifermotors Regelgröße, so wird zur Messung ein Stromwandler oder ein Strom- und ein Spannungs-

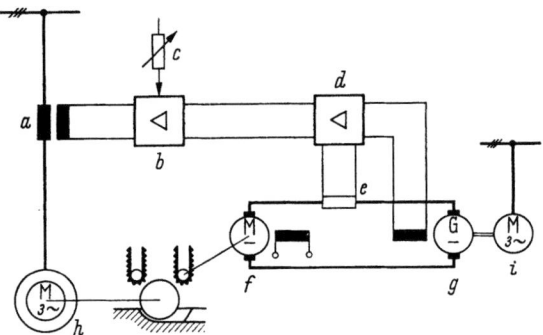

Abb. 114. Regelung des Vorschubes eines Pressenschleifers mit Transduktor-Leistungsregler
a Stromwandler; *b* Modulatorschaltung zur Wirkstrommessung mit Ist-Sollwertvergleich; *c* Sollwerteinsteller; *d* Transduktor-Verstärker; *e* Abgriff des Vorschubstromes zur Strombegrenzung; *f* Vorschubmotor; *g* Leonardgenerator; *h* Schleifermotor; *i* Drehstrommotor zu *g*; nach ECKART (9)

wandler in Wattmeterschaltung verwendet. Zur Steuerung der Ankerspannung des Vorschubmotors werden unterschiedliche Regler, wie N. u. K.-Regler, Tirrillregler, Transduktoren u. a. eingesetzt. Abb. 114 zeigt die Grundschaltung der Vorschubregelung eines Stetigschleifers mit Transduktorsteuerung des Leonardgenerators. Ist das von der Motorwelle übertragene Drehmoment Regelgröße, kann in der Kupplung die Umfangskraft mittels Federn oder Druckdosen gemessen werden. Neuerdings wird auch der Torduktor[1] verwendet [7a]. Dieser beruht auf der Erscheinung, daß sich im Stahl die Kraftlinien eines

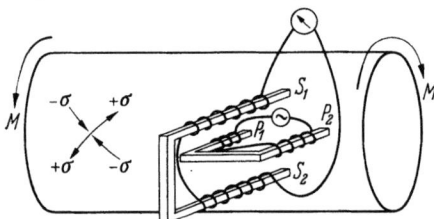

Abb. 115. Torduktor, Anordnung der Erregermagnete P_1, P_2 und der Meßmagnete S_1, S_2. $\pm \sigma$ Zug- und Druckspannungsrichtung in der Wellenoberfläche im spannungslosen Zustand; nach DAHLE

in der Welle induzierten Magnetfeldes unter dem Einfluß einer mechanischen Torsion verschieben. Das Wirkungsprinzip eines Torduktors zeigt Abb. 115. Das Drehmoment M erzeugt in einer Welle Zug- und Druckspannungen σ, die in der Wellenoberfläche unter 45° gegen die Mantellinien geneigt sind. Beim Torduktor setzt man an die Welle mit kleinem Ab-

---

[1] Hersteller: Asea.

stand einen von einem Wechselstrom durchflossenen Magneten so an, daß seine Pole P_1 und P_2 in derselben Mantellinie liegen. Dabei schließt sich sein magnetischer Fluß über die Welle. Im spannungslosen Zustand ($M = 0$) verläuft der magnetische Fluß symmetrisch zu den Symmetrieebenen des Magneten $P_1 P_2$. Setzt man einen zweiten Elektromagneten $S_1 S_2$ an die Welle, der um 90° gegenüber $P_1 P_2$ verdreht ist, so herrscht in den $S_1 S_2$ gegenüberliegenden Punkten der spannungslosen Welle die gleiche magnetische Feldstärke. Das Drehmoment M bewirkt eine Verschiebung der Feldstärke, so daß sich ein Wechselfluß über den Kern $S_1 S_2$ ausbildet, der in dessen Wicklung eine Wechselspannung induziert. Die Anordnung stellt eine magnetische Brücke entsprechend Abb. 116 dar, worin A, B, C, D die unter dem Einfluß des Drehmomentes sich ändernden magnetischen Widerstände in der Welle zwischen den Polen und P_1, P_2, S_1, S_2 die festen Widerstände der Magnete und Luftspalte bezeichnen. In der Brückendiagonale $P_1 P_2$ liegt der erregende Wechselfluß. In der Diagonale $S_1 S_2$ entsteht ein Fluß, der durch das Drehmoment und die damit

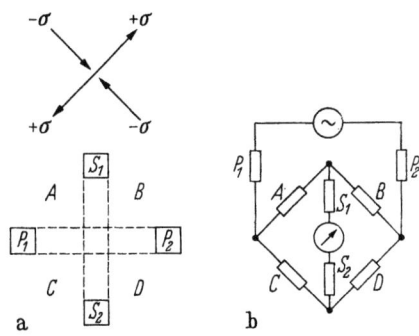

Abb. 116 a u. b. Torduktor, Reluktanz-Brücke (a) entsprechend einer Wheatstoneschen Brücke (b); nach DAHLE

bewirkte Asymmetrie der Reluktanzen in A, B, C, D hervorgerufen wird. Die induzierte Spannung treibt einen Strom, der geglättet, verstärkt und gleichgerichtet den Transduktor des Vorschubmotors des Schleifers steuert. Genaue Messung setzt homogenes Material der Welle, Konstanz von Spannung und Frequenz, genaue Ausrichtung, Symmetrie und kleine Streuung der Magnete voraus. Störend wirken Wirbelströme, die Hysterese und schwankende Umfangsgeschwindigkeit. Dünne und durch das Drehmoment schwach belastete Wellen eignen sich weniger für solche Messungen, da der Einfluß der Störgrößen relativ groß wird.

Geringeren Einfluß der Störgrößen und größere Ausgangsleistung besitzt der neuere Ringtorduktor [7b], bei dem 3 Reihen von gegeneinander um eine halbe Polteilung versetzte Magnetpole um den Umfang der Welle angeordnet werden. Er stellt also eine Vervielfachung des vorher beschriebenen, mit Kreuztorduktor bezeichneten Gerätes dar.

Im allgemeinen reicht für Regelung des Vorschubes ein Bereich zwischen halber und voller Motordrehzahl aus. Treten jedoch Klemmungen in der Holzzufuhr auf, muß die Drehzahl des Vorschubmotors bis zum Stillstand herabgesetzt werden. Die Klemmungen äußern sich in hoher

Belastung des Vorschubmotors. Diese wird meist als Strombegrenzung zusätzlich auf den Regler gegeben, wie es bereits in Abb. 114 unter e angedeutet ist. Dabei wird der Vorschubmotor bis zum Stillstand herabgeregelt. Die Abb. 117 zeigt ein Beispiel, bei dem der Schleifer je nach Bedarf mit konstantem Vorschub oder mit konstanter Last gefahren werden kann, wobei sowohl die Belastung des Vorschubmotors VM als auch die des Schleifermotors SM begrenzt wird. Bei konstantem Vorschub werden die von der Tachometermaschine des Vorschubmotors und dem Konstantspannungsgerät K gelieferten und mit den Potentiometern P_1 und P_2 eingestellten Spannungen im Punkt v_1 verglichen und auf den Drehzahlregler R_n gegeben, dem ein Stromregler R_i für den Transduktor TR unterlagert ist. Hinter dem Drehzahlregler ist eine durch 2 Pfeile angedeutete Überlaufbegrenzung B_2 entsprechend der Schaltung von Abb. 108 angeordnet. Sie hat zur Folge, daß der die Sperre passierende Strom eine eingestellte Grenze nicht überschreiten kann, der Drehzahlregler also wirkungslos wird. Mit dem passierenden Sollwertstrom wird im Punkt v_2 der Laststrom des Transduktors, der dem des Vorschubmotors entspricht, verglichen und durch den Stromregler gleichgehalten. Wird beim Schleifermotor die Lastgrenze erreicht, wird durch eine gleichartige Überlaufschaltung B_1 an den Vergleichspunkt v_1 eine zusätzliche Spannung gegeben, die über die Regler R_n und R_i die Transduktorspannung und damit die Drehzahl des Stellmotors auf einen kleinen Betrag herabregelt.

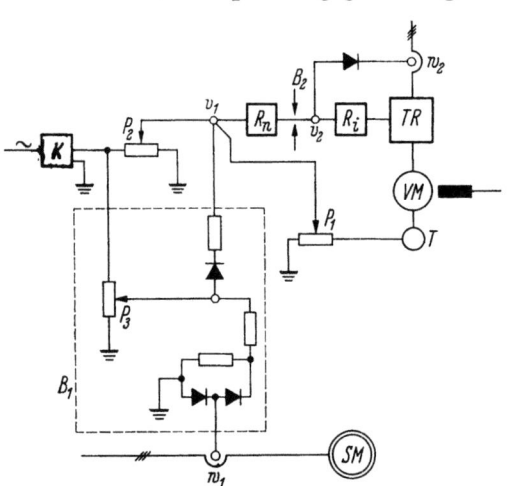

Abb. 117. Vorschubregelung eines Schleifers auf konstanten Vorschub, umschaltbar auf konstante Schleiferlast, mit Vorschub- und Schleiferlastbegrenzung
SM Schleifermotor; VM Vorschubmotor; T Tachometermaschine; TR Transduktor; W Stromwandler; K Konstantspannungsquelle; P Potentiometer; B Überlaufbegrenzungen für Schleifer-, bzw. Vorschubstrom; R_n Drehzahlregler; R_i Stromregler; nach SSW

Bei Regelung auf konstanten Strom des Schleifermotors wird der Einfluß der Tachospannung durch Abschaltung oder Verstellung des Potentiometers P_1 in die Endlage wirkungslos. Ebenso können die Potentiometer P_2 und P_3 durch Verstellung den Überlauf in einen Vergleich von Schleiferstrom mit dem Sollwert überführen, so daß jetzt R_n hierfür den Strom des Schleifermotors regelt. Bei Überlastung des Vorschubmotors spricht wie vorher die Begrenzung an, und der Regler R_i

E. Regelung der Antriebe   167

setzt die Vorschubdrehzahl herab. Zur Regelung können elektronische Regler in einfacher Ausführung verwendet werden.

d) Regelung bei Mehrfachantrieb. Übergaberegelung, Doppelschleiferregelung. Gelegentlich kommt es vor, daß ein Schleifer von einer Wasserturbine und einem Elektromotor angetrieben werden soll, damit der Schleifer auch bei wenig Wasser voll ausgenutzt werden kann. Die Wasserturbine wird man auf die zur Verfügung stehende Wassermenge einstellen, so daß der Drehstrommotor nur die durch die Schleiferbelastung gegebene notwendige Zusatzleistung liefert. Die Wasserturbine muß natürlich durch einen Regler gegen Durchgehen bei abgeschaltetem Motor gesichert sein. Die Motorbelastung kann dann durch Regelung des Vorschubes, wie vorher beschrieben, gleichgehalten werden. Bei Änderung der Wassermenge muß bei gewünschter gleicher Belastung des Schleifers auch der Sollwert der elektrischen Leistung neu eingestellt werden.

Vereinzelt wurden Dampfturbinen mit Synchrongenerator zur Netzspeisung und einem über Getriebe angekuppelten Schleifer aufgestellt. Damit konnte bei niedrigem Strombedarf die überschüssige Turbinenleistung dem Schleifer direkt zugeführt werden. Eine solche Zusammenfassung von Energieerzeugung und Schleiferei beeinträchtigt die organische Gestaltung des Fabrikbetriebes. Größere Wirtschaftlichkeit und Bewegungsfreiheit bieten die zentrale Erzeugung der elektrischen Energie in einem großen Turbosatz und ihre Verteilung auf die nach fabrikatorischen Gesichtspunkten angeordneten Stromverbraucher.

Bisweilen ist es erwünscht, einen Schleifer als Leistungspuffer zu verwenden, um bei Fremdbezug von elektrischer Energie die vereinbarte Abnahmemenge nicht zu überschreiten und bei geringerem Bedarf der Fabrik die zur Verfügung stehende Fremdenergie voll auszunützen. In einem solchen Falle kann die Regelung des Schleifers auf konstante Übergabeleistung den gewünschten Ausgleich herbeiführen.

Bisweilen werden zwei miteinander gekuppelte Schleifer von einem Motor angetrieben. Soll in diesem Fall auf konstante Motorleistung geregelt werden, bieten sich dafür unterschiedliche Betriebsweisen an. Man kann den einen Schleifer mit konstantem Vorschub fahren. Der Vorschub des zweiten Schleifers wird auf konstante Motorleistung geregelt. Bei

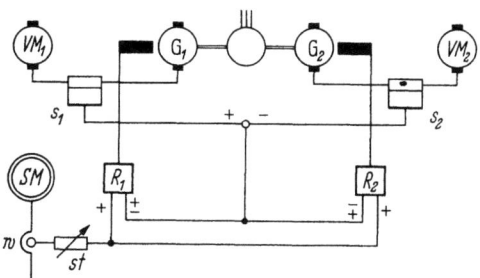

Abb. 118. Vorschubregelung für Doppelschleifer

SM Antriebsmotor für zwei Schleifer; *W* Wandler; *st* Lasteinsteller; *G* Leonardgeneratoren; *VM* Vorschubmotoren; *R* Regler; *s* Strommessung der Vorschubmotoren

einer zweiten Betriebsweise werden die Vorschübe beider Schleifer durch die Regelung in gleichem Maße verstellt. Treten Unterschiede in der Belastung oder Drehzahl der Vorschubmotoren auf, sorgt die Strom- oder Drehzahldifferenz der Vorschubmotoren dafür, daß die Vorschübe auf das gleiche Niveau eingeregelt werden. In Abb. 118 besitzt z. B. jeder Vorschubmotor einen Leonardgenerator, der von einem Regler durch den Laststrom des Schleifermotors gesteuert wird. Beiden Reglern ist außerdem die Lastdifferenz der Vorschubmotoren in gegensinniger Wirkung aufgeschaltet. Der Regler des Vorschubmotors mit größerer Last wird auf Entlastung, der des anderen auf Belastung gesteuert. Soll nur mit einem Schleifer gearbeitet werden, wird der Regler des zweiten Schleifers und die Steuerung des Lastausgleiches abgeschaltet.

In allen Fällen können natürlich Begrenzungen des Vorschubes durch Überlauf vorgesehen werden, wie sie auf S. 157 beschrieben sind.

2. Mahldruckregelung bei Kegelmühlen und Refinern

Bei diesen Maschinen (s. 7) entsteht der Mahldruck in dem kleinen Spalt zwischen der umlaufenden kegelförmigen Messerwalze und den Messern des feststehenden Gehäuses, durch den der Stoff getrieben wird. Mit zunehmender Mahlung der Fasern und infolge Abnützung der Messer ändert sich allmählich der Mahldruck. Zur feinfühligen Nachstellung — der gesamte Arbeitshub beträgt nur wenige Millimeter — wird der Läufer über eine Schnecke in axialer Richtung nachgestellt. Zur Verstellung dient ein elektrischer Stellmotor, der bei Störungen und Überlast den Läufer im Schnellrücklauf zurückzieht. Sehr raschen Rücklauf erhält man, wenn zwischen Stellmotor und Kegel ein hydraulisches Rückstellglied angeordnet wird.

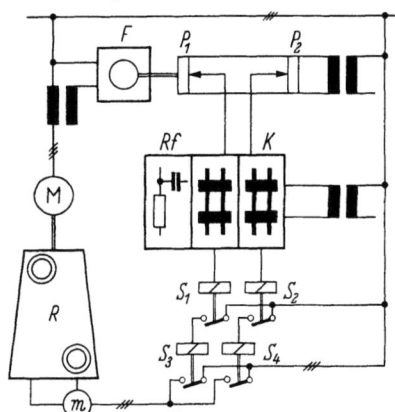

Abb. 119. Mahldruckregelung an einem Refiner mit Telepermregler Z
R Refiner; M Antriebsmotor; m Stellmotor; F Ferraris-Leistungsmesser; P_1, P_2 Ist-, bzw. Sollwertpotentiometer; K magn. Kippverstärker mit Rückführung Rf; S_1, S_2 Schaltrelais; S_3, S_4 Steuerschütze für Stellmotor; nach SSW

Als Regelgröße wird meist die Leistungsaufnahme des asynchronen Drehstromantriebsmotors der Mühle verwendet, da dann Spannungsschwankungen des Drehstromnetzes durch die Regelung erfaßt werden. In Abb. 119 ist die Grundschaltung einer solchen Regelung mittels des Telepermreglers Z[1] dargestellt.

---

[1] Hersteller SSW

E. Regelung der Antriebe 169

3. Regelung der Drehzahl von Papiermaschinen

a) Toleranzen von Papiergewicht und Drehzahlabweichung. Das Gewicht des auf der Papiermaschine hergestellten Papiers soll in engen Grenzen gleichbleiben. Das gleiche gilt für den verbliebenen Feuchtigkeitsgehalt. Für beides bestehen Handelsnormen mit engen Toleranzen. Als Einheitsgewicht gilt in Europa das Gewicht von 1 m^2.

Das Flächengewicht ist durch die in der zur Papiermaschine fließende Stoffmenge, deren Konsistenz durch Regler konstant gehalten wird, und bei gegebener Maschinenbreite durch die Papiergeschwindigkeit bestimmt. Es muß also auch die letztere konstant gehalten werden. Mit Rücksicht auf die Verkaufstoleranzen genügt für die Papiergeschwindigkeit meist eine Toleranz von $\pm 0,5\%$ bei höchster Geschwindigkeit. Wenn bei kleiner Geschwindigkeit schwere Sorten hergestellt werden, sind für diese meist auch größere Abweichungen zulässig. Bei Schnellläufermaschinen, deren Teilmaschinen relativ große, aber von Teil- zu Teilmaschine wechselnde, erhebliche Schwungmassen besitzen, wirken sich Abweichungen in der Drehzahl der gemeinsamen Transmission in unterschiedlichem Schlupf der zwischen Transmission und Teilmaschine liegenden, stetig stellbaren Getriebeanordnungen aus, die zu unterschiedlichen Drehzahlabweichungen der Teilmaschine führen. Auch wenn bei Mehrmotorenantrieb die Leitgröße, z. B. der Leitmotor oder die Leitspannung, schwankt, die als Sollwert für die Regelung der Teilmotoren dient, können ungleiche Drehzahlabweichungen an den Teilmaschinen auftreten, die den gleichmäßigen Lauf der Bahn beeinträchtigen. Deshalb wird bei Schnelläufern vielfach eine Geschwindigkeitstoleranz bis zu $\pm 0,1\%$ gefordert.

b) Regelung der Spannung. Der gleichmäßige Lauf von Papiermaschinenantrieben wird durch Schwankungen der Gleichspannung, ebenso der Frequenz des den Umformermotor speisenden Drehstromnetzes beeinträchtigt. Auch die Regler werden von Schwankungen der Speisespannung gestört. Um die Auswirkung von Laststößen, verursacht durch Schleifer, Kalander u. a. abzudämpfen, wird man Papiermaschinen gesondert von anderen Verbrauchern an die Einspeisespannung anlegen. Zweckmäßig ist dies auch für die Hilfsenergie zur Erregung und Regelung großer Papiermaschinenantriebe. Zur Ausregelung der verbleibenden Abweichungen werden heute vornehmlich schnelle Regler vorgesehen. Da die Zufuhr fremdbezogener elektrischer Energie oft durch Gewitter gestört wird, werden Papiermaschinen vorzugsweise vom Kraftwerk der Papierfabrik versorgt.

Vielfach hat man sich damit begnügt, nur die dem Papiermaschinenmotor zugeführte veränderbare Gleichspannung auf dem eingestellten Betrag konstant zu halten. Eine solche Spannungsregelung ist immer dann notwendig, wenn statt rotierender Umformer Quecksilberdampf- oder Halbleitergleichrichter verwendet werden, insbesondere bei Mehrmotorenantrieb, aber auch bei Einmotorenantrieb von Schnelläufern für kleine Drehzahltoleranzen.

Für die Spannungsregelung eines Leonardantriebes gilt die Abb. 110, wenn an Stelle der Spannung U_T der Tachometermaschine die Ankerspannung U_a mit dem Sollwert U_k verglichen wird. In den Abb. 120 bzw. 76 ist die Spannungsregelung eines gittergesteuerten Gleichrichters bzw. eines Silizium-Hochleistungs-Gleichrichters mit Umformer in Zu- und Gegenschaltung dargestellt.

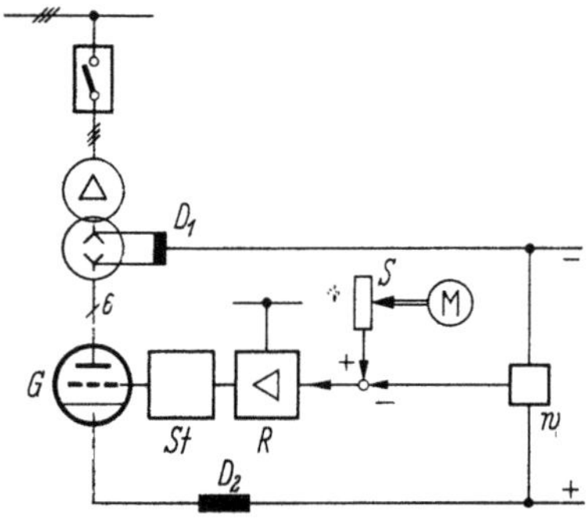

Die Regelung der Spannung bringt den Vorteil, daß ihre Abweichungen schon ausgeregelt werden, bevor noch eine merkliche Abweichung, der Drehzahl entsteht. Die Ausregelung kann rasch vor sich gehen, weil im Spannungsregelkreis nur die Erregerzeitkonstante der zu regelnden Maschine als einzige größere Verzögerung wirksam ist. Sie ist fast stets kleiner als die elektromechanische Anlaufzeitkonstante des Motors, die bei Drehzahlabweichungen wirksam wird.

Abb. 120. Spannungsregelung eines Quecksilberdampfgleichrichters
G Gleichrichter; D_1 Saugdrossel; D_2 Glättungsdrossel; *St* Gittersteuersatz; *R* Regler; *W* Wandler; *S* Sollwerteinsteller mit Motor

Die Gleichhaltung der Ankerspannung ist vielfach allein zur Drehzahlregelung von Papiermaschinenantrieben verwendet worden. Dies bietet keine Gewähr für das Gleichbleiben der Motordrehzahl. Sie beseitigt zwar eine wichtige Störgröße, nämlich die Abweichung der Ankerspannung, es bleibt aber die Drehzahlabweichung des Motors infolge Änderung von Last, Erregung und Erwärmung. Um auch diese Störgrößen zu erfassen, muß eine Drehzahlregelung vorgesehen werden.

c) **Regelung der Drehzahl.** *Tachometermaschinen*. Bei dieser Regelung ist die Ersatzgröße für die Drehzahl die Spannung einer Tachometerdynamo. Von der Proportionalität ihrer Spannung zur Drehzahl, ihrer Spannungskonstanz und ihrer Oberwelligkeit ist die Genauigkeit der Messung und damit der Regelung abhängig.

Für geringere Ansprüche werden kleine Gleichstromgeneratoren mit fremderregten Magnetpolen verwendet. Um die Erregung möglichst konstant zu halten, kann die Maschine mit Isthmuspolen ausgeführt werden. Damit wird im Eisen eine hohe Sättigung erzielt, so daß der Einfluß von Schwankungen der Erregerspannung gedrosselt wird. Sehr gebräuchlich ist es, den Erregerstrom über einen Eisen-Wasserstoff-Widerstand zu führen, der vermöge seiner Strom-Spannungskennlinie einen annähernd gleichbleibenden Strom in dem benützten mittleren Spannungsbereich durchläßt (Abb. 107). Die Kommutatorspannung soll mit je zwei nebeneinanderliegenden Bürsten abgenommen werden, damit die den Betrieb sehr störenden Spannungssenkungen durch Übergangswiderstände oder gar Unterbrechungen vermieden werden. Die Maschinen sollen für kleine Welligkeit der Gleichspannung konstruiert sein. Zur Vermeidung der Fremderregung werden auch Permanentmagnete für die Pole verwendet. Dabei erfolgt die Aufmagnetisierung bei eingelegtem Anker. Vor einem Ausbau müssen die Pole magnetisch kurzgeschlossen werden, da sonst das magnetische Feld zum großen Teile verschwindet.

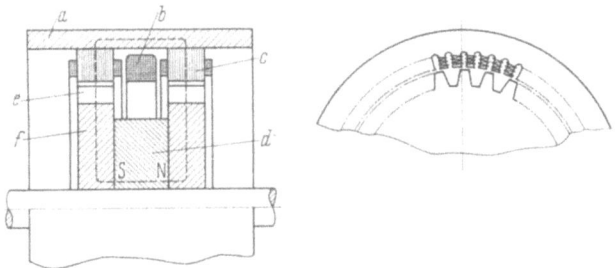

Abb. 121. Mittelfrequenz-Tachometermaschine
a Gehäuse; *b* Magnetisierungsspule für Permanentmagnet; *c* Stator; *d* Permanentmagnet mit Süd- (S) und Nordpol (N); *e* Zahn; *f* Tonrad; nach Standard-Elektrik-Lorenz

Bei Wechselstrom-Tachometermaschinen werden die Permanentmagnete auf dem Läufer angeordnet. Dadurch kann die Spannung von der Ständerwicklung über einen festen Anschluß (keine Bürsten) abgenommen werden. Die Ausführung einer Tachometermaschine für eine Mittelfrequenz von 750 Hz bei 1500 U/min der Bauart Standard-Elektrik-Lorenz zeigt die Abb. 121. Die Maschinen enthalten je Phase ein aus gut magnetisierbarem Weicheisen gefertigtes Tonrad (Zahnrad); es wird von einem Statorblechpaket, das die Wicklungen trägt, umschlossen. Je 2 Tonräder sind durch einen in axialer Richtung magnetisierten ringförmigen Dauermagneten magnetisch miteinander verbunden. Der magnetische Kreis schließt sich über das Gehäuse der Maschine. Welle und Lagerschilde bestehen aus unmagnetischem Material. Bei der Drehung des Läufers ändert sich von Zahn zu Zahnlücke der Luftspalt und damit der Magnetfluß, so daß in der Ständerwicklung eine mittelfrequente Wechselspannung entsteht.

Die Anordnung mehrerer Tonräder gibt mehrere, einander nicht störende Stromkreise, z. B. für Regelung und für Messung. Sehr kleine Welligkeit der Gleichspannung läßt sich mit Drehstrombrückenschaltung von 3 Tonrädern erzielen, die um je 120° der Zahnteilung versetzt sind.

Permanentmagnete besitzen, wie die Kupferwicklungen, einen Temperaturgang. Deshalb wird bei hohen Anforderungen vielfach eine

Kompensation vorgesehen, auf magnetische Weise durch einen magnetischen Nebenschluß, auf elektrische Weise durch einen in die Maschine eingebauten Leiter mit entgegengesetztem Temperaturverhalten (Heißleiter).

Wechselstrommaschinen bringen u. a. den Vorteil, daß die gelieferte Spannung in einem Meßwertumformer mittels eines Transformators mit Anzapfungen an den jeweiligen Bedarf angepaßt werden kann. In den Umformer werden auch die Trockengleichrichter und ein RC- bzw. LC-Glied zur Glättung eingebaut (Abb. 122).

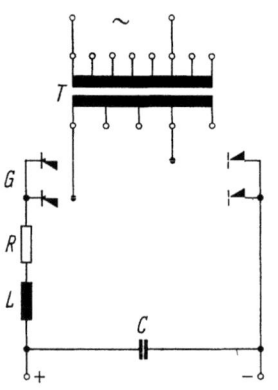

Abb. 122. Meßwertumformer für Tachometerspannung
T Transformator mit Anzapfungen; *G* Gleichrichter; *R* Ohmscher Widerstand; *L* Drossel; *C* Kondensator

Die *Drehzahlregelung* enthält meist nur einen Regler, der von der Drehzahlabweichung gesteuert wird. Er muß gegen alle, besonders die großen Zeitkonstanten von Erregung und Massenwirkung, arbeiten, er erfordert daher bei höheren Ansprüchen eine verwickeltere Ausführung. Sieht man zusätzlich eine Spannungsregelung (s. S. 169) vor, wird diese als unterlagerte Regelung ausgeführt, wie es auf S. 155 beschrieben ist. Die Schaltung der Abb. 105b vereinfacht sich durch Weglassen des Stromreglers und der Strommessung, der Drehzahlregler arbeitet dann auch gegen die kleinere Zeitkonstante des Ankerstromes.

4. Drehzahlregelung von Stoffpumpen

Der dem Siebe der Papiermaschine zugeführte Stoff muß beim Austritt aus dem Spalt des Stoffauflaufes etwa die Geschwindigkeit des Siebes besitzen. Bei schnell laufenden Maschinen würde die dazu erforderliche hydrostatische Höhe im Stoffauflaufkasten zu groß werden. Daher wird der Stoff mittels einer rotierenden Pumpe durch den Spalt gedrückt.

Die geförderte Menge muß dem Flächengewicht des gearbeiteten Papiers und der Arbeitsgeschwindigkeit entsprechen. Wegen der nichtlinearen Pumpenkennlinie und den sich mit der Fördermenge und dem Stoff ändernden Widerständen im Zulauf, muß die Förderung jeweils feinfühlig eingestellt werden. Soweit nicht mechanische Mittel, wie Verstellung der Pumpenschaufeln u. a. zur Regelung der Fördermenge verwendet werden, wird eine Drehzahlregelung des Antriebsmotors der Pumpe vorgesehen.

Für die Einhaltung der Drehzahl werden nur kleine Toleranzen, etwa $1^0/_{00}$ zugelassen. Es wird daher ein Gleichstrommotor mit einer genauen, meist elektronischen Drehzahlregelung, vorgesehen. Der einstellbare Drehzahlbereich muß um den zur Anpassung der Fördermenge nötigen Bereich größer als der Arbeitsbereich der Papiermaschine sein.

Gegebenenfalls kann diese Anpassung auch durch Feldsteuerung des Motors erfolgen. Meist wird der Pumpenantrieb elektrisch nicht mit der Drehzahl des Papiermaschinenantriebes gekuppelt, sondern eine unabhängige Drehzahlverstellung vorgezogen. Für den Antrieb der Pumpe wird daher meist ein eigener Drehstrom-Gleichstrom-Umformer aufgestellt. Für die Regelung werden die gleichen Einrichtungen wie beim Antrieb der Papiermaschine verwendet. Für diese Antriebe werden auch Drehstromantriebe verwendet (s. S. 297, 304, 353).

5. Drehzahlregelung bei Kalandern

Das Einführen der Papierbahn erfolgt bei der kleinen Einziehgeschwindigkeit von 12 m/min bei unbelasteten Kalanderwalzen. Anschließend wird Druck auf die Walzen gegeben, wobei sich das Antriebsmoment erhöht, gleichzeitig wird auf höhere Geschwindigkeit gesteuert. Hierfür genügt eine einfache Spannungssteuerung des Gleichstromantriebsmotors, mit dem ein Drehzahlbereich zwischen Einzieh- und Höchstgeschwindigkeit bis zu etwa 1 : 30 erreicht werden kann.

Dabei erhält der Leonardgenerator vielfach eine einstellbare Gegenreihenschlußwicklung oder wegen ihrer schwierigen Einstellbarkeit (kleine Windungszahl bei großem Strom) eine parallel zu den Wendepolen als Nebenwiderstand liegende, leicht einstellbare, zusätzliche Nebenschlußwicklung. Erhöhung der Last bewirkt ein Anheben der Ankerspannung und damit eine Verminderung des Drehzahlabfalls.

Bei großem Spannungsbereich wird die Einziehspannung so klein, daß Momentänderungen zu unerwünschtem Drehzahlabfall führen. In solchen Fällen sind besondere Maßnahmen zur Gleichhaltung der Einziehgeschwindigkeit erwünscht.

Bei älteren Antrieben hat man für das Einziehen eine besondere konstante Hilfsspannung vorgesehen. Meist

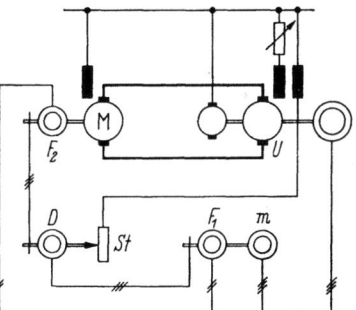

Abb. 123
Kalanderantrieb mit Regelung der Hilfsgeschwindigkeit mittels Differential
U Leonardumformer; M Kalandermotor; F_1, F_2 Ferndreher; D elektromechanisches Differential; St Steller; m Antriebsmotor des Sollwertferndrehers F_1; nach SSW

werden jetzt aber Drehzahlregelungen verwendet. Ein Beispiel zeigt Abb. 123 mit einer Winkelregelung der Hilfsgeschwindigkeit. Ständer und Läufer einer Drehstrom-Induktionsmaschine mit Schleifringläufer werden in gleichem Drehsinn der Drehfelder von 2 Drehstromgebermaschinen mit Schleifringläufer gespeist, die von dem Kalandermotor bzw. einem kleinen Hilfsmotor getrieben werden. Die Ständer sind an das Wechselstromnetz angeschlossen. Die Induktionsmaschine wirkt als elektromechanisches Differential. Ihr Läufer ist bei gleicher Drehzahl der Motoren in Ruhe.

Der angekuppelte Steller bewirkt bei Drehzahlabweichungen eine Verstellung der Leonardspannung, so daß die Einziehgeschwindigkeit gehalten wird. Diese integrale Regelung kann bei den kleinen Spannungen und bei größeren Schwungmassen zu Überschwingungen mit nur schwach gedämpftem Übergang in den stationären Zustand führen. Bei großen Kalandern wird daher eine Regelung mit Tachometermaschine und einem guten Regler vorgesehen. Man kann seinen Stellbereich für die bei Einziehgeschwindigkeit auftretenden kleinen Abweichungen des Erregerstromes vorsehen. Die Regelung arbeitet dann auch noch bei höheren Geschwindigkeiten, allerdings nimmt der Stellbereich bei den oberen Geschwindigkeiten wegen der Krümmung der Magnetisierungskennlinie des Leonardgenerators ab, so daß die Regelung an den Anschlag kommen kann. Hier ist auch eine Regelung meist weniger erforderlich, weil bei hoher Leonardspannung die auftretenden Drehzahlabweichungen oft zulässig klein sind. Im Bedarfsfall kann natürlich der Stellbereich des Reglers auch entsprechend höchster Geschwindigkeit ausgelegt werden.

Sollen Papiere von stark unterschiedlichem Flächengewicht kalandriert werden, so steigt das Drehmoment bei den höheren Gewichten. Dafür werden aber die schwereren Papiere mit kleinerer Geschwindigkeit kalandriert. Deshalb wird für den oberen Arbeitsbereich bei Kalandern vielfach eine Feldsteuerung bis zu etwa 50% vorgesehen. Damit wird wie bei Papiermaschinen die Wahl einer kleineren Generatortype erreicht. Das zu kalandrierende Papier wird von einer Vorratsrolle abgezogen, die bei kleineren Kalandern mechanisch abgebremst wird. Das fertige Papier wird von einem Friktionswickler (s. S. 71) oder einem Elektrowickler (s. S. 239) aufgerollt. Bei großen, schnellen Kalandern werden auch Aufroller mit Tragwalzen vorgesehen (s. S. 70).

6. Antrieb von Umrollern

Bei diesen Maschinen (s. S. 14) wird die Rolle mit der ablaufenden Bahn zur Erzielung der gewünschten Bahnspannung abgebremst, und zwar stets an der Rollenachse. Angetrieben wird die Rolle mit der auflaufenden Bahn. Vor allem bei den vereinzelt angewendeten Vorrollern, die vornehmlich zur Beseitigung von Fehlerstellen dienen, wird die Rollenachse angetrieben. Auch bei anderen Maschinen, z. B. bei Feuchtumrollern, bei welchen die freie Bahn zwischen Ab- und Aufwicklung befeuchtet und gegebenenfalls noch durch eine angetriebene Presse geführt wird, sieht man Achsantrieb vor. Bei Umrollern, die fertige

Rollen liefern sollen, wird die Rolle durch Umfangsreibung an zwei angetriebenen Tragwalzen, auch Stützwalzen genannt, mitgenommen.

a) Umroller mit Tragwalzen. Die Wellen der nebeneinanderliegenden Tragwalzen werden über Zahnräder oder einen Riemen für gemeinsamen Antrieb verbunden oder je von einem Motor halber Leistung getrieben. Letzteres wird deshalb gern vorgesehen, weil die Motoren durch Feldsteuerung leicht auf einen kleinen, für straffe Aufwicklung erwünschten Drehzahlunterschied eingestellt werden können. Die Rollstange mit darübergeschobenen Papphülsen kleinen Durchmessers wird über den von den Tragwalzen gebildeten Spalt gelegt und durch eine Belastungswalze, besonders beim Anwickeln, angepreßt. Mit zunehmendem Rollendurchmesser wird die Belastung vermindert, gegebenenfalls die Anpreßwalze ganz abgehoben und die schwer gewordene Papierrolle durch Kompensierung ihres Eigengewichtes mit begrenztem Druck auf den Tragwalzen gehalten. Die Entlastung erfolgt über Gegengewichte oder hydraulisch, bei kleineren Umrollern auch elektrisch mittels eines Drehmagneten, dessen Drehmoment mittels eines Läuferwiderstandes eingestellt werden kann.

Mit den Tragwalzen sind meist noch eine Papierumlenkwalze und der Längsschneider zum Beschneiden der äußeren Ränder und zum Teilen der Bahn über Zahnräder verbunden. Weitere Leitwalzen werden von der Bahn mitgenommen.

Die Abbremsung der ablaufenden Papierrolle erfolgt bei kleinen bis zu mittleren Leistungen mit einer mechanischen Bremse mit Nachstellung nach Augenschein. Für das Anwerfen der Rolle aus dem Stillstand und zum Einziehen kann ein kleiner Hilfsmotor verwendet werden, der beim Hochfahren abgetrennt wird. Besonders bei Schnellrollern wird die Abbremsung mittels einer als Bremsgenerator laufenden Gleichstrommaschine vorgenommen. Sie liefert die elektrische Bremsenergie in das Netz zurück (s. S. 254).

Die von der Papiermaschine laufend gelieferte Papiermenge muß vom Kalander bzw. dem Umroller zügig verarbeitet werden. Deshalb ist deren Höchstgeschwindigkeit meist doppelt so groß wie die Fertigungsgeschwindigkeit des Papiers, weil ja bei Kalandern und Umrollern Stillstandszeiten für den Rollenwechsel und Einzieh- und Hochfahrzeiten benötigt werden. In modernen Zeitungspapierfabriken beschränkt sich das Umrollen hauptsächlich auf das Hoch- und das Abwärtsfahren, wobei mit der maximalen Geschwindigkeit nur relativ kurze Zeit gefahren wird. Dies kommt daher, daß aus einer Mutterrolle mit 1,5 bis 2 m Dmr. 3 Fertigrollen relativ kleinen Durchmessers hergestellt werden, die rasch vollgewickelt sind. Bei hohen Papiergeschwindigkeiten kommt man daher nicht mit einem Umroller aus, weshalb vielfach für zwei gleiche Papiermaschinen 3 Schnellumroller aufgestellt werden. Auch bei

Umrollern muß das Papier mit einer Geschwindigkeit von etwa 12 m/min eingezogen werden.

Bei Antrieben kleinerer Leistung genügt die Steuerung der Leonardspannung. Bei größeren Maschinen, auf denen bei den kleineren Geschwindigkeiten schwere Papiere mit größerer Bahnspannung umgerollt werden, sieht man vielfach Schaltgetriebe mit 2 bis 3 Schaltstufen vor. Die Notwendigkeit, eine Regelung der Bremsung vorzunehmen, ergibt sich meist nur bei großen, schnell laufenden Umrollern, bei denen Handeinstellung der Bremse nach Augenschein nicht mehr ausreichend ist.

b) Umroller mit Achsantrieb. Bei diesen Umrollern ist zu beachten, daß bei konstanter Bahnspannung das größte Antriebsmoment bei vollgewickelter Rolle auftritt. Der Antrieb muß daher für das Antriebsmoment und die Wickeldrehzahl bei voller Rolle und größter Papiergeschwindigkeit bemessen werden. Das bedeutet, daß der Antrieb im ganzen Wickelbereich bei gleichbleibender Bahnspannung und Geschwindigkeit konstante Leistung abgeben muß. Bei Gleichstromantrieb wird daher Verstellung des Motorfeldes entsprechend dem Wickelbereich vorgesehen. Der Leonardgenerator bestreicht mit Spannungsverstellung den übrigen Drehzahlbereich bis herab zur Einziehgeschwindigkeit von etwa 12 m/min.

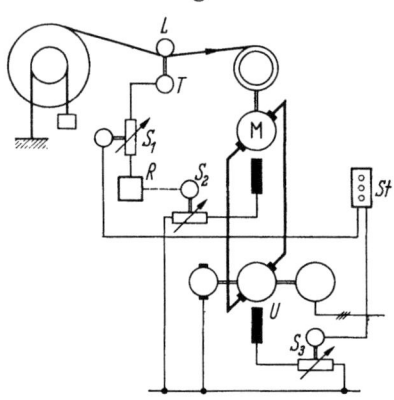

Abb. 124. Umroller mit Achsantrieb und Regelung auf konstante Papiergeschwindigkeit

U Leonardumformer; M Antriebsmotor; L Papierleitwalze; G Tachometermaschine; S_1 Sollwertsteller; R Drehzahlregler; S_2 Motorfeldsteller; S_3 Generatorfeldsteller; St Steuertafel

Die jeweils mögliche maximale Papiergeschwindigkeit ist durch die Papiersorte und die Güte der Aufwicklung auf den Rollen begrenzt. Nach dem Aufwickeln fährt man daher durch entsprechende Verstellung der Ankerspannung und Schwächung des Feldes in die Nähe der zu fahrenden Geschwindigkeit hoch. Diese wird schließlich bei gleichgebliebener Drehzahl mit zunehmendem Rollendurchmesser erreicht. Ein von einer Papierleitwalze angetriebener Geschwindigkeitsmesser zeigt an, daß nunmehr die Drehzahl wieder ermäßigt werden soll. Dies erfolgt oft mittels eines Tachometerdynamos an der Leitwalze, einem einfachen Regler und einem Stellmotor am Feldsteller (Abb. 124). Die Bahnspannung ist durch die Bremse an der ablaufenden Rolle bestimmt, die mit abnehmendem Rollendurchmesser gelüftet werden muß (s. S. 74).

Solche Umroller werden als Vorroller verwendet, um aus der von der Papiermaschine kommenden Rolle fehlerhafte Stellen, seien es Bahnstücke mit Löchern oder Abrisse, zu beseitigen und die Enden der Bahn zusammenzukleben. Dazu muß der Vorroller öfter stillgesetzt werden. Die Bremse wird also stark in Anspruch genommen. Vorroller sind für eine Höchstgeschwindigkeit bis zu 1500 m/min gebaut worden. In neuerer Zeit werden diese Maschinen weniger verwendet, seine Aufgabe wird dem Umroller mit Tragwalzenaufroller übertragen, der bessere Rollen liefert.

Bei Feuchtumrollern, die mit kleinerer Geschwindigkeit arbeiten, ist zwischen Abroller und achsgetriebenem Aufroller die Feuchteinrichtung angeordnet. Meist wird vom Motor eine Walze dieser Einrichtung angetrieben und über eine Reibungskupplung (s. S. 71) die aufzuwickelnde Rolle.

VI. Elektrischer Antrieb der Teilmaschinen, Mehrmotorenantrieb

Besitzen die einzelnen Teilmaschinen einer Arbeitsmaschine je eine Eintriebsstelle des Antriebes und sind sie sonst nur durch die Papierbahn miteinander verbunden, spricht man von einer „offenen" Maschine. Diese Eintriebe waren bisher die Abzweige einer mechanischen Transmission. Im folgenden soll jede Teilmaschine einen besonderen Elektromotor erhalten. Bei einem solchen Mehrmotorenantrieb gelten natürlich die Ausführungen der vorhergehenden Abschnitte, der Mehrmotorenantrieb erfordert jedoch wegen der Verknüpfung der Teilmaschinen durch die Papierbahn zusätzliche Einrichtungen für die Steuerung und Regelung der Motoren und für die Energieversorgung.

A. Kennzeichen der Antriebe offener Maschinen

Bei einer in der Abb. 125 durch 2 Walzen dargestellten Teilmaschine halten im Beharrungszustand die Drehmomente von Motor M_m und Zugkräften S im Papier dem Widerstandsmoment M_w der Walze das Gleichgewicht

$$M_m + (S_2 - S_1)r = M_w \qquad (91)$$

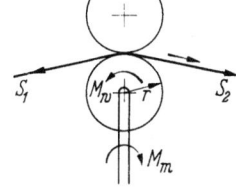

Abb. 125
Drehmomente und Kräfte an einer Walze
M_m Motormoment; M_w Widerstandsmoment der Walze; S_1, S_2 Bahnspannungen; r Halbmesser der Walze

Die Drehmomente der Zugkräfte sind bei nassem Papier vernachlässigbar klein gegenüber dem Widerstandsmoment der Teilmaschine, ebenso wenn mit kleiner Bahnspannung oder mit Durchhang gearbeitet wird. Bei trockenem Papier, also in den Schlußgruppen von Papiermaschinen und bei Papierbearbeitungsmaschinen kann jedoch eine kräftige Bahnspannung die Größe des noch notwendigen Motormoments erheblich beeinflussen und bei Änderungen zu Drehzahlstörungen führen. Tritt andererseits durch Änderung des Widerstandsmomentes eine Drehzahlabweichung auf, so ändern sich die Bahnspannungen und stören damit den Lauf der Nachbarmaschinen.

Laständerungen eines Motors wirken auf die Netzspannung zurück, so daß, besonders bei größeren Änderungen, die Drehzahlen aller am gleichen Netz hängenden Motoren beeinflußt werden. Auch beim Beschleunigen und Verzögern der ganzen Maschine sollen die Drehzahlverhältnisse aller Teilmaschinen, d. h. der Gleichlauf, erhalten bleiben. Störend wirken hier die oft sehr unterschiedlichen Anlaßzeitkonstanten der Teilmaschinen mit Motor, die besonders durch die Schwungmassen bedingt sind. Störungen äußern sich vor allem dort, wo 2 Teilmaschinen mit sehr unterschiedlichen Zeitkonstanten aufeinanderfolgen.

Die beschriebenen Wechselwirkungen beeinträchtigen den gleichmäßigen Lauf der Antriebe. Daher müssen für die Motoren Regelungen vorgesehen werden, die die Drehzahlabweichungen in kleinen Grenzen halten. Nur bei Maschinen, die mit festen Bahnen und kleinen Geschwindigkeiten arbeiten, kann auf eine Regelung der einzelnen Antriebe verzichtet werden. Hier genügt es vielfach, durch Handverstellung aufgetretene größere Durchhänge zu korrigieren oder über den Bahnzug einen Ausgleich der Drehzahl herbeizuführen. Dabei wirkt die Papierbahn ähnlich dem Riemenantrieb eines mechanischen Antriebes.

B. Gleichspannungsquellen

Für die Stromversorgung von Mehrmotorenantrieben werden die auf S. 89 ff. behandelten Gleichstromquellen verwendet. Die Aufteilung des Antriebes in mehrere Motoren ermöglicht unterschiedliche Anordnung und Kombination der Gleichstromquellen. Hierbei ergeben sich auch abweichende Auswirkungen auf die Steuerung und Regelung der Antriebe.

1. Gemeinsame Sammelschiene (Eingeneratorantrieb)

Sämtliche Teilantriebe werden an eine Sammelschiene angeschlossen, die von einem Leonardgenerator oder einem Gleichrichter gespeist wird. Damit erhalten alle Motoren stets die gleiche Ankerspannung.

Bei den meisten Papierverarbeitungsmaschinen ist ein Herausnehmen eines Motors aus dem Verband und sein Wiedereinfügen nicht notwendig. In solchen Fällen werden alle Motoren durch die gemeinsame veränderliche Spannung vom Stillstand bis zur jeweiligen Arbeitsgeschwindigkeit hochgefahren. Andere Maschinen, besonders Papiermaschinen, verlangen, daß jede Teilmaschine, also jeder einzelne Motor, zur Durchführung von Hilfsarbeiten vorübergehend aus dem Verband gelöst wird. Das kann bei Kriechgeschwindigkeit, aber auch bei

B. Gleichspannungsquellen

Arbeitsgeschwindigkeit notwendig werden. Dazu wird der Motor durch ein Schütz von der Sammelschiene getrennt und damit zum Stillstand gebracht. Um ihn wieder anzulassen und in den Verband zu bringen, sind besondere Anlaßgeräte notwendig.

Die ganze Maschine wird durch Verstellen der Leonardspannung gesteuert und geregelt. Die Abb. 126 zeigt die Grundschaltung eines solchen Antriebes. Bei gemeinsamer, gleichbleibender Ankerspannung verbleibt als Ursache von Drehzahlabweichungen der Teilmotoren die Änderung des Spannungsabfalls im Motoranker und seiner Zuleitung bei Belastung oder die Änderung des Motorfeldes. Die durch Laständerung eines Teilmotors hervorgerufene Abweichung der Leonardspannung ist bei dem großen Generator gering, sie wirkt sich nur in kleinem Maße auf die Motoren aus. Die Größe des gemeinsamen Leonardgenerators ist durch das größte

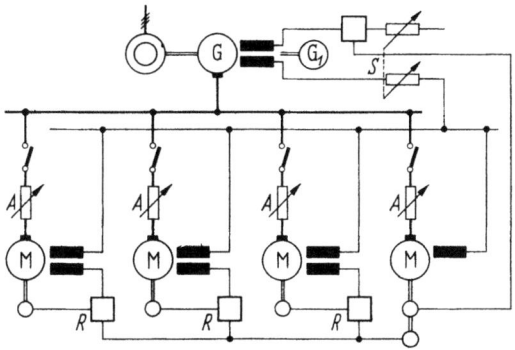

Abb. 126. Mehrmotorenantrieb mit Sammelschiene
G gemeinsamer Leonardgenerator; G_1 Erregermaschine; M Teilmotoren; S Steuerung und Regelung des Geschwindigkeitsniveaus; A Anlasser; R Drehzahleinstellung und Regelung der Motoren

Moment der gesamten Papiermaschine bedingt. Da bei Auswahl der Motoren die größten von den Teilmaschinen geforderten Momente zugrunde zu legen sind, diese aber nicht gleichzeitig auftreten und die Motoren wegen der Regelung reichlich gewählt werden, ist die Leistung des Generators fast stets kleiner als die Summe der installierten Motorleistungen.

Wenn bei Maschinen zur Herstellung von Kreppapier die auf die Kreppeinrichtung folgenden Teilmaschinen mit bis auf ein Drittel verminderbarer Drehzahl laufen sollen, wird die Herabsetzung der Drehzahl durch einen Absatzgenerator erzielt, der mit der Spannung der Sammelschiene in Reihe geschaltet wird. In Sonderfällen wird statt dessen ein zweiter Leonardgenerator mit getrennter Sammelschiene verwendet. Folgt nur ein Teilmotor, kann die Einstellung der Drehzahl im Feld des Motors vorgenommen werden. Das System mit einer Spannungsquelle und gemeinsamer Sammelschiene für alle Motoren wird in weitaus überwiegendem Maße angewendet.

2. Antrieb mit Einzelgeneratoren

Jedem Motor bzw. jedem Motorverband, der mechanisch verbundene Walzen einer Teilmaschine antreibt, wird ein eigener Leonardgenerator zugeordnet. Alle Generatoren werden zur Verstellung und Aufrecht-

180 VI. Elektrischer Antrieb der Teilmaschinen, Mehrmotorenantrieb

erhaltung der Papiergeschwindigkeit gemeinsam, z. B. über eine Hilfserregermaschine, gesteuert und geregelt. Die Abb. 127 zeigt die Grundschaltung. Dabei soll die Spannung aller Generatoren möglichst um den gleichen Betrag verstellt werden.

Die Drehzahlabweichung eines Motors wird jetzt auch durch den Spannungsabfall im zugehörigen Generator beeinflußt. Dementsprechend wird der notwendige Stellbereich des Reglers annähernd verdoppelt, was auch einen schnelleren Regler erfordert, wenn die Abweichungen klein bleiben sollen. Bei der gemeinsamen Steuerung und Regelung der vielfach unterschiedlich großen Generatoren entspricht nur die Spannung

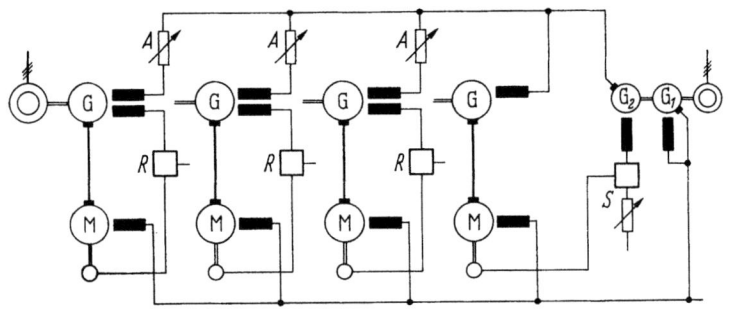

Abb. 127. Mehrmotorenantrieb mit Einzelgeneratoren
G Einzelgeneratoren; G_1 Erregermaschine für konstante Spannung; G_2 dgl. für veränderbare Spannung; M Teilmotoren; S Einstellung und Regelung des Geschwindigkeitsniveaus; A Anlaßsteller; R Drehzahleinstellung und Regelung der Motoren

des Generators der vorgenommenen Einstellung, der den Motor mit Tachometermaschine zur Regelung der Spannung speist. Bei den übrigen Generatoren verbleiben, wenn auch kleine, Spannungsunterschiede, die Drehzahlabweichungen verursachen. Sie werden von der Gleichlaufregelung erfaßt.

Die Einzelgeneratoren müssen entsprechend der Leistung der von ihnen gespeisten Motoren ausgelegt werden. Die installierte Generatorleistung ist daher größer als bei dem System mit gemeinsamer Sammelschiene und größer als die Summe der installierten Motorleistungen. Wenn der gemeinsame Generator wegen seiner Größe eine kleinere Drehzahl (z. B. 1000 statt 1500 U/min) erhalten müßte, bringt die höhere Drehzahl der kleineren Einzelgeneratoren einen gewissen Ausgleich der sonst höheren Anschaffungskosten.

Jeder Teilmotor kann völlig unabhängig von anderen im ganzen Drehzahlbereich durch den Feldsteller seines Generators gesteuert werden. Die Steller ersetzen die Ankeranlaßgeräte der Sammelschienenspeisung. Sie können durch die Sollwertsteller der Generatorregelungen ersetzt werden, wenn die Regler entsprechend dem gesamten Spannungsbereich der Generatoren ausgelegt werden. Die vielen Einzelgeneratoren, die mit den Drehstrommotoren zu Sätzen von 3 bis 5 Maschinen zusammengesetzt werden, erfordern einen erheblichen Platz. Die Verwendung von Einzelgeneratoren bedingt bei sonst gleicher Ausführung des Antriebes meist eine Erhöhung der Anschaffungskosten.

Die Ausregelung von Abweichungen der Motordrehzahl erfolgt im Feld des Generators. Da die Motoren ihr volles Feld behalten, können sie bei allen Geschwindigkeiten voll belastet und größere Bereiche der Arbeitsgeschwindigkeit ohne zusätzliche Maßnahmen ausgefahren werden. Besonders vorteilhaft ist das System mit Einzelgeneratoren dann, wenn die Arbeitsmaschine nur aus wenigen Teilmaschinen besteht und große Drehzahlunterschiede zwischen den einzelnen Antrieben eingestellt werden sollen, z. B. bei manchen Maschinen zur Herstellung von Kunststoffbahnen oder bei schnellen Tissue-Papiermaschinen.

3. Antrieb mit mehreren Generatoren und gemeinsamer Sammelschiene

Bei Papiermaschinen größerer Leistungen werden vielfach zur Kostenminderung statt eines großen Generators mit niedriger Drehzahl zwei schnell laufende Maschinen halber Leistung auf die Sammelschiene geschaltet, die im übrigen wie ein einziger Generator arbeiten.

Die Vorteile der gemeinsamen Sammelschiene und der Steuerung bei Einzelgeneratoren lassen sich in großem Maße vereinen, wenn bei

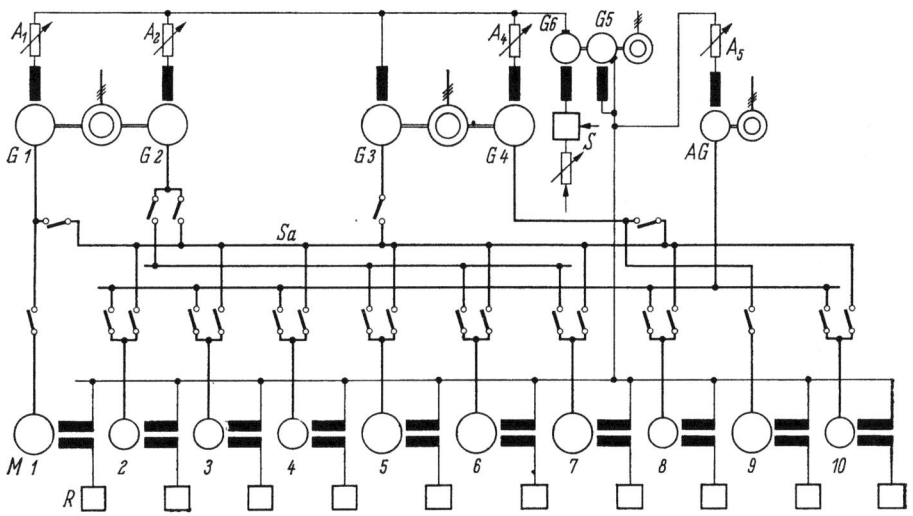

Abb. 128. Mehrmotorenantrieb mit mehreren Leonardgeneratoren (G) und Speisung der Teilmotoren (M) von der Sammelschiene (Sa)

S Einstellung und Regelung des Geschwindigkeitsniveaus; A Anlaßsteller; Steuerung von M_1 durch G_1, $M_5 - M_7$ durch G_2, M_9 durch G_4, $M_2 - M_4$, M_8, M_{10} durch Anlaßgenerator; R Drehzahleinstellung und Regelung der Motoren; G_5, G_6 Erregermaschinen für konstante bzw. veränderbare Spannung

großen Papiermaschinen der Hauptgenerator in vier bis sechs gleich große, aber entsprechend kleinere Maschinen aufgeteilt wird. Betriebsmäßig arbeiten alle Generatoren parallel auf die Sammelschiene (Abb. 128). Sie werden gemeinsam gesteuert und geregelt. Ihre Größe entspricht etwa dem Leistungsbedarf der großen Teilmaschinen, wie Siebpartie, Trockengruppen, Glättwerk. Einzelne Generatoren (G_1, G_4) werden den oft einzeln zu steuernden Motoren, z. B. für die Siebpartie, evtl. das Glättwerk, zugeordnet, so daß diese Generatoren bei Bedarf von der Sammelschiene abgeschaltet und zur Steuerung des zugeordneten Motors verwendet werden können. Ein weiterer Generator (G_2) wird nach Abschaltung von der Betriebsschiene als Anlaßgenerator für die übrigen großen Antriebe verwendet. Die restlichen Generatoren, wenigstens aber einer, bleiben dauernd an der Sammelschiene. Für die Motoren kleinerer Leistung, wie Pressen und Roller, wird ein kleiner Anlaßumformer (AG) aufgestellt, mit dem die Maschinen nacheinander gesteuert werden.

Die Anordnung behält durch die gemeinsame Sammelschiene den Vorteil geringerer Drehzahlabweichung bei gleicher Störung, erlaubt Unabhängigkeit in der Einzelsteuerung oft zu steuernder Maschinengruppen und vermeidet den großen Aufwand, der mit der Aufstellung von Einzelgeneratoren verbunden ist, zumal die zu installierende, gesamte Generatorleistung nicht größer als bei Verwendung eines einzigen Generators sein muß. Die Anordnung wird vor allem bei schnellen Papiermaschinen mit mehreren Motoren großer Leistung und einer Anzahl kleinerer Motoren verwendet.

4. Mehrmotorenantrieb mit Gleichrichtern

Vielfach werden auch bei Mehrmotorenantrieben an Stelle von Leonardgeneratoren Quecksilberdampfgleichrichter, für kleinere Steuerbereiche der Arbeitsgeschwindigkeit auch Siliziumgleichrichter mit Generatoren in Zu- und Gegenschaltung oder Drehtransformatoren, für kleinere Leistungen auch gesteuerte Transduktoren oder Siliziumgleichrichter, verwendet. Da sich bei solchen Anordnungen Spannungsänderungen des Drehstromnetzes sofort auf die Gleichspannung übertragen, muß insbesondere bei unruhigem Netz und höheren Ansprüchen an den Gleichlauf eine schnelle Regelung der Spannung vorgesehen werden; denn Spannungsänderungen beeinflussen nicht nur die Geschwindigkeit der ganzen Maschine, sondern haben auch Abweichungen im Gleichlauf der Motoren zur Folge.

Bei Quecksilberdampfgleichrichtern kann — wie bei Leonardumformern — der gesamte Geschwindigkeitsbereich bis herab zur Kriechgeschwindigkeit beherrscht werden. Anordnungen mit Siliziumgleichrichter in Zu- und Gegenschaltung mit einem Generator werden aber zwecks Erzielung hoher Wirkungsgrade für kleine Steuerbereiche, etwa bis 1:3, ausgelegt. Für Hilfsarbeiten muß also ein Kriechsatz vorgesehen werden (s. S. 184). Das Hochfahren der Antriebsmotoren auf die Arbeitsgeschwindigkeit erfolgt nacheinander mit der Anlaßeinrichtung, wofür bei größeren Maschinen vorzugsweise ein Anlaßgenerator vorgesehen wird. Zwischen kleinster und größter Arbeitsgeschwindigkeit werden alle Motoren gemeinsam durch den Gleichrichter gesteuert. Transduktoren werden auch wie Einzelgeneratoren zur Speisung je eines Teilmotors verwendet. Die fortschreitende Entwicklung im Bau leistungsstarker, steuerbarer Siliziumgleichrichter erschließt ihre Verwendung zur Einzelspeisung der Teilmotoren. Gegenüber dem System mit Einzelgeneratoren bringen sie vor allem die Vorteile der ruhenden Anordnung mit geringer Wartung, der trägheitslosen Steuerung und der geringen Verluste.

5. Zusatzmaschinen

Sollen größere Geschwindigkeitsbereiche, mehr als etwa 1:5, zügig durchfahren werden, erfordert die Gleichlaufregelung im Motorfeld kleine Spannungsabfälle, also größere, schlecht ausgenützte Maschinen. Größere Vorteile und eine bessere Regelung bringt die Regelung der Ankerspannung. Bei Antrieben mit Einzelgeneratoren wird stets im Anker geregelt. Der Anschluß der Motoren an eine Sammelschiene erfordert aber Anordnung einer Zusatzmaschine im Ankerkreis eines jeden Motors. Sie wird ausgelegt entsprechend der Stromstärke des Motors und für eine Spannung, die für die Einstellung der geforderten veränderbaren Drehzahlunterschiede zu den Nachbarantrieben und zur Ausregelung der auftretenden Drehzahlstörungen ausreicht. Eine Halbierung des Spannungsbereiches der Maschine erzielt man durch Zu- und Gegenschaltung zur Spannung der Sammelschiene. Für die Gleichlaufregelung von Papiermaschinen genügt meist eine Spannung von etwa ± 20 bis 25 V, so daß ihre maximale Leistung etwa 5% von der des Teilmotors beträgt. Die Felder der Teilmotoren werden so eingestellt, daß die Zusatzmaschinen im stationären Betrieb in der Nähe ihrer Nullspannung arbeiten, also kaum belastet sind. Bei der Vielzahl der Antriebe werden 4 Zusatzmaschinen mit einem Drehstrommotor zu einem Satz zusammengestellt und zur Platzersparnis oft 2 Sätze übereinander angeordnet. Wegen der unterschiedlichen und meist nur geringen Belastung eines solchen Satzes genügt es, den Drehstrommotor für etwa die halbe installierte Leistung der Zusatzmaschinen auszulegen.

An Stelle der umlaufenden Sätze kann man auch ruhende Anordnungen, z. B. mit Transduktoren und nachgeschalteten Halbleitergleichrichtern verwenden, die jedoch nur eine Zusatzspannung liefern. Hierbei muß aber darauf geachtet werden, daß die Gleichrichter trotz der kleinen Betriebsspannung eine genügend hohe Sperrspannung aufweisen, wenn bei Störungen die volle Leonardspannung an den Gleichrichtern ansteht. Um handelsübliche Transduktoren für normale Netzspannung verwenden zu können, ist erforderlich, den notwendigen Transformator zur Herabsetzung der Netzspannung auf die Zusatzspannung hinter den Drosseln anzuordnen.

C. Drehzahlsteuerung

Zu der auf S. 115 ff. behandelten Drehzahlsteuerung treten bei Mehrmotorenantrieb besondere Anforderungen und diesen entsprechende Einrichtungen. Sie ergeben sich vor allem daraus, daß die Motoren auch einzeln gesteuert werden müssen, aber bei der Fertigung im Verband arbeiten.

1. Anlassen

a) Arbeiten bei Kriechgeschwindigkeit. Für Hilfsarbeiten, besonders an Papiermaschinen, wie Säubern der Maschinenteile, Beseitigung von Mängeln, Einziehen von Sieb und Filzen, Vorwärmen und Abkühlen von Trockenzylindern, wird eine kleine Geschwindigkeit von etwa 15 bis 30 m/min gewünscht, auf die die einzelnen Teilmaschinen möglichst unabhängig voneinander und mit beliebigen, zwischengeschalteten Stillständen gebracht werden können. Bei der kleinen Spannung von etwa 30 bis 50 V können die Motoren meist unmittelbar mittels ihrer Schütze durch Steuerschalter vorübergehend für kurze oder für längere Zeit eingeschaltet werden.

Bei kleineren Papiermaschinen wird der Leonardgenerator auf Kriechspannung herabgeregelt. Bei größeren Maschinen soll eine Antriebsgruppe bei weiterlaufender Papiermaschine bei kleinen, schnell zu beseitigenden Störungen auf Kriechgeschwindigkeit gebracht werden. Wenn der Antrieb nicht mit Einzelgeneratoren ausgerüstet ist, erfolgt das Herunterfahren auf Kriechbetrieb und das Wiederhochfahren mittels eines Anlaßgenerators oder es wird ein Kriechsatz vorgesehen, auf den der Teilmotor nach dem Abstellen geschaltet wird. Anschließend bringt der Anlasser den Motor wieder auf Arbeitsgeschwindigkeit. Die Aufstellung eines Kriechsatzes bedingt für jeden Teilmotor ein weiteres Schütz, wodurch die Schaltanlage vergrößert wird.

Der Kriechsatz besteht aus einem Leonardgenerator für eine Spannung von etwa 50 V und einem Strom entsprechend etwa 60% des Stromes des Hauptumformers, so daß damit die ganze leer laufende Papiermaschine im Kriechbetrieb gehalten werden kann. Statt des Maschinenumformers wird gern ein Halbleitergleichrichter verwendet, der den Vorteil der schnellen Betriebsbereitschaft durch Einlegen des Netzschalters aufweist.

b) Anlassen eines Teilmotors. Bei älteren kleinen Antrieben wurden vielfach handbetätigte Widerstandsanlasser mit Schütz vorgesehen. Sie müssen für Anlassen bei höchster Leonardspannung ausgelegt sein, bei kleiner Spannung läuft dann der Motor erst bei einer folgenden Stufe an. Da es meistens genügt, wenn die Teilmotoren nacheinander angelassen werden, hat sich eine für alle Motoren gemeinsame Anlaßeinrichtung (Abb. 129) eingeführt. Dabei wird der anzulassende Motor durch ein Einschaltschütz auf die Anlaßeinrichtung geschaltet und nach

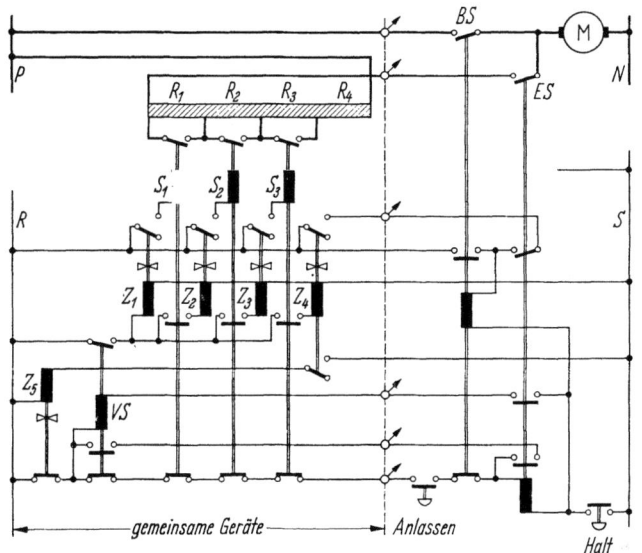

Abb. 129. Gemeinsame Anlaßeinrichtung mit Widerstand und Schützen
ES Motoreinschaltschütz; BS Motorbetriebsschütz; S_1-S_3 Stufenschütze; R_1-R_4 Anlaßwiderstand; z Zeitrelais (z_1-z_3 für S, z_4 für BS, z_5 für VS); VS Schütz für Verriegelung und Abschaltung von z, S und ES; ♂ Anschlußpunkte für weitere Teilmotoren; nach SSW

deren Ablauf durch das Motorbetriebsschütz an die Sammelschiene gelegt. Die Einrichtung wird damit frei zum Anlassen des nächsten Motors. Durch entsprechende Verriegelung wird die Aufschaltung eines zweiten Motors auf die bereits besetzte Anlaßeinrichtung verhindert. Zweckmäßig ist das Anbringen eines Leuchtsignals auf der Führerseite der Papiermaschine. Die selbsttätige Anlaßeinrichtung erfordert für jeden Motor ein Einschaltschütz für Anschluß an den Anlasser und ein Betriebsschütz für Anlegen an die Sammelschiene.

Die Anlaßeinrichtung selbst kann unterschiedlich ausgeführt werden. Für kleine bis mittelgroße Maschinen wird vornehmlich ein Schützanlasser mit zeitabhängiger Schaltung der Widerstandsstufen verwendet. Da es auf schnelles Anlassen meist nicht ankommt, wird das Anlassen unterschiedlich großer Motoren mit dem gleichen Gerät ermöglicht, wenn nur die Schaltzeiten und Widerstände auch den großen und schwerer anlaufenden Motoren entsprechen. Schwieriger wird die Anpassung bei stromabhängiger Fortschaltung, die deshalb kaum angewendet wird.

Bei größeren Maschinen wird meist ein Anlaßgenerator mit Anlaßfeldsteller (Abb. 130) vorgesehen. Beim Aufschalten auf den Motor ist er nur schwach erregt, der Steller mit Motorantrieb erhöht seine Spannung, wobei ein Differential-Spannungsrelais oder eine Relaiskombination Anlaß- und Sammelschienenspannung vergleicht und die Umschaltung des Motors bewirkt. Zur Begrenzung des Anlaßstromes, besonders bei größeren Antrieben kann in einfacher Weise ein Stromrelais vorgesehen werden, das den Hochlauf des Anfahrstellers zeitweilig unterbricht. Der Betrieb kann weiter automatisiert werden, wenn der Anlaßumformer nach Verstreichen einer gewünschten Zeit durch ein Relais stillgesetzt und beim ersten Anlaßbefehl zum Anlauf gebracht wird.

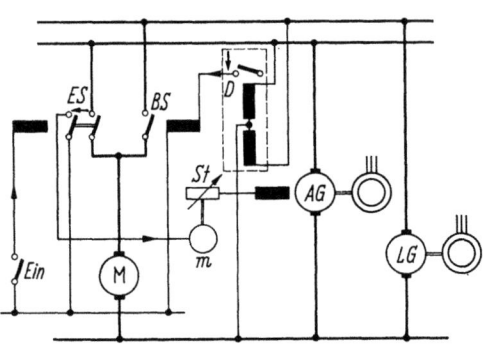

Abb. 130. Grundschaltung einer gemeinsamen Anlaßeinrichtung mit Anlaßgenerator
ES Einschaltschütz für Motor M; *BS* Motorbetriebsschütz; *AG* Anlaßgenerator; *St* Anlaßsteller mit Motor m; *D* Differential-Spannungsrelais; *LG* Leonardgenerator

c) **Netzbelastung durch Stromstöße beim Anlassen.** Bei Anlassen mit Widerstand belasten die beim Weiterschalten zur nächsten Stufe auftretenden Stromstöße das Netz. Bei Verwendung eines Anlaßgenerators entsteht ein Laststoß nur beim Umschalten von der Anlaß- auf die Netzspannung. Ebenso hat die Einschaltung der Gleichlaufregelung einen Stromstoß zur Folge. Diese sind bei kleineren Leistungen und, solange die Papiermaschine ohne Papier läuft, ohne besondere Bedeutung. Die Stromstöße können jedoch bei Motoren größerer Leistung, die nur einen kleinen Spannungsabfall im Anker aufweisen, erhebliche Beträge annehmen, die Spannungsabsenkungen im Leonardnetz bewirken und die Maschinenteile auch mechanisch stärker beanspruchen. Sie sind besonders dann unerwünscht, wenn eine Maschinengruppe aus der mit Papier laufenden Maschine kurzzeitig herausgenommen und wieder in den Verband gebracht werden soll, weil dann bei dem in den vorhergehenden Teilmaschinen noch laufenden Papier Abriß eintreten kann.

Bei Verwendung eines Anlaßgenerators läßt sich ein sanftes Überschalten erzielen. Ist die im Motor induzierte Spannung zum Zeitpunkt der Aufschaltung auf das Netz gleich der Netzspannung, erfolgt die Aufschaltung stromlos. Dazu muß die vom Anlaßgenerator gelieferte Spannung um den Spannungsabfall ΔU, der sich aus der Motorlast ergibt, und um die kleine Spannung ΔE_m, die dem Drehzahlabfall des während der Umschaltzeit spannungslos laufenden Motors entspricht, größer als die Netzspannung sein. Nach Anlegen an das Netz sinkt die Motordrehzahl weiter und nimmt dabei allmählich den der Last entsprechenden Strom auf. Schaltet man also auf das Spannungsrelais als Sollwert zusätzlich den gemessenen Spannungsabfall des Motors, so wird sanftes Überschalten erzielt. Der kleine Spannungsabfall während der Überschaltzeit kann bei schneller Umschaltung vernachlässigt werden.

d) Synchronisieren. Das Anlassen bringt den Teilmotor auf das Geschwindigkeitsniveau der Papiermaschine und legt ihn an das Leonardnetz. Es muß aber auch seine Gleichlauf-Regeleinrichtung in Betrieb genommen werden, damit der Motor die eingestellte Geschwindigkeit annimmt. Man nennt dies Synchronisieren.

Bei unmittelbarem Einschalten der Gleichlaufregelung können ebenfalls erhebliche Stromstöße auftreten. Erfolgt die Regelung im Motorfeld, so lassen sich die Stromstöße dadurch vermindern, daß der Stellbereich der Regelung vor dem Einschalten zunächst auf einen kleinen Betrag reduziert und anschließend, evtl. in mehreren Stufen, auf den vollen Bereich erhöht wird. Das kann bei Gleichlaufregelung mit Feldsteller durch zugeordnete Parallelwiderstände erfolgen, die den zunächst kurzgeschlossenen Steller allmählich freigeben. Der angelassene Motor läuft zunächst mit einer Drehzahl, die unterhalb der Solldrehzahl liegt. Die Gleichlaufregelung versucht daher die Drehzahl zu erhöhen, was nur im Rahmen des freigegebenen Stellbereiches möglich ist. Die Aufschaltung elektronischer Regler kann über ein Verzögerungsglied mit Kondensator und Widerstand erfolgen. Bei den vielfach erwünschten längeren Zeiten erfordert dies größeren Aufwand.

Wirkt die Regelung des Gleichlaufes auf Zusatzmaschinen im Ankerkreis, kann sie dauernd eingeschaltet bleiben. Der Regler stellt maximale Zusatzspannung ein, die damit die wirksame Anlaßspannung erhöht. Beim Anlassen läuft der Motor bis zur Solldrehzahl hoch, bei deren Überschreiten der Regler von der oberen Grenzlage in eine Mittellage zurückgeht und damit die Regelung übernimmt. Jetzt ist die Summe von Anlaß- und Zusatzspannung der Summe von Netzspannung und Spannungsabfall gleich geworden. Das Aufschalten auf das Netz erfolgt mit dem Laststrom des Motors, der während der Überschaltzeit stromlos läuft. Mit dem Aufschalten nimmt das Netz wieder den Laststrom des Motors auf. Während der Überschaltzeit sinkt die Drehzahl des stromlos gewordenen Motors und seine EMK um ein geringes ab, der Regler steuert aber die Zusatzmaschine auf höhere Spannung. Dabei können Spannungsunterschiede auftreten, die beim Überschalten einen größeren Strom geben. Bei kurzen Umschaltzeiten läßt sich der Schalt-

188   VI. Elektrischer Antrieb der Teilmaschinen, Mehrmotorenantrieb

strom genügend klein halten, bei den schnellen elektronischen Reglern empfiehlt es sich, eine Strombegrenzung vorzusehen (s. S. 191).

Bei Regelung im Motorfeld darf der Regler frühestens kurz vor Erreichen der Solldrehzahl eingeschaltet werden, damit der Motor mit vollem Feld hochfährt. Der Motor ist bei Erreichen der dem Netz gleichen Anlaßspannung auf die Solldrehzahl eingeregelt. Das Überschalten vom Anlaß- auf das Betriebsnetz kann jetzt wie vor durchgeführt werden.

Stromloses Überschalten bei vorheriger Synchronisierung ist nur möglich, wenn der Drehzahlsollwert vor dem Überschalten entsprechend dem Drehzahlabfall durch die Last erhöht wird und diese Sollwerterhöhung beim Aufschalten auf das Netz wieder weggenommen wird. Der Motor kommt stromlos an das Netz, mit dem Abfallen der Drehzahl, was durch die Regelung beschleunigt wird, nimmt er bei Solldrehzahl wieder den Laststrom auf.

2. Hochfahren

Die auf S. 122 ff. behandelten Verzögerungen bei Beginn und Beendigung des Hochfahrens eines Motors mittels Ankerspannung, aber auch bei Änderung der Hochfahrgeschwindigkeit, beeinflussen bei gleichzeitigem Hochfahren mehrerer Motoren die Spannung der durch die Maschine laufenden Papierbahn, weil die Anlaufzeitkonstanten der einzelnen Teilmaschinen einschließlich Motor meistens unterschiedlich sind. Vereinzelt hat man in Amerika bei Papiermaschinen versucht, die Anlaufzeitkonstanten aller Teilmaschinen durch Einbau zusätzlicher Schwungmassen oder von Ankerwiderständen gleich zu machen und so gleichen Hochlauf zu erreichen. Solche Maßnahmen sind umständlich und setzen die betriebliche Regelbarkeit leicht laufender Teilmaschinen auf die der Maschinen mit der größten Zeitkonstante herab.

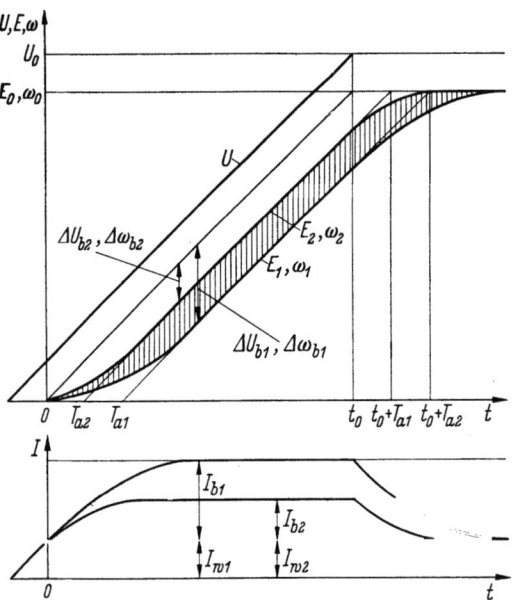

Abb. 131. Verzögerung beim Hochlauf von zwei Motoren
T_{a_1}, T_{a_2} Anlaufzeitkonstanten; t_0 Hochlaufzeit; ω_1, ω_2 Winkelgeschwindigkeit; w Zeiger entsprechend Widerstandsmoment; b Zeiger für Beschleunigung

Der beim Hochfahren auftretende Unterschied

C. Drehzahlsteuerung

des verlorenen Winkels zweier aufeinanderfolgender Maschinengruppen, der sich in der Änderung der Bahnspannung auswirkt, ergibt sich mit Gl. (71) von S. 124 zu beliebiger Zeit

$$\alpha_1 - \alpha_2 = (\Delta\omega_1 - \Delta\omega_2)\, t = \omega\, (T_{a1} - T_{a2}) \tag{92}$$

Er ist also auch proportional der Differenz der Anlaßzeitkonstanten und der erreichten Geschwindigkeit. Die Gl. (92) ist in Abb. 131 dargestellt.

Für den geradlinigen Hochlauf errechnet sich die auftretende Dehnung δ nach Gl. (22), wobei für die hierin enthaltenen Größen zu setzen ist:

$$\tau = \frac{l}{v}, \quad v = \frac{r\omega_0 t}{t_0}$$

und

$$\Delta v_{(t)} = (\Delta\omega_1 - \Delta\omega_2)\, r = \frac{\omega_0 r}{t_0}(T_{a1} - T_{a2}) = \text{konst.} \tag{93}$$

Hierbei ist für $(\Delta\omega_1 - \Delta\omega_2)$ aus Gl. (92) eingesetzt und der Einfachheit halber für beide Walzen gleicher Halbmesser angenommen. Setzt man

$$\frac{l\, t_0}{r\, \omega_0} = \frac{l}{b} = T_b^2 \tag{94}$$

worin b die Beschleunigung und T_b die Zeitkonstante der beschleunigten Bahn[1] bedeutet, so wird die Dehnung bei der Anfangsdehnung $\delta_0 = 0$

$$\delta = \frac{T_{a1} - T_{a2}}{T_b} e^{-(t/T_b)^2} \int_0^t e^{(t/T_b)^2}\, d(t/T_b) \tag{95}$$

Wird $(t/T_b)^2 = z$ gesetzt, die e-Potenz in eine Reihe aufgelöst und integriert, erhält man mit $\delta = 0$ für $t = 0$:

$$\delta = \frac{T_{a1} - T_{a2}}{T_b}\, \frac{t}{T_b}\, e^{-(t/T_b)^2}\left(1 + \frac{(t/T_b)^2}{3\cdot 1!} + \frac{(t/T_b)^4}{5\cdot 2!} + \cdots\right) \tag{96}$$

Die Reihe ist konvergent, ihr Betrag stets kleiner als $e^{(t/T_b)^2}$. Nachstehend sind für einige Beträge von t/T_b die Beiwerte zu δ angegeben.

t/T_b	0	0,5	1	2	∞
$e^{-(t/T_b)^2}\left(1 + \frac{(t/T_b)^2}{3\cdot 1!} + \cdots\right)$	1	0,85	0,538	0,143	0
$\delta \Big/ \frac{T_{a1} - T_{a2}}{T_b}$	0	0,425	0,538	0,286	0

Der zur Zeit proportionale Anstieg von δ wird durch die Beiwerte gedämpft. δ erreicht bei $t/T_b = 1$ mit dem 0,538 fachen von $(T_{a1} - T_{a2})/T_b$ ihr Maximum und geht anschließend asymptotisch auf Null zurück.

Beispiel: Ist $T_{a1} - T_{a2} = 0,2$ s, $l = 2$ m und wird v in 10 s um 50 m/min $= 0,83$ m/s erhöht, so ist $b = 0,83/10 = 0,083$ m/s², $T_b = \sqrt{2/0,083} = 3,75$ s und $(T_{a1} - T_{a2})/T_b = 0,2/3,75 = 5,34\%$. Davon erreicht δ maximal $5,34 \cdot 0,538 = 2,89\%$ nach 3,75 s.

---

[1] T_b entspricht der Durchlaufzeit der Bahn durch die freie Strecke $l/2$ bei konstanter Beschleunigung b, vom Stillstand an gemessen.

Ist die Anlaufzeitkonstante der nachfolgenden Walze größer als die der vorhergehenden, wird beim Hochfahren eine vorhandene Dehnung nach der gleichen Formel vermindert. Ist die Dehnung Null erreicht, tritt eine Verlängerung der freien Bahn ein. Diese ist mit Gl. (92)

$$\Delta l = (\alpha_1 - \alpha_2)\, r = v(T_{a1} - T_{a2}) = b(T_{a1} - T_{a2})\, t \tag{97}$$

Sie nimmt also mit wachsender Geschwindigkeit zu. Die relative Verlängerung der freien Bahn wird jetzt

$$\lambda = \frac{\Delta l}{l} = \frac{b}{l}(T_{a1} - T_{a2})\, t = \frac{T_{a1} - T_{a2}}{T_b^2}\, t \tag{98}$$

Ihr Betrag wächst also linear mit der Zeit und unterscheidet sich dadurch wesentlich von der Dehnung gemäß Gl. (96).

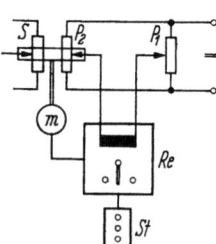

Abb. 132
Hochlauf mit Vorwahl der Geschwindigkeit

S Feld- oder Sollwerteinsteller mit Stellmotor m für die Geschwindigkeit; P_1 Vorwahl-Potentiometer; P_2 Nachlauf-Potentiometer; Re Nullrelais für Abschalten des Stellmotors m; St Steuertafel

Gleichmäßige Erhöhung der Geschwindigkeit ist außer von der konstanten Drehzahl des Stellmotors auch von der richtigen Abstufung des angetriebenen Stellers entsprechend der Magnetisierungskennlinie des Generators abhängig.

Bisweilen wird eine *Vorwahl der Arbeitsgeschwindigkeit* gewünscht, die auf einen gegebenen Steuerbefehl hin erreicht werden soll. Man kann dies mit einer einfachen Nachlaufsteuerung gemäß Abb. 132 erreichen. Der Steuerbefehl wird auf den Stellmotor des Generatorstellers, bei Antrieben mit Regelung auf konstante Drehzahl oder Spannung auf den des Sollwerteinstellers des Reglers gegeben. Mit ihm ist ein Potentiometer P_2 gekuppelt, das mit einem zweiten, von Hand verstellbarem Vorwählpotentiometer P_1 eine Brücke bildet. In der Verbindung der Schleifer liegt die Steuerspule eines Relais (z. B. eines magnetischen Kippverstärkers), das die Schütze des Stellmotors ausschaltet, wenn der Schleifer des Potentiometers P_2 die gleiche Lage wie P_1 einnimmt. Die Genauigkeit, mit der eine gewünschte Geschwindigkeit erreicht wird, ist von der Stufenzahl der Potentiometer und der Empfindlichkeit des Relais abhängig. Sie richtet sich danach, ob lediglich ein Automatisieren des Hochfahrens genügt, wobei gegebenenfalls anschließend eine Feineinstellung vorgenommen wird, oder ob sich gleich ein genauer Betrag der Geschwindigkeit ergeben soll.

3. Geregeltes Hochfahren

Wenn es auf hohe Gleichmäßigkeit beim Hochfahren ankommt, kann eine Regelung mit Vergleich des Spannungsanstieges, d. h. der Beschleunigung mit einem Sollwert, vorgesehen werden. Das läuft bei konstantem Reibungsmoment darauf hinaus, daß mit konstantem Strom hochgefahren wird. Dann wird der Laststrom und der gewünschte Sollwert auf einen Regler gegeben, der das gleichmäßige Hochfahren der Generatorspannung bei gleichbleibendem Strom bewirkt. Dies geschieht bis zur vollen Aussteuerung des Generators, wobei der Strom auf den stationären Laststrom sinkt und der Regler am oberen Anschlag anliegt. Vielfach soll dann ein Schaltvorgang eingeleitet werden, z. B. Synchronisierung des Motors oder Überschaltung auf das Betriebsnetz. Dazu ist ein Relais für den Spannungsvergleich notwendig, wie auf S. 186 ausgeführt. Dessen Funktion und die der Gleichhaltung des Hochfahrstromes kann ein Spannungsregler mit Strombegrenzung und nachgeschaltetem Stromregler übernehmen.

Da an den Teilmotoren im Betrieb größere Stromstöße nicht auftreten, wird die Anordnung einer Strombegrenzung an jedem Motorregler nicht benötigt. Es genügt, nur den Anlaßgenerator damit auszurüsten. In einer in Abb. 133 dargestellten Schaltung der SSW erhält der Anlaßgenerator einen Spannungsregler R_u und einen unterlagerten Stromregler R_i. Dem ersteren wird über den Wandler W_1 bei der Schalterstellung 1 die Differenz von Betriebs- und jeweiliger Anlaßspannung zugeführt. Im Ausgang verhindert die Begrenzung B die Überschreitung des eingestellten Stromes, der mit dem vom Wand-

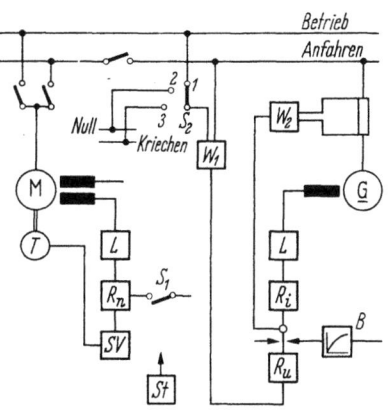

Abb. 133. Geregeltes Hoch- und Abwärtsfahren mit Anlaßgenerator

M Teilmotor; T Drehzahlgeber; SV Sollwerteinsteller und Soll-Istwert-Vergleich; R_n Drehzahlregler; S_1 Schalter für Stromversorgung von R_n; S_2 Steuerschalter für Wandleranschluß: Hochfahren (1), Abwärtsfahren auf Stillstand (2), auf Kriechen (3); G Anlaßgenerator; W_1 Wandler für Spannungsdifferenz zwischen Betriebs- und Anlaßspannung, Stillstand bzw. Kriechnung; W_2 Stromwandler; R_u Spannungsregler; R_i Stromregler; L Leistungsverstärker; B Begrenzung; St Steuerung; nach SSW

ler W_2 gelieferten Anlaßstrom verglichen wird und den Stromregler R_i steuert. Der Motor wird so mit konstantem Strom hochgefahren, bis an dem Wandler W_1 die Differenzspannung zu Null geworden ist. Hierauf wird der Drehzahlregler R_n des Motors, z. B. durch Anlegen seiner Stromversorgung S_1 eingeschaltet und so der Motor unter Überwachung durch die Strombegrenzung B synchronisiert. Nach Abklingen des Synchronisierstromes wird der Motor bei richtiger Spannung und Drehzahl an die Betriebsschiene gelegt und vom Anlaßgenerator abgetrennt. Der Anlaßgenerator wird durch Umlegen des Wandlerschalters auf Stellung 2 entsprechend Nullpotential entregt, so daß er für weitere Verwendung frei wird.

Der Teilmotor kann auch durch den Anlaßgenerator auf Stillstand oder Kriechgeschwindigkeit generatorisch unter Strombegrenzung abgebremst werden. Dazu wird der Motor vom Betriebsnetz abgeschaltet, so daß seine Drehzahl sofort abzusinken beginnt. Der Anlaßgenerator wird gleichzeitig bei Schalterstellung 1 erregt und auf ihn der Motor geschaltet, so daß er bei etwas abgesunkener Drehzahl aufgefangen wird. Anschließend wird der Schalter auf Stellung 2 entsprechend Stillstand oder Stellung 3 entsprechend Kriechen gelegt und der Motor mit dem Begrenzungsstrom zum Stillstand oder Kriechen gebracht. Bei Stillstand fällt das Anfahrschütz ab, so daß der Anlaßgenerator frei wird. Bei allen Vorgängen ist die Strombegrenzung wirksam. Die richtige Reihenfolge wird selbsttätig durch eine in der Abb. 133 mit *St* bezeichnete Steuerung mittels Relais oder Simatikelementen sichergestellt.

Das Regeln beim Hochfahren erfordert einen gewissen Aufwand an Geräten. Man wird sich dazu nur bei großen Leistungen entschließen, wenn die vorher beschriebenen Anordnungen nicht mehr zugelassene Stromstöße ergeben.

4. Verminderung der Geschwindigkeit, Bremsen

Wie beim Hochfahren, kann auch die Verminderung der Geschwindigkeit des ganzen Verbandes mit seinem Generator oder für einen einzelnen Motor mit dem Anlaßgenerator vorgenommen werden. Zum Stillsetzen wird ausgeschaltet, so daß der Motor ausläuft.

Schnelles Stillsetzen durch Bremsen wird vor allem dann verlangt, wenn bei Papierverarbeitungsmaschinen die während des Auslaufs als Ausschuß anfallende Papiermenge, z. B. bei Kalandern und Umrollern, klein gehalten, oder die lange Auslaufzeit von Maschinen mit großen Schwungmassen, z. B. bei großen Trockenzylindergruppen von Papiermaschinen, verkürzt werden soll.

Die Verminderung der Ankerspannung wird mit den Mitteln des Hochfahrens, jedoch in umgekehrter Richtung bzw. Schaltfolge, vorgenommen. Wenn gebremst wird, vollzieht sich dies gemäß S. 124 ff. Auch eine Bremsregelung in der Art, wie auf S. 191 beschrieben, kann angewendet werden.

5. Umkehr der Drehrichtung

Bei den Arbeitsmaschinen der Papierindustrie liegt der Drehsinn der einzelnen Walzen von vornherein fest. Es kommt jedoch vor, daß bei Änderungen im Arbeitsverfahren die Drehrichtung einzelner Walzen im Stillstand umgekehrt werden soll. Dies kann bei Pressen, kleinen Glättpressen und dem Aufroller mit Achsantrieb eintreten. Für diese seltenen Fälle genügt ein Umklemmen der Motoranschlüsse.

Gelegentlich wird auch bei den Glättwerken ein kurzzeitiger Rückwärtslauf gewünscht, wenn sich die Papierbahn um die Walzen gewickelt hat und diese durch Drehrichtungsumkehr entfernt werden soll. Da solche Störungen schnell beseitigt werden müssen, sind Schalteinrichtungen für die Umkehr der Drehzahl erforderlich. Meist wird aber von dieser Art der Ausschußentfernung wegen Anwendung anderer Mittel, z. B. Aufschneiden der Bahn, Abstand genommen.

D. Regelung bei Mehrmotorenantrieb

Bei Arbeitsmaschinen mit Mehrmotorenantrieb sollen einerseits das eingestellte Geschwindigkeitsniveau der ganzen Maschine, andererseits die Geschwindigkeitsverhältnisse der einzelnen Teilmotoren konstant bleiben. Dementsprechend lassen sich Regelungen unterscheiden, die sich auf alle Teilantriebe auswirken, wie Regelung von Geschwindigkeit, Leonardspannung, Erregerspannung, Stromversorgung der Regler und Schaltgeräte. Diesen stehen die Gleichlaufregeleinrichtungen gegenüber, die den Lauf der Teilmotoren sicherstellen.

1. Gemeinsame Regelung des Motorverbandes

Die Regelung der den Motoren zugeführten einstellbaren Gleichspannung bzw. der Geschwindigkeit der Arbeitsmaschine ist bereits auf S. 154 und S. 169 ff. behandelt. Zusätzlich ist bei Mehrmotorenantrieben zu beachten, daß als Meßpunkt für die Geschwindigkeit der ganzen Maschine ein diese vertretender Teilmotor oder ein besonderer Leitmotor, der die Gleichlaufeinrichtungen antreibt, vorgesehen wird. Zur Regelung werden die früher beschriebenen Regler verwendet, wobei vorzugsweise die schnellen Röhren- und Transistorregler vorgesehen werden. Diese beschränken auftretende Abweichungen der Führungsgröße auf sehr kleine Beträge und halten so die als Störgröße wirkenden Abweichungen von den Teilmotoren fern. Bei großen Maschinen und bei Verwendung von Quecksilberdampf- oder Halbleitergleichrichtern sieht man außer der Drehzahlregelung auch eine Regelung auf konstante Spannung vor. Dabei ist es zweckmäßig, die Regelung der Maschinengeschwindigkeit z. B. auf eine Zusatzmaschine des Leitmotors, die Spannungsregelung auf das die Motoren speisende Netz wirken zu lassen. In anderen Fällen sieht man eine unterlagerte Regelung vor, wobei der Ausgang des Drehzahlreglers den Sollwert des Spannungsreglers bestimmt (s. S. 154). Mit diesen Maßnahmen werden einfache Regelkreise geschaffen, die leicht auf optimales Arbeiten eingestellt werden können. Der relativ kleine Leitmotor hat gegenüber den Teilmotoren auch eine kleine Anlaufzeitkonstante, so daß er auf Spannungsänderungen, besonders bei Verstellung der Arbeitsgeschwindigkeit, schneller anspricht. Dieses Verhalten hat man bei großen Maschinen dadurch abgedämpft, daß z. B. die Kupplung des Leitmotors bei Anschluß an die Sammelschiene ein Schwungrad erhält oder daß bei Anschluß an einen eigenen Leitgenerator der Befehl zur Verstellung der Leonardspannung über eine Verzögerung mittels eines RC-Gliedes auf den Sollwert der Regelung des Leitgenerators gegeben wird (Abb. 134). Der Generator für Speisung der Teilmotoren erhält den Stellbefehl ohne Verzögerung.

Wenn mehrere Generatoren die Sammelschiene speisen, müssen alle Generatoren gleichzeitig geregelt werden, sei es über eine gemeinsame Erregermaschine oder eine entsprechend leistungsfähige Endstufe des Reglers. Bei Antrieben mit Einzelgeneratoren ist es zweckmäßig, den die ganze Maschine betreffenden Regelimpuls an die Regler eines jeden Generators heranzuführen.

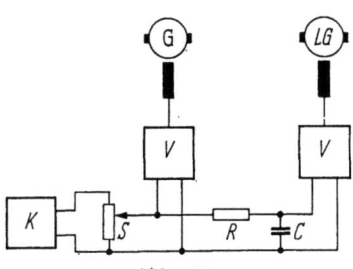

Abb. 134
Leitmotor mit verzögertem Sollwert
K Konstantspannung; *S* Sollwerteinsteller; *RC* Verzögerungsglied; *V* Verstärker; *LG* Generator für Leitmotor; *G* Generator für Teilmotoren

An die Erregermaschine sollen keine anderen Stromverbraucher für Hilfseinrichtungen und Steuerzwecke angeschlossen werden, weil sie durch die entstehenden Laständerungen die Konstanz der Erregerspannung beeinflussen. In einzelnen Fällen werden auch Erregermaschinen mit Regler für konstante Spannung verwendet. Bei Antrieben mit geringeren Ansprüchen wird statt einer Erregermaschine gern ein Halbleitergleichrichter verwendet. Dabei soll man auf genügend hohe Sperrspannung achten, damit Schäden infolge Spannungsspitzen bei Schaltvorgängen verhindert werden.

Außer Leonard- und Erregerspannung wirkt auch die von den Reglern eines Antriebs benötigte Hilfsenergie auf den Lauf der Motoren. Diese wird über Halbleitergleichrichter dem Wechselspannungsnetz der Fabrik entnommen. Vielfach wird für alle gleichartigen Regler eine gemeinsame Stromversorgung vorgesehen. Das Fabriknetz ist fast immer mit Spannungsschwankungen behaftet, die in die gleichgerichtete Spannung übertragen werden und damit die Regler beeinflussen. Deshalb sollen die Regler möglichst kompensiert sein oder das Versorgungsnetz durch Regelung auf konstante Spannung gehalten werden. Da neuere handelsübliche Regler den Netzteil meist schon enthalten, werden in zunehmendem Maße Konstantspannungsgeräte vorgesehen, die an das Fabriknetz angeschlossen sind und in ihrem Ausgang eine Wechselspannung hoher Konstanz liefern. An diese wird die Wechselstromseite der Regler angeschlossen.

2. Regelung der Motoren

a) Verhalten ohne Regelung. Die ersten Vorschläge und Versuche der Jahre 1905—1912, eine Papiermaschine mittels eines Mehrmotorenantriebs zu fahren, sahen Gleichstrommotoren vor, die im Hinblick auf

D. Regelung bei Mehrmotorenantrieb

möglichst konstante Drehzahl kompoundiert waren und von deren Feldwicklungen Temperatureinflüsse durch besondere Schaltungen ferngehalten werden sollten. Die geringe Festigkeit der nassen Bahn wurde durch die noch auftretenden Drehzahlabweichungen der ungeregelten Motoren überfordert, so daß kein wirtschaftlicher Betrieb der Papiermaschinen zustande kam.

Ein Mehrmotorenantrieb mit ungeregelten Gleichstrom-Nebenschlußmotoren ist aber durchaus betriebsfähig, wenn die Arbeitsmaschine mit geringer Geschwindigkeit arbeitet und die Bahn zwischen den einzelnen Teilmaschinen im großen Bogen durchhängt. Das ist z. B. bei Maschinen zur Entwässerung dicker Bahnen von Zellstoff oder Holzschliff der Fall (s. S. 26). Wenn hier die Drehzahlen nicht genau genug eingestellt sind oder Drehzahlabweichungen auftreten, wirken sich die Unterschiede wegen der kleinen Bahngeschwindigkeit erst in längerer Zeit in einer Veränderung des Durchhangs aus, so daß die Bedienung eine Nachstellung mit den Feldstellern der Motoren vornehmen kann.

Auch bei Maschinen, die mit einer gespannten und festen Bahn betrieben werden, wie Papierverarbeitungsmaschinen und die Schlußgruppen langsam laufender Zellstofftrocken- und Kartonmaschinen, lassen einen Mehrmotorenantrieb mit ungeregelten Motoren und Handstellern zu. Voraussetzung ist jedoch, daß für die Bahnspannung ein erheblicher Teil der Umfangskraft zulässig ist, die sich bei Reduktion des Motormomentes auf die das Papier führende Walze am Umfang ergibt.

Durch den Feldsteller läßt sich die Drehzahlkennlinie eines Motors und damit seine Lastbeteiligung heben und senken. Drehzahl und Drehmoment des Motors stellen sich dabei so ein, daß dem Reibungsmoment M_w der Teilmaschine und den auf diese wirkenden Papierspannungen S das Gleichgewicht gehalten wird (Abb. 125). In Abb. 135 sind 3 Motoren mit unterschiedlichen Kennlinien gezeichnet, die die Walzen mit den Drehzahlen n_1, n_2, n_3 entsprechend den Bahndehnungen treiben und Drehmomente M entsprechend ihren Ankerströmen J und ihren Feldern abgeben. Im stationären Zustand gilt z. B. für den Motor 2 entsprechend Gl. (91): $M_2 = M_{w2} - (S_{23} - S_{12}) r_2$. Wird das Feld und damit die Drehzahlcharakteristik verstellt, ändert sich der Ankerstrom um $\pm \Delta J_2$ und entsprechend das Drehmoment. Das hat zur Folge, daß sich die Papierzüge um $\pm \Delta S_{23}$ und $\mp \Delta S_{12}$ ändern. Es ist dann $\pm \Delta_{M2} = (\mp \Delta S_{23} \pm \Delta S_{12}) r_2$.

Bei Vergrößerung der Last des Motors 2 durch Feldschwächung wird also der nachfolgende Zug um ΔS_{23} vermindert, der vorhergehende um ΔS_{12} erhöht. Die Änderung der beiden Züge beeinflußt auch die Last der benachbarten Motoren, so daß sich ihre Ströme verkleinern und die zugehörigen Drehzahlen erhöhen. Die Drehzahländerungen sind möglich, weil die Bahn keine starre Verbindung darstellt, sondern die von der Bahnspannung abhängigen Dehnungen kleine Drehzahländerungen zulassen. Auch bei Änderung des Reibungsmomentes M_w, z. B. durch stärkere Anpressung, ändert sich die Bahnspannung, so daß Nachstellung erforderlich werden kann. Auftretender Papierbruch bedingt infolge der Entlastung ein Ansteigen der Drehzahl.

In Abb. 135 sind die Drehzahlkennlinien so gezeichnet, daß die Maschinen motorisch laufen. Senkt man eine derart, daß sie mit der Drehzahl n_2^* bei negativem Ankerstrom $-J_2$ läuft, wird die Maschine

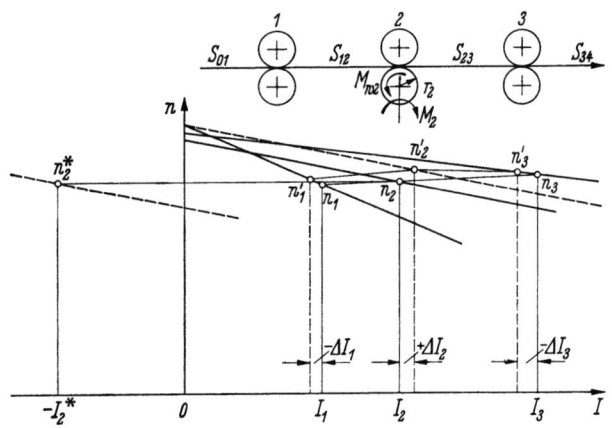

Abb. 135. Mehrmotorenantrieb mit ungeregelten Motoren, Lastausgleich durch die Bahn
1, 2, 3 Walzenpaare; *S* Bahnspannungen; *n* Drehzahlen der Antriebe; *I* Motorströme; *ΔI* Stromänderungen infolge Feldverstellung; *n'* Drehzahlen nach der Verstellung; n_2^* Drehzahl bei generatorischem Betrieb

zum Generator und liefert Energie ins Netz. Der Motor bremst also. Der starke Zug S_{23} wird von den Momenten M_{w2} und M_2 von Walze und Generator aufgezehrt, so daß entsprechend obiger Gleichung mit einem kleinen Zug S_{12} gearbeitet werden kann. Natürlich ist dabei Voraussetzung, daß der Zugunterschied durch den Reibungshalt auf der Walze übertragen werden kann, ohne daß Gleiten auftritt.

b) Geregelter Bahnlauf. Die Dehnbarkeit der Papierbahn und die Forderung, daß die Bahnspannung beim Lauf der Bahn sich nicht ändert, ergibt, daß das Verhältnis der Umfangsgeschwindigkeit an aufeinanderfolgenden Walzen einstellbar und gleichbleibend sein soll. Das erste ist Aufgabe der Zugeinstellung, das zweite bewirkt die Gleichlaufregelung als eine Drehzahlregelung, die in Verbindung mit der Zugeinstellung eine Regelung der eingestellten Drehzahlverhältnisse darstellt. Dabei ist stets ein Teilmotor, ein besonderer Leitmotor oder eine einstellbare Spannung der Bezugspunkt, der als Führungsgröße mit den Einstellern die Sollwerte für alle Regelungen vorgibt. Die Einsteller sind zur Erzielung unterschiedlicher Umfangsgeschwindigkeit der Walzen

D. Regelung bei Mehrmotorenantrieb

erforderlich. Bei Verstellung der Arbeitsgeschwindigkeit muß das Verhältnis der Sollwerte zur Führungsgröße beibehalten werden. Im stationären Betrieb sind die Istwerte der zu regelnden Maschinen gleich den Sollwerten. Die Regelung der Drehzahlverhältnisse wird damit auf die Regelung des Verhältnisses eins, also auf gleiche Drehzahlen zurückgeführt. Dabei ist Voraussetzung, daß die abgeleiteten Sollwerte das eingestellte Verhältnis zur Führungsgröße beibehalten.

Meist werden die Teilmaschinen motorisch angetrieben. Es kommt jedoch vor, daß der Antrieb dauernd oder nur vorübergehend generatorisch arbeitet, also an der Teilmaschine als Bremse wirken soll. Dies kann in kleineren Schlußgruppen von Papiermaschinen, z. B. beim Kühlzylinder, eintreten, wenn ein starker von Glättwerk und Roller kommender Papierzug von der Walze aufgefangen werden soll, so daß die Bahn vor der Walze nur mit kleiner Bahnspannung läuft. Dabei übernimmt der Papierzug unter Entlastung des Motors zunächst nur einen Teil des Reibungsmomentes der Walze, bei noch größerem Zug fließt Leistung in den Antrieb. Damit diese vom Antrieb bei gleichbleibender Drehzahl generatorisch aufgenommen wird, muß seine Drehzahlkennlinie durch Feldverstärkung, Verminderung der Ankerspannung oder Vergrößerung der Getriebeuntersetzung so weit gesenkt werden, daß der Motor als Generator läuft (Abb. 50). Bei solchen Antrieben muß also der hierbei verwendete Drehzahlregler einen großen Stellbereich beherrschen.

Bei manchen Antrieben reicht der durch Drehzahlregelung erreichbare Gleichlauf nicht aus, um in der laufenden Bahn die Bahnspannung genügend gleichzuhalten. Das hat seinen Grund in Störgrößen, die von der Geschwindigkeit unabhängig sind. Bei Aufwicklern und Abrollern mit Achsantrieb ist dies der mit dem Wickeln sich ändernde Rollendurchmesser. Diesen mit einer Genauigkeit zu erfassen, die eine Änderung der Bahnspannung verhindert, ist schwierig. Deshalb wird hier eine Regelung mit Messung der Belastung, meist des Ankerstroms, vorgesehen, die ja proportional der Bahnspannung ist. Statt dessen kann auch die Bahnspannung direkt durch ein Fühlgerät gemessen werden. Eine solche Messung wird vielfach auch in den Schlußgruppen von Papiermaschinen angewendet. In anderen Maschinen, z. B. in Streichmaschinen oder Zellstoffnaßmaschinen, wird die Drehzahl der Teilmaschinen auf gleichbleibenden Durchhang geregelt. All diese Regelarten erfassen eine weitere Störgröße des Bahnlaufs, nämlich die Änderung der Dehnung bei wechselnder Beschaffenheit der Papierbahn. Die Regelgrößen Belastung, Bahnspannung und Durchhang ändern sich mit dem Zeitintegral der Drehzahlabweichung, soweit sie von dieser verursacht werden. Ist die Änderung die Folge von wechselnder Papiergeschwindigkeit, so tritt sie ebenfalls mit einer, meist viel kleineren Verzögerung auf, hervorgerufen durch die Durchlaufzeit der Bahn durch die freie Strecke zwischen benachbarten Teilmaschinen. Die integrale Änderung der Regelgrößen läßt nur eine beschränkte Ausregelgeschwindigkeit zu, wenn Pendelungen vermieden werden sollen. Deshalb sieht man bei größeren und schnelleren Maschinen eine Drehzahl- (Gleichlauf-) Regelung vor, auf die zusätzlich die Abweichung von Belastung, Bahnspannung oder Durchhang als bestimmende Regelgröße geschaltet wird.

c) Gleichlaufregelung in Motorfeld oder Ankerspannung. Der Gleichlauf der Teilmotoren wird überwiegend durch Regelung des Motorfeldes aufrechterhalten. Da die mit der Last sinkende Motordrehzahl durch Schwächung des Feldes wieder erhöht wird, muß der Motor zur Aufrechterhaltung der gleichen Drehzahl im ganzen Lastbereich auf die durch die Umformerspannung gegebene Leerlaufdrehzahl geregelt werden. Da das Drehmoment gleich dem Produkt aus Ankerstrom und Feld ist und der Strom den Nennstrom des Motors nicht überschreiten darf, sinkt bei Feldschwächung auch das im Motor erzielbare Drehmoment. Bei relativ niedrigen Spannungen vermindert sich das Moment sehr rasch bis auf Null, was folgende Rechnung zeigt:

$$M = k_1 J \Phi \tag{99}$$

die Drehzahl beträgt
$$n = k_2 \frac{U - JR}{\Phi} \tag{100}$$

bei Leerlauf ($J = 0$) ist
$$n_1 = k_2 \frac{U}{\Phi_0} \tag{101}$$

Durch die Gleichlaufregelung soll die Lastdrehzahl auf die Leerlaufdrehzahl durch Feldschwächung angehoben werden. Es muß also n gleich n_1 sein.

Aus Gl. (100) und (101) ergibt sich

$$\frac{\Phi}{\Phi_0} = 1 - \frac{JR}{U} \tag{102}$$

Dies in Gl. (99) eingesetzt gibt mit

$$M_0 = k_1 J_0 \Phi_0 \tag{103}$$

entsprechend Gl. (99) und mit

$$\Delta U_0 = J_0 R \tag{104}$$

$$\frac{M}{M_0} = \frac{J \Phi}{J_0 \Phi_0} = \frac{U}{\Delta U_0} \frac{\Phi}{\Phi_0} \left(1 - \frac{\Phi}{\Phi_0}\right) \tag{105}$$

Die Abhängigkeit des Momentes vom Feld nach Gl. (105) ist in Abb. 136 dargestellt. Es ergeben sich Parabeln mit dem Parameter $U/\Delta U_0$, deren Scheitelpunkt bei $\Phi/\Phi_0 = 0{,}5$, also halbem Feld liegt. Das zugehörige Moment ist das maximal mögliche, das Kippmoment M_k. Es errechnet

sich aus Gl. (105):
$$\frac{M_k}{M_0} = \frac{U}{4\Delta U_0}, \quad \frac{J_k}{J_0} = \frac{U}{2\Delta U_0}, \quad \Delta U_k = J_k R = \frac{U}{2} \quad (106)$$

Das Kippmoment sinkt auf das Nennmoment M_0 ab, wenn
$$U = 4\Delta U_0, \quad J_k = 2J_0. \quad (107)$$

Motoren können im Dauerbetrieb nur mit dem Nennstrom J_0 belastet werden. Für $J = J_0$ ist nach Gl. (105) und (102) das mögliche Moment und das zugehörige Feld
$$\frac{M}{M_0} = \frac{\Phi}{\Phi_0} = 1 - \frac{\Delta U_0}{U} \quad (108)$$

Die graphische Darstellung in Abb. 137 zeigt für Gl. (108) eine Hyperbelschar mit dem Parameter $\Delta U_0/U_0$, der Abzisse U/U_0 und der Ordinate M/M_0 bzw. Φ/Φ_0. Man sieht, daß das dem Nennstrom ent-

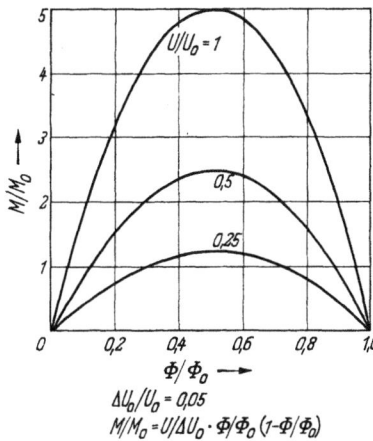

Abb. 136. Drehmoment bei Feldschwächung entsprechend gleichbleibender Drehzahl
ΔU_0 Spannungsabfall im Anker bei Nennstrom J_0; M_0, U_0, Φ_0 Nennwerte von Moment, Spannung und Feld

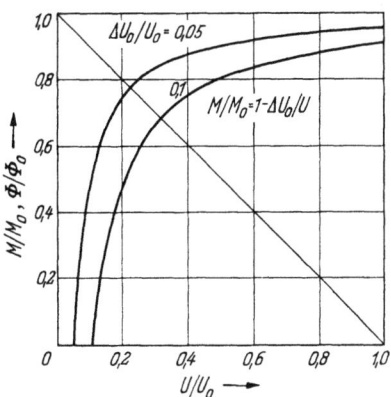

Abb. 137. Drehmoment bei Feldschwächung entsprechend gleichbleibender Drehzahl und Nennstrom J_0
Bezeichnungen wie Abb. 136

sprechende Drehmoment bei stärkerer Verminderung der Ankerspannung rasch sinkt, und zwar um so stärker, je größer der Spannungsabfall ΔU_0 ist. Um sie klein zu halten, müßten die Motoren vergrößert werden. Um wirtschaftlich zu bleiben, kann daher die Regelung des Gleichlaufs im Motorfeld nur bis zu Stellbereichen von etwa 1:5 angewendet werden.

Die Gleichlaufregelung kann auch im Generatorfeld erfolgen, wenn man Zusatzmaschinen oder Einzelgeneratoren vorsieht. Dann haben die Motoren stets volles Feld, sie können also auch bei größten Geschwindigkeitsbereichen stets das volle Drehmoment abgeben. Die Motoren brauchen nicht überdimensioniert werden.

Große Feldschwächung kann bei Unterteilung des Steuerbereichs vermieden werden, indem an jedem Teilmotor Schaltgetriebe mit 2 Untersetzungsstufen vorgesehen werden. Die erste Stufe möge z. B. einer Höchstgeschwindigkeit von 300 m/min, die zweite 150 m/min entsprechen. Bei einem geforderten Gesamtbereich von z. B. 1 : 10 entfallen auf die erste Stufe der notwendige Steuerbereich 1 : 2, auf die zweite 1 : 5. Da auf der ersten Stufe ohne Schwierigkeit mit einem größeren Steuerbereich gefahren werden kann, überschneiden sich beide Bereiche erheblich, was den Betrieb sehr erleichtert. Im unteren Bereich sinkt der Spannungsabfall des Motors bei gleichgebliebenem Widerstandsmoment der angetriebenen Teilmaschine wegen der doppelt so großen Untersetzung auf die Hälfte. Der Gleichlauf des nun schwach belasteten Motors kann bei dem jetzt erforderlichen kleineren Steuerbereich von nur 1 : 5 gut durch Regelung im Motorfeld beherrscht werden. Dazu kommt, daß auch die bei kleinen Geschwindigkeiten auftretende Momenterhöhung bei entsprechender Wahl des Umschaltverhältnisses der Getriebe aufgebracht werden können, ohne daß die Motortype vergrößert werden muß. Die verwendeten Schaltgetriebe dürfen nur im Stillstand umgeschaltet werden. Man muß also die Produktion darauf einstellen, daß längere Zeit nur in einem der Bereiche gearbeitet wird, damit längere Ausfallzeiten durch Wegnahme des Papiers, Stillsetzung und Säuberung der Papiermaschine, Umschalten der Getriebe und Neueinregelung der Papiermaschine weitgehend vermieden werden.

3. Gleichlauf durch Lastausgleich

Bei dem auf S. 195 beschriebenen Antrieb mit ungeregelten Motoren für festes und gespanntes Papier ergibt sich bei Änderung der Motorlast ein Ausgleich durch die sich ändernden Papierspannungen, wobei auch geringe, bleibende Drehzahlabweichungen auftreten.

Ein genauerer Gleichlauf mit Lastausgleich, jedoch ohne Regler, bei dem sich Bahnspannung und Drehzahl nicht ändern, wurde bei Antrieben erzielt, deren Motoren über Kegelscheibentriebe mit Synchronmaschinen verbunden wurden (Abb. 138). Diese waren an eine gemeinsame Sammelschiene für den Lastausgleich angeschlossen. Bei Ansteigen der Last an einem Motor übernimmt seine Synchronmaschine die Lastabweichung, wozu die Syn-

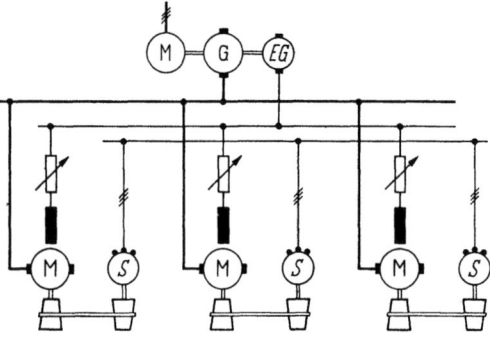

Abb. 138. Gleichlauf mit Lastausgleich durch Synchronmaschinen (S)

chronmaschinen der übrigen Antriebe die Energie über die Ausgleichschiene liefern. Die Anordnung entspricht also einer Längswelle, die die Kegelscheibentriebe verbindet. Die Gleichstrommotoren laufen stets mit gleichbleibender Last, die durch ihre Feldsteller eingestellt wird. Alle Be- oder Entlastungen werden von den Synchronmaschinen übernommen, die je nach Bedarf als Motoren oder als Generatoren arbeiten. Diese mußten daher für etwa $\pm 20\%$ der Motorleistung ausgelegt werden, ebenso die Kegelscheibentriebe der Zugeinstellung. Dadurch wird eine schlupflose Drehzahlübertragung über die Kegelscheiben unsicher. Dazu kommen die bereits erheblichen Energieverluste in den Synchronmaschinen. Beim Anlassen muß jeder Teilantrieb in Synchronismus mit der Ausgleichschiene gebracht werden, bevor die Synchronmaschine zugeschaltet wird. Die Kosten einer solchen Anlage sind erheblich. Trotz dieser Mängel wurden derartige Antriebe bis zum Jahre 1925 selbst für größere Papiermaschinen bis zu 6 m Breite und 350 m/min Geschwindigkeit gebaut. Die Synchronmaschinen können klein werden, wenn man den Leistungsfluß mißt und damit die Teilmotoren regelt. Auch solche Regelungen wurden ausgeführt.

4. Gleichlaufregelung mit Messung der Winkelabweichung

a) **Wirkungsweise.** Bei dieser Regeleinrichtung, die in Abb. 139 schematisch dargestellt ist, werden von der die Führungsgröße darstellenden Drehzahl eines Leitmotors mittels eines zur Zugeinstellung dienenden Getriebes veränderbarer Übersetzung der Drehzahlsollwert des Teilmotors gebildet. Mit ihm wird die Drehzahl des Teilmotors in einer Differentialanordnung verglichen, so daß als Differenz die Abweichung der Motordrehzahl vom Sollwert auftritt. Diese hat eine Verdrehung der austreibenden Welle und des angekuppelten Stellers zur Folge, wobei von dem Steller eine dem Verdrehungswinkel proportionale elektrische Spannung zur Regelung des Teilmotors abgenommen wird.

Bei manchen Ausführungen wird das verstellbare Übersetzungsgetriebe zwischen Teilmotor und Differentialeinrichtung angeordnet. An Stelle von Drehzahlen können auch elektrische Wechselspannungen verglichen werden, deren Vektoren proportional den Drehzahlen umlaufen. Der mit solchen Einrichtungen gemessene Winkel entspricht dem Zeitintegral der Drehzahl-

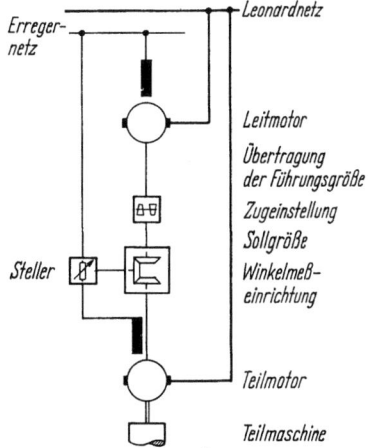

Abb. 139. Grundschaltung einer Gleichlaufregelung mit Winkelmessung

202　VI. Elektrischer Antrieb der Teilmaschinen, Mehrmotorenantrieb

abweichung. Die Anordnung bewirkt daher eine integrale Drehzahlregelung. Die einzelnen Teile der Anordnung können sehr unterschiedlich sein, in 50 Jahren der Benützung dieser Regelung wurden sehr viele Vorschläge gemacht. Nachstehend werden nur einige typische Ausführungen beschrieben, die sich vielfach bewährt haben.

b) **Winkelmeßeinrichtungen.** *Mechanische Geräte.* Das Räderdifferentialgetriebe wurde schon bei den ersten Mehrmotorenantrieben verwendet. Wegen seiner Einfachheit und Betriebssicherheit findet es auch heute noch vielfach Anwendung. Meist besteht es aus 3 Kegelrädern, von denen die beiden äußeren fest gelagert sind, während das mittlere darauf

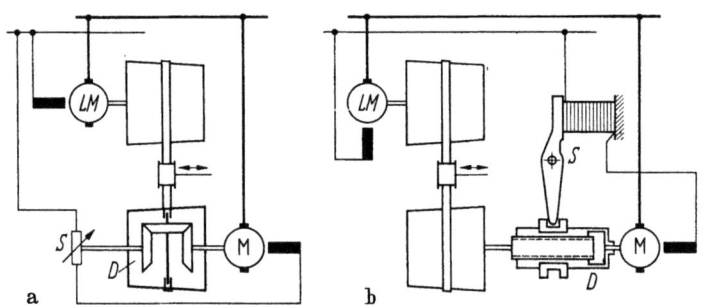

Abb. 140a u. b. Gleichlaufregelung mit Räderdifferential und Flachbahnsteller (a), bzw. mit Schraubendifferential und Kohleblättchensteller (b)
D Differential; *S* Steller

abrollt und mit seinem Käfig um die Achse der anderen Räder rotieren kann (Abb. 140a. Ältere Ausführung von Harland, SSW, Asea). Eine andere, ebenfalls von Harland benutzte Ausführung besteht aus Mutter und Schraube, die in gleichem Drehsinn angetrieben werden (Abb. 140b). Ist z. B. die Schraube axsial festgelegt, tritt bei Abweichungen der Drehzahl eine axiale Verschiebung der Mutter ein, die den Steller betätigt.

Elektromechanische Geräte. Treibt man nach Abb. 141a den drehbar ausgeführten Ständer einer Synchronmaschine mit der Solldrehzahl an und erzeugt man in ihm durch Anschluß an den vom Teilmotor mittels eines Gebers erzeugten Drehstrom ein dem Drehsinn gegenläufiges Drehfeld, so verdreht sich der Läufer entsprechend der Differenz der Umlaufzahlen von Ständer und Ständerdrehfeld (ausgeführt von General Electric, AEG). Die Wirkung ist also wie beim mechanischen Differential. Der Unterschied liegt nun darin, daß bei dem mechanischen Gerät nach Durchlaufen des kleinen Zahnspiels die zum Verstellen nötigen Drehmomente sofort auftreten, während bei der elektromechanischen Ausführung entsprechend den Eigenschaften von Synchronmaschinen erst ein kleiner Verschiebungswinkel zwischen Läufer und Ständerdrehfeld durchlaufen werden muß, damit das

D. Regelung bei Mehrmotorenantrieb

erforderliche Stellmoment aufgebracht wird. Das elektromechanische Differential wird vielfach als Reluktanzmaschine ausgeführt, d. h., der Läufer erhält ausgeprägte Pole, so daß eine besondere Gleichstromerregung nicht benötigt wird.

Eine andere Ausführung verwendet eine Drehstromasynchronmaschine mit Schleifringläufer, deren Läufer und Ständer gleichsinnig an das Leitnetz bzw. an ein vom Teilmotor getriebene Drehstromgebermaschine angeschlossen sind (Abb. 141b. Ältere Ausführung von vornehmlich BBC). Dieses Differential hat ebenfalls synchronen Charakter, bei Abweichungen verdreht sich der Läufer. Meist genügen bewegliche Läuferanschlüsse an Stelle von Schleifringen und Bürsten. Man kann auch den Ständer dauernd umlaufen lassen (Abb. 141c, BBC). Dann ist die Anordnung so getroffen, daß die vom Teilmotor her zugeführte Frequenz gleich ist der Summe aus der Leitfrequenz und der Umlauffrequenz des Ständers, die durch den antreibenden Leitmotor bestimmt wird.

Elektrischer Drehzahlvergleich. Andere Einrichtungen bestehen aus zwei von Leit- bzw. Teilmotor getriebenen elektromechanischen Gebern, deren elektrische Verbindung eine von der Winkellage abhängige Regelspannung bewirkt. Bei diesen Differentialeinrichtungen wird also die Regelspannung rein elektrisch gebildet. Damit entfällt die bei mechanischen und elektromechanischen Differentialen auftretende Verstellung der Massen von Differential und Steller.

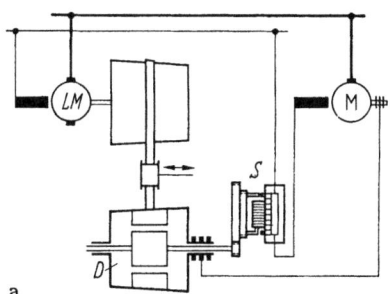

a

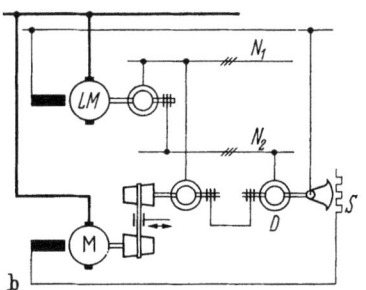

b

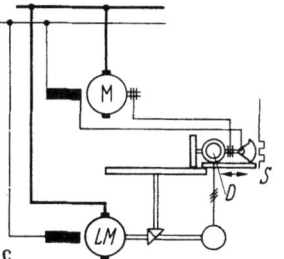

c

Abb. 141a—c. Gleichlaufregelung mit elektromechanischem Differential
a mit Reluktanzmaschine und Kommutatorsteller; b mit Schleifringläufermaschinen und Wälzregler; c wie b, jedoch mit zusätzlichem mechanischen Antrieb des Ständers und mit Reibscheiben zur Zugeinstellung
D Differential; S Steller; N_1 Fabriknetz; N_2 Leitnetz

Eine einfache Anordnung gibt ein Steller, bei dem die Stellerkontakte mit den angeschlossenen Widerständen und die auf den Kontakten schleifende Bürste umlaufen (Abb. 142). Der wirksame Stellwiderstand ist von der relativen Winkellage von Bürste und Kontakten abhängig.

204 VI. Elektrischer Antrieb der Teilmaschinen, Mehrmotorenantrieb

Die notwendigen Schleifringe und die schwierige Beobachtung der Stromabnahme an den Kontakten haben eine breitere Anwendung dieser einfachen Einrichtung verhindert.

Größere Verbreitung fanden Kontaktscheibenpaare in unterschiedlicher Ausführung und Schaltung, die mit jeder Umdrehung den Stromdurchgang schließen und öffnen. Die elektrische Verbindung beider Scheiben bewirkt, daß die Dauer des Stromdurchgangs während einer Umdrehung, d. h. des Taktverhältnisses von Stromdurchgang und Stromsperre, von der relativen Winkellage der beiden Kontaktscheiben abhängig ist. Die Kontaktscheiben wirken als Schalter, der den im Feldkreis des Motors liegenden Widerstand abwechselnd kurzschließt und freigibt. Abb. 143 zeigt eine einfache, gelegentlich von SSW ausgeführte Anordnung. Bei größeren Strömen werden mehrere, mehrfach unterteilte Scheiben vorgesehen, die aber die Einrichtung verwickelt gestalten (ältere Ausführungen in den USA).

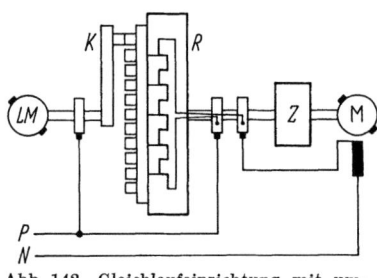

Abb. 142. Gleichlaufeinrichtung mit umlaufendem Steller
K Kontaktbürste mit Schleifring; R Widerstand mit Flachbahnkontakten und Schleifringen; Z Stellgetriebe für Zugeinstellung

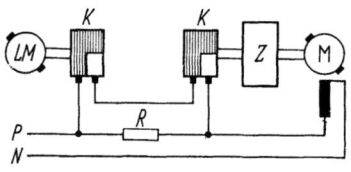

Abb. 143. Gleichlauf mit Kontaktscheiben K
(Linke Hälften Schleifringe, rechte Hälften in 180° des Umfangs leitend bzw. isolierend), R von den Kontaktscheiben periodisch mit der Drehzahl überbrückter Widerstand

Auch der Vergleich der Phasenlage von Wechselspannungen, die von 2 Gebermaschinen geliefert werden, führt zur Gleichlaufregelung. Verwendet man als Geber kleine Synchrongeneratoren oder entnimmt man die Wechselspannung mittels Schleifringen aus den Ankern von Gleichstrommotoren, so erhält man Spannungen, die proportional der Drehzahl bzw. der Ankerspannung sind. Diese Schaltungen kann man daher nur für kleinere Bereiche der Arbeitsgeschwindigkeit verwenden. Dies wird bei Verwendung von Induktionsmaschinen mit Schleifringläufer vermieden, deren Ständer an ein konstantes Drehstromnetz angeschlossen sind. Hier ist die Frequenz f der Läuferspannung U gleich der Summe oder Differenz von Netzfrequenz f_0 und Rotationsfrequenz f_r des Läufers, je nachdem, ob der Läufer gegen oder mit dem Ständerdrehfeld umläuft

$$f = f_0 \pm f_r.$$

Dementsprechend ist die Läuferspannung

$$U = \left(1 \pm \frac{f_r}{f_0}\right) ü\, U_0$$

(109)

wobei $ü$ das Übersetzungsverhältnis zwischen Ständerspannung U_0 und der des Läufers bedeutet. Den Verlauf von f und U zeigt Abb. 144. Bei dem meist üblichen gleichen Drehsinn von Ständerdrehfeld und Läufer ist also die Läuferspannung bei Stillstand ($f_r = 0$) und $ü = 1$ gleich der Ständerspannung, bei synchroner Drehzahl ($f_r = f_0$) wird sie jedoch Null. Man trifft daher die Anordnung derart, daß der Läufer bei höchster Geschwindigkeit der Papiermaschine noch weit untersynchron läuft. Es ergeben sich dann für die Grenzdrehzahlen n_{max} und n_{min} noch hohe Läuferspannungen.

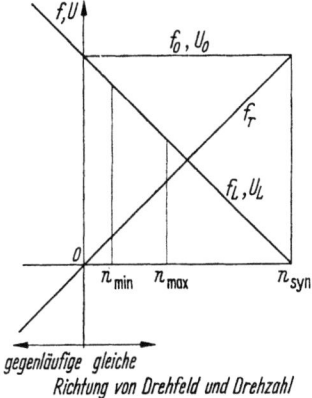

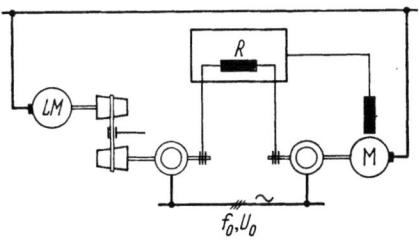

Abb. 144. Spannung U_L und Frequenz f_L im Läufer von Induktionsmaschinen
U_0 Speisespannung und Frequenz f_0; f_r Rotationsfrequenz; $n_{min} - n_{max}$ Arbeitsbereich für Gleichlaufregelung

Abb. 145. Gleichlaufregelung mit elektrischer Winkelmessung
R Regler

Bei der Gleichlaufschaltung nach Abb. 145 liefern die vom Leit- bzw. Teilmotor getriebenen, an ein Drehstromnetz mit der Frequenz f_0 und der Spannung U_0 angeschlossenen Induktionsmaschinen bei gleicher Rotationsfrequenz f_r einphasige Wechselspannungen U_1 und U_2 mit der Frequenz $f = f_0 \pm f_r$ ($\pm$ je nach Drehsinn), die um den Phasenwinkel φ der Läufer verschoben sind. In Reihe geschaltet setzen sie sich bei einem Übersetzungsverhältnis 1 zwischen Ständer und Läufer zu einer Regelspannung U_r zusammen:

$$U_r = U_1 + U_2 = U_0(1 \pm f_r/f_0)\left(\sin 2\pi f t + \sin(2\pi f t + \varphi)\right)$$
$$= 2 U_0(1 \pm f_r/f_0) \cos\frac{\varphi}{2} \sin\left(2\pi f t + \frac{\varphi}{2}\right) \tag{110}$$

Die Amplitude der Regelwechselspannung ist also von der Netzspannung U_0, dem Faktor $(1 \pm f_r/f_0)$ entsprechend den Frequenzen im Läufer und im Netz bei der jeweiligen Arbeitsgeschwindigkeit und der Phasenlage der Läufer, entsprechend $\cos\varphi/2$ abhängig. Die Regelspannung wird nach Gleichrichtung über einen Regler R auf den Teilmotor gegeben. Den Verlauf der Amplitude bei konstanter Drehzahl zeigt Abb. 146. Aus dieser Abbildung geht hervor, daß ein Phasenwinkel kleiner als 0 oder größer als π nicht brauchbar ist. Da der Regelsinn,

206   VI. Elektrischer Antrieb der Teilmaschinen, Mehrmotorenantrieb

gleichbleiben muß, kann nur ein Ast mit negativer oder positiver Tangente, z. B. der zwischen 0 bis $\pi/2$ verwendet werden. Da die Regler meist nur eine Wechselspannung zwischen Maximum und Null verarbeiten können oder eine Gleichrichtung erfordern, wird der Stellbereich auf einen Phasenwinkel $0 < \varphi/2 < \pi/2$ eingeschränkt. Wegen der geringen Änderung der Spannung in der Nähe von Null und des notwendigen Abstandes von der Grenzlage $\pi/2$, ist davon nur ein Teilbereich a brauchbar, innerhalb dessen der Gleichlauf bei Störungen aufrechterhalten werden muß.

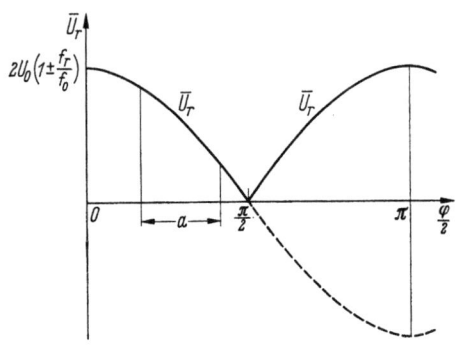

Abb. 146. Amplitude der gleichgerichteten Regelspannung $\overline{U}_r$ in Abhängigkeit der Winkellage φ der Läufer der Gebermaschinen
a Arbeitsbereich der Gleichlaufregelung

Eine Anwendung dieses Verfahrens zeigt ZUGMANN [32] bei einer Ausführung der Elin (Abb. 147). Wie hieraus hervorgeht, ist die Sekundärwicklung des Gebers zur Entnahme der Regelspannung offen, während alle anderen geschlossen sind. Auch bei dieser Schaltung wird die geometrische Summe der in

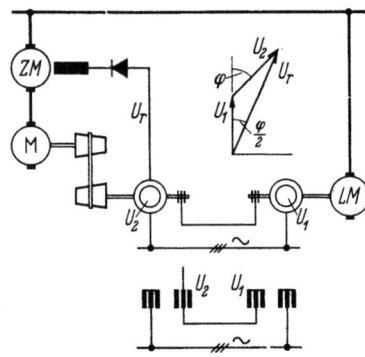
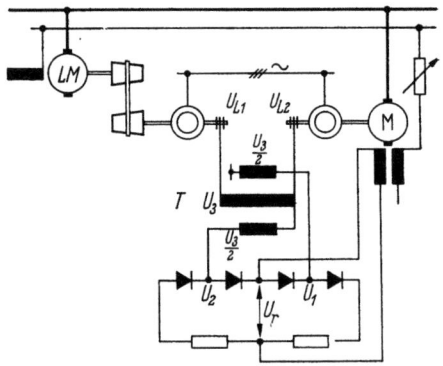

Abb. 147. Gleichlaufregelung mit elektrischer Winkelmessung und direkter Speisung der Zusatzmaschine ZM nach Elin

Abb. 148. Gleichlaufregelung mit elektrischer Winkelmessung System Eltor
T Transformator mit 2 Sekundärwicklungen; nach SSW

den Sekundärwicklungen induzierten Spannungen entnommen und nach Gleichrichtung zur Regelung des Teilmotors herangezogen. Im übrigen ist die Wirkung wie oben.

Eine unter der Bezeichnung System Eltor[1] bekannt gewordene Anordnung der SSW [28] schneidet aus der Sinuslinie der Regelspannung

---

[1] eingetragenes Warenzeichen.

den geradlinigen Teil heraus, so daß sich in allen Punkten des Stellbereichs gleiche Regelsteilheit ergibt. Dazu wird in die Verbindungsleitungen der Geber ein Transformator mit 2 Sekundärwicklungen halber Windungszahl gelegt (Abb. 148). An seiner Primärwicklung steht die geometrische Summe der Läuferspannungen U_L an, die gemäß Vektordiagramm (Abb. 149) eine resultierende Amplitude $U_3 = 2 U_L \cos \varphi/2$ ergeben. In den Sekundärwicklungen werden daher Spannungen mit der Amplitude $U_L \cos\varphi/2$ induziert. Ausgeführt wird an der einen Wicklung die Spannung mit der Amplitude $U_1 = U_3/2 = U_L \cos\varphi/2$. In der zweiten Sekundärwicklung wird zur Läuferspannung U_{L2} die induzierte Spannung $-U_3/2$ (negativ, weil die Wicklung entgegengesetzt an den zweiten Läufer angeschlossen ist) geometrisch addiert, wobei die Amplitude $U_2 = U_L \sin\varphi/2$ wird. Der Vektor U_2 hat entsprechend dem Diagramm gegenüber dem Vektor U_1 eine Phasenverschiebung von 90°. Die Ausgangsspannungen U_1 und U_2 werden gleichgerichtet und auf eine Brücke mit den beiden Widerständen R gegeben. Unter Vernachlässigung der Spannungsabfälle steht in der Brückendiagonale die Gleichspannung U_r an. Sie ist:

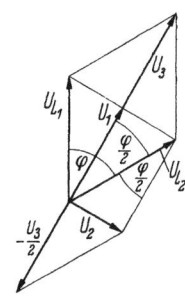

Abb. 149. Vektordiagramm der Wechselspannungen zu Abb. 148
φ Phasenwinkel der Läuferspannungen

$$U_r = U_1 + U_2 = U_L\left(\sin\frac{\varphi}{2} + \cos\frac{\varphi}{2}\right) = \sqrt{2}\, U_L \sin\left(\frac{\varphi}{2} + \frac{\pi}{4}\right) \quad (111)$$

Diese Gleichung gilt nur für $-\pi/2 < \varphi/2 < 0$, weil bei $\varphi = \pi$, ebenso bei $\varphi = 0$ die Phase von U_r um π springt. Man erhält die Sägezahnkurve (Abb. 150), die sich aus dem annähernd geradlinigen Teil von Sinuslinien zusammensetzt. Für die Regelung ist nur einer dieser Äste brauchbar, da aufeinanderfolgende sich durch den Regelsinn unterscheiden.

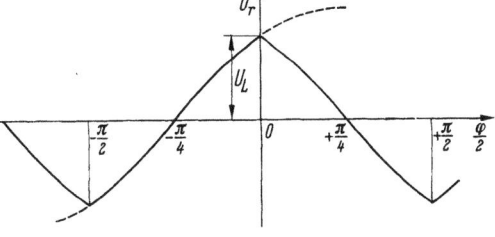

Abb. 150. Verlauf der Regelgleichspannung U_r zu Abb. 148, in Abhängigkeit der Winkellage φ der Läufer

Die Schaltung liefert relativ hohe Regelleistung bis zu etwa 500 W, wobei für die besonders ausgebildeten Geber Maschinen mit einer Typenleistung von 700 W genügen.

c) **Übertragung der Geschwindigkeit.** Zu den Differentialen muß die Geschwindigkeit des Leitmotors und der Teilmotoren winkeltreu übertragen werden. Dazu bot sich eine vom Leitmotor angetriebene Leitwelle an, die sich vom ersten bis zum letzten Motor und den neben diesen angeordneten Differentialen erstreckte. Die Motorgeschwindig-

208   VI. Elektrischer Antrieb der Teilmaschinen, Mehrmotorenantrieb

keit konnte dann durch kurze Kegelscheibentriebe zu den Differentialen übertragen werden.

Diese weitläufige Anordnung wurde dadurch erheblich verbessert, daß Leiteinrichtung, Zugeinstellung und Regler für alle Teilmotoren in unterschiedlichen Bauformen zu einem Block, dem sog. Ferndifferen-

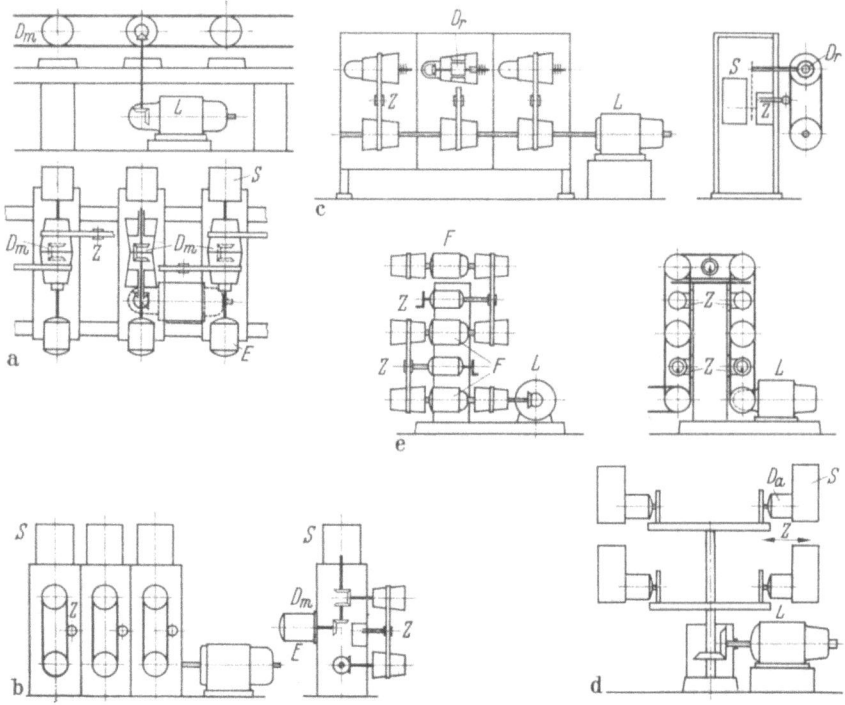

Abb. 151 a – e. Ferndifferential- und Zugeinstell-Einrichtungen (schematisch) entsprechend Ausführungen von SSW (a), Asea (b), AEG (c), BBC (d), SSW (e)
D_m Differentiale mit Rädern; D_r mit Reluktanzmaschine; D_a mit Asynchronmaschine und Schleifringen; E Drehzahlempfänger; F Solldrehzahlgeber des Systems Eltor; S Steller; Z Zugeinstellung; L Leitmotor

tial (Abb. 151), zusammengefaßt wurde, das abseits der Papiermaschine zusammen mit Schaltanlage und Umformern in einem eigenen elektrischen Betriebsraum aufgestellt und so den ungünstigen Einflüssen des Papiermaschinensaals (Staub, Feuchtigkeit, Temperatur) entzogen wird. Dabei wurden die rein elektrischen Geräte, z. B. in Abb. 141b, 145 u. 148) in Schränken untergebracht. Die Übertragung der Motorgeschwindigkeit zu den Differentialen erfolgt durch elektrische Wellen, deren Kabel sich leicht ohne zu stören, verlegen lassen.

Eine solche elektrische Welle (s. S. 292) besteht aus 2 Asynchronmaschinen mit Schleifringläufer, deren Ständer vom Drehstromnetz der Fabrik erregt werden und deren Läuferschleifringe miteinander verbunden sind. Die eine Maschine wird vom Teilmotor getrieben, die zweite treibt das Differential mit gleicher Drehzahl. Solche Maschinen werden mit Ferndreher bezeichnet. Bei Betrieb entsteht in den Läufern, z. B. in der Anordnung Abb. 212c, ein Drehstrom mit der Frequenz $(f_0 \pm f_r)$ und der Spannung $U_0 \ddot{u}(1 \pm f_r/f_0)$. Beide Maschinen laufen synchron. Zur Übertragung eines Drehmomentes ändern die Läufer wie Synchronmaschinen um ein geringes ihre gegenseitige Phasenlage, die auch mit der Torsion einer mechanischen Welle verglichen werden kann. Um ein Hochlaufen der Maschine am Differential bei Stößen, z. B. Anfahren, zu vermeiden, werden die Ständer meist nur zweiphasig angeschlossen. Dadurch wird der synchrone Charakter der Übertragung nicht beeinflußt. Die Geschwindigkeitsübertragung ist sehr stabil und bis zum Stillstand wirksam, weil dann auf den Läufer die volle Netzspannung übertragen wird.

Man ersetzt auch die Gebermaschine am Teilmotor bei kleinem Geschwindigkeitsbereich durch Schleifringe am Gleichstrommotor, von welcher die Wechselspannung des Ankers entnommen wird. Man muß aber in Kauf nehmen, daß die Spannung proportional mit der Drehzahl abnimmt und sich mit der Motorlast ändert, wobei auch das synchronisierende Moment kleiner wird. Die Läuferspannung der Gebermaschine oder die sie ersetzende Schleifringspannung des Motors kann auch dem elektrischen Differential selbst zugeführt werden (Abb. 141).

d) Zugeinsteller und ihre Schaltung. Bei Gleichlaufregelung mit Winkelmessung müssen Getriebe einstellbarer Übersetzung vorgesehen werden. Dafür werden überwiegend Kegelscheibentriebe verwendet, weil diese bei Beachtung der maßgebenden Störeinflüsse eine sehr hohe Konstanz der Übersetzung auch in langen Betriebszeiten beibehalten. Die zu übertragende Leistung soll klein, die Übersetzung nahe eins sein und bei Drehzahländerung sollen nur kleine Massen beschleunigt werden. Die Scheibenmäntel sollen saubergehalten werden, der Riemen soll schmal sein, geringe Steifigkeit, aber gute Haftung besitzen und nach Vorspannung keine bleibende Verlängerung erleiden. Ebenso ist eine gute Führung durch Leitrollen notwendig, die auch zur Verstellung der Übersetzung mittels einer Spindel und eines Stellmotors dient.

Seine Steuerung mittels Taster gibt der Bedienung wenig Anhalt über das Ausmaß der Verstellung. Eine Verbesserung bringt eine gute Anzeige der Riemenstellung an den Steuertafeln. Dies kann mittels eines von der Riemenführung verstellten Potentiometers mit einem Anzeigeninstrument erfolgen. Noch besser ist Verstellung mit einer ruhenden elektrischen Welle mit Drehfeldgeber und Empfängermaschinen, wie sie auch als laufende Welle bei der Geschwindigkeitsübertragung verwendet wird (s. S. 292). Auch Reibräder werden zur

210   VI. Elektrischer Antrieb der Teilmaschinen, Mehrmotorenantrieb

Zugeinstellung verwendet. In Abb. 141 c u. 151 d treibt der Leitmotor eine kräftige Tellerscheibe, an deren Umfang die Differentiale mit Reibrad und Regler angeordnet sind. Während bei Kegelscheiben die Umschlingung etwa 180° beträgt, steht bei Reibrädern nur eine sehr schmale Übertragungszone zur Verfügung. Daher ist hier besondere Sorgfalt bei der Ausführung nötig.

Bei der Zusammenfassung der Regelgeräte zu einem Block wird die Zugeinstellung stets auf der Leitmotorseite des Differentials angeordnet, weil dann die Geschwindigkeit der Teilmotoren unmittelbar übertragen werden kann. Beim System Eltor wird ein zentraler Leitsatz (Abb. 151 e) mit Kegelscheiben und Sollwert-Drehzahlgebern verwendet.

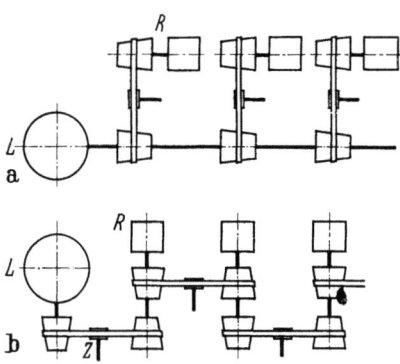

Abb. 152a u. b. Parallel- (a) und Reihenschaltung (b) der Züge
Z Zugeinstellung; R Regeleinrichtung mit Differential in der Kegelscheibe (Istwert-Zuführung nicht gezeichnet); L Leitmotor

Die Zugeinstellvorrichtungen können zueinander unterschiedlich angeordnet werden. Diese liegen bei der *Parallelschaltung* (Abb. 152a) untereinander parallel, jeder wird die gleiche Leitdrehzahl zugeführt. Durch Einstellung der Übersetzung erhält man die der gewünschten Drehzahl des Teilmotors entsprechende Solldrehzahl unabhängig von den übrigen Zugeinstellungen. Die Verstellung bewirkt aber, daß gleichzeitig der Drehzahlunterschied zur vorhergehenden Teilmaschine z. B. vergrößert, der zur folgenden aber verkleinert wird.

Bei der *Reihenschaltung* (Abb. 152b) liegen die Zugeinstelleinrichtungen in Reihe. Eine jede gibt die ihr zugeführte Drehzahl, geändert entsprechend ihrer Übersetzung, an die nächste weiter. Dies bewirkt, daß bei Verstellung einer Übersetzung nur das Drehzahlverhältnis zwischen dem zugehörigen und dem vorhergehenden Teilantrieb geändert wird. Alle nachfolgenden ändern aber ihre Drehzahl entsprechend der vorgenommenen Änderung der Übersetzung, so daß die Drehzahlverhältnisse dieser Teilmotoren konstant bleiben.

Die Parallelschaltung erfordert bei einer merklichen Verstellung eines Motors auch die Nachstellung der folgenden, wenn hier Änderungen der Drehzahlverhältnisse vermieden werden sollen. Da bei der Reihenschaltung die Drehzahlverhältnisse alle folgenden Antriebe konstant bleiben, ist diese Nachstellung nicht nötig. Dies wirkt sich insbesondere bei Maschinen mit vielen Teilantrieben als Erleichterung für die Bedienung aus.

Bei Herstellung einer Papiersorte wird gewünscht, daß das Verhältnis der Geschwindigkeiten der Bahn zwischen Sieb und Aufroller von einem durch Erfahrung gewonnenen Betrag nicht abweichen soll. Diese Vorschrift wird oft durch weitere Anweisungen über die Größe des Zuges (Verhältnis der Geschwindigkeiten) zwischen einzelnen aufeinanderfolgenden oder weiter voneinander entfernten Maschinengruppen ergänzt, z. B. des Zuges zwischen 2 Pressen oder des Gesamtzuges zwischen erster und letzter Trockengruppe.

Sind die Zugeinstellungen parallelgeschaltet, wird bei Verstellung eines Motors der Gesamtzug in der Maschine nur bei Verstellung der Drehzahl von Sieb oder Roller geändert. Bei der Einstellung der Maschine muß meist erst mit einem abweichenden Gesamtzug gefahren werden, damit die Bahn frei von Durchhang und Überdehnung auf der Maschine bleibt. Erst durch Nachstellen der Einzelzüge können diese und der Gesamtzug auf die vorgeschriebenen Werte gebracht werden. Ob diese dabei erreicht werden, hängt einerseits von der Genauigkeit der Zugmeßeinrichtungen, anderseits von der Beschaffenheit des Stoffes und dem vorausgesetzten Fortgang der einzelnen Bearbeitungsvorgänge auf den Teilmaschinen ab. Anderenfalls müssen auch Nachstellungen an der Papiermaschine (z. B. am Vakuum, Pressendruck, Heizung u. a.) vorgenommen werden.

Bei Reihenschaltung der Zugeinstellung gelten für die Einstellung der Züge die gleichen Gesichtspunkte. Hier wird zwar mit jeder einzelnen Nachstellung der Gesamtzug der ganzen Maschine geändert, aber nachgestellte Einzelzüge bleiben bei Verstellung eines anderen stets bestehen, so daß die Einstellung der ganzen Maschine auf die vorgeschriebenen Beträge erleichtert wird. Die Anzeige der Zugmeßeinrichtungen muß in beiden Schaltungen in gleicher Weise beachtet werden.

Das Verhältnis der Geschwindigkeiten allein ist nicht entscheidend für die in der Bahn auftretende Zugspannung. Von Einfluß sind die Spannung, mit der die Bahn in die Teilmaschine einläuft, ob diese durch die Bearbeitung geändert wird und welche Anteile der Gesamtdehnung auf die elastische Dehnung und das plastische Fließen entfallen. Hierzu sei auf S. 36 und 44 verwiesen. Um dies zu erfassen, muß die Bahnspannung gemessen werden, was für den Teilbereich der festen Bahn bereits vereinzelt durchgeführt wird (s. S. 226).

e) Steller und Regler. Die vom Differential gesteuerten Steller werden feinstufig mit Flachbahnkontakten (Abb. 140a) oder mit Kommutator (Abb. 141a) ausgeführt. Vereinzelt wurden statt fester Widerstände auch Säulen von Kohleplättchen verwendet, die durch das Differential zusammengedrückt werden und so unterschiedlichen Widerstand ergeben (Abb. 140b). Bei einer anderen Ausführung werden die Wälzsektoren von Wälzreglern durch das Differential auf mechanischem Wege verstellt (Abb. 141 b, c).

Die Regelung mit Messung der Winkelabweichung stellt eine integrale Drehzahlregelung, das ist eine Wegregelung, dar. Auch bei sehr kleinen, andauernden Drehzahlabweichungen wird der Steller schließlich merklich verstellt. Die statische Drehzahlabweichung wird damit zu Null. Daher sind bei Verwendung elektrischer Regelgeräte Änderung von Spannung, Widerständen und Temperaturen ohne Einfluß auf die statische Regelgenauigkeit. Die von diesen Störgrößen hervorgerufenen Drehzahlabweichungen werden grundsätzlich auf Null ausgeregelt. Sie haben lediglich zur Folge, daß sich der Steller der Regelung um einen kleinen Winkel verstellt. Die damit eintretende Änderung der Stellspannung korrigiert die durch die Störgrößen verursachte Drehzahlabweichung des Motors. Als Ergebnis bleibt, daß der Motoranker und die Walzen der Arbeitsmaschine lediglich um den entsprechenden Winkel zurückgeblieben oder vorgeeilt sind. Dieser statische Fehlerwinkel ist meist so klein, daß er den Betrieb nicht stört. Wenn jedoch die Zugeinstelleinrichtung die eingestellte Übersetzung nicht beibehält, treten der Übersetzungsänderung entsprechende Drehzahlabweichungen auf.

Bei Störungen sollen auftretende Drehzahlabweichungen auf möglichst kleine Beträge begrenzt und rasch ausgeregelt werden. Die Trägheiten der Regelstrecke, die besonders in der Anlaß- und der Erregerzeitkonstante in Erscheinung treten, beeinträchtigen eine schnelle Regelung, so daß die Abweichungen bei größeren Zeitkonstanten, also großen Schwungmassen und Geschwindigkeiten, in nur schwach gedämpften Schwingungen abklingen. Dies kommt vor allem durch das integrale Verhalten der Regelung zustande, bei der die Stellgröße φ zunächst nur langsam ansteigt und größere Beträge erst erreicht, wenn die Abweichung der Geschwindigkeit ω sich wieder Null nähert (Abb. 153). Eine bedeutende Verbesserung läßt daher die Aufschaltung eines schneller auftretenden Regelimpulses erwarten, wozu sich eine der Abweichung der Geschwindigkeit proportionale Größe anbietet. Man kommt so zur Regelung mit IP-Verhalten.

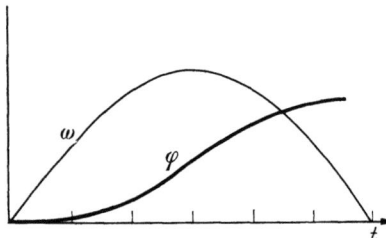

Abb. 153. Verlauf der Abweichungen der Winkellage (φ) und der Winkelgeschwindigkeit (ω)

Bei Verwendung mechanischer oder elektromechanischer Differentialanordnungen wurde z. B. zwischen austreibender Differentialwelle und Steller mechanisch ein P-Impuls hinzugefügt oder die vom Steller gelieferte Spannung zusätzlich in einem Spannungsregler umgeformt.

Das Schema einer von Harland ausgeführten Anordnung zeigt Abb. 154. Die austreibende Welle des Differentialgetriebes verstellt über einen Hebel den Zylinder einer Ölpumpe, deren Kolben auf eine Säule von Kohleblättchen als Steller arbeitet. Kolben und Zylinder werden durch Federn am Zylinder gehalten. Die Ölräume sind durch eine Leitung verbunden, deren Durchlaßquerschnitt mit einer Drosselschraube eingestellt wird. Ist der Durchfluß gesperrt, wird die Bewegung des Differentials starr auf den Steller übertragen. Bei offenem Überlauf mit kleinem Durchflußwiderstand wirken Zylinder mit Feder als P-Regler. Jeder Lage des Hebels und damit des Zylinders ist eine bestimmte Lage des Stellers zugeordnet. Da die Bewegung des Hebels ein integrales Verhalten hat, wird mittels der Feder ein PJ-Verhalten von Kolben und Steller erzielt. Bei kleiner Öffnung der Drosselschraube wird die überfließende Ölmenge und damit das proportionale Verhalten vermindert. Schnelle Bewegung macht die Federn wirkungslos, es ergibt sich ein J-Verhalten.

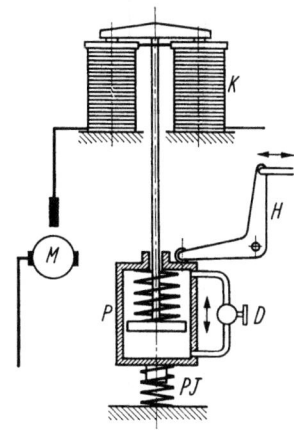

Abb. 154
Mechanischer-IP-Regler
H Hebel für Übertragung der Winkelabweichung; P Ölpumpe; D Drosselschraube; K Kohleblättchen-Steller; nach Harland

Eine Anordnung von BBC verwendet nach Abb. 155 einen Spannungsregler, der die Spannung einer Tachometermaschine am Teilmotor mit einer Sollspannung einer Leittachometermaschine vergleicht. Die Drehzahlabweichung wird von dem Spannungsregler erfaßt und ausgeregelt. Der hierbei verbleibende Restfehler wird durch die vom Winkelregler gelieferte Spannung ausgeregelt, die ebenfalls auf den Spannungsregler geschaltet ist und als Korrektur der Sollspannung wirkt.

f) Schnelle elektronische Winkelregelung. An Stelle der mechanisch-elektrischen Regeleinrichtungen werden in neuerer Zeit rein elektrische bevorzugt, die selbst frei von Massenbewegungen sind, auch keinem mechanischen Verschleiß unterliegen und deren Bauelemente bei reichlicher

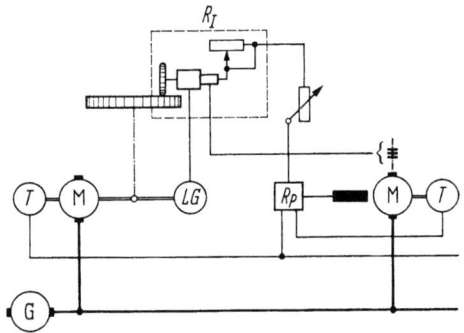

Abb. 155
IP-Regelung mit Winkel- und Drehzahlregler
G Leonardgenerator; M Teilmotor; LM Leitmotor; LG Leitgenerator; R_I Winkelregler (integral); R_P Spannungs- (Drehzahl-) Regler (proportional); T Tachometermaschinen; nach BBC

214 VI. Elektrischer Antrieb der Teilmaschinen, Mehrmotorenantrieb

Dimensionierung eine lange Lebensdauer besitzen. Dabei werden u. a. elektronische Bauteile, wie Transistoren, Röhren und Halbleitergleichrichter, verwendet, die wegen ihrer sehr kleinen Zeitkonstanten schnell ansprechen.

Die Eigenart dieser Bauelemente ermöglicht, die Dimensionierung und Beschaltung solcher Regelungen auf einem sehr niedrigen Leistungsniveau vorzunehmen. Erst in einer Endstufe wird die Stellgröße auf

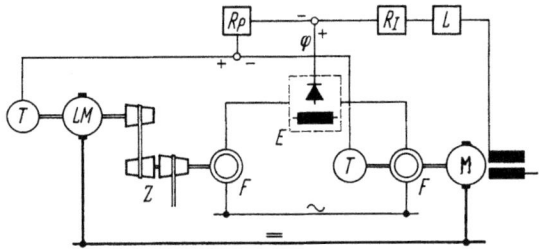

Abb. 156. *IP*-Regelung mit Winkelmessung, System Eltor mit Winkel- und Drehzahlregler
M Teilmotor; LM Leitmotor; Z Zugeinstellung; F Ferndreher; E Eltor-Winkelmeßeinrichtung; T Tachometermaschinen; R_I Winkelregler; R_P Drehzahlregler; L Leistungsverstärker; nach SSW

die von der zu regelnden Maschine benötigte Stelleistung verstärkt. Dadurch ließ sich auch der Aufwand für solche Einrichtungen den Kosten anderer Ausführungen weitgehend angleichen.

Als Beispiel sei die Vervollständigung einer Gleichlaufregelung mit Messung der Winkellage, System Eltor, zu einer schnellen Regelung für größte, schnell laufende Maschinen beschrieben. In Abb. 156 wird dem Regler die vom Gleichlaufsystem gelieferte Regelspannung mit integralem Verhalten und eine der Drehzahlabweichung proportionale Regelspannung aufgeschaltet, die sich aus der Differenz der Spannung von Tachometermaschinen am Teil- und Leitmotor ergibt. Will man bei sehr hohen Anforderungen von Störgrößen, die auf die Tachometermaschinen wirken, unabhängig sein, kann man diese Spannungen über Kondensatoren an den Stromkreis anschließen. Dadurch werden nur die auftretenden Regelabweichungen übertragen, Abweichungen, z. B. durch Erwärmung, aber ferngehalten. Der mit der Aufstellung von Tachometermaschinen verbundene Aufwand wird vermieden, wenn durch Einfügen von Kondensatoren und Widerständen in die Rückführung des verwendeten P-Reglers die rückgeführte Span-

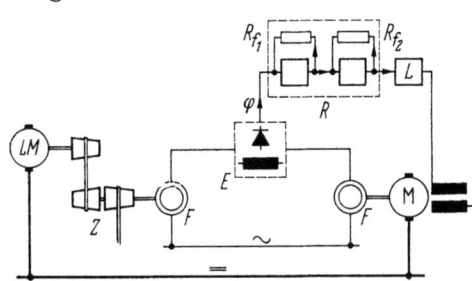

Abb. 157
IPD-Regelung mit Winkelmessung, System Eltor
R Regler mit 2 Stufen; R_{f_1}, R_{f_2} Rückführungen

D. Regelung bei Mehrmotorenantrieb

nung ein D-Verhalten bewirkt (Abb. 157). Das gleiche kann man in einer zweiten Reglerstufe wiederholen, so daß sich ein PD_1D_2-Regler ergibt. Da dem Regler eine Spannung mit integralem Verhalten aufgeschaltet wird, erhält man eine Regelung mit JPD-Verhalten. Das im Regler wirksame J-, P- und D-Verhalten kann durch die Widerstände und Kondensatoren in weitem Bereich eingestellt werden, so daß damit eine Anpassung an die Zeitkonstanten der Antriebe getroffen wird.

Bei Antrieben für mittlere Ansprüche genügt es vielfach, mit der Winkelspannung und einer davon mittels Kondensator abgeleiteten zweiten Eingangsspannung einen einstufigen Regelverstärker, z. B. einen Transduktor oder ein Silizium-Stromtor, zu steuern. Man erhält dadurch eine IP-Regelung. Dabei ist allerdings darauf zu achten, daß die größere Zeitkonstante des Transduktors bei Antrieben mit relativ kleinen Anlaß- und Erregerzeitkonstanten nur eine beschränkte Verbesserung der Regelung hinsichtlich Verkleinerung der dynamischen Abweichungen und der Ausregelzeit ermöglicht.

Auch bei der elektronischen Gleichlaufregelung mit Winkelmessung können stationäre Drehzahlabweichungen auftreten. Diese werden aber nicht durch die Regelung, sondern durch Änderung der Übersetzung der Zugeinstellung hervorgerufen. Bei guten Kegelscheibentrieben sind die Abweichungen sehr klein. So wurden bei einer Zeitungspapiermaschine mit elektronischer Eltorregelung während des Betriebes mittels einer digitalen Meßeinrichtung (s. S. 220ff.) Abweichungen der Drehzahlen über einen Zeitraum von 16 Stunden gemessen, die unterhalb $\pm 0{,}03\ ^0/_{00}$ blieben.

Bei den einfachen Gleichlaufregelungen mit Winkelmessung entsprechen die elektrischen Geräte (Steller, Gebermaschinen, Differentiale) der Stellenergie der zu regelnden Maschinen. Die Meßkreise der elektronischen Regler liegen jedoch auf einem sehr kleinen Leistungsniveau, so daß die Regler und ihre Endstufen mit einer sehr großen Verstärkung arbeiten. Im gleichen Maße vermindert sich daher die Abweichung vom Sollwert, das ist bei Winkelregelung die Winkelabweichung, die zur Aufrechterhaltung des Gleichlaufs bei Störungen notwendig ist, d. h. aber, daß die statische Abweichung klein wird. Die schnellen Regler haben auch zur Folge, daß die während des Regelvorgangs auftretenden dynamischen Abweichungen absolut gemessen klein bleiben und die Regelzeit gegenüber einfachen Regeleinrichtungen bedeutend verkürzt wird.

Der Regler selbst kann unterschiedlich entsprechend den Fortschritten der Technik gebaut sein. Die ursprünglichen Röhrenregler wurden durch Transistorzweipunktregler ersetzt, für die sich neuerdings die Verwendung von stetigen Transistorreglern anbahnt. Bei der anschließenden Leistungsstufe führt die Entwicklung über den Röhren-

14a*

verstärker, das Stromtor und den Transduktorverstärker zum Silizium-Stromtor.

Bei der Regelung der Antriebe wird meist nur ein begrenzter Stellbereich und damit eine begrenzte Änderung der Erregerleistung der zu regelnden Maschine benötigt. Es lag daher nahe, die Erregerwicklung zu teilen, wobei die eine konstant steuerbar erregt, die zweite geregelt wird. Damit kann die Verstärkerstufe unter Kostenersparnis verkleinert werden, außerdem wird die Drehzahl bei Auftreten von Störungen in der Regelung auf einen Höchstwert begrenzt.

g) Begrenzung des Stellbereichs. Bei winkelmessenden Differentialeinrichtungen ist der erzielbare Stellbereich durch den größten Verstellwinkel des Stellers bzw. die größtmögliche Phasenverschiebung der von den Gebern gelieferten Wechselspannungen begrenzt. Vergrößert sich der Verstellwinkel über die beiden Grenzlagen, tritt entgegengesetzter Regelsinn ein. Statt die Regelspannung z. B. weiter zu vergrößern, wird sie jetzt verkleinert. Um dies zu vermeiden, werden Anschläge in den Grenzlagen angebracht. Sie bewirken, daß der Antrieb seine in der Grenzlage erreichte Erregung oder Ankerspannung beibehält, die Regelung aber unwirksam wird und der Antrieb ungeregelt, z. B. mit geringerer Drehzahl, weiterläuft. Verschwindet die Ursache, die den Steller in die Grenzlage gebracht hat, z. B. bei Entlastung des Motors, steigt die Drehzahl wieder auf den synchronen Betrag und der Steller wird in eine Lage innerhalb des Stellbereichs zurückgeführt.

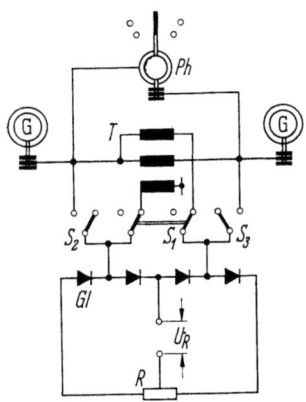

Abb. 158. Begrenzung des Stellbereichs bei elektrischem Spannungsvergleich nach System Eltor
G Drehfeldgeber; Ph Phasenmesser mit Endschaltern; T Transformator; S_1 Abschaltschütz der Vergleichsspannungen; S_2, S_3 Schütze für Anschluß an die Läuferspannungen; R Widerstand; U_R Regelspannung; nach SSW

Bei elektromechanischen Regeleinrichtungen begrenzt ein fester Anschlag die Lage der Stellerbürsten. Da aber die Regelwelle des Differentials bei Erreichen des Anschlags umzulaufen beginnt, wird zwischen Steller und Regelwelle eine Rutschkupplung gelegt.

Bei rein elektrischen Differentialeinrichtungen wird die Funktion von Anschlag und Rutschkupplung durch mechanisch-elektrische oder rein elektrische Geräte erfaßt. Werden zur Winkelmessung die Phasenspannungen elektrisch verglichen, so kann an diese ein Differentialrelais angeschlossen werden, das bei Erreichen der Grenzlagen auf eine dieser entsprechende konstante Feldspannung umschaltet. Dazu wird bei der in Abb. 158 gezeichneten Anordnung des Systems Eltor ein von den Gebern gespeister Phasenmesser Ph vorgesehen, der durch seine

Endschalter die Gleichrichterbrücke mittels des Schützes S_1 vom Transformator abschaltet und mittels der Schütze S_2 oder S_3 an den Läufer des zugeordneten Gebers legt. In den Grenzlagen bewirken nämlich die vom Transformator zugeführten Spannungen in der Feldwicklung den gleichen Strom wie die aufgeschaltete Läuferspannung. Wenn sich die Drehrichtung des Relais bei Wiedererreichen der synchronen Drehzahl umkehrt, erfolgt Wiedereinschaltung bei Vorbeigehen des Schaltnockens an dem Endschalter, der die Ausschaltung bewirkt hat. Dies wird durch ein Schaltwerk festgestellt, das zwischen Relaiswelle und Schaltnocken angeordnet ist. Rein elektrisch wird dies auch durch eine Kombination von Schalttransistoren bewirkt, die bei Überschreitung einer Grenzlage umschalten. Auch die Rückschaltung erfolgt selbsttätig, wenn beim Rücklauf die ursprüngliche Grenzlage überschritten wird. Sind Regelverstärker vorgesehen, wird die Umschaltung kontaktlos durch Transistoren vorgenommen.

5. Gleichlaufregelung mit Drehzahlmessung

a) Wirkungsweise. Bei dieser Regelung wird die der Motordrehzahl proportionale Spannung einer mit dem Teilmotor gekuppelten Tachometermaschine mit einer Sollspannung verglichen. Die Spannungsdifferenz wird einem Regler zugeführt, der die Drehzahl des Motors auf dem der Sollspannung entsprechenden Betrag (Abb. 159) hält. Die Sollspannungen der Regelungen aller Teilantriebe werden von einer Leit- (Führungs-) Spannung mittels Steller abgeleitet. Durch Verstellung der Leitspannung wird das Geschwindigkeitsniveau aller Motoren eingestellt und durch eine Regelung konstant gehalten.

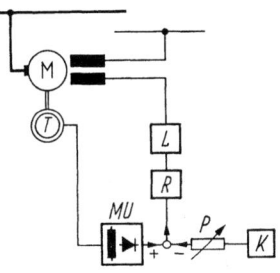

Abb. 159. Gleichlaufregelung mit Messung der Drehzahl (Tachotronregelung)
M Teilmotor; T Tachometermaschine; MU Meßwertumformer; K Konstantspannung; P Potentiometer für Sollwert; R Regler; L Leistungsverstärker

Dieses Regelprinzip ist bereits bei STIEL [40] im Jahre 1924 vorgeschlagen. Man war sich aber klar, daß nur schnelle Regler den in Papiermaschinen geforderten guten Gleichlauf geben können, wozu noch die Forderung kommt, daß Soll- und Istwertzweig, ebenso der Regler von Störgrößen nicht nennenswert beeinflußt werden dürfen. Diese entstehen durch Änderung der Spannungsabfälle, hervorgerufen durch die Strombelastung und veränderliche Widerstände an den Kontaktstellen und die Auswirkung von Temperaturänderungen in allen Geräten. Die Störungen in den Zweigen bewirken eine bleibende Änderung der Motordrehzahl. Dadurch unterscheidet sich diese Regelung grundsätzlich von der mit Messung der Winkellage, bei der die gleichen Störgrößen nur eine Veränderung der Winkellage hervorrufen (s. S. 212).

Die Gleichlaufregelung mit Drehzahlmessung ist stets aus elektrischen Bausteinen aufgebaut. Soweit man solche elektromechanische Bauart verwendet, bei denen Massen in Bewegung gesetzt werden, z. B. Relais, Steller u. a., beeinträchtigen sie die erzielbare Genauigkeit. Erst schnelle elektronische Regeleinrichtungen haben es ermöglicht, das Prinzip der Drehzahlmessung auch auf die Regelung des Gleichlaufs von Papiermaschinen anzuwenden. Dabei genügt ein sehr niedriges Leistungsniveau der Meß- und Regelkreise. Es ergibt sich eine hohe Empfindlichkeit, die schon sehr kleine Abweichungen erfaßt und durch die anschließende Verstärkung die benötigte Stelleistung liefert. Da die Abweichungen klein bleiben sollen, sind kurze Regelzeiten erforderlich, die solche Regler bei entsprechender Beschaltung unter stabilem Verhalten beherrschen. Bei Regelung des Gleichlaufs mit Messung der Drehzahl mittels einer Spannung sind daher stets schnelle Regler hoher Genauigkeit notwendig [15a][1].

b) **Meßkreise, Zugeinstellung.** An die Tachometermaschinen zur Messung der Motordrehzahl müssen bei der Gleichlaufregelung mit Messung der Geschwindigkeit besonders hohe Anforderung hinsichtlich Konstanz der Spannung gestellt werden. Sie müssen reichlich gewählt sein, so daß betriebliche Laständerung keine nennenswerten Änderungen der Spannung hervorrufen. Man läßt sie auf einen festen Widerstand arbeiten, von dem nur eine Teilspannung als Meßwert abgegriffen wird. Die Feldstärke der meist vorgesehenen Permanentmagnete soll sich auch in langen Zeiten infolge der Rüttelbewegungen des Betriebs nicht ändern, ebensowenig sollen axiale Verlagerungen des Ankers auftreten oder Temperaturänderungen die Spannung beeinflussen. Vielfach werden Wechselstrommaschinen für höhere Frequenz verwendet, deren Spannung in Meßumformern transformiert, gleichgerichtet und geglättet wird.

Für die Leitspannung kann ebenfalls eine Tachomaschine verwendet werden. Man erhält aber größere Konstanz durch einen an das Wechselstromnetz angeschlossenen Spannungskonstanthalter, dessen Ausgangsspannung durch ein Potentiometer auf das jeweils gewünschte Geschwindigkeitsniveau gedrosselt wird. Da an diese meist eine größere Anzahl von Potentiometern zur Zugeinstellung der Teilmotoren angeschlossen wird, ist die Nachschaltung eines Regelverstärkers zweckmäßig. Die Potentiometer der Zugeinstellung können parallel, vorteilhaft aber in Reihe geschaltet werden, was der Reihenschaltung der Kegelscheibentriebe bei der Winkelregelung entspricht. Die Abb. 160 zeigt diese Anordnungen. Sind in einem Antrieb sehr viele Gleichlaufregelungen erforderlich, können die Potentiometer dadurch von dem

---

[1] Bei SSW mit Tachotronregelung bezeichnet, eingetragenes Warenzeichen.

durchfließenden Strom entlastet werden, daß die Führungsgröße noch an einer zweiten Stelle dem Potentiometerverband über einen Spannungsregler zugeführt wird (Abb. 160c). Dieser Regler sorgt dafür, daß die am Schleifer des ersten Potentiometers (5) der Kette II anstehende Spannung durch Regelung der zweiten Einspeisung gleich der Schleiferspannung des letzten Potentiometers (4) der Kette I bleibt.

c) **Elektronische Regler.** Die Differenz von Tachospannung am Teilmotor und Sollspannung wird auf den Eingang des Reglers gegeben.

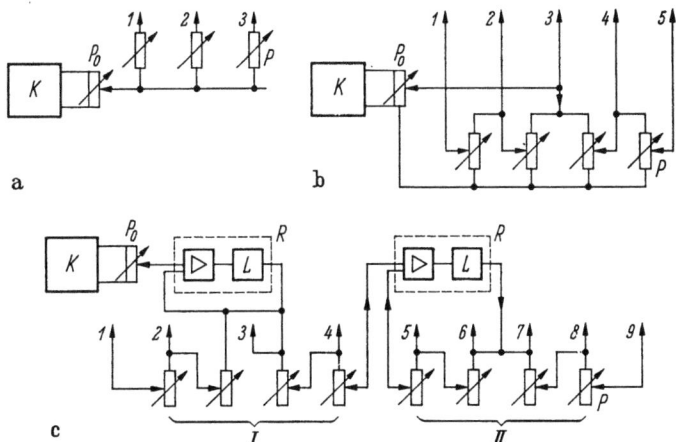

Abb. 160 a – c. Schaltung der Zugeinstellpotentiometer
a Parallelschaltung; b Reihenschaltung; c wie b mit zweiter geregelter Einspeisung
K Konstantspannungsgerät; P_0 Potentiometer für Arbeitsgeschwindigkeit; P Potentiometer für Zugeinstellung; $1-9$ Sollspannungen für Gleichlauf-Regler; R Regler mit Vor- und Endstufe (L); I, II Potentiometerketten

Der Regler wird als JPD-Regler geschaltet. J- und D-Verhalten werden durch entsprechende Beschaltung der Rückführung erzielt. Dabei ist zu beachten, daß J- und D-Signale nur während der dynamischen Vorgänge auftreten, im stationären Zustand also nur das P-Signal am Regler ansteht, das der beispielsweise aufgetretenen stationären Laständerung entspricht. Die ihm entsprechende statische Drehzahlabweichung (P-Abweichung) ist wegen der großen Verstärkung in Regler und nachgeschalteter Verstärkerstufe so klein, daß sie bei guten Regelungen nicht störend in Erscheinung tritt. Regler und Endstufe können von gleicher Art sein, wie bei der elektrischen Gleichlaufregelung mit Winkelmessung. Man soll aber darauf achten, daß diese möglichst frei von Störgrößen, besonders unabhängig von Temperaturänderung sind, da sonst Drehzahlabweichungen auftreten. Man bevorzugt daher Elektronenröhren und Stromtore, da die handelsüblichen Halbleiter (Transistoren, Gleichrichter) noch mit einem gewissen Temperaturgang behaftet sind. Im übrigen können auch hier die bei der schnellen

220 VI. Elektrischer Antrieb der Teilmaschinen, Mehrmotorenantrieb

Winkelregelung angegebenen Ausführungsarten der elektronischen Regelungen Verwendung finden, wobei deren Eigenschaften in gleichem Maße genutzt werden.

6. Digitale Regelung

Bei dem digitalen Regelverfahren wird die betrachtete Größe, z. B. die Drehzahl, durch Zählung der in einer gegebenen Zeit auftretenden Impulse als Mittelwert über diese Zeit erfaßt. Demgegenüber stellt die stetige Abbildung einer physikalischen Größe durch eine andere, z. B. der Drehzahl durch die Spannung einer Tachometermaschine, einen analogen Vorgang dar.

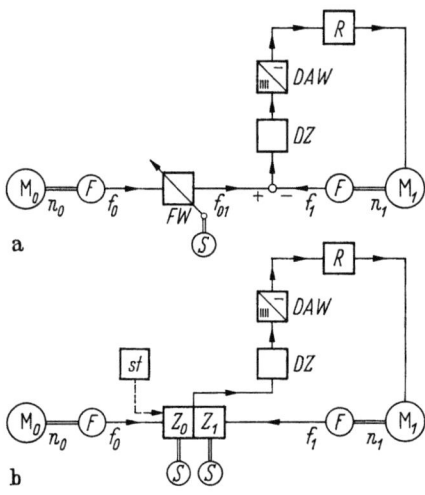

Abb. 161 a u. b
Digitale Gleichlaufregelung nach kontinuierlichem (a) und intermittierendem Verfahren (b)
R Regler; DAW Digitalanalogwandler; DZ Differenzzähler; F Frequenzgeber; FW Frequenzwandler; S Sollwerteinsteller; Z_0, Z_1 Zählwerke; st Steuerung; nach KESSLER

Den Drehzahlvergleich mit einem kontinuierlichen digitalen Verfahren nach KESSLER [186] zeigt Abb. 161 a. Die Geber F liefern Impulse, deren Abstand einem bestimmten Drehwinkel entspricht. Zählt man vom gleichen Zeitpunkt an die Impulse, so ist deren Zahl in jedem Zeitpunkt ein Maß für die mittlere Drehzahl während der abgelaufenen Zeit. Da die Motoren ein einstellbares Drehzahlverhältnis beibehalten sollen, muß für den Vergleich die Impulsfrequenz des einen Gebers durch den Frequenzwandler FW auf den gewünschten Sollbetrag des zweiten Gebers verstellt werden. Das läßt sich erreichen, wenn bei der Zählung in gleichen Abständen ein Impuls übersprungen wird. Die Einstellung erfolgt also in Stufen, ein Impuls ist die kleinste Stufe. Wird die Frequenz hoch gewählt, ergibt sich eine feinstufige Einstellung. Das Auslassen von Impulsen ergibt Unterschwingungen, deren Auswirkungen auf den Regelkreis unerwünscht sind. Als Frequenzwandler kann auch ein Oszillator vorgesehen werden, bei dem die Eingangsfrequenz f_0 die Ausgangsfrequenz f_{01} steuert.

Die Impulse werden einem Differenzzähler DZ zugeführt, der die Impulsdifferenzen mit richtigem Vorzeichen ausweist. Diese Differenzen entsprechen den Winkelabweichungen. Sie werden in einem Digitalanalogwandler in proportionale Spannungen umgesetzt, da meist wegen des hohen Leistungsniveaus in den Endstufen eine analoge Regelung nötig wird.

D. Regelung bei Mehrmotorenantrieb

Der nicht einfach ausführbare Frequenzwandler kann bei dem intermittierenden Verfahren nach Abb. 161 b vermieden werden. Die Frequenzen f_0 und f_1 werden in den Zählern Z_0 und Z_1 summiert, die vorher auf die Zahlen z_{00} und z_{10} entsprechend dem gewünschten Verhältnis $n_0/n_1 = z_{00}/z_{10}$ eingestellt wurden. Bei Erreichen von z_{00} wird die gleichzeitig begonnene Zählung unterbrochen. Wurde z_{10} nicht erreicht oder überschritten, wird die Differenz $z_{10} - z_1$ mit Vorzeichen vom Differenzzähler DZ ausgewiesen und über den Digitalanalogwandler DAW auf den Regler R gegeben. Die beiden Zähler werden jetzt zurückgestellt und der Vorgang beginnt vom neuen.

Statt bei Erreichen von z_{00} zu unterbrechen und den ganzen Unterschied $(z_{10} - z_1)$ auf den Regler zu geben, wird auch eine Schaltung verwendet, die bei Erreichen von z_{00} lediglich ein in seiner Amplitude begrenztes Signal auf den Regler gibt. Der Impuls steht so lange an, bis z_{10} erreicht ist. Dann wird erst abgeschaltet, der Zähler auf Null zurückgestellt und nach erfolgtem Einschwingen der Regelung vom neuen begonnen. Bei diesen Schaltungen ersetzt die Eingabe der Zahl z_{00} und z_{01} den Sollwertsteller.

Da der erste und letzte Impuls in beiden Zählungen nicht gleichzeitig auftreten muß, können Zählfehler von einem Impuls entstehen. Da die Impulse während der Stillstandszeit der Zähler verlorengehen, ist die Messung nicht mehr winkeltreu. Die Meßzeit geht als Totzeit in die Regelung ein. Der mögliche Fehler von einer Einheit ergibt eine Genauigkeit der Messung von $1/z = 1/tf$, worin t die Meßzeit ist. Soll z. B. eine Messung in einer Zeit von 0,1 s mit einer Genauigkeit von 10^{-4} erfolgen, muß die Frequenz 100 kHz betragen. Es ergeben sich also sehr hohe Impulszahlen.

Statt die gesamte Regelung mit digitaler Messung durchzuführen, kann man die analoge Messung und Regelung dauernd beibehalten und das digitale Verfahren nur dazu benutzen, um damit eine Kontrolle und Berichtigung der analogen Messung und Regelung auszuüben.

Dies ist unter Verwendung der Schaltung nach Abb. 161 a in

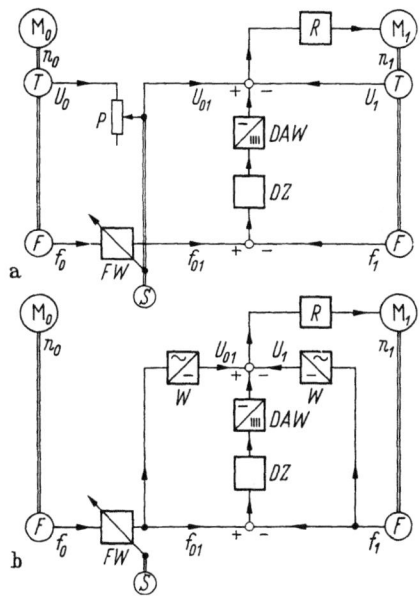

Abb. 162 a u. b. Kombinierte analog-digitale Gleichlaufregelung mit getrennten (a) bzw. gemeinsamen Geräten (b)

T Tachometermaschine; P Potentiometer; W Analoganalogwandler; sonst wie Abb. 161; nach KESSLER

222   VI. Elektrischer Antrieb der Teilmaschinen, Mehrmotorenantrieb

Abb. 162a durchgeführt. Die digitale Einrichtung kann hier als besonderes Gerät abtrennbar von der analogen ausgeführt werden. Man kann so die digitale Anordnung auch nachträglich mit Teilantrieben verbinden, für die eine solche Kontrolle wünschenswert ist. Diese Anordnung erfordert aber, daß der analoge und der digitale Sollwerteinsteller gemeinsam betätigt werden.

Die Geber und Sollwerteinsteller werden bei der Schaltung der Abb. 162b auf je ein Gerät vermindert. Für die analoge Regelung werden die analogen Vergleichsspannungen U_{01} und U_1 in den Analog-

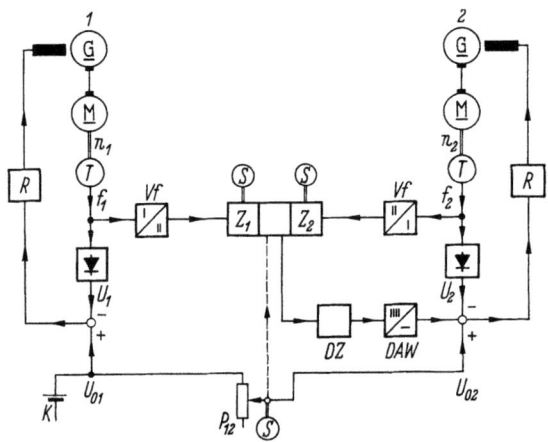

Abb. 163. Analog-digitale Gleichlaufregelung nach intermittierendem Verfahren
G Generator; M Motor; T Wechselspannungs-Tachometermaschine; R Regler; K Konstantspannung; P Sollwertpotentiometer; S Sollwertsteller; Vf Vervielfacher; Z Zähler; DZ Differenzzähler; DAW Digitalanalogwandler; nach KESSLER

wandlern W aus den Frequenzen f_{01} und f_1 erzeugt. Die sich auf dem digitalen Vergleich ergebenden Abweichungen werden ebenfalls analog in den Vergleichspunkt eingegeben. Zur Einstellung des Drehzahlverhältnisses genügt jetzt der Frequenzwandler FW.

Meist ist es erwünscht, die Einstellung der digital-analogen Regelung nur durch Betätigung des analogen Sollwertstellers zu bewirken. Bei einer von SSW ausgeführten Anlage entsprechend (Abb. 163) wird dazu der digitale Meßkreis abgeschaltet, damit die analoge Einstellung nicht gestört wird. Nach dem Einschwingen in die neue Drehzahl wird durch das Laufen der beiden Zähler Z_1 und Z_2 die z_{10} entsprechende neue Zahl z_{20} gemessen, als Sollwert in den Zähler Z_2 eingegeben und hierauf der digitale Meßkreis wieder zugeschaltet. Diese Vorgänge vollziehen sich selbsttätig.

Die Abb. 161 bis 163 stellen nur einige einfache Grundschaltungen dar. Zu den blockmäßig gezeichneten Geräten treten noch andere. Alle diese bestehen aus einer größeren Anzahl kleiner Bauelemente.

D. Regelung bei Mehrmotorenantrieb   223

Die schnelle Verarbeitung der hohen Impulszahlen wurde durch Schalttransistoren ermöglicht (s. S. 110). Bei den mit Transistoren gebauten Impulszählern gibt das Anstehen von Spannungen an einzelnen Ausgangstransistoren im dekadischen System an, wieviel Impulse gezählt wurden. Die Digitalanalogwandler sind ähnlich gebaut. Hier geben abgestufte Widerstände im Ausgang Ströme, die sich in der allen Stufen gemeinsamen Ausgangsleitung summieren und so einen der Zahl der Impulse entsprechenden analogen Strom darstellen. Eine Anzahl von Transistoren, gegebenenfalls in Verbindung mit Widerständen, Kondensatoren und Gleichrichtern wird für unterschiedliche Arbeitsfunktionen zu Bauteilen zusammengefaßt, zu Paketen vereinigt und wie die elektronischen, analogen Geräte der Regelungen mit Winkel-

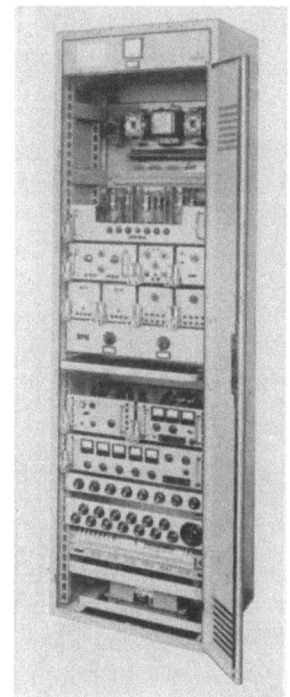

Abb. 164. Schrank mit elektronischer Regeleinrichtung für einen Teilantrieb, oben analoger, unten digitaler Teil; nach SSW

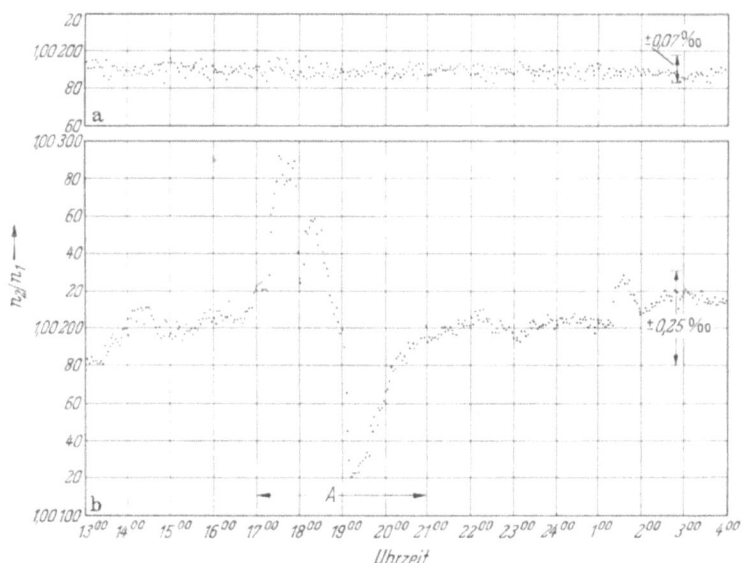

Abb. 165a u. b. Meßwerte des zeitlichen Verlaufs des Drehzahlverhältnisses der Antriebe zweier Trockengruppen einer Papiermaschine
a mit analog-digitaler Regelung; b ohne digitale Regelung, aus gemessener digitaler Korrektur berechnet. Im Bereich A absichtliche Störung im analogen Regelzweig; nach SSW

oder Geschwindigkeitsmessung in Schrankeinschüben untergebracht. Die Abb. 164 zeigt einen solchen Schrank.

Genaue Messungen an 2 Trockengruppen einer Zeitungspapiermaschine mit Mehrmotorenantrieb der SSW, elektronischer Geschwindigkeitsregelung und zusätzlicher digitaler Korrektur zeigten während 14 Stunden eine Drehzahlabweichung unterhalb $\pm 0,07\%$. Zum Vergleich wurde aus den jeweiligen Korrekturwerten die Drehzahlabweichung errechnet, die beim Fehlen der digitalen Korrektur aufgetreten wäre. Diese bewegte sich innerhalb $\pm 0,25\%$, einem Betrag, der auch sonst der mit Tachogeneratoren erzielbaren Genauigkeit entspricht. In Abb. 165 sind die Meßpunkte eingetragen. Die größeren, aus der digitalen Korrektur errechneten analogen Abweichungen im Bereich A sind durch eine absichtliche Störung im Analogkreis entstanden, die digitale Korrektur ließ sie nicht in Erscheinung treten.

7. Gleichlauf mit Regelung des Durchhangs

Vielfach soll die Bahn mit größerem Durchhang mit geringer Spannung zwischen einzelnen Teilmaschinen laufen. Die auf S. 195 erwähnte Handsteuerung erfordert Aufmerksamkeit des Personals, damit Ausschuß vermieden wird. Daher werden auch bei Maschinen mit geringen Anforderungen an den Gleichlauf in zunehmendem Maße einfache Gleichlaufanordnungen mit Abtastung der Bahn vorgesehen.

Die Bahnlage ändert sich mit der Verlängerung der Bahn. Durch die Bearbeitung auf der Walze und durch die Bahnspannung, die schon durch das Eigengewicht in der frei durchhängenden Bahn hervorgerufen wird, erfährt jedes mit der Geschwindigkeit v_1 zulaufende Bahnelement in der Zeit dt eine Verlängerung $\lambda v_1 dt$.

Ist diese gleich der Verkürzung der Bahnlänge $(v_2 - v_1) dt$ durch den Geschwindigkeitsunterschied, bleibt die Bahnlänge ungeändert.
Dann ist

$$\lambda = \frac{v_2 - v_1}{v_1} \qquad (112)$$

Die Abtastung der Bahnlänge erfaßt also die Änderung durch Bearbeitung, Dehnung und Geschwindigkeit. Dadurch unterscheidet sich diese Regelung von der Gleichlaufregelung mit Winkel- oder Drehzahlmessung.

Die Abtastung der Bahn hat wie der Drehzahlvergleich mit Differentialen ein integrales Verhalten. Damit die Regelung gedämpft verläuft und stabil bleibt, muß die Stellgeschwindigkeit niedrig, d. h. die zugelassene Abweichung der Lage, der Hub, ausreichend groß sein. Bei einer durchhängenden Bahn ist die Lage abhängig von der zugelassenen Änderung Δl_0 der freien Länge der Bahn zwischen 2 Teilmaschinen. Ist dabei der maximale Stellweg der Regelung gleich h,

D. Regelung bei Mehrmotorenantrieb

dann gilt bei Regelung im Motorfeld als Stabilitätsbedingung für den aperiodischen Vorgang nach KADEGGE [17]:

$$h \geqq 0{,}066 \, \Delta v_0 (T_a + T_e) \tag{113}$$

Δv_0 Abweichung von der maximalen Arbeitsgeschwindigkeit v_0 bei Durchlaufen der zugelassenen Längenänderung Δl_0,
T_a Anlaufzeitkonstante,
T_e Erregerzeitkonstante.

Δl_0 bzw. h ergeben sich aus der geometrischen Gestalt des Durchhangs in den Grenzlagen. Abb. 166 zeigt einige Formen der Abtastung.

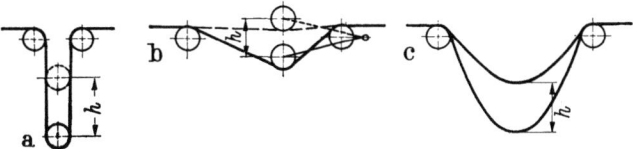

Abb. 166a—c. Abtastung des Durchhangs mit Tänzerwalze (a), mit Schwingwalze (b) und bei freiem Durchhang (c)
h zugelassene Abweichung des Durchhangs (Hub)

Bei Verwendung einer Tänzerwalze (a), die in der Papierindustrie kaum angewendet wird, ist Δl_0 gleich dem doppelten Hub. Bei einer Schwingwalze (b) und bei freiem Durchhang (c) ergibt gleiches Δl_0 kleinere Hübe.

Ist für aufeinanderfolgende Teilmaschinen Durchhangregelung vorgesehen, so ist zu beachten, daß mit der Regelung der ersten auch die folgenden mit einer Verzögerung ansprechen, die durch die Zeitkonstanten der Regelung bedingt ist. Bei höheren Geschwindigkeiten kann es dann zu Pendelungen kommen, zu deren Vermeidung größerer Regelhub oder ein schnellerer Regler mit JP-Verhalten erforderlich wird.

Bei Entwässerungsmaschinen für kräftige Zellstoffbahnen hat man Blechfahnen unter und oberhalb des Bahnrandes angeordnet, die bei größerer Abweichung des freien Durchhangs von der Bahn ausgelenkt werden und mittels Schaltern einen Widerstand im Feld des Motors steuern. Bei der kleinen Arbeitsgeschwindigkeit ist eine solche Zweipunktregelung mit langsamen Drehzahländerungen ausreichend.

Zellstoffmaschinen mit Filzpressen und nahezu gestreckter Bahnführung, ebenso die nachgeschalteten Ventilatortrockner erhielten vielfach Schwingwalzen, die über einen Kettentrieb den Feldsteller steuern. Maschinen für höhere Geschwindigkeiten erhalten aber eine Gleichlaufregelung mit Winkelmessung.

Im rückwärtigen Teil von schnelleren Streichmaschinen soll vielfach die Bahn in einem großen, frei durchhängenden Bogen durchlaufen. Hier wird ein breiterer Lichtstrahl bei Abweichungen des Durchhangs durch die Bahn teilweise abgedeckt, das durchgelassene Licht bewirkt in einem Photowiderstand einen Regelstrom, der über einen

PJ-Regler mit nachgiebiger Rückführung und einem Stellmotor den Feldsteller des Antriebs steuert (Abb. 167).

Im Schlußteil einer Papiermaschine können Schwingwalzen auch bei unter erheblicher Spannung stehenden Bahnen Anwendung finden. Die Bahnspannung ist durch die von der Schwingwalze ausgeübte Belastung bestimmt. Dazu kommt noch die Beschleunigungskraft beim Anheben der Schwingwalze, die meist klein ist. Die veränderlichen Dehnungen bewirken eine Auslenkung der Schwingwalze, wobei die Spannung der Bahn erhalten bleibt. Die entstandene Auslenkung der Bahn regelt die Motordrehzahl entsprechend der Änderung der Dehnung.

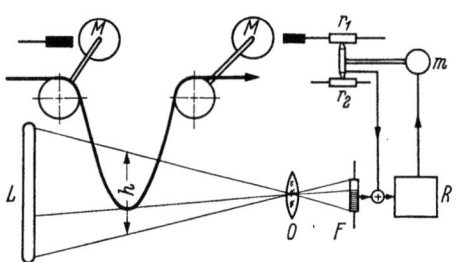

Abb. 167. Photoelektrische Durchhangregelung
L Leuchtröhre; O Optik; F Photowiderstand; R Regler; m Stellmotor; r_1 Feldsteller; r_2 Rückführsteller; h Meßbereich

Bei breiten Maschinen und stärkeren Papiersorten treten erhebliche Bahnkräfte auf, die schwere Schwingwalzen mit großem Durchmesser erfordern. Zur Einstellung der Bahnspannung muß eine Gegen- oder Zusatzkraft zum Eigengewicht der Walze aufgebracht werden, die der Bahnspannung das Gleichgewicht hält. Die zusätzliche Kraft kann pneumatisch erzeugt werden, durch Änderung des Druckes ist sie leicht einstellbar. Das integrale Verhalten erschwert die Regelung, so daß verwickelte Schaltungen mit Regelverstärkern notwendig werden. Erleichtert wird die Regelung, wenn die Schwingwalze durch Zufügen von Federn in eine Meßwalze der Bahnspannung umgewandelt wird.

8. Gleichlauf mit Regelung der Bahnspannung

Frei bewegliche Tänzer- und Schwingwalzen üben auf die Bahn infolge ihres Eigengewichtes nur eine praktisch gleichbleibende Kraft aus, die vielfach durch Gegengewichte klein gehalten wird. Damit bleibt auch die Bahnspannung klein und praktisch konstant.

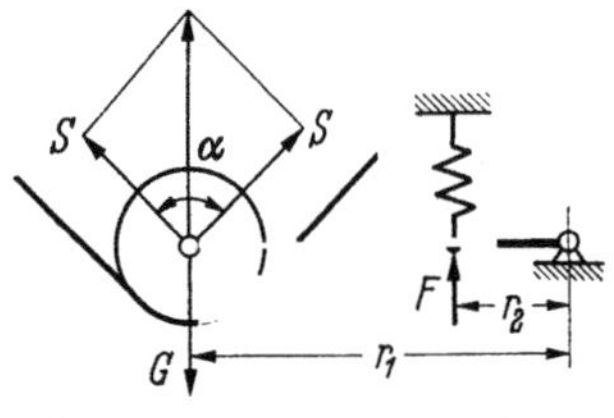

Wird die Walze durch eine Feder in ihrer Beweglichkeit beschränkt, so besteht im stationären Zustand Gleichgewicht zwischen Bahnspannung S, Eigengewicht G der Walze und Federspannung $F = f h$ (f = Federkonstante, h = Hub). Nach Abb. 168 ist

Abb. 168. Kräfte bei der Regelung der Bahnspannung
S Bahnspannung; G Gewicht der Leitwalze; F Federkraft; r_1, r_2 Hebelarme der Kräfte

$$\left(2S \cos\frac{\alpha}{2} - G\right) r_1 = f h r_2 \qquad (114)$$

D. Regelung bei Mehrmotorenantrieb

Betrachtet man nur kleine Auslenkungen der Walze, wobei der von den Bahnteilen gebildete Winkel als konstant angesehen werden kann, ergibt sich durch Differenzieren

$$2r_1 \cos\frac{\alpha}{2}\, dS = f\, r_2\, dh \tag{115}$$

Die Änderung der Bahnspannung ist also proportional der Änderung des Hubes. Die Messung des Hubes ergibt jetzt also ein proportionales Verhalten der Regelung. P-Verhalten ermöglicht aber eine schnellere Regelung als das J-Verhalten der frei beweglichen Schwingwalzen. Läßt man also geringe Abweichungen der Bahnspannung im stationären Zustand zu, kann man den mit Schwingwalzen gemessenen Durchhang mit kleinen Hüben rascher regeln. Anderseits läßt sich auf diese Weise eine nach Wunsch eingestellte Bahnspannung konstant halten. Zur Einstellung der gewünschten Bahnspannung muß die wirksame Gegenkraft verstellt werden. Dies kann an der Feder selbst, durch ein einstellbares Gegengewicht, eine zusätzliche pneumatisch wirkende Gegenkraft oder elektrisch durch Verstellung des den Hub in eine elektrische Spannung verwandelnden Potentiometers oder induktiven Gebers erreicht werden.

Kleinere Meßwalzen kann man in einem Federkreuz kardanisch aufhängen und die Parallelverschiebung der Walzen messen. Große schnelle Maschinen erfordern schwere Walzen mit großer Breite und großem Durchmesser. Sie müssen daher stabil in den Schwinghebeln gelagert werden, an denen auch die Feder- und Zusatzkräfte angreifen. Wird zur Einstellung der Bahnspannung die Zusatzkraft jeweils nachgestellt, kann die Federkraft klein bleiben.

Zur Messung der Bahnspannung wird an Stelle einer Walze in Bahnbreite auch ein handliches Fühlgerät (Abb. 169) verwendet, dessen Rolle mit bombiertem Mantel nur etwa 20 cm breit ist. Das Gerät ist auf oder in einem an der Stuhlung befestigtem Rohr angeordnet und kann so an unterschiedliche Stellen der Bahnbreite herangeführt werden. Die Rolle ist in einem Schwinghebel gelagert, dessen Feder die Rolle in die Bahn sprungtuchartig eindrückt. Zur Anpassung der Mittellage des Gerätes

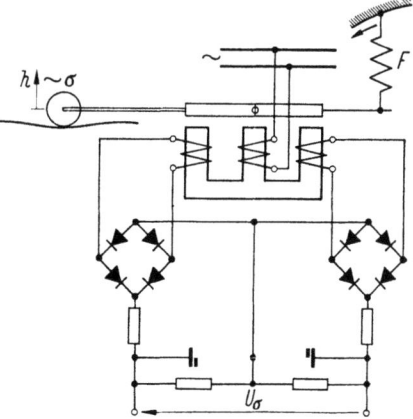

Abb. 169. Schema und Schaltung eines Papierspannungsfühlers

h Hub; F Feder des Schwinghebels; U_σ Meßspannung entsprechend der Bahnspannung; nach HETTLER (15c)

228   VI. Elektrischer Antrieb der Teilmaschinen, Mehrmotorenantrieb

an die Bahnspannung, die bei Wechsel der Papiersorte unterschiedlich ist, wird die Wirkung der Feder auf den Schwinghebel verstellt. Vom Schwinghebel wird ein induktives Gerät, z. B. der Anker eines Dreifingereisens verstellt, womit der Hub der Fühlwalze in eine proportionale Spannung verwandelt wird. Diese Spannung kann angezeigt und zur Regelung verwendet werden.

9. Kombinierte Regelungen

Die bei Messung des Durchhangs oder der Bahnspannung erhaltenen Abweichungen werden wegen ihres integralen Verhaltens, bzw. ihrer Trägheit nur bei einfachen, geringere Anforderungen stellenden Arbeitsmaschinen unmittelbar zur Regelung der Antriebe verwendet. Stets sind Störgrößen vorhanden, die wie z. B. die Last meist eine schnellere Erfassung der Drehzahlabweichung und ihre Ausregelung verlangen. Daher wird eine Drehzahlregelung vorgesehen, bei der der Drehzahlsollwert mit der Summe der Istwerte von Drehzahl und Zusatzgröße verglichen wird. Die Regelung kommt zur Ruhe, wenn die eingeregelte Drehzahl keine weitere Änderung der Zusatzgröße verursacht.

Dabei ist es gleichgültig, ob die Störung von einer Abweichung der Drehzahl oder der zusätzlichen Meßgröße verursacht wurde. Die Aufschaltung kann also als Ergänzung oder Korrektur der Hauptregelung angesehen werden.

Ist eine Gleichlaufregelung mit Messung der Geschwindigkeit vorgesehen, bewirkt bereits die Aufschaltung der zusätzlichen Meßgröße eine Änderung des Istwertes. Bei einer Winkelregelung muß ebenfalls die Drehzahl verstellt werden. Eine Verstellung des Riemens der Zugeinstellung ist träge und führt zu ungenauer Regelung. Verbessert

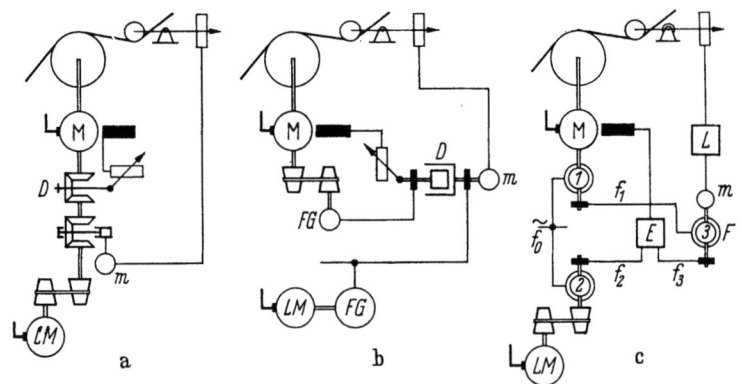

Abb. 170a—c. Aufschaltung einer Zusatzgröße (z. B. Durchhang) auf eine Gleichlaufregelung mit Winkelmessung mittels Regelmotor (m) und mechanischem (a), elektro-mechanischem Differential mit umlaufendem Läufer und Ständer (b) und Frequenzwandler (c)
M Teilmotor; L Leitmotor; m Regelmotor; D Differentialeinrichtung; FG Frequenzgenerator; E Eltor-Regler; F Frequenzwandler; L Leistungsverstärker

D. Regelung bei Mehrmotorenantrieb

wird dieses Verfahren, wenn man in den Soll- oder Istwertkreis eine der Aufschaltgröße proportionale Drehzahl einfügt. Das kann nach Abb. 170a mittels eines zweiten Differentialgetriebes erfolgen, dessen dritte Welle von einem durch einen von der Zusatzabweichung gesteuerten Regelmotor getrieben wird. Bei Vorhandensein eines mechanisch-elektrischen Differentials wird sein sonst feststehender Ständer drehbar ausgeführt und vom Regelmotor angetrieben (Abb 170b). In elektrischen Kreisen wird statt des Differentialgetriebes ein Frequenzwandler verwendet (Abb. 170c). Bei einer Regelung mit ausschließlich digitalem Meßkreis, die ja der Winkelregelung entspricht, käme eine Verstellung des Frequenzwandlers in Frage. Zweckmäßig werden diese Anordnungen so ausgeführt, daß der Stellmotor stets mit kleiner Drehzahl läuft, die durch die zusätzliche Abweichung vergrößert oder verkleinert wird.

Die Bestimmung der Drehzahl des Frequenzwandlers 3 in Abb. 170c ergibt sich aus folgendem: Die Drehzahl n_{10} des Teilmotors in der Mittellage der Schwingwalze soll durch die Bahnregelung in einem Bereich von $(1 \pm p)$ geändert werden. Die Maschinen 1 bis 3 mögen gleichpolig ausgeführt sein und ihre Läufer gleichsinnig mit ihrem Ständerdrehfeld umlaufen. Im Gleichlauf müssen die Läuferfrequenzen f_2 und f_3 der Geber gleich sein. Sie ergeben sich als Differenz von Ständer- und Rotationsfrequenz (Zeiger r), wobei letztere proportional der Drehzahl ist. Also ist mit der Netzfrequenz f_0

$$f_2 = f_0 - f_{r2} = f_1 = f_0 - f_{r1} - f_{r3} \tag{116}$$

oder

$$f_{r2} = f_{r1} + f_{r3}$$

daher

$$n_2 = n_3 + n_1 = n_3 + (1 \pm p) n_{10} \tag{117}$$

Stellt man die Drehzahl des Gebers 2 so ein, daß sie gleich der des Teilmotors in Mittellage der Schwingwalze ist, also

$$n_2 = n_{10} \tag{118}$$

wird mit Gl. (117)

$$n_3 = \mp p\, n_{10} \tag{119}$$

Der Frequenzwandler 3 muß sich also nach beiden Richtungen mit der Drehzahl $p\, n_{10}$ betreiben lassen. Soll der Stellmotor stets in gleicher Richtung mit dem Stellbereich 1:3 durchlaufen, muß der Leitgeber 2 auf die Drehzahl

$$n_2 = (1 + 2p) n_{10} \tag{120}$$

eingestellt werden. Dann ist

$$n_3 = (2 \mp 1) p\, n_{10} \tag{121}$$

und der Regelmotor läuft in gleicher Richtung mit einem Drehzahlstellbereich von 1:3 und einer höchsten Drehzahl $n_3 = 3p\, n_{10}$.

In Abb. 171 ist ein Antrieb mit Gleichlauf durch Geschwindigkeitsregelung und zusätzlicher Schwingwalze dargestellt. Ein jeder Teilantrieb besitzt eine Zusatzmaschine. Alle werden von einem gemeinsamen Leonardgenerator gespeist. Zur Regelung des Gleichlaufs werden als Ersatz für die Tachospannungen in einfacher Weise die induzierten Ankerspannungen von Leit- und Teilmotor durch die Differenz von Leonardspannung und Ankerabfall gemessen und dem Regler des Teilmotors zugeführt. Zur direkten Steuerung der kleinen Erregerleistungen der Zusatzmaschinen können Transistorregler Verwendung finden. Die bei dieser Regelung verbleibenden Restfehler werden mittels der Schwingwalzen ausgeregelt, deren induktive Geber zusätzlich die Regler steuern.

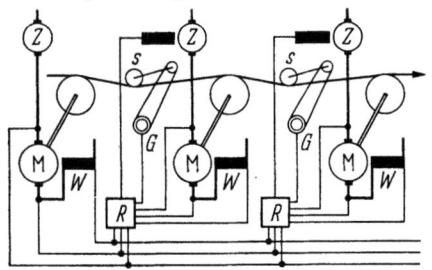

Abb. 171. Gleichlaufregelung mit Messung der induzierten Ankerspannung und zusätzlichen Schwingwalzen
M Teilmotoren; W Wendepolwicklung; Z Zusatzmaschinen; R Regler; S Schwingwalzen; G induktive Geber

10. Lastabhängiger Gleichlauf

Gleichlaufeinrichtungen mit Messung der Winkellage oder der Geschwindigkeit halten die Drehzahlen mit hoher Genauigkeit konstant. Bei Maschinen für sehr starke Papiere, besonders bei Kartonmaschinen, können in den Schlußgruppen bei Schwankungen in der Stoffzufuhr oder wechselndem Feuchtigkeitsgehalt infolge Änderungen in der Trocknung erhebliche Zugspannungen in der Bahn auftreten. Sie lassen sich durch Verstellung der Drehzahl der nachfolgenden Teilmaschine auf den gewünschten Betrag bringen.

Bei kleineren Maschinen geringerer Geschwindigkeit hat man den wechselnde Bahnspannung verursachenden Schrumpfungen der Bahn dadurch Rechnung getragen, daß die Gleichlaufregelung der Schlußgruppen, besonders des Tragwalzenrollers, bei starken Papieren abgeschaltet und die Drehzahl durch einen Handsteller einmal eingestellt wird. Wird jetzt die Bahnspannung größer, veranlaßt sie den nachfolgenden Motor zu größerer Stromaufnahme, so daß sich seine Drehzahl entsprechend seiner Nebenschlußkennlinie vermindert. Das hat zur Folge, daß sich die Bahnspannung nur in geringerem Maße vergrößert. Dieses Verfahren wird aber durch den relativ großen Drehzahlabfall der Motoren gegenüber der kleinen, zum Ausgleich der Schrumpfung notwendigen Drehzahlverstellung beeinträchtigt. Dazu kommt, daß sich die Motordrehzahl bei Papierbruch erheblich erhöht, so daß das Wiederaufführen erschwert wird.

Die Schrumpfung der Bahn läßt sich auch durch eine zusätzliche Regelung der Bahnspannung erfassen, wie es auf S. 228 beschrieben ist. Dafür ist aber ein größerer Aufwand erforderlich. Einfacher und in meist genügender Weise läßt sich die gewünschte Verminderung der Drehzahl bei steigender Bahnspannung wie folgt erreichen. Durch die Gleichlaufregelung mit Messung der Geschwindigkeit erhält der Motor eine außerordentlich flach mit dem gemessenen Drehzahlunterschied abfallende Drehzahlkennlinie, deren Abfall aber innerhalb der hohen Regelgenauigkeit liegt. Er entspricht der P-Abweichung der Regelung. Durch Verstellung der Rückführung des Reglers läßt sich die Neigung vergrößern und den Schrumpfungen der Bahn bei nahezu gleichbleibender Bahnspannung anpassen. Das gleiche, aber mit mehr Aufwand läßt sich erreichen, wenn man den mit der Bahnspannung wachsenden Motorstrom mißt und zusätzlich zur Geschwindigkeitsabweichung auf den Reglereingang gibt. Man kann auch durch eine Strombegrenzung einen maximal zulässigen Strom einstellen, bei dessen Überschreitung die Drehzahl absinkt.

Bei diesen Methoden wirken Laständerungen des Motors, die nicht von der Änderung der Bahnspannung in der betrachteten Überführungsstelle verursacht werden, als Störgrößen, z. B. Änderung des Reibungsmomentes der Teilmaschine oder der Bahnspannung in der nachfolgenden Überführungsstelle. Letztere kann durch eine weitere gleiche Regelung kompensiert werden, erstere sollte möglichst vermieden werden. Das heißt aber, daß bei relativ großen Änderungen des Reibungsmomentes diese Regelmethode nicht am Platze ist. Es wäre dann die Bahnspannung selbst zu messen.

11. Vergleich der Gleichlaufregelungen

Die bei neueren, großen Papiermaschinen gestellten hohen Anforderungen an den Gleichlauf der Teilmotoren drängen zu einem Vergleich der hier verwendeten, unterschiedlichen elektronischen Regelsysteme. Dieser Vergleich erstreckt sich vornehmlich auf das dynamische und das stationäre Verhalten und auf die Fähigkeit, schnelle Sollwertverstellungen oder Aufschaltung anderer Regelgrößen zuzulassen.

Das dynamische Verhalten ist vom Verlauf der gemessenen Regelgröße und deren Umformung hinsichtlich Größe und zeitlichem Verlauf abhängig, die im Regler stattfindet und die Stellgröße ergibt. Regelung mit Winkel- bzw. mit Drehzahlmessung besitzen zwar unterschiedliche Regelgrößen, nämlich Winkel und Drehzahl, bzw. ihnen entsprechende Spannungen. Da aber die Drehzahl die Ableitung des Winkels ist, lassen sich durch zusätzliche Aufschaltungen einer weiteren abgeleiteten Meßgröße, z. B. der Geschwindigkeit, auf den Reglereingang oder durch die Rückführungen des Reglers bei beiden Systemen grundsätzlich die gleichen dynamischen Verläufe der Stellgröße erzielen. Es ist dies nur von der Dimensionierung und Einstellung abhängig. Störgrößen (Änderung von Widerständen und Spannungen) wirken sich im dynamischen Verlauf in gleichem Maße aus. Vergleichbare Antriebe, die Regelungen mit Winkel- bzw. Drehzahlmessung besaßen, haben das gleiche dynamische Verhalten bestätigt.

Anders ist es beim stationären, dem statischen Verhalten über lange Zeit. Bei der Regelung mit Winkelmessung ergeben Störgrößen, wie Änderung von Widerständen, Temperatur, Spannungen, keine bleibende Änderung der Drehzahl, sie verursachen nur eine kleine Verstellung der relativen Winkellage der umlaufenden Maschinenteile. Nur eine Änderung des Übersetzungsverhältnisses im Zugeinsteller ergibt eine Drehzahländerung, die aber bei normaler Wartung sehr klein gehalten werden kann (s. S. 215).

Bei der Regelung mit Drehzahlmessung wirken sich solche Störgrößen in bleibenden Drehzahlabweichungen aus, ob die Störungen nun im Sollwert (Zugeinsteller), im Istwert (Tachospannung) oder im Regler auftreten. Um diese zu vermeiden, müssen die Störgrößen durch entsprechende Dimensionierung der Geräte, durch Kompensation u. a. weitgehend ferngehalten werden. Nur dann kommt das stationäre Verhalten der Regelung mit Drehzahlmessung dem mit Winkelmessung nahe. Eine Sicherheit dafür, daß etwa auftretende Drehzahlabweichungen korrigiert werden, bietet bei empfindlichen Anlagen die zusätzliche digitale Regelung (s. S. 220).

Bei einer Reihe von Arbeitsmaschinen ist es notwendig, daß die Drehzahlverhältnisse öfter in großem Bereich verstellt werden. In anderen Fällen soll noch eine andere Größe dem Drehzahlvergleich aufgeschaltet werden, damit bei deren Änderung die Ist-Drehzahl einen anderen Betrag annimmt. Das tritt z. B. ein, wenn die Spannung der Papierbahn direkt gemessen wird und bei Überschreitung ihres Sollwertes die durch die Gleichlaufregelung bestimmte Motordrehzahl verkleinert werden soll.

Da der Winkelregelung stets der Vergleich von Drehzahlen oder umlaufenden Feldern zugrunde liegt, kann hier eine Änderung der Istdrehzahl nur durch Verstellung einer der verglichenen Drehzahlen erzielt werden. Die zusätzliche Regelgröße muß also z. B. die Übersetzung der Zugeinstellung ändern oder die Drehzahl des Antriebsmotors eines Frequenzwandlers verstellen, der in den Stromkreis der Soll- oder Istdrehspannung eingeschaltet ist (Abb. 170). Die Verstellung der Übersetzung ist umständlich und stört den schlupflosen Lauf der Kegelscheiben; auch die Drehzahlverstellung des Frequenzwandlers erfolgt relativ langsam. Bei der Winkelregelung lassen sich solche Verstellungen wegen der Zeitkonstanten der mechanischen oder elektromechanischen Verstelleinrichtungen nicht sehr schnell vornehmen.

Bei der Regelung mit Messung der Geschwindigkeit durch die Tachometerspannung läßt sich in sehr einfacher Weise dem Gleichspannungsvergleich eine zusätzliche Spannung aufschalten, so daß schnelle Verstellungen ausgeführt werden können. Aus diesem Grunde wird die Geschwindigkeitsregelung in solchen Fällen der Winkelregelung vielfach vorgezogen.

E. Steuerung und Regelung von Mehrmotorenantrieben an Arbeitsmaschinen

Bisher ist verschiedentlich auf die Anwendung der behandelten Einrichtungen beim Mehrmotorenantrieb bestimmter Arbeitsmaschinen hingewiesen. Nachfolgend soll der Mehrmotorenantrieb für die wichtigsten Arbeitsmaschinen unter Hinweis auf die Besonderheiten zusammenfassend behandelt werden. Dabei wäre zu beachten, daß sich der Zug zur Steigerung der Produktion, die Aufstellung immer größerer und schnellerer Maschinen und die daraus erwachsende Notwendigkeit zur Automatisierung in starkem Maße auch auf die elektrischen Antriebe auswirkte. Wo man sich früher mit Handregelung oder einfachen, selbsttätigen Regelungen geringer Genauigkeit begnügte, werden in zunehmendem Maße schnell wirkende, genaue Regelanordnungen verwendet, die von der Elektrotechnik in den letzten zwei Jahrzehnten entwickelt wurden. Auch die Steuerung der einzelnen Teilmotoren und der gesamten Anlage wurde in Richtung rascher Bereitstellung aller Drehzahlen für Betrieb und Hilfsarbeiten verfeinert, ebenso wurden in der Umformung von Drehstrom in den benötigten Gleichstrom regelbarer Spannung bedeutende Fortschritte erzielt. Dies alles hat bewirkt, daß sich moderne Mehrmotorenantriebe aller Arbeitsmaschinen von denen der zwanziger Jahre wesentlich unterscheiden.

1. Entwässerungs- und Trockenmaschinen für Zellstoff und Holzschliff

Reine Naßmaschinen zur Entwässerung von Zellstoff und Holzschliff (s. S. 195) arbeiten mit größerem Durchhang der Bahn. Für den Gleichlauf genügen daher Handsteller, die in einem Pult auf Führerseite untergebracht werden oder eine einfache Durchhangregelung mit Abtastung der Bahn durch Fühlbleche, die Schalter zum Kurzschließen eines Widerstandes im Erregerkreis des Motors betätigen.

Für lange Lagerung und weiten Transport in fernere Länder wird die Zellstoffbahn getrocknet. Dazu werden Zellstofftrockenmaschinen (s. S. 26) verwendet, die ähnlich wie Papiermaschinen gebaut sind. Bei Aufstellung von Zylindertrockengruppen besteht die Gefahr, daß die äußeren Schichten der Bahn verhornen, die bei der Weiterverarbeitung nur schwer aufgelöst werden können. Deshalb werden in zunehmendem Maße Ventilatortrockner aufgestellt, bei welchen die Bahn mäanderförmig durch einen großen Trockenschrank geführt wird. Dabei wird die Bahn von drehbaren Stützwalzen mit kleinem Durchmesser getragen, die von umlaufenden Ketten durch den Trockenschrank transportiert und entsprechend der Differenz von Ketten- und Bahngeschwindigkeit in Umlauf gesetzt werden. Bei solchen Trocknern entzieht eingeblasene Warmluft die Feuchtigkeit, die feuchte Abluft wird abgesaugt. Bei neueren Ausführungen wird die Bahn durch aus Düsen ausströmende Warmluft getragen, so daß die Kettentransporteure entbehrlich werden.

Der Gleichlauf der Teilmotoren bis zum 1. Motor der Trockenpartie wird meist durch eine einfache Regelung mit Winkelmessung sichergestellt. Für die Trockenzylindergruppen kommt man dann meist mit Handstellern aus. Auch die Schere erhält einen Handsteller. Bei der Verarbeitung von festeren, langfaserigen Bahnen und eine Geschwindigkeit bis zu etwa 50 m/min. wurden in der Naßpartie vielfach nur Schwingwalzen zur Abtastung der Bahn mit Stellern für das Motorfeld vorgesehen.

Schnelle Maschinen können eine Gleichlaufregelung, die meist mit Winkelmessung ohne Verstärker ausgeführt wird, nicht entbehren. Da Zellstoff nach Gewicht verkauft wird, braucht auf konstanten Stoffzufluß nicht so wie bei Papiermaschinen geachtet werden. Dabei können Änderungen der Bahndicke zu wechselndem Durchhang führen. Daher wird Winkelregelung vielfach Regelung des Durchhangs mittels Schwingwalzen überlagert (s. S. 225).

Bei den zugelassenen Abweichungen des Bahngewichtes wird meist auf eine Regelung zur Konstanthaltung der Arbeitsgeschwindigkeit verzichtet. Bei schnelleren Maschinen ist sie aber erwünscht, weil konstante Geschwindigkeit auch einen besseren Gleichlauf zur Folge hat.

Die Antriebsmotoren sind gewöhnlich an einen Leonardumformer angeschlossen. Zum Anfahren werden Handanlasser oder eine gemeinsame Schützsteuerung vorgesehen. Die kleinen Drehzahlen von Sieb, Pressen und Schere von Naß- und Trockenmaschinen haben vielfach zur Verwendung von platzsparenden Zapfengetriebemotoren geführt (s. S. 269).

2. Papiermaschinen

a) Größe und Geschwindigkeit. Große Mannigfaltigkeit kennzeichnet die Papiermaschinen (s. S. 26). Ihr Größenunterschied zeigt sich bei einer Maschine zur Herstellung hochwertiger Papiere, z. B. für Banknoten mit einer Breite von 1,5 bis 2 m und einer Höchstgeschwindigkeit von 80 m/min. Dem stehen Zeitungspapiermaschinen gegenüber von über 8 m Breite und fast 1000 m/min Geschwindigkeit. Bei Yankee-Maschinen sind nur 3 bis 4 Walzen anzutreiben, manche Feinpapiermaschinen verlangen aber bis zu etwa 40 Antriebe. Die Forderung nach erhöhter Wirtschaftlichkeit hat dazu geführt, daß auf einer Papiermaschine nur eine kleine Anzahl von Papiersorten hergestellt wird. Die Universalmaschinen früherer Zeiten, bei denen ein Arbeitsbereich von 1 : 15 und darüber, in Einzelfällen bis zu 1 : 30 gefordert wurde, sind verschwunden. Für Massenpapiere genügt heute ein Bereich von 1 : 2 bis 1 : 3, für andere Papiersorten meist ein Bereich bis 1 : 6. Größere Bereiche bis etwa 1 : 10 werden meist nur dann verlangt, wenn eine Papierfabrik gegenüber Schwankungen der Konjunktur von dünnen zu starken Papieren gewappnet sein will.

b) **Regelung.** Papiermaschinen erfordern stets eine *Regelung zur Konstanthaltung der Papiergeschwindigkeit*. Dabei reicht mit Rücksicht auf die Gewichtstoleranzen beim Verkauf eine statische Genauigkeit von $\pm 0,5\%$ bei 10% Laständerung aus. Bei schnellen Maschinen sind jedoch geringere Abweichungen erwünscht, weil zwischen den Maschinengruppen mit unterschiedlichen Schwungmassen Geschwindigkeitsdifferenzen entstehen, die die freie Bahn unzulässig stark beanspruchen können. Der Papiermacher wünscht auch deshalb eine Einengung der Geschwindigkeitstoleranz, weil dann die sehr mannigfaltigen Störeinflüsse des Papiermaschinenbetriebs besser beurteilt und beherrscht werden können. Deshalb werden schon die meist schnell auftretenden Spannungsabweichungen des Gleichstromnetzes erfaßt, so daß die Drehzahlabweichungen kleiner werden. Man konnte so und mit schnellen Reglern eine statische Genauigkeit bis zu $\pm 1^0/_{00}$ erreichen.

Bei den meisten Maschinen bis zu etwa 400 m/min Höchstgeschwindigkeit reichen die üblichen einfachen *Winkelgleichlaufregelungen* aus, besonders, wenn Regelanordnungen verwendet werden, die von Lose und Massenbewegung im Regler frei sind, wie z. B. das rein elektrische System Eltor. Erst bei höheren Geschwindigkeiten und auch bei den Teilmaschinen, an denen eine kleinere statische Winkelabweichung zur Aufrechterhaltung sehr loser Züge oder zur Abschirmung starker Züge von vorhergehenden Gruppen erwünscht ist, genügt das integrale Drehzahlverhalten der einfachen Regelung nicht mehr. Es muß durch Aufschaltung von proportional, für höchste Anforderungen auch von differenzierend wirkenden Regelimpulsen verbessert werden. Im übrigen ist die Tendenz festzustellen, eine bessere Gleichlaufregelung in zunehmendem Maße auch für kleinere Geschwindigkeiten vorzusehen.

Schnelle Maschinen sind bisher in überwiegendem Maße mit dem Gleichlaufsystem mit Winkelmessung mit JP- oder JPD-Regler, vor allem auch elektronischer Bauart, ausgerüstet werden. Das liegt nicht allein in der Tradition von fast einem halben Jahrhundert, sondern zu einem großen Teil auch in der hohen statischen Genauigkeit der Drehzahl über längere Zeit, die von Störgrößen, wie Temperatur- und Spannungsänderungen, nicht beeinflußt wird.

Bei Papiermaschinen mit wenigen im Gleichlauf zu haltenden Motoren, z. B. Yankee-Maschinen, wird bei Winkelregelung vielfach einer der Teilmotoren als Leitmotor verwendet. Dazu wird der Antrieb der Teilmaschine mit großer Schwungmasse, nämlich der große Trockenzylinder gewählt, weil damit dessen große Zeitkonstante bei der Gleichlaufregelung ausscheidet. Man muß dann auch dafür sorgen, daß die Übertragung der Geschwindigkeit für Antrieb der Gleichlaufeinrichtungen möglichst starr bleibt, die für die Übertragung verwendeten Maschinen der elektrischen Welle also möglichst schnell laufen.

Die ersten Antriebe mit *Gleichlaufregelung mit Messung der Geschwindigkeit* wurden in den Jahren nach 1940 in den USA unter Verwendung von Elektronenröhren gebaut. Sie litten jedoch noch an Unzulänglichkeiten, die zur Wiedereinführung der Winkelmessung, jedoch mit zusätzlicher P-Aufschaltung führten. Erst neuere Entwicklungen in Deutschland, besonders durch die SSW, aber auch in England, war es vorbehalten, durch Beachtung aller Anforderungen an Auslegung und Ausführung der Bausteine größte Zeitungspapiermaschinen mit solchen Tachotronregelungen, in Sonderfällen mit zusätzlicher digitaler Kontrolle, betriebssicher auszurüsten (s. S. 221).

Wegen der Beherrschung großer Einstellbereiche der Drehzahlverhältnisse durch Potentiometer gegenüber dem erheblichen Aufwand bei Verwendung von Getrieben mit großem Einstellbereich der Übersetzung empfiehlt sich das Tachotronsystem besonders bei den Arbeitsmaschinen, bei welchen ein großer Zugeinstellbereich erforderlich ist. Dazu gehören Tissuemaschinen mit wenig Gleichlaufregelungen, auf denen gekreppte, sanitäre Papiere hergestellt werden, Kunstfolienmaschinen, bei denen mit starker Streckung gearbeitet wird, Folienkalander u. a. Auch die Möglichkeit, einen unterschiedlichen Proportionalbereich von hartem, bis zum gewünschten weichen Drehzahlverhalten einzustellen, öffnet dem Tachotronsystem besondere Anwendungsgebiete.

Nachgiebiger Gleichlauf durch zusätzliche Abtastung der Bahn hinsichtlich Durchhang und Bahnspannung oder durch Verwendung von Reglern mit größerem Proportionalbereich wird vor allem an den Teilmaschinen vorgesehen, bei denen Abweichungen entstehen, die leicht zu Bahnbruch oder Falten führen können. Das tritt besonders am Schluß der Maschine vor dem Glättwerk auf.

c) Energieversorgung und Steuerung. Die *Versorgung mit Gleichstromenergie* erfolgt vornehmlich noch mit Maschinenumformern, in steigendem Maße für kleinere und mittelgroße Papiermaschinen auch mit Quecksilberdampfgleichrichtern oder Transduktoren. Neuerdings erhalten große Maschinen mit kleinem Steuerbereich vielfach Siliziumgleichrichter mit zusätzlichen Maschinen in Zu- und Gegenschaltung. Es liegt nahe, daß mit fortschreitender Entwicklung steuerbarer Halbleitergleichrichter genügend großer Leistung jeder Teilmotor durch ein solches Gerät mit Energie versorgt wird.

Das *Anlassen* erfolgt heute stets einzeln mit einer Schützsteuerung, bei größeren Leistungen mit einem Anlaßgenerator. In großen Maschinen werden die Trockengruppen beim Stillsetzen meist generatorisch gebremst. Wenn hier der Anlaßgenerator bzw. der Leonardgenerator für das Fahren der Teilmotoren mit Hilfsgeschwindigkeit zu unerwünschten Beschränkungen in der Freizügigkeit der Bedienung führt, wird ein Kriechsatz niedriger Spannung aufgestellt.

Stromversorgung der Schütze. Für die Steuerung der Schütze der Antriebe wird heute fast durchwegs Wechselspannung verwendet, die bei dem vorliegenden Dauerbetrieb eine größere Sicherheit gegen Änderung der Übergangswiderstände an allen Kontakten gewährleistet. Bei Spannungseinbrüchen im Drehstromnetz besteht dann die Gefahr, daß die Antriebe im vollen Betrieb abgeschaltet werden, so daß besonders bei Papiermaschinen ein längerer Stillstand zwecks Beseitigung des anfallenden Ausschusses und Reinigung der Maschine entsteht. Wenn nicht Schütze mit genügender Abfallverzögerung zur Verfügung stehen, sollen sie an ein Netz angeschlossen werden, das auch bei kurzzeitigen Einbrüchen im Fabriknetz noch so stabil ist, daß die Schütze nicht abfallen. Dazu kann ein Synchron-Konstantgenerator mit Spannungsregelung, z. B. durch eine Drossel, verwendet werden, wobei der Umformer zur Überbrückung von kurzzeitigem Wegbleiben der Spannung noch mit einem Schwungrad versehen wird. Wenn bei Einbrüchen oder selbst bei kurzzeitigem Wegfall der Netzspannung die Umformerdrehzahl sinkt, fällt bei einem solchen Konstantgenerator die Spannung nur wenig ab, so daß Störungen durch Abschalten meist vermieden werden.

d) Auswahl der elektrischen Maschinen. Zur *Bestimmung der Motorgröße* geht man von dem mittleren Leistungsbedarf bei höchster Arbeitsgeschwindigkeit und normalem Betrieb aus. Bei Bestimmung der Motorleistung ist zu beachten, daß die einzelnen Teilmaschinen betriebsmäßig mit wechselnder Last fahren können, je nachdem, wie stark die Sauger und Pressen angestellt oder in den Schlußgruppen die Züge eingestellt werden. Beim Antrieb des Langsiebs steigt das Moment, besonders bei schnellen Maschinen, mit der Laufdauer, weil infolge Abnützung der Reibungswiderstand beim Gleiten über die Saugkästen größer wird. Um diesen Verhältnissen Rechnung zu tragen, werden Zuschläge von etwa 25%, für Siebpartie und Kühlzylinder von etwa 40% gemacht. Es muß auch der Anstieg des Widerstandsmomentes bei kleinster Arbeitsgeschwindigkeit berücksichtigt werden, wenn auch mit weniger als etwa 30 m/min gearbeitet werden soll.

Bei Trockengruppen kann es vorkommen, daß sich bei Störungen in der Entwässerung größere Mengen von Kondenswasser in den Trockenzylindern ansammeln, die bei schnellen Maschinen den Leistungsbedarf beträchtlich erhöhen können. Dazu kommt, daß bei größeren Trockengruppen das Anlaufmoment das 2- bis 3fache des mittleren beträgt und die für die Regelung maßgebende Anlaßzeitkonstante groß ist. Aus diesen Gründen müssen die Motoren für große und schnelle Trockengruppen besonders reichlich ausgelegt sein, so daß sie im normalen Betrieb nur schwach belastet sind. Beim Glättwerk kann das Anzugsmoment das 2fache übersteigen, wenn sich beim Stillstand die Walzen versetzen. Meist werden bei neueren Maschinen Wälzlager vorgesehen. Besitzt die angetriebene Walze aber Gleitlager, dann soll eine Druckölschmierung vorgesehen sein, die noch vor dem Anlassen Öl unter die Lagerzapfen der angetriebenen untersten Walze preßt.

Es muß auch beachtet werden, daß der Leistungsbedarf bei Inbetriebnahme einer neuen Maschine größer ist. Erst nach einer Laufdauer von mehreren Monaten bis zu einem Jahr sind die Walzen, die Schaber und die Räder an den Trockengruppen so weit eingelaufen, daß sich die Antriebsleistung oft um 10 bis 20% auf normale Beträge vermindert. Weitgehende Verwendung von Wälzlagern trägt zwar sehr zur Verkleinerung der Momente während des Einlaufs bei, trotzdem muß aber mit zunächst erhöhten Momenten gerechnet werden.

Wird der Gleichlauf durch Regelung im Motorfeld bewirkt, so muß, besonders bei größerem Stellbereich der Arbeitsgeschwindigkeit darauf geachtet werden, daß der Motor auch bei kleinster Geschwindigkeit und schwächstem Feld noch ein ausreichendes Moment abgibt. Anderenfalls muß ein Motor mit kleinerem Drehzahlabfall, was größere Typenleistung bedeutet, oder Regelung der Ankerspannung vorgesehen werden.

Die Vorausberechnung des zu erwartenden Leistungsbedarfs geht einerseits von den in der Maschine auftretenden Kräften, bei trockenem Papier auch den Bahnspannungen aus, wobei die einzusetzenden Reibungsziffern und Anpreßdrücke eine entscheidende Rolle spielen. Eine solche Berechnung kann aber die Kontrolle durch Vergleich mit dem Leistungsbedarf ausgeführter oder ähnlicher Maschinen mit ähnlichen Produktionsbedingungen nicht entbehren. Dazu sind zu verschiedenen Zeiten auf Grund von oft umfangreichen Betriebsmessungen für die einzelnen Bauteile auf die Einheit von Breite und Geschwindigkeit, auch auf den Walzendurchmesser bezogene Leistungsbedarfszahlen zusammengestellt worden [27] [41].

Diese Zahlen sind natürlich zeit- und betriebsgebunden, da sie nur den jeweiligen Stand der Maschinentechnik und Betriebsweise berücksichtigen können. Daher muß besonders bei jeweils neueren Maschinenanordnungen der zu erwartende Leistungsbedarf auf Grund von Detailberechnung, Vergleich mit ähnlichen Ausführungen und unter Berücksichtigung aller Betriebsbedingungen mit Sorgfalt festgestellt werden, damit Fehldimensionierung der Antriebe vermieden wird. Alle jeweils zu berücksichtigenden Umstände kennen am besten die Hersteller der Maschinen, denen daher vornehmlich die Berechnung des Leistungsbedarfs obliegt. Die Hersteller der Antriebe können meist nur Vergleiche mit ähnlichen Anlagen vornehmen, ohne daß ihnen ein genauer Einblick in die technische Ausführung der Maschine und in die Betriebsbedingungen zur Verfügung steht.

Sind die Motoren nach vorstehendem ausgewählt, so sollen die zu verwendenden Typen auf eine möglichst kleine Zahl verringert werden, indem insbesondere für Einzelgänger der nächst größere, mehrfach benötigte Motor verwendet wird. Dies erleichtert sehr die Reservehaltung.

Soweit *Zu- und Absatzmaschinen* vorgesehen sind, sollen diese für den Nennstrom der zugehörigen Motoren und einen Spannungsbereich entsprechend dem Spannungsabfall bei Motornennstrom und entsprechend dem absolut größten Drehzahlunterschied bemessen sein, der zur Einstellung der Drehzahlverhältnisse benötigt wird. Vorteilhaft ist es, diese Maschinen für Zu- und Gegenschaltung auszulegen, weil dann Maschinen halber Spannung und Leistung genügen. Bei normalen Verhältnissen sind etwa 5% der Motornennleistung ausreichend.

Der *Leonardgenerator* für Sammelschienenspeisung wird entsprechend größtem betriebsmäßigem Moment bzw. Leistung der ganzen Papiermaschine bemessen. Dazu kommen Zuschläge für die Verluste in den Motorankern, Getrieben und entsprechend dem höheren Einlaufmoment der Maschine. Bei Gleichlaufregelung im Motorfeld muß besonders bei den kleineren Drehzahlen der höhere Strom infolge Feldschwächung der Motoren beachtet werden. Ist jedem Motor ein eigener Generator zugeordnet, muß seine Leistung der des Motors entsprechen. Für die *Drehstrommotoren* der Umformer ist die benötigte Leistung der Papiermaschine bei höchster Geschwindigkeit zuzüglich der Verluste in Motor und Generator zu Grunde zu legen. Diese kann kleiner als die Generatorleistung sein, wenn z. B. das Drehmoment der Papiermaschine bei kleiner Drehzahl größer als bei höchster ist oder der Generator wegen der Typensprünge reichlich gewählt werden mußte.

3. Elektrowickler

a) Grundlagen. Der mechanische Achswickler ist auf S. 70ff., der elektrische Antrieb eines Achsumrollers mit zusätzlicher Konstanthaltung der Papiergeschwindigkeit auf S. 176 behandelt. Mit Elektrowickler wird ein elektrischer Achsantrieb von Papierrollen bezeichnet, dessen Motordrehzahl an die jeweilige Drehzahl der Arbeitsmaschine unter Einhaltung der gewünschten Bahnspannung selbsttätig, vornehmlich durch Regelung angepaßt wird.

Elektrowickler werden in der Papierindustrie zum Aufwickeln der Bahn in Papier- und Veredelungsmaschinen, ebenso an Kalandern angewendet. Sie werden auch als elektrische Regelbremsen an der Abwicklerrolle von Kalandern, Umrollern und Veredelungsmaschinen benutzt. Die Abtastung der Papierbahn durch eine Tänzerwalze oder des Rollendurchmessers durch eine Fühlwalze ist in der Papierindustrie vor allem deshalb unerwünscht, weil solche Anordnungen das Aufführen behindern, vielfach auch Laufspuren auf der Bahn hinterlassen. Es kommen daher nur elektrische Meß- und Regeleinrichtungen in Frage.

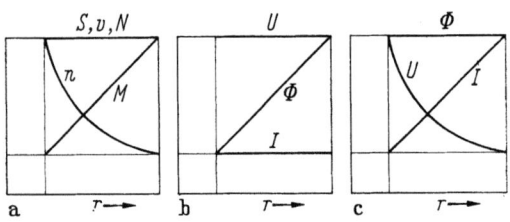

172a–c. Kennlinien beim Auf- und Abwickeln
a mechanische Größen; b zugehörige elektrische Größen bei Feldregelung des Wickelmotors; c bei Regelung der zugeführten Ankerspannung
S Bahnspannung; v Geschwindigkeit; n Drehzahl; M Drehmoment; U Ankerspannung; J Ankerstrom; Φ Feld; r Rollenhalbmesser

Wenn man die Verluste in Motoranker, Getriebe und Lagern der Rolle vernachlässigt, ist die von der Zugkraft S der Bahn bei der Geschwindigkeit v übertragene Leistung N gleich dem Produkt von Spannung U und Strom J des Motorankers.

$$N = \frac{S\,v}{75 \cdot 60 \cdot 1{,}36} = \frac{U\,J}{1000}\,kW \qquad (122)$$

Bei gleichbleibender Bahnspannung und Geschwindigkeit ist also die Wickelleistung konstant.

Aus $v = 2r\pi n$ ergibt sich hyperbolischer Verlauf der Drehzahl über dem Durchmesser. Abb. 172a zeigt die Kennlinien der mechanischen Größen, wenn Zugspannung und Geschwindigkeit gleichbleiben. Dies gilt für das Auf- und Abwickeln.

b) Wickler mit Gleichstrom-Nebenschlußmaschinen. Veränderliche Drehzahl bei konstanter Leistung läßt sich durch Feldregelung einer Gleichstrom-Nebenschlußmaschine erreichen, wobei Strom und induzierte Spannung konstant bleiben. Man muß also nur den Strom messen und mit einem Regler das Feld der Antriebsmaschine verstellen (Abb. 173). Die Kennlinien der elektrischen Größen E, J und Φ sind in Abb. 172b entsprechend dem Verlauf der mechanischen Größen unter a dargestellt. Beim Aufwickeln läuft die Antriebsmaschine als Motor, beim Abwickeln als Generator, er liefert die Bremsenergie in das Netz zurück.

Motoren für Feldregelung, wie sie für das Aufwickeln in Frage kommen, werden wirtschaftlich für einen Drehzahlbereich ausgeführt, der 1 : 3 nicht wesentlich überschreitet. Bei einem Elektrowickler für größeren Stellbereich der Arbeitsgeschwindigkeit bedingt der Spannungsabfall im Motoranker eine mit kleinen Geschwindigkeiten zunehmende Feldschwächung, so daß ähnlich wie beim Gleichlauf mit Feldregelung der Arbeitsbereich beschränkt ist. Da aber meistens größere Wickel- und Geschwindigkeitsbereiche benötigt werden, sieht man eine zusätzliche Regelung der Ankerspannung vor.

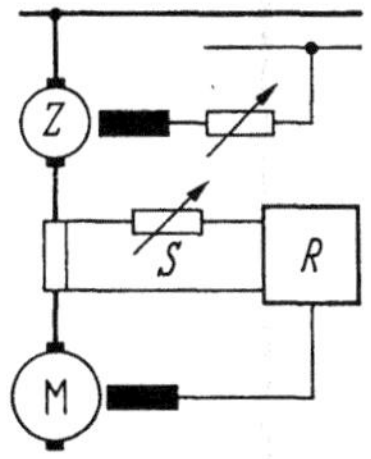

Führt man in den Ankerkreis mittels einer Zusatzmaschine eine Zusatzspannung ein, die dem Spannungsabfall durch den eingestellten Strom entspricht, so wird zwar eine gute Anpassung an die vom Hauptantrieb der ganzen Maschine gelieferte Leonardspannung und an die Drehzahl des Nachbarantriebs erzielt, so daß der Motor auch bei kleinen Geschwindigkeiten und größtem Rollendurchmesser mit vollem Feld läuft und der für gleichen Wickelbereich notwendige Feldbereich nicht größer sein muß. Für Vergrößerung des Wickelbereichs ist jedoch eine Spannungsregelung notwendig.

Abb. 173. Grundschaltung eines Elektrowicklers mit Regelung des Motorfeldes
M Wickelmotor;
Z Zusatzmaschine (bei Bedarf);
R Stromregler;
S Sollwerteinsteller

Während beim Aufwickeln, also motorischem Betrieb, die Feldschwächung begrenzt ist, läßt der generatorische Betrieb beim Abwickeln Feldschwächung bis zur Remanenz zu. Man kann also bei Abwickeln einen großen Wickelbereich durch Feldregelung des Bremsgenerators beherrschen. Zum Ausgleich des Spannungsabfalls kann man auch hier eine Zusatzmaschine vorsehen. Die Schaltung des Wicklers ist grundsätzlich die gleiche wie in Abb. 173.

Wird beim Aufwickeln die Ankerspannung bei konstant bleibendem Feld verstellt, so muß sich der Strom bei konstanter Leistung mit dem Kehrwert der Spannung entsprechend Abb. 172 ändern. Der Strom wird proportional dem Moment, und die Spannung sinkt mit der Drehzahl. Für konstanten Zug

$$S = \frac{M}{r} \ddot{u} = c\,\Phi\,\frac{J}{r} \tag{123}$$

($\ddot{u}$ = Übersetzung des Getriebes zwischen Rolle und Motor, c = Konstante) muß also J/r gleichgehalten werden. Der Radius r läßt sich elektrisch durch das Verhältnis der Spannungen U_v und U_r zweier Tachomaschinen abbilden, die der Arbeitsgeschwindigkeit v bzw. der Rollendrehzahl n_r proportional sind:

$$r = \frac{v}{2\pi n_r} = c\,\frac{U_v}{U_r} \tag{124}$$

242 VI. Elektrischer Antrieb der Teilmaschinen, Mehrmotorenantrieb

Entsprechend diesen Gleichungen kann in unterschiedlichen Schaltungen J und r bestimmt und damit über Regler die Bahnspannung gehalten werden. Ein Beispiel zeigt in Abb. 174 eine Ausführung von BBC für kleinere Leistungen [*11*], bei der Wickel- und Arbeitsbereich durch Änderung der Ankerspannung erzielt wird. Der Sekundärstrom des Wandlers V_1 wird durch selbsttätige Verstellung des Schleifers S_1 an dem Potentiometer P_1 dem jeweiligen Rollendurchmesser angepaßt. Er wird mit dem Sollwert P_{soll} verglichen, die Differenz steuert einen elektronischen Regler R_1, der über das Gittersteuergerät V_2 das den Anker des Wickelmotors speisende Thyratron V_3 steuert. Die Anpassung an den Rollendurchmesser ergibt sich durch Vergleich der Tachospannung am Wickelmotor mit der am Schleifer S_2 eines Potentiometers P_2 abgegriffenen Spannung. P_2 ist an die Tachometermaschine für Messung der Arbeitsgeschwindigkeit angeschlossen. Die Differenz beider Spannungen verstellt über den Nachlaufregler R_2 und den Stellmotor m den Schleifer S_2 so lange, bis beide Spannungen wieder gleich sind. Da der Regler R_2 nur in Richtung des wachsenden Durchmessers steuert, behalten die Schleifer der Potentiometer bei Papierbruch ihre Stellung bei, der Regler R_1 wird jedoch übersteuert, so daß $U_R > U_1$ wird. Der Verstärker V_4 ist so geschaltet, daß er die größere Spannung sperrt und nur die kleinere Spannung die Endstufe steuert. Damit wird das Hochlaufen des Wickelmotors verhindert.

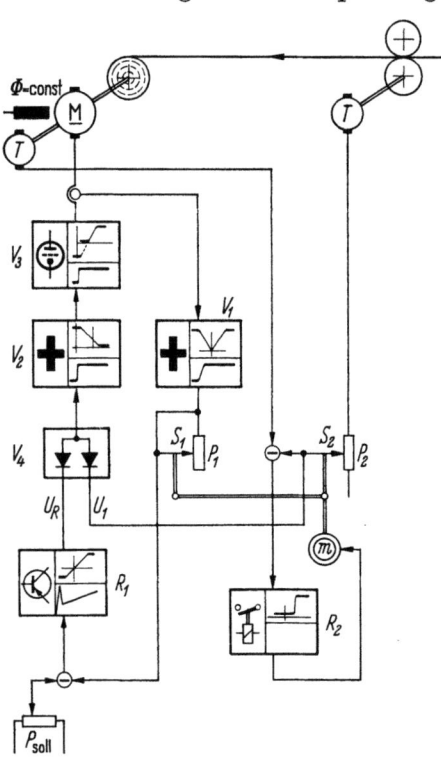

Abb. 174
Elektrowickler mit Regelung der Ankerspannung
M Wickelmotor; T Tachometermaschinen für Rollendrehzahl bzw. Papiergeschwindigkeit; V_1 Stromwandler; P_1 Potentiometer für Anpassung des gemessenen Ankerstroms an den Rollenhalbmesser; P_2 Potentiometer für Tachospannung entsprechend Arbeitsgeschwindigkeit; S_1, S_2 Schleifer; P_{soll} Sollwertpotentiometer für Bahnzug; R_1 Transistorregler für Bahnzug; R_2 Regler für Verstellung der Schleifer S_1, S_2 mit Stellmotor m; V_2 Steuersatz zu Thyratron V_3; V_4 Verstärker zur Gleichhaltung der Motordrehzahl bei Bahnbruch; nach BBC

Bei reiner Spannungsregelung muß sich auch der Ankerstrom mit dem Rollendurchmesser ändern. Ergänzt man aber die Spannungsregelung des Generators durch eine Feldregelung des Motors, so wird die erforderliche Änderung des Ankerstroms um den Feldstellbereich verkleinert. Zum Beispiel bei einem in den meisten Fällen ausreichenden Wickelbereich von 1:6 genügt eine Verstellung der Drehzahl durch das Feld von 1:3 und durch die Spannung von 1:2. Man kann die Verstellung nacheinander vornehmen, zuerst im Feld und anschließend in der Spannung. Der Verlauf von Spannung, Strom und Feld ergibt sich durch Aneinanderreihen der Abb. 172b und c. Bei gleichzeitiger Verstellung soll das Feld zuerst stärker, die Spannung aber nur schwach verstellt werden, wogegen sich die Verhältnisse im Bereich der großen Durchmesser umkehren.

Je nach den vorliegenden Verhältnissen können für Aufwickler unterschiedliche Anordnungen entsprechend der Abb. 175 vorgesehen

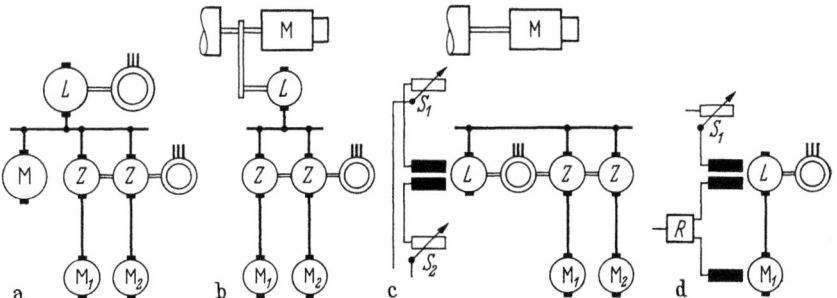

Abb. 175a—d. Anordnung von Wickelmotoren
a mit Anschluß an Leonardgenerator der Arbeitsmaschine; b mit eigenem Leonardgenerator, getrieben von Transmission bzw. Hauptmotor; c dgl. mit Drehstrommotor; d mit Einzelgenerator, gezeichnet mit kombinierter Spannungs- und Feldregelung
L Leonardgenerator; M Hauptmotor; M_1, M_2 Wickelmotoren; Z Zusatzmaschinen; S_1 Steller für Arbeitsgeschwindigkeit; S_2 Feinsteller; R Regler

werden. Der Wickelmotor kann an den Leonardgenerator der Arbeitsmaschine angeschlossen werden (Abb. 175a), wenn ihre Arbeitsgeschwindigkeit allein durch Steuerung der Spannung eingestellt wird. Soll beim Aufwickeln Spannungsregelung verwendet werden, wird für jeden Wickelmotor eine Zu- und Absatzmaschine vorgesehen, die beim Anwickeln zum Ausgleich des Spannungsabfalls eine Zusatzspannung liefert und bei den größeren Rollendurchmessern auf zunehmende Absatzspannung gesteuert wird.

Wird die Arbeitsmaschine von einem Gleichstrommotor mit Spannungs- und Feldsteuerung, einem Drehstromkommutatormotor oder einer Dampfmaschine angetrieben, erhalten die Wickelmotoren einen besonderen gemeinsamen Leonardgenerator. Treibt man diesen von der Transmission der Arbeitsmaschine an (Abb. 175b), wobei sich seine Drehzahl mit der Geschwindigkeit ändert, so erfolgt die Spannungsregelung wieder über je eine Zu- und Absatzmaschine. Ebenso ist es bei Antrieb durch einen Drehstrommotor (Abb. 175c). Dabei dient ein Steller S_1 zur Einstellung der Leonardspannung entsprechend der jeweiligen Arbeitsgeschwindigkeit. Zur selbsttätigen Anpassung an die Geschwindigkeit kann dieser Steller wie die Stelleinrichtung des Hauptantriebs abgestuft und durch Kupplung mit dieser gleichzeitig verstellt werden. Eine Feinanpassung kann durch einen Feinsteller in einer zweiten Wicklung des Generatorfeldes oder in den Zusatzmaschinen ausgeglichen werden. Ist nur ein Wickelmotor vorhanden, läßt sich die Spannungsregelung beim Wickeln im Leonardgenerator des Wickelmotors vornehmen (Abb. 175d).

Zur Regelung dient ein Stromrelais, das über einen Stellmotor die Feldsteller von Wickelmotor und Absatzmaschine steuert. An Stelle von kontaktgebenden Relais haben sich vielfach kontaktlos arbeitende Schalttransduktoren, auch magnetische Kipprelais genannt, eingebürgert. Neuerdings werden auch Relais, Stellmotoren und Steller durch Transduktoren oder Stromtore ersetzt, von welchen die Feldwicklung bzw. der Anker gespeist wird.

Bei Papierbruch versucht der Regler den Motor auf höchste Drehzahl zu steuern. Man verhindert dies durch Sperrung des Steuerbefehls „Schneller". Da z. B. bei Papiermaschinen das Aufwickeln normalerweise bei konstanter Geschwindigkeit erfolgt, genügt es, den Befehl „Schneller" dauernd zu sperren und ihn nur wirksam zu machen, wenn die Maschine auf höhere Geschwindigkeit gesteuert wird. Bei Kontaktrelais erfolgt die Sperrung durch Unterbrechung einer Steuerleitung, sonst z. B. durch ein Ventil, das den Strom nur in einer Richtung durchläßt.

Als Beispiel einer kombinierten Feldspannungsregelung ist in Abb. 176 die Grundschaltung einer Ausführung der SSW dargestellt. Der Wickelmotor M ist an das Leonardnetz des Hauptantriebs angeschlossen. Motor und Absatzmaschine erhalten von einem Drehtransformator über Gleichrichter eine veränderbare Erregerspannung. Die Verstellung bewirkt ein Stromregler und ein Stellmotor. Beim Anwickeln ist die Spannung am kleinsten, sie gibt schwaches Motorfeld entsprechend höchster Motordrehzahl, die gleiche Spannung bewirkt in der Absatzmaschine Z kleine Absatzspannung. Eine zweite an eine konstante Spannung angeschlossene Erregerwicklung der Absatzmaschine gibt entgegengesetzt gerichtete Erregung, wobei mit dem Steller S_1 die für das Anwickeln benötigte Drehzahl eingestellt wird. Beide Erregungen ergeben in Anpassung an das Leonardnetz eine kleine Zusatzspannung zur Deckung der Spannungsabfälle. Bei wachsendem Rollendurchmesser erhöht sich die Erregerspannung, die ursprüngliche Zusatzspannung geht in zunehmende Absatzspannung über. Die Spannung am Motor wird also kleiner. Gleichzeitig wird das Motorfeld verstärkt. Beides vermindert die Drehzahl des Motors. Mit zunehmender Erregung tritt Sättigung, besonders im Motorfeld ein. Daraus ergibt sich, daß das Motorfeld mit zunehmendem Durchmesser zunächst rasch und später langsamer anwächst. Das bedeutet, daß die Feldregelung vornehmlich im ersten Teil, die Spannungsregelung im zweiten Teil des Wickelbereichs wirksam wird.

Die Wickelleistung EJ zu messen, ist bei Änderung von Ankerspannung und Motorfeld schwierig. Man kann die Regelung aber auf

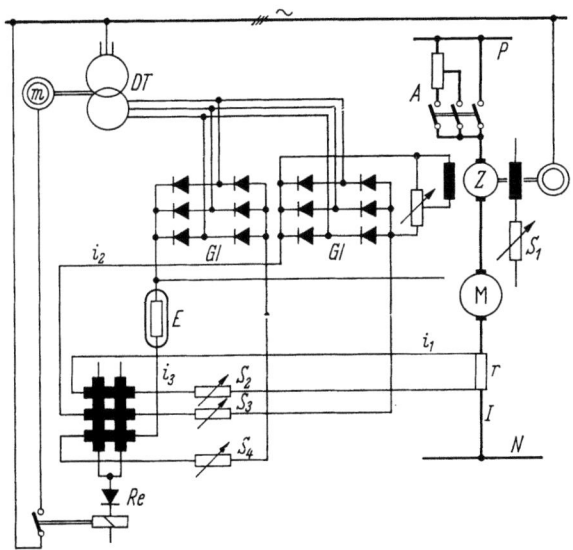

Abb. 176. Schaltung eines Elektrowicklers mit Feld- und Spannungsregelung

M Wickelmotor; Z Absatzmaschine; A Anlaßsteuerung; DT Drehtransformator; m Stellmotor; Gl Gleichrichter; S_1—S_4 Steller; E Eisenlampenwiderstand; Re magnetisches Relais; nach SSW

eine Messung des Ankerstromes zurückführen, wenn man den Stromanstieg berücksichtigt, der bei Verminderung der Ankerspannung auftreten soll. Mit der Absatzspannung E_a und der am Motoranker wirksamen Spannung $E = (E_0 - E_a)$ ergibt sich aus der geforderten konstanten Leistung $EJ = E_0 J_0$ (Zeiger Null entsprechend der Netzspannung und vollem Feld bei Wickelbeginn)

$$\left(1 - \frac{E_a}{E_0}\right) J = J_0 \qquad (125)$$

Die Differenz aus dem Strom J und dem für konstante Wickelleistung notwendigen Stromanstieg $\frac{E_a}{E_0} J$ entspricht dem Strom J_0 bei Wickelbeginn. Der Regler (Relais) ist nur im Gleichgewicht, wenn ihm ein Strom aufgeschaltet wird, der dem konstanten Sollwert J_0

entspricht. Wenn man daher auf den Regler die obige Stromdifferenz gibt, erhält man Regelung auf konstante Leistung.

Ein dem Motorstrom J proportionaler Betrag i_1 kann von dem Nebenwiderstand r im Ankerkreis abgegriffen und zum Relais geführt werden. Bei Gleichbleiben von Drehzahl und Feldern ist also i_1 proportional der Spannung $(E_0 - E_a)$ und den Widerständen des Meßkreises:

$$i_1 = c_1(E_0 - E_a) \qquad (126)$$

Der vom Gleichrichter der Absatzmaschine gelieferte, durch die zweite Relaiswicklung fließende Strom i_2 ist bei ungesättigter Absatzmaschine proportional der Absatzspannung E_a und den Widerständen der Kreise

$$i_2 = c_2 E_a \qquad (127)$$

Die Summe beider Ströme gibt:

$$i_1 + i_2 = c_1 E_0 - (c_1 - c_2) E_a \qquad (128)$$

Es ist $c_1 E_0 = i_0$ entsprechend dem Strom J_0 bei Wickelbeginn. Stimmt man die Widerstände so ab, daß $c_1 = c_2$ wird, ergibt sich

$$i_1 + i_2 = i_0. \qquad (129)$$

Damit wird auf konstante Leistung bei veränderlicher Ankerspannung geregelt. Verstellt man einen Steller, so daß c_1 und c_2 nicht mehr gleich sind, kann man eine Abnahme der Zugspannung mit zunehmendem Rollendurchmesser erhalten.

Auch der bisher vernachlässigte Leerlaufstrom kann durch eine Stromaufschaltung berücksichtigt werden. Die Leerlaufverluste sollen möglichst klein gehalten werden durch gute Lagerung der Rollen, geringe Verluste in den Getrieben und nicht reichlich gewählten Motor, dessen Anker kein Lüfterrad erhalten soll. Dann kann bei Spannungsregelung mit konstantem Leerlaufstrom gerechnet werden. Bei Regelung im Motorfeld nimmt jedoch der Leerlaufstrom im Mittel mit der Potenz 1,1 bis 1,2 der Drehzahl zu. Für einen Ausgleich braucht man also nur den Drehzahlanstieg infolge Feldregelung des Motors zu berücksichtigen. Den Ausgleichsstrom liefert die Feldspannung, die der Drehzahl entsprechende Krümmung des Stromverlaufs bewirkt ein Eisenwiderstand auf seinem ersten ansteigenden Ast. Zur Einstellung dient der Steller r_4.

In der Abb. 176 sind die Regelströme zum besseren Verständnis auf gesonderte Wicklungen des Kipprelais gegeben. Es genügt auch nur eine Wicklung, wenn die Ströme mittels Widerständen und entsprechender Schaltung einander in der Wicklung überlagert werden.

c) **Wickler mit Reihenschlußmotoren für Gleichstrom.** Bei Motoren mit Reihenschlußverhalten vermindert sich die Drehzahl mit zunehmendem Drehmoment und wachsendem Strom in starkem Maße.

Ein solcher Motor für Gleichstrom gibt bei Anschluß an eine veränderbare Leonardspannung ein Feld von Kennlinien (Abb. 177). Ihr Verlauf weicht von den eingezeichneten Hyperbeln, die das Wickeln mit konstanter Bahnspannung fordert, ab, so daß Nachstellung notwendig wird. Das begrenzte Kennlinienfeld läßt auch nur kleine Bereiche von Arbeitsgeschwindigkeit und Wickelverhältnis zu.

Eine Anpassung an die Hyperbel ermöglichen Steller parallel zur Reihenschlußwicklung und in Reihe mit dem Anker, womit der Drehzahlabfall zur Angleichung an die Hyperbel geändert werden kann (Abb. 178).

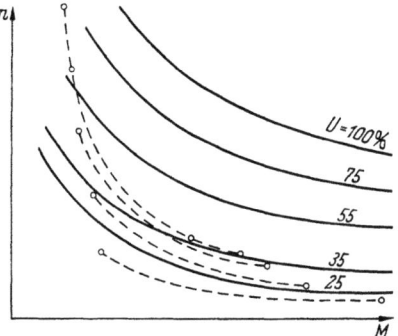

Abb. 177. Kennlinienfeld eines Gleichstrom-Reihenschlußmotors

n Drehzahl; M Drehmoment; gestrichelt: Hyperbeln entsprechend konstanter Wickelleistung

Soweit bei den Motoren das Absinken der Drehzahl durch Widerstände bewirkt wird, entstehen Verluste, die den Wirkungsgrad stark herabsetzen. Alle Antriebe mit Reihenschlußverhalten haben die Eigenschaft, bei Entlastung, z. B. bei Papierbruch, auf Überdrehzahl hochzulaufen. Diese wird auf einen kleineren Betrag herabgesetzt, wenn eine zusätzliche, schwache Nebenschlußerregerwicklung vorgesehen wird (Abb. 178). Mit Rücksicht auf die Papierrolle und zum Einstellen der Drehzahl für das Wiederaufführen der Bahn muß eine mechanische Bremse vorgesehen werden. Außerdem ist eine Drehzahlanzeige zur Einstellung der Abwickeldrehzahl erwünscht. Die schwierige Anpassung der Drehzahl mittels Stellern und die auftretenden höheren Leistungsverluste hat die Verwendung von Reihenschlußmotoren auf Antriebe sehr kleiner Wickelleistung und mit geringen Ansprüchen an konstanten Bahnzug beschränkt. Eine verlustarme Anpassung erhält man, wenn die den Motor speisende Gleichspannung in Abhängigkeit vom Laststrom gesteuert wird. Dazu kann ein Gleichstromgenerator dienen, der zur Anpassung an das Geschwindigkeitsniveau von der Arbeitsmaschine getrieben und dessen Erregerstrom von einem Nebenwiderstand im Ankerkreis geliefert wird. Als ruhende Spannungsquelle wird bei einer als Hyperbelwickler bezeichneten Einrichtung der Tonmetall K.G.[1] ein Transduktor

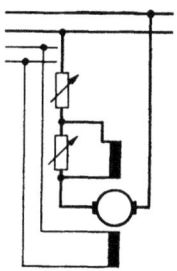

Abb. 178. Gleichstrom-Reihenschlußmotor mit Stellern für Reihenschlußwicklung und Anker und mit Hilfsnebenschlußwicklung zur Drehzahlbegrenzung

---

[1] Vertrieb durch Maschinenfabrik Stahlkontor Weser.

verwendet, dessen Laststeuerwicklung über ein verstellbares Potentiometer an den Nebenwiderstand im Ankerkreis angeschlossen ist. Eine zweite Steuerwicklung dient zur Anpassung an die Arbeitsgeschwindigkeit mittels einer Tachometermaschine, der etwa vorhandenen Leonardspannung oder eines besonderen Potentiometers. Statt dessen kann auch eine Tänzerwalze zur Steuerung verwendet werden.

Mit der Einrichtung erreicht man eine bessere Angleichung an die Hyperbel, bei den kleinen Steuerströmen des Transduktors lassen sich Hart- und Weichwicklung, Ausgleich der Leerlauflast auf ähnliche Weise erzielen, wie es beim Elektrowickler mit Regelung auf S. 246 Abb. 176 beschrieben ist.

Solche Wickler lassen sich natürlich auch mit anderen Spannungsquellen, z. B. mit gesteuerten Quecksilber- oder Siliziumstromtoren ausführen. Zu beachten ist, daß bei diesen Antrieben entsprechend dem sich ändernden Laststrom nur selbsttätig gesteuert, nicht aber geregelt wird. Ist zusätzlich eine Tänzerwalze vorgesehen, wird die Drehzahl nur nach dem Durchhang der Bahn geregelt. Ausgeführt werden derartige Antriebe hauptsächlich für kleine Wickelleistungen.

Gleichstromreihenschlußmotoren mit einer zusätzlichen Nebenschlußwicklung sind auch für größere Leistungen mit Regelung verwendet worden, wobei die Regelung wie bei Nebenschlußmotoren erfolgt.

Wickelmotoren mit Reihenschlußverhalten haben sich nur wenig eingeführt. Die meist gestellten höheren Anforderungen verlangen Gleichstrom-Nebenschlußmotoren mit Regelung. Nur bei Antrieben für sehr kleine Wickelleistungen und geringeren Anforderungen an deren Konstanz werden Motoren mit Reihenschlußverhalten verwendet, die auch an Wechselstrom angeschlossen werden (s. S. 301).

d) Rollenwechsel beim Wickeln. Wenn die Rolle am Abwickler leer oder die am Aufwickler voll geworden ist, muß eine neue volle bzw. leere Rolle eingesetzt werden. Durch diesen Rollenwechsel soll die Produktion nicht oder nur möglichst kurzzeitig unterbrochen werden. Bei Papier- und ähnlichen Arbeitsmaschinen läuft die Fertigung ohne Unterbrechung durch, Verzögerungen beim Rollenwechsel lassen die nicht aufgewickelte Bahn zu Ausschuß werden. Bei Papierverarbeitungsmaschinen gibt eine Unterbrechung der Abrollung Leerlauf der Arbeitsmaschine, der auch bei Kalandern und Umrollern durch das notwendig werdende Stillsetzen der Maschine, den Rollenwechsel, das Wiedereinführen der Bahn und das anschließende Hochfahren zu geringer Ausnutzung des Maschinenparks führt.

Der bei schnelleren Papiermaschinen verwendete *Aufroller mit einer Tragwalze* (Pope-Roller), erlaubt Rollenwechsel ohne Unterbrechung (Abb. 179). Wenn auf dem neu aufgesetzten Tambour der

Kern gewickelt ist, wird der Tambour um die Achse der Tragwalze geschwenkt, nach Erreichen des gewünschten Rollendurchmessers ein leerer, vielfach befeuchteter Tambour in der Anwickellage gegen Bahn und Tragwalze gedrückt, die Bahn von der vollen Rolle abgetrennt und um den leeren Tambour geblasen. Bei Papiermaschinen mit *Achswicklern* muß stets eine Wickelstelle mehr vorhanden sein, als längsgeteilte Bahnen mit je einem Wickler aufgerollt werden. Zum Rollenwechsel wird zunächst die leere Rolle auf die der Arbeitsgeschwindigkeit entsprechende Drehzahl gebracht, dann die Bahn von der vollen Rolle abgerissen und von Hand um die mit Klebstoff bestrichene Rollenhülse oder den befeuchteten Tambour geschlungen. Das Überführen wird erleichtert, wenn zunächst ein durch ein Messer abgetrennter Streifen um den Tambour geführt und anschließend der Streifen durch Weiterführen des Messers auf die volle Bahnbreite gebracht wird. Die Überführung von Hand ist nur bis zu Geschwindigkeiten von etwa 200 m/min durchführbar. Sie hängt in starkem Maße von der Einteilung der richtigen Rollendrehzahl und der Geschicklichkeit der Bedienung ab.

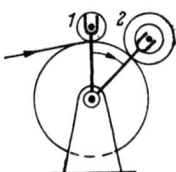

Abb. 179. Rollenwechsel beim Aufroller mit einer Tragwalze (Pope-Roller)
1 Lage der Rolle beim Anwickeln; *2* beim Fertigwickeln; Antrieb an Tragwalzenachse

Bei besonderer Ausbildung des Tragwalzenrollers, der dann meist mit Allroller (Abb. 180) bezeichnet wird, erfolgt der Antrieb der

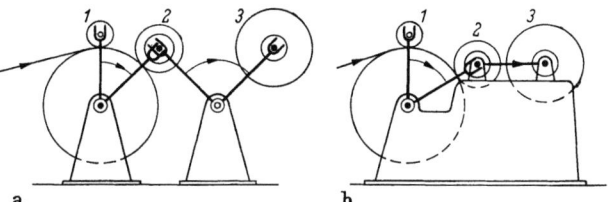

Abb. 180a u. b. Rollenwechsel beim Allwickler mit schwenkbarer (a) oder verschiebbarer (b), achsgetriebener Rolle
1 Lage beim Anwickeln; *2* Übergabe von Umfangs- auf Achsantrieb; *3* freies Wickeln mit Achsantrieb; Antrieb an Tragwalze und Rolle

Tragwalze und das Anwickeln wie beim Tragwalzenroller. Wenn gewünscht, kann man in gleicher Weise weiterwickeln. Für Übergang auf Achswickeln wird der Tambour mit einem zweiten Antrieb, meist einem Elektrowicklermotor, gekuppelt, der auf einem zweiten Schwenkhebel oder einer Geradführung angeordnet ist. Damit wird Rolle und Motor von der Tragwalze entfernt, so daß jetzt nur mit dem Wickelmotor frei aufgerollt wird. Um beim Ankuppeln des Wickelmotors Stöße, die zu Papierbruch führen, zu vermeiden, müssen Rolle und Motor vor dem Kuppeln synchron laufen. Nach dem Ankuppeln wird der Motor zur Lastübernahme veranlaßt und dann die Rolle mit Motor von der Tragwalze abgerückt.

250　VI. Elektrischer Antrieb der Teilmaschinen, Mehrmotorenantrieb

Bei mechanischem Antrieb sieht man an der Rollenachse z. B. eine selbstsynchronisierende Kupplung vor. Bei Annäherung der Kupplungshälften stellt zunächst eine dazwischenliegende Friktionsscheibe eine kraftschlüssige Verbindung her. Sie bewirkt, daß sich die Drehzahl des Antriebs vermittels der bei mechanischen Wickelantrieben vorgesehenen Schlupfkupplung (s. S. 71) auf die Drehzahl der Rolle vermindert. Anschließend werden die Kupplungshälften z. B. mittels einer Klaue fest miteinander verbunden. Das Wickeln erfolgt dann mit der Schlupfkupplung. Auch ein Differentialgetriebe zwischen Rolle und Antrieb ermöglicht durch Abbremsen des zunächst frei laufenden, mittleren Zahnrades bis zum Stillstand stoßlose Anpassung der Antriebsdrehzahl an die der Rolle.

Bei einem Elektrowickler kann die höchste Drehzahl so einjustiert werden, daß sie wenig unterhalb der Drehzahl der anzukuppelnden Rolle liegt. Sieht man im Antrieb eine Überholungskupplung vor, so werden beim Einkuppeln nur die leer laufenden Antriebsteile zwischen Überholungskupplung und Kupplung beschleunigt. Mit wachsendem Rollendurchmesser nähert sich ihre Drehzahl der des Antriebs und die Überholungskupplung faßt sanft, wobei der Antrieb allmählich die Antriebsleistung übernimmt. Bei hohen Arbeitsgeschwindigkeiten erleichtert eine selbstsynchronisierende Kupplung das Anschalten des Antriebs. Aufwendiger ist die Einregelung der Drehzahl des Wickelmotors auf die der Tragwalze vermittels einer Gleichlaufregelung, wobei bei erreichtem Gleichlauf Motor und Rolle durch eine magnetische Kupplung verbunden werden.

Bei Betrieb von Papierverarbeitungs- und Veredelungsmaschinen wird die Maschine noch in überwiegendem Maße bei leer werdender Abwickelrolle abgestellt, von der neuen Rolle wieder eingeführt und erneut auf Arbeitsgeschwindigkeit gesteuert. Zunehmend finden Einrichtungen Eingang, bei welchen die neue Rolle auf die Geschwindigkeit der Maschine gebracht, das von der Rolle abgezogene Papier an die laufende Bahn angeklebt und die bisher laufende Bahn von der fast leeren Rolle durch ein Messer abgeschlagen wird. Damit die Klebestelle hält und bei der Übergabe keine stoßartigen Änderungen der Bahnspannung auftreten, müssen die Geschwindigkeiten gleich sein.

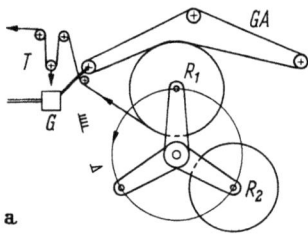

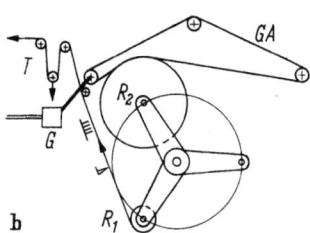

Abb. 181 a u. b. Abroller an Rotationsdruckmaschinen a Lage des Rollensterns beim Abwickeln; b vor dem Rollenwechsel R_1 laufende Rolle; R_2 Reserverolle; *GA* Gurtantrieb; *G* Getriebe mit veränderbarer Übersetzung; *T* Tänzerwalze

Bei Rotationsdruckmaschinen wird eine Anordnung verwendet, bei der die Rollen auf einem drehbaren, zweiarmigen Balken oder dreiarmigen Stern gelagert sind (Abb. 181). Die ablaufende Rolle wird am Umfang mittels eines Gurtes vom Hauptantrieb aus mechanisch über ein Stellgetriebe angetrieben. Das Bahnende der eingelegten neuen Rolle wird durch kurze Klebestreifen am Rollenumfang angeheftet und oberhalb dieser Streifen mit Klebstoff bestrichen, wobei die späteren Laufstellen der Antriebsgurte frei gelassen werden (Abb. 182). Zur Übergabe wird der Stern gedreht, die klein gewordene Rolle entfernt sich von den Antriebsgurten, der jetzt die neue Rolle auf gleiche Umfangsgeschwindigkeit bringt. Damit die von der kleinen Rolle ablaufende Bahn unter Spannung bleibt, wird die mit einem Lagerzapfen der Rolle gekuppelte Bremse am Schwenkarm angezogen.

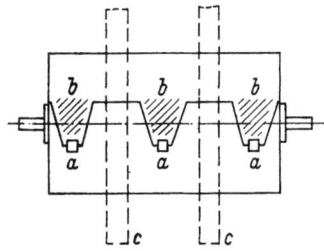

Abb. 182. Papierrolle, vorbereitet für den Rollenwechsel
a Klebestreifen; *b* Klebstoff; *c* Lage der Antriebsbänder

Mit einer Bürste wird die Bahn an die neue Rolle gepreßt, die Klebestreifen reißen und ein Messer schlägt die alte Bahn ab. Der ganze Vorgang, beginnend mit dem Drehen des Sternes bis zum Abschlagen des Papiers, vollzieht sich automatisch, wobei die Bewegung von Rollenstern, Anpreßbürste und Abschlagmesser meistens auf pneumatischem Wege, die folgerichtige Steuerung elektrisch durchgeführt wird. Um beim Abwickeln Änderungen des Rollenschlupfes und damit der Bahnspannung auszugleichen, ist dem Abwickler eine Bahnspannungsregelung mittels Tänzerwalze nachgeschaltet, die bei Änderung der Bahnlänge die Übersetzung des Getriebes verstellt und so die Bahn gespannt hält.

In der Papierindustrie wird das beschriebene Prinzip in unterschiedlichen Abwandlungen angewendet. Die Abb. 183 zeigt

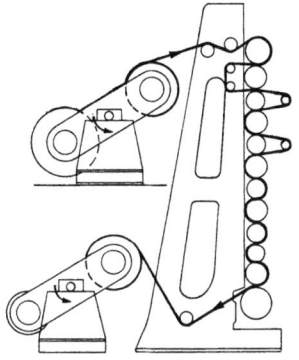

Abb. 183 Rollenwechsel bei einem Kalander mit zweiarmigen Rollenträgern; nach Kleinewefers

eine Anordnung der Maschinenfabrik Kleinewefers für fliegenden Rollenwechsel bei der Ab- und Aufwicklung eines Kalanders. Dabei werden die in Betrieb befindlichen Rollen und die Vorratsrolle der Abwicklung bzw. der Reservetambour der Aufwicklung auf zweiarmigen, schwenkbaren Balken gelagert. Zum Rollenwechsel wird die Arbeitsgeschwindigkeit des Kalanders auf die beim Überführen der Bahn zulässige Geschwindigkeit vermindert, die neue Rolle mechanisch vom Hauptantrieb über eine Friktionskupplung oder mittels eines Elektrowicklers angetrieben und der Balken um etwa 180° geschwenkt, so daß die neue Rolle nahe der laufenden Bahn zu liegen kommt. Das Ankleben der neuen Rolle und das Aufführen von der vollen Rolle auf den leeren Tambour geschieht ähnlich wie für Achswickler auf S. 249 und 251 beschrieben.

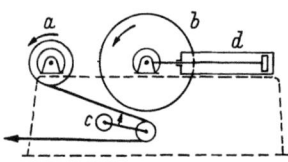

Abb. 184. Abroller mit Rollenverschiebung für fliegenden Rollenwechsel
a ablaufende Rolle; *b* Vorratsrolle; *c* Anpreßwalze für Kleben; *d* hydraulische Rollenverschiebung; nach Eck

In Abb. 184 ist schematisch eine Ausführung der Maschinenfabrik Eck dargestellt. Die Abwickelrolle hat im Betrieb die Lage a. Die neue für das Ankleben vorbereitete Rolle wird an der Stelle b eingelegt und durch einen Motor auf die Arbeitsgeschwindigkeit gebracht. Durch die Anpreßwalze c wird die ablaufende Bahn bis auf wenige Millimeter der neuen Rolle genähert. Ist das Bahnende der neuen Rolle an der Schwingwalze vorbeigegangen, wird diese an die Rolle angedrückt, beim nächsten Vorbeigang wird geklebt und anschließend die alte Bahn abgeschlagen. Die leere Rolle a wird entfernt und in ihre Lage die neue Rolle b gebracht.

Bei einer Ausführung der Maschinenfabrik Rice-Parton ähnlich Abb. 185 ruht die abzuwickelnde Rolle auf den Schwenkarmen a in der

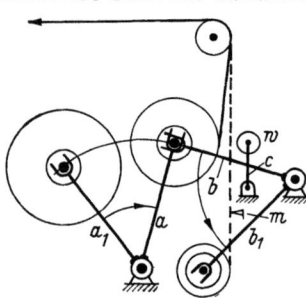

Abb. 185
Abroller mit Schwenkarmen für fliegenden Rollenwechsel
a_1 Einlegelage der neuen Rolle; b_1 Lage der neuen Rolle beim Ankleben und anschließender Übergabe an den von b_1 nach b gebrachten Schwenkarm; w Anpreßwalze für Kleben; m Abschlagmesser; nach Rice-Parton

gezeichneten Lage. Sie wird von einem Gleichstrommotor, der zugleich mit den Armen a geschwenkt wird, gebremst. Ist die Rolle etwa zur Hälfte abgewickelt, erfolgt Übergabe an die Schwingarme b, die ebenfalls, jedoch auf der anderen Maschinenseite, einen gleichen Antrieb tragen. Dabei wird die Rolle den Schwingarmen und die Bremsung dem zweiten Antrieb in ähnlicher Weise übergeben, wie dies beim Allwickler beschrieben wurde. Der Arm b wird mit Rolle und zugehörigem Antrieb in die Lage b_1, der leere Schwenkarm a mit inzwischen abgeschaltetem Antrieb in die Lage a_1 geschwenkt. Die neue Rolle wird in a_1 eingelegt, zum Kleben vorbereitet, mit dem Motor gekuppelt und auf Arbeitsgeschwindigkeit beschleunigt. Die Rolle wird durch den Schwenkarm in die Lage a gebracht, so daß ihr Umfang nur wenige Millimeter von der gestrichelt gezeichneten, laufenden Bahn entfernt ist. Zum Ankleben drückt die auf dem Schwenkarm c angeordnete leichte Anpreßwalze die ablaufende Bahn an die neue Rolle.

In Abb. 186 ist die vereinfachte Schaltung dargestellt. Die beiden Papierrollen werden von je einem Motor M angetrieben, die von den

Generatoren G gespeist werden. Die Motoren sind mit Tachometermaschinen T für die Drehzahlregelung gekuppelt. Eine weitere Tachometermaschine an einer Leitwalze L gibt den Sollwert für die Drehzahlregelung. Die Tachometerspannung an der neuen Rolle wird mittels des Potentiometers P_1 ihrem im Stillstand gemessenen Durchmesser angepaßt. Hat der Rollenumfang in der Anklebelage die Geschwindigkeit der laufenden Bahn erreicht, so daß der Steuerschalter S_1 geschlossen wird, kann der Steuerbefehl zum Kleben erst ausgelöst werden, wenn

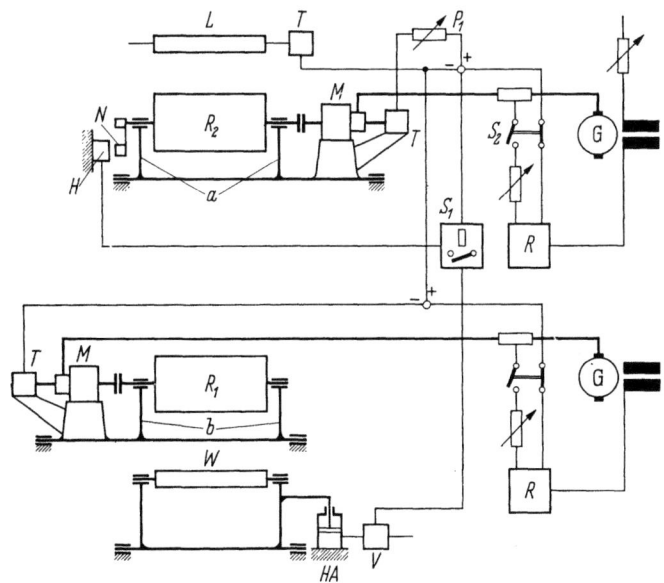

Abb. 186. Schaltbild zu Abb. 185

R_1 ablaufende Rolle; R_2 neue Rolle; L Leitwalze; W Anpreßwalze für Kleben; M Antriebsmotoren der Rollen; G Generatoren; T Tachometermaschinen; P_1 Potentiometer für Anpassung an Rollendurchmesser; P_2 Potentiometer für Bahnzug; S_2 Umschalter: Drehzahl-Bremsregelung; R Regler; H Hallgenerator; N Nocken; S_1 Schalter für Kleben; V Ventil; HA Hydraulischer Stellantrieb

die Klebestelle auf der Rolle an der Anpreßwalze vorbeigegangen ist, da ja deren Auslenken gewisse Zeit benötigt. Dazu dient ein eiserner Nocken N auf der Tambourwelle, der beim Vorbeigehen in einem auf der Maschinenstuhlung angebrachten Hallgenerator H eine Spannung induziert. Nocken oder Hallgenerator können in Umfangsrichtung in ihrer Winkellage zur Klebestelle verstellt werden. Bei gleicher Geschwindigkeit steuert die Hallspannung den hydraulischen Antrieb HA der Anpreßwalze W. Es wird geklebt und anschließend die alte Bahn abgeschlagen und der Antrieb der leeren Rolle abgeschaltet. Es kann auch noch vorgesehen werden, daß das Ankleben selbsttätig erst dann durchgeführt wird, wenn die Abwickelrolle einen kleinsten Durchmesser erreicht hat. Nach dem Ankleben wird von Drehzahlregelung auf

Gleichhaltung des Bremsstromes übergegangen. Dies ist schematisch durch den Schalter S_2 angedeutet.

4. Umroller mit elektrischer Bremsung

Die mechanische Abbremsung der ablaufenden Papierrolle und ihre Nachstellung von Hand nach Augenschein genügt nur bei kleinen und langsamen Umrollern den Anforderungen. Für größere Maschinen wurde eine pneumatische Regelung der Bremse vorgesehen (s. S. 74). Die durch die Bremse in Wärme umgewandelte Leistung stellt einen erheblichen Energieverlust dar, die Abfuhr der Wärme erfordert bei größeren Maschinen erhebliche Maßnahmen. Bei elektrischer Bremsung mittels eines Gleichstromgenerators wird die Bremsleistung zurückgewonnen. Durch Regelung in Abhängigkeit von elektrischen Größen läßt sich auch bei großen und schnellen Maschinen ein gutes Umrollen erzielen.

Das Bremsmoment greift beim Abrollen stets an der Rollenachse an. Man kann daher grundsätzlich die Technik des Elektrowicklers verwenden. Die dabei verwendeten Mittel genügen aber nur bei kleiner Umrollgeschwindigkeit. Schnelle Maschinen erfordern auch ein schnelles Hochfahren. Dann beeinflussen aber die unterschiedlichen Schwungmassen und Anlaufzeitkonstanten von Ab- und Aufroller die Bahnspannung. Dabei ändern sich beim Umrollen die Rollendurchmesser und damit die Schwungmassen. Dem kann die elektrische Regelung durch zusätzliche Einrichtungen Rechnung tragen. Für das Aufwickeln wird bei Umrollmaschinen meistens ein Aufroller mit 2 Tragwalzen verwendet. Nur in Sonderfällen kommt hier ein Achswickler zur Aufstellung.

a) **Umroller mit Tragwalzen.** Die Drehzahl der von 1 oder 2 Motoren getriebenen Tragwalzen bestimmt die Arbeitsgeschwindigkeit. Die ablaufende Papierrolle wird zur elektrischen Abbremsung des Umrollers (s. S. 88 und 124) mit einem Bremsgenerator gekuppelt, der die elektrische Bremsenergie in das Leonardnetz zurückliefert, das auch die Antriebsmotoren speist. Die Drehzahl des Bremsgenerators ist durch die Arbeitsgeschwindigkeit und den jeweiligen Rollendurchmesser bestimmt. Die Rollen besitzen einen größten Durchmesser von 1500 bis 2000 mm. Gegenüber dem leeren Tambour ergeben sich Wickelbereiche von 1:3 bis etwa 1:6. Zum Vorbringen und Einziehen der Bahn wird eine Hilfsgeschwindigkeit von 10 bis höchstens 15 m/min benötigt. Schnellroller für Zeitungspapier arbeiten mit einer höchsten Arbeitsgeschwindigkeit bis 2000 m/min. Damit wird für die ablaufende Rolle ein Drehzahlbereich von etwa 1:500 gefordert. Die Steuerung des Wickelbereichs erfolgt durch Feldverstellung des Bremsgenerators, die der Arbeitsgeschwindigkeit durch den Leonardgenerator.

Bei schnellen Umrollern können die zwischen ablaufender Rolle und Aufroller angeordneten, vom Papier in Rotation gehaltenen Leitwalzen und die zum Glattstreichen der Bahn dienenden Streichstangen im Papier zusätzliche Spannungen verursachen. Besonders bei auftretendem Schlupf nehmen diese erhebliche Beträge an. Daher werden die Leitwalzen vielfach von kleinen Gleichstrommotoren angetrieben, die meist von einem besonderen Leonardgenerator kleiner Höchstspannung gespeist werden. Auch für jedes Messerpaar des Längsschneiders sieht man Antriebsmotoren vor.

Bei kleinen und langsam laufenden Umrollern kann die elektrische Abbremsung der ablaufenden Rolle mittels des Bremsgenerators in einer Schaltung grundsätzlich vorgenommen werden, wie sie bei dem Elektrowickler in Abb. 173 gezeigt ist. Die Drehzahlregelung erfolgt gegenüber dem Aufrollen in umgekehrter Richtung, da das Abrollen an der vollen Rolle mit kleiner Drehzahl beginnt. Wenn das Papier bei kleiner Hilfsgeschwindigkeit von etwa 10 m/min lose bis zum Aufwickeltambour eingeführt ist, kann die Bahn durch Handverstellung der Zusatzspannung und Einstellung der Regelung auf die gewünschte Zugspannung gebracht und auf die Umrollgeschwindigkeit durch die Leonardspannung gefahren werden.

Sieht man von den für die Beschleunigung der Maschine, besonders beim Hochfahren notwendigen Kräften ab, so ergibt sich für Umrollen mit gleichbleibender Bahnspannung die Forderung nach gleicher Umfangsgeschwindigkeit an ab- und auflaufender Rolle. Mit dem Halbmesser r der Rolle in m, der Winkelgeschwindigkeit ω, der Bahnspannung S in kg, der Leistung N in kW, Strom J, induzierter Spannung E, Feld Φ, und den Zeigern m und b für Auf- und Abwickelrolle ist:

$$\frac{v}{60} = r_m \omega_m = r_b \omega_b \qquad (130)$$

Die Bahnspannung ist gleich den Quotienten aus der vom Aufroller durch das Papier übertragenen bzw. vom Abroller aufgenommenen Leistung und der Umfangsgeschwindigkeit:

$$\frac{1000 S}{75 \cdot 1{,}36} = \frac{N}{r\omega} = \frac{J_m E_m}{r_m \omega_m} = -\frac{J_b E_b}{r_b \omega_b} \qquad (131)$$

Mit $E/\omega = \Phi$ ergibt sich

$$98 S = I_m \frac{\Phi_m}{r_m} = - I_b \frac{\Phi_b}{r_b} \qquad (132)$$

Das negative Vorzeichen von J_b weist darauf hin, daß Generator- und Motorstrom entgegengesetzt gerichtet sind. Sorgt man dafür, daß Φ/r konstant bleibt, d. h. das Feld an den Radius laufend angepaßt wird, gibt die Konstanthaltung von J_b gleichbleibende Bahnspannung. Zum Ausgleich der Spannungsabfälle wird in den Ankerkreis des Brems-

generators eine regelbare Zusatzspannung U_z gelegt. Sie bewirkt, daß bei gleicher Geschwindigkeit auch die in den Ankern von Auf- und Abwickelantrieb induzierte Spannungen E_m und E_b gleich werden. Bei gleicher Netzspannung U ist:
$$U = E_m + J_m R_m = E_b - J_b R_b + U_z$$
oder mit $E_m = E_b$,
$$U_z = J_m R_m + J_b R_b. \tag{133}$$

Die Zusatzspannung muß also gleich der Summe der Spannungsabfälle sein. Wird entsprechend dieser Bedingung die Zusatzspannung mit der Summe der Spannungsabfälle in einem Regler verglichen, der

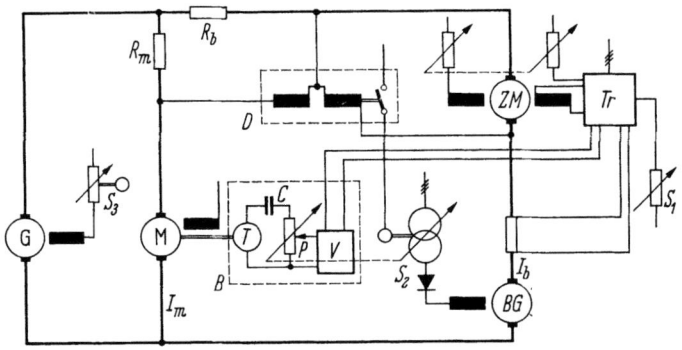

Abb. 187. Schaltung des Antriebs eines Tragwalzen-Umrollers mit elektrischer Bremsung der ablaufenden Rolle und Impulsgabe für Beschleunigung des Abrollers durch Messung
G Leonardgenerator; M Motor des Aufrollers; BG Bremsgenerator an Abroller; ZM Zusatzmaschine; T_r Transduktor; S_1 Sollstrom-Einsteller; S_2 Feldsteller (Drehtransformator) mit Stellmotor für Bremsgenerator; S_3 Feldsteller mit Stellmotor für Leonardgenerator; D Differential-Spannungsrelais; B Beschleunigungsausgleich mit T Tachometermaschine; C Kondensator; P Potentiometer mit quadratischer Abstufung; V Verstärker; nach SSW

bei Unterschieden das Feld verstellt, so bleibt $\varPhi_b/r_b$ konstant, das Feld wird also laufend an den Rollendurchmesser angepaßt. Die Abb. 187 zeigt die Schaltung. Der gemessene Bremsstrom regelt über einen Transduktor die Spannung der Zusatzmaschine. Diese schnelle Regelung hält den Bremsstrom konstant. Die Anpassung des Feldes des Bremsgenerators an den Rollendurchmesser erfolgt durch Vergleich der Zusatzspannung mit der Summe der Spannungsabfälle in einem Differentialrelais, das über einen Stellmotor und einen Drehtransformator das Feld des Bremsgenerators nachführt.

Bei Berücksichtigung der Beschleunigungen müssen den Strömen J_m und $-J_b$ ein positiver Beschleunigungsstrom $J_{m\varepsilon}$ bzw. $J_{b\varepsilon}$ hinzugefügt werden. An der Abwickelrolle ist das Beschleunigungsmoment
$$M_b = \Theta_b \varepsilon_b = J_{b\varepsilon} \varPhi_b. \tag{134}$$
(ε = Winkelbeschleunigung) Da $\varPhi_b/r_b = k_1$ konstant und das Schwungmoment der Papierrolle bei Vernachlässigung von Tambour, Getriebe

und Motoranker angenähert $\Phi_b = k_2 r_b^4$ ist, wird

$$J_b = \frac{k_2}{k_1} r_b^3 \varepsilon_b \qquad (135)$$

Beim Umrollen soll die Umfangsbeschleunigung an beiden Rollen und an der Tragwalze T gleich sein,

$$r_b \varepsilon_b = r_m \varepsilon_m = r_T \varepsilon_T \qquad (136)$$

Da r_T konstant ist, wird Gl. (135)

$$J_{b\varepsilon} = \frac{k_2}{k_1} r_b^2 r_T \varepsilon_T = k r_b^2 \varepsilon_T \qquad (137)$$

Eine der Beschleunigung ε_T proportionalen Spannung kann man durch Differenzieren der Spannung einer mit dem Aufrollermotor gekuppelten Tachometermaschine T mittels eines RC-Gliedes erhalten. Gibt man diese Spannung auf ein quadratisch abgestuftes Potentiometer, dessen Schleifer proportional zum Halbmesser der ablaufenden Rolle verstellt wird, so kann vom Schleifer eine Spannung abgenommen werden, die $J_{b\varepsilon}$ proportional ist. Diese Anordnung stellt einen einfachen, analogen Rechner dar. Die am Schleifer anstehende Spannung wird zusätzlich zu dem gemessenen Bremsstrom auf den Transduktor gegeben, der beim Hochfahren eine Verkleinerung des Bremsstromes bewirkt. Der Beschleunigungsausgleich ist in Abb. 187 eingezeichnet.

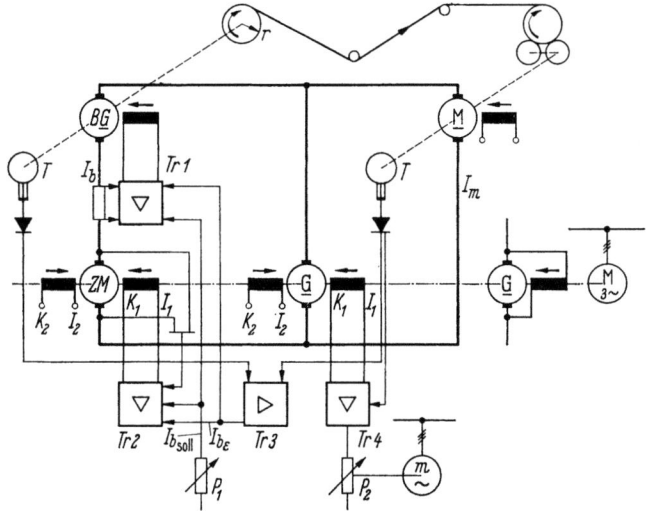

Abb. 188. Schaltung des Antriebs eines Tragwalzen-Umrollers mit elektrischer Bremsung der ablaufenden Rolle und Impulsgabe für Beschleunigung des Abrollers durch Nachlaufregler und Rechenwerk bei konstanter Beschleunigung des Aufrollers

G Leonardgenerator; M Motor des Aufrollers; BG Bremsgenerator an Abroller; ZM Zusatzmaschine; T Tachometermaschinen; Tr1 Transduktor-Stromregler; Tr2 Transduktor-Spannungsregler für ZM; Tr3 Transduktor-Nachlaufregler mit Rechenwerk; Tr4 Transduktor-Drehzahlregler für G; J_m, J_b stationäre Ströme von Aufrollmotor und Bremsgenerator; $J_{b\varepsilon}$ Beschleunigungsstrom; S_1 Sollwerteinsteller für Bremsstrom (Bahnzug); S_2 Sollwerteinsteller mit Synchronstellmotor m für Leonardspannung; nach MEDWEY

258 VI. Elektrischer Antrieb der Teilmaschinen, Mehrmotorenantrieb

Auch der Motor des Aufwicklers nimmt beim Hochfahren einen Beschleunigungsstrom auf. Die hierdurch entstehende Vergrößerung des Spannungsabfalls im Meßwiderstand R_m wird durch die Verkleinerung des Abfalls im Meßwiderstand R_b des Bremsstromes praktisch aufgehoben, so daß keine weitere Korrektur erforderlich wird. Der Beschleunigungsausgleich ist bei schnelleren Umrollern stets erforderlich. Die elektrischen Maschinen des Umrollers müssen entsprechend der Summe des Momentes im stationären Betrieb und des Beschleunigungsmomentes bemessen werden.

In Abb. 188 ist für einen solchen Antrieb das Schaltbild einer Ausführung der AEG dargestellt [22], bei der die Regelung mit etwas anderen Mitteln bewirkt wird. Hier wird ebenfalls in dem Transduktorregler $Tr\,1$ der Strom des Bremsgenerators mit der Summe aus stationärem Sollwert und Beschleunigungsstrom verglichen und von der Abweichung das Feld des Bremsgenerators gesteuert. Die Spannung der Zusatzmaschine wird durch den Regler $Tr\,2$ auf einen Betrag eingestellt, der dem Spannungsabfall von stationärem Bremsstrom J_b (Sollwerteinsteller P_1), zugehörigem Beschleunigungsstrom $J_{b\varepsilon}$ und angenähert dem Abfall durch den Motorstrom J_m entspricht. Dabei ist angenommen, daß der Motorstrom näherungsweise proportional dem Bremsstrom ist, so daß dessen proportional verstärkte Aufschaltung auch dem Motorstrom entspricht.

Um den Beschleunigungsstrom der Abwickelrolle zu erhalten, werden im Regler $Tr\,3$ die Spannung von 2 Tachomaschinen T an Aufrollmotor und Bremsgenerator, die proportional v bzw. v/r sind, verglichen (Abb. 189). Bei Abweichungen wird durch einen Stellmotor der Schleifer des Widerstandes R_1 so lange verstellt, bis durch die Steuerwicklung des Reglers kein Strom fließt. Dabei wird die Schleiferspannung proportional $(v/r)\alpha$, worin α die Stellung des Schleifers bedeutet. Die Gleichheit beider Spannungen ergibt $\alpha = k_1 r$. Die Schleiferlage α ist also proportional dem Rollenhalbmesser r. Werden durch den Stellmotor auch die Schleifer der Widerstände R_2 und R_3 verstellt, so kommt in dem Zweig mit der Wicklung W des Reglers $Tr\,2$ ein Strom $J_{b\varepsilon} = k_2 r^2$ zum Fließen. Er entspricht Gl. (137) bei

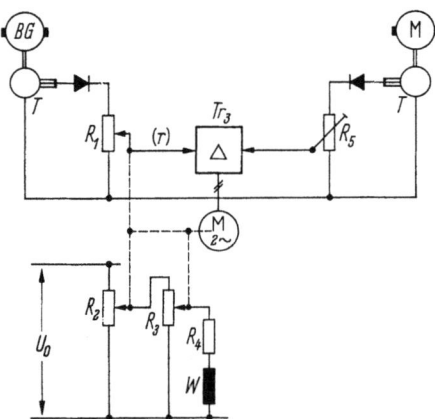

Abb. 189. Nachlauf-Regelung und Rechenwerk zu Abb. 188
m Stellmotor; R_1-R_5 Widerstände; w Steuerwicklungen von $Tr\,1$ und $Tr\,2$; nach MEDWEY

konstanter Beschleunigung und wird auch dem Regler *Tr 1* zugeführt.

Die Geschwindigkeit wird durch den Regler *Tr 4* der Abb. 188 konstant gehalten, in dem die Tachospannung des Aufrollers mit einer Sollspannung verglichen wird. Beim Beschleunigen verstellt der Synchronstellmotor *m* gleichmäßig das lineare Potentiometer P_2, so daß der Regler *Tr 4* unter Vergleich mit der Tachometerspannung am Aufrollmotor konstanten Anstieg der Leonardspannung, also konstante Beschleunigung einregelt.

Sollen auch die bei Ableitung der Gl. (137) vernachlässigten konstanten Schwungmomente von Tambour bis Generatorläufer erfaßt werden, kommt zu dieser noch ein weiterer Summand, der den Faktor r^{-2} enthält. In einem zusätzlichen nicht gezeichneten Widerstandsnetzwerk läßt sich auch dieser bei Bedarf erfassen. Der Regler *Tr 4* mit Stellmotor und Stellwiderstand stellt eine Nachlaufregelung dar, zusammen mit dem Widerstandsnetzwerk wird er als Analogrechner bezeichnet. Auf seinen Eingang werden laufend 2 Tachospannungen gegeben, die von dem Rechner entsprechend seiner eingeprägten Schaltung in den Beschleunigungsstrom des Ausgangs verarbeitet werden.

Bei solchen Regelungen können einzelne Größen durch elektrische Ströme oder Spannungen unmittelbar und mit gewünschter Genauigkeit gemessen werden. Andere Größen, z. B. der Rollenhalbmesser, oder das Trägheitsmoment, lassen sich aus gemessenen elektrischen Größen mit einem Analogrechner, der entsprechend einer vorgegebenen mathematischen Formel aufgebaut ist, als elektrische Spannung darstellen. Dabei ist die erzielte Genauigkeit von der Formel, den Vernachlässigungen bei der Abbildung und der Genauigkeit der verwendeten Abbildungsmittel, z. B. der Abstufung der Widerstände, abhängig. Vielfach können solche Abweichungen in Kauf genommen werden, solange sich diese nicht in einer Überschreitung der zugelassenen Toleranzen auswirken, d. h. zu Papierbruch oder schlaffer Bahn führen.

Mißt man die Bahnspannung mittels eines Papierspannungsfühlers oder mittels des Staudrucks in einer an der Bahn anliegenden Düse und gibt man den in eine elektrische Spannung umgewandelten Meßwert in die elektrische Regelung, so kann zwar die Messung weiterer Größen, wie Strom, Durchmesser, Beschleunigung, entfallen. Alle auf eine Störung der Bahnspannung hinwirkende Größen treten als Folge der Störabweichungen erst in der Bahnspannung in Erscheinung. Die schwierige Messung der Bahnspannung muß also sehr kleine Abweichungen anzeigen und über einen schnellen Regler ausgleichen. Deshalb erhält man meist eine bessere Regelung, wenn die den Störgrößen proportionalen Abweichungen durch elektrische Spannungen und Ströme gemessen werden und die noch verbleibende Abweichung der

Bahnspannung zusätzlich als Korrekturgröße auf den Regler gegeben wird.

b) Umroller mit Achsantrieb. Bei dem Vorroller (s. S. 14, 176) kommt es nicht so sehr darauf an, gut gewickelte Rollen zu erhalten, weil die Bahn anschließend auf dem Tragwalzenroller zu fertigen Rollen gewünschter Härte und Bahnlänge umgerollt wird. Deshalb begnügt man sich meist mit Handbedienung der mechanischen Bremse. Dazu kommt, daß ein elektrischer Antrieb mit einem Aufwickelmotor für Spannungs- und Feldverstellung und mit elektrischer Bremsung der ablaufenden Rolle durch einen Bremsgenerator verwickelte Ausführung und höhere Kosten als beim Tragwalzenroller ergibt. Der Achsumroller ist aber eine sehr einfache Maschine, da er im wesentlichen nur aus 2 Ständern für die Lagerung der Rollen besteht. Von einer Beschreibung der möglichen Ausführungsformen des elektrischen Antriebs wird daher Abstand genommen.

Bei Feuchtumrollern (s. S. 177) mit der üblichen geringen Geschwindigkeit können für ab- und auflaufende Rollen Elektrowickler (s. S. 239) vorgesehen werden, wenn die Feuchteinrichtung durch einen weiteren Motor angetrieben wird, der, wie die Wickler, vom gleichen Leonardgenerator gespeist wird.

5. Kalander

a) Ab- und Aufroller. Bei größeren Kalandern erhalten die abzuwickelnde und die aufzuwickelnde Rolle vielfach elektrische Abbremsung bzw. Elektrowicklerantrieb. Der Achsantrieb kann auch für Kalander mit Arbeitsgeschwindigkeiten weit über 200 m/min verwendet werden, weil das Einführen der Papierbahn stets bei der niedrigen Einführgeschwindigkeit erfolgt. Bei dem raschen Hochfahren schneller Kalander ist wegen der unterschiedlichen Schwungmassen von Rollen und Kalander ein Beschleunigungsausgleich erwünscht. Bei kleinerer Höchstgeschwindigkeit oder geringen Ansprüchen kann es genügen, während des Hoch- und Abwärtsfahrens durch Zu- oder Abschaltung eines Widerstandes im Meßkreis der Wickler einen Beschleunigungs- oder Verzögerungsstrom zum Fließen zu bringen. Bei größeren Kalandern muß man jedoch die Beschleunigung genauer erfassen, wie es bei Umrollern durchgeführt wird.

Ab- und Aufwickler werden meist an den Leonardgenerator des Kalanderantriebs angeschlossen. Vielfach müssen jedoch die Wickelmotoren und Bremsgeneratoren aus Gründen guter Kommutierung für eine kleinere Ankerspannung ausgelegt werden. Das kann bei großen Wickelbereichen oder hoher Ankerspannung des Hauptantriebs auftreten. Dann arbeiten Bremsgenerator und Wickelmotor auf eine dritte Maschine, die mit dem Kalandermotor gekuppelt ist. Anzustreben ist jedoch, alle Antriebsmaschinen an das gleiche Netz zu legen, weil dann die Zeitkonstante der zusätzlichen Maschine entfällt, was bei der Regelung von Antrieben hoher Geschwindigkeit erwünscht ist. Bei Kalandern wird die ablaufende Rolle stets an der Achse abgebremst. Die aufzuwickelnde Rolle erhält ebenfalls meistens einen Achswickler. Solche Antriebe wurden für Geschwindigkeiten bis 650 m/min ausgeführt.

Für hohe Geschwindigkeit bis über 900 m/min hat man zum Aufwickeln einen Roller mit einer Tragwalze vorgesehen, dessen Antriebsmotor über eine Zusatzmaschine an das Netz des Hauptantriebs angeschlossen wird. Bei solchen Aufrollern kann das Leerlaufmoment erheblichen Schwankungen unterliegen, hervorgerufen durch Schaber, Kühlwasser in der Tragwalze u. a. Eine reine Stromregelung wie bei Achswicklern läßt sich nicht durchführen, weil Änderungen des Leerlaufstroms beim Einziehen und kleinen Geschwindigkeiten besonders stören. Der Roller wird daher durch eine Drehzahlregelung mit dem Kalandermotor im Gleichlauf gehalten. Hierbei ist schnelle Regelung mit Verstärkern und kleinen Drehzahlabweichungen notwendig.

Erschwerend ist die Forderung, daß die Drehzahlregelung im ganzen Bereich bis herab zur Einziehgeschwindigkeit genau sein soll. Dazu kommt, daß ein beim Einziehen der freien Bahn entstandener Durchhang rasch aufgeholt werden soll und die Drehzahl für das Aufwickeln genau eingestellt werden muß. Verwendet man eine Regelung mit Winkelmessung, ist also eine Zugeinstellung hoher Konstanz der Untersetzung (guter Flachriementrieb auf Kegelscheiben) und eine Zugaufholeinrichtung vorzusehen. Bei einer Regelung mit Messung der Geschwindigkeit kann zwar das Aufholen und die Drehzahleinstellung mit geringerem Aufwand erreicht werden, die statischen Drehzahlabweichungen werden jedoch durch die Spannungsabfälle in Tachomaschinen und den Widerständen des Regelkreises bei den kleinen Geschwindigkeiten relativ groß.

Selbst genaue Drehzahlregelung erfüllen noch nicht die Forderungen nach konstantem Bahnzug, weil beim Kalandrieren Änderungen der Bahnlänge eintreten, die die Bahnspannung beeinflussen. Deshalb empfiehlt es sich, der Drehzahlregelung noch eine Regelung auf konstante Bahnspannung zu überlagern (s. S. 228). Den Strom, an Stelle der Bahnspannung zu messen, führt nur dann zu guten Ergebnissen, wenn sich der Leerlaufstrom des Aufrollermotors betriebsmäßig nur in geringem Maße ändert. Die Drehzahlregelung hält auch bei fehlender Bahn (z. B. bei Bahnbruch) die Drehzahl aufrecht.

Zum Ausgleich der Beschleunigung wird auch der Beschleunigungsstrom aufgeschaltet, der unter Anpassung an den wachsenden Rollendurchmesser in ähnlicher Weise, wie bei dem Umroller beschrieben, bestimmt wird. Darauf kann verzichtet werden, wenn eine gute Messung der Bahnspannung vorgesehen ist, weil sich auftretende Abweichungen der Beschleunigung rasch in der Bahnspannung auswirken.

Die schon beim Einmotorantrieb S. 173 erwähnte Regelung des Hauptmotors beim Einziehen, die auch bei höherer Geschwindigkeit wirksam ist, verbessert auch die Gleichlaufregelung, weil Drehzahlabweichungen des Hauptmotors weitgehend vermieden werden.

Auch für Kalander werden Einrichtungen zum fliegenden Ankleben einer neuen Rolle an die ablaufende Bahn in steigendem Maße angewendet (s. S. 251). Der erforderliche Aufwand lohnt sich besonders bei schnell laufenden Kalandern für Massenpapiere (Illustrationsdruck). Aber auch bei besseren Papieren dürfte diese Einrichtung zunehmend Anwendung finden. Mit dem fliegenden Ankleben muß auch ein schneller Rollenwechsel beim Aufwickeln verbunden sein. Soweit das kalandrierte Papier einem Achswickler zugeführt wird, kann der Rollenwechsel wie bei Papiermaschinen erfolgen. Bei Kalandern für höhere Geschwindigkeit kann zum Überführen auf Tamboure mit Achsantrieb die Arbeitsgeschwindigkeit vorübergehend auf etwa 200 m/min verringert werden. Wird aber das Papier auf einem Poperoller aufgewickelt, kann der neue Tambour bei voller Geschwindigkeit aufgelegt werden. Auch Konstruktionen entsprechend dem Allwickler sind anwendbar.

b) Antrieb der Kalanderwalzen. Ältere Vorschläge, an Papierkalandern mit vielen Walzen mehrere anzutreiben, haben keinen Eingang gefunden. Jedoch wird bei sog. Friktionskalandern mit 3 Walzen jede der beiden äußeren Stahlwalzen angetrieben. Die dazwischenliegende Papierwalze bleibt ohne Antrieb. Neuerdings verwendet man auch Zweiwalzenkalander, bei denen beide Walzen, die obere mit einer Voreilung bis 250%, getrieben werden. Durch den großen Unterschied der Umfangsgeschwindigkeit wird intensiver Hochglanz der gefeuchteten Papiere erzielt. Dabei werden vornehmlich Buntpapiere, Spielkartenkarton und Preßspan kalandriert. Von der Walze mit der größeren Umfangsgeschwindigkeit wird Leistung durch das Papier hindurch auf die langsamer laufende Walze übertragen, so daß diese entlastet wird.

Einzelantrieb einer jeden Walze wird bei Kunststoffkalandern zur Herstellung von Folien vorgesehen. Solche Kalander bestehen gemäß Abb. 190 aus 4 Walzen, von welchen die 1. und 2. nebeneinander, die 3. und 4. unterhalb der 2. angeordnet sind. Die zu verarbeitende Kunststoffpuppe oder die auf Walzwerken vorgearbeitete Bahn wird dem Spalt zwischen den ersten Walzen zugeführt, die folgenden Walzen werden enger gestellt, so daß die Spalte kleiner wird. Jede folgende Walze läuft mit höherer Drehzahl, so daß die Bahn ausgewalzt wird. Die Drehzahlen müssen feinfühlig eingestellt und mit hoher Genauigkeit gleichbleiben. Drehzahlabweichungen verändern den Glanz der Oberfläche und bewirken streifiges Aussehen der Bahn.

Gegenüber dem mechanischen Antrieb mit Wechselrädern ermöglicht der elektrische Walzeneinzelantrieb mit Gleichstrommotoren in Leonardschaltung feinstufige Einstellung der Drehzahlen, die mittels

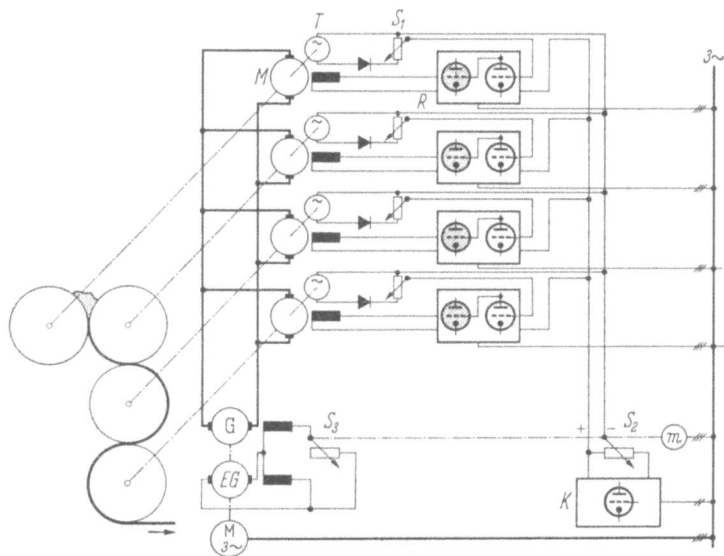

Abb. 190. Vierwalzenkalander für Kunststoff mit geregelten Einzelantrieben
G Leonardgenerator; M Motoren; T Tachometermaschinen; R Röhrenregler; K Konstantspannungsgerät; S_1 Zugeinstellung; S_2 Sollwerteinsteller für Motorregelung; S_3 Feldsteller für Leonardgenerator; m Stellmotoren für S_2 und S_3; nach SSW

Tachometermaschinen und elektrischen Reglern in hohem Maße gleichgehalten werden. In Abb. 190 ist die Grundschaltung des Antriebs gezeichnet.

Die ausgewalzte Bahn wird vielfach noch über Kühlzylinder und Pudereinrichtungen zum Aufroller geführt. Die nachgeschalteten Teilmaschinen werden über eine kleine Transmission oder mittels geregelter Einzelmotoren angetrieben und mit dem Kalander in Gleichlauf gehalten.

6. Papierveredelungsmaschinen

Der ältere Längswellenantrieb von Papierveredelungsmaschinen, der bei großer Längenausdehnung nur geringe Leistungen zu übertragen hat, ist fast durchwegs durch den Mehrmotorenantrieb abgelöst worden. Bei älteren Maschinen mit kleiner Arbeitsgeschwindigkeit genügten Gleichstrommotoren in Leonardschaltung mit Handstellern. Auch heute reicht bei vielen Arbeitsmaschinen die Handsteuerung für alle oder den größeren Teil der Antriebe aus, soweit festeres Papier verarbeitet wird und durch das Arbeitsverfahren keine wesentliche Änderung der Festigkeit auftritt oder an einzelnen Überführstellen nicht mit extrem losen oder strammen Zügen gearbeitet werden soll. Dazu gehören u. a. auch Maschinen zum Zusammenkleben mehrerer Bahnen.

Bei neueren Maschinen für höhere Geschwindigkeit und mit größeren Anforderungen an das Gleichbleiben von Drehzahlen und Bahnspannung müssen vielfach Gleichlaufeinrichtungen vorgesehen werden. Wenn z. B. die Bahn beim Bestreichen infolge Wasseraufnahme an Festigkeit verliert oder die Bahn gegen Schluß der Maschine durch einen weiten Durchhang gegen Übertragung der bei anschließender Streckung und Aufrollung auftretenden Bahnspannungen geschützt werden soll, sind Gleichlaufregelungen erforderlich. Ebenso fordert die fortschreitende Erhöhung der Arbeitsgeschwindigkeit, die bei manchen modernen Streichmaschinen bereits 600 m/min erreicht hat, an den meisten Teilmaschinen Drehzahlregelung vorzusehen, weil dann Handregelung auch bei Antrieben kleiner Leistung zu Störungen führen kann.

Zur Sicherung des Gleichlaufes werden die Gleichlaufsysteme für den Mehrmotorenantrieb von Papiermaschinen verwendet. Dabei genügen bis zu mittleren Geschwindigkeiten die einfachen Regelungen mit Winkelmessung ohne Verstärker. Bei schnellen Maschinen müssen aber zur Erhöhung der Genauigkeit Regler mit Verstärker vorgesehen werden.

Ein aufrechtzuhaltender, großer Durchhang wird lichtelektrisch abgetastet (s. S. 225) und damit der nachfolgende Antrieb geregelt. Zum Aufwickeln werden meist Elektrowickler verwendet. Bei schnelleren Maschinen sieht man auch in zunehmendem Maße fliegendes Ankleben der neuen Rolle vor, gegebenenfalls bei vorübergehender Verkleinerung der Arbeitsgeschwindigkeit. Natürlich erfolgt auch der Rollenwechsel beim Aufwickeln ohne Unterbrechung der Produktion.

Eine Veredelung der Papierbahn durch dünnes Bestreichen mit Streichmasse oder Leim, durch Besprengen mit Farbe u. dgl. wird auch in der Papiermaschine mit der Streicheinrichtung nach unterschiedlichen Verfahren (z. B. System Massey bzw. mit der Leimpresse s. Abb. 14, 199a) vorgenommen. Beim Masseyverfahren wird die Streichmasse aus einem Behälter durch mehrere, aneinander anliegende und mit zunehmender Umfangsgeschwindigkeit angetriebene Walzen auf die Walze einer Presse übertragen, durch die die Bahn läuft. Die Zubringerwalzen verreiben und vergleichmäßigen die Streichmasse. Ihre Drehzahlen sind durch Feldsteller der Antriebsmotoren einstellbar. Dabei sind sie noch meist an einen besonderen gemeinsamen Leonardgenerator angeschlossen. Die erste dieser Walzen, die Tauchwalze, ist für die geförderte Streichmassenmenge maßgebend. Vielfach wird ihre Drehzahl in Abhängigkeit von der Papiergeschwindigkeit geregelt. Das feuchter gewordene Papier wird auch durch Infrarotstrahler, hierauf auf der anschließenden Nachtrockengruppe getrocknet. Wegen Verminderung der Festigkeit durch die Feuchtung muß die Bahn auf geringer Zugspannung gehalten und genau geregelt werden.

7. Zahnrad-Untersetzungsgetriebe

Die Gleichstrommotoren der Antriebe, sei es ein Ein- oder ein Mehrmotorenantrieb, werden für eine normale Drehzahl von etwa 1500 U/min, bei großen Leistungen von 1000 U/min bei höchster Ankerspannung und vollem Feld hergestellt. Die maximale Drehzahl der anzutreibenden Walzen kann je nach Durchmesser und höchster Arbeitsgeschwindigkeit sehr unterschiedlich sein. So benötigen die großen Saugsiebzylinder von Zellstoffentwässerungsmaschinen Drehzahlen von etwa 5 U/min bei höchster Geschwindigkeit, andererseits können Walzen kleinen Durchmessers in schnellen Maschinen Drehzahlen bis zu etwa 500 U/min erfordern. Zwischen Motor und Walze müssen also Reduktionsgetriebe mit sehr unterschiedlichem Untersetzungsverhältnis von etwa 1:300 bis 1:3 angeordnet werden. Nur in wenigen Sonderfällen können Motoren kleinerer Höchstdrehzahl (700—1000 U/min) mit der Arbeitsmaschine unmittelbar gekuppelt werden, z. B. bei rotierenden Pumpen oder bei schnell laufenden Längstransmissionen von Papiermaschinen.

Die Getriebe müssen entsprechend der Leistung der Motoren bemessen sein. Diese streut über einen großen Bereich von wenigen kW bei kleinen Teilmaschinen bis mehr als 500 kW bei großen Kalandern oder dem Siebantrieb breiter und schneller Papiermaschinen.

Die Untersetzung der Getriebe ist von der Motordrehzahl bei größter Arbeitsgeschwindigkeit und von dem Durchmesser der angetriebenen Walze abhängig, bisweilen auch von den in die Maschine eingebauten Zahnrädern. Besonders bei Mehrmotorenantrieben kommt es darauf an, daß die Untersetzung sorgfältig bestimmt wird, weil davon die Erzielung des geforderten Bereichs von Geschwindigkeit und Regelung abhängig ist. Daher werden die Getriebe an dieser Stelle im Zusammenhang mit dem Mehrmotorenantrieb behandelt. Bei Getrieben für Einmotorenantriebe gelten zwar grundsätzlich die gleichen Anforderungen, meist aber ist die genaue Bestimmung der Untersetzung von geringerer Bedeutung. Der Zusammenhang bei der Auslegung von Getriebe, Motor und Regelung, ebenso ihre Anordnung haben dazu geführt, daß vornehmlich der Motorlieferant mit der Beschaffung der Getriebe beauftragt wird.

a) Getriebeuntersetzung und Stellbereich der Regelung. Die Drehzahl der Walzen ist bei Mehrmotorenantrieb durch die höchste Arbeitsgeschwindigkeit, den Walzendurchmesser und die notwendige Abstufung der Umfangsgeschwindigkeit der aufeinanderfolgenden Teilmaschinen, der Zugeinstellung, bestimmt. Der Walzendurchmesser kann sich im Laufe der Betriebszeit ändern, wenn die Walze nachgeschliffen werden muß. Dies kann bei Walzen mit Gummimantel bis zu einigen Prozenten des Nenndurchmessers betragen. Die Abweichung von der synchronen Drehzahl, die der Umfangsgeschwindigkeit in der Trockenpartie entspricht, ist am Antrieb des Siebes am größten. Sie ist auch sehr unterschiedlich, wenn abwechselnd mit röschem oder sehr schmierigem Stoff gearbeitet wird und kann etwa 5 bis 15% geringer sein als die Geschwindigkeit an der 1. Trockengruppe. Ist in der Naßpartie der Papiermaschine Selbstabnahme vorgesehen, vermindert sich der Unterschied auf den Betrag der Dehnung der Filze (meist unter 1%).

Die Antriebsmotoren besitzen einen Drehzahlabfall zwischen Leerlauf und Vollast zwischen etwa 10% bei kleinen und 2% bei sehr großen Leistungen. Da sie unabhängig von der Last mit gleichbleibender Drehzahl laufen sollen, wird dadurch ein Stellbereich der Gleichlaufregelung in Anspruch genommen. Dazu kommen weitere Stellbereiche entsprechend der Zugeinstellung und der Änderung der Walzendurchmesser.

Die Untersetzung des Getriebes soll so gewählt werden, daß bei einer extremen, einzustellenden Walzendrehzahl und Belastung die Drehzahl des Motors möglichst nahe den Nenndaten des Motors liegt. Die kleinste Walzendrehzahl ist bei größtem Durchmesser und größter Nacheilung vorhanden. Erfolgt der Gleichlauf durch Regelung des Motorfeldes, so soll die Getriebeübersetzung nach dieser Drehzahl und der des Motors bei kleinster Betriebslast und vollem Feld bestimmt werden. Dann ist bei kleinstem Durchmesser, kleinster Nacheilung und größter Betriebslast die kleinste Feldschwächung erforderlich. Erfolgt die Regelung des Gleichlaufs durch Änderung der Ankerspannung mittels einer Zusatzmaschine in Zu- und Gegenschaltung oder mittels des den Motor speisenden Einzelgenerators, dann wird die Getriebeübersetzung zweckmäßig durch die mittlere Drehzahl der Walze und die des Motors bei Nennspannung des Leonardgenerators und mittlerer Motorlast bestimmt. Dann ist zur Erzielung der kleinsten Walzendrehzahl bei kleinster Last und der größten Drehzahl bei höchster Belastung gleich große Verkleinerung bzw. Vergrößerung der Ankerspannung durch den Regler ausreichend. Wird von dieser Regel abgewichen, ergibt sich eine ungleichmäßige Verteilung, so daß die Grenzdrehzahlen der Zugeinstellung, aber auch des Geschwindigkeitsbereichs der Maschine teils nicht erreicht, teils überschritten werden und der Motor in der Nähe der Grenzlasten nicht im Gleichlauf gehalten werden kann. Man erkennt, daß die optimale Bestimmung der Getriebeuntersetzung eng mit der Regelung zusammenhängt.

Nachträglich ist es oft schwierig durch Vergrößerung des Stellbereichs der Gleichlaufregelung Abhilfe zu schaffen. Bei Regelung im Motorfeld hat die zusätzliche Feldschwächung eine Verminderung des Drehmomentes zur Folge, was sich besonders bei den unteren Geschwindigkeiten ungünstig auswirkt. Läuft der Motor wegen der Getriebeuntersetzung zu schnell, bringt außer Auswechslung der Räder nur eine dem Motoranker zusätzlich aufgedrückte Absatzspannung mittels einer Absatzmaschine Erfolg.

Oft kommen in einem Mehrmotorenantrieb Teilmaschinen mit gleichen Motoren und Drehzahlen vor, die nur wegen der Zugeinstellung verschieden sind, z. B. die Naßpressen einer Papiermaschine. In solchen Fällen sieht man wegen einfacher Reservehaltung für die Getriebe gleiche Untersetzung vor. Diese bestimmt sich bei Regelung im Motorfeld nach der Teilmaschine mit der kleinsten Drehzahl. Bei den anderen Antrieben muß man einen entsprechend größeren Stellbereich vorsehen. Bei Regelung der Ankerspannung wird man die Untersetzung nach einer mittleren Drehzahl festlegen.

b) **Bemessung der Getriebe.** Die Getriebe müssen in all ihren Teilen, wie Rädern, Wellen, Lagern, Gehäusen, hinsichtlich Festigkeit den Beanspruchungen durch die Last und die Anfahrmomente gewachsen sein. Bei dem 24-Stunden-Betrieb der Papiermaschinen müssen die Verzahnungen der Räder und die Wälzlager auch für lange Lebensdauer bemessen werden, da Störungen zum Ausfall der Maschine führen. Dabei sind besonders bei großen Leistungen außer den Betriebs-, Anfahr- und Bremsmomenten auch die fortwährenden Momentänderungen bei der Regelung zu beachten.

Wenn auch angestrebt wird, die Fundamente besonders von größeren Antrieben von denen der Maschinen und die austreibenden Getriebewellen durch entsprechende Kupplungen von den Walzenzapfen zu isolieren, muß doch damit gerechnet werden, daß sich die Laufunruhe der Maschine, die besonders in Trockengruppen durch die vielen Zahnräder und das Arbeiten der Filze groß sein kann, auf die Getriebe übertragen. Auch Axialschübe, besonders beim Anheben und Auswechseln von Walzen, sind bei der meist gebotenen Eile nicht immer vermeidbar. Unter Umständen kann die Laufunruhe — besonders bei schnellen Maschinen mit großen Schwungmassen — das System von Motor bis Maschinenwalzen in Torsionsschwingungen versetzen, wobei die Elastizitäten in Kupplungen und Wellen die Frequenz bestimmen. Diese Schwingungen können die Regelung, aber auch die Lebensdauer der Verzahnung beeinträchtigen. Sie sollen durch entsprechende Ausführung der Maschine möglichst vermieden werden. Geringen Schwingungen muß aber bei der Bemessung der Getriebe Rechnung getragen werden.

268   VI. Elektrischer Antrieb der Teilmaschinen, Mehrmotorenantrieb

c) **Bauformen.** *Getriebemotor.* Bei kleinen bis mittelgroßen Leistungen werden Motor und Getriebe zu einem Block, dem Getriebemotor, zusammengebaut. Eine Ausführung der Maschinenfabrik F. Tacke mit einem SSW-Motor zeigt die Abb. 191. Dabei wird das Motorgehäuse mit dem

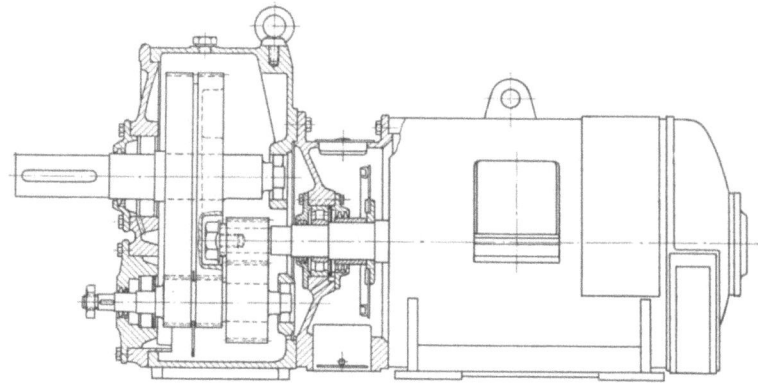

Abb. 191. Getriebemotor; nach Tacke/SSW

des Getriebes verschraubt, beide Teile erhalten Füße zum Aufsetzen auf das Fundament. Das eintreibende Ritzel wird fliegend auf den Wellenstumpf des Motorankers aufgesetzt, die von der Regelung nicht erwünschte Lose und Elastizität einer Kupplung wird dadurch vermieden. Von einer Zwischenwelle des Getriebes wird vielfach ein Wellenstummel für Anschluß eines Gebers der Gleichlaufeinrichtung herausgeführt, wenn dieser nicht am zweiten Wellenende des Motors angesetzt wird. Die Zahnräder erhalten Sykes-Pfeilverzahnung, die keinen Axialschub ausübt und deren volle Pfeilspitze erhöhte Festigkeit gibt und kleinere Radbreiten zuläßt. Der Getriebemotor kann unmittelbar mit dem Walzenzapfen der Teilmaschine gekuppelt werden, so daß an der Triebseite nur wenig Platz in axialer Richtung benötigt wird.

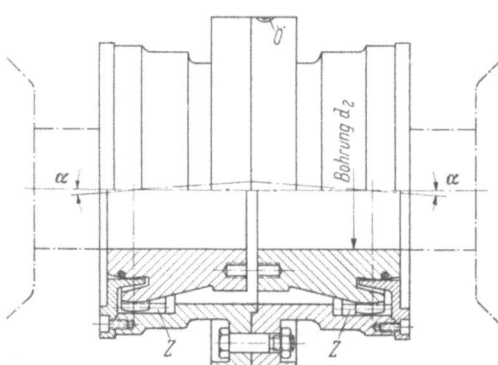

Abb. 192. Tacke-Bogenzahn-Kupplung
Z Verzahnung; α zulässige Winkelverlagerung; $\ddot{O}$ Ölschraube; nach Tacke

Vielfach ist diese Anordnung wegen der neben der Papiermaschine untergebrachten Rohrleitungen für Wasser, Vakuum, Dampf, Kondensat u. a. nicht erwünscht, so daß der Antrieb weiter abgesetzt und

E. Mehrmotorenantriebe an Arbeitsmaschinen 269

durch eine Zwischenwelle und Kupplungen mit der Maschine verbunden werden muß. Für die Kupplungen werden in neuerer Zeit Ausführungen verwendet, die gleichzeitig die Welle tragen. Damit werden besondere Lager und Lagerböcke entbehrlich. Die Kupplungen gestatten geringe Parallel- oder Winkelverlagerungen der gekuppelten Wellen und erleichtern damit den Betrieb. In der Abb. 192 ist eine viel verwendete Bogenzahnkupplung der Maschinenfabrik F. Tacke dargestellt, deren Zahnkränze in einer Ölkammer laufen. Die Bogenform bewirkt, daß

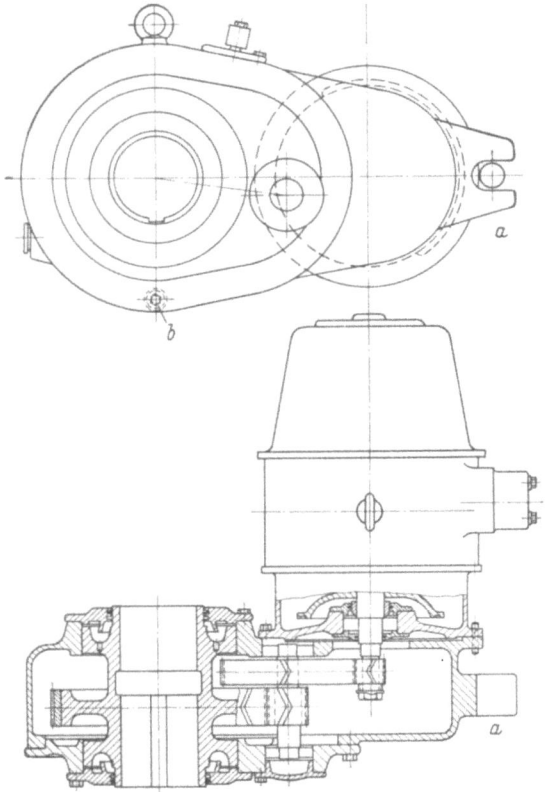

Abb. 193. Zapfengetriebemotor
a Abstützung; *b* Ölablaß; oben Öleinfüllung und Druckausgleich; nach Tacke/SSW

sich die Zähne bei Parallel- oder Winkelverlagerung der Wellen so einstellen, daß keine Verklemmungen auftreten und schädliche Querkräfte von Maschine und Getriebelager ferngehalten werden.

Zapfengetriebe. Eine Weiterbildung des Getriebemotors ist das Zapfengetriebe mit angebautem Motor. Die Abb. 193 zeigt ein zweistufiges Zapfengetriebe der Maschinenfabrik F. Tacke mit Stirnrädern in Sykes-Pfeilverzahnung. Der Antriebsmotor ist an das Getriebegehäuse angebaut, das Antriebsritzel fliegend auf die Motorwelle aufgesetzt. Die austreibende Welle ist als Hohlwelle ausgebildet und wird über den anzutreibenden Zapfen geschoben. Eine Gabel oder Öse am Gehäuse und ein Zapfen am Fundament sichern das Gehäuse gegen Drehung. Ist die Walze um ihr dem Getriebe benachbartes Lager schwenkbar, wird die erforderliche Beweglichkeit des Gehäuses durch

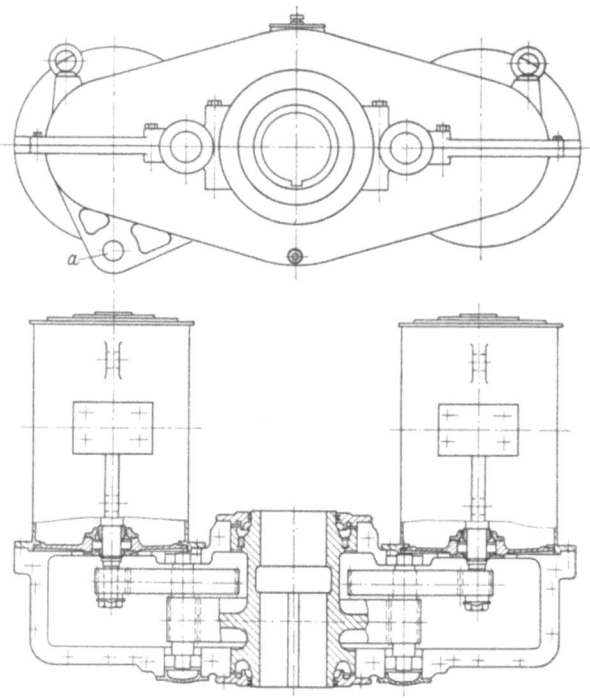

Abb. 194. Zweimotorenzapfengetriebe
a Abstützung; nach Tacke/SSW

ein Langloch in der Abstützung ermöglicht. Solche Getriebe geben besonders bei größeren Untersetzungen günstige Bauformen bei relativ geringem Gewicht. Handelt es sich um große Leistungen bei großen Übersetzungen, die bei dem Antrieb großer Glättzylinder in schnelleren Papiermaschinen benötigt werden, treiben 2 Motoren gleicher Größe über getrennte Vorstufen gemeinsam auf das austreibende Zahnrad (Abb. 194). Dadurch können alle Räder für das halbe Antriebsmoment des Zylinders bemessen werden. Es ergeben sich kleinere Abmessungen, Gewichte und Herstellungskosten.

Die Vorteile der Zapfengetriebe liegen in der Platzersparnis auf der Triebseite der Maschine und darin, daß sie bei jeder Höhenlage des Zapfens vorgesehen werden können. Dazu kommt, daß bei Trockenzylindern Heizdampf und Kondensat durch die angetriebenen Zapfen geleitet werden kann. Dabei benötigen die Getriebe außer der Drehsicherung keine Fundamente. Durch das Wegfallen von Wellen und Kupplungen zwischen Maschinenwalze und Getriebe bzw. Motor wird das Entstehen von Axialschub und die Lose und Elastizität der Kupplungen in Umfangsrichtung vermieden, die leicht zu Betriebsstörungen führen bzw. die Gleichlaufregelung beeinträchtigen.

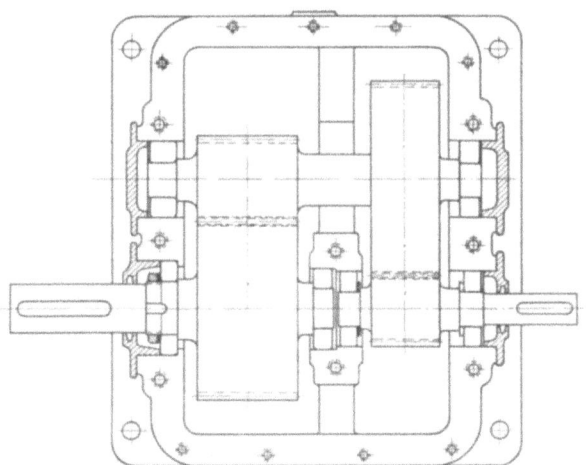

Abb. 195. Freistehendes Getriebe; nach Tacke

Zapfengetriebe werden besonders bei Antrieben mit großer Untersetzung angewendet, z. B. im Naßteil von Zellstoffentwässerungs- und Trockenmaschinen, bei den großen Glättzylindern von Papiermaschinen[1], aber auch beim Antrieb einzelner Trocken- oder Kühlzylinder und anderer Teilmaschinen. Sie sind auch für Elektrowickler mit mehreren übereinander angeordneten Wickelrollen verwendet worden. Dabei erhält das Zapfengetriebe eine durchgehende Welle, die beiderseits in Ständern gelagert und durch eine ausrückbare Kupplung mit der aufzuwickelnden Rolle verbunden wird.

Freistehende Getriebe. Bei großen, meist schnell laufenden Papiermaschinen mit großen Antriebsleistungen der Teilmaschinen werden freistehende Getriebe für Kupplung mit den Motoren und Verbindungswellen zu den Walzenzapfen vorgesehen (Abb. 195). Bei solchen Anlagen fordert die wirtschaftliche Gestaltung des Maschinensaals Beschränkung in der Breite der Papiermaschinenhalle, so daß die Antriebe außerhalb

---

[1] Oft wird ein Hilfsantrieb mit Asynchronmotor und Überholungskupplung angebaut. Der Zylinder läuft während der sonntäglichen Betriebspausen durch. Die Folgen von Wärmespannungen im Zylinder beim Abkühlen und Anheizen werden vermieden.

in einem niedrigen Anbau untergebracht werden. Daher sind Verbindungswellen und Kupplungen zwischen Getriebe und Walzenzapfen erforderlich. Nur einzelne kleinere Hilfsantriebe bleiben gegebenenfalls an der Papiermaschine. Bei solchen Anlagen mit großem investiertem Kapital und hoher Produktion kommt es besonders darauf an, daß es nicht zu Störungen kommt, wenn sie aber auftreten, müssen sie schnell beseitigt werden. Dazu gestatten freistehende Getriebe mit horizontal geteiltem Gehäuse und angekuppeltem Motor eine schnellere Demontage und Auswechselung beschädigter Teile oder eines kompletten Getriebes oder Motors, als dies bei großen Getriebemotoren möglich ist.

Bei großen Leistungen werden die Getriebe zur besseren Wärmeabfuhr an Stelle von Tauchschmierung mit Umlaufschmierung ausgerüstet. Das Öl im Getriebesumpf fließt einer motorgetriebenen Ölpumpe zu, die das Öl über Filter und Kühler zu den Eingriffsstellen der Zahnräder und den Getriebelagern preßt. Zur Überwachung werden Thermometer und Manometer für Temperatur und Druck des Öles vorgesehen, die Manometer mit einer Warneinrichtung, die bei Ausfall der Pumpe anspricht.

VII. Elektrischer Mehrfachantrieb geschlossener Maschinengruppen

A. Mechanischer Mehrfachantrieb

Bei der mechanischen Zusammenfassung einer Anzahl von Walzen zu einer geschlossenen Maschinengruppe (s. S. 23) wird eine Walze von außen angetrieben, die übrigen durch die mechanische Verbindung mitgenommen. Diese Mitnahme ist kraftschlüssig, wenn die Umfangsgeschwindigkeit der mitgenommenen Walzen infolge Reibungsschlupf oder Dehnbarkeit der Übertragungsmittel, wie Siebe oder Filze, von der Drehzahl der von außen angetriebenen Walze abweichen kann. Dabei ist der Geschwindigkeitsunterschied von den übertragenen Kräften und von dem Dehnungsverhalten der Übertragungsmittel bzw. bei einem Walzenpaar vom Schlupf der getriebenen Walze gegenüber der antreibenden abhängig. Die Kräfte beanspruchen Langsieb und Filze, so daß ihre Laufdauer verkürzt und öfter Auswechselung notwendig wird. Der auftretende Unterschied der Umfangsgeschwindigkeit ist oft unerwünscht, er läßt sich im Betrieb auch nur in geringem Maße beeinflussen.

Andererseits wird angestrebt, mehrere frei laufende Teilmaschinen miteinander kraftschlüssig zu verbinden. Dies ist besonders in der

A. Mechanischer Mehrfachantrieb

Naßpartie vieler Papiermaschinen erwünscht, da damit die freie Überführung der Papierbahn vermieden wird und sich kleinere Spannung und Dehnung der Bahn erreichen läßt. Besonders bei Herstellung dünner Papiere und bei höheren Geschwindigkeiten gibt die freie Überführung oft zu Abrissen Anlaß und belastet die Bedienung.

Andere Walzen sind z. B. durch Zahnräder und Wellen miteinander formschlüssig verbunden, so daß ihre Umfangsgeschwindigkeit in festem Verhältnis entsprechend der Übersetzung der Zahnräder und der Walzendurchmesser steht. Meist ist dieses Verhältnis eins. Bisweilen werden unterschiedliche Umfangsgeschwindigkeiten gefordert. Bei großen Trockenpartien von Papiermaschinen werden z. B. die letzten Zylinder im Durchmesser abgestuft, um so der auftretenden Schrumpfung Rechnung zu tragen. Große Unterschiede der Geschwindigkeit werden durch entsprechende Übersetzung der Zahnräder erzielt, z. B. beim Streckwerk in Streichmaschinen, bei Gummi-, Kunststoffolien- und Friktionskalandern. Der durch die Übersetzung eingebaute Verzug ist fest, er läßt sich nur durch zeitraubende Auswechselung der Zahnräder ändern.

Die Mäntel vieler Walzen unterliegen der Abnutzung und werden nachgeschliffen. Trockenzylinder vergrößern im geheizten Zustand in geringem Maße ihren Durchmesser. Beides kann bei formschlüssiger Verbindung zu unerwünschten Geschwindigkeitsunterschieden führen. Zu beachten ist auch die Lose durch das Zahnspiel vieler hintereinanderliegender Radstufen bei größeren Trockengruppen, die sich bei Lastwechsel ungünstig auf den Lauf der Maschinengruppen und das Papier auswirken.

Seit jeher war man daher bestrebt, in einer geschlossenen Maschinengruppe außer der Hauptwalze noch weitere Walzen mit größerem Leistungsbedarf von außen anzutreiben. Dem liegt die Absicht zugrunde, damit den Leistungsbedarf der angetriebenen und der benachbarten Walzen direkt von außen zu decken, die Übertragungsglieder, wie Sieb, Filze, Walzenumfang, Zahnräder, zu entlasten und so durch Schonung höhere Laufdauer zu erhalten. Weiter soll der Mehrfachantrieb den Schlupf kraftschlüssig verbundener Walzen und damit die Streckung und Dehnung verkleinern oder ganz beseitigen und so das entstehende Papier durch Fernhaltung von Längskräften und Leistungsübertragung durch das Papier hindurch schonend behandeln und seine Qualität verbessern.

Der mechanische Mehrfachantrieb führt leicht zu Schwierigkeiten bei der Anordnung und im Betrieb. Der Zusatzantrieb erfolgt meist mittels eines Riemenantriebs mit Kegelscheiben zur Einstellung der Übersetzung. Der Riemenschlupf ist außer von der übertragenen Kraft von den Reibungsverhältnissen zwischen Riemen und Scheiben ab-

274　VII. Elektrischer Mehrfachantrieb geschlossener Maschinengruppen

hängig, die sich ändern können. Da die Drehzahl bereits durch den Filz gegeben ist, kann sich durch Schlupf die wirksame Übersetzung ändern und der locker werdende Riemen auf die großen Scheibendurchmesser hochlaufen oder von den Scheiben abfallen.

Statt des mechanischen Antriebs sind auch hydrostatische Motoren vorgeschlagen worden. Das Verhalten solcher Antriebe ist auf S. 65 und 75ff. näher beschrieben, sie haben jedoch in der Papierindustrie wenig Eingang gefunden.

Sind die Walzen einer Maschine durch Zahnräder verbunden, bringt ein formschlüssiger mechanischer Mehrfachantrieb Schwierigkeiten, weil die sich einstellende Verteilung des Energieeinflusses von den Losen und elastischen Verdrehungen in Rädern, Kupplungen und Wellen abhängig ist und bei Änderung zu Energiependelung und unruhigem Betrieb führt.

B. Elektrischer Zusatzantrieb

Die Drehzahl von Gleichstrom-Nebenschlußmotoren läßt sich durch Verstellung ihres Feldes oder ihrer Ankerspannung feinfühlig einstellen. Auf gleiche Weise wird der Motor bei gleichbleibender Drehzahl zur Übernahme unterschiedlicher Last veranlaßt. Dazu kommt, daß seine schwach mit der Last abfallende Drehzahlkennlinie eine gute Anpassung an Drehzahl- und Laständerungen der angetriebenen Walze ergibt. Dieses wird durch das elektrische Verhalten des Motors bestimmt, das frei von dem schwer beherrschbaren Schlupf mechanischer Antriebe ist.

In Abb. 196a ist das Verhalten des Motors dargestellt, wobei sich Last und Drehzahl ändern. Der Motor läuft auf seiner Kennlinie von Punkt 0 nach 1, wobei sich das Drehmoment um $-\Delta M$ und die Dreh-

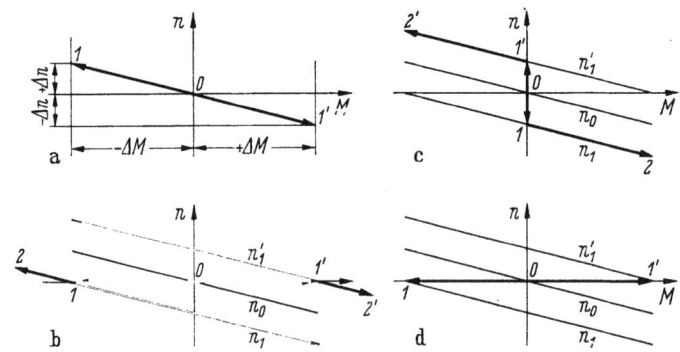

Abb. 196a—d. Verhalten eines Nebenschlußmotors
a bei freiem Lauf des Motors; b, c als Zusatzantrieb bei kraftschlüssiger Verbindung mit dem Hauptmotor bei Verstellung der Last (b), bzw. der Drehzahl (c); d bei formschlüssiger Verbindung und Verstellung der Last

zahl um $+\Delta n$ ändert. Bei entgegengesetzter Änderung läuft der Motor von 0 nach 1'. In Abb. 196b und c ist die Verstellung von Last bzw. Drehzahl dargestellt. Durch Verstellung des Feldes oder der Ankerspannung wurde die Kennlinie n_0 nach n_1 bzw. n_1' verschoben. Dabei verschiebt sich die Last bei gleichbleibender Drehzahl bzw. die Drehzahl bei gleichbleibender Last von 0 nach 1. Verändert sich auch die von dem Filz bestimmte Drehzahl der Walze, so ändern sich auch Drehzahl bzw. Last des Motors entsprechend der Linie 1—2. Bei formschlüssigem Antrieb der Walze ergibt sich lediglich eine Verstellung des Momentes entsprechend Abb. 196d.

Das Widerstandsmoment M_w der vom Zusatzantrieb getriebenen Walze wird zum Teil vom Zusatzantrieb, zum Teil von der mechanischen Verbindung mit dem Hauptantrieb überwunden. Bei konstanter Drehzahl n_0 des Hauptantriebs ändert sich die Drehzahl der von ihm gezogenen zweiten Walze entsprechend dem übertragenen Moment nach der Kennlinie n_w der Abb. 197. Dabei stellt die Differenz $(n_0 - n_w)$ den auftretenden Schlupf der Walze dar. Der Zusatzmotor möge bei Feld oder Spannungsverstellung ein Kennlinienfeld besitzen, das durch die Linien n_{m_0} bis n_{m_4} dargestellt ist. Bei Einstellung auf die Kennlinie n_{m_0} treibt der Zusatzmotor die Walze mit dem Moment $(n_0 \cdots 0)$ gleich M_W und der Drehzahl n_0 des Hauptmotors. Bei der Kennlinie n_{m_4} läuft der Zusatzmotor leer mit der Drehzahl n_4, die Walze wird vom Hauptmotor mit dem

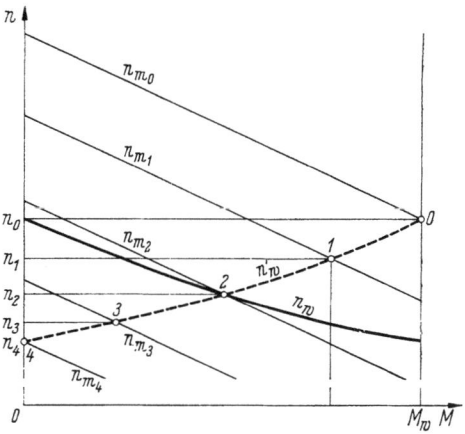

Abb. 197. Belastung des Zusatzantriebs bei konstanter Drehzahl n_0 des Hauptantriebs und kraftschlüssiger Verbindung der Walzen

n_w Drehzahl der zusätzlich angetriebenen Walze über dem vom Hauptmotor übertragenen Moment M; n_w' Spiegelbild von n_w; n_{m_0} bis n_{m_4} Drehzahlkennlinien des Zusatzmotors über seinem Moment; M_w Widerstandsmoment der Walze; $n_1 \cdots 1$ vom Zusatzantrieb übertragenes Moment bei der Kennlinie n_{m_1}; $M_w - (n_1 \cdots 1)$ vom Hauptantrieb übertragenes Moment

Schlupf $(n_0 - n_4)$ gezogen. Zeichnet man von n_w das Spiegelbild n_w', das durch die Punkte 0 und n_4 läuft, so stellt n_w' die Drehzahl der Walze über dem Drehmoment des Zusatzmotors dar. So ist für die Kennlinie n_{m_1} die Strecke $(n_1 \cdot \cdot 1)$ das Moment des Zusatzmotors bei der sich einstellenden Drehzahl n_1.

Ist der Hauptantrieb der Gruppe ein Gleichstrommotor, genügt für den Zusatzantrieb ein Feldsteller für Handeinstellung von Last und Drehzahl. Bei hohen Ansprüchen an gleiche Umfangsgeschwindigkeit

276 VII. Elektrischer Mehrfachantrieb geschlossener Maschinengruppen

oder an gleichbleibenden Schlupf werden Haupt- und Zusatzantrieb einzeln geregelt. Sonst werden sie gemeinsam durch die Ankerspannung gesteuert und im Feld oder durch eine gemeinsame Zusatzmaschine gegenüber den anderen Maschinengruppen geregelt.

Sind in einer Maschinengruppe mehrere Zusatzantriebe vorhanden, so soll der von jedem Zusatzantrieb übernommene Lastanteil bei Verstellung der allen Teilantrieben gemeinsamen Ankerspannung möglichst gleichbleiben. Das trifft dann zu, wenn alle Motoren die gleiche Drehzahlkennlinie über der Last besitzen. Da vielfach Motoren unterschiedlicher Größe zusammen arbeiten, ist es bei höheren Ansprüchen zweckmäßig, eine Angleichung der Widerstände im Ankerkreis, nötigenfalls auch der Kompoundierung, vorzunehmen. Wenn die Drehzahl der Zusatzantriebe durch Änderung des Motorfeldes gegenüber dem Hauptantrieb verstellt wird, sollen die Übersetzungen der Getriebe entsprechend dem Drehzahlabfall der Motoren bei Vollast größer gewählt werden, als der durch den Hauptantrieb bestimmten Drehzahl entspricht. Dies ermöglicht, daß die Motoren durch Feldverstärkung auch auf Leerlauf eingestellt werden können.

C. Elektrischer Mehrfachantrieb kraftschlüssiger Maschinen

Bei diesen Maschinen ist das kraftschlüssige Verhalten durch die mechanische Verbindung der Walzen bestimmt, wobei die Verbindung auch technologischen Zwecken dient. Das können die aneinandergepreßten Walzen selbst oder Verbindungsbänder, wie Siebe oder Filze, sein.

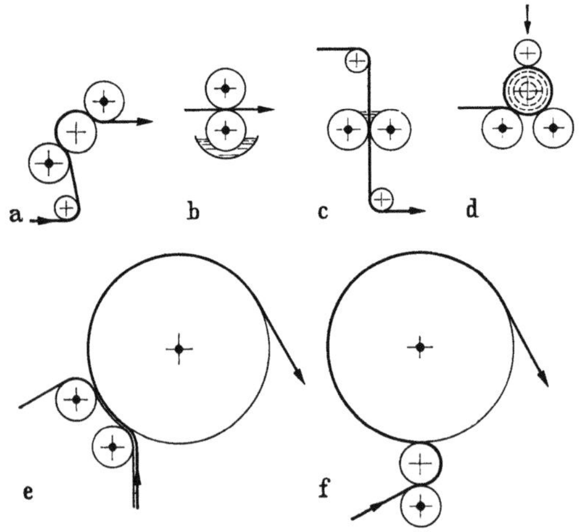

a) Mehrfachantrieb von Walzenpaaren. Die Kraftschlüssigkeit von zwei aneinandergepreßten Walzen ist durch die Reibung an der Berührungsstelle der Walzen gegeben. Üblicherweise wird nur die Walze mit dem größeren Leistungsbedarf, z. B. die Unterwalze einer Presse, von außen angetrieben. Die Oberwalze folgt mit geringem Schlupf, wobei die von ihr benötigte Leistung durch die Bahn hindurch übertragen wird. Wird auch die zweite Walze

Abb. 198 a–f
Mehrfach angetriebene kraftschlüssige Teilmaschinen
a Doppelpresse; b horizontale, c vertikale Leimpresse; d Doppeltragwalzen-Roller; e Trockenzylinder mit Anpreßwalzen; f mit deutscher Presse; ✦ Antriebe

elektrisch angetrieben, wird Leistungsübertragung und Schlupf in gewünschter Weise vermindert, wenn das übertragene Motormoment durch einen Feldsteller feinstufig den Erfordernissen angepaßt wird.

Solche Mehrfachantriebe werden vorgesehen bei Starkdruckpressen in Zellstoffentwässerungsmaschinen, bei Doppelpressen, Leimpressen, vielfach bei Anpreßwalzen und deutschen Pressen an großen Trockenzylindern, auch bei Aufrollern mit 2 Tragwalzen, an die die aufzuwickelnde Rolle angepreßt wird. In Abb. 198 sind solche Anordnungen dargestellt, wobei der schwarz ausgefüllte Achskreis den Antrieb andeutet.

Bei anderen Walzenpaaren soll ein einstellbarer Schlupf zur Erzielung besonderer technologischer Wirkungen erzielt werden. Dazu gehören die Walzen an Massey-Streichanlagen, die die Streichmasse übertragen, Friktionskalander zur Erzielung einer hohen Glättung, Kalander und Walzwerke für Gummi oder Kunststoff zum Auswalzen und Glätten (Abb. 199).

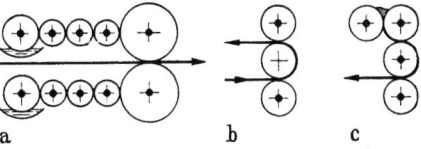

Abb. 199 a—c. Mehrfach angetriebene, kraftschlüssige Teilmaschinen mit einstellbarem Schlupf der Walzen
a Massey-Streichanlage; b Friktionskalander; c Folienkalander; ♦ Antriebe

Neuerdings wird durch den Drehzahlunterschied von Walzen auch ein Kreppen von Papierbahnen nach dem Expanda-Verfahren herbeigeführt. Dabei werden 2 Preßwalzen benutzt, die Oberwalze besitzt einen dicken Gummibezug. Beide Walzen werden angetrieben. Die Kreppung setzt erst ein, wenn die Gummiwalze um einige Prozent langsamer als die Unterwalze läuft. Dies ist durch die elastische Verformung des Gummibezugs bedingt. Bis diese Drehzahl erreicht ist, läuft ihre Antriebsmaschine als Motor. Erst bei weiterer Verkleinerung der Drehzahl wird das Papier gekreppt, wobei der Antrieb zum bremsenden Generator wird. In der Schaltung Abb. 200 einer Ausführung der SSW wird die Drehzahl der Gummiwalze durch das Einstellpotentiometer P_1 bis zu Beginn der Kreppung verstellt. Hierauf erfolgt die Einstellung der Kreppung mit dem Potentiometer P_2, das mit der Zugeinstellung Z der nachfolgenden Trockengruppe gekuppelt ist. Im Schaltbild werden die Antriebe von Unter- und Gummiwalze mit Tachometermaschinen und elektronischen Reglern auf konstanter Drehzahl gehalten. Die Verminderung der Leonardspannung für den Antrieb der Gummiwalze und die nachfolgenden Antriebe erfolgt mit der Absatzmaschine AG. Ihre Spannung wird durch eine Nachlaufregelung (R_N, m, S) nachgeführt, wenn bei Einstellung der Kreppung die Regelspannung der Zusatzmaschine ZM der nachfolgenden Maschinengruppe die eingestellten Grenzwerte erreicht. Der Schlupf bewirkt Abrieb des Gummibezuges. Die Walze muß daher öfter abgeschliffen werden.

278 VII. Elektrischer Mehrfachantrieb geschlossener Maschinengruppen

Zum Ausgleich der Durchmesserverminderung wird die Generatorspannung durch den Steller P_1 angepaßt. Beim Kreppen wird eine erhebliche Umfangskraft benötigt. Das bedingt eine hohe Leistung für die Antriebsmaschinen. Ein Großteil der zugeführten Energie wird von dem Generator an der Gummiwalze ins Netz zurückgeliefert.

Bei einer dritten Gruppe von Walzen ist der Kraftschluß im Verhältnis zur Antriebsleistung gering. In solchen Fällen muß eine Regelung der Drehzahl vorgesehen werden. Dazu gehört der Antrieb des Egout-

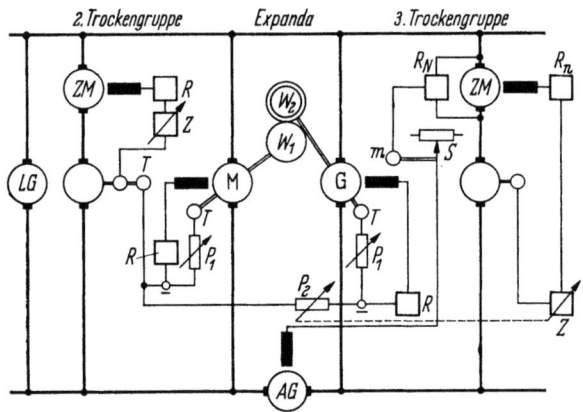

Abb. 200. Antrieb einer Expanda-Kreppeinrichtung

W_1 Unterwalze mit Motor M; W_2 Oberwalze mit Gummibezug, mit Antriebs- und Bremsmaschine G; LG Leonardgenerator der Papiermaschine; T Tachometermaschinen; AG Absatzgenerator für Kreppen; ZM Zusatzmaschinen der Teilantriebe; R Drehzahlregler; R_N Nachlaufregler; P_1 Potentiometer für M bzw. für Anpassung an Oberwalzendurchmesser und Krepp-Voreinstellung; P_2 Potentiometer für Kreppen; S Steller mit Stellmotor zu AG; Z Zugeinstellungen für 2. und 3. Trockengruppe; nach SSW

teurs (s. S. 279), der Antrieb der Pressenpartie mit Vakuumabnahme der Bahn vom Sieb (Pik up), die Antriebe der Oberwalze der Massey-Streichanlage und der Leimpresse. Der Betrieb der genannten Teilmaschinen ist sehr empfindlich gegen Drehzahlabweichungen, weil z. B. bei Schlupf der Abnahmewalze das Sieb beschädigt werden kann, bei Streichanlage und Leimpresse wegen der eintretenden Befeuchtung der Bahn mit kleiner Bahnspannung gearbeitet werden muß, Drehzahlabweichungen aber den Zug beeinflussen. Deshalb sollen solche Antriebe, ebenso die der Leimpresse folgenden eine Regelung höherer Genauigkeit erhalten.

b) Mehrfachantrieb von Siebpartien. Auch ein gespanntes, endloses Langsieb oder einen Filz gibt eine kraftschlüssige Verbindung der umschlungenen Walzen. In Siebpartien (Abb. 204a) greift der Hauptantrieb an der letzten vom Stoff berührten Walze, der Gautschpresse bzw. der Siebsaugwalze an. Kleine, leicht laufende Egoutteure an langsamen Maschinen werden durch das Sieb mitgenommen. Bei größeren

Egoutteuren, die meist von zu beiden Seiten angeordneten Laufrollen getragen werden, genügt der Kraftschluß nicht, hier muß ein besonderer Antriebsmotor vorgesehen werden, der mit dem Hauptmotor betriebsmäßig parallel arbeitet, aber in angehobenem Zustand gesondert angelassen und stillgesetzt werden kann. Bei kleineren Maschinen genügt bei Gleichstromantrieb vielfach ein Handeinsteller der Drehzahl, besser ist aber eine Gleichlaufregelung wie beim Hauptantrieb. Dem Egoutteur wird gern eine geringe Voreilung der Drehzahl gegeben, weil dadurch ein Stoffstau des einlaufenden Faservlieses vermieden wird. Die Schaltung ist so zu treffen, daß bei Drehzahlverstellung des Hauptmotors auch der Egoutteur seine Drehzahl im gleichen Verhältnis ändert. Die Zugeinstelleinrichtungen sind also in Reihe zu legen. Kleine Egoutteure können auch mittels einer elektrischen Welle (s. S. 292) angetrieben werden, wobei die Gebermaschine über ein zur Drehzahleinstellung dienendes, verstellbares Getriebe (Kegelscheiben) an die Antriebswelle der Siebsaugwalze angeschlossen ist.

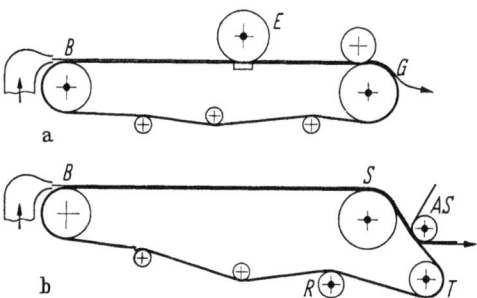

Abb. 201a u. b. Mehrfachantrieb von Langsiebpartien a mit Antrieben an Gautsche (*G*), Brustwalze (*B*) und Egoutteur (*E*); b mit Antrieben an Triebwalze (*T*), Siebsaugwalze (*S*), Siebrücklaufwalze (*R*), Abnahmesaugwalze (*AS*) der Presse

Bei sehr schnell laufenden Tissue-Maschinen zur Herstellung hygienischer Papiere, ebenso bei Kartonmaschinen, erhält vielfach auch die Brustwalze (Umkehrwalze) einen zusätzlichen Motor mit Handfeldsteller. Große Siebpartien schneller Maschinen für Druck- oder Kraftpapier u. a. erhalten ihren Hauptantrieb über eine gut umschlungene Siebtriebwalze (s. Abb. 204b). Siebsaugwalze und erste Siebrücklaufwalze erhalten Antriebe mit Feldsteller. Der Leistungsbedarf der Siebsaugwalze kann bei starkem Saugen bis über die Hälfte der Antriebsleistung der Siebpartie ansteigen. Wenn das Vakuum in der Saugwalze wegbleibt, entsteht eine starke Entlastung. Zwar vermindert sich auch die Leistung an der Triebwalze, die Entlastung kann aber zu einem voreilenden Schlupf der Saugwalze gegenüber dem Sieb und zu dessen Zerstörung führen. Deshalb wird bei Rückgang des Vakuums die Lastverteilung mittels Kontaktmanometer und Schütz verstellt. Man kann auch die Verteilung der Last in Abhängigkeit vom Vakuum regeln, jedoch genügt meist die genannte, einmalige Verstellung.

Bei der Rundsiebpartie (Abb. 8, S. 11) größerer Maschinen werden außer dem Hauptantrieb an der Gautsche auch Motoren mit Handsteller an Siebzylindern, Umkehrpressen, Vorpressen und Filzwasch-

280 VII. Elektrischer Mehrfachantrieb geschlossener Maschinengruppen

pressen vorgesehen. Alle Motoren werden mittels einer gemeinsamen Zusatzmaschine oder eines gemeinsamen Leonardgenerators mit den folgenden Antrieben im Gleichlauf gehalten.

Mit einfachen Rundsieben läßt sich eine Geschwindigkeit von nur wenig über 100 m/min erreichen. Sie läßt sich durch Verwendung von Saugrundsieben nur in begrenztem Maße erhöhen. Für schnelle Kartonmaschinen werden daher mehrere Langsiebe verwendet, wobei die einzelnen Bahnen auf den nachfolgenden Sieben zusammengegautscht werden. Die Abb. 202 zeigt eine solche Langsiebpartie mit Vorgautschpressen, denen von darüberliegenden, nicht dargestellten Langsieben

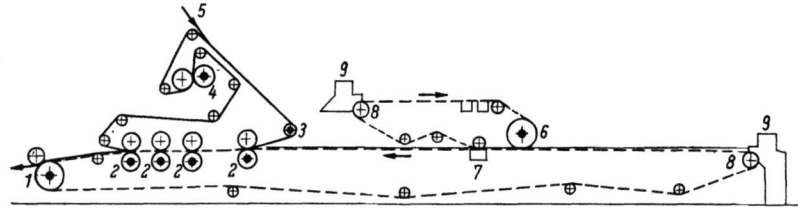

Abb. 202. Mehrfachantrieb einer Langsiebpartie für Karton mit Schonsieb
1 Gautschpresse; *2* Vorgautschpressen; *3* Saug-Filzleitwalze; *4* Saug-Filzwaschpresse; *5* von zweiter Siebpartie zugeführter Bahn; *6* Schonsieb mit Saugwalze; *7* Abnahmesaugkasten; *8* Brustwalze; *9* Stoffauflauf; ◆ angetriebene Walzen; - - - Siebe; —— Filz bzw. Papierbahn

ohne Vorpressen bei 5 über einen Transportfilz eine weitere einfache oder Doppelbahn zugeführt wird. Auf dem Langsieb können noch ein oder mehrere kleine Siebpartien (Schonsiebe) angeordnet werden, die dünne Bahnschichten liefern. Da diese Siebe nur leicht und ohne nennenswerten Kraftschluß am unteren Sieb anliegen, müssen ihre Antriebe mit dem Hauptsieb im Gleichlauf gehalten werden, wie alle Siebe und gegebenenfalls vorgesehene Transportfilze. Der Saugkasten 7 dient zur sicheren Abnahme der Bahn.

c) Mehrfachantrieb der Pressenpartie. Die auf das Sieb folgende 1. Naßpresse erhält vielfach eine Filzwaschpresse, die das vom Filz aufgenommene, überschüssige Wasser wieder auspreßt. Bei größerem Leistungsbedarf erhält auch diese zur Entlastung des Filzes einen Zusatzantrieb. Bei schnellen Maschinen wird aus mehreren Pressen ein geschlossener, kraftschlüssiger Verband gebildet, der freie Überführungsstellen der Bahn vermeidet und kurze Bauform der Maschine gibt. In Abb. 203 ist eine solche Pressenpartie einer schnellen Zeitungspapiermaschine dargestellt. Der über die Abnahmewalze *3* laufende Filz nimmt die Bahn vom Sieb zwischen Siebsaugwalze *1* und Siebtriebwalze *2* ab und trägt die an ihm haftende Bahn über die Wendewalze *4* zur Doppelpresse, von der aus sie frei zur 2. Presse *9* übergeführt wird. Im Abnahmefilz liegt noch die Filzwaschpresse *8*. In der 1. Presse liegen somit fünf angetriebene Walzen, von welchen die erste Walze 5 der Doppelpresse den Hauptantrieb, die übrigen Zusatzantriebe mit Handsteller erhalten.

Die Abnahmewalze drückt das Sieb nur leicht durch, so daß im Verhältnis zu den Antriebsleistungen nur geringer Kraftschluß vorhanden ist. Deshalb müssen Siebpartie und erste Presse je eine Gleichlaufeinrichtung erhalten, ebenso die zweite Presse, zu der die Bahn frei übergeführt wird.

Bei der Anordnung nach Abb. 203 erfolgt die Abnahme der Bahn durch Anlegen der Walze 3 an das Sieb, wobei die Übergabe durch deren Ausbildung als Saugwalze unterstützt wird. Man erhält eine Selbstabnahme, die mit Vakuumbahnabnahme oder pik-up-Abnahme bezeichnet wird. Vor dem Anlegen muß Synchronismus zwischen Filz und Sieb durch entsprechende Zugeinstellung der Pressenpartie eingestellt werden. Zur Anzeige des Synchronismus können Tachometermaschinen verwendet werden, die von der Siebtriebwalze bzw. der Abnahmewalze getrieben werden und deren Spannungsunterschied bei Synchronismus Null ist. Da die Spannungsmessung durch Widerstandsänderungen, z. B. infolge Erwärmung gestört werden kann, empfiehlt sich Messung mittels eines Synchronoskops, bei dem Drehstromgeber an den Antrieben Ständer und Läufer einer Drehfeldmaschine speisen. Dabei dreht sich der Läufer mit der Differenz der Umlaufgeschwindigkeit der Drehfelder, was durch eine Trommel auf der Welle sichtbar gemacht wird. Um Beschädigung des Siebes zu vermeiden, wird der elektrische oder hydraulische Schwenkantrieb der Abnahmewalze, z. B. durch eine Relaiskombination, erst dann für das Anlegen der Abnahmewalze an das Sieb freigegeben, wenn der am Synchronoskop durch eine Tachomaschine gemessene Drehzahlunterschied einen zugelassenen kleinen Betrag nicht überschreitet.

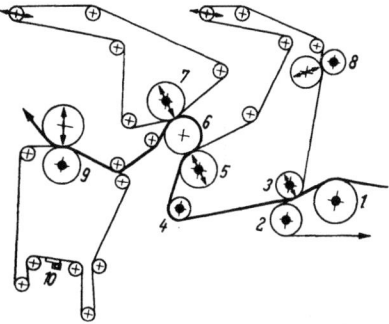

Abb. 203. Mehrfachantrieb der Pressenpartie einer Zeitungs-Papiermaschine
1 Saugwalze (der Siebpartie); *2* Triebwalze (der Siebpartie); *3* Saugabnahme- (Pik-up-) Walze; *4* Wendewalze; *5—7* Doppelpresse; *8* Filzwaschpresse; *9* 2. Presse mit; *10* Filzsauger; ♦ angetriebene Walzen; ⟶ verstellbare Walzen; —— Papierbahn; —— Sieb und Filze

d) **Selbstabnahme.** An den Überführungsstellen offener Maschinen, deren Teilmaschinen nur durch das Papier miteinander verbunden sind, wird die Bahn bei nicht zu hoher Geschwindigkeit meist von Hand abgenommen und in die nächste Maschinengruppe eingeführt. Im Trockenteil schneller Maschinen wird das Überführen von Zylinder zu Zylinder durch eine Seilaufführung, in den Schlußgruppen pneumatisch durch Einblasen der Bahn vorgenommen.

282 VII. Elektrischer Mehrfachantrieb geschlossener Maschinengruppen

Wird die Siebpartie mit den nachfolgenden Teilmaschinen kraftschlüssig zu einer größeren geschlossenen Maschineneinheit verbunden, ergibt sich an Stelle der Handabnahme des offenen Betriebs eine Selbstabnahme. Dies trifft bei Yankeemaschinen für dünne Papiere zu, die man daher vielfach auch mit Selbstabnahmemaschinen bezeichnet. Wie Abb. 204 zeigt, wird hier ein Oberfilz um die Oberwalze der Gautschpresse geschlungen. Dünne Papiere bleiben an der Unterseite des Filzes haften, werden vom Filz durch eine Naßpresse geführt und mittels 1 oder 2 Anpreßwalzen an den Mantel des Trockenzylinders von 3 bis

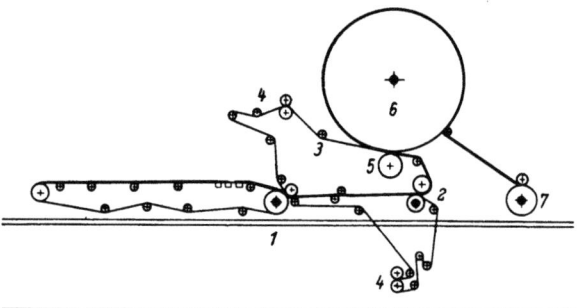

Abb. 204. Yankeemaschine für geschlossenen Betrieb
1 Gautschpresse; *2* Naßpresse; *3* Oberfilz; *4* Filzwaschpressen; *5* Anpreßwalze; *6* Trockenzylinder; *7* Aufroller

6 m Dmr. gedrückt. Bei dieser Anordnung gilt der Zylinder mit seinem größeren Leistungsbedarf als Hauptantrieb, die Motoren an Sieb und Presse erhalten als Zusatzantriebe Handsteller. Bei schweren Papieren müssen die Teilmaschinen getrennt und die Bahn frei übergeführt werden. Dann wird an jeder frei laufenden Teilmaschine die Gleichlaufregelung eingeschaltet, wobei der Antrieb am großen Zylinder meist als Leitmotor für die Gleichlaufregelung benutzt wird. Dazu wird eine elektrische Welle verwendet, die die Drehzahl des Zylindermotors zur Gleichlaufeinrichtung überträgt (s. S. 236). Die Antriebe solcher Yankeemaschinen werden also je nach der gearbeiteten Papiersorte auf Hand- oder Selbstabnahme, d. h. auf Gleichlaufregelung oder Handeinstellung umgeschaltet. Bisweilen werden nur Presse und Zylinder kraftschlüssig verbunden, während das Sieb offen bleibt. Kleine Maschinen werden in geschlossenem Zustand gemeinsam angelassen. Bei großen Maschinen werden meist Sieb und Presse zusammen, der Zylinder aber gesondert hochgefahren und dann erst die Kraftschlüssigkeit durch Anpressen des Filzes an den Zylinder hergestellt. Vor dem Zusammenfahren muß gleiche Geschwindigkeit von Oberfilz und Zylinder eingestellt werden, da sonst der Filz beschädigt wird.

Solche Maschinen liefern mit dem hochglänzend polierten Trockenzylinder einseitig glatte Papiere. Der Zylinder wird daher auch Glättzylinder genannt. Bei leichter Anpressung fertigt man auch dünne Bahnen, die nach Kreppung am Ablauf vom Trockenzylinder zu Zellstoffwatte oder zu hygienischen Papieren verarbeitet werden. Auch bei manchen Feinpapiermaschinen werden Gautsche und mehrere Pressen, oft in wechselnder Zusammenfassung durch ein Obertuch kraftschlüssig verbunden. Hierfür gelten die gleichen Gesichtspunkte.

D. Mehrfachantriebe formschlüssiger Maschinen

Eine aus Walzen bestehende Maschine erhält erst durch die Verbindung der Walzen mittels formschlüssiger Triebmittel, wie Zahnräder und Wellen, ein formschlüssiges Verhalten. Auch bei solchen Maschinen kann es erwünscht sein, mit mehreren, meist gleich großen Motoren anzutreiben.

Dazu gehört die Unterteilung eines Motors in zwei halber Leistung, die unmittelbar oder über eine Längswelle, z. B. beim Transmissionsantrieb einer Papiermaschine miteinander gekuppelt sind. Bei großen Trockengruppen schnell laufender Zeitungspapiermaschinen, bei welchen bis etwa 24 Trockenzylinder durch Zahnräder miteinander verbunden sind, sieht man gern 2 Antriebsstellen vor, wodurch die Zahnräder an den Zylindern entlastet werden. In beiden Fällen werden die Motoren bei der Steuerung und Regelung als eine Einheit betrachtet und gemeinsam gesteuert. Eine gute, möglichst im ganzen Steuerbereich annähernd gleichbleibende Lastverteilung auf beide gleich groß zu wählende Motoren muß durch genügenden Drehzahlabfall besonders bei größerer Leistung sichergestellt werden.

Bei Rotationsdruckmaschinen erhält jedes Druckwerk und der Falzapparat einen besonderen Antrieb. Die Teilmaschinen werden je nach Druckprogramm und Seitenzahl der Auflage in unterschiedlicher Anzahl durch mechanische Wellen und Zahnräder formschlüssig miteinander verbunden. Die Motoren werden an die Maschinenstuhlung im Zuge der Verbindungswellen der Teilmaschinen angeordnet oder treiben über Keilriemen die Wellen an. Die Entwicklung der Antriebe führte von Gleichstrommotoren mit Anker- und Feldsteuerung durch Widerstände, über Drehstromasynchronmotoren mit Schleifringläufern, Gleichstromantrieb mit Leonardumformern oder gesteuerten Gleichrichtern zu Drehstromnebenschlußmotoren, die heute weit verbreitet sind. Da in den meist im Stadtzentrum liegenden Druckereien wenig Platz vorhanden ist, wurden bei Gleichstromantrieb rotierende Umformer möglichst vermieden, was schließlich zur Bevorzugung von Drehstromkommutatormotoren (s. S. 294) führte.

Mit den größer werdenden Antriebsleistungen stiegen auch Abmessungen und Gewicht der Motoren, so daß sich ungünstige Verhältnisse

284   VII. Elektrischer Mehrfachantrieb geschlossener Maschinengruppen

für den Anbau der Drehstrom-Nebenschlußmotoren an die Maschinenstuhlung ergaben. Man ist daher in neuerer Zeit wieder zu Gleichstromantrieben übergegangen, deren Gewicht nur etwa 30% und deren Schwungmoment bei gleicher Drehzahl weniger als 10% der Drehstrommotoren betragen. Achshöhe und Grundfläche sind ebenfalls bedeutend kleiner. Um die notwendige Freizügigkeit bei der Kupplung der Druckwerke und dem gewünschten unabhängigen Betrieb der Teilmaschinen zu wahren, wird bei einer Ausführung der SSW [20] jedem Gleichstrommotor ein Transduktor für Ankerspeisung zugeordnet, die in gewünschter

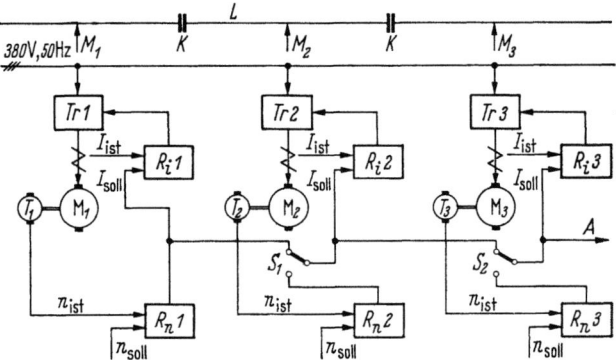

Abb. 205. Grundschaltung des Antriebs einer Rotationsdruckmaschine mit Gleichstrommotoren (M), Transduktoren (Tr) für Einzelspeisung, Stromreglern (R_i) für konstante Lastverteilung und Drehzahlreglern (R_n) für Druckgeschwindigkeit

L Längswelle; K Kupplungen; S Umschalter für Wahl des Leitmotors und Zusammenschaltung der Teilmaschinen; A zu den weiteren Antrieben

Zusammenfassung gemeinsam gesteuert werden (Abb. 205). Da trotz gleicher Typen von Motoren und Transduktoren durch Unterschiede der Kennlinien erhebliche Lastunterschiede auftreten können, wird durch zusätzliche Regelung der Transduktoren für eine gleichmäßige Lastverteilung von Einzieh- bis Höchstgeschwindigkeit Sorge getragen. Dazu wird der Ankerstrom eines jeden Motors gemessen und zusammen mit dem Sollwert auf einen elektronischen Stromregler gegeben, der den zugehörigen Transduktor steuert. Dem Stromregler des Motors, der als Leitmotor dienen soll, ist ein Drehzahlregler überlagert, der von einer Tachometermaschine am Motor und dem vorgegebenen Sollwert beeinflußt wird. Der Ausgang des Drehzahlreglers gibt den Stromsollwert für die Stromregler aller gekuppelten Motoren. Da bei unterschiedlicher Kupplung auch ein anderer Motor Leitmotor sein kann, ist für jeden ein abschaltbarer Drehzahlregler vorgesehen. Bei dem großen Geschwindigkeitsbereich zwischen Einzieh- und Höchstgeschwindigkeit von 1:50 bis 1:100 ist die vorgesehene Gleichhaltung einer jeden eingestellten Geschwindigkeit sehr erwünscht.

E. Elektrische Helferantriebe bei mechanischem Hauptantrieb

Bisher wurden Mehrfachantriebe mechanisch verbundener Walzen behandelt, bei denen alle angetriebenen Walzen oder Teilmaschinen mit Elektromotoren gekuppelt sind. Wird die Papiermaschine und damit die Hauptwalze einer jeden Teilmaschine von einer Längswelle aus angetrieben, so genügt es nicht, die bei mechanischem Hauptantrieb meist mit elektrische Helferantriebe bezeichneten Motoren nur mit einem Steller auszurüsten, wie es bei elektrischem Hauptantrieb geschieht. Die Helfermotoren müssen zusätzlich Steuer- und Regelgeräte zur Anpassung an den mechanischen Antrieb erhalten.

Eine Anordnung für kleine Leistungen zeigt die Abb. 206. Von der Längswelle L der Papiermaschine wird über die Kegelscheiben K, die Friktionskupplung F und das Winkelstirnradgetriebe Gt die Unterwalze W_u einer Presse getrieben. Die Oberwalze W_0 erhält einen elektrischen Helfermotor M, der von dem Leonardgenerator G gespeist wird. Dieser wird z. B. über einen Keilriemen von der schnell laufenden Getriebewelle angetrieben, so daß der Motor bei Schließen der Kupplung gleichzeitig mit der Unterwalze hochläuft. Da der Leonardgenerator beim Einlegen der Kupplung noch keine Spannung gibt, ist eine Zusatzmaschine ZM vorgesehen, mit deren Steller St eine Zusatzspannung und ein Strom entsprechend dem gewünschten Motormoment eingestellt wird. Die Feldwicklungen der Gleichstrommaschinen sind an den Erregergenerator E angeschlossen. Bei Öffnen des Ventils V zwecks Einlegen der Kupplung, die meist als pneumatische Kupplung für sanftes Anziehen ausgeführt wird, schließt das Schütz S den Stromkreis und der Motor läuft vom Stillstand an mit dem eingestellten Moment hoch. Ebenso folgt er jeder Verstellung der Drehzahl der Längswelle. Bei Bedarf können an den Generator und die Zusatzmaschine auch mehrere Motoren der gleichen Teilmaschine angeschlossen werden, wobei die Motoren zur Lastverteilung Feldsteller erhalten.

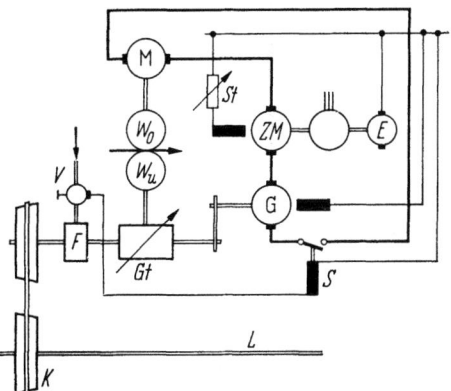

Abb. 206. Elektrischer Helferantrieb mit Generator, getrieben vom mechanischen Antrieb
L Längswelle der Papiermaschine; K Kegelscheiben; F Friktionskupplung; V Steuerventil für Druckluft; Gt Getriebe mit stellbarer Übersetzung für Zugeinstellung; W_u Unterwalze; W_0 Oberwalze; M Antriebsmotor; G Generator; ZM Zusatzmaschine; St Feldsteller; E Erregermaschine; S Schütz

Bei größeren Leistungen und höheren Anforderungen muß der Leonardgenerator aus Platzgründen abseits der Papiermaschine aufgestellt und von einem Drehstrommotor getrieben werden (Abb. 207). Dann kann die Zusatzmaschine entfallen. Der Generator muß jedoch eine schnelle Regelung erhalten. Im Stillstand ist z. B. durch den Steller St einer Hilfserregerwicklung des Generators bereits eine Spannung eingestellt, die beim Einlegen des Schützes S_2 den gewünschten Strom liefert. Das Einschalten der Maschinengruppen wird weitgehend automatisiert. Beim Öffnen des Ventils V für die Druckluft DL für die Friktionskupplung F bewirkt z. B. ein pneumatischer Schalter S_1 das Schließen des Motorschützes S_2. Sein Arbeitskontakt steuert ein Magnetventil MV an, wodurch die Preßluft auf die Kupplung kommt und diese schließt. Da der Motor bereits beim Einschalten Strom erhält, wird auch die anzutreibende Walze bei Einschalten der Kupplung des Hauptantriebs gleichzeitig mit der Hauptwalze beschleunigt. Da sich dabei der Strom zu vermindern beginnt, spricht der Stromregler R_i des Generators an, so daß seine Spannung bei gleichbleibendem Strom ansteigt. Diese Stromregelung behält auch nach beendigtem Hochlauf ihre Wirksamkeit.

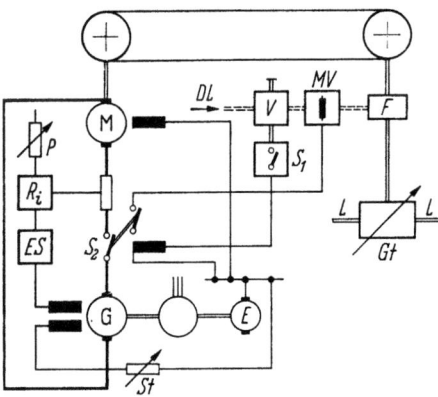

Abb. 207. Elektrischer Helferantrieb mit Leonardumformer

L Längswelle der Papiermaschine; Gt Getriebe; F Friktionskupplung; M Antriebsmotor; G Leonardgenerator; E Erregermaschine; DL Druckluft; V Ventil; S_1 pneumatischer Schalter; S_2 Motorschütz; MV Magnetventil; St Steller für Generator; Ri Stromregler; ES Endstufe; P Sollwertpotentiometer

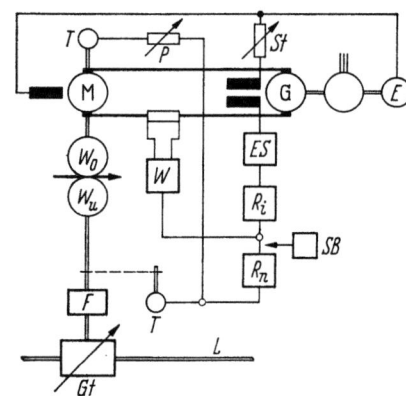

Abb. 208. Elektrischer Helferantrieb für kleinen Kraftschluß

L Längswelle der Papiermaschine; Gt Getriebe; F Friktionskupplung, W_0, W_u Walzenpaar; M Antriebsmotor; G Leonardgenerator; T Tachometermaschinen; P Potentiometer für Solldrehzahl; St Steller für Generator; R_n Drehzahlregler; W Stromwandler; SB Strombegrenzung; R_i Stromregler; ES Endstufe; nach SSW

Beim Antrieb mancher Oberwalzen, z. B. bei Leimpressen, kommt es darauf an, daß deren Drehzahl bei dem geringen Kraftschluß konstant bleibt. Hierfür wird eine Regelung der Drehzahl durch Verstellen der Generatorspannung in Abhängigkeit von der Spannung einer Tachometermaschine an der Unterwalze vorgesehen, wobei eine Tachometermaschine am Antriebsmotor der Oberwalze den

E. Elektrische Helferantriebe bei mechanischem Hauptantrieb   287

Istwert liefert. Abb. 208 zeigt eine solche Drehzahlregelung. Zur weiteren Verbesserung der Regelung ist hier eine unterlagerte Stromregelung mit dem Wandler W und dem Stromregler R_i vorgesehen, wobei der Drehzahlregler R_n den Sollwert der Stromregelung liefert. Das Hochfahren erfolgt hier wie in Abb. 207, jedoch unter Strombegrenzung SB mit der Generatorspannung.

In gleicher Weise kann man auch den Antriebsmotor der zwischen Glättwerken angeordneten Nachtrockenzylinder, die durch eine Seilaufführung mit dem ersten Glättwerk mechanisch verbunden sind, in einer Folgeregelung dem führenden Glättwerksantrieb anpassen (Abb. 209).

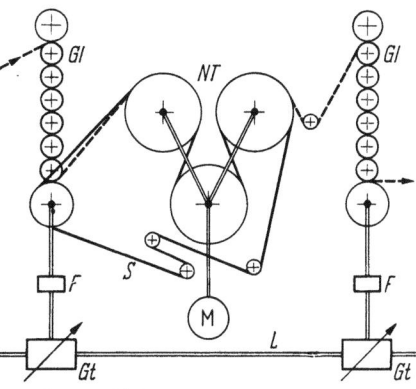

Abb. 209. Elektrischer Helferantrieb für einen Nachtrockner mit Seilaufführung vom mechanisch angetriebenen Glättwerk

L Längswelle; Gt Getriebe; F Friktionskupplungen; Gl Glättwerke; NT Nachtrockner; S Seilaufführung; M Antriebsmotor; – – – Papierbahn

Die Regelung der Helfermotoren der Siebpartie erfolgt grundsätzlich mit der in Abb. 207 dargestellten Stromregelung, wobei auch das Hochfahren wie früher beschrieben erfolgt. Die besonderen Verhältnisse dieser Teilmaschinen erfordern noch weitere Vorkehrungen (Abb. 210). Wenn die Siebsaugwalze

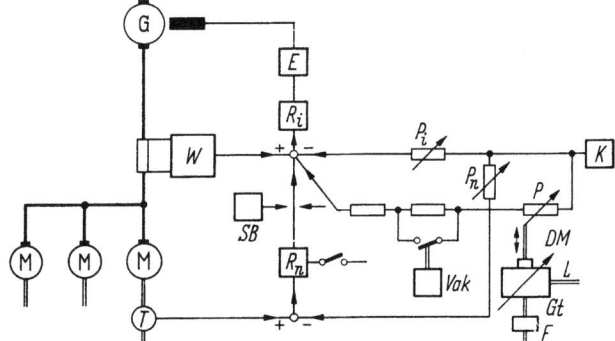

Abb. 210. Elektrische Helferantriebe für die Langsiebpartie

G Leonardgenerator; M Helfermotoren; T Tachometermaschine; K Konstantspannung; P_n Solldrehzahlsteller; P_i Sollstromsteller; P Potentiometer für Momentanpassung; R_i Stromregler; R_n Drehzahlregler; E Endstufe; W Stromwandler; SB Strombegrenzung; Vak Vakuumschalter; DM Drehmomentmesser; L Längswelle; Gt Getriebe; F Friktionskupplung; nach SSW

bei Wegbleiben des Vakuums stark entlastet wird, kann der Belastungsstrom durch Verstellung des Sollstroms der Regelung mittels eines vom Vakuum betätigten Schalters Vak ermäßigt werden. Bisweilen wird gewünscht, daß die elektrischen Helferantriebe an größeren Veränderungen auch bei wechselnder Belastung des mechanischen Antriebs proportional beteiligt werden. Dazu wird in den Hauptantrieb ein mechanischer Drehmomentmesser DM eingebaut, der ein Potentiometer P im Sollwertkreis der Stromregelung verstellt. Diese Maßnahmen verhindern, daß die Walzen bei starker Entlastung unter dem Sieb schlüpfen und dieses beschädigen.

Der Leistungsbedarf der Siebpartie ist ohne Papier gering. Hilfsarbeiten, wie Siebreinigen, sollen daher mit den Helferantrieben allein bewerkstelligt werden, ohne daß dazu auch der mechanische Hauptantrieb in Betrieb genommen wird. Dann aber müssen die Motoren auf gleichbleibende Hilfsdrehzahl geregelt werden, wozu eine Tachometermaschine an einem Helfermotor und ein der Stromregelung überlagerter Drehzahlregler R_n dienen. Die Einstellung der Drehzahl erfolgt mit dem Potentiometer P_n. Zwischen Schaltkupplung und Drehzahlregler muß eine Verriegelung vorgesehen werden, derart, daß vor dem Einschalten der Kupplung, z. B. die Stromversorgung des Drehzahlreglers R_n, abgeschaltet wird.

VIII. Drehstromantriebe mit Drehzahlsteuerung und Regelung

Schon frühzeitig hat sich der Drehstrom als primäre Form der elektrischen Energie durchgesetzt. Der Bedarf der Industrie an elektrischen Antrieben einstellbarer Drehzahl hat bald zur Bereitstellung solcher Antriebe geführt, die vielfach verbessert, auch heute einen angemessenen Platz unter den Antrieben der Zellstoff- und Papierindustrie einnehmen. Solche steuerbare Drehstromantriebe zeichnen sich gegenüber vergleichbaren Gleichstromantrieben mit Maschinenumformern durch besseren Wirkungsgrad aus, weil sie die herkömmliche Umformung von Drehstromenergie über mechanische in Gleichstromenergie sparen, außerdem beanspruchen sie geringeren Platz als Gleichstrommotoren mit zugehörigen Umformern. Ihrer Steuer- und Regelfähigkeit sind jedoch engere Grenzen gesetzt, so daß sie auch nur für Antriebe verwendet werden, bei denen die Begrenzung von Leistung, Steuerbereich und erzielbarer Genauigkeit der Regelung ausreichen.

A. Drehstrom-Asynchronmotoren

1. Wirkungsweise

Diese Motoren besitzen im Ständer eine Dreiphasenwicklung, die über einen Motorschutzschalter an das Netz gelegt wird. Die Wicklung eines Schleifringläufers wird über 3 Schleifringe an einen Anlaßwider-

A. Drehstrom-Asynchronmotoren

stand angeschlossen, der auch zur Drehzahlverstellung dienen kann. Beim Kurzschlußläufer ist die Wicklung in sich geschlossen, ihre Stäbe sind beiderseits durch Ringe zu einem Käfig verbunden. Das umlaufende Ständerdrehfeld induziert in der Wicklung des stillstehenden Läufers die Stillstandspannung U_{20}, die dem Verhältnis der Windungszahlen von Läufer und Ständer proportional ist:

$$U_{20} = \frac{w_2}{w_1} U_1 \tag{138}$$

Bei Rotation ist die Läuferspannung U_2 proportional der Stillstandsspannung U_{20} und dem Schlupf s

wobei
$$\left.\begin{array}{l} U_2 = U_{20}\, s \\[6pt] s = \dfrac{n_1 - n_2}{n_1} \end{array}\right\} \tag{139}$$

das Verhältnis der Differenz der Umlaufgeschwindigkeiten n von Drehfeld und Läufer zu der des Drehfeldes ist. Das Drehmoment ist proportional dem Feld Φ und dem Läuferstrom:

$$M = \Phi J_2 = \Phi \frac{U_2}{R} = \Phi U_{20} \frac{s}{R} \tag{140}$$

Da Φ und E_{20} konstant sind, ist das Moment proportional s/R. Das heißt, bei gleichem Moment ändert sich der Schlupf durch Verstellung des Läuferwiderstandes. Bei kleinem Widerstand sinkt die Drehzahl mit zunehmender Last nur um ein geringes, der Motor hat Nebenschlußcharakter wie der Gleichstromnebenschlußmotor. Bei größerem Widerstand wird die Kennlinie stark geneigt, bei Änderung der Last ergeben sich also auch große Abweichungen der Drehzahl. Vom Ständer wird auf den Läufer die Leistung

$$N_2 = \frac{M\, n_1}{973} \quad [\text{kW}] \tag{141}$$

übertragen. Davon überträgt der Läufer eine mechanische Leistung

$$N_{2m} = \frac{M\, n_2}{973} \quad [\text{kW}] \tag{142}$$

und der theoretische Wirkungsgrad der Leistungsübertragung beträgt

$$n = \frac{N_{2m}}{N_2} = \frac{n_2}{n_1} = 1 - s \tag{143}$$

Die relativen elektrischen Läuferverluste betragen

$$\frac{V_2}{N_2} = s \tag{144}$$

Die Drehzahlverstellung durch Änderung des Läuferwiderstandes ist also mit Verlusten verbunden, die bei kleinen Drehzahlen erheblich ansteigen. Das Verhalten des Motors entspricht weitgehend der mecha-

290   VIII. Drehstromantriebe mit Drehzahlsteuerung und Regelung

nischen Schlupfkupplung. Die Verluste des Motors erhöhen sich noch um die mechanischen Verluste des sich drehenden Läufers, die Verluste durch die Spannungsabfälle im Ständer und um den Leistungsaufwand für die Magnetisierung des Eisens in Ständer und Läufer. Wirtschaftliche Fertigung fordert, daß Energieverluste weitgehend vermieden werden. Deshalb werden Antriebe mit Asynchronmotoren und Drehzahlverstellung mittels Schlupfwiderstandes nur dann angewendet, wenn im normalen Betrieb mit voller oder nahezu voller Drehzahl gearbeitet wird und der Schlupfwiderstand nur vorübergehend benutzt wird.

Beim Asynchronmotor mit Kurzschlußläufer ist das Schlupfverhalten des Motors von der Ausbildung und Bemessung der Läuferwicklung abhängig. Seine Kennlinie kann von außen nur durch Änderung der Primärspannung, der das Erregerfeld proportional ist, geändert werden. Dabei sinkt das erzielbare Moment mit der Feldschwächung. Daher wird von dieser Art der Drehzahlverstellung nur in besonderen Fällen Gebrauch gemacht.

2. Antriebe mit verstellbarem Schlupfwiderstand

Solche Anordnungen findet man noch vereinzelt bei kleinen, meist älteren Kalandern, Rollmaschinen und Querschneidern für niedrige Geschwindigkeit. Diesen Maschinen werden meist Papiere zugewiesen, die mit der vollen Maschinengeschwindigkeit bearbeitet werden können. Die Schlupfverstellung wird dann nur für Einziehen und Hochfahren benutzt, wobei man sich bei dem kleineren Gesamtstellbereich mit der Lastabhängigkeit der Einziehgeschwindigkeit abfindet. Bei Kalandern hat man oft einen besonderen, asynchronen Hilfsmotor für konstante Einziehgeschwindigkeit vorgesehen, der beim Anlassen des Hauptmotors durch eine auf Friktion und Fliehkraft beruhende Überholungskupplung vom Hauptmotor abgekuppelt und anschließend vom Netz abgeschaltet wird (Abb. 211). Um ein weiches Anfahren zu erzielen, erhielt der Schleifringläufer des Hilfsmotors einen festen Widerstand. Auch für Elektrowickler kleiner Leistung werden Asynchronmotoren mit Schlupfwiderstand verwendet (s. S. 301).

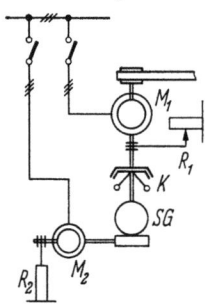

Abb. 211. Antrieb mit Hauptmotor (M_1), Hilfsmotor (M_2) und Überholungskupplung (K)
R_1 stellbarer, R_2 fester Schlupfwiderstand; SG Schneckengetriebe

3. Antriebe mit festem Schlupfwiderstand

Neuere Holzhacker (s. S. 5) zur Zerschnitzelung von Holzstämmen für die Zellstoffkocher benötigen Antriebsmotoren mit Leistungen bis zu 400 kW. Die vom Motor über einen Riemen, seltener über ein Getriebe angetriebene Hackscheibe läuft mit einer maximalen Drehzahl von

250 bis 400 U/min. Bei Einführen eines Stammes wird die Hackenergie von dem Motor bei sinkender Drehzahl und von der dabei frei werdenden Schwungenergie der rotierenden Massen geliefert. Dabei sinkt die Drehzahl so lange ab, bis die ganze benötigte Leistung vom Motor allein gedeckt wird. Kommen nun Äste an die Messer, kann das benötigte Moment auf mehr als das Doppelte steigen. Um den Motor nicht zu sehr zu überlasten, soll die Drehzahl um etwa 30% absinken, damit die Schwungenergie den Motor entlastet. Bei Nachlassen des Widerstandsmomentes erhöht sich die Drehzahl wieder, so daß Schwungenergie gespeichert wird.

Bei Holzhackern wird in etwa 90% der Betriebszeit das Nennmoment des Antriebs nicht überschritten. Um bei Verwendung von Asynchronmotoren mit Schleifringläufern wegen der restlichen 10% nicht dauernd mit größerem Schlupfwiderstand fahren zu müssen und so Energieverlust zu vermeiden, kann bei stärker ansteigender Last mittels eines Stromrelais und eines Schalters ein zusätzlicher Widerstand in den Läufer gelegt werden, so daß der Motor weiter abfällt und Schwungenergie frei wird. Damit wird zwar das Hacken dicker Stämme erleichtert, die hohe Leistung erfordern. Um aber auch kurzzeitige Überlast zu erfassen, müssen schnelle Schalter vorgesehen werden. Dies bedingt aber einen hohen Aufwand, der sich kaum lohnt.

Bei dem rauhen Betrieb sind Motoren mit Kurzschlußläufer erwünscht. Werden nicht extrem dicke Stämme verarbeitet und der Motor mit etwas reichlicher Leistung ausgewählt, genügt bereits relativ kleiner Schlupf. Sonst werden auch Motoren mit Spezialdoppelkäfigläufer verwendet, die bis Nennmoment nur geringen Schlupf besitzen, bei Überlast jedoch stark in der Drehzahl abfallen.

4. Antriebe mit Feldschwächung

Bei Verkleinerung der Ständerspannung wird das Feld geschwächt, so daß bei gleichem Drehmoment ein größerer Schlupf auftreten muß. Die Motoren erhalten also eine stärker abfallende Kennlinie. Diese Feldsteuerung hat zur Folge, daß das erzielbare Moment mit der Feldschwächung zurückgeht, so daß Feldschwächung in der Papierindustrie nur in wenigen Sonderfällen, z. B. bei manchen Elektrowicklern, Anwendung findet.

Weite Verbreitung hat die Feldverstellung beim Anlassen von Kurzschlußläufermotoren mittels Sterndreieckschaltung der Ständerwicklung gefunden. Beim Einschalten mit Sternschaltung liegt an einer Phase die Spannung $U/\sqrt{3}$, worin U die Spannung des Netzes zwischen 2 Phasen ist. Der Motor läuft mit geschwächtem Feld und vermindertem Moment und Strom hoch. Erst nach nahezu beendigtem Hochlaufen und abgeklungenem Strom wird die Ständerwicklung auf Dreieck umgeschaltet. Diese Anlaßschaltung vermindert die hohen Stromstöße, die bei direktem Anlegen des Motors an das Netz auftreten.

Beim Antrieb von Umformern durch Asynchronmotoren ändert sich die Drehzahl mit der Belastung entsprechend dem Schlupf des Motors. Treten im Drehstromnetz Spannungsschwankungen auf, ändert sich das Feld der Motoren wegen der starken Sättigung nur wenig, so daß dadurch der Schlupf nur in geringem Maße beeinflußt wird.

5. Drehzahlverstellung durch Frequenzänderung, elektrische Welle

Die Drehzahl von Asynchronmotoren kann auch durch Änderung der Frequenz der speisenden Spannung verändert werden. Um gleiche Magnetisierung zu erhalten, muß in gleichem Maße die Spannung geändert werden. Das erfordert aber einen Frequenzwandler, eine Asynchronmaschine mit Schleifringläufer oder einen Synchrongenerator, die mit verstellbarer Drehzahl angetrieben werden. Solche Antriebsanordnungen sind umständlich, sie werden in der Zellstoff- und Papierindustrie nicht verwendet.

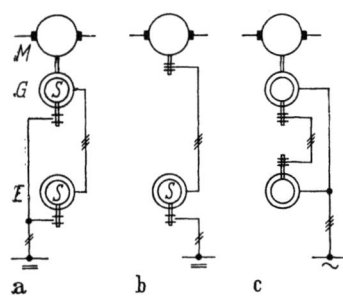

Abb. 212a—c. Elektrische Wellen
a mit Synchronmaschinen S; b mit Schleifringen an Gleichstrommotor und Synchronmaschine; c mit Asynchronmaschinen mit Schleifringen
M Antriebsmotor; G Drehzahlgeber; E synchron laufender Empfänger

Dagegen ist eine Abart dieser Schaltung, die elektrische Welle, weit verbreitet. In Abb. 212a wird der Synchrongenerator von einem Gleichstrommotor mit veränderbarer Drehzahl getrieben. Der von dem Generator gespeiste Synchronmotor folgt der Drehzahl des Gleichstrommotors synchron. Der Synchrongenerator kann vermieden werden, wenn der Drehstrom dem Anker des Gleichstrommotors über Schleifringe entnommen wird (Abb. 212b). Da bei dieser Anordnung die Wechselspannung mit der Drehzahl abnimmt, gewinnen die Spannungsabfälle bei kleiner Drehzahl an Bedeutung, so daß sich das übertragbare Drehmoment verkleinert und schließlich zu Null wird. Die Anordnung ist daher nicht für größere Stellbereiche brauchbar.

Anders verhält sich eine elektrische Welle nach Abb. 212c, wobei Asynchronmaschinen mit Schleifringläufern verwendet werden. Im Läufer ist wie beim Asynchronmotor Spannung und Frequenz proportional dem Schlupf. Das bedeutet, daß in der Nähe der synchronen Drehzahl wegen der kleinen Läuferspannung keine Leistungsübertragung stattfindet. Bei höchster Betriebsdrehzahl soll daher ein Schlupf von etwa 15 bis 20% nicht unterschritten werden. Andererseits ist die Läuferspannung bei Stillstand groß, so daß hier kräftige Momente

A. Drehstrom-Asynchronmotoren

auftreten. Der Schlupf kann auch größer als Eins gewählt werden, wobei der Läufer einen Drehsinn entgegen dem des Feldes annimmt. Wegen dieses Verhaltens kann diese elektrische Welle für alle Drehzahlstellbereiche, auch bei Umkehr der Drehrichtung, angewendet werden.

An den Geber (Generator) einer elektrischen Welle können auch mehrere Empfängermotoren angeschlossen werden (Abb. 213a). Alle Maschinen laufen miteinander synchron, jeder Motor nimmt die von der angetriebenen Maschine benötigte Last auf. Die elektrische Welle ermöglicht, mehrere Motoren durch Lastausgleich in synchronem Lauf zu halten. Auf S. 200, Abb. 138 ist dies für den Gleichlauf der Antriebsmotoren einer Papiermaschine behandelt. Statt der hier verwendeten Synchronmaschinen werden Drehstrom-Asynchronmotoren entsprechend Abb. 213b vorgesehen. Die Anordnungen werden vereinzelt zum Antrieb von Arbeitsmaschinen kleiner Leistung verwendet, vielfach aber für synchrone Verstellung von Stellgeräten benutzt.

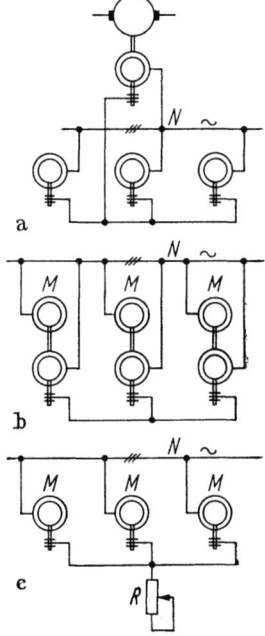

Abb. 213a—c. Synchron-Schaltungen für mehrere Motoren
a Elektrische Welle mit mehreren Empfängern;
b Synchronisierung mehrerer Motoren M durch elektrische Welle; c Asynchronmotoren M in Krempelsatzschaltung; R gemeinsamer Läuferwiderstand; N Drehstromnetz

Eine weitere Schaltung zeigt Abb. 213c. Hier ist ein allen Antriebsmotoren gemeinsamer, verstellbarer Schlupfwiderstand vorgesehen, mit dem die Motoren gemeinsam angelassen bzw. auf die gewünschte Drehzahl eingestellt werden. Die Schleifringverbindung sichert synchrone Drehzahl. Dabei ist aber ein Mindestschlupf von 15 bis 20% notwendig. Die Schaltung ist hauptsächlich beim Antrieb von Krempelsätzen der Textilindustrie gebräuchlich.

Als Beispiel für den Antrieb einer Walze durch eine elektrische Welle sei der Egoutteur angeführt (s. S. 279). Ebenso kann eine elektrische Welle die Leiteinrichtung der Gleichlaufeinrichtung bei Mehrmotorenantrieb einer Papiermaschine synchron zu einem Teilmotor antreiben oder die Geschwindigkeit von jedem Teilmotor zu der ihr zugehörigen Differentialregeleinrichtung übertragen (s. S. 208). Für Verstellzwecke findet die elektrische Welle Anwendung zur Verschiebung der Riemen auf den Kegelscheiben der Zugeinstellung. Mit ihr wird auch die synchrone Verstellung der Bürstenbrücken mehrerer Drehstrom-Nebenschlußmotoren sichergestellt.

Eine elektrische Welle mit doppelt gespeisten Drehstromasynchronmaschinen birgt die Gefahr, daß besonders beim Einschalten und bei

294   VIII. Drehstromantriebe mit Drehzahlsteuerung und Regelung

großer Beschleunigung, aber kleinem Reibungsmoment das synchronisierende Moment überschritten wird und die nicht festgehaltene Maschine als Asynchronmotor hochläuft. Diese Gefahr kann man vermindern, wenn die Maschinen der elektrischen Welle im Stillstand oder im Lauf bei nahezu synchronen Drehzahlen eingeschaltet werden, weiter, wenn bei den anzutreibenden Maschinenteilen größere Schwungmassen vermieden werden. Diese Maßnahmen, die das für Erreichen oder Aufrechterhalten des Synchronismus notwendige Moment verkleinern, werden zweckmäßig auch dann beachtet, wenn auf elektrischem Wege durch nur zweiphasigen Anschluß der Ständer an das Netz die Gefahr des Hochlaufens stark vermindert wird.

B. Drehstrom-Nebenschlußmotoren

Bei einem Asynchronmotor ist die in der Läuferwicklung induzierte Spannung und ihre Frequenz proportional dem Schlupf. Der überwiegende Teil dieser Spannung wird bei einem Motor mit Schleifringläufer und äußerem Schlupfwiderstand in diesem aufgezehrt. Legt man den Läufer statt an einen Widerstand an eine der Schlupfspannung gleich große, um 180° verschobene Wechselspannung, so läuft der Motor mit der Drehzahl, die dem Schlupfwiderstand entsprach. Hat jedoch die aufgedrückte Spannung mit der des Läufers gleiche Phase, nimmt der Motor eine Drehzahl mit dem gleichen, aber übersynchronen Schlupf an, wobei sich die Richtung der induzierten Läuferspannung umkehrt. Man hat es also in der Hand, durch Verstellung der aufgedrückten Spannung und ihrer Frequenz die Motordrehzahl zu ändern. Dabei wird die früher im äußeren Schlupfwiderstand in Wärme umgewandelte Energie vom Netz der aufgedrückten Spannung übernommen bzw. bei übersynchronem Betrieb in den Motor gesandt.

Im Laufe der Entwicklung sind unterschiedliche ein- und mehrphasige Bauformen von verlustarm steuerbaren Wechselstrommotoren entstanden. Heute werden hauptsächlich Drehstrom-Nebenschlußmotoren mit Läufer- oder Ständerspeisung verwendet. Steuerbare Drehstrom-Reihenschlußmotoren werden in der Zellstoff- und Papierindustrie kaum benutzt.

1. Der läufergespeiste Drehstrom-Nebenschlußmotor

Die Drehstromwicklung a des Motorläufers (Abb. 214) wird über Schleifringe an das Netz gelegt. Die gleichen Nuten enthalten eine Gleichstromschleifenwicklung b, deren Windungen an die Stege eines Kommutators d angeschlossen sind. Da beide Wicklungen durch das Läufereisen transformatorisch gekuppelt sind, ist die induzierte Wechselspannung proportional dem Übersetzungsverhältnis der Wicklungen, sie besitzt die gleiche Netzfrequenz. Durch den Kommutator wird sie in die Schlupffrequenz der im Ständer induzierten Spannung gewandelt. An zwei gegenläufig verstellbaren Bürstensätzen wird die Spannung abgegriffen und auf die Ständerwicklung geschaltet. Damit wird die Schlupfenergie nutzbringend verwertet, die Motordrehzahl wird verlustarm verstellt. Stehen die Bürstensätze einander gegenüber, so daß keine Spannung abgenommen wird, läuft die Maschine als Asynchronmotor mit einem Schlupf entsprechend dem Widerstand der Ständerwicklung. Bei Verstellung der Bürsten in der einen oder anderen Richtung nimmt der Motor eine unter- oder übersynchrone Drehzahl an.

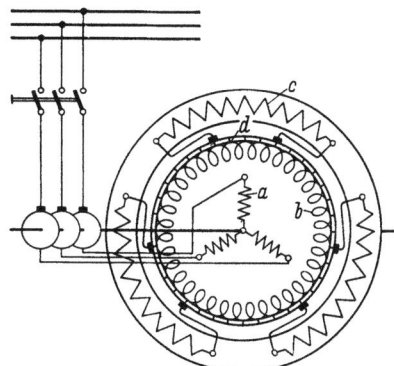

Abb. 214. Schaltung eines Drehstromnebenschlußmotors mit Läuferspannung
a Schleifringwicklung; *b* Kommutatorwicklung; *c* Ständerwicklung; *d* Kommutator

Der übliche Steuerbereich der Motoren ist etwa 1:3, wobei der übersynchrone Bereich bis etwa 1:1,5 beträgt. Bei besonderer Wicklung lassen sich auch sehr niedrige Drehzahlen einstellen, dabei sinkt aber das zulässige Drehmoment des Motors mit dem Stellbereich bei allen Drehzahlen ab, bei Motoren mit Verstellung bis nahe dem Stillstand auf etwa 55%. Bei größerem Steuerbereich müssen die Motoren fremd belüftet werden. Bei dauernd durchlaufenden Maschinen, z. B. bei Papiermaschinen, empfiehlt es sich, die Motoren auch bei kleinen Steuerbereichen an einen besonderen Lüfter anzuschließen.

Die je Polpaar ausführbare Leistung ist begrenzt. Deshalb müssen Motoren größerer Leistung auch mit größeren Polzahlen (z. B. 12 Pole bei 180 kW) ausgeführt werden. Die niedrigen Drehzahlen bedingen große Abmessungen der Maschinen. Da die Motoren über Schleifringe an das Netz angeschlossen werden, können sie auch nur für Niederspannung ausgeführt werden. Kleinere Motoren bis zu etwa 45 kW bei kleinstem Steuerbereich können in der Bürstenstellung für niedrigste Drehzahl unmittelbar an das Netz gelegt werden, wobei beim Anzug etwa das 2- bis 2,5fache des Nennbetrags von Moment und Strom auftreten. Bei größeren Leistungen muß in den Sekundärkreis (Ständer) während des Anlassens ein Widerstand gelegt werden.

2. Der ständergespeiste Drehstrom-Nebenschlußmotor

Auch dieser Motor hat asynchronen Charakter und es gelten daher die im vorstehenden Abschnitt entwickelten Verhältnisse. Jetzt ist aber der Ständer nach Abb. 215 an das Netz angeschlossen, so daß

Spannung und Frequenz des Läuferstroms proportional dem Schlupf sind. Der Läufer besitzt nur eine Wicklung, deren Spulen mit den Stegen des Stromwenders verbunden sind. Bei der Rotation steht zwischen den 3 aufgesetzten, feststehenden Bürstensätzen die Läuferspannung mit Netzfrequenz an. Daher muß den Bürsten eine Zusatzspannung stetig einstellbarer Größe und mit gleichbleibender Phasenlage und Netzfrequenz zugeführt werden. Dazu ist ein besonderer Doppeldrehtransformator b notwendig, der primär an das gleiche Netz angeschlossen wird. Zur Einstellung auf die Phasenlage der Läuferspannung wird noch ein Hilfsumspanner c vorgesehen.

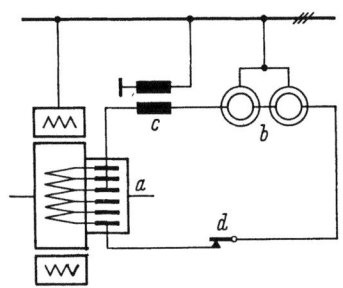
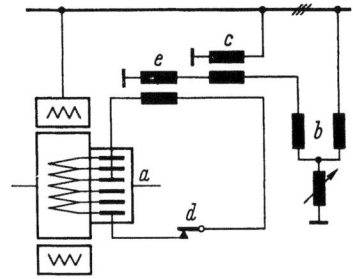

Abb. 215. Ständergespeister Drehstromnebenschlußmotor mit Doppeldrehtransformator
a Motor; b Doppeldrehtransformator; c Hilfstransformator zur Phaseneinstellung; d Anlasser

Abb. 216. Ständergespeister Drehstromnebenschlußmotor mit Einfach-Drehtransformator
a Motor; b Einfach-Drehtransformator; c Hilfstransformator zur Phaseneinstellung; d Anlasser; e Absatztransformator; nach SSW

Ist die Sekundärspannung des Drehtransformators Null, läuft der Motor als Asynchronmotor entsprechend den Spannungsabfällen im Läufer. Je nach Richtung, in der der Drehtransformator verstellt wird, nimmt der Motor unter- oder übersynchrone Drehzahl an. Für gleichbleibende Phasenlage werden auch Einfach-Drehtransformatoren b nach Abb. 216 verwendet. Da dessen Phasenwicklungen aus praktischen Gründen gleich ausgeführt werden, wird ein Absatztransformator e vorgesehen.

Die Stromwendung ist beim ständergespeisten Motor günstiger als beim läufergespeisten. Deshalb kann jedes Polpaar etwa die doppelte Leistung des läufergespeisten Motors bewältigen, also können auch bei größeren Leistungen schnell laufende Motoren gebaut werden. Der feste, schleifringlose Anschluß an das Netz ermöglicht, größere Motoren auch für Hochspannung zu wickeln.

Die Durchgangsleistung der Drehtransformatoren ist proportional dem Schlupf. Bei sehr kleiner Drehzahl wird sie daher gleich der Motorleistung bei synchroner Drehzahl. Die Kosten der Drehtransformatoren können daher einen sehr erheblichen Anteil der Motorkosten betragen. Deshalb werden ständergespeiste Drehstromnebenschlußmotoren vornehmlich für größere Leistungen und kleinere Drehzahlstellbereiche verwendet. Das Anlassen geschieht dann mit dem Widerstandsanlasser d. Bei größerem Stellbereich ist ebenfalls Fremdbelüftung erforderlich. Sollen mehrere Motoren gleichzeitig in der Drehzahl verstellt werden, genügt ein gemeinsamer Drehtransformator, der für die Summe der maximalen Schlupfleistungen zu bemessen ist.

3. Antriebe mit Drehstrom-Nebenschlußmotoren

Viele Arbeitsmaschinen, die einen in der Drehzahl steuerbaren Antrieb kleiner bis mittelgroßer Antriebsleistung verlangen, werden mit Drehstrom-Nebenschlußmotoren angetrieben. Dazu gehören z. B. Pumpen, Schüttelbock an der Papiermaschine, Querschneider, kleinere Kalander und Umroller, kleine Papier- und Papierveredelungsmaschinen mit geringem Stellbereich und Längstransmission, Druck- und Rotationsdruckmaschinen.

Bei diesen Antrieben genügt es meist, die Drehzahl innerhalb des Arbeitsbereichs einzustellen. Nur manche Pumpen, besonders vor dem Stoffauflauf, erfordern eine Regelung auf konstante Förderung entsprechend gleichbleibender Drehzahl oder auf konstante Förderhöhe entsprechend gleichbleibender Füllung einer Bütte. Bei Papiermaschinen ist gleichbleibende Drehzahl notwendig, Kalander erfordern vielfach Hilfseinrichtungen zur Erzielung einer niedrigen Einziehgeschwindigkeit.

Die Drehzahleinstellung erfolgt mittels eines Stellmotors an der Bürstenbrücke bzw. am Drehtransformator. Zur Regelung wird mittels Tachometermaschine, Manometer oder Schwimmer Drehzahl, Druck- oder Stauhöhe gemessen und ein gebräuchlicher Regler, wie Zeigerregler, N. u. K.-Regler u. a. verwendet, der den Stellmotor steuert. Die erzielte statische Genauigkeit liegt dabei je nach Ausführung und vorliegenden Verhältnissen zwischen $\pm 1,5$ und etwa $\pm 0,5\%$. Für höhere Anforderungen werden neuerdings auch Transistorregler verwendet.

Bei Regelung muß naturgemäß dafür gesorgt werden, daß die Stellglieder weitgehend frei von Lose sind, nur geringes und möglichst gleichmäßiges Moment benötigen und die Stellmotoren keinen nennenswerten Nachlauf aufweisen. Die Abb. 217 zeigt eine Ausführung der SSW, bei der von dem Transistorregler ein Drehstromstellmotor über einen Transduktor in Gegentaktschaltung kontaktlos in beiden Drehrichtungen gesteuert wird. Die mit einer Tachometerdynamo gemessene Drehzahl des Stellmotors wirkt auf einen Transistor-Rückführverstärker, der Überregelung unterdrückt.

Die Einziehgeschwindigkeit eines Kalanders mit einem vollsteuerbaren Drehstrom-Nebenschlußmotor zu erzielen, bedeutet höhere Kosten für Vergrößerung des läufergespeisten Motors bzw. des Drehtransformators bei Ständerspeisung. Bei kleineren Antrieben hat man daher einen Hilfsmotor mit Überholungskupplung vorgesehen, wie bei Asynchronmotoren auf S. 290 angegeben ist. Statt dessen wurden

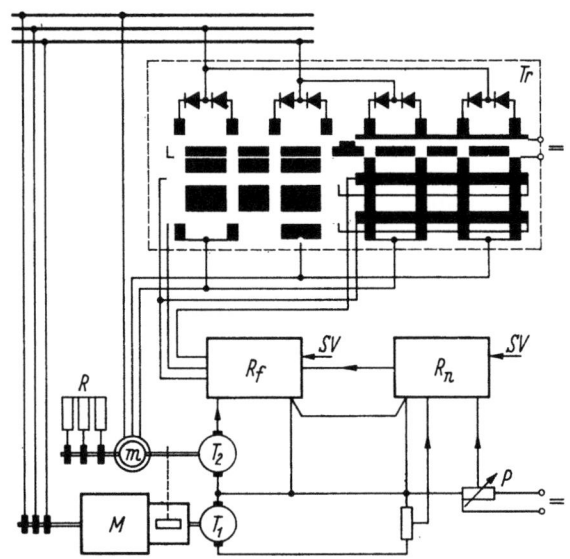

Abb. 217. Läufergespeister Drehstromnebenschlußmotor mit Transistor-Drehzahlregler
M Drehstromkommutatormotor; m Stellmotor für Bürstenbrücke; R Schlupfwiderstand; T_1, T_2 Tachometermaschinen; T_r Transduktor (2 phasig) in Gegentaktschaltung; R_n Transistor-Zweipunktregler für Drehzahl; R_f Transistor-Rückführverstärker; SV Stromversorgung; P Potentiometer für Solldrehzahl; nach SSW

auch die Läufer größerer Motoren zum Einziehen durch eine Hilfsspannung mit einer Frequenz von etwa 3 bis 5 Hz gespeist, die in einem besonderen Kommutatorfrequenzwandler erzeugt wird (Abb. 218). Bei Motoren mit Ständerspeisung wurde der Motor mit Gleichstrom kleiner Spannung gespeist.

Die gestiegenen Arbeitsgeschwindigkeiten, Antriebsleistungen und Ansprüche hinsichtlich schneller und genauerer Regelung haben in neuerer Zeit zur Bevorzugung von Gleichstromantrieben geführt, so daß Drehstrom-Nebenschlußmaschinen meist nur bei kleineren Arbeitsmaschinen aufgestellt werden.

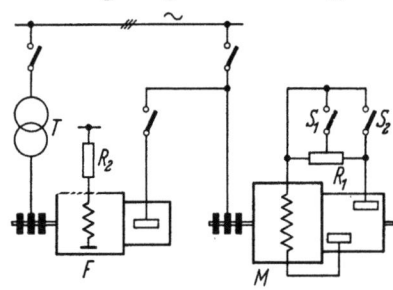

Abb. 218. Läufergespeister Drehstromnebenschlußmotor (M) mit Frequenzwandler (F) für Hilfsgeschwindigkeit
R_1 Anlaßwiderstand; R_2 Schlupfwiderstand; S_1, S_2 Anlaßschütze; T Transformator

Auch Mehrmotorenantriebe mit Drehstrom-Nebenschlußmotoren, vornehmlich mit Läuferspeisung, wurden in den Jahren nach 1930 von mehreren Firmen für etwa 10 Papiermaschinen gebaut. Dabei wurden die Bürsten bzw. die Drehtransformatoren von den neben den Teilmotoren angeordneten Differentialen der Gleichlaufregeleinrichtungen verstellt. Durch Drehzahlverstellung des Leitmotors, der den Sollwert der Drehzahlregelung liefert, wurde die Arbeitsgeschwindigkeit eingestellt. Solche Mehrmotorenantriebe genügten durchaus den damaligen Anforderungen. Sie setzen aber ein ruhiges Drehstromnetz voraus. Besonders Frequenzänderungen führen zu Drehzahlabweichungen der Motoren, deren zeitlicher Verlauf von den Schwungmassen abhängig ist und bei der relativ trägen Gleichlaufregelung Zugschwankungen der Bahn zur Folge hat. Die Antriebe zeichneten sich gegenüber den Gleichstromantrieben mit Umformern durch einen besseren Wirkungsgrad aus, die Kosten aber waren erheblich höher. Dies und die inzwischen gestiegenen Forderungen nach schneller und genauerer Regelung führten dazu, daß später ausschließlich Gleichstrom-Mehrmotorenantriebe ausgeführt wurden.

Bei Rotationsdruckmaschinen mit mehreren gekuppelten Drehstrom-Nebenschlußmotoren wird die Drehzahl mittels Stellmotoren an den Bürstenbrücken eingestellt, wobei die gleiche Verstellung durch eine elektrische Welle an den Stellmotoren entsprechend S. 293 gesichert wird. Auch bei Verwendung gleicher Antriebsmotoren können besonders bei den kleinen Geschwindigkeiten Lastunterschiede auftreten, die besonders durch voneinander abweichende Drehzahlkennlinien über die Bürststellung hervorgerufen werden, der Motor muß daher bei Auftreten unerwünschter, abweichender Lastaufnahme nachgestellt werden. Das kann z. B. dadurch geschehen, daß der Stellmotor während der Einzelverstellung z. B. durch eine Magnetkupplung von der zugehörigen Maschine der elektrischen Welle abgetrennt wird. An Stelle der Kupplung kann man auch ein Differentialgetriebe einbauen oder den Ständer der Maschine der elektrischen Wellen drehbar ausführen. Dabei wird zur Einzelverstellung nur die dritte Welle des Differentials bzw. der Ständer verdreht. Die Handverstellung wird meist durch eine Regelung ersetzt, bei der die Motorbelastung gemessen und die Verstellung durch einen weiteren Stellmotor vorgenommen wird.

Bei neueren Antrieben ermöglichen genaue Messung und Regelung, auf die elektrische Welle zu verzichten. Dazu werden bei einer Ausführung der SSW nach Abb. 219 die Lastunterschiede gemessen, in einem Lastverteiler umgewandelt und durch eine Differentialrelais-Anordnung ein Steuerimpuls an den zugehörigen Stellmotor der Bürstenbrücke gegeben. Einer der Antriebe dient als Leitantrieb, er wird nicht geregelt.

Bei der Abb. 219 liegen in der gleichen Phase eines jeden Antriebsmotors Stromwandler, deren Sekundärwicklungen in Reihe geschaltet sind. Haben die Primärströme gleiche Größe und Phasenlage, trifft dies auch bei den Sekundärströmen i der Wandler zu. Anderenfalls sind sie unterschiedlich. Führt man von den Sekundärklemmen eines

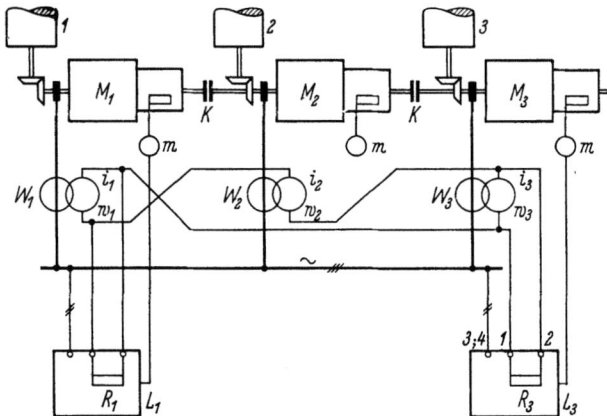

Abb. 219. Antrieb für Rotationsdruckmaschinen mittels gekuppelter läufergespeister Drehstromnebenschlußmotoren mit Regelung der Lastverteilung

1, 2, 3 Teil-Arbeitsmaschinen; *M* Antriebsmotoren; *m* Bürsten-Stellmotoren; *W* Stromwandler; L_1, L_3 Lastverteiler; *i* von *W* übertragene sekundäre Teilströme; *w* Widerstände der Sekundärwicklungen von *W*; *R* Steuerwiderstände; nach SSW

Wandlers, z. B. von W_3, die Spannung an den Widerstand R_3 des Lastverteilers für den Antrieb 3, so erhält man diese durch vektorielle Aneinanderreihung der einzelnen Sekundärspannungen

$$i_3 R_3 = i_1 w_1 + i_2 w_2 - i_3 w_3 \quad (145)$$

Liegt der Differenzstrom i_3 senkrecht zur Phasenspannung, so stellt er reinen Blindstrom dar, d. h., der Unterschied der Wirkströme ist Null, die Last ist gleichmäßig verteilt, Abb 220 zeigt die Vektordia-

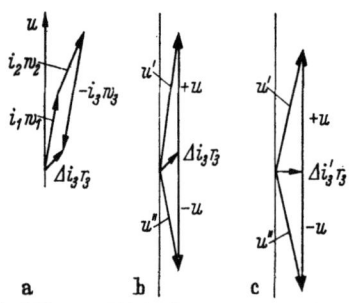

Abb. 220a–c. Vektordiagramme zu Abb. 219
a Sekundäre Wandlerspannungen; b Vergleichsspannung vor und (c) nach der Regelung

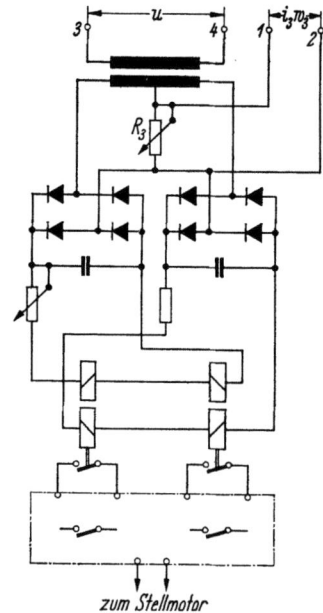

Abb. 221. Lastverteiler für einen Teilmotor der Abb. 219 nach SSW

gramme der Spannungen. Zur Feststellung von Unterschieden wird nach Abb. 221 der Spannungen $i_3 R_3$ die Phasenspannung U mittels eines Transformators mit Mittelanzapfung zugefügt bzw. abgezogen. Sind die beiden sich ergebenden Spannungen gleich, ist der Differenzstrom i_3 reiner Blindstrom. Daher werden die so erhaltenen Spannungen gleichgerichtet, geglättet und auf 2 Differentialrelais gegeben, derart, daß bei ungleichen Strömen das eine oder andere anspricht und über weitere in der Abbildung nur angedeutete Relais den Stellmotor steuert. Diese erhalten noch eine Rückführung, die Überregeln verhindert.

4. Elektrowickler mit Wechselstrommotoren

Die Drehzahlkennlinien von Drehstrom-Reihenschluß- oder Einphasen-Repulsionsmotoren ähneln denen von Gleichstrom-Reihenschlußmotoren, sie fallen jedoch steiler als bei letzteren ab, so daß die Abweichungen von der für konstante Wickelleistung geforderten Hyperbel größer werden. Drehstrom-Reihenschlußmotoren wurden daher vornehmlich nur für den Antrieb von Umrollern mit Achsantrieb und mechanische Bremsung der ablaufenden Rolle verwendet. Hierbei kommt der Drehzahlabfall des Motors dem Wunsche nach Gleichbleiben der Arbeitsgeschwindigkeit bei wachsendem Rollendurchmesser entgegen. Die Bahnspannung wird dabei durch die Bremse nachgestellt.

Einphasen-Repulsionsmotoren sind verschiedentlich für das Aufwickeln laufender Bahnen in Papiermaschinen verwendet worden. Um bei verschiedener Arbeitsgeschwindigkeit und Zugspannung eine Anpassung an den gewünschten Verlauf der Aufwicklung zu erhalten, hat man zwischen Motor und Tambour Getriebe vorgesehen, deren Untersetzung in vielen Stufen geändert werden konnte. Heute werden wegen der besseren Regelung Gleichstromantriebe verwendet.

Bei sehr kleiner Wickelleistung, kleinerem Arbeits- und Wickelbereich und weniger strengen Anforderungen an das Gleichbleiben von Bahnzug bzw. Wickelleistung haben Drehstromwickelantriebe unter Verwendung von Asynchronmotoren mit großem Ankerwiderstand Verbreitung gefunden. Statt eines Schleifringläufers mit außen liegendem Widerstand sieht man gern die einfacheren Wirbelstromläufer vor, deren aktiver Teil z. B. aus einem massiven Stahlring mit hohem elektrischem Widerstand besteht. Dadurch wird ein kräftiger Drehzahlabfall bei ansteigendem Strom erzielt, die offene, nur schwache gesättigte Dreiphasenwicklung des Ständers ist einerseits an das Netz, andererseits an einen Stellwiderstand angeschlossen. Dieser bewirkt, daß das Ständerfeld mit zunehmendem Strom geschwächt wird und die Drehzahl weiter absinkt. Derartige Wickler werden hauptsächlich

302   VIII. Drehstromantriebe mit Drehzahlsteuerung und Regelung

zur Aufwicklung schmaler Bahnen bei kleinen Arbeitsgeschwindigkeiten an Papierverarbeitungsmaschinen und in anderen Industriezweigen verwendet.

C. Drehstromkaskaden

Drehstrom-Nebenschlußmotoren beruhen auf dem Prinzip, der sekundären Schlupfspannung eine hinsichtlich Größe und Frequenz gleiche Spannung zuzufügen. Dabei erfolgt die Umwandlung von Netz-

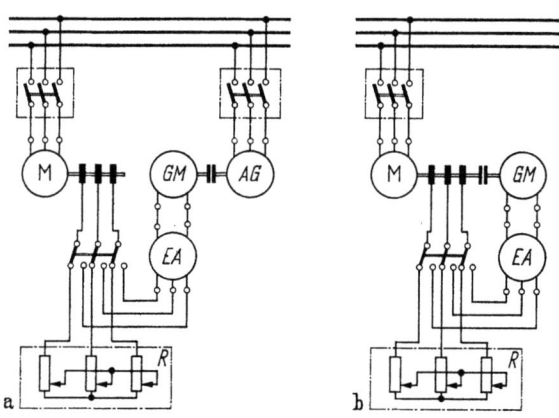

Abb. 222a u. b
Kaskadenschaltungen von Drehstromantrieben nach Scherbius (a) und Krämer (b);
M Asynchronmotor; EA Einankerumformer; GM Gleichstrommotor; AG Asynchrongenerator; R Anlaßwiderstand

in Schlupffrequenz durch einen Kommutator am Läufer. Man führt dieses Verfahren auch bei Asynchronmotoren in Kaskadenschaltungen mit weiteren Maschinen aus. Die Abb. 222 zeigt 2 Schaltungen, bei welchen die Schlupfenergie des Asynchronmotors mittels eines Einankerumformers in Gleichstrom und mittels eines Gleichstrommotors in mechanische Energie umgewandelt wird. Der Gleichstrommotor wird mit einem Asynchrongenerator zur Rücklieferung der Energie an das Netz gekuppelt (Scherbiuskaskade Abb. 222a) oder er treibt bei Kupplung mit dem Asynchronmotor zusätzlich die Arbeitsmaschine (Krämerkaskade Abb. 222b).

Solche Anordnungen haben in der Papierindustrie kaum Eingang gefunden, weil mit relativ hohem Aufwand nur kleine Steuerbereiche erreicht werden können. In neuerer Zeit wird eine untersynchrone Stromrichterkaskade für größere Leistungen bei kleinem Stellbereich vielfach angewendet. Dabei wird die Schlupfleistung des Asynchronmotors ähnlich Abb. 222a, jedoch mit den Mitteln der neueren Gleichrichtertechnik durch Siliziumgleichrichter in Gleichstrom gewandelt und dieser durch einen gesteuerten Quecksilberwechselrichter als Drehstrom in das Netz zurückgeliefert.

Die Abb. 223 zeigt die Grundschaltung einer Ausführung der SSW mit Trasidynregelung [24a und b]. Der Anlauf des Asynchronmotors M erfolgt mit Läuferwiderständen W, die beim Hochlauf und Erreichen der Betriebsdrehzahl überbrückt werden. Zur Regelung arbeiten eine Tachometermaschine T am Motor und ein vom Steller St vorgegebener

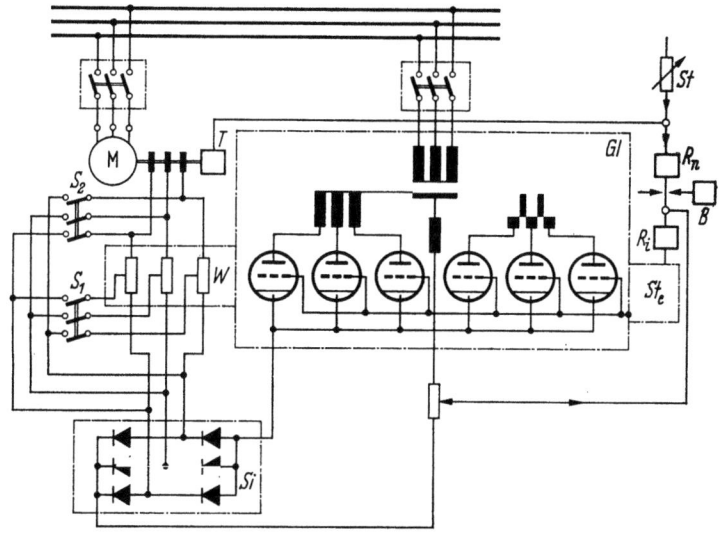

Abb. 223. Untersynchrone Stromrichter-Kaskade
M Asynchronmotor mit Schleifringläufer; W Anlaßwiderstand; S_1 Stufenschütz; S_2 Kurzschlußschütz; Si Silizium-Gleichrichter; Gl Quecksilber-Wechselrichter mit Einanodengefäßen Ste Steuersatz zu Gl; T Tachometermaschine; St Sollwertsteller für Drehzahl; R_n Drehzahlregler; R_i Stromregler; B Strombegrenzung; nach Meyer

Sollwert auf den Drehzahlregler R_n, dessen Ausgang als Sollwert auf den vom Gleichstrom gesteuerten unterlagerten Stromregler R_i wirkt. Beim Anlassen läuft der Asynchronmotor vermöge der am Ausgang des Drehzahlreglers vorgesehenen Strombegrenzung mit konstantem Strom hoch, wobei die Schlupfspannung an den Anlaßwiderständen ansteht, bis bei kleinster Drehzahl des Stellbereichs die Stromrichter die gesamte Schlupfspannung aufnehmen. Dann wird durch das Schütz S_2 der Anlaßwiderstand überbrückt. Die auch während des Hochlaufens eingeschalteten Regler bewirken, daß der Wechselrichter durch seinen Steuersatz Ste auf die durch den Stellbereich bestimmte größte Spannung gestellt wurde, so daß der ihr entsprechende Teil der Schlupfspannung einen Stromfluß über den Wechselrichter in das Netz bewirkt. Das weitere Hochfahren und das Einfahren in die eingestellte Geschwindigkeit erfolgt ebenfalls durch den Steuersatz vermittels der Regler.

Während der Siliziumgleichrichter entsprechend der Leistung des Asynchronmotors bemessen wird, genügt für den Wechselrichter eine Auslegung entsprechend der Schlupfleistung bei kleinster Drehzahl. Dadurch, daß die Kaskade nur untersynchron betrieben wird, kommt man mit einem Einfachstromrichter wie gezeichnet aus, erspart also die Verdoppelung der Gleichrichtergeräte für wechselnde Stromrichtung. Die Kaskade eignet sich gut für größere Leistungen bei kleineren Steuerbereichen bis etwa 1 : 2. Größerer Stellbereich fordert einen größeren Wechselrichter und ergibt höhere Verluste, so daß bald die wirtschaftliche Grenze erreicht wird.

In der Zellstoff- und Papierindustrie wird dieser Kaskadenantrieb bei großen Pumpen angewendet, die vielfach nur einen kleinen Drehzahlstellbereich benötigen. Der Antrieb kann statt auf konstante Drehzahl auch auf konstante Förderhöhe durch Messung des Förderdrucks oder des Stoffspiegels in der Bütte geregelt werden.

IX. Steuerung und Regelung des Arbeitsablaufes in Zellstoff- und Papierfabriken

Bei der Herstellung von Papier aus den Rohstoffen ergeben sich für den Papierstoff, die benötigten Hilfsstoffe und die anfallenden Abfallstoffe Arbeitswege, die sich bei kontinuierlichem Fluß durch eine Reihe von Maschinen zu einer Stoffstraße verdichten und einer Steuerung bedürfen. Die große Anzahl unterschiedlicher Betriebsgrößen muß für die Steuerung erfaßt werden, wobei ihrer Registrierung besondere Bedeutung für die Kontrolle der Arbeitsabläufe zukommt. Von der ursprünglichen Handsteuerung einer jeden Maschine nach den Sinnesempfindungen und dem Fingerspitzengefühl des Personals ist die Fabrik über Mechanisierung und Automatisierung durch Messung, Steuerung, Regelung und Überwachung in Warten auf einen Entwicklungsstand gekommen, der in kleineren Teilbereichen der Automation nahe kommt. Dabei wird unter Automation die Steuerung und Regelung einer Reihe von Arbeitsvorgängen verstanden, die auf Grund von Messungen der Kenngrößen der zulaufenden Stoffe, ihrer Veränderung bei der Bearbeitung und der Kenngrößen der Arbeitsvorgänge den Arbeitsablauf so steuert, daß die Kenngrößen des bearbeiteten Stoffes den gewünschten, der Regelung als Sollwerte eingegebenen Größen entspricht.

In der Zellstoff- und Papierindustrie liegen die Schwierigkeiten, die sich der Automation entgegenstellen vor allem darin, daß die Rohstoffe wegen ihrer Art und ihres Wachstums sehr unterschiedlich sind und sich manche Arbeitsvorgänge und Eigenschaften bisher der laufenden Messung wichtiger Kenngrößen entzogen haben. Um die Automation auch in großen Stoffstraßen, wie der Papiermaschine, möglichst vollständig durchzuführen, ist bei dem Zusammenwirken sehr vieler, oft bisher nicht erfaßbarer Betriebsgrößen noch manche Forschung und Entwicklung erforderlich.

A. Technologie der Arbeitswege

Wie in Abschnitt I erläutert wurde, wird das Papier aus einer wechselnden Mischung unterschiedlicher Rohstoffe hergestellt, die aufgeschlossen, aufbereitet und auf der Papiermaschine zur Papierbahn geformt werden. Bei diesen Verfahren fallen Abfallstoffe an, die aus Gründen der Wirtschaftlichkeit regeneriert und aufgeschlossen werden, um an geeigneter Stelle wieder verwendet zu werden. Nur gewisse Restabfälle, für die eine wirtschaftliche Weiterverwendung nicht gegeben ist, müssen, gegebenenfalls nach einer Aufbereitung zwecks Vermeidung schädlicher Wirkungen, beseitigt werden. Es ergibt sich so für den Fluß der Stoffe ein weites, vielfach verschlungenes und verknüpftes Netz von Wegen, auf denen an den Stoffen Arbeitsvorgänge ablaufen.

Bei vielen Arbeitsmaschinen sind die einen Arbeitsvorgang bewirkenden Maschinenteile nur kurzzeitig im Arbeitseinsatz, so daß der anschließende Leerlauf zu einer Säuberung und Regenerierung des Arbeitsmittels durch besondere Einrichtungen oder Maschinen benutzt wird. Auch hier sind also Arbeitswege vorhanden, die wie alle vorgenannten mit möglichst gleichbleibendem Arbeitserfolg durchlaufen werden müssen.

1. Der Lauf des Stoffes

Eine sehr große Anzahl von Arbeitsvorgängen auf sehr unterschiedlichen Maschinen ist notwendig, um aus den Rohstoffen, wie Holz und Gräsern, Zellstoff oder Holzschliff zu erzeugen; noch vielfältiger sind die Arbeitsvorgänge, um daraus verkaufsfertiges Papier herzustellen.

Die Arbeiten erstrecken sich vornehmlich auf den zu verarbeitenden Stoff selbst. Die angelieferten festen Rohstoffe müssen je nach ihrer Art sortiert, gereinigt oder entrindet, in Schnitzel gehackt, gehäckselt, zerfasert oder auf Schleifsteinen zerschliffen werden. Die Schnitzel und Häcksel werden in Kochern unter Zusatz von Säuren oder Basen gekocht, von der Kochflüssigkeit getrennt, gewaschen und gebleicht, so daß die ursprünglich festen Rohstoffe nach dem Schleifen, Kochen oder Zerfasern schließlich in einer wäßrigen Faseraufschwemmung vorliegen. Von hier ab ist Wasser der Träger des Stoffes, der in unterschiedlichen Mahlmaschinen verfeinert und aufbereitet, mit anderen Stoffarten gemischt und nach Zusatz von ebenfalls aufbereiteten Hilfsstoffen (Zuschlägen), wie Leim, Farbe und Kaolin, der Papiermaschine zugeführt wird. Mit der Blattbildung wird der Aufschwemmung das Wasser zunächst auf mechanischem Wege, dann durch Trocknung entzogen, um schließlich in der Fertigbearbeitung durch Umrollen,

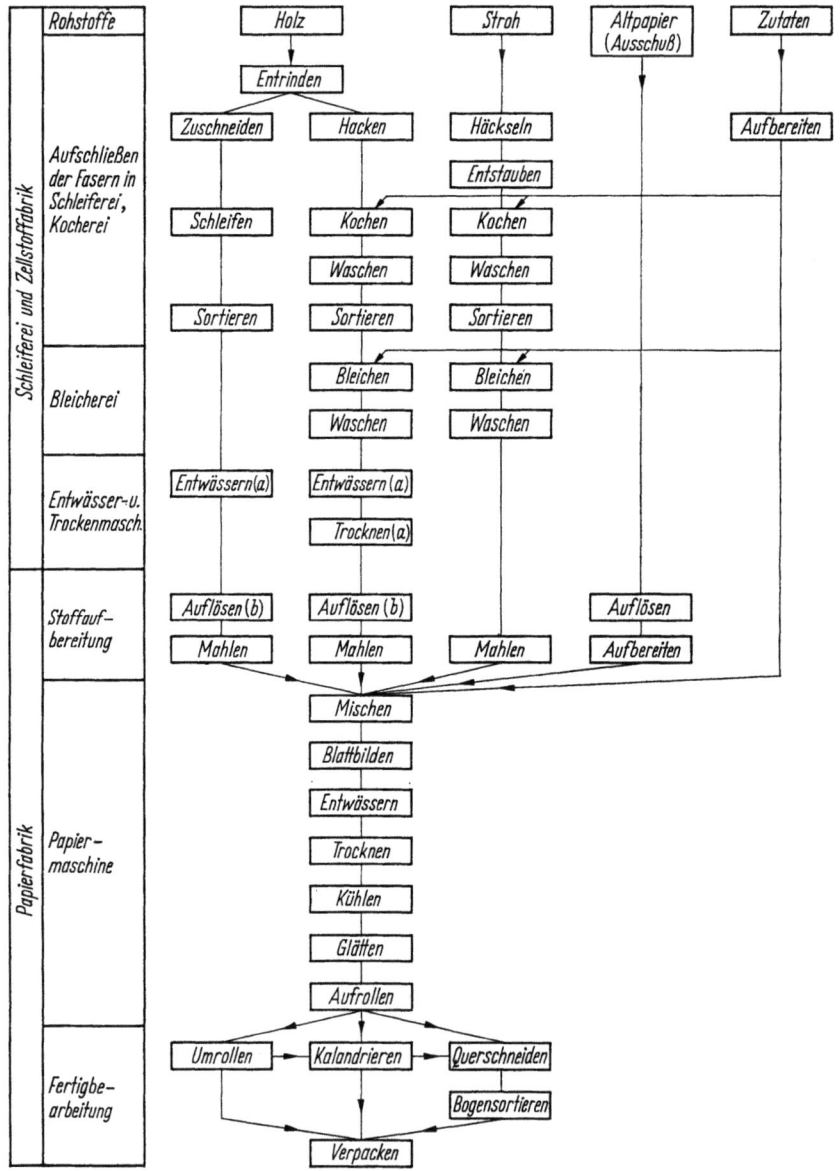

Abb. 224. Schema der hauptsächlichen Arbeitsgänge in einer Zellstoff- und Papierfabrik
(a) für Versand oder Lagerung; (b) bei Fremdbezug oder ab Lager

Kalandrieren, Querschneiden und Sortieren verkaufsfertig zu werden. Die Abb. 224 zeigt das Schema eines solchen Stofflaufs.

Der Fluß des Stoffes durch die Zellstoff- und Papierfabrik vollzieht sich insbesondere bei älteren Anlagen nur zu einem geringen Teil kontinuierlich. Schon wegen der meist nicht möglichen gleichmäßigen Anlieferung der Rohstoffe muß ein reichliches Lager unterhalten werden. Manche Arbeitsmaschinen müssen infolge wechselnder Nachfrage nach bestimmten Papiersorten oder aus anderen Gründen zeitweise stillgesetzt werden. So erfordert z. B. eine ausgeglichene Energiebilanz der Fabrik, die Schleifer, die hohe Leistung benötigen, vornehmlich zu Zeiten, in denen Wasserkräfte Überschußleistung geben, voll in Betrieb zu halten, bei Wassermangel aber das Schleifen zu drosseln. Viele Arbeitsmaschinen arbeiten diskontinuierlich. Sie werden beschickt, in Gang gesetzt und entleeren nach Ablauf der notwendigen Arbeitszeit in eine Ableerbütte. Andererseits müssen sie beim Beschicken den Stoff einem Vorratsbehälter entnehmen. Zu diesen Maschinen gehören Kocher, Pressenschleifer, Kollergänge, Stofflöser (Pulper), Holländer u. a.

In zunehmendem Maße werden diese Einrichtungen durch kontinuierlich arbeitende Kochereien, Bleichereien, Ketten- und Ringschleifer, Kegel- und Scheibenmühlen und Refiner ersetzt. Vielfach liefern aber auch kontinuierlich arbeitende Einrichtungen in der Stoffaufbereitung den Stoff nur absatzweise an die weitere Verarbeitung, z. B. Refiner in sog. Zyklieranlagen (s. S. 344). Auch wenn auf eine kontinuierlich laufende Arbeitsmaschine ein periodischer Arbeitsprozeß folgt, muß ein Vorratsbehälter zwischengeschaltet werden. Ein Beispiel hierfür ist der Holzhacker, wobei die gelieferten Schnitzel in einem Silo vor dem Kocher gelagert werden. Ebenso werden zwischen Aufbereitung und Papiermaschine Stoffbütten angeordnet, die den unterbrechungslosen Lauf der Papiermaschine sicherstellen. Auch in der Fertigbearbeitung werden die von der Papiermaschine kommenden Papierrollen gelagert, bis sie auf Umroller, Kalander und Querschneider weiter bearbeitet werden.

So finden wir im Fertigungslauf vom Rohstoff bis zum fertigen Papier viele Speicher, seien es Lagerplätze, Silos, Behälter oder Bütten. Sie dienen dazu, den Ausstoß diskontinuierlicher Prozesse aufzunehmen oder um bei vorübergehend ungleicher Durchlaufgeschwindigkeit in hintereinandergeschalteten Arbeitsmaschinen einen Ausgleich zwischen Ausstoß und Beschickung dieser Maschinen herbeizuführen.

Viele Vorratsbehälter haben aber auch die Aufgabe, qualitative Ungleichmäßigkeiten des laufenden Fertigungsprozesses auszugleichen, indem z. B. die ständige Durchmischung des von Holländern oder Refinern angelieferten Stoffen mit dem Bütteninhalt mittels eines Rührwerkes einen Stoff hoher Gleichmäßigkeit hinsichtlich Faserbeschaffenheit und Dichte liefert. Papierrollen werden auch gelagert, damit sich der Feuchtigkeitsgehalt, besonders nach vorausgegangener Befeuchtung, in der ganzen Bahn gleichmäßig verteilt und eine Angleichung an die herrschende Luftfeuchte erzielt wird. Bütten oder die kleineren Stoffkästen können auch den Zweck erfüllen, eine konstante Ausflußmenge sicherzustellen, wenn gleichbleibende Höhe des Stoffstandes in der Bütte durch einen Überlauf oder durch eine Regelung des Zulaufs aufrechterhalten wird.

Zwischen den einzelnen Speichern wird der Stoff in kontinuierlichem Fluß des Stoffes oder des Arbeitsmittels (z. B. Kochsäure) bearbeitet. Dabei kann es sich um einen einzigen, nur kurze Zeit dauernden Arbeitsvorgang handeln, z. B. dem Zerhacken der Holzstämme in Schnitzel, dem Durchlauf des Stoffes durch eine Mahlmaschine oder dem Glätten des Papiers auf einem Kalander. Der Arbeitsvorgang kann auch lange Zeit in Anspruch nehmen, z. B. bei der Entrindung der Holzknüppel in einer Entrindungstrommel. Auch diskontinuierliche Prozesse, wie Kochen, Bleichen, Mahlen in Holländern, benötigen längere Zeiten. Andererseits gibt die Reihenschaltung mehrerer gleichartiger Arbeitsmaschinen, z. B. von Refinern, bei kontinuierlichem Durchlauf eine Wiederholung des gleichen Arbeitsvorgangs, des Mahlens in mehreren Stufen.

Bei anderen Maschinen werden unterschiedliche Arbeitsvorgänge nacheinander oder auch gleichzeitig vorgenommen. Dies trifft besonders für die Papiermaschine zu. Hier dienen dem Zwecke des Wasserentzugs sehr unterschiedliche Mittel, wie Durchlauf des Überschußwassers durch das Sieb infolge der Schwerkraft, Entwässerung mittels Registerwalzen, Saugkästen und Saugwalzen, Pressen mit gleichzeitiger Verdichtung der Bahn, Trocknen auf Trockenzylindern. Andere Arbeitsvorgänge sind z. B. Egalisieren der Bahnoberfläche oder Einbringen von Wasserzeichen durch einen Egoutteur, Streckung der Bahn durch Bahnzug an den Überführstellen, einseitige Glättung auf einem großen Trockenzylinder, Kreppung durch Schaber oder andere Mittel, Bahnglättung durch das Glättwerk, Auftragen von Leim oder Streichmasse durch Leimpressen oder Streichanlagen u. a.

Ein zu fertigendes Papier besteht durchwegs aus unterschiedlichen Stoffkomponenten, wie Zellstoff aus Hölzern oder Gräsern, Lumpen, Holzschliff und Altpapier, deren Art, Aufschluß, Mahlung und Mischungsverhältnis durch die gewünschten Eigenschaften des Papiers bestimmt sind. Auch die Zuschläge zählen zu den Stoffkomponenten. Zu ihrem Aufschluß werden ebenfalls unterschiedliche Arbeitsmaschinen benötigt, wodurch sich gesonderte Arbeitswege ergeben. Während in älteren Fabriken die Stoffkomponenten in gewünschtem Verhältnis in die Holländer eingetragen und gemeinsam aufbereitet wurden, geschieht dies in neueren Anlagen für jede Komponente gesondert. Man findet daher auch in der Aufbereitung mehrere Stoffwege, die in Vorratsbütten münden. Von hier aus fördert die Stoffzuteilungszentrale die einzelnen Komponenten unter gleichzeitiger Mischung in die Papiermaschinenbütte. Auch zur gleichzeitigen Versorgung mehrerer Papiermaschinen kann eine gemeinsame Stoffaufbereitungsanlage mit getrennten Stoffwegen erwünscht sein. Der Grund für die getrennte Aufbereitung der Halbstoffe liegt in den größer werdenden Produktionsmengen, dem Wunsch zur Ausschaltung von Unregelmäßigkeiten bei der Aufbereitung, die auch durch Unzulänglichkeit des Personals entstehen können, und in der schnellen, exakten und wirtschaftlicheren Umstellung der Produktion auf eine andere Papiersorte.

So ziehen sich durch die Fabrik von den Rohstoffen bis zu den Vorratsbütten der Stoffkomponenten eine Anzahl paralleler Stoffwege. Die Stoffzuteilungszentralen bilden aus diesen Komponenten Fertigstoffe, die jetzt auf neuen Wegen über die einzelnen Papiermaschinen geführt werden.

Durch die im Stofflauf angeordneten Stoffspeicher gliedert sich die ganze Fabrik in eine größere Anzahl von Betriebsabteilungen. In jeder Abteilung muß für sich für einen reibungslosen und zweckentsprechenden Ablauf der vielen Arbeitsvorgänge Sorge getragen werden. Daher ist eine laufende Beobachtung und Steuerung jedes Abschnittes notwendig. Darüber hinaus muß der Stoffdurchlauf durch die einzelnen Abteilungen aufeinander abgestimmt werden, wobei das Fassungsvermögen der zwischengeschalteten Speicher die mögliche ungleiche Laufdauer bzw. Durchsatzgeschwindigkeit durch die einzelnen Abteilungen bestimmt. Werden mehrere Abteilungen unter Vermeidung von Zwischenspeichern zu einer größeren Abteilung zusammengefaßt, so steigen bei dem nun kontinuierlichen Verfahren die Anforderungen hinsichtlich Überwachung und Steuerung, wobei der Einsatz von Regelung nicht entbehrt werden kann.

2. Hilfsstoffe

Für das Aufschließen der Fasern sind auch Hilfsstoffe erforderlich. Für die verschiedenen Kochverfahren müssen aus angelieferten Rohstoffen, wie Schwefelkies, Kalk, Chlor u. a. die Kochflüssigkeit hergestellt und durch Regeneration der verbrauchten Kochlauge die verwendeten Chemikalien weitgehend zurückgewonnen werden. Ähnlich ist es beim Bleichen des Zellstoffs. Auch hier muß das Chlor durch Elektrolyse erzeugt und die benötigten Chlorverbindungen hergestellt werden, wenn diese Stoffe nicht bezogen und so nur unter Verdünnung und Dosierung für den Bleichprozeß bereitgestellt werden. Es ergeben sich also auch für die Hilfsstoffe Stoffwege mit Arbeitsmaschinen, die für sich und beim Zusammenbringen mit dem Papierstoff einer Steuerung und Regelung bedürfen.

Besondere Bedeutung hat in Zellstoff- und Papierfabriken der Hilfsstoff Wasser. Er wird beim Aufbereiten der Rohstoffe benötigt, er ist der Träger der Faser vom Beginn der Zerfaserung der Rohstoffe bis zum fertigen Papier. Nicht jedes Wasser ist wegen der in ihm enthaltenen Beimengungen an Fremdstoffen für die Papierfabrikation gleich gut geeignet. Deshalb muß das Wasser meistens erst aufbereitet und enthärtet werden. Für den Ablauf der vorkommenden chemischen Prozesse ist auch der pH-Gehalt des Wassers von besonderer Bedeutung. Es genügt nicht, nur das Frischwasser auf den gewünschten pH-Gehalt zu bringen, auch an unterschiedlichen Stellen der Fabrikation muß er gemessen und gegebenenfalls durch Zusätze von verdünnter Alaunlösung auf den gewünschten Betrag gebracht werden.

Die einzelnen Arbeitsvorgänge vollziehen sich am günstigsten bei einer bestimmten Stoffkonzentration, die je nach Arbeitsmaschine zwischen etwa 8 bis weniger als $\frac{1}{2}$% Stoff schwanken kann. Erstere stellt bereits dicken Brei dar, letztere wirkt sehr wäßrig; mit der geringen Konzentration kommt der Stoff auf die Papiermaschine. Beim Lauf durch die Fabrik wird der Stoff wiederholt entwässert und wieder verdünnt, je nach bester Arbeitsweise der Maschinen. Das anfallende Abwasser wird, gegebenenfalls nach Entzug der noch enthaltenen Fasern, an geeigneter Stelle wieder zum Verdünnen verwendet, so daß im wesentlichen nur Schmutzwasser und das verdampfte Wasser durch Frischwasser ersetzt werden muß. So ergeben sich auch für das Wasser eine Fülle von meist kontinuierlich durchflossenen Wegen in allen Abteilungen der Fabrik.

Auch große Mengen von Heizdampf werden in Zellstoff- und Papierfabriken benötigt, einerseits in den Zellstoffkochern, andererseits in den Trockenpartien der Papiermaschinen. Weiterhin ist in einzelnen Abteilungen Heizdampf zum Vorwärmen erforderlich. Eine rationelle Kraft- und Wärmewirtschaft verlangt, den Fabrikationsdampf zur Energieerzeugung heranzuziehen und ihn erst an einer Stufe passenden Druckes aus den Dampfturbinen zu entnehmen. Die mit Drücken von maximal 6 bis 8 atü arbeitenden Zellstoffkocher benötigen besonders zum schnellen Ankochen große Dampfmengen. Dabei ist es rationell, das Ankochen mit Niederdruckdampf durchzuführen und erst dann auf das Mitteldruckdampfnetz umzuschalten, wenn auf höhere Kochertemperaturen gegangen wird. Dadurch wird ein großer Teil des Kochdampfs in der Dampfturbine mit höherem Druckgefälle zwischen Eintritts- und Entnahmedruck zur Energieerzeugung herangezogen.

Um jederzeit ein Gleichgewicht zwischen dem Bedarf an Fabrikationsdampf, elektrischer Energie für Speisung der Antriebe und Kesselleistung zu erhalten, gilt heute eine gute Regelung der Kessel und der Turbosätze als selbstverständlich, aber auch die Konstanthaltung der Drücke in den unterschiedlichen Fabrikationsdampfnetzen durch geregelte Druckreduzierstationen ist überall nötig. Wenn bei großem

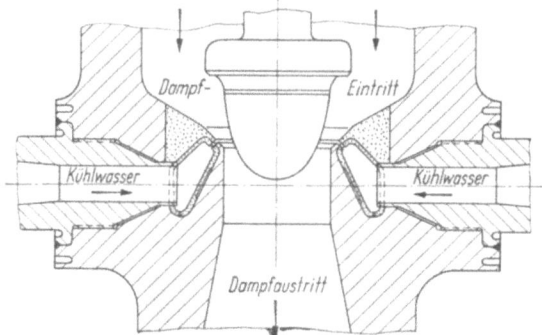

Abb. 225. Sitz eines Siemens-Dampfumformerventils

Dampfbedarf der Druck in den Entnahmeleitungen sinkt, weil die Dampflieferung an der Entnahmestelle der Turbine nicht ausreicht, kann durch einen Druckregler ein Umgehungsventil geöffnet werden, so daß Frischdampf überströmt.

Vielfach kommt es vor, daß die Temperaturen in den Dampfnetzen über den von den Verbrauchern, besonders den Papiermaschinen zugelassenen Temperaturen liegen. Dann wird der Dampf durch Einspritzen von Wasser in Dampfgefäße gekühlt. Als sehr zweckmäßig hat sich das Siemens-Dampfumformerventil bewährt. Bei diesem wird der Dampfdurchsatz vom Druckregler durch den Ventilhub geregelt, gleichzeitig wird am Ventilsitz eintretendes Kühlwasser bei der hohen Dampfgeschwindigkeit mitgenommen und fein zerstäubt.

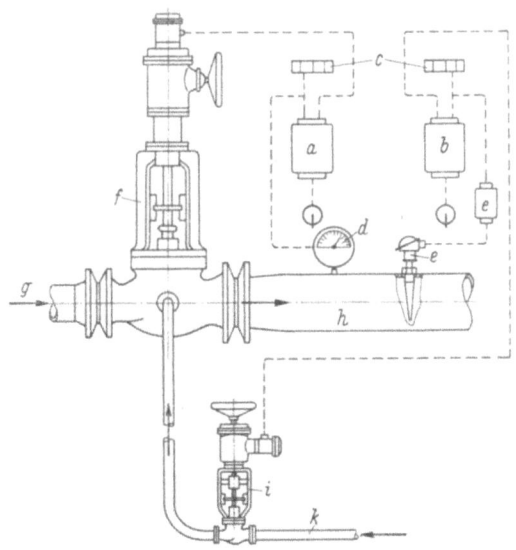

Abb. 226. Schema einer Dampfumformer-Regelanlage (Druck- und Temperaturregelung) mit Teleperm Z (Zeiger)-Regler

a Druckregler; b Temperaturregler; c Sollwertsteller mit Anzeige; d Druckgeber; e Thermogeber; f Dampfumformerventil; g Hochdruck-Dampfleitung; h Niederdruck-Dampfleitung; i Kühlwasser-Regelventil; k Kühlwasserleitung; nach SSW

312   IX. Arbeitsablauf in Zellstoff- und Papierfabriken

Die Kühlwassermenge wird durch einen Temperaturregler gesteuert. Das Umformerventil vermeidet den sperrigen Dampfkühler. Die Abb. 225 zeigt einen Schnitt durch den Ventilsitz, die Abb. 226 die Anordnung bei Regelung von Druck und Temperatur des Sekundärnetzes.

Da die Kocher vornehmlich indirekt geheizt werden, kann das anfallende Kondensat zusammen mit dem von den Trockenzylindern der Papiermaschinen und von anderen Wärmeverbrauchern zum Kessel zurückgeführt werden, so daß nur relativ geringe Mengen von Frisch-

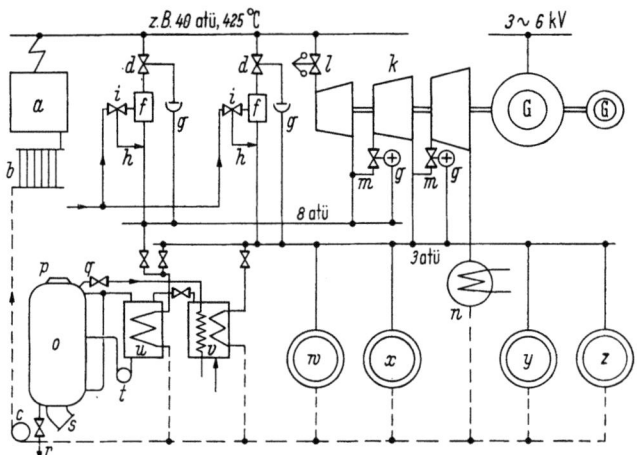

Abb. 227. Schema der Dampfversorgung einer Zellstoff- und Papierfabrik
a Kessel; b Speisewasservorwärmer; c Speisepumpe; d Überströmventil; f Dampfkühler; g Druckgeber; h Thermogeber; i Kühlwasser-Ventil; k Dampfturbosatz; l Drehzahlregler; m Entnahmeventil; n Kondensator; o Kocher; p Füllöffnung; q Abgasentnahme; r Säureablaß; s Zellstoffablaß; t Säurepumpe; u Säureheizung; v Säurevorwärmung; w Bleiche; x Spritfabrik; y Papiermaschinen; z Raumheizung
Druckgeber öffnet das Ventil, wenn der Druck steigt ⊕ bzw. wenn bei kleinster Ventilöffnung der Druck sinkt ⊖

wasser eingespeist werden müssen. In Abb. 227 ist als Beispiel die Versorgung einer Zellstoff- und Papierfabrik mit Koch- und Heizdampf dargestellt. So erfordert auch die Versorgung mit Fabrikationsdampf meist umfangreiche Wege für Dampf und Kondensat mit den notwendigen Steuer- und Regeleinrichtungen.

Die Entwicklung über längere Zeit hat gezeigt, daß das Verhältnis des Verbrauchs von Energie zu Heizdampf stetig kräftig ansteigt.

Das hat dazu geführt, daß in vielen bestehenden Fabriken infolge der wachsenden Produktion größere Mengen an Fremdstrom bezogen werden. Neben der Aufstellung neuer Kessel höheren Druckes und einer Vorschaltturbine, was erhebliches Kapital erfordert, wird daher auch erwogen, die Kondensationsleistung des Dampfturbosatzes in einer Gasturbine zur Deckung der Grundlast zu erzeugen. Dabei können die heißen Abgase zur Erzeugung von Fabrikationsdampf in einem Abhitzekessel niederen Druckes oder in Kombination mit den vorhandenen Kesseln zur Vorwärmung von Speisewasser oder Verbrennungsluft herangezogen werden. Auch solche wärmewirtschaftlichen Fragen sind mit der Rationalisierung und Automatisierung von Zellstoff- und Papierfabriken eng verbunden.

Als Träger von Hilfsenergie werden Druckluft, Druckwasser und Drucköl benötigt. Diese werden meist in der Fabrikabteilung erzeugt, in der sie benötigt werden. Dadurch ergeben sich relativ kleine Leitungsnetze.

Wenn man auch die mit Dampf- und Wasserkraftmaschinen gewonnene elektrische Energie nicht gut als Hilfsstoff bezeichnen kann, sei doch auf ihre überragende Bedeutung hingewiesen, die mit ihrem großen, weit verzweigten Netz in den letzen Winkel der Fabrikation eindringt, die Arbeitsvorgänge in Fluß hält, sie steuert und regelt.

3. Hilfsarbeitswege an Arbeitsmaschinen

Bei vielen Arbeitsmaschinen ist die gesamte, aktive Arbeitsfläche in ständigem Arbeitseinsatz. Dies trifft zu z. B. bei Kegel- und Scheibenmühlen, bei Refinern, Saugkästen, Kreiselpumpen u. a. Bei anderen wird der Arbeitsvorgang nur jeweils von einem Umfangsteil des umlaufenden Läufers der Arbeitsmaschine bewirkt, während der übrige Umfang leer läuft. Dazu gehören die Hackscheibe eines Holzhackers, die Mahlwalze eines Holländers oder Kollergangs, das Langsieb, der Mantel einer Saugwalze, die Pressenwalzen u. a.

Bei vielen Maschinen wird dieser Leerlauf dazu benutzt, den Maschinenteil zu regenerieren und ihn für den eigentlichen Arbeitsvorgang in stets einwandfreiem Zustand zu halten. Dies bewirken z. B. Spritzrohre an den Schleifsteinen von Holzschleifern, an Walzen, Siebzylindern und Langsieben und Schaber an Walzen und Trockenzylindern. Zusätzlich laufen die Filze durch Waschpressen, über Saugkästen oder Filztrockenzylinder, über Leit-, Spann-

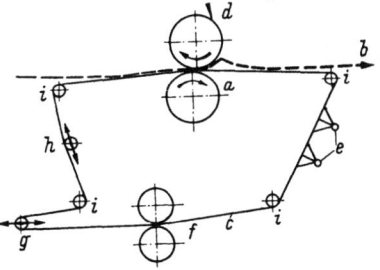

Abb. 228
Hilfsarbeiten an einer Naßpresse (*a*)
b Papierbahn; *c* Filz; *d* Schaber; *e* Spritzrohre; *f* Filzwaschpresse; *g* Filzspannwalze; *h* Schwenkwalze für Filzlauf; *i* Filzleitwalzen

und Regelwalzen, dies auch bei Langsieben, damit Walze oder Band beim Umlauf saubergehalten, Filze wieder entwässert, durch Regelungen gleichmäßig gespannt und in ihrer Mittellage gehalten werden. Die Abb. 228 zeigt dies an einer Naßpresse.

Es müssen also auch an den leer laufenden Maschinenteilen Arbeiten vorgenommen werden, deren richtiger Ablauf Voraussetzung für die einwandfreie Durchführung des Arbeitsvorgangs am Stoff ist. Solche Leerläufe stellen also Hilfsarbeitswege dar, die — hinsichtlich ihrer Funktion — genau so beobachtet, gesteuert und gegebenenfalls geregelt werden müssen, wie es bei den Arbeitsvorgängen mit Stoff notwendig ist.

4. Abfallstoffe

Bei den meisten Arbeitsvorgängen entstehen oder verbleiben Abfallstoffe, die sofort aus dem Stoffstrom ausfallen oder durch besondere Einrichtungen aus ihm entfernt werden müssen. Dabei handelt es sich um Holzspäne, die beim Schleifen anfallen, Holzsplitter im Schliff, die durch Sortiertrommeln ausgeschieden werden, um Faserbündel, Knoten und Schäben, die durch die Siebtrommeln von Sortierern, Knotenfängern, Stoffschleudern und ähnliche Einrichtungen aus dem Stoff entfernt werden und um die im abfließenden Siebabwasser verbliebenen Fasern.

In der Papiermaschine treten bei Bahnbruch größere Mengen von nassem oder trockenem Ausschußpapier auf, ebenso bei den Fertigbearbeitungsmaschinen, wozu noch der Abfall bei Beschneidung der Ränder auf dem Sieb bzw. bei der Aufrollung der Bahn kommt. Dieser Abfallpapierstoff wird erfaßt, aufgelöst, in Fangstoffanlagen aus dem Siebwasser herausgeholt, als Ausschuß in Altpapieraufbereitungsanlagen zerfasert und erneut aufgeschlossen. Man erhält so einen Stoff minderer Qualität, der dem übrigen Stoff in geeigneter Menge zugesetzt wird. Auf diese Weise wird der Verlust an Stoff auf einem geringen Betrag gehalten. Der Abfallstoff erfordert seine eigenen Wege mit Aufbereitungsmaschinen, bis er dem Hauptstoffstrom wieder zugesetzt werden kann.

Andere Abfälle der Fabrikation sind für die Herstellung von Papier nicht brauchbar. Dazu gehören Holzabfälle, die anfallende Rinde, Holzspäne, die Rückstände der Kochlauge, die nach Wiedergewinnung der Chemikalien verbleiben. Holzabfälle können zu Faserplatten, der in der Ablauge der Kocher enthaltene, aus dem Zelleninhalt stammende Holzzucker kann zu Sprit und Hefe, verbleibende feste Rückstände zu Formsteinen verarbeitet werden. Soweit sich solche Nebenbetriebe nicht lohnen, werden Holzabfälle und die Ablauge des Sulfatverfahrens nach Eindickung unter dem Kessel verbrannt. Die noch verbleibenden Abfälle und Abwässer müssen mit oft nicht unerheblichem Kostenaufwand gereinigt werden, um einer Verseuchung der Flußläufe vorzubeugen. So erfordert auch die Erfassung, Verarbeitung und Beseitigung der Abfallstoffe weite Arbeitswege.

B. Steuerung und Regelung

1. Forderungen des Fabrikationsablaufs

Eine Zellstoff- und Papierfabrik umfaßt also sehr ausgedehnte Wege mit jeweils vielen Arbeitsvorgängen, die Papier-, Hilfs- und Abfallstoffe durchfließen müssen, um aus den Rohstoffen fertiges Papier zu machen. An allen Stellen herrscht ein ständiger Fluß, der auf die Produktion abgestimmt werden muß. Stauungen oder Leerläufe sind zu vermeiden, zumal die Aufnahmefähigkeit der zwischengeschalteten Speicher begrenzt ist. In den Wegeabschnitten zwischen 2 Speichern folgen die Arbeitsvorgänge unmittelbar nacheinander. Bei der Fabrikation muß daher hier auf gleichmäßigen Fluß besonders geachtet werden.

Von dem fertigen Papier wird verlangt, daß seine Eigenschaften, wie Gewicht, Dichte, Festigkeit, Oberfläche, Durchsicht, Feuchtigkeitsgehalt und viele andere in jedem Bogen in hohem Grade gleich sind. Da diese Eigenschaften vom gesamten Ablauf der Fabrikation abhängig sind, soll jeder Arbeitsvorgang einen möglichst gleichbleibenden Arbeitseffekt bewirken. Das bedeutet, daß jeder Arbeitsmaschine der Stoff in gleichbleibender Qualität und Menge, unter gleichbleibendem Druck und sonstigen Verhältnissen zufließen soll und daß der Arbeitsvorgang selbst mit gleichbleibendem Ergebnis durchgeführt wird. Zufluß, Bearbeitung und Abfluß muß beobachtet werden, um gleichmäßigen Fluß und gleichbleibenden Arbeitseffekt zu erhalten.

Bei Wechsel der Papiersorte müssen die Arbeitsmaschinen hinsichtlich ihres Arbeitseffektes verstellt werden. Das gilt nicht nur für die Papiermaschine, oft muß auch die Stoffmischung und die Aufbereitung zur Erzielung der notwendigen Stoffbeschaffenheit geändert werden. Die angelieferten Rohstoffe haben nicht immer gleiche Qualität. Dann muß die Aufschließung und die Aufbereitung den geänderten Verhältnissen angepaßt werden, um die gewünschte Stoffqualität zu erhalten. Daraus ergibt sich die Notwendigkeit, Arbeitsmaschinen, Hilfsmittel und Stofflauf einzustellen.

Beim Ablauf der Fabrikation können an vielen Stellen Störgrößen auftreten, die das Produktionsergebnis beeinflussen. Oft lassen sich Störungen durch besondere Anordnungen vermeiden, meist ist aber eine Nachstellung nötig. Die auftretenden Abweichungen in Fluß oder Eigenschaften erfordern also Beobachten, Einstellen und Nachstellen, d. h. Messen, Steuern und Regeln.

2. Stoffstraßen

In älteren Zellstoff- und Papierfabriken wurden fast hinter jeder Arbeitsmaschine zur Aufschließung und Aufbereitung des Stoffes Lagerplätze, Behälter oder Bütten zur Aufnahme des durch die Maschine gelaufenen Stoffes und des Abfalls angeordnet. Erst mit dem Schöpfen des Stoffes aus der Papiermaschinenbütte begann ein kontinuierlicher Prozeß, der über Sandfang, Kegelmühle und Knotenfänger zum Stoffauflauf der Papiermaschine verlief, als breite Stoffbahn auf Sieb- und Pressenpartie der Papiermaschine entwässert, in der Trockenpartie getrocknet und nach Glättung auf dem Glättwerk als feste Papierbahn aufgerollt wurde.

Auch in anderen Industriezweigen, z. B. bei Walzwerken, der Herstellung von Spanplatten, der Bearbeitung und Formgebung von Metallen u. a., wurden in den letzten Jahrzehnten Arbeitsmaschinen für spezifische Aufgaben entwickelt, die aneinandergereiht kontinuierlich oder in Takten vom Werkstoff durchflossen wurden und so den Stoff allmählich bis zu einem Endprodukt bearbeiteten. Für solche Anordnungen von Maschinen, die je eine bestimmte Teilarbeit an dem durchlaufenden Werkstoff oder Werkstück vornehmen, wurde der Begriff der Transferstraße oder kurz Straße geprägt. Die Papiermaschine einschließlich Stoffzulauf, die bereits auf eine 160 jährige Geschichte zurückblickt, kann also als die älteste Transferstraße angesprochen werden.

Auch in der Aufschließung und Aufbereitung des Stoffes hat die Entwicklung zur Bildung vieler kleiner und auch größerer Stoffstraßen geführt. Verursacht wurde dies durch verschiedene Umstände. Angestrebt wird, den Ablauf der einzelnen Arbeitsvorgänge nach Vorschrift einzustellen und gleichmäßig, also auch leicht reproduzierbar zu gestalten. Dabei soll auch der Arbeitsablauf unkontrollierbarer Beeinflussung durch das Personal weitgehend entzogen werden. In den vielen Maschinen, Stoffwegen und Speichern sind große Stoffmengen enthalten. Diese erschweren die Umstellung der Produktion, insbesondere, wenn relativ kleine Posten Papier aus Stoff von z. B. unterschiedlicher Mahlung gefertigt werden sollen. Die Speicherwirkung großräumig gestalteter Stoffströme mindert auch die erzielbare Schnelligkeit bei der Verstellung solcher Ströme, z. B. beim Stoffauflauf von Papiermaschinen. Zu beachten ist auch, daß größere Stoffmengen auch größeres Kapital für die Erstellung und den Betrieb der Anlage erfordern. Daher besteht Interesse, entbehrliche Vorratsbehälter und Bütten zu entfernen, die Stoffwege kurz zu halten und sie rasch zu durchlaufen. Dazu kommt die Notwendigkeit, das Personal bei der größer gewordenen Produktion und dem größeren Maschinenpark bei der Bedienung und Überwachung des jetzt weitläufigen Betriebs zu entlasten.

Diese Entwicklung wurde durch die Schaffung kontinuierlich arbeitender Maschinen und Einrichtungen wesentlich gefördert. Damit entstanden Stoffstraßen mit meist kurzen Stoffwegen und vielfach unter Vermeidung von Bütten. Auch bei diskontinuierlichen Arbeitsvorgängen, z. B. bei der Beschickung von Pressenschleifern, beim Arbeiten der Stofflöser (Pulper), der Steuerung von Refinern, die mit Bütten im Zyklierverfahren arbeiten, wurde durch Steuerung des Ablaufs der einzelnen aneinandergereihten Arbeitsvorgänge Stoff- und Arbeitsstraßen geschaffen. In diesen Straßen laufen die Arbeitsvorgänge am Stoff oder an den Hilfsmitteln kontinuierlich oder in vorgeschriebener Zeit und Reihenfolge ab; sie können eingestellt, durch Meßgeräte angezeigt und erforderlichenfalls auch durch Regler auf Gleichhaltung einer Betriebsgröße geregelt werden. Man kommt so von den Einzelmaschinen über eine Mechanisierung einfacher Vorgänge zu einer Automatisierung einer Reihe aneinander anschließender Maschinen und Vorgänge.

Die Schwierigkeiten, die sich vor allem dem Messen mancher technologischer Vorgänge und Zustände entgegenstellen, haben dazu geführt, daß vielfach nur kleine Straßenabschnitte voll oder auch nur teilweise automatisiert wurden, wobei vom Personal auf Grund von Beobachtung steuernd eingegriffen wird. In anderen Abteilungen wieder sind mehrere kleinere Straßen zu einer umfangreichen Straße zusammengewachsen. Kennzeichnend für alle diese Straßen ist die laufende Messung der wichtigen Kenngrößen des Betriebs, die vornehmlich in einem Meßstand angezeigt, gegebenenfalls auch registriert werden. Von hier aus erfolgt auch die Steuerung des Fabrikationsablaufs durch Fernsteuerung der Einstellorgane an Maschinen und Apparaten bzw. durch Einstellung der vorgesehenen Regler.

3. Handsteuerung

In älteren Fabriken erfolgte die Zuteilung der Stoffe zu den Maschinen, die Gleichhaltung des Stoffflusses und der Arbeitsvorgänge durch Einstellung und Nachstellen auf Grund von Beobachtungen am Stoff oder an einfachen Anzeigevorrichtungen durch die Arbeit des Personals an den Maschinen selbst. Bei der Einstellung blieb man vielfach ziemlich weit unter der Grenze der zulässigen Belastung der Maschinen, weil man die Schäden bei Überlastung, die bei größeren, nicht sofort erkannten Störeinflüssen auftreten, vermeiden will. Solange es sich um kleine Fabrikabteilungen und um kleine Produktionsmengen handelte, konnte die Führung und Überwachung des Fabrikationsablaufs vom geschulten Personal gut bewältigt werden.

Mit dem Wachsen der Produktion, der Arbeitsmaschinen und der Fabrikationsabteilungen mit größer gewordenem Maschinenpark hat sich zunehmend die Notwendigkeit einer Entlastung des Personals von schwerer körperlicher Arbeit und vielfach von der unmittelbaren Beobachtung und Einstellung des Fabrikationsablaufs ergeben. Daher wurden Meßgeräte entwickelt, welche die betriebsmäßige Überwachung der Kenngrößen der Fertigung ermöglichen, so daß die Maschinen und Vorgänge nach diesen eingestellt werden können.

4. Beobachtung und Messung von Betriebsgrößen

Die in einer Zellstoff- und Papierfabrik zu beobachtenden Betriebsgrößen sind sehr zahlreich und mannigfaltig. Manche bleiben der unmittelbaren Beobachtung durch das Personal vorbehalten, z. B. der Lauf der Bahn auf der Papiermaschine. Für wichtige Betriebsgrößen liefert die laufende Messung mit besonderen Geräten zuverlässige Angaben. Eine dritte Gruppe von Betriebsgrößen erfordert zur genauen Bestimmung noch Entnahme von Stoffproben und Untersuchung im Laboratorium oder am Prüfstand des Maschinenführers, z. B. Eigenschaften des Stoffes und des fertigen Papiers. In fortschreitender Entwicklung wurden auch für viele dieser Betriebsgrößen Meßgeräte geschaffen, die ausreichende absolute oder relative Meßwerte mit laufender Anzeige liefern. Bisweilen ist die unmittelbare Messung im Stoffstrom schwierig oder mit Störgrößen behaftet. Dann kann eine Messung in einem Zweigstrom gute Ergebnisse liefern. So kann z. B. die Entwässerung des Faservlieses auf der Registerpartie der Papiermaschine bei Kenntnis der Verdünnung des auflaufenden Stoffes durch Messung des Siebwassers festgestellt werden.

Gemessen werden mechanische, physikalische, chemische oder elektrische Größen. Soweit es sich um die für den Ablauf vieler Vorgänge meist sehr bedeutsamen Drehzahlen der Antriebe handelt, sei auf deren ausführliche Behandlung in den Abschnitten IV—VIII verwiesen. Oft stellt die Meßgröße nur eine Ersatzgröße für die besonders interessierende, der Messung aber schwer zugängliche Betriebsgröße dar, z. B. die Verfärbung von Sulfitzellstoff und Kochsäure bei der Kochung für den Grad der Aufschließung des Stoffes, die Viskosität des Stoffes für die Stoffdichte oder das Drehzahlverhältnis benachbarter Walzen der Papiermaschine für die Zugspannung der Bahn.

Die den Betriebsgrößen entsprechenden Meßgrößen fallen je nach dem verwendeten Meßprinzip in unterschiedlicher Form an, vornehmlich als Druck oder Druckdifferenz, als Kraft, Lage oder elektrisch als Spannung bzw. Strom. Besonders häufig treten hydrostatische Drücke in Behältern oder Rohrleitungen auf, z. B. bei der Messung von Stauhöhen oder des Durchflusses bei Verwendung von Venturirohren, auch bei Messung der Konsistenz des Stoffes in offenen Gerinnen. Die Druckmessung wird auf eine Messung der vom Druck auf eine gegebene Fläche ausgeübten Kraft zurückgeführt, wobei ihr im Meßgerät eine veränderliche Gegenkraft das Gleichgewicht hält. Die Gegenkraft kann dabei mechanisch, pneumatisch oder elektromagnetisch erzeugt werden, wobei die sich einstellenden Ausschläge, Luftdrücke, elektrischen Spannungen und Ströme der zu messenden Größe entsprechen.

Die Meßgröße wird besonders bei älteren Anlagen unmittelbar am Meßort angezeigt. Dies ist immer dann notwendig, wenn auch die Einstellung der Maschine hier vorgenommen wird. In neueren, weitläufigen Anlagen werden die Meßwerte einer Betriebsabteilung in einem Meßstand zusammengefaßt, der eine zentrale Überwachung der Fabrikation ermöglicht. Dieser Meßstand wird, wenn eine Beobachtung der Maschine geboten erscheint, unmittelbar an dieser Maschine aufgestellt, z. B. an der Siebpartie der Papiermaschine. In anderen Fällen, z. B. in der Zellstoffkocherei, auch in der Stoffaufbereitung, genügt es, solche Meßstände in einer Überwachungszentrale anzuordnen.

5. Meßgeräte

Drehzahl-Messung wird bei allen Maschinen verlangt, die betriebsmäßig mit unterschiedlicher, einstellbarer Drehzahl laufen sollen, z. B. bei Papiermaschinen und Maschinen der Fertigbearbeitung. Verwendet werden mechanische Tachometer oder elektrische Einrichtungen mit Tachometermaschinen. Für sehr hohe Genauigkeit, besonders bei Messung absoluter Beträge, bieten sich digitale Meßeinrichtungen an.

Lage: Die Messung der Lage von Stoff oder Arbeitsmitteln dient dazu, den Fluß des Arbeitsgutes festzustellen. Die Stellung von Ventilen und Schiebern wird z. B. mittels Endschaltern und Signallampen angezeigt. Damit werden die für den Durchfluß offenen Stoffwege sichtbar. Sollen Zwischenstellungen, besonders bei Blenden gemessen werden, werden von den Verstellspindeln betätigte induktive oder pneumatische Geber verwendet.

Die Stoffhöhe in Bütten wird durch Schwimmer oder Manometer, die Füllung von Bunkern durch ein Lot, photoelektrischer Abtastung u. a. angezeigt.

Der kantenrechte Lauf von Sieben, Filzen und der Papierbahn läßt sich durch Abtastung der Kante mittels eines Wasserstrahls, einer Fühlfahne oder einer Photozelle feststellen und durch Schrägstellung einer Leitwalze regeln. Auch auftretender Papierbruch wird photoelektrisch angezeigt, damit werden Steuerimpulse ausgelöst, die eine Reihe von Hilfsvorgängen, z. B. an der Papiermaschine, bewirken.

Die Messung des Durchhangs einer Bahn auf photoelektrischem Wege oder mittels einer Fühlwalze wird zur Regelung des Papierlaufs bzw. der Bahnspannung verwendet (s. S. 225).

Menge: Die in einem Behälter eingefüllte Menge von Papierstoff, Holzschnitzeln, Kochsäure u. a. kann durch Wiegen von Behälter und Inhalt mittels Kraftmeßdosen festgestellt werden. Hierzu werden vornehmlich Dosen verwendet, die auf dem magnetoelektrischen Prinzip beruhen oder Dehnungsmeßstreifen verwenden. Ändert sich bei mechanischer Belastung des ferromagnetischen Kernes einer Drosselspule die Druck- oder Zugspannung, so beeinflußt dies auch seine Magnetisierbarkeit, damit ändert sich der induktive Widerstand der Drosselspule und der von der angelegten Spannung getriebene elektrische Strom. Bei Dosen mit Dehnungsmeßstreifen wird dünner Widerstandsdraht isoliert auf ein Druckstück geklebt, so daß bei Belastung des Druckstücks eintretende Längenänderungen auf den Meßdraht übertragen und so der Drahtquerschnitt und sein Ohmscher Widerstand geändert wird.

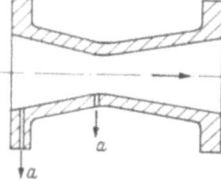

Abb. 229. Doppelkonisches Venturirohr
a zum Druckmesser

Die laufende Zuteilung von Stoff bzw. Zutaten wird durch Zellenräder bzw. Dosierpumpen (s. S. 346) erzielt, wobei sich aus Drehzahl und Füllung bzw. Hub die Stoffmenge und das Mischungsverhältnis ergeben. Die durch ein Rohr fließende Menge kann durch die Druckdifferenz an einem doppelkonischen Venturirohr (Abb. 229) oder mittels eines Induktionsdurchflußmessers [10] festgestellt werden. Bei diesem (Abb. 230) wird ein Kunststoffrohr in Querrichtung von einem elektromagnetischen Feld durchflutet, das von einem Elektromagneten erzeugt wird. An den durchfließenden Teilchen des Stoffes entstehen nach dem Induktionsgesetz elektrische Spannungen senkrecht zum Magnetfeld. Setzt man hier in zwei gegenüberliegende Bohrungen des Rohres Elektroden ein, so steht an ihnen eine Spannung an, die proportional der durchfließenden Stoffmenge ist. Abb. 231 zeigt die Meßschaltung, bei der die Spannung an der Meßstrecke durch den an einem Potentiometer anstehenden Teil der Netzspannung kompensiert wird. Bei Spannungsunterschieden bewirken Differential- und Servoverstärker

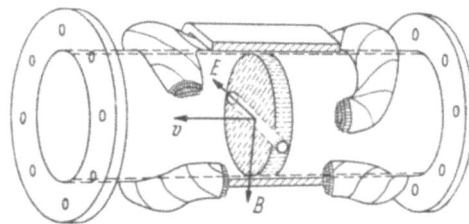

Abb. 230. Induktionsdurchflußmesser
v Stofffluß; B Magnetischer Fluß; E Stromrichtung; nach Evers und Müller

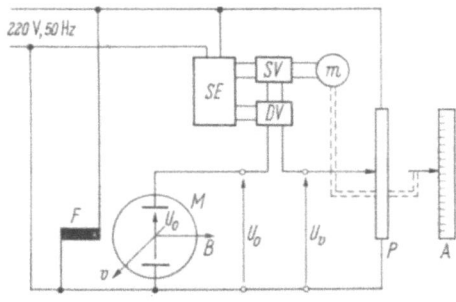

Abb. 231. Meßschaltung zu Abb. 230
F Feldwicklung; M Meßstrecke; U_0 Meßspannung; U_0 Vergleichsspannung; SE Speiseeinheit; DV Differentialverstärker; SV Servoverstärker; m Stellmotor; P Potentiometer; A Anzeige; v Stofffluß

B. Steuerung und Regelung

über einen Stellmotor eine Verstellung des Potentiometerschleifers und der Anzeigeskala. Da Wechselspannung für Magnet und Messung verwendet wird, ist die Einrichtung unabhängig von den üblichen Spannungsschwankungen. Mit dem Gerät läßt sich bei richtiger Bemessung und Pflege eine hohe Genauigkeit erzielen. Ebenso ergibt die Messung der Öffnung einer Blende in einem offenen Stoffstrom in Verbindung mit der Druckhöhe und den Durchflußgesetzen ein Maß für die Durchflußmenge.

Auch die erzielte Produktion soll gemessen werden. Bei Holzschleifern gibt die Messung des in einer bestimmten Zeit erfolgten Vorschubs ein Maß für die verschliffene Holzmenge. Die Produktion einer Papiermaschine wird durch Wiegen der gelieferten Papierrollen festgestellt. Auf Umrollmaschinen wird die aufgewickelte Bahnlänge durch Zähleinrichtungen gemessen, besonders wenn Rollen mit gleicher Bahnlänge geliefert werden sollen.

Arbeit und Leistung: Bei manchen Maschinen ist der Verlauf des Bedarfs an aufzuwendender Arbeit oder die Leistung von Bedeutung. So geben die für eine bestimmte Holzmenge verbrauchten KWh Aufschluß über den Schleifvorgang. Der Verbrauch wird beim Schleifen unterschiedlicher Hölzer abweichen, steigender Verbrauch bei gleichen Hölzern weist aber darauf hin, daß der Schleifeffekt durch Verschmierung oder Stumpfwerden des Steines geringer wird.

Der Leistungsverbrauch von Kegelmühlen und Refinern ist vornehmlich von der Anstellung der Messer auf dem rotierenden Kegel an die feststehenden Gegenmesser und von dem Mahlungsgrad des Stoffes abhängig. Bei den meisten Mahlmaschinen, mit Ausnahme der mit Basalt garnierten, bleibt die eingestellte Leistungsaufnahme bei gleichbleibendem Stoff über lange Zeiten konstant. Wenn sich aber — wie bei Refinerzyklieranlagen (s. S. 344) — die Stoffeigenschaften mit jedem Durchgang ändern, sinkt auch mit dem dünner werdenden Stoffpolster zwischen den Messern die Leistungsaufnahme. In beiden Fällen gibt die Leistungsmessung eine Anzeige über die Mahlung, bei sich ändernden Stoffeigenschaften bringt die Regelung auf konstante Leistung den Vorteil der vollen Ausnutzung der Maschinen. Gemessen wird die elektrische Leistungsaufnahme der Antriebsmotoren, die verschliffene Holzmenge des ersten Beispiels ergibt sich aus dem stattgefundenen Vorschub.

Zugspannung: Bei Langsieben, Filzen und Papierbahn soll die eingestellte Zugspannung gleichbleiben. Im Laufe des Betriebs längen sich die Bänder, so daß eine Überwachung und Nachstellung notwendig wird. Vielfach wird die Spannung durch eine Fühlwalze oder eine Druckdose an einer Umlenkwalze gemessen und durch Verstellung einer Spannwalze geregelt. Bei der frei laufenden Papierbahn gibt das

Verhältnis der Umfangsgeschwindigkeiten aufeinanderfolgender Walzen im stationären Betrieb ein Maß für die Zugspannung. Ihr Betrag ist aber von Störgrößen, wie Flächengewicht, Feuchtigkeitsgehalt u. a., abhängig. Genaueren Aufschluß über die Bahnspannung gibt ihre Messung mit Auslenkwalze bzw. mit einem Bahnspannungsfühler, die auch zu ihrer Regelung benutzt werden kann.

Druck: Dieser muß im Stoffzulauf zu vielen Arbeitsmaschinen, bei Zuführung der Hilfsstoffe Dampf, Wasser, Druckluft, Drucköl, auch beim Verlauf der Zellstoffkochung, als Vakuum in Saugkästen und Saugwalzen eingestellt, beobachtet und meist auch geregelt werden. Auch bei Naßpressen, Anpreßwalzen und Glättwerken von Papiermaschinen soll mit einstellbaren und gleichbleibenden Liniendrücken gearbeitet werden.

Zur Messung dienen geeignete Manometer, deren Anzeige gleichzeitig ein Maß für andere Größen, wie Stoffstand in Bütten u. a., sein kann. Vielfach ist der Druck durch den Stoffstand bedingt, oder es ist der Druck in den Versorgungsleitungen der Hilfsstoffe durch die Förderung der Speisequelle und den Verbrauch gegeben. Zur Anpassung an den bei einem Verfahren geforderten einstellbaren Druck werden Druckminderer vorgesehen. Das sind Ventile, die den Druck des Betriebsmittels entsprechend abdrosseln und durch eine Regelung konstant halten.

Temperatur: Viele Vorgänge laufen erst bei Einhaltung bestimmter Temperaturen optimal ab. So ergeben höhere Temperaturen beim Schleifen von Holz einen spezifischen Schliff. In den Zellstoffkochern muß ein bestimmter Verlauf, beim Bleichen eine vorgegebene Höhe der Temperatur eingehalten werden. Bei der Papiertrocknung soll die Heizung der einzelnen Trockenzylinder abgestuft sein. Dazu gibt die Messung der Temperatur des Kondensates, mit größerer absoluter Genauigkeit die der Trockenzylinder, ein gutes Maß. Neben manchen anderen Meßstellen interessiert auch die laufende Temperaturüberwachung in größeren Maschinen, Getrieben und Elektromotoren. Die Messung der Temperatur geschieht mit Thermometern, Widerstandsthermometern, Thermoelementen oder Pyrometern. Bei der Anordnung der Meßfühler müssen Störgrößen weitgehend vermieden werden. Solche Störgrößen sind z. B. Luftströmungen, Reibungswärme beim Anlegen an sich drehender Walzen, Verunreinigung durch haftende Stoffteilchen u. a.

Stoffdichte (Konsistenz): Für den Ablauf der Prozesse ist die Stoffdichte von großer Bedeutung. Gemessen wird hierbei die Viskosität, wobei die Reibung eines Stoffstroms an der Wand eines offenen Gerinnes oder eines Rohres oder die Reibung an einem, im langsam fließenden Stoff rotierenden oder feststehenden Körpers eine Niveauänderung des Stoffes, einen Druckunterschied oder ein Drehmoment bewirkt, welche die Stoffdichte anzeigen. Diese Geräte steuern den Zusatz von Verdünnungswasser, so daß die Stoffdichte konstant gehalten wird. Diese Regelung bedingt, daß der zu regelnde Stoff eine Stoffdichte besitzen soll, die wenigstens $\frac{1}{2}$% über dem Sollwert des geregelten Stoffes liegt.

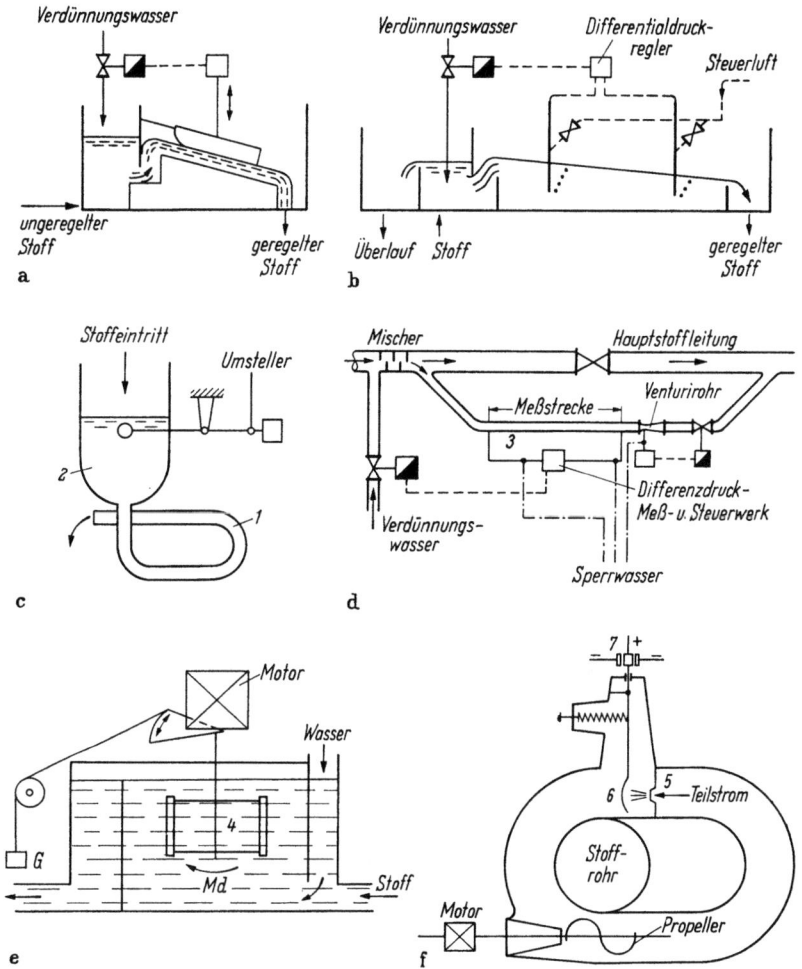

Abb. 232a—f. Stoffdichteregler
a im offenen Gerinne mit Schwimmkörper (Säll); b dgl. mit Differenzdruckmessung (Brammer); c Stoffreibung in gekrümmtem Ausflußrohr (1), aus Meßbecher (2) (Trimbey); d Messung des Differenzdruckes im Rohr (3) infolge Stoffreibung (Waldhof); e mit Drehmomentmessung an rotierendem Körper (4); f mit Düse (5), Prallplatte (6) und Kontaktgeber (7) (Källe); nach BREUNINGER [5]

Bei dem offenen Gerinne der Abb. 232a ändert sich mit der Stoffdichte die Reibung an der Gerinnewand und damit die Höhenlage des Schwimmers. Die Anordnung b mißt den Druckunterschied im Gerinne.

Bei *c* bewirkt die Reibung an den Rohrwänden eine Änderung der Füllung des Meßbechers, der an einer Waage aufgehängt ist. Bei fest angeordnetem Becher können mittels eines Schwimmers die Niveauänderungen auf den Regler des Verdünnungswassers übertragen werden. In *d* wird der Differenzdruck an der Meßstrecke eines unter Druck stehenden Zweigrohrs gemessen, außerdem durch ein Venturirohr und ein Drosselventil die Durchflußmenge gleichgehalten. Konstanter Durchfluß ist auch bei den vorher genannten Geräten Voraussetzung für richtige Messung.

Bei einer weiteren Gruppe von Meßgeräten wird in den langsam fließenden Stoff ein Rührer getaucht, der von einem Motor getrieben wird. Dabei wird entweder bei gleichbleibender Drehzahl das Bremsmoment am Motorgehäuse mittels einer Drehmomentwaage oder die Drehzahl bei konstantem Drehmoment gemessen. Ein Schema der sehr unterschiedlichen Ausführungsformen zeigt Abb. 232e. In *f* wird ein Teilstrom durch eine Düse gegen eine Prallplatte gepreßt, die einen Kontaktgeber betätigt. Die Geräte mit Meßkörpern unterschiedlicher Form werden vielfach wegen einfachen Aufbaus, leichter Wartung und des geringen Einflusses von Änderungen der kleinen Stoffgeschwindigkeit bevorzugt. Bei diesen Geräten wird lediglich die Meßkörpersonde in den Stoffstrom eingetaucht, die Drehmomentwaage zur Messung der Reibung liegt außerhalb.

Feuchtigkeit: In alt herkömmlicher Weise wird die Feuchtigkeit eines Probebogens durch Wiegen als Gewichtsdifferenz von entnommenem und getrocknetem Bogen gefunden. Die laufende Fertigung fordert eine möglichst kontinuierliche Messung der Entwässerung und Trocknung, weil von dem fertigen Papier ein festgesetzter, gleichbleibender Feuchtigkeitsgehalt von etwa 6 bis 8% gefordert wird.

Die Messung des Feuchtigkeits- bzw. Trockengehaltes der Bahn auf der Siebpartie kann durch Messung des in der Registerpartie, in Saugkästen und Saugwalzen entzogenen Wassers im Vergleich zu der auflaufenden Stoffmenge und Konsistenz und des zugeführten Spritzwassers angenähert festgestellt werden. In der nachfolgenden Pressen- und Trockenpartie ist diese Methode nicht mehr durchführbar, man muß jetzt unmittelbar an der Papierbahn messen. Dafür wurden verschiedene Verfahren entwickelt.

Bei dem Verfahren mit Messung der elektrischen Leitfähigkeit (Abb. 233) werden an die Bahn Elektroden gelegt. Der durchfließende Strom ist von der Güte und Gleichmäßigkeit der Kontaktgabe über die ganze Bahnbreite, von den in der Bahn vorhandenen Elektrolyten und deren gleichmäßigen Verteilung in inneren und äußeren Bahnschichten und über die Bahnbreite abhängig. Das Verfahren ist daher nur für begrenzte Bahnbreiten mit gleichmäßiger Zusammensetzung und wegen des Einflusses des pH-Gehaltes nur beim Arbeiten mit gleichgehaltenem Fabrikationswasser brauchbar.

Die Messung der Temperatur der Bahn oder des Trockenzylinders oder die Messung des Kondensates geben nur einen Anhalt dafür, wieviel Wasser verdampft wurde, nicht aber wieviel im Papier verblieben ist, weil die gemessene Temperatur eine Folge der durch die Heizung zugeführten und der durch die Verdunstung abgeführten Wärme ist. Das Verfahren gibt nur grobe Maßstäbe für den Feuchtigkeitsgehalt.

Bei der hygroskopischen Messung in der Luftschicht unmittelbar an der Papierbahn unterstellt man, daß hier die Feuchtigkeit der Luft dem Wassergehalt der Papierbahn entspricht. Dabei ist Voraussetzung, daß die Temperatur beider gleich ist und keine Luftströmung an der Meßstelle auftritt. Die Relation von Papier- und Luftfeuchtigkeit ist auch von der Stoffart und der Papieroberfläche abhängig. Diese ist bei stärkeren Papieren trockener, so daß die Messung kein Durchschnittsmaß gibt. Die Messung gibt nur einen Relativwert. In den Geräten wird die Leitfähigkeit hygroskopischer Stoffe zur Messung verwendet.

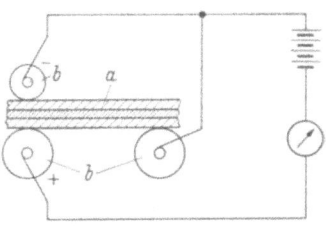

Abb. 233. Messung der Leitfähigkeit
a Bahn; *b* Elektroden; nach Lippke

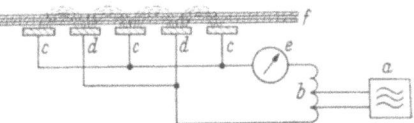

Abb. 234. Dielektrische Messung der Feuchte
a Hochfrequenzgenerator; *b* Induktionsspule; *c*, *d* Kondensatorstege; *e* Meßinstrument; *f* Papierbahn; nach Lippke

Das vielfach angewendete dielektrische Verfahren (Abb. 234) beruht darauf, daß die Dielektrizitätskonstante des trockenen Papiers gegenüber Luft das 2- bis 4fache, die des Wasser das 80fache beträgt. Bei dem Verfahren werden die Stege eines Kondensators, dessen Dielektrikum von dem darüber hinweggleitenden Papier gebildet wird, an eine Wechselspannung gelegt. Die Entwicklung hat gezeigt, daß erst bei sehr hohen Frequenzen (etwa 10^6 Hz) Störgrößen, wie die Leitfähigkeit des Papiers, ausgeschaltet werden. Die verbleibenden Unterschiede bei der Messung ähnlicher Papiersorten sind relativ gering, für verschiedene Papiergruppen, wie holzartiges Papier, Kunstdruck oder Transparentpapier, ist besondere Eichung notwendig. Genaue Messung erfordert gleichbleibendes Papiergewicht. Daher werden die Geräte auf das jeweils gearbeitete Flächengewicht einjustiert. Die übliche Gewichtstoleranz stört die Messung nicht, da das Gewicht linear, der Wassergehalt aber progressiv in die Messung eingeht.

Flächengewicht: Zur genauen Feststellung wird in herkömmlicher Weise das Gewicht eines getrockneten Probebogens bestimmt. Eine laufende Messung kann mit dem dielektrischen Verfahren entsprechend der Feuchtigkeitsmessung nach Abb. 234 oder auf der Grundlage des Durchlasses der von Isotopen ausgesandten β-Strahlen erfolgen. Bei diesem, neuerdings vorzugsweise verwendeten Verfahren bewirkt die die Bahn durchdringende Reststrahlung eine Ionisierung des Gasinhaltes einer Kammer, so daß eine angelegte Spannung einen Strom treibt. Bei der Schaltung (Abb. 235) nach HERLITZE [14] wird der an dem Hochohmwiderstand b anfallende Spannungsabfall durch eine einstellbare Gegenspannung kompensiert. Dabei wird diese mit dem

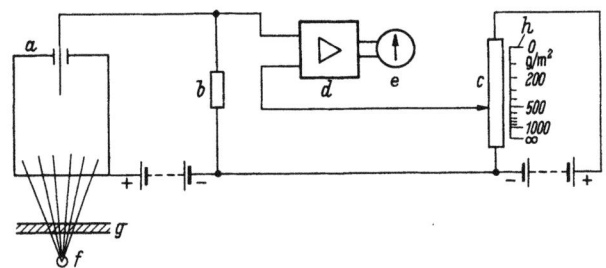

Abb. 235. Messung des Flächengewichtes durch Isotopen-Strahlung

a Ionisationskammer; b hochohmiger Belastungswiderstand (10^{10} Ohm) (Istwert); c Spannungsteiler (Sollwert); d Verstärker; e Meß- bzw. Abgleichgerät; f Strahlungsquelle; g Meßgegenstand; h Meßskale; nach HERLITZE

Potentiometer c so lange verstellt, bis das die Spannungsdifferenz anzeigende Instrument e Null zeigt. Die Gegenspannung entspricht jetzt dem Istwert und damit dem Bahngewicht, das von einer Skala abgelesen wird. Bei laufender Messung wird das Potentiometer von einem Stellmotor in Abhängigkeit von der Differenzspannung verstellt.

Als Störgröße wirkt bei beiden Verfahren ein wechselnder Feuchtigkeitsgehalt, weshalb dieser konstant gehalten werden soll. Das Gerät mißt an einem schmalen Streifen der Bahn in Durchlaufrichtung. Von Interesse ist, das Flächengewicht auch quer zur Laufrichtung zu messen. Dazu wird das Gerät auf einer Laufschiene von Hand oder automatisch verschoben (traversiert). Seltener werden mehrere Meßfühler, verteilt über die ganze Bahnbreite, angeordnet, die nacheinander den Meßwert auf das gemeinsame Verstärker- und Anzeigegerät geben. Bei Papierbruch sollen die Meßfühler automatisch abgehoben und aus der Maschine herausgefahren werden, da sie sonst das Wiederaufführen stören und die Bahn beschädigen können.

Gute Meßergebnisse liefert dieses Verfahren auch bei Messung der Beschichtung der Bahn mit Klebstoff, Schmirgel, Phenolharzen, Polyäthylen, Gummi u. a., wenn die Bahn vor und nach dem Auftragen durchstrahlt wird. Die gefundene Differenz entspricht der Auftragsmenge, so daß danach der Auftrag eingestellt und geregelt werden kann.

Auch der Fasergehalt von Stoff in Rohren läßt sich damit feststellen. In besonderen Fällen wird statt der durchdringenden die reflektierte Strahlung gemessen.

pH-Gehalt: Dieser ist das Maß für die Wasserstoffionenkonzentration des Wassers. Da die Konzentration, ausgedrückt durch die Zahl $z \cdot 10^{-n}$ innerhalb vieler Zehnerpotenzen schwanken kann, wird zur Vereinfachung der Zahlenangabe der negative, dekadische Logarithmus der Konzentration angegeben und mit pH-Gehalt bezeichnet:

$$pH = -\log(z \cdot 10^{-n}) = n - \log z \qquad (145)$$

Bei $pH = 7$ ist die Flüssigkeit neutral, bei kleineren Werten ist sie sauer, bei größeren alkalisch. Zu laufender Messung wird das elektrolytische Meßverfahren benutzt, bei dem sich zwischen Elektroden und Flüssigkeit ein pH-abhängiges Potential ausbildet. Bei dem Verfahren werden Glaselektroden in den Stoffstrom getaucht. Sonst kann der pH-Gehalt kolorimetrisch mit Indikatorlösung oder Indikatorpapier bis auf 0,1 pH genau festgestellt werden.

Lichtdurchlässigkeit (Farbe): Vielfach muß die bei der Fabrikation erzielte Farbe, das Weiß des gebleichten Zellstoffs, die Farbe des Papiers nachgeprüft werden. Andererseits kann die Verfärbung ein Kennzeichen für den Ablauf des Fabrikationsprozesses sein, z. B. die allmähliche Rotfärbung im letzten Kochstadium von Sulfitzellulose. Die Farbmessung wird an Stoffproben mit Kolorimetern vorgenommen.

6. Registrieren der Betriebsgrößen

Die Anzeige eines Meßinstrumentes gibt den Augenblicksbetrag an und läßt erkennen, ob die Betriebsgröße mit dem gewünschten Wert übereinstimmt oder ob eine Nachstellung notwendig ist. Bei längerer Beobachtung kann man auch vorhandene Schwankungen feststellen, die auf Unregelmäßigkeiten hinweisen.

Einen besseren Einblick erhält man durch Aufschreiben der Meßwerte, mühelos wird er durch Registrieren erreicht. Dazu können Linien- oder Punktschreiber, aber auch Zahlenschreiber verwendet werden. Damit kann man die verarbeiteten Mengen für die Kostenrechnung erfassen. Auch die Fabrikationsvorgänge lassen sich damit nachträglich kontrollieren. Wegen ihres Einflusses auf das Endprodukt ergeben sich Hinweise, welche Abweichungen im Verfahren Änderungen im Endprodukt verursacht haben. Auch über den laufenden Prozeß gibt die Registrierung wertvolle Aufschlüsse. Der Verlauf des Meßwertes und im abgelaufenen Zeitabschnitt aufgetretene Abweichungen werden sichtbar. Sie veranlassen, ihren Ursachen nachzugehen und sie zu beseitigen, z. B. weist der sinkende Leistungsverbrauch von Mühlen auf Änderungen in der Stoffbeschaffenheit oder auf Abnutzung des

Mahlgeschirrs hin. Steigender Arbeitsverbrauch je m³ geschliffenen Holzes ist auf Stumpfwerden oder Verschmierung des Schleifsteins zurückzuführen u. a.

Außer dieser Tendenz der Abweichung können auch andauernde Schwankungen des Meßwertes um einen Mittelwert erkannt werden. Der Schrieb läßt sich meist in mehrere periodische Schwingungen unterschiedlicher Frequenz und Amplitude zerlegen. Besonders die langsamen Schwingungen, die meist auch die größte Amplitude besitzen, stören die Fabrikation. Die Feststellung der Frequenz gibt die Anweisung, nachzuforschen, an welchen Stellen der Fabrikation die gleiche Frequenz auftritt, seien es Umlaufzahlen rotierender Walzen, Schwankungen von Stoffstand oder Stoffluß u. a. Zum Beispiel weisen periodisch schwankende Drehzahlen auf Änderung des Drehmomentes hin, das durch Mängel in Maschine und Antrieb oder durch Schwankungen der Arbeitslast (z. B. Vakuum) verursacht sein kann. Schwankungen der Stoffdichte hinter einem Knotenfänger im Takte seiner Drehzahl können durch Verstopfung oder ungleichmäßige Querschnitte der Durchlaßschlitze der rotierenden Trommel verursacht sein.

Vielfach ist es zweckmäßig, mehrere Betriebsgrößen zur Beurteilung eines Vorgangs zu beobachten. Dann können die Meßwerte auf einen Mehrfachschreiber gegeben werden, der einen leichten Vergleich des zeitlichen Verlaufs der Meßwerte ermöglicht. Liegen die Meßeinrichtungen an voneinander entfernten Orten des Stofflaufs, ist bei dieser Registrierung zu beachten, daß die Meßwerte in der gleichen Stoffpartie um die Laufzeit des Stoffes zwischen den Meßsorten verschoben sind. Zur Feststellung der Abhängigkeit zweier Meßgrößen voneinander werden Koordinatenschreiber verwendet, die bei der Ermittlung der Ursache auftretender Fehler gute Dienste leisten.

In anderen Fällen ist erwünscht, in einem Differenzschreiber den Unterschied zweier Meßwerte gleicher Art aufzuzeichnen, z. B. von 2 Drücken oder Feuchtigkeitsgehalten. Wenn viele zusammengehörige Meßwerte zu beobachten sind, kann Registrierung mit Zahlenschreibern Vorteile bringen, besonders wenn die einzelnen Meßgrößen in nebeneinanderliegenden Reihen auf dem gleichen Registrierstreifen geschrieben werden. Dazu ist jedoch die Umwandlung der als analoge Größen vorliegenden Meßwerte in digitale Größen notwendig (s. S. 220). Dabei werden die vorliegenden analogen Größen in elektronischen Datenverarbeitungsanlagen in viele, gleiche Einzelschritte zerhackt und gezählt, die dann ein Druckwerk niederschreibt. Gibt man in die Anlage die Sollwerte ein, können die Zahlen bei Unter- oder Überschreitung des Sollwertes oder von zugelassenen Grenzen in anderer Farbe geschrieben, evtl. auch optische oder akustische Signale gegeben werden. Die Anlage muß nicht dauernd auf die gleiche Fabrikationsabteilung, z. B. einen Zellstoffkocher, geschaltet sein, je nach Bedarf können auch die Meßdaten anderer Kocher abgefragt werden.

Solche Einrichtungen erscheinen, solange sie nur zur Registrierung verwendet werden, wegen der Anschaffungskosten ziemlich aufwendig. Die hierbei gewonnenen digitalen Meßwerte gestatten jedoch in einfacher und schneller Weise laufend Rechenoperationen mit den Meßgrößen vorzunehmen. So kann z. B. beim Füllen von Zellstoffkochern aus der auf einer Bandwaage gewogenen Schnitzelmenge, ihren laufend gemessenen Feuchtigkeitsgehalt, dem Dampfverbrauch des Füllapparates für die Schnitzelstapelung im Kocher die Menge der zuzusetzenden Kochsäure errechnet und zugeführt werden. Andererseits lassen sich aus Registrierdaten in Verbindung mit eingegebenen Faktoren die laufenden Betriebskosten errechnen.

So ist die Registrierung der wichtigen Betriebsgrößen ein unentbehrliches Hilfsmittel zur Überwachung der Verfahren und der Arbeitsmittel.

7. Fernsteuerung

Die unmittelbare Betätigung der Steuerorgane der Maschinen erfordert oft beträchtliche körperliche Arbeit der Bedienenden und weite Wege. Bedeutende Erleichterung und Zeitgewinn brachte die Fernsteuerung, bei der kleine Steuerschalter am Standort der Bedienung über Steuerleitungen die Stellorgane an den Arbeitsmaschinen betätigen. In Steuergerät und Steuerleitung fließt nur eine kleine Energie, sie bewirkt, daß dem Stellgerät die oft erhebliche Stellenergie direkt zugeführt wird. Steuern und Stellen erfolgen vornehmlich elektrisch, aber in vielen Fällen, besonders bei größeren Kräften und kleinen Stellwegen, bringt pneumatisches oder hydraulisches Stellen besondere Vorteile. Dabei kann die Steuerung selbst gleicher oder elektrischer Art sein.

Die Steuergeräte werden zusammen mit den zur Maschine gehörigen Meßgeräten auf einem Steuerstand angeordnet, für dessen Aufstellung meist der gewöhnliche Aufenthaltsort der Bedienung und die gewünschte Sicht auf die gesteuerte Arbeitsmaschine maßgebend sind.

Ferngesteuert wird meist auch das Anfahren und das Abschalten der Antriebsmotoren der Arbeitsmaschinen. Bei den Motoren einzelner Abteilungen ist vielfach wegen des Stoffflusses eine bestimmte Reihenfolge erforderlich, durch entsprechende elektrische Verriegelungen in den Steuerkreisen läßt sich dies leicht erreichen. Soweit erwünscht, kann Anlauf oder Abschaltung der Motoren in der gewünschten Folge auch durch einen einzigen Steuerbefehl erfolgen. Derartige Anordnungen werden z. B. bei der Steuerung der Antriebe einer kontinuierlichen Stoffaufbereitungsanlage oder bei den Motoren des konstanten Teils einer Papiermaschine verwendet.

Die Mittel der Fernsteuerung finden naturgemäß auch bei der Regelung Anwendung, da Meßfühler, Regler und Stellglied meistens an verschiedenen Orten angeordnet werden.

8. Meßwertumformer, Regler, Stellgeräte

In Meßfühlern, Reglern und Stellgeräten sind je nach Bauart unterschiedliche Energiearten, mechanische, elektrische, pneumatische oder hydraulische Energie wirksam. Viele Meßgrößen fallen unmittelbar als elektrische Spannung oder Strom an, z. B. die Drehzahl als Tachometerspannung, die Leistung des Antriebsmotors bei Schleifern und Refinern, Leitfähigkeit, Feuchtigkeitsgehalt, Flächengewicht, p_H-Gehalt, Durchfluß bei elektrischen Durchflußmessern, Temperatur bei Messung mit Thermoelementen oder Widerstandsthermometern, Gewicht großer Behälter bei Messung mit Druckdosen.

Sehr häufig sind Stoffdrücke in Bütten und Behältern zur Messung des Stoffniveaus festzustellen. Hier fällt die Meßgröße primär als Druck an, die von der Membran des Meßgerätes auch als Druck an ein pneumatisches System weitergegeben wird. Die Membran wirkt bei anderen Geräten auf ein elektrisches System, z. B. induktive Geber, so daß sich die Meßgröße auch als elektrische Spannung darstellen läßt. Auch bei Messung der Lage werden elektrische, pneumatische oder hydraulische Geber, vielfach mit vorgeschalteten mechanischen Abtasteinrichtungen verwendet.

Bei der großen Vielfalt der Meßgrößen ist es verständlich, daß das Energieniveau der Messung sehr unterschiedlich ist. Die Ausführung der Stellgeräte richtet sich nach dem zu überwindenden Widerstandsmoment, dem Stellweg und der erforderlichen Stellgeschwindigkeit. Das meist sehr unterschiedlich große Verhältnis des Leistungsniveaus von Meß- und Stellgerät erfordert eine Verstärkung, die zum Teil vom Regler, vornehmlich aber vom Stellgerät geliefert wird.

Vom Stellgerät werden in der Verfahrenstechnik der Zellstoff- und Papierindustrie überwiegend Ventile gesteuert und Motoren geschaltet oder geregelt. Während Motoren durchwegs elektrische Stellgeräte erhalten, sieht man für Ventile und andere Fabrikationseinrichtungen mit mechanischer Verstellung, z. B. Verschiebung von Walzen, bevorzugt pneumatische oder hydraulische Stellgeräte vor, und zwar in um so größerem Maße, wenn es sich um größere Kräfte, aber kleine Stellwege handelt. Die pneumatische Steuerung wird wegen ihres weichen, elastischen Verhaltens in überwiegendem Maße vorgesehen, die Hydraulik beschränkt sich meist auf Geräte für große Stellkräfte und auf die Fälle, bei denen ein elastisches Verhalten wenig erwünscht ist. Trotzdem behaupten sich in vielen Fällen elektrische Stellantriebe für Ventile und andere Einrichtungen, besonders wenn die Meßgröße elektrisch anfällt und es nicht so sehr auf hohe Stellgeschwindigkeit ankommt.

Die Regler werden als elektrische, pneumatische oder elektropneumatische Regler ausgeführt. Hydraulische Regler sind seltener anzutreffen. Bei der großen Anzahl von Regelungen innerhalb der gleichen Fabrikanlage ist man mit Rücksicht auf Wartung und Reservehaltung bestrebt, weitgehend gleiche Bauteile zu verwenden. Meß- und Stellgeräte müssen wegen der Meßmethoden und Stellgrößen vielfach unterschiedlich sein. Man ist daher dazu übergegangen, die Regler normiert, d. h. einheitlich, auszuführen. Eingang bzw. Ausgang der Regler unterschiedlicher Ausführung liegen auf dem gleichen Niveau. Durch Zusatzgeräte können sie einerseits den jeweiligen Regelanforderungen, andererseits den Meß- und Stellgeräten angepaßt werden.

Bei Erstellung einer Anlage muß man sich daher entscheiden, ob elektrische, pneumatische oder elektropneumatische Regler verwendet werden sollen. Dabei kann man auch klarstellen, an welcher Stelle des Weges von Meßort bis Stellort ein Übergang von elektrischem zu pneumatischem Gerät oder umgekehrt zweckmäßig ist. Dies richtet sich vor allem nach den Anforderungen, gegebenenfalls auch nach den Regeleinrichtungen, die bereits an anderen Stellen der Fabrik eingebaut sind. Die Vorteile des pneumatischen Systems liegen vor allem in der Explosionssicherheit, rascher Stellgliedbetätigung, großer Stellkraft bei kleinem Stellweg, die mit geringeren Kosten zu relativ einfachen Stellgeräten führen. Demgegenüber bietet das elektrische System die Möglichkeit, Rechenschaltungen vorzunehmen und eine einfache Fernübertragung.

Zur Anpassung von Meßwert und Stellgröße an den Regler werden Umformer (Transmitter und Verstärker) verwendet, die die Meßgröße auf die normierte Eingangshöhe, erforderlichenfalls auf die abweichende Eingangsenergieform des Reglers bringen bzw. eine Anpassung von Regelausgang und Stellgerät bewirken. Solche Umformer wandeln also die Meßgröße in die gleichartige, aber normierte Eingangsgröße des Reglers, oder Spannung und Strom in den normierten pneumatischen Druck und umgekehrt. Nachstehend seien einige Beispiele solcher Meßumformer beschrieben.

Bei dem elektropneumatischen Druck- bzw. Kraftmeßumformer System Teleperm der S & H (Abb. 236a) wird die aus Druck p und wirksamer Fläche F einer Membrane sich ergebende Kraft $p \cdot F$ an einem Hebel durch die Kompensationskraft $K \cdot i$ einer in das Feld eines Permanentmagneten eindringenden Tauchspule ausgewogen. Der Strom i der Tauchspule wird durch den Abstand eines induktiven Abgriffs über einen Verstärker ausgesteuert, so daß der Waagebalken in seine Ausgangslage zurückkehrt. Der Strom i ist dabei proportional dem Druck. Umgekehrt wandelt die elektropneumatische Kraftwaage der Abb. 236b einen elektrischen Strom in einen proportionalen Luftdruck.

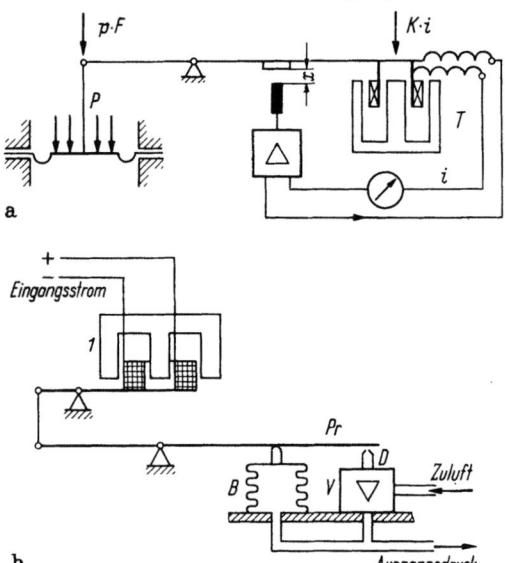

Abb. 236a u. b. Meßumformer für Druck-Strom (a) und Strom-Luftdruck (b)

P Stoffdruck; F wirksame Fläche der Meßzelle; $K \cdot i$ magnetische Kompensationskraft des Tauchspulwerkes T; i Strom; x Luftspalt des induktiven Abgriffs; B Kompensationsbalg; Pr Prallplatte; D Düse; V Verstärker; nach S & H

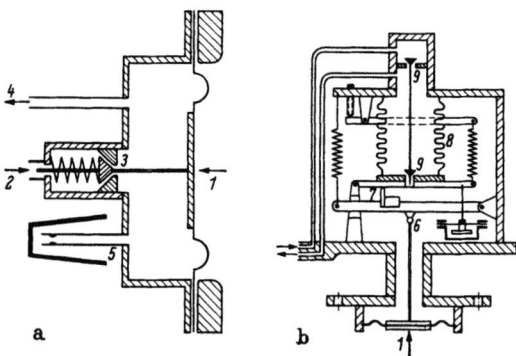

Abb. 237a u. b. Druckwandler (a), dgl. mit normiertem Ausgang (b)

1 Stoffdruck; 2 Druckluft; 3 Ventil; 4 gewandelter Druck; 5 Überschlußluft; 6 Hebelwerk mit verstellbarer Stelze 7; 8 Balg; 9 Ventile; nach DE BRUYN [6]

Einen einfachen Druckwandler von Debro zeigt Abb. 237a. Der Druck auf die Membran öffnet das Ventil, durch das Druckluft in die Meßkammer fließt, die dem zu messenden Druck das Gleichgewicht hält. Überschüssige Luft strömt über eine Drosselstelle ab, der Luftdruck wird über eine Meßleitung entnommen. Der beliebige Stoffdruck wird also in einen gleich großen Luftdruck gewandelt. Einen normierten Luftdruck liefert das in Abb. 237b dargestellte Gerät desselben Herstellers. Der Stoffdruck wird durch eine Kuppelstange auf einen Hebel und mit einer verschiebbaren Stelze auf einen zweiten Hebel übertragen, auf dem der Druck eines Faltenbalges lastet. Zwei gekuppelte Ventilteller steuern die Zu- und Abluft des Balges entsprechend der Hebellage. Der gemessene Luftdruck wird durch eine Meßleitung aus dem Balg entnommen. Durch Verschiebung der Stelze wird das Gerät an das Niveau des zu messenden Stoffdrucks angepaßt. Rein elektrische Meßumformer bestehen aus Transformatoren verstellbarer Übersetzung, Widerständen und Gleichrichtern, so daß sich ein Gleichstromsignal gewünschter Größe ergibt (s. S. 172).

Bei kleinen Stellkräften ist ein pneumatischer Regler oft imstande, mit seinem Ausgang die Verstellung selbst vorzunehmen. Dann kann der Regler am Stellort angeordnet werden. Meist ist aber eine große Verstärkung der Ausgangsleistung des Reglers notwendig. Dann werden elektrische oder pneumatische Stellantriebe verwendet, die vom Ausgang des Reglers gesteuert werden. In solchen Fällen werden die Regler, besonders wenn es sich um mehrere handelt, am Steuerstand bzw. einem besonderen Reglerfeld angeordnet.

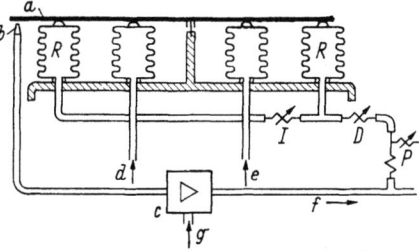

Bei pneumatischer Regelung führt die Druckleitung des Reglerausgangs zum Stellantrieb und steuert hier einen pneumatischen Verstärker, so daß die nötigen Ver-

Abb. 238. Schema des Telepneu-Reglers
a Prallplatte; *b* Düse; *c* Verstärker; *d* Istwert; *e* Sollwert; *f* Steuerluft; *g* Zuluft; *P, I, D* Einsteller für Proportionalbereich, Nachstellzeit, Vorhaltezeit; *R* Rückführung; nach S & H

stellkräfte von der Preßluftleitung geliefert werden. Elektrische Stellantriebe arbeiten mit Elektromotoren, stellungs- oder drehmomentabhängiger Ausschaltung und Abbremsung des Auslaufes.

Die Bauformen der in der Verfahrenstechnik gebräuchlichen Regler sind sehr mannigfaltig. Es können daher hier nur einige Beispiele gebracht werden. Die Abb. 238 zeigt einen pneumatischen Regler, System Telepneu von S & H. Hier werden durch den Waagebalken die Soll- und Istdrücke *d* und *e* mittels

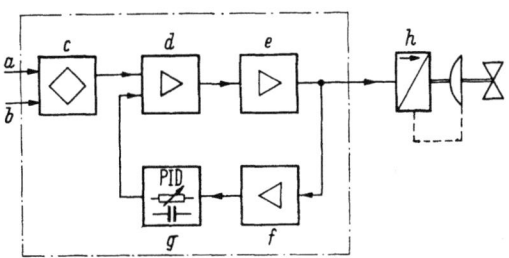

Abb. 239. Schema des Telepermreglers K
a Sollwert; *b* Istwert; *c* Meßschaltung; *d* Vorverstärker; *e* Endverstärker; *f* Rückführverstärker; *g* Rückführschaltung; *h* Teleperm-Telepneu-Stellwerk; nach S & H

der zugehörigen Bälge ausgewogen. Bei Abweichungen ändert sich die Entfernung zwischen dem als Prallplatte wirkenden Waagebalken *a* und der Düse *b*, durch die Zuluft ausströmt und infolge des sich ändernden Staudrucks über den Verstärker *c* Steuerluft *f* für das Stellgerät liefert. Auf den Waagebalken wirken noch zwei Rückführbälge *R*, die mit den Einstellorganen *P, I* und *D* dem Regler ein *PID*-Verhalten geben.

Die Grundschaltung des elektrischen Telepermreglers K von S & H mit zügigem Stellstrom ist in Abb. 239 dargestellt. Der Regler besteht aus der Meßschaltung, je einem magnetischen Vor- und Endverstärker und einem Rückführverstärker mit der Rückführschaltung. Der elektrische Ausgangsstrom wird in der Abbildung einem elektropneumatischen

Stellwerk zugeführt, durch das der pneumatische Stellantrieb gesteuert wird. Der Regler eignet sich besonders für schnelle Regelstrecken, z. B. für Druck- und Durchflußregelungen.

Ein Regler mit 3 Ausgangsstellungen, Höher, Tiefer und Ruhelage, ist der Telepermregler S, dessen Grundschaltung die Abb. 240 zeigt. Die Meßschaltung wirkt auf einen magnetischen Vorverstärker, dessen

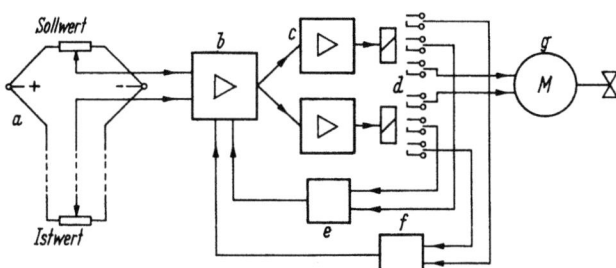

Abb. 240. Schema des Telepermreglers S mit Stellimpulslängen- und Frequenzmodulation
a Meßschaltung; *b* Vorverstärker; *c* Endverstärker; *d* Schaltrelais; *e* Kurzzeitrückführung;
f Langzeitrückführung; *g* Stellmotor; nach S & H

Ausgang zwei magnetische Kippverstärker und Steuerrelais für die beiden Drehrichtungen des elektrischen Stellmotors steuert. Ist keine Regelabweichung vorhanden, sind beide Relais abgefallen. Der Regler besitzt eine Kurzzeitrückführung mit einem RC-Glied und kann für große Anlaufzeit der Strecke auch eine thermische Langzeitrückführung erhalten. Er arbeitet gemäß Abb. 241 in der Art, daß bei kleinen Regelabweichungen kurze Impulse mit längeren Pausen abwechseln, bei großen aber die Impulse länger dauern, die nur durch kurze Pausen unterbrochen werden, wobei auch die Impulsperiode kürzer wird. Der Regler hat PI-Verhalten, wobei Proportionalbereich und Nachstellzeit mit zunehmender Regelabweichung nichtlinear abnehmen. Bei großer Abweichung bewirkt die nichtlineare Rückführung einen Vorhalt. Andere Regler, besonders solche für schnelle Regelstrecken, werden mit Transistorverstärkern ausgerüstet.

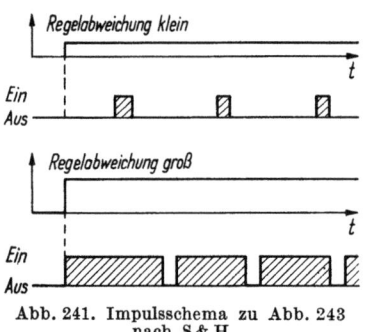

Abb. 241. Impulsschema zu Abb. 243 nach S & H

Zu jedem Regler gehört ein Sollwerteinsteller. Meist ist auch eine Überwachung erwünscht, wozu an einem Anzeige- oder Registrierinstrument der eingestellte Istwert und die auftretenden Regelabweichungen sichtbar gemacht werden. Während des Betriebes kann es notwendig werden, die Regelung abzuschalten und das Stellgerät von Hand zu verstellen. Dies tritt besonders bei Störungen im Betrieb oder in der Regelanlage auf, aber auch dann, wenn die der Regelung zugrunde liegenden ,,Ersatz"-Meßgrößen den Ablauf nicht vollkommen erfassen und auf anderen Wegen gewonnene Informationen einen Eingriff fordern. Diese Geräte werden gewöhnlich in einem sogenannten Leitgerät zusammengefaßt, das meist beim Regler auf dem Steuerstand angeordnet wird.

Die für die Registrierung gebildeten digitalen Größen lassen sich auch für die Regelung verwenden, gegebenenfalls entsprechend einer Funktion aus mehreren Größen und in Verbindung mit der Zeit, also entsprechend einem eingegebenen Programm. Dabei werden die sich ergebenden Größen durch einen Digital-analog-Wandler in einen analogen Wert zur Aufschaltung auf die gebräuchlichen analogen Regler oder Steller umgesetzt. Voraussetzung für die Verwendung derartiger Einrichtungen ist jedoch, daß die Funktion des Zusammenwirkens der einzelnen Meßgrößen bekannt ist, was bei den in der Zellstoff- und Papierindustrie ablaufenden Prozessen vielfach noch nicht der Fall ist. Es darf jedoch erwartet werden, daß diese Mittel mit fortschreitender Entwicklung wie in anderen Industriezweigen auch hier erhöhte Anwendung finden.

Die in den Betriebsräumen aufzustellenden Geräte, also Meß- und Stelleinrichtungen, gegebenenfalls auch hier anzuordnende Regler, müssen den besonderen Anforderungen des Betriebes angepaßt sein. Sie sollen gegen Wasser und soweit erforderlich gegen höhere Temperaturen und chemische Einflüsse, z. B. Säuredämpfe, geschützt sein, sie dürfen auch den Stofflauf und die Bedienung nicht behindern. Bei Einbau in den Stoffstrom müssen tote Räume wegen Bildung von Ablagerungen vermieden und die Verstopfung von Meßleitungen, z. B. durch Spülung mit geringen Wassermengen oder durch Putzbürsten, verhindert werden. Für die in einer geschlossenen Zentrale angeordneten Geräte ergeben sich erleichterte Bedingungen, wenn durch geringen Überdruck im Raum und evtl. durch Klimatisierung für gute Raumluft Sorge getragen wird.

9. Der Weg zur Automation

Mit der Vergrößerung der Betriebe hat sich auch ein gewisser Zwang zur Rationalisierung eingestellt. Ist es doch ihre Aufgabe, den Betrieb so zu gestalten, daß bei der Arbeit des Menschen, der bedienten Maschine, Abteilung und Fabrik geringste Kosten auf das Erzeugnis entfallen. Das Rationalisieren erstreckt sich auch in der Zellstoff- und Papierindustrie auf alle Bereiche des produktiven Schaffens, wie Vorbereitung und Durchführung der Arbeit, Werkzeuge, Maschinen und benötigte Energie, Fluß der Stoffe, Beschränkung der Sorten, Erfassung der Kosten u. a. Als Folge ergibt sich die Ausschaltung vieler Fehler und

Totzeiten, Erhöhung von Produktion und Qualität, Ersparnisse an Rohstoffen, Energie und menschlicher Arbeitskraft.

Die Rationalisierung wirkt sich auch in einer weitgehenden Mechanisierung vieler Arbeiten aus, die zugleich physische Entlastung des arbeitenden Menschen bringt. Dazu kommt die Automatisierung einer Reihe von Arbeitsvorgängen, wodurch deren folgerichtiger Ablauf durch eine eingeprägte Steuerkette oder die selbsttätige Aufrechterhaltung eines Arbeitskennwerts durch eine Regelung sichergestellt wird.

Die mit diesen Maßnahmen erzielten großen Fortschritte wiesen in so manchen Industriezweigen zur Automation des Fabrikbetriebs, bei der an dem bearbeiteten Werkstoff alle Komponenten des Arbeitsprozesses in Abhängigkeit von den auftretenden Veränderungen und dem gewünschten Endzustand entsprechend einem eingegebenen Programm gesteuert werden. In der Zellstoff- und Papierindustrie ist man von der Automation des Fabrikbetriebs noch weit entfernt, weil sich die oft wechselnden Eigenschaften der Rohstoffe und die beim Ablauf der Fabrikation auftretenden Kenngrößen vielfach bisher nicht in genügender Weise meßtechnisch erfassen ließen oder alle bestimmenden Komponenten und ihr Zusammenwirken im Hinblick auf die erforderliche Reproduzierbarkeit der Ergebnisse noch nicht genügend bekannt sind. Daher ist gegenwärtig die Automation auf einzelne Vorgänge beschränkt, bei denen bereits Mechanisierung und Automatisierung einer Automation dieses Abschnittes nahekommt. Dabei wird vorgesehen, bei der laufenden Überwachung jederzeit mittels einer Handsteuerung einzugreifen und damit auch einzelne vorhandene Regelungen vorübergehend außer Betrieb zu setzen.

Seit jeher sind den einzelnen Abteilungen der Fabrik rezeptmäßig Anweisungen über die Art und Menge der zu verwendenden Stoffe und über die Durchführung des Arbeitsprozesses gegeben worden. Einen Schritt zur Automation stellt die Lochkarte dar, die die kennzeichnenden Daten des automatisierten Betriebsabschnittes enthält. Sie wird in den Fühler der Steuerung eingelegt, von der die Arbeitsmaschinen und Prozesse selbsttätig eingestellt und gegebenenfalls nach dem in der Karte enthaltenen Zeitplan, evtl. in Verbindung mit einer Kurvenscheibe verstellt werden.

Ansätze zur Automation einzelner Vorgänge findet man z. B. in der Zellstoffkocherei hinsichtlich des Verlaufes von Druck und Temperatur im Kocher. Vielfach sind dabei aber noch steuernde Eingriffe durch den überwachenden Ingenieur notwendig. In der Aufbereitung der Rohstoffe, in Bleicherei, Stoffaufbereitung, Stoffzuteilung durch die Stoffzentrale und im Stofflauf bis zur Papiermaschine ist die Automation in vielen Betrieben bereits weit fortgeschritten, wobei die laufende Überwachung nur relativ wenig steuernd einzugreifen braucht.

Bei den Papiermaschinen stellen sich jedoch der Automation viele Schwierigkeiten entgegen, weil sich hier manche Kenngrößen schwer erfassen lassen, die Regelung vielfach durch große Zeitkonstanten der Regelstrecke erschwert wird und die Regelkreise durch die Bahn gekoppelt sind. Der Zug zur Automation geht daher dahin, alle sich ändernden Vorgänge zu erfassen, die notwendig werdenden Eingriffe zu automatisieren und die Kenngrößen durch Regelung konstant zu halten. Dabei wird besondere Aufmerksamkeit auf die Ausschaltung oder Gleichhaltung von Störgrößen gelegt, die besonders in Regelkreisen mit großen Zeitkonstanten stören. Erst die voll automatisierte und geregelte Papiermaschine gibt durch entsprechende Abstimmung der Steuer- und Regelkreise den Weg frei für ihre vollständige Automation.

C. Beispiele von Stoffstraßen

Die in der Zellstoff- und Papierindustrie vorkommenden Stoffstraßen sind sehr unterschiedlich hinsichtlich ihrer Art und hinsichtlich der zu steuernden oder zu regelnden Größen. Hierbei kann es sich z. B. nur um den Transport der Hölzer vom Stapelplatz zur Schleiferei oder Hackerei handeln oder um das kontinuierliche Ab- und Aufrollen der Bahn in Umrollern und Kalandern, wobei auch die Bahnspannung gleichzuhalten ist. In anderen Straßen, z. B. beim Kochen und Bleichen von Zellstoff, stehen vor allem chemische Prozesse im Vordergrund, die bestimmte Mischungsverhältnisse, Drücke, Temperaturen und Durchlaufgeschwindigkeiten erfordern. Schließlich laufen in der Papiermaschine mechanische, hydraulische, wärmetechnische, physikalische und in der Faserbindung auch chemische Vorgänge ab, die einer Überwachung bedürfen.

Die nachfolgende kurze Beschreibung einiger Stoffstraßen soll einen Einblick in die Vielfalt der Einrichtungen und der zu steuernden Vorgänge geben.

1. Beschickung von Holzschleifern und Holzhackern

Das ältere Verfahren bei der Beschickung von Pressenschleifern sah vor, daß die einzelnen Knüppel von Hand in die leere Schleifkammer eingelegt wurden. Eine Verkürzung toter Schleifzeiten erreichte man dadurch, daß die Knüppel in einen neben der Kammer angeordneten und ihren Abmessungen angepaßten Behälter eingelegt werden, so daß sich die Knüppel gemeinsam mittels eines Stempels in die leere Kammer einschieben ließen. Die Kettenschleifer lassen eine kontinuierliche Beschickung ohne Unterbrechung des Schleifvorganges zu. In allen Fällen müssen die der Fabrik angelieferten Knüppel in passender Länge zum Orte der Beschickung transportiert werden.

In größeren Anlagen werden ganze Stämme auf einem Fluß angeschwemmt oder auf andere Weise angeliefert. Die bei Bedarf auf gleiche Länge zugeschnittenen Stämme müssen erst Entrindungsmaschinen unterschiedlicher Bauart zugeführt, die nicht völlig gesäuberten Stämme aussortiert und einer Nachbehandlung unterzogen werden. Die fertig entrindeten Knüppel, die für das Schleifen auf gleiche Länge geschnitten werden, bringt man mittels Transportketten und Rinnen zum Schleifer oder Hacker. Diese Arbeitsvorgänge versucht man weitgehend zu automatisieren, wobei die Transportgeschwindigkeit der Aufnahmefähigkeit der Entrindungsmaschinen, Schleifer und Hacker angepaßt wird oder Ausgleich der Förderung durch Änderung der Knüppelaufgabe bzw. Übergabe zu großer Anlieferung durch Weichenstellung an ein Zwischenlager erfolgt. Die gleiche Förderanlage versorgt meistens mehrere Schleifer, wobei der Knüppelstrom durch Öffnen von Falltüren über den zu versorgenden Steigschleifer oder den Füllbehälter der Schleifkammer gelenkt wird. Bei photoelektrischer Abtastung der Füllhöhe kann ein selbsttätiges Schließen der Falltür bewirkt werden, so daß der Knüppelstrom zum nächsten Schleifer weiterfließt. Die Steuerung des Transportes kann nicht dauernd automatisch erfolgen, weil die Knüppel vielfach nicht gleichmäßig sind und insbesondere krumme Knüppel sich auf den Transporteinrichtungen verlagern und zu Stauungen Anlaß geben. Deshalb fordern solche Anlagen laufende Überwachung, Zurechtrücken ausweichender Knüppel und Korrektur der Automatik durch Handsteuerung. Trotz dieser Mängel bringen derartige Transporteinrichtungen einen raschen Fluß der Knüppel zu den Maschinen und eine große Entlastung des Personals.

Der Schleifprozeß selbst hat sich bisher einer Automation weitgehend entzogen. Die Ursache liegt darin, daß das Schleifen von vielen Faktoren, wie Holzbeschaffenheit, Anpreßdruck, Umlaufgeschwindigkeit, Schärfe, Verschmierung und Tauchtiefe des Steines, Spritzwasser, Temperatur, Konsistenz des Troginhaltes und anderem abhängig ist. Erst das Zusammenwirken dieser Faktoren bestimmt Menge und Qualität des erzeugten Schliffes. Viele der Faktoren lassen sich zwar messen, ihre Wirkung wird jedoch von anderen als Störgrößen auftretenden Faktoren beeinträchtigt, so daß die Messungen allein noch keine eindeutige Anweisungen für die Steuerung des Schleifprozesses geben. Notwendig ist daher, die Verkettung der einzelnen Größen zu erfassen und danach zu steuern.

Es fehlt auch nicht an Entwicklungen, die Gewinnung von Holzschliff auch maschinenmäßig anders zu gestalten, damit sie durch Auflösung in hintereinandergeschaltete Einzelvorgänge mit wenig Störgrößen einer Automation zugänglich wird. Zum Beispiel werden nach BRECHT [2] bei einem Verfahren von Bauer Brothers (Abb. 242) Holzschnitzel nach Tränkung in großen Scheibenrefinern zerfasert, der Schliff anschließend sortiert, wobei der Grobstoff nochmals durch die Refiner, der Gutstoff in drei Stufen durch Zentriklone geschickt wird, die Verunreinigungen und verbliebene Splitter ausscheiden. In den

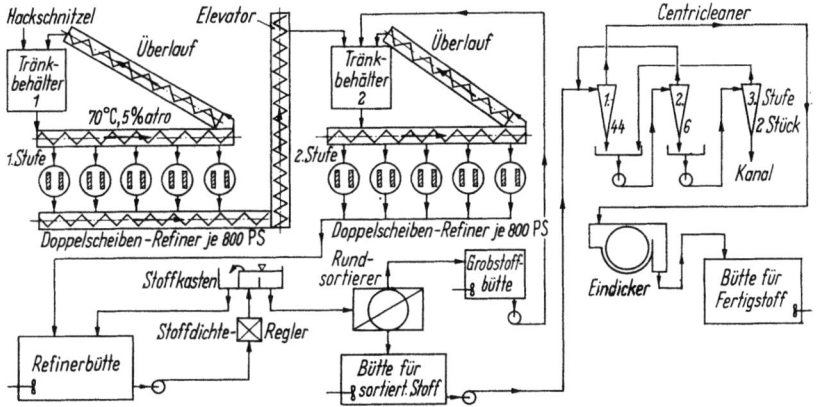

Abb. 242. Herstellung von Holzschliff aus Hackschnitzeln
Anlage von Bauer Brothers für 120 to/Tag; nach BRECHT

einzelnen Stufen werden die bestimmenden Größen, wie Durchflußgeschwindigkeit, Stoffdichte, Temperatur, Mahlung u. a., beobachtet und geregelt.

2. Aufschließen und Bleichen von Zellstoff

Die Fabrikation umfaßt das Füllen der Kocher aus den Schnitzelsilos, das Einleiten der Kochlauge und das Kochen, das Abgasen, den Ausstoß, das Waschen und das Bleichen. Daneben laufen die Herstellung der Kochsäure oder Kochlauge und der Bleichstoffe, die Wiedergewinnung der Chemikalien aus der Ablauge, der Abwärme der Brüden in Wärmeaustauschern und die Verarbeitung und Beseitigung der Abfallstoffe. Je nach den verwendeten Rohstoffen und je nach Art und Grad der Aufschließung zu Zellstoff oder Halbzellstoff unterscheiden sich die einzelnen Verfahren und die Ausrüstung mit Maschinen und Apparaten. Bei den meisten Verfahren erfolgt das Kochen diskontinuierlich in Chargen. Da fast stets eine Reihe von Kochern aufgestellt werden, können Füllen, Kochen und Ausstoßen mit einer Zeitverschiebung entsprechend Kochzeit und Kocherzahl vorgenommen werden, so daß sich eine Vergleichmäßigung der Stoffflüsse ergibt. Die Fabrikation ist durch die aufgestellten notwendigen Vorratsbehälter und Bütten vor und hinter dem Kocher und zwischen den einzelnen Wasch- und Bleichstufen, ebenso bei der Herstellung der Koch- und Bleichmittel und der Verarbeitung der Abfälle in eine größere Zahl von Abschnitten unterteilt, in welchen die Arbeitsvorgänge ablaufen. Bei Erzeugung von Sulfitzellstoff sind für den Kochprozeß vornehmlich folgende Komponenten maßgebend: Holzmenge und Feuchtigkeitsgehalt, Menge und chemische Zusammensetzung der Kochsäure, Druck und Temperaturverlauf. Zirkulationsverhältnisse, Imprägnierung und Abgasprozeß. Auch wenn diese weitgehend gleichgehalten werden, muß schon wegen der nicht zu vermeidenden Ungleichmäßigkeit der gewachsenen Rohstoffe der Fortgang des Aufschlusses an entnommenen Proben laufend überprüft und das Steuerprogramm erforderlichenfalls geändert werden.

Die Komponenten sollen möglichst gleichmäßig sein und aufeinander abgestimmt werden, die Führung des Kochprozesses dem gewünschten Programm entsprechen. Dazu wird z. B. das Schnitzelgut auf den Zuführbändern auf Bandwaagen gewogen, der Feuchtigkeitsgehalt an Proben oder laufend durch Kapazitätsmessungen festgestellt und die Füllung durch neuzeitliche Dampffüllapparate vergleichmäßigt. Diese bewirken auch einen Ausgleich von unterschiedlichem Feuchtigkeitsgehalt, die verbrauchte Dampfmenge wird gemessen. Neuerdings werden die Kocher auf Druckmeßdosen gesetzt, wodurch außer dem Gewicht der Schnitzel auch die zugeführte bzw. abgezogene Säure festgestellt wird. Ziel aller Maßnahmen ist, einen möglichst konstanten Füllgrad des Kochers zu erhalten.

Auch die Herstellung von Kochsäure und Bleichmitteln in gleichmäßiger Zusammensetzung, ihre Bevorratung, Anwärmung und Zuteilung erfordert mancherlei Meß-, Steuer- und Regeleinrichtungen.

Das Kochen muß zur Erzielung der gewünschten Sorten nach festgelegten Programmen für den zeitlichen Verlauf von Temperatur und Druck geführt werden. Dazu sind Meß-, Steuer- und Regelgeräte notwendig, die die Kenngrößen der Komponenten anzeigen und im gewünschten Sinne regeln. Dabei geben entnommene Proben Aufschluß über den Fortgang des Kochprozesses, z. B. die Verfärbung der Kochsäure im letzten Drittel der Kochzeit, so daß — falls nötig — das Programm der Steuerung in Richtung einer Beschleunigung oder Verzögerung geändert werden kann.

Zur Beendigung des Kochens wird durch die Abgasung der Kochdruck herabgesetzt. Auch dieser Vorgang muß zeitlich gesteuert werden, um für die Gasabgabe optimale Bedingungen zu erhalten und um den Aufschluß zu dem gewünschten Ende zu führen. Dabei wird z. B. die Lichtdurchlässigkeit einer laufend entnommenen Säureprobe durch ein Kolorimeter überprüft, bei einem festgelegten Meßwert die Abgasung durch Aufschaltung eines Impulses auf den Regler des Abgasventils begonnen. Der Regler steuert nach vorgegebenem Programm die Verminderung des Kocherdrucks, wobei das Kolorimeter je nach der Farbänderung die Herabsetzung des Druckes beschleunigt oder verzögert. Nach Beendigung des Kochens wird die Kochsäure abgezogen, das Koch-

C. Beispiele von Stoffstraßen

gut ausgestoßen, in Wascheinrichtungen von noch anhaftender Kochsäure befreit, aufgeschlagen und etwa verbliebene gröbere Bestandteile ausgefiltert und auf die gewünschte Stoffdichte eingedickt. Auch bei diesen Arbeitsvorgängen ist man um einen möglichst kontinuierlichen, gesteuerten Ablauf bemüht.

Der Sulfitzellstoff besitzt eine schmutziggraue bis rötliche Farbe und muß daher für die meisten Verwendungszwecke gebleicht werden. Das Bleichen von Zellstoff wird in wenigstens 3 Stufen vorgenommen, weil dadurch der Zellstoff geschont, seine Qualität also verbessert und Bleichmittel gespart werden. Bei Bleichereien für Sulfitzellstoff führt man der durch Chlorierungstürme fließenden Zellstoffsuspension geringer Stoffdichte elementares Chlor in einem einstellbaren Verhältnis zu, das auch bei Durchflußänderungen durch einen Verhältnisregler konstant gehalten werden muß.

In der zweiten Stufe erfolgt eine alkalische Behandlung im Alkaliturm mit Natronlauge bei etwa 60 bis 80 °C und bei mehrfach höherer Stoffdichte. Dabei werden die im Zellstoff verbliebenen Reaktionsprodukte entfernt. Die Zuteilung der Natronlauge, evtl. auch anderer Zusätze, geschieht auch hier unter Überwachung durch eine Verhältnisregelung, auch die Temperatur wird durch Verstellen des Dampfventils mittels eines Reglers konstant gehalten. Anschließend wird in ähnlicher Weise mit Hypochlorit und Chlordioxid gebleicht.

Zwischen jeder Bleichstufe wird der Zellstoff in Zellenfiltern gewaschen und die erforderliche Stoffdichte hergestellt. Dabei sind Behälter notwendig, deren Füllstand ebenso wie die Stoffdichte und der pH-Gehalt gemessen bzw. gesteuert und geregelt wird. Auch bei der Aufbereitung der Chemikalien sind zahlreiche Meßstellen für die Behälterstände, Gasmengen und Drücke erforderlich.

3. Stofflöser (Pulper)

Die einzutragende Stoffmenge wird entsprechend der gegebenen Vorschrift auf einer Bandwaage gewogen und registriert und auf einem Eintragsband gestapelt. Um beim Auflösen die gewünschte Dichte zu erhalten, wird auch das zuzusetzende Wasser in einem Dosiergefäß gemessen, wobei ein Kontaktmanometer bei erreichtem Wasserstand das Füllventil schließt. Die Wassermenge wird ebenfalls registriert. Auf den Startbefehl wird der Antriebsmotor in Betrieb genommen und das Wasser nebst dem Rohstoff eingefüllt. Wenn nach abgeschlossener Auflösung die Stoffdichte für die anschließende Mahlung auf einen vorgeschriebenen Betrag verkleinert werden soll, wird zum voreingestellten Zeitpunkt eine zusätzliche, in gleicher Weise zugemessene Wassermenge zugesetzt und nach Durchmischung in eine Bütte entleert. Die Abb. 243 zeigt die Anordnung und Steuerung eines Stofflösers.

Die Wasserdosierung kann auch mit einem Durchlaufzählwerk erfolgen, wobei die erforderliche Wassermenge an einem Sollzählwerk

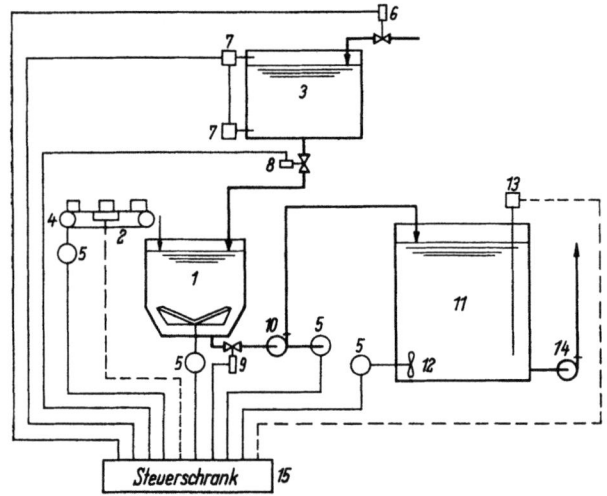

Abb. 243
Automatische Steuerung eines Stofflösers (1) mit Bandwaage (2) und Wasserdosierbehälter (3)
4 Transportband für Eintragsgut; 5 Antriebsmotoren; 6 Füllventil für Wasser; 7 Niveaugrenzschalter; 8 Entleerungsventil für Wasser; 9 dgl. für Stoff; 10 Entleerungspumpe; 11 Ableerbütte; 12 Rührwerk; 13 Niveauanzeige; 14 Stoffpumpe; 15 Steuerschrank; - - - Messung; —— Steuerung; nach WULTSCH

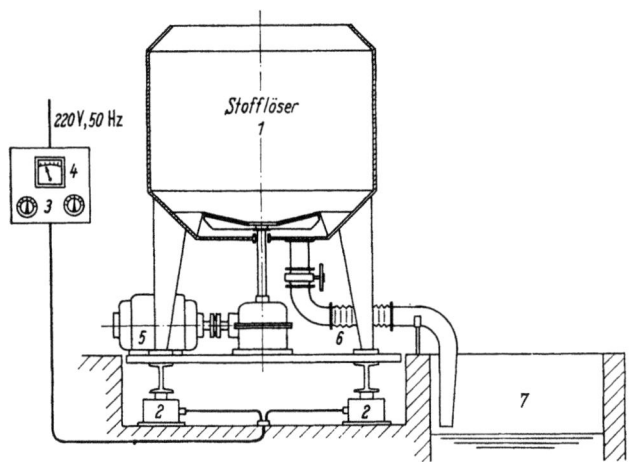

Abb. 244. Stofflöser (1) mit Dosierung durch Druckmeßdosen (2)
3 Sollwerteinsteller; 4 Anzeigeinstrument; 5 Antriebsmotor; 6 Schlauchzwischenstück; 7 Ableerbütte; nach WULTSCH

eingestellt wird. Ist diese Menge vom Durchlaufzählwerk erreicht, schließt sich das Zulaufventil. Der Durchlauf des Stoffes durch den Pulper kann durch Einstellung der Auflöse-, Misch- und Ablaßzeit vollständig automatisiert werden. Neuerdings hat man den Stofflöser auf Druckdosen gesetzt, so daß das Einwiegen aller Stoffe im Stofflöser selbst erfolgen kann (Abb. 244).

4. Stoffaufbereitung

Zur Steuerung der Stoffaufbereitung im Holländer hat STIEL [30] bereits 1920 vorgeschlagen, den Abstand der Mahlwalze vom Grundwerk wegen der mit fortschreitender Mahlung sich ändernden Leistungsaufnahme des Holländers durch einen Regler und Stellmotor auf konstante, gegebenenfalls nach einem Programm mit Kurvenscheibe auf kontinuierlich veränderbare Leistung zu regeln. Dabei wurde auch eine Automatisierung beim Eintrag der Stoffe durch Steuerung der Klappen und Ventile von Silos und Behältern angeregt. Bei den Besonderheiten des Holländerbetriebes hat man sich jedoch meistens mit dem Auswiegen von Mahlwalze und Mahldruck durch Hebel und Gewichte begnügt, erst in neuerer Zeit werden diese Vorschläge bei Refiner und Stofflöser durchgeführt.

Während in herkömmlicher Art die einzelnen Halbstoffe nach Qualität und Quantität dosiert in den Holländer oder Pulper eingetragen und dann gemeinsam gemahlen wurden, setzt sich in neueren Fabriken die getrennte Mahlung der einzelnen Stoffkomponenten immer mehr durch.

Bei diesem Verfahren besteht daher die Stoffaufbereitung aus mehreren parallel laufenden Straßen, z. B. für Holzzellstoff, Strohzellstoff, Holzschliff, Altpapier. Der Maschinenpark dieser Straßen weist wegen der unterschiedlichen Rohstoffe Unterschiede in der Art und Anzahl der Arbeitsmaschinen auf. Bei wechselnden Papiersorten muß vielfach auch die Mahlung geändert werden, wenn z. B. röscher oder schmieriger Stoff benötigt wird. Dann können einzelne Mahlmaschinen umgangen, im anderen Fall andere, evtl. auch freie Maschinen aus einer Nachbarstraße hinzugenommen werden. Es ergeben sich so wechselnde Stoffwege, die durch Ventile und Schieber bereitgestellt werden. Den einzelnen Straßen sind meist eigene Stofflöser vorgeschaltet, wenn nicht fertiger, aufgeschlossener Halbstoff von der Zellstoffabrik oder Schleiferei bereitgestellt wird. Die Aufbereitung erfolgt in kontinuierlichem Verfahren von den Ableerbütten der Stofflöser bis zu den Vorratsbütten des aufbereiteten Stoffes. Die Abb. 245 zeigt den Durchfluß durch eine derartige Anlage. Hier sind nur 3 Refiner in Reihe dargestellt. Meist ist eine größere Anzahl vorhanden. Dann können vielfach einzelne Refiner mittels Dreiwegeventilen parallelgeschaltet und so eine Anpassung an wechselnde Verhältnisse erzielt werden. Die Abbildung zeigt auch die Regelung des Durchflusses mittels Druckmesser (*7*), Regler (*8*) und Regelventil (*6*). Der gewünschte Durchfluß wird durch das Ventil (*5*) zum Auslauf in die Zwischenbütte (*3*) eingestellt. Meist werden in den

344   IX. Arbeitsablauf in Zellstoff- und Papierfabriken

Stofflauf auch Entstipper und Reinigungsmaschinen eingeschaltet, die verbliebene Stippen (Faserknäuel) auflösen bzw. Fremdstoffe entfernen.

Die Automatisierung umfaßt die Bereitstellung der gewünschten Stoffwege, die Steuerung der Antriebsmotoren von Pumpen und Mahlmaschinen, Anstellen der Refinerkegel und deren Regelung, Messung,

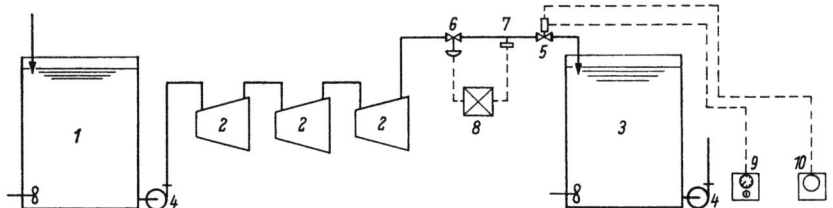

Abb. 245. Durchflußregelung einer Mahlanlage
1 Ableerbütte des Stofflösers; *2* Refiner; *3* Zwischenbütte; *4* Stoffpumpen; *5* Einstellventil; *6* Regelventil; *7* Druckmeßdose; *8* Regler; *9* Ventilfernverstellung; *10* Schreiber für Ventilverstellung (Durchflußmenge); nach WULTSCH

Registrierung und Regelung von Antriebsleistung, Stoffständen, Drücken und Durchfluß. Die Stofflöser können in die zentrale Überwachung mit einbezogen werden, vielfach wird sie aber am eigenen Steuerstand von seinem Bedienungspersonal vorgenommen.

5. Zyklieranlagen

Zyklieranlagen werden vornehmlich dann zur Mahlung des Stoffes verwendet, wenn kleine Posten bei häufigem Sortenwechsel — gegebenenfalls unter Wechsel des Mahlgeschirres — aufbereitet werden sollen. Aus einer der Zyklierbütten in Abb. 246, die vorher mit Stoff in der erforderlichen Menge gefüllt wurde, wird der Stoff mittels der Zyklierpumpe durch die Refiner in die zweite Zyklierbütte gedrückt. Ist die erste annähernd leer, werden die Stoffschieber so umgestellt, daß der Stoff aus der zweiten über Pumpe und Mahlmaschinen in die erste entleert. Der Wechsel wird bis zur Fertigmahlung forgesetzt und beim letzten Durchgang in die Stapelbütte entleert, gleichzeitig in die leere Bütte neuer Stoff eingefüllt.

Derartige Anlagen lassen sich leicht automatisieren und bringen dann den vollen Vorteil. Nach Füllung einer Zyklierbütte wird die Anzahl der Umläufe auf Grund von Erfahrungen eingestellt, die Refinermotoren bei abgefahrenem Kegel durch Druckknopfsteuerung angefahren und mit einem Starterknopf die Zyklierung eingeleitet. Dabei gehen die Stoffschieber mittels Fernverstellung in die richtige Stellung, die Zyklierpumpe läuft an, nach Erreichen des nötigen Stoffdrucks bewirkt ein Drucktransmitter das Anfahren der Refinerkegel und die Leistungsregler werden eingeschaltet. Bei Leerung der Bütte veranlaßt der Druckmesser *1* über den Impulsspeicher *3* und den Impulsgeber *4* die Umsteuerung der Ventile. Vor der letzten Zyklierung wird das Ventil *11* hinter den Refinern auf Entleerung nach der Maschinenbütte geschaltet. Wird die Bütte leer, bewirkt der Druckmesser *1* ein schnelles Abfahren der Refinerkegel. Ein Signal zeigt dann die Bereitschaft für eine neue Charge an.

Die Steuereinrichtungen werden in einem Pult oder Schrank untergebracht, das auch die Symbole des Stofflaufs und die Niveaumeßgeräte

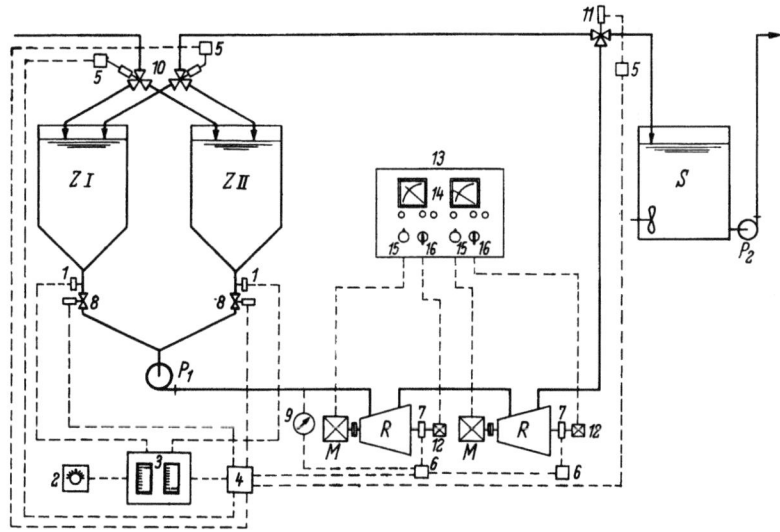

Abb. 246. Grundschaltung einer Zyklieranlage mit getrennten Bütten
Z Zyklierbütte; P_1 Zyklierpumpe; *R* Refiner; *M* Antriebsmotor; *S* Stapelbütte; P_2 Stoffpumpe; *1* Drucktransmitter; *2* Vorwahl der Anzahl der Zyklierungen; *3* Impulsspeicher mit Büttenstandsanzeiger; *4* Impulsgeber für Ventile; *5* elektropneumatische Steuerventile; *6* elektrohydraulische Steuerventile; *7* hydraulische Kegelverstellung; *8* Ablaufventile für Zyklierbütten; *9* Kontaktmanometer für Stoffdrucküberwachung; *10* Umschaltventile für Zyklierbütten; *11* Umsteuerventil für Stapelbütte; *12* Stellmotor für Leistungsregelung; *13* Steuertafel für Refinerleistungsregelung; *14* Meßgeräte für Refinerbelastung; *15* Belastungseinstellung; *16* Steuertaster für Kegelhandverstellung; nach WULTSCH

enthält. Mit den Niveaufernanzeigern kann die gewünschte Stoffmenge eingemessen und der jeweilige Büttenstand überwacht werden. Die Steuerung der Refiner mit Meßinstrumenten kann auf einer besonderen Tafel oder dem Steuerschrank angeordnet werden.

6. Stoffzentrale

Die getrennte Aufbereitung der Rohstoffe erfordert Geräte, die eine möglichst automatische und kontinuierliche Dosierung der Stoffkomponenten und der Zuschläge bewirken. Die Mengenverhältnisse der Mischung sollen gleichbleiben und die Gesamtmenge dem Verbrauch angepaßt werden. Die Zusammensetzung der Mischung soll möglichst von einer Stelle aus eingestellt, hier auch angezeigt und registriert werden können. All die hierzu erforderlichen Einrichtungen werden mit der Bezeichnung Stoffzentrale zusammengefaßt.

Voraussetzung einer gleichmäßigen Zuteilung der Stoffe ist gleichbleibende Stoffdichte. Deshalb sollen Stoff und Zuschläge vor der Zuteilung auf gleichbleibende Dichte geregelt werden. Die dem durchlaufenden Stoff noch anhaftende Ungleichmäßigkeit wird durch die Mischung aller Stoffe in der nachfolgenden Papiermaschinenbütte weitgehend auf einen Mittelwert ausgeglichen. Die Zuteilung selbst kann auf verschiedene Weise vorgenommen werden.

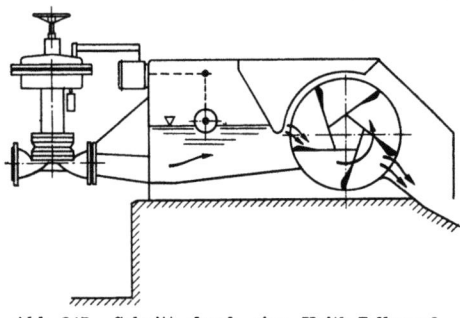

Abb. 247. Schnitt durch eine Voith-Zellenrad-Stoffzentrale

Die *Zellenradstoffzentrale* besteht aus einem Zellenrad für jede Stoffart gemäß Abb. 247. Die zugemessene Menge ist proportional dem Zelleninhalt und der Drehzahl. Wichtig ist die Formgebung der Zellen, damit diese bei den vorkommenden Stoffqualitäten und Drehzahlen stets voll gefüllt werden. Dazu gehört auch, daß die Stoffhöhe vor dem Zellenrad durch einen Überlauf oder einen Niveauregler gleichgehalten wird. Die Zuschläge werden durch Dosierpumpen zugegeben.

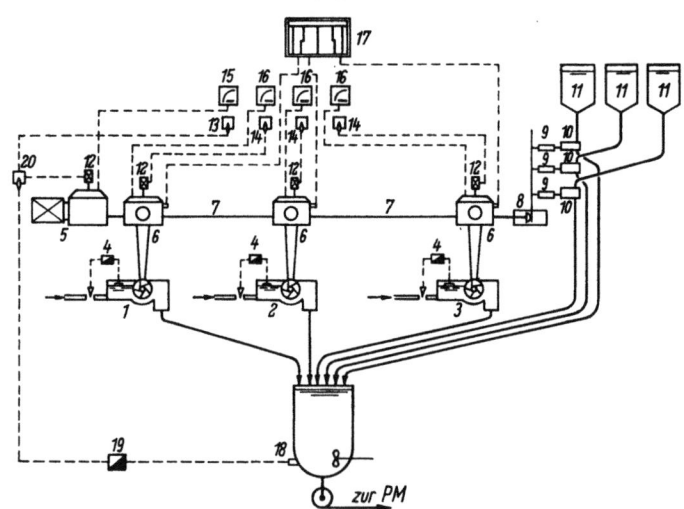

Abb. 248. Grundschaltung einer Zellenradstoffzentrale mit mechanischem Antrieb
1—3 Zellenräder; *4* Niveauregler; *5* Verstellgetriebe am Antriebsmotor; *6* dgl. an den Zellenrädern; *7* Antriebswelle; *8* Winkelgetriebe; *9* Hubverstellung für Dosierpumpen (*10*); *11* Behälter für Zuschläge; *12* Stellantriebe für Getriebe; *13, 14* Sollwerteinsteller für (*12*); *15, 16* Meßgeräte zu (*12*); *17* Mehrfachschreiber; *18* Druckmesser; *19* Meßumformer; *20* Büttenniveauregler; nach BREUNINGER

Bei dem in Abb. 248 dargestellten mechanischen Antrieb treibt ein Drehstrommotor über ein Getriebe 5 mit verstellbarer Übersetzung eine Welle 7, von der über stellbare Getriebe 6 die Zellräder 1 bis 3 getrieben werden. Die Dosierpumpen 10 können an die gleiche Welle 7 fest angeschlossen werden, da deren Förderung durch Änderung des Hubes eingestellt wird. Die Einstellung der Mischung erfolgt durch Fernverstellung der Getriebe 6 und der Hubverstellungen 9, die Regelung

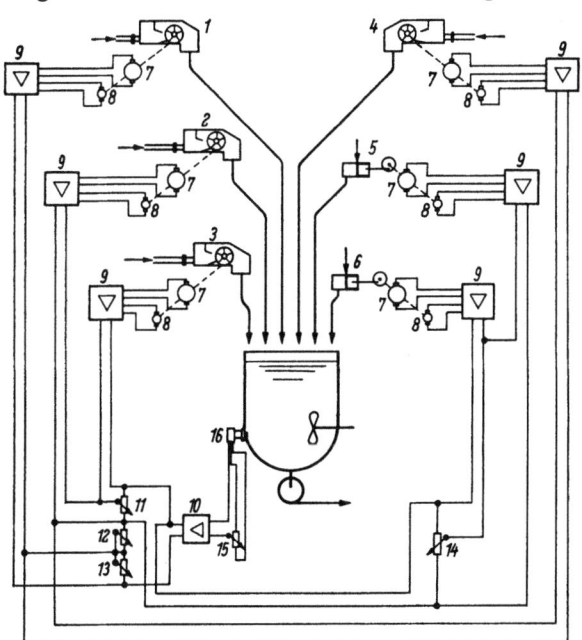

Abb. 249. Grundschaltung einer Zellenradstoffzentrale mit elektrischem Einzelantrieb
1—4 Zellenräder; *5, 6* Dosierpumpen; *7* Gleichstromantriebsmotoren; *8* Tachometermaschinen; *9* Regelverstärker für Motoren; *10* dgl. für Niveaugeschwindigkeit bzw. Solldrehzahleinsteller (*11—14*); *15* Sollwerteinsteller für Maschinenbütte; *16* Stoffstandmesser für Maschinenbütte; nach BREUNINGER

der Gesamtmenge an dem Getriebe 5 mittels des Reglers 20, Transmitter 19 und Büttenstandmesser 18. Einstellung und Fördermenge wird durch Instrumente 15, 16 angezeigt und durch den Schreiber 17 registriert. Die gemeinsame Antriebswelle bedingt eine konzentrierte Aufstellung der Zuteiler mit entsprechender Führung der Rohrleitungen.

Der Längswellenantrieb kann ähnlich wie bei Papiermaschinen in einen elektrischen Mehrmotorenantrieb mit Gleichstrommotoren und Gleichlaufregelung an jedem Zuteiler aufgelöst werden. Die Abb. 249 zeigt eine von Feldmühle-AEG entwickelte Anlage [21], bei der der Drehzahlistwert von Tachometergeneratoren 8 an den Antriebsmotoren 7 geliefert, der Sollwert der Mischung von einstellbaren Potentiometern 11 bis 14 abgegriffen wird. Soll- und Istwert steuern über die Regler 9

348   IX. Arbeitsablauf in Zellstoff- und Papierfabriken

die Antriebsmotoren. Die Speisespannung der Potentiometer, die der zu fördernden Gesamtmenge entspricht, gibt ein Verstärker *10* in Abhängigkeit von dem Stoffhöhenmesser *16* an der Bütte. Bei dieser Antriebsart können die Zuteiler beliebig angeordnet werden, wie es eben kürzeste Rohrleitungen ergeben.

Die *Meßblendenstoffzentrale* beruht auf dem unterschiedlich großen, freien Ausfluß aus einer rechteckigen Öffnung im offenen Stoffkasten mit konstanter Stoffhöhe. Ihr Querschnitt kann durch eine verschiebbare Blende geändert werden. Die Blende ist der älteste in der Papierindustrie verwendete Zuteiler, wegen seiner Einfachheit gewinnt er neuerdings erneut an Bedeutung. Untersuchungen haben gezeigt, daß gleiche Zuteilgenauigkeit wie bei anderen Stoffzentralen erreicht wird, wenn Druckhöhe, Stoffdichte und Mengenbereich innerhalb bestimmter Grenzen gehalten werden.

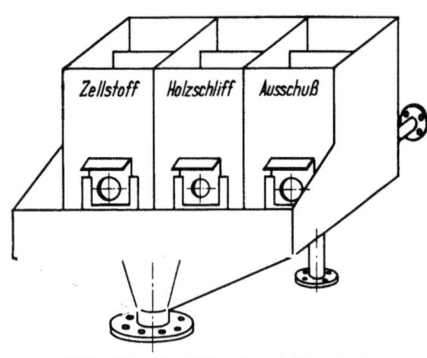

Abb. 250. Steckblendenstoffzentrale nach BREUNINGER

Eine einfache Ausführung mit Steckblenden zeigt Abb. 250. Bei der Zylinderblende wird die der Stoffkastenwand zugewendete Blendenöffnung durch Einschieben eines Rohres geändert. Andere plane Blenden bestehen aus zwei verstellbaren Zungen, von welchen die eine zur Einstellung der Stoffmischung dient, die andere in gemeinsamer Verstellung mit den entsprechenden Blenden-

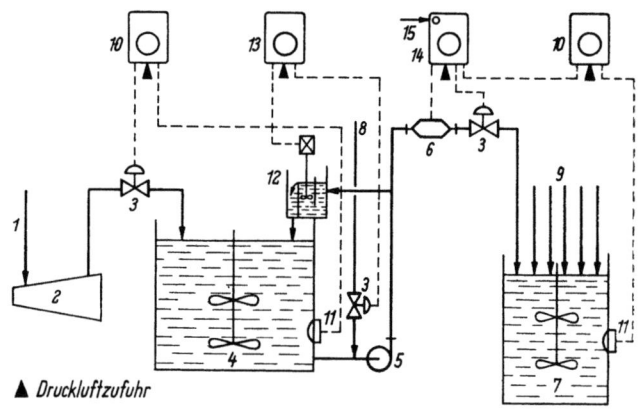

Abb. 251. Grundschaltung einer Stoffzentrale mit elektrischen Durchflußmessern (gezeichnet für die Komponente Zellstoff)
1 Zellstoff von Stapelbütte; *2* Refiner; *3* Regelventile; *4* Zwischenbütte; *5* Stoffpumpe; *6* elektrischer Durchflußmesser; *7* Maschinenbütte; *8* Verdünnungswasser; *9* Holzschliff, Ausschuß, Zuschläge; *10* Niveauregler; *11* Druckmesser; *12* Stoffdichtemesser; *13* Stoffdichteregler; *14* Mengenregler mit Sollwert (*15*); nach KLEMM

C. Beispiele von Stoffstraßen   349

zungen der anderen Stoffkomponenten die Gesamtmenge ergibt. Bei anderen Blenden ändern mehrere Zungen konzentrisch ihre Öffnung. Blenden werden auch in Rohrleitungen eingebaut. Dann ist es aber nötig, daß die Differenz der Drucke vor und hinter der Blende durch Regelung eines vorgeschalteten Drosselventils konstant gehalten wird.

Bei *Stoffzentralen mit Induktionsdurchflußmessern* wird die Durchflußmenge durch die entstehende elektrische Spannung angezeigt (s. S. 320), die die Durchflußmenge über einen Regler und ein Drosselventil in der Stoffleitung gleichhält (Abb. 251). Die Anordnung wird weiter mit Niveauregler für die Stoffstände und mit einem Regler für die Stoffdichte ergänzt. Der Steuerstand und seine Instrumentierung kann in gleicher Art wie bei Zellenrädern ausgebildet werden.

Mischbütte mit Vorwahl der Einmeßmengen. Bei dieser Anordnung entsprechend Abb. 252, die das auf das Steuerpult der Anlage gezeich-

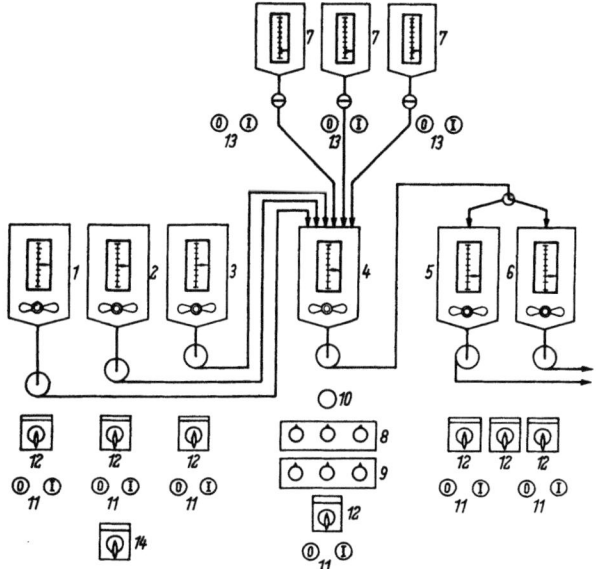

Abb. 252. Stoffzentrale mit Mischbütte und Vorwahl der Einmeßmengen
1—3 Vorratsbütten für Zellstoff, Holzschliff, Ausschuß; *4* Meßbütte; *5, 6* Maschinenbütten; *7* Zumeßgefäße für Zuschläge; *8, 9* Mengeneinsteller für Stoff und Zuschläge; *10* Starttaster; *11—15* Geräte für Handsteuerung; nach BREUNINGER

nete Schaltbild darstellt, werden mit den Einstellern *8* die aus den Stoffbütten *1* bis *3* zuzumessenden Stoffmengen, mit den Einstellern *9* die Zuschlagmengen für die Zumeßgeräte *7* vorgewählt. Nach Betätigung des Startknopfes *10* wird nacheinander aus den Bütten *1* bis *3* durch die zugehörigen Pumpen in die Meßbütte *4* gefördert, bis die in die Meßbütte eingebaute Niveauautomatik die Förderung der Pumpe bei Erreichen der eingestellten Menge unterbricht und die nächste einschaltet. Dann wird der eingebaute Mischpropeller in Gang gesetzt und die inzwischen zugemessenen Zuschläge aus den Zumeßgeräten *7* in die Meßbütte entleert. Nach Ablauf der Mischdauer erfolgt mittels Pumpe die Entleerung der Meßbütte in die Maschinenbütte *5*. Dann kann automatisch die nächste Zumessung erfolgen. Die Bütte *6* wird erst bei Sortenwechsel benutzt. Die zusätzlich eingezeichneten Geräte *11* bis *15* dienen zur Einzelsteuerung von Hand bei Aufhebung der Automatik. Die Anlage eignet sich auch für das Herausarbeiten kleiner Papierposten. Man kann ja die Zuteilung darauf beschränken, daß die Meßbütte z. B. nur bis zur Hälfte gefüllt wird.

Bei *automatisierten Stoffzentralen* kann man sich von der Zuverlässigkeit des Personals hinsichtlich richtiger Einstellung unabhängig machen, wenn die gewünschten Stoffmengen in eine Lochkarte gestanzt werden. Legt man dies in das Lochkartenfühlgerät ein, so bewirkt dies bei kontinuierlich arbeitenden Anlagen die Einstellung der gewünschten Stoffdurchflüsse, es können damit aber auch bei periodischem Fluß die Zumeßmengen festgelegt werden.

7. Stoffzentrale und Stoffauflauf

In vielen Fällen begnügt man sich mit der Steuerung der von der Stoffzentrale in der Zeiteinheit gelieferten Gesamtmenge mittels einer Steuertafel, auf der auch der Stoffvorrat in der Maschinenbütte angezeigt wird. Gleichmäßige Förderung unter selbsttätiger Anpassung an den Verbrauch der Papiermaschine erhält man, wie schon erwähnt, durch Regelung der Durchlaufmenge auf konstante Stoffhöhe in der Maschinenbütte. Durch Zählung der geförderten Stoffmenge oder des Ausstoßes der Papiermaschine durch Wiegen der gewickelten Rollen oder Zählen der aufgewickelten Papierlänge, wodurch auch der auf der Papiermaschine entstandene Ausfall erfaßt wird, läßt sich in Verbindung mit dem Stoffvorrat in der Maschinenbütte die für einen Posten Papier erforderliche Stoffmenge laufend erfassen und die Förderung begrenzen, besonders wenn für den nächsten Posten geänderte Stoffzusammensetzung erforderlich ist.

Die in der Zeiteinheit zu fördernde Stoffmenge ist proportional dem Flächengewicht g, der Blattbreite b, der Geschwindigkeit v und dem Kehrwert der Stoffdichte δ mit einem Beiwerte c entsprechend dem Faserverlust auf dem Sieb.

$$Q = \frac{g\,v\,b}{c\,\delta} \qquad (146)$$

Eine genaue Regelung der Fördermenge zur Papiermaschine entsprechend dieser Formel ist schwierig. Das zu arbeitende Flächengewicht und die Bahnbreite sind zwar bekannt und die Geschwindigkeit kann genau gemessen werden. Bei den Reglern für die Stoffdichte muß man aber eine größere Ungenauigkeit der Meßgeräte in Kauf nehmen, bei den Siebverlusten ist man auf weit streuende Erfahrungswerte angewiesen. Da aber die Fördermenge bei gegebener Papiergeschwindigkeit auf das gewünschte, durch Messung kontrollierte Papiergewicht eingestellt wird, kann die Förderung proportional zur Verstellung der Papiergeschwindigkeit geregelt werden, da die übrigen Faktoren der obigen Formel über längere Betriebszeiten als angenähert gleichbleibend angesehen werden können. Sobald sich aber die Faktoren ändern, wird dies im Flächengewicht merkbar, so daß damit eine Nachstellung bzw. Regelung der Förderung erfolgen kann. Für Ausgleich geringer Unterschiede zwischen Förderung und Bedarf kann auch mit geringem Förderüberschuß und einem Stoffkasten mit Überlauf gearbeitet werden.

Anordnungen des Stoffzufuhrsystems mit der meist üblichen Steuer- und Regelausrüstung zeigen als Beispiel 2 Ausführungen der Maschinenfabrik J. M. Voith nach K. SCHMIDT [29]. Dabei ist zu beachten, daß die Stoffführung nebst Ausrüstung je nach Zweckbestimmung der Papiermaschine unterschiedlich sein kann. Bei der Stoffführung mit

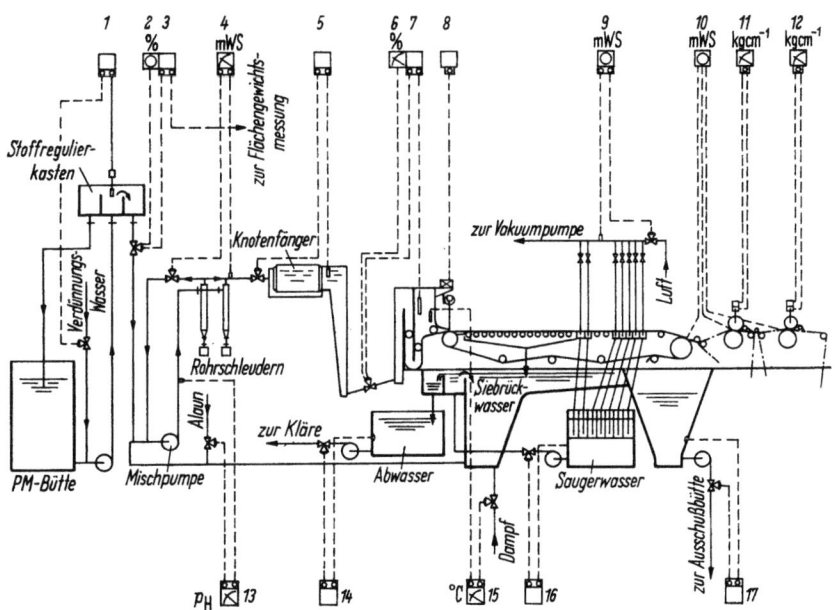

Abb. 253. Stoffzuführsystem mit offenem Niveau

1 Stoffdichteregler; *2* Stellungsanzeige zum Stoffregulierventil; *3* Flächengewichtsregler; *4* Gegendruckregler zur Rohrschleuderanlage; *5* Standregler zum Knotenfängerauslauf; *6* Stellungsanzeige zum Stauregulierventil; *7* Stauregler zum Stoffauflauf; *8* Fernsteuerer für die Lippenöffnung; *9* Vakuumregler für die Flachsauger; *10* Vakuumschreiber zu Siebsaugwalze und Saugpressen; *11* Liniendrucksteuerer zur I. Saugpresse; *12* Liniendrucksteuerer zur II. Saugpresse; *13* pH-Wert-Regler; *14* Standregler am Abwasserbehälter; *15* Temperaturregler für die Stoffsuspension; *16* Standregler am Saugerwasserbehälter; *17* Standregler an der Gautschbruchbütte; nach K. SCHMIDT

offenen Niveaus (Abb. 253) ist der stetige Zufluß von der Stoffzentrale zur Papiermaschinenbütte entsprechend den vorstehenden Ausführungen vorausgesetzt und nicht dargestellt. Aus der PM-Bütte fördert eine Pumpe in einen offenen Stoffkasten mit dem Stoffdichteregler *1*. Sein Überlauf hält die Stauhöhe für die Mischpumpe konstant und läßt den Überschuß in die Bütte zurückfließen. Die Mischpumpe fördert Stoff und Siebrückwasser über Rohrschleudern und Knotenfänger zum offenen Stoffauflauf. In die Leitungen sind die Ventile eingebaut, die von Reglern für Flächengewicht (*3*), Gegendruck zur Rohrschleuderanlage (*4*), Stau in Knotenfänger (*5*), Stoffauflauf (*7*) und p_H-Wert (*13*) gesteuert werden. Weiter sind noch die Regler für Saugervakuum (*9*), Stand von Abwasser (*14*), Saugerwasser (*16*), Gautschbruch (*17*), Temperatur (*15*) des zufließenden Stoffes, und der Fernsteuerer (*8*) für Lippenöffnung nebst Stellungsanzeiger und Schreiber eingezeichnet. Bei den nachfolgenden Saugpressen sind die Liniendrucksteuerer angedeutet.

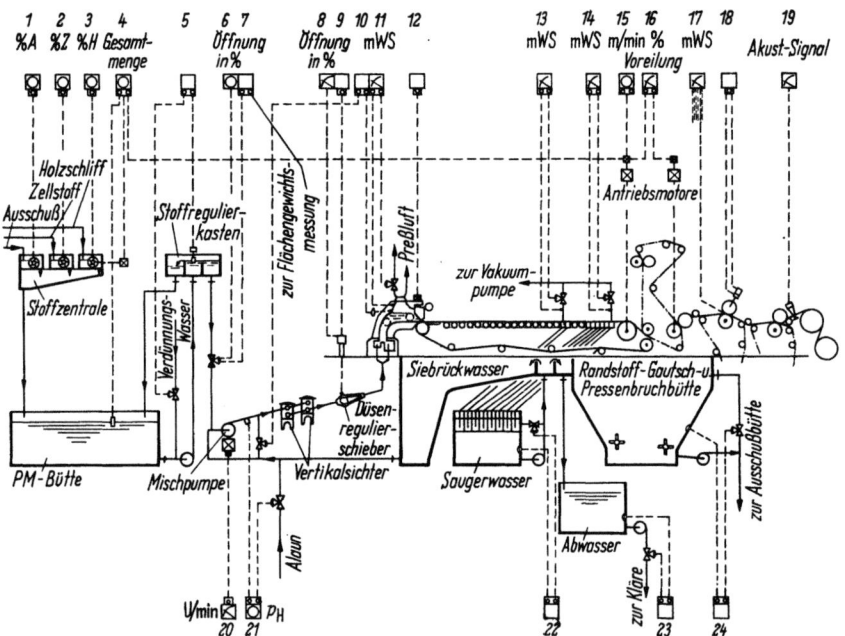

Abb. 254. Geschlossenes Stoffzuführsystem

1 Schreiber für % Ausschußanteil; *2* Schreiber für % Zellstoffanteil; *3* Schreiber für % Holzschliffanteil; *4* Regler für den Antrieb der Stoffzentrale; *5* Stoffdichteregler; *6* Stellungsanzeige für den Stoffregulierschieber; *7* Flächengewichtsregler; *8* Stellungsanzeige für den Düsenschieber; *9* Feinsteuerer für den Düsenschieber; *10* Standregler für den Stoffauflauf; *11* Luftdruckregler für den Stoffauflauf; *12* Fernsteuerer für die Lippenöffnung; *13* Vakuumregler für die Flachsauger; *14* Vakuumregler für die Flachsauger; *15* Geschwindigkeitsregler für den PM-Antrieb; *16* Zuregler mit Anzeiger; *17* Vakuumanzeiger für die Saugwalzen; *18* Liniendrucksteuerer für die Naßpressen; *19* Photoelektrische Abrißanzeige; *20* Drehzahlsteuerer für die Mischpumpe; *21* pH-Wert-Regler; *22* Standregler zum Saugerwasserbehälter; *23* Standregler für den Abwasserbehälter; *24* Standregler für die Gautschbruchbütte;

nach K. SCHMIDT

C. Beispiele von Stoffstraßen 353

In dem geschlossenen Stoffzuführungssystem der Abb. 254 wird die von der Stoffzentrale gelieferte Gesamtmenge proportional zur Drehzahl der Papiermaschinenmotoren, also der Arbeitsgeschwindigkeit, oder auf konstanten Büttenstand geregelt. Die Mischpumpe drückt den durch Siebrückwasser verdünnten Stoff über Sichter und einen zur Voreinstellung der Menge dienenden Düsenregulierschieber in den geschlossenen Stoffauflauf. Die Feinregelung der Menge erfolgt mit dem Düsenregulierschieber, oft auch an einem Ventil, das im Bypaß zur Mischpumpe liegt. Die Verstellung bewirkt die Nachstellung der Stauhöhe im Stoffauflauf, die durch die Differenz von Druck im Stoff und dem über dem Spiegel des Stoffstaues angeordneten Luftpolster gemessen wird. Das Polster, das auch die aus dem Stoff sich abscheidende Luft aufnimmt, wird von Preßluft gespeist. Der Luftdruck des Polsters wird mittels eines Luftablaßventils konstant gehalten. Die sonstige steuer- und regeltechnische Ausrüstung der Anlage entspricht im wesentlichen der der Abb. 253. Der Düsenschieber wird vom Führerstand aus gesteuert.

Bei dieser Anordnung genügt es, die Mischpumpe mit einem Drehstrommotor konstanter Drehzahl anzutreiben. Die Drosselung des Stoffstromes durch einen Schieber ergibt eine Erhöhung des spezifischen Leistungsbedarfs der Mischpumpe je m^3 der geförderten Menge. Statt Düsenschieber und Drehstrommotor wird zur Grobeinstellung der Förderung auch ein Gleichstrommotor mit Gleichhaltung der Drehzahl und Drehzahlverstellung von Hand oder selbsttätig proportional zur Papiergeschwindigkeit verwendet. Wird aber ein Gleichstrommotor gewählt, kann dieser auch die Feinregelung der Stauhöhe übernehmen.

8. Papiermaschine

Wegen der großen Fülle der durchzuführenden Arbeitsvorgänge stellt die Papiermaschine eine sehr verwickelte Stoffstraße dar. Die einzelnen Funktionen kann man nach der Gleichartigkeit ihres Zweckes in mehrere Gruppen zusammenfassen, wie gleichmäßiger Durchlauf der Bahn durch die Maschine vermittels des Antriebs, Blattbildung und Entzug des Wassers durch mechanische Entwässerung und Trocknung, Bearbeitung der Bahn zur Erzielung der gewünschten Eigenschaften, wie Dichte, Durchsicht, Festigkeit, Dehnbarkeit, Beschaffenheit der Bahnoberfläche, u. a. Dazu kommt die Aufgabe, den Ablauf aller Vorgänge sowohl in der Laufrichtung als auch in der Bahnbreite gleichmäßig zu halten. Nun ist es so, daß fast jeder Arbeitsvorgang, der in eine dieser Gruppen eingeordnet wird, gleichzeitig in unterschiedlich großem Maße Arbeitseffekte bewirkt, die den anderen angeführten Gruppen zuzuordnen sind. Zum Beispiel entwässert eine Naßpresse, gleichzeitig wird die Bahn auch durch den Preßdruck verdichtet. Die

Einstellung des Verhältnisses der Umfangsgeschwindigkeit an den Walzen gibt nicht nur eine Anpassung an die Längenänderung der Bahnelemente durch die Bearbeitung, sie bewirkt auch die für ruhigen Lauf und Vermeidung von Faltenbildung erforderliche Bahnspannung und damit eine Dehnung der Bahn. Dies verwickelt die Betriebsführung.

Die technische Unmöglichkeit, die gewünschten Effekte in je einem Arbeitsvorgang zu erzielen, hat seit jeher zur Anordnung vieler Arbeitsstufen geführt, bei denen außer der Hauptaufgabe auch die Nebeneffekte besser beherrscht werden können.

Der stationäre Betrieb, bei dem alle Einwirkungen gleichbleiben sollen, unterliegt Störungen, die sich unterschiedlich in den einzelnen Teilen der Papiermaschine auswirken können. Ursache der Störungen sind z. B. Änderung der Eigenschaften des zufließenden Stoffes, von Heizdampf, Vakuum, Drehzahlen und der Beschaffenheit der Maschinenteile, wie Sieb, Filze und Walzen. All dies muß überwacht und in gleichbleibender Beschaffenheit gehalten werden.

In zunehmendem Maße wird bei auftretenden Abweichungen geregelt. Dazu gehören u. a. zufließende Stoffmenge und Dichte, Druck in Stoffauflauf, Vakuum und Heizdampf, beim Anpressen von Walzen, Walzendrehzahl, kantenrechter Lauf und Spannung von Sieb und Filzen, Temperatur der Trockenzylinder, Flächengewicht und Feuchtigkeitsgehalt, Aufstrichmasse u. a.

Oft liegen Meßort und Stellort weit auseinander, so daß die Regelung durch die Laufzeit des Stoffes und die Zeitkonstanten der Regelstrecke, die z. B. für die Trockenpartie sehr groß ist, erschwert wird. Es wird daher angestrebt, die große Regelstrecke und ihren Regelkreis in mehrere aneinander anschließende Teilstrecken und Regelkreise zu unterteilen, wobei eine solche Kaskadenregelung wegen der abhängigen Sollwerte und der Verbindung durch die Papierbahn auch eine Kopplung der Regelkreise ergibt.

An all den Stellen, an denen größere Abweichungen auftreten und zu empfindlichen Störungen, besonders zu Papierbruch führen können, soll laufend gemessen und bei größeren Abweichungen, besonders wenn sich diese den Grenzlagen nähern, Warnsignale gegeben werden. Solche Fälle können eintreten bei Überlastung der Motoren, Ausfall der Belüftung, Absinken des Vakuums, Leerwerden der Bütte u. a. Besonders erwünscht wäre eine den Betrieb nicht störende direkte Messung der Bahnspannung an den Überführungsstellen, eine Aufgabe, die besonders für die nasse Bahn noch zu lösen wäre. Einen Ersatz bietet die Messung der Drehzahlverhältnisse der Walzen, die aber bei den kleinen Meßgrößen eine hohe Genauigkeit und Freisein von Störgrößen aufweisen muß. Ebenso kann eine schmale besondere Saugzone an der Saugwalze oder eine lichtelektrische Abtastung der Bahn das Wandern der Abnahmestelle und damit die sich ändernde Bahnspannung anzeigen. Bei stärker getrockneten Bahnen können Schwing- und Federwalzen oder Papierspannungsfühler die Bahnspannung messen.

Tritt Papierbruch ein, muß zur Vermeidung einer Verstopfung der Maschine der anfallende Ausschuß durch Steuerung besonderer Einrichtungen, wie Gautschknecht, Abschlagmesser u. a., schnellstens in den Maschinenkeller abgeführt, bei Ansammlung größerer Ausschußmengen auch die Ausschußverarbeitung in Gang gesetzt werden. Das Fehlen des Papiers auf den Walzen führt zu Änderungen des Betriebszustandes der Maschine, z. B. zu Temperaturänderung an den Trockenzylindern, so daß das Aufführen erschwert und erst allmählich der stationäre Zustand von Maschine und Papier erreicht wird. Um dies möglichst zu vermeiden, wird die Dampfzufuhr gedrosselt, bei vorhandener Regelung ein Störwert auf den Regler vorgegeben. Der Papierbruch wird an verschiedenen Stellen der Papiermaschine durch photoelektrische Abtastung erfaßt und damit werden die nötigen Steuerungen eingeleitet.

Die Überwachung, Steuerung und Regelung des Papiermaschinenbetriebs umfaßt also alle in der Maschine wirksamen Zustände und Vorgänge, ob sie nun in der Maschine selbst auftreten oder von außen einwirken. Dazu kommen die Maßnahmen, die bei Störungen, vornehmlich bei Papierbruch, wieder den schnellen Übergang in den stationären Betrieb ermöglichen. Bei den einzelnen Teilmaschinen sei noch folgendes erwähnt.

Vom *Stoffauflauf* soll der Stoffstrahl in gleichmäßiger Dichte, Stärke und Strömung mit der notwendigen gleichen Geschwindigkeit auf das Sieb gelangen. Daher muß auch die Stauhöhe im Auflaufkasten, beim geschlossenen Pumpenstoffauflauf die Höhe des Stoffstandes und der Druck des Luftpolsters über dem Stoffstand konstant gehalten werden. Auf die genaue Einstellung der Auslauflippen in der ganzen Maschinenbreite muß große Sorgfalt verwendet werden.

Siebpartie. Eine gleichmäßige Blattbildung ist die grundlegende Voraussetzung für den störungsfreien Ablauf der Fabrikation, da alle späteren Bearbeitungsvorgänge und die Eigenschaften der Papierbahn davon abhängig sind. Zwar wird der zufließende Stoff bis zum Auflaufen auf das Sieb in vielerlei Hinsicht kontrolliert, eingestellt und geregelt, die Blattbildung hat sich aber wegen der hier vorhandenen Schwierigkeiten bisher einer unmittelbaren Messung weitgehend entzogen. Soweit der Verlauf der Blattbildung ersichtlich ist, wird er in Verbindung mit Rückschlüssen aus der Beschaffenheit des fertigen, auch des noch nassen Papiers (Flächengewicht, Durchsicht) und aus den ablaufenden Prozessen, z. B. des entzogenen Wassers, unter eine gewisse Kontrolle gebracht. Weiter sind Messung des Vakuums in Saugkästen und Saugwalzen und der Lauf des Siebes Meßgrößen für die Überwachung der Siebpartie.

In der *Pressenpartie* werden ebenfalls Vakuum, Anpreßdrücke, Filzlauf angezeigt bzw. geregelt. Die Entwicklungstendenz geht in der Richtung, den freien Übergang der Bahn zwischen benachbarten Teilmaschinen durch Selbstabnahme und Transportfilze von der Abnahmestelle am Sieb an eine später zu durchlaufende Stelle zu verlegen, an der die Bahn bereits einen größeren Trockengehalt angenommen hat und eine größere Festigkeit besitzt.

In der *Trockenpartie* soll das Trocknen der Bahn entsprechend den Anforderungen, aber auch entsprechend wirtschaftlichen Gesichtspunkten mit möglichst kleinem Wärmeaufwand erfolgen. Anwärmen, Trocknen und Nachtrocknen der Bahn erfordern unterschiedliche Wärmezufuhr zu den einzelnen Trockenzylindern, deren Oberflächentemperatur und Wärmeverbrauch nach dem gewünschten Verlauf eingestellt und geregelt wird. Die Vorwärmung der der Trockenpartie zugeführten Warmluft, die Wärmerückgewinnung aus der Abluft und die Rückspeisung des anfallenden Kondensats in die Kessel erfordern ebenfalls Meß- und Regeleinrichtungen. Dazu kommen die Geräte zur Erzielung eines gleichbleibenden Trockengehaltes des fertigen Papiers.

Die *Schlußgruppen*, wie Kühlzylinder, Glättwerk und Aufroller enthalten Geräte zur Messung und Regelung des Kühlwassers, des Kalandrierdrucks und vielfach auch der Bahnspannung.

Selbstverständlich werden für alle angetriebenen Teilmaschinen Geräte für Einstellung und Regelung der Drehzahl vorgesehen. So ergibt sich für die Papiermaschine eine sehr große Anzahl von Meßstellen, Steuerungen und Regelungen, die für rationelle Fertigung und gleichbleibende Papierqualität notwendig sind.

In neueren Papierfabriken sind die einzelnen Abteilungen vom Stofflöser bis zum Aufroller der Papiermaschine zu einer großen Fertigungsstraße zusammengewachsen. Zwar können noch an verschiedenen Stellen als Meßgefäß oder Speicher wirkende Bütten vorhanden sein, z. B. Dosier- und Abfüllbütten in der Aufbereitung, desgleichen die Papiermaschinenbütte, aber auch diese werden von den Stoffströmen in gleichmäßigem Rhythmus oder mit gleichbleibender Stoffgeschwindigkeit durchflossen. Besonders wenn in solchen Anlagen nur eine oder wenige Papiersorten in großen Posten hergestellt werden, verbleiben vornehmlich nur die Vorratsbütten der einzelnen Stoffsorten. Dazu ist aber auch nötig, daß die Durchlaufgeschwindigkeit im Gesamtprozeß und in seinen Abteilungen rasch dem Ausstoß der Papiermaschinen angepaßt wird, sei es, daß die Arbeitsgeschwindigkeit verstellt wird oder größere Störungen auftreten. Stationärer Stoffdurchlauf, gleichbleibende Arbeitsabläufe und die Anpassung an wechselnde Betriebsverhältnisse bedingen daher genaue Einstellung, zuverlässige Steuerung und gute Regelung sehr vieler Vorgänge. Der gleichmäßige Ablauf der Arbeitsvorgänge wird

durch Störgrößen beeinträchtigt. In der Papiermaschine können auf einzelne konstant zu haltende Betriebsgrößen eine große Anzahl von Störgrößen wirken. So wird z. B. der Feuchtigkeitsgehalt des fertigen Papiers vornehmlich durch Abweichungen der folgenden Faktoren beeinträchtigt:
Im Zulauf: Menge und Konsistenz des zulaufenden Stoffes.
Bei der Entwässerung: Siebgeschwindigkeit, Vakuum in Saugkästen, Siebsaugwalzen und Saugpressen, Anpreßdruck der Oberwalzen, Durchlässigkeit des Siebes (Verstopfung), Saugfähigkeit von Filzen (Abnützung, ungenügende Reinigung und Entwässerung).
Bei der Trocknung: Druck und Temperatur des Heizdampfes, zugeführte Dampfmenge, Ansammlung von Kondensat in den Trockenzylindern, Verunreinigung und Alterung der Trockenfilze, Temperatur der vorgewärmten Trockenluft, Abfuhr der Abluft und der Schwaden, Luftgeschwindigkeit.
Dazu kommen Störgrößen, die sich in Bahnbreite auswirken, wie: Strahlstärke und Turbulenz beim Auflauf, ungleichmäßiger Liniendruck, hervorgerufen durch Anpreßdruck, Walzenbombierung, Abnützung der Walzenbezüge, unterschiedliche Zylindertemperatur in Richtung der Bahnbreite.
Von diesen wirken sich am stärksten auf den Feuchtigkeitsgehalt, aber ebenso auf das Flächengewicht Menge und Konsistenz im Zulauf, Siebgeschwindigkeit und Dampfdruck in den Trockenzylinder aus. Es sollen daher Betriebsgrößen, wie Mengen, Drücke, Temperaturen und Geschwindigkeiten, die Störungen unterliegen, geregelt und sonstige der Regelung nicht zugänglichen Vorgänge durch Überwachung möglichst störungsfrei gehalten werden. Dann ändern sich Betriebsgrößen wie die Feuchte entsprechend den nicht erfaßbaren Größen in nur geringem Maße, was bei der großen Zeitkonstante der Trocknung, auf die die Feuchteregelung wirkt, erwünscht ist.
Einen Überblick über die wichtigsten Steuer- und Regelgrößen von Stofflöser bis Aufroller einer Papiermaschinenanlage zeigt die nachfolgende Zusammenstellung:

Stofflöser:
Zuteilung und Registrieren von Stoff und Wasser,
Steuerung der Antriebsmotoren,
Steuerung von Auflöse-, Misch- und Entleerungszeit,
Stoffstand in Ableerbütte,
Nachregelung der Konsistenz.

Stoffaufbereitung:
Bereitstellung der Stoffwege,
Einschalten der Refinermotoren,
Anstellen der Refinerkegel,
Einschalten der Refinerregelung.

Vorratsbütte:
Überwachung des Stoffstandes.
Stoffzentrale:
Nachregelung der Konsistenz der Stoffkomponenten,
Regelung der Stauhöhe,
Zuteilung und Registrierung der Stoffmengen.
Maschinenbütte:
Überwachung des Stoffstandes für Regelung der Gesamtmenge
Konsistenzregelung bei Verdünnung mit Siebwasser.
Überlaufkasten:
für Abführung des Überschusses der Förderung aus Maschinenbütte
und Drosselung des Stoffschiebers vor der Papiermaschine.
Kegelstoffmühle:
Einstellung des Kegels
PM-Stoffschieber:
Einstellung entsprechend Papiergeschwindigkeit und Flächengewicht.
Stoffauflauf:
konstante Stauhöhe bzw. Staudruck,
Einstellen des Auslaufspaltes.
Siebpartie:
Gleichhaltung von Vakuum in Saugkästen und Saugwalzen,
Messung des Siebwassers (evtl. getrennt für Registerwalzen, Saugkästen und Spritzrohre)
Regelung von Spannung und kantenrechtem Lauf des Siebes,
laufende Siebreinigung.
Naßpressen:
Regelung des Vakuums in den Saugpressen,
Regelung des Pressendrucks,
Regelung von Filzspannung und Kantenlauf,
laufende Filzreinigung und Entwässerung.
Trockenpartie:
Regelung des Dampfdrucks in Speiseleitung,
Regelung des Dampfdrucks an den Zylindern,
Messung der Temperatur der Zylinder,
Feuchtigkeitsmessung für Regelung der Dampfzufuhr,
Messung des anfallenden Kondensates,
Messen des Flächengewichtes und Regelung durch Verstellen von
Stoffschieber oder Maschinengeschwindigkeit,
Regelung der Filze auf Spannung und Kantenlauf,
Regelung von Menge und Vorwärmung der zum Trocknen benötigten
Luft und des Dunstabzugs.

Kühlzylinder:
Regelung der Kühlung durch Kühlzylinder.
Glättwerk:
Einstellen des Liniendrucks.
Roller:
Nachfeuchtung,
Steuerung von Anpreßdruck und Rollenwechsel.
Dazu für Sieb bis Roller:
Einstellung und Regelung von Maschinengeschwindigkeit und Zügen,
Überwachung der Bahn hinsichtlich Bahnbruch,
Steuerung der Einrichtungen für Wegnahme der Bahn durch Gautschknecht an der Siebpartie oder Abschlagen an einer Presse, für Ausschußabfuhr und Drosselung der Zylinderheizung,
Überwachung des Maschinenparks hinsichtlich Funktion,
Überwachung der Antriebe hinsichtlich Drehzahl, Belastung und Erwärmung (Belüftung).

Die *Formatpapiermaschine* (s. S. 13) soll hier noch als Beispiel für den selbsttätigen Ablauf einer Anzahl von Arbeitsgängen nach einem eingegebenen Programm erwähnt werden.

Der *konstante Teil der Papiermaschine*, zu dem man die Einrichtungen von Stoffzuteilung bis Stoffauflauf und die Hilfsmaschinen für den Wasserumlauf, Bereitstellung für Vakuum, Druckluft, Warmluft, Druckwasser, Drucköl, für Beseitigung des Ausschusses aus der Maschine u. a. zählen, erfordern ebenfalls Überwachungs- und Steuereinrichtungen, die den stationären Betrieb gewährleisten und beim Anfahren und Abstellen der Fabrikation oder bei Störungen das notwendige und zeitgerechte Ein- oder Ausschalten der einzelnen Maschinen erleichtern.

9. Fertigbearbeitung

Wenn bei Umrollern, Kalandern, Papierveredelungs- oder Rotationsdruckmaschinen durch fliegendes Ankleben der neuen Rolle an die ablaufende Bahn bzw. durch Überführung auf eine neue Aufwickelhülse oder durch Schneiden und Falzen ein Dauerbetrieb der Arbeitsmaschine ermöglicht wird (s. S. 248ff.), so werden damit kontinuierlich durchlaufende Stoffstraßen gebildet.

Auch das automatische Sortieren nach in einem Bogen enthaltenen Verunreinigungen, Splittern, Farbflecken, Löchern, Einrissen, Falten u. a. gibt eine durchlaufende Stoffstraße. Bei solchen Maschinen werden durch Greifer die einzelnen Bogen von einem Stapel abgezogen und durch Bänder einer elektronischen Prüfstelle zugeführt. Hier wird der Bogen, z. B. wie bei den Fernseheinrichtungen, durch einen Lichtstrahl abgetastet, die Zahl der Fehler im Bogen gezählt und der Bogen bei

Überschreiten einer bestimmten Fehlerzahl als zweite Wahl durch Stellen einer Weiche ausgeschieden.

Bei anderen Ausführungen erfolgt die Prüfung im Zulauf zum Querschneider.[1] Die auf konstante Bahnspannung und kantenrechten Lauf geregelte, von der Abwickelrolle ablaufende Bahn wird zunächst durch Absaugen von lose sitzendem Staub befreit. Sie wird dann über eine elektrisch leitende Walze geführt und durch Metallbürsten abgetastet. Eine an Walze und Bürste angelegte Spannung gibt bei Passieren von Löchern, Einrissen oder metallischen Einschlüssen Stromsignale, die in einer elektronischen Einrichtung mit Transistoren gezählt werden. Verdickungen, hervorgerufen von Knoten, Falten u. a. werden durch mechanische Fühler abgetastet, die bei Passieren der Verdickungen stoßartig angehoben werden, wobei diese Schwingungen auf Kristalle übertragen werden und unter Ausnützung des piezoelektrischen Effektes elektrische Spannungen erzeugen, die nach elektronischer Verstärkung ebenfalls Fehlersignale geben. Die Bahn läuft anschließend in den Querschneider ein. Jedem geschnittenen Bogen wird unter Berücksichtigung seiner Laufzeit von der Prüf- bis zur Schnittstelle die in ihm aufgetretene Fehlerzahl mittels Transistorsteuerung zugeordnet und bei Überschreiten einer eingestellten Grenze zur richtigen Zeit eine Weiche gesteuert, die den fehlerhaften Bogen auf den Ausschußstapel gleiten läßt.

Auch in der graphischen und der Kartonageindustrie laufen eine Vielfalt von Vorgängen in oft verwickelten Einzelmaschinen oder aneinandergereihten Teilmaschinen ab, die überwacht, gesteuert und geregelt werden.

D. Meß-, Steuer- und Regel-Zentralen

1. Zentraler Meß- und Steuerstand

Zur Überwachung eines Arbeitsablaufs in einer Maschine, einer Gruppe von Maschinen oder in Behältern ist stets die Beobachtung einer größeren Anzahl von Betriebsgrößen sehr unterschiedlicher Art notwendig. Viele sind der Messung zugänglich, sie können durch Instrumente angezeigt und registriert werden. Einzelne Größen entziehen sich jedoch zuverlässiger Messung. Dann kann die gleichzeitige Beobachtung einiger anderer Größen Hinweise über den Verlauf des Vorganges geben. Die gemessenen Größen sind oft voneinander abhängig und beeinflussen sich gegenseitig. Daher ist es zweckmäßig, alle Messungen zentral an einer Beobachtungsstelle auf einem Meßstand anzuzeigen.

Da die Steuerung des Betriebes die durch die Messungen festgestellten Beträge der Betriebsgrößen auf die Vorgaben, d. h. auf die für den

---
[1] Ausführungen in USA und von Strecker-Bruderhaus.

Betrieb gewünschten Beträge, bringen soll, ist es natürlich, daß auch die Steuerung vom Meßstand aus erfolgt. Wenn in einzelnen Fällen die Anzeigen des Meßstandes nicht ausreichen, um mit der vorgesehenen Steuerung den gewünschten Betriebszustand zu erreichen, werden durch direkte Beobachtung der Maschine, in manchen Fällen auch unter Benützung von Fernsehgeräten, ebenso durch Entnahme und Überprüfung von Stoffproben u. a. zusätzliche Informationen für die Steuerung der Anlage gewonnen.

2. Aufstellungsplatz

Bei Einzelmaschinen und bei kleineren Stoffstraßen wird der Meß- und Steuerstand in nächster Nähe der Maschine angeordnet, besonders wenn zur Beurteilung des Betriebszustandes noch andere wichtige, nicht gemessene, aber durch Augenschein erkennbare Größen gehören oder wenn die durchzuführende Steuerung auch eine unmittelbare Beobachtung ihrer Auswirkung auf die Maschine notwendig macht. Soweit dies nicht erforderlich ist, werden die besonders bei größeren Anlagen umfangreichen Meß- und Steuerstände in einer zentralen Warte angeordnet. Dabei werden auch an den Maschinen die wichtigen Meßgrößen, z. B. in einfacher Weise durch Stellungszeiger u. dgl., dem Bedienungs- und Kontrollpersonal angezeigt und stets auch eine Handsteuerung für den Fall der Störung in Maschine oder Fernsteuerung vorgesehen.

Bei Wahl des Platzes, auf dem die Warte angeordnet werden soll, sind verschiedene Gesichtspunkte zu beachten. Von der Warte aus sollen die zu überwachenden Maschinen, aber auch die mit diesen eng zusammenarbeitenden Nachbarabteilungen leicht erreicht werden. Erwünscht ist, daß die Maschinenräume direkt eingesehen werden können, so daß man bereits von der Warte aus ein unmittelbares Bild von dem Geschehen im Betrieb erhält. So kann man die Steuerzentrale der Stoffaufbereitung an der Stirnseite des Gebäudes anordnen, an das sich die Papiermaschinen anschließen. Auch wenn in den vornehmlich chemischen Abteilungen, wie Kocherei und Bleicherei, die Sicht in die Betriebsräume wenig für den Ingenieur in der Warte bringt, muß für Kontakt mit den Menschen in den Betriebsräumen durch Fernsprech-, evtl. auch Fernsehanlagen gesorgt werden. Dies ist schon wegen der Verständigung über viele betriebliche Vorgänge nötig, auch die psychologische Stärkung der Verbundenheit des Personals in Warte und Betrieb läßt dies geraten erscheinen. Bei Wahl des Platzes soll auch auf günstige Verlegung möglichst kurzer Meß- und Steuerleitungen zu den Maschinen geachtet werden. Größere Warten werden in einen geschlossenen Raum gesetzt, von dem aus z. B. große Fenster den Blick in die Betriebsräume freigeben. Der geschlossene Raum, der auch durch

Klimatisierung einen geringen Überdruck erhält, entzieht die oft empfindlichen Geräte den schädlichen Einflüssen der mit Wasserdampf und aggressiven Gasen geschwängerten Betriebsluft.

3. Fernübertragung der Signale

Zentrale Steuerung fordert, daß die Meßwerte in die Warte, die Steuerbefehle an die Stellorgane der Arbeitsmaschinen gelangen und die erfolgte Verstellung in der Warte angezeigt wird. Dazu ist eine Fernübertragung erforderlich, die bei den meist größeren Entfernungen auf elektrischem Wege, oft auch pneumatisch durchgeführt wird.

Die Art der Übertragung richtet sich dabei danach, ob man aus Betriebsgründen vornehmlich elektrische oder pneumatische Meß-, Steuer-, Regel- und Stellgeräte wählt. Da von den vielen Signalen fast stets eine Anzahl in abweichender Energieform anfallen, sind Signalumformer erforderlich. Von ihrer Anordnung hängt es ab, ob die Fernübertragung elektrisch oder pneumatisch erfolgt. Anfallende elektrische Signale wird man aber meistens auch elektrisch übertragen.

4. Geräteinhalt und Gliederung der Zentralen

Eine älteste Steuerzentrale stellten z. B. die Schaltschränke für die Motoren des konstanten Teils der Papiermaschine dar, die auf deren Führerseite aufgestellt wurden und die Stromverteilung und die Anlaßschalter der Motoren mit zugehörigen Strommessern enthielten. Von hier aus konnten die Motoren ein- und ausgeschaltet werden, ihr Schaltzustand und ihre Belastung waren ersichtlich. Es konnten auch Verriegelungen vorgesehen werden, die das Ein- oder Ausschalten bestimmter Motoren nur in einer festgelegten Reihenfolge ermöglichten, um z. B. den Wasserlauf sicherzustellen. Neuere Steuerstände nehmen nur die Befehlsschalter und wichtige Meßinstrumente auf, während Leistungsverteiler und -schalter in einer Schaltanlage, evtl. in Gußkapselung, an einer anderen geeigneten Stelle untergebracht werden. Ebenso ist es zweckmäßig, die große Zahl der Relais, Schütze, Hilfsgeräte der Steuerung, Signalumformer u. a., mit der Stromversorgung hinter den Steuerfeldern, gegebenenfalls auf einem besonderen Schaltgerüst in der Zentrale zusammenfassen.

Bei der oft großen Anzahl von Steuerschaltern ist eine übersichtliche Anordnung erwünscht, damit Fehlbedienungen vermieden werden. Als Ordnungsprinzip hat sich dabei das Schaltschema des Stofflaufs bewährt, das mit den Symbolen der Arbeitsmaschinen und Behälter, der Motoren, Ventile und Stoffleitungen auf die Tafel des Steuerstandes gezeichnet wird. Die Steuergeräte werden in die zugehörigen Symbole eingesetzt, Lichtsignale zeigen die in Betrieb genommene Maschine an. Bei geöffneten Ventilen liegen die zugehörigen Steuerschaltergriffe in der Durchflußrichtung, dann leuchten diese und die freigegebenen Stoffleitungen, evtl. auch nur eingesetzte Leuchtpfeile, auf, so daß die hergestellten Stoffwege der Anlage sichtbar werden. Sind mehrere voneinander unabhängige Stoffwege vorhanden, werden diese oft durch unterschiedliche Farben gekennzeichnet. Größere Sicherheit darüber, daß die gegebenen Steuerbefehle auch durchgeführt werden, erhält man, wenn die Anzeige auf der Steuertafel durch Rückmeldung des ausgeführten Steuerbefehls bewirkt wird. Dazu können Lichtsignale so gesteuert werden, daß der eingeleitete Steuerbefehl an dem Symbol durch Blinklicht angezeigt wird, Dauerlicht aber erst erscheint, wenn der Befehl, z. B. das Anlassen eines Motors, beendet ist. Soweit in einzelnen Abteilungen, z. B. in der Kocherei, die Automation nicht vollständig durchgeführt ist, kann die Rückmeldung zur Steuerwarte, aber auch besondere Beobachtungen von dem Personal in den Betriebsräumen in die Warte gegeben werden. Man kann auch alle gewünschten Befehle für Einstellung einer Stoffstraße zunächst nur vorwählen, wobei an den zugehörigen Symbolen Blinklicht erscheint. Die Befehle werden aber erst ausgeführt, wenn, evtl. nach Kontrolle der getroffenen Vorwahl, ein besonderer Ausführbefehl gegeben wird.

Auch die Meßgeräte können je nach Bedarf in die Steuertafel aufgenommen werden, z. B. die Belastung der Motoren, die Höhe des Stoffstandes einer Bütte, Drücke und Temperaturen in Maschinen oder Rohrleitungen, der pH-Gehalt, die Konsistenz des Stoffes u. a. Bei umfangreichen Messungen empfiehlt es sich, die Meßwertanzeiger auf einem besonderen Meßfeld anzuordnen. Ebenso erhalten die Schreiber ihren Platz in nächster Nähe, bei größerer Anzahl auf einem besonderen Feld.

Bei Verwendung von Regelungen befinden sich Meßfühler und Stelleinrichtung stets an der Regelstrecke im Maschinenraum. Einfache, meist mechanische Regler, z. B. Sieb- und Filzregler, manche Ventilregler u. a., werden ebenfalls hier angeordnet. Die Sollwerteinsteller, ebenso die Istwertanzeiger werden bei größeren Anlagen in der Steuerzentrale angeordnet. Empfindliche Regler und solche, bei denen die Zuführung der pneumatischen Hilfsenergie zu den Regelstellen in den Betriebsräumen zu Schwierigkeiten führt, werden ebenfalls zentral untergebracht. Die Anordnung der Istwertanzeiger, Sollwerteinsteller und Regler in der Zentrale erfordert natürlich nicht unerhebliche Verbindungsleitungen zu den Meß- und Stellgeräten.

Bei kleineren Anlagen genügten eine Anzahl aneinandergereihter Felder mit den Stoffläufen, Anzeige-, Registrier- und Regelgeräten. Die Abb. 255 zeigt von einer Steuerwarte 3 Felder für die Aufbereitung von zwei Stoffkomponenten. Bei größeren Anlagen kann die Ausrüstung der Warte sehr umfangreich werden. Dann muß die Warte so gegliedert werden, daß auf einem Steuertisch oder -pult zumindest die wichtigen

364 IX. Arbeitsablauf in Zellstoff- und Papierfabriken

Steuer- und Meßgeräte, auch der Fernsprecher für den Kontakt mit dem Personal in den Betriebsräumen und erforderlichenfalls die Quittierung der in den Betrieb gegebenen Anweisungen angeordnet werden. Die Felder mit den Stoffläufen, die Meß-, Registrier- und Reglerfelder sollen so angeordnet werden, daß sich bereits vom Steuertisch ein Überblick über den Fabrikationsablauf ergibt, über den die einzelnen Felder beim Nähertreten genaueren Aufschluß geben. Die Felder sollen

Abb. 255. Leuchtwarte einer automatischen Stoffaufbereitung mit Symbolen und Geräten.
Obere Reihe für Altpapier:

Feld 1:	*Feld 2:*	*Feld 3:*
Stofflöser mit Transportband und Zuwasserbehälter, Zeitrelais für Arbeitsablauf, Bütte, Dickstoffreiniger	3 Entstipper, 3 Wuchtschüttler, Bütte für Spuckstoff (Knoten, Abfälle), dazwischen Umschaltventile für unterschiedlichen Stofflauf	2 Eindicker, Bütte, 2 Entstipper, 2 Bütten mit Konsistenzregler

Untere Reihe für Zellstoff, gegenüber Altpapier weniger Symbole. In der Mitte Behälter für Zusatzwasser. Verstreut Taster und Signallampen für Handsteuerung; nach SSW

möglichst gleiche Breite besitzen und in geradliniger Front angeordnet werden, bei größerer Anzahl der Felder in L- oder U-Form. Schräg gestellte Felder in den Ecken soll man aus Gründen der Raumwirkung und der Fertigung vermeiden, statt dessen können schmale Verkleidungen die Ecken abstumpfen. Gekrümmte Fronten, für die nur Anordnung im Polygon in Frage käme, sind nur zu verwenden, wenn sie besondere betriebstechnische Vorteile durch Erhöhung der Übersicht und der Ablesbarkeit bringen. Sie erschweren Konstruktion, Fertigung,

Decken- und Beleuchtungsanschlüsse, beeinträchtigen die Raumwirkung und erhöhen die Kosten. Auch schräge Deckenanschlüsse der Verkleidung oberhalb der Tafeln sollen vermieden werden.

Die ganze Anlage muß blendungs- und spiegelungsfrei, z. B. durch eine Leuchtdecke oder Leuchtbänder mit zerstreutem Licht ausreichend erhellt, Nachhall durch entsprechende Verkleidung der Decken und Wände vermieden, die Raumluft klimatisiert und unter geringem Überdruck gehalten werden. Die Planung soll auch bei der übrigen Gestaltung eine gute Raumwirkung zum Ziele haben.

Rückschau und Ausblick

Die Herstellung von Papier hat von den handwerklich betriebenen Papiermühlen bis zur modernen Zellstoff- und Papierindustrie eine weite Entwicklung erfahren. Ursprünglich trieb das Wasserrad nur die Stampfwerke, um die Lumpen zu zerfasern. In Handarbeit wurde aus der Faseraufschwemmung der Bütte der Bogen geschöpft, in Gautschpressen das entfernbare Wasser ausgepreßt und die Bogen zum Trocknen aufgehängt. Mit dem Aufkommen von Holländer, Papiermaschine u. a. wurde das Wasserrad die treibende Kraft, die mit immer weitläufiger werdender mechanischer Transmission zu allen Maschinen führte. Die Erfindung des Elektromotors schuf fabrikeigene Kraftwerke, in denen Wasser- und Dampfkraft elektrische Generatoren zur Speisung von Elektromotoren treiben. Zunächst wurden nur einzelne Transmissionsstränge mit konstanter Drehzahl, dann die einzelnen Maschinen, falls erforderlich, mit veränderbarer Drehzahl, schließlich auch einzelne Walzen angetrieben. So ist heute die Elektrizität in den letzten Winkel der Fabrik treibend, steuernd und regelnd eingedrungen.

Das Steuern und Regeln bleibt nicht auf die Antriebe beschränkt, es bemächtigt sich der Vorgänge in Behältern und Maschinen, zunächst mit einfachen mechanischen Anzeigen, dann mit immer feineren mechanischen, pneumatischen oder elektrischen Geräten.

Die bereits angebrochene Weiterentwicklung der elektrischen Antriebe geht dahin, für Maschinen mit konstanter Drehzahl den Drehstrommotor einfachster Ausführung, den Asynchronmotor mit Kurzschlußläufer bis zu größten Leistungen, bei letzteren auch Synchronmotoren mit asynchronem Anlauf, zu verwenden. Für veränderbare Drehzahlen wird bei kleinen bis mittleren Leistungen und geringeren Anforderungen an die Genauigkeit der Regelung der regelbare Drehstromkommutatormotor seinen Platz behalten. Bei allen übrigen Regelantrieben bleibt der Gleichstrommotor. Hier geht die Entwicklung dahin, an der Stelle des Verbrauches den von der Kraftzentrale gelieferten

Drehstrom in ruhenden Umformern mit bestem Wirkungsgrad in Gleichstrom veränderbarer Spannung umzuwandeln. Dabei versprechen die steuerbaren Halbleitergleichrichter bei dem sich anbahnenden Bau für immer größere Leistung, die allmähliche Verdrängung der Quecksilberdampf-Gleichrichter mit Gittersteuerung und der Transduktoren mit nachgeschalteten, ungesteuerten Halbleitergleichrichtern.

Auch die elektrische Steuer- und Regeltechnik entwickelt in immer größerem Maße kontaktlose, ruhende Geräte, bei welchen Schalter mit bewegten Kontakten auf Endstufen zurückgedrängt oder bei Verwendung kontaktloser Verstärker vollständig vermieden werden. Dies wird durch Transduktoren mit Kippverhalten, in bevorzugtem Maße aber durch Transistoren und Gleichrichter auf Halbleiterbasis, erreicht. Es ist zu erwarten, daß auch in der Steuer- und Regeltechnik der gesteuerte Halbleitergleichrichter zunehmend Eingang findet.

Die Halbleiter vom Transistor bis zum gesteuerten Leistungsgleichrichter erschließen wegen ihres kontaktlosen und infolge kleiner Trägheit sehr schnellen Schaltens und wegen der geringen Eigenverluste ein weites Gebiet verwickelter Steuerungen, schneller und genauer Regelungen und von Datenverarbeitungsmaschinen.

Bei der Steuerung der Arbeitsabläufe geht die Entwicklung dahin, möglichst alle auftretenden Zustandsabweichungen zu messen und danach zu regeln. Dazu strebt man u. a. an, große Regelstrecken in mehrere kleine mit kleinen Zeitkonstanten für schnellere Regelung zu unterteilen. Soweit der Zusammenhang zwischen den vielen, meist voneinander abhängigen Größen bereits geklärt ist, lassen sich Kenngrößen des herzustellenden (Teil-)Produktes vorgeben, daraus in einer Transistor-Rechenanlage die meßbaren Größen der Arbeitsabläufe feststellen, durch selbsttätige Steuerung einstellen und regeln. Die geradezu stürmische Entwicklung der letzten Jahre läßt daher erwarten, daß auch in der Zellstoff- und Papierindustrie Forschung und Entwicklung fortschreitend zur Automation aller Vorgänge führen werden.

Literaturverzeichnis

Zeitschriften:

[1] BLACK-CLAWSON COMPANY: Differentialantriebseinheit mit Geschwindigkeitsregelvorrichtung für Papiermaschinen. Deutsches Patentamt, München, Auslegeschrift 1114079/1961.

[2] BRECHT, W.: Rückschau auf eine Amerikareise. Wbl. Papierfabr. 23 (1960) 1059.

[3a] BRECHT, W., u. H. ERFURT: Neue Einblicke in die Zugfestigkeit von Papieren. Das Papier 13 (1959) H. 23/24, 583.

[3b] BRECHT, W., u. H. ERFURT: Einiges über die Dehnung von Papier. Das Papier 14 (1960) H. 12, 723.

[4a] BRECHT, W., u. E. FÜHRLBECK: Das rheologische Verhalten von Papier verschiedenen Feuchtigkeitsgehaltes bei kurzzeitiger Zugbeanspruchung. Das Papier 13 (1959) H. 13/14, 293.

[4b] BRECHT, W., u. E. FÜHRLBECK: Untersuchungen an einer Papiermaschine mit meßbar veränderlichen Zügen. Wbl. Papierfabr. 21 (1958) Nr. 11/12, 489; Nr. 17, 753.

[5] BREUNINGER, W.: Vergleich und Einsatz von automatischen Stoffzentralen an Papiermaschinen. Das Papier 15 (1961) H. 7, 301.

[6] BRUYN, K. B. DE: Beispiele für den Einsatz pneumatischer Meßgeräte und Regler in der Stoffaufbereitung. Das Papier 16 (1962) H. 5, 169.

[7a] DAHLE, O.: The Torductor and the Pressductor IVA 25 (1954) No. 5.

[7b] DAHLE, O.: Der Ringtorduktor — ein Drehmomentmeßgerät ohne Schleifringe für Meß- und Regelzwecke. ASEA Z. 5 (1960) H. 4.

[8] Deutsche Normen: Regelungstechnik und Steuerungstechnik. DIN 19226, Entwurf Mai 1962.

[9] ECKART, R.: Schleifervorschubregelungen. AEG-Mitt. 48 (1958) 10, 491.

[10] EVERS, H., u. H. G. W. MÜLLER: Elektromagnetische Durchflußmesser zur Automatisierung einer Papierstoffzentrale. automatik 4 (1959) H. 11, 336.

[11] FRANKE, J., u. A. THEUER: Antriebsausrüstung für Elektrowickler. BBC-Nachr. 42 (1960) 238–245.

[12] GER.: Ein neuartiger selbsttätiger Drehmomentwandler, insbesondere zum Regeln von Wickelvorgängen. VDI-Z. 94 (1932) Nr. 10, 286.

[13] HAFFNER, H.: Stufenlos regelbare hydrostatische Antriebe für Papier- und Textilmaschinen. Textil-Rdsch. 14 (1959) 193 und 261.

[14] HERLITZE, K.: Dicken- und Dichtemessungen mit radioaktiven Strahlen VDI-Z. 103 (1961) Nr. 23, 1154/62.

[15a] HETTLER, P.: Das Tachotron-System, ein einfaches und vielseitiges Regelsystem für Mehrmotorenantriebe. Siemens-Z. 33 (1959) H. 14, 208.

[15b] HETTLER, P.: Der Siliziumgleichrichter als Gleichstromquelle für Papiermaschinenantriebe. Das Papier 16 (1962) H. 1, 18.

[15c] HETTLER, P.: Ein Fühlgerät zum Messen und Regeln der Zugspannung in laufenden Warenbahnen. Siemens-Z. 33 (1959) H. 6, 400.

[16] HILDENBRAND, A.: Antriebsbeschreibung einer Papiermaschine mit stufenlos regelbaren Getrieben. Das Papier 6 (1952) H. 11/12.

[17] KADEGGE, G.: Die Gleichlaufregelung von Mehrmotorenantrieben in der Textilveredelungsindustrie. Melliands Textilber. 37 (1956) 702.

[18a] KESSLER, G.: Das zeitliche Verhalten einer kontinuierlichen, elastischen Bahn zwischen aufeinanderfolgenden Walzenpaaren. Regelungstechnik 1960, 436; 1961, 154.

[18b] KESSLER, G.: Digitale Regelung der Relation zweier Drehzahlen. ETZ-A 82 (1961) H. 18, 574.

[19] LEHMANN, W.: Meß- und Regeltechnik in der Papierindustrie. Das Papier 1962, Nr. 2, 3 und 4.

[20] LEONHARD, W., u. W. PREIS: Transduktorgespeiste Gleichstrom-Regelantriebe. Siemens-Z. 34 (1960) H. 11, 772.

[21] LIEBRECHT, W., u. D. WERNER: Stoffaufbereitung und -dosierung in der Papier-Industrie. AEG-Mitt. 48 (1958) H. 10, 496.

[22] MEDVEY, R. v.: Der elektrische Antrieb von Hochleistungs-Rollenschneidmaschinen. AEG-Mitt. 48 (1958) H. 10, 524.

[23] MEISSEN, W.: Steuerung von Quecksilberdampfstromrichtern mit Transistor-Gittersteuersätzen. VDE-Fachber. 20 (1958).

[24a] MEYER, M.: Die untersynchrone Stromrichterkaskade, ein hochwertiger Regelantrieb für kleine Drehzahlstellbereiche. Siemens-Z. 35 (1961) H. 4, 231.

[24b] MEYER, M.: Über die untersynchrone Stromrichterkaskade. ETZ-A 82 (1961) H. 19, 589.

[25] NISSER, H.: Die Faserbildung im Papier. Voith Forschung und Konstruktion, 1962, H. 8, 51.

[26] NITSCHE, E., u. F. POKORNY: Der Siliziumgleichrichter in der Stromrichtertechnik. ETZ-A 1959, 506.

[27] Power Requirement of Paper Machines, Technical Information Sheet: Tappi, Februar 1962, Vol 45, No. 2.

[28] SCHILLER, F.: Das Eltor-System für die Gleichhaltung von Mehrmotorenantrieben an Papiermaschinen. Siemens-Z. 34 (1960) H. 4, 201.

[29] SCHMIDT, KARL: Beitrag des Konstrukteurs zur Automatisierung der Papiermaschinenarbeit. Schriften Ver. Zellstoff- und Papier-Chem., u. Ing., Regelungstechnik i. d. Pap.-Erzeugung, Darmstadt 1960, Bd. 29, 17.

[30] STIEL, W.: Holländer-Einzelantrieb und selbsttätige Regelung der Holländerarbeit. Wbl. Papierfabr. 1920, H. 14 und 15.

[31] WULTSCH, F.: Probleme der Stoffaufbereitung und Stoffmahlung in der Papier-Fabrikation. Das Papier 15 (1961) H. 10a, 563.

[32] ZUGMANN, H.: Mehrmotorenantrieb von Papiermaschinen. Elin-Z. VI (1954) H. 1, 16.

Bücher:

[33] ANSCHÜTZ, H.: Stromrichteranlagen der Starkstromtechnik. Berlin/Göttingen/Heidelberg: Springer 1951.

[34] Dosse, J.: Der Transistor, 2. Aufl., München: Oldenburg 1957.
[35] Hütte, des Ing.-Taschenbuch, 28. Aufl., Bd. II A, 1. Abschn. XVII, Riementriebe, S. 220ff., Berlin: Ernst und Sohn 1931.
[36] Kafka, W.: Der Transduktor, ein Baustein der Automatisierung. Hamburg: Deckers Verl. Schenk 1960.
[37] Kessler, G.: 50 Faserstoffindustrie. Enthalten in G. Bleisteiner und W. v. Mangold: Handbuch der Regelungstechnik. Berlin/Göttingen/Heidelberg: Springer 1961.
[38] Richter, R.: Kurzes Lehrbuch der elektrischen Maschinen. Berlin/Göttingen/Heidelberg: Springer 1949.
[39] Rüdenberg, R.: Elektrische Schaltvorgänge, 3. Aufl. Berlin/Göttingen/Heidelberg: Springer 1933.
[40] Simonis, F. W.: Stufenlos verstellbare mechanische Getriebe, 2. Aufl. Berlin/Göttingen/Heidelberg: Springer 1959.
[41] Stiel, W.: Elektrische Papiermaschinenantriebe. Leipzig: S. Hirzel 1924.
[42] Wultsch, F., u. F. Brandlhofer: Der Papiermaschinenantrieb. Biberach/Riß: Güntter-Staib 1959.

Sachverzeichnis

Abfallstoffe 314
Achswickler, mechanischer 71
—, elektrischer 239, 260, 301
Abroller 249
Anlassen, mit Widerstand 120, 185
—, mit Generator 122, 186
Antrieb 52
—, Anforderungen an den 58
—, elektrischer 83, 177
—, hydraulischer 75
— mit Dampfkraftmaschinen 81
— mit Differentialgetriebe 63
— mit Transmission 62
Arbeits-ablauf 304
— -bereich 32, 235
— -geschwindigkeit 28
Asynchronmotor 288
Ausgleichzeit 143
Ausschußverarbeitung 7
Automation 335

Blattbildung 6
Bleichen 5, 309, 341
Bleichholländer 5
Bogensortierer 359
Bremsen, mechanisch 74, 125, 126
—, elektrisch 124, 131, 192
—, —, mit Ankerkurzschluß 126
—, —, Schnellbremsen 127
—, —, bei Stromrichtern 132
Bruchfestigkeit 34

Dampf-kraftmaschinen 81
— -umformer 311
Datenverarbeitung 110, 328
Dehnung 35
—, Bezugssysteme 50
—, elastische 36, 49
—, maximale 47
—, plastische 36, 43, 49
Dehnungsschlupf 42
Dehnung, stationäre 45

Differentialgetriebe für Drehzahlvergleich 202
— — Zugeinstellung 63
— — Umroller 60, 73
Digitale Einrichtungen 110
— Regelung 220
Diode 106
Dosierpumpe 320, 346
Drehmagnet 162, 175
Drehmoment der Papiermaschine 134
Drehstrom-antriebe 288
— -kaskaden 302
— -mehrmotorenantrieb 298
— -nebenschlußmotor 294
— -reihenschlußmotor 301
Druck-dose 164
— -reduzierstation 311
Dupliermaschine 14

Egoutteur 279, 308
Einankerumformer 94
Eingeneratorantrieb 178
Einzelgeneratoren 179
Elektrische Welle 208, 292
— — für Führungsgröße 236, 282
Elektronenröhre 90
Elektrowickler für Gleichstrom 239, 260
— — Wechselstrom 301
Eltor-Regelung 206
Entrindungsmaschinen 3
Entstipper 344
Erregermaschine 87
Expanda-Kreppverfahren 277

Faser-bindung 6
— -platten 13
Feldsteuerung 133, 291
Ferndifferential 208
Ferndreher 209
Fernsteuerung 329
Feuchte 324, 357
Feuchtumroller 14, 174, 177

Sachverzeichnis

Filz 22
— -trockenzylinder 54
Flächengewicht 169, 325
Formatpapiermaschine 13, 359
Frequenzgang 144

Getriebe-bemessung 267
—, freistehende 267
— -motor 268
—, Schalt- 200
—, Verstell- 63, 72
—, Zapfen- 269
Gleichlauf, Begrenzung des Stellbereiches 216
— mit Lastausgleich 195, 200
— -steller und -regler 211
— -regelung mit Winkelmessung 201
— — mit Drehzahlmessung 217
— im Feld oder Anker 198
Gleichspannungsquellen 89, 178
Gleichstromnebenschlußmaschinen 85, 116
—, Ankersteuerung von — 117
—, Drehzahlkennlinien 88, 247
— -reihenschlußmotor 88
Glühkathodengleichrichter 100
Gummibahnen 13

Halbleiter 105
—, gesteuerte 110
Hartplatten 13
Helferantrieb 285
Heizdampf 310
Hilfs-antrieb 66, 174, 271, 290
— -geschwindigkeit 29
— -spannung 173, 298
— -stoffe 309
Hochfahren 122, 188, 190
Holländer 2, 7
Holz-hacker 5, 290, 337
— -schleifer 3, 160, 307, 321, 337
Hydrostatischer Antrieb 65, 75
Hyperbelwickler 247

Initiale Festigkeit 34
Induktionsdurchflußmesser 320, 349

Kalander 15, 173, 260, 290
—, Bogen- 17
—, Friktions- 17, 55, 273
—, Gummi- u. Kunststoff- 53, 273
—, Kalibrier- 17
—, Losbrechmoment 131

Kalander, Präge- 17
—, Schnellbremsen 127, 132
Karton 11, 12
Kegelstoffmühle 7, 168
Kocher 5, 339
Kollergang 6
Konditioniermaschine 14
Konstanter Teil der P. M. 359, 362
Kontaktscheibenregelung 204
Kraftmeßdosen 319
Kreppen 136, 179, 283, 308
—, Expanda-Verfahren 277
Kriechsatz, 183, 184
Kugelkocher 5
Kühlzylinder 57
Kupplung, Bogenzahn- 269
—, Klauen- 71
—, Reibungs- 60, 71

Langsieb 11, 278
Leerlaufcharakteristik 87
Leitgerät 355
LEONARDschaltung 90
Lochkarte 336, 350

Magnetverstärker 102
Maschinenbemessung 237
MASSEY-Streichanlage 264, 277
Mehrfachantrieb 272
Mehrleiternetz 90
Mehrmotorenantrieb ohne Zugregelung 195
— mit Lastausgleich 200
— — Zugregelung 201, 298
Meßblenden 348
Meßgeräte 319
Meßwertumformer 172, 330
Meßstand 317, 319, 360
Mischpumpe 353

Offene Maschine 177

Papier-maschine 10, 24, 26, 169, 234, 353
— -sorten 18
Pappe 12
pH-Gehalt 310, 327
PIV-Getriebe 15, 69, 71
Presse 20
—, Doppel- 280
—, Hochdruck- 55, 277
Pressenpartie 280, 356

24*

Poperoller 249
Pulper 6, 341

Quecksilberdampf-Stromrichter 100
Querschneider 14, 360

Rafineur 8
Refiner 7, 168, 343
Regel-energie 149
— -größen 140, 151
— -kreis 140
— -strecke 141
Regler 144, 330
—, N. u. K.- 163
—, ruhender — 151
—, Stoffdichte- 322
—, Teleperm- 333
—, Telepneu- 333
—, Tirrill 164
—, Transistor-Zweipunkt- 110
Regelung der Bahnspannung 226
— — Drehzahl 170, 193
— — — bei Entwässerungsmaschinen 225, 233
— — — — Kalandern 173
— — — — Papiermaschinen 169, 234
— — — — Stoffpumpen 172, 353
— — — — Streichmaschinen 225
— — — — Zellstofftrockenmaschinen 225
— des Durchhanges 224, 228, 233, 264
— — — mit Schwingwalzen 225, 230
— von Elektrowicklern 241
— des kantenrechten Laufes 319
— der Last bei Holzschleifern 160
— — — bei Refinern 168
— der Lastverteilung bei Rotationsdruckmaschinen 284, 299
— der Spannung 169, 193
—, kombinierte 228
—, lastabhängige 230
—, Register- 55
—, unterlagerte 155
Registrieren 327
Reißlänge 34
Reibungskupplung 60, 71, 285
Remanenz 129
Reihenschlußmotor 88, 246
Riemenantrieb mit Flachriemen 66
— — Keilriemen 68
Rollenschneidmaschine 14
Rollenwechsel 248

Rotationsdruckmaschinen 55, 251, 283, 299
Rückführung 145
Rundsieb 11, 279

Sammelschiene, gemeinsame 178
—, —, mit mehreren Generatoren 181
Selbstabnahme 281
Selbstentregung 131
Seilaufführung 281, 287
Sieb(partie) 11, 22, 355
—, Rund- 11, 279
—, Schon- 280
Simatik 110
Sortierer 8
Synchronisieren von Gleichstrommotoren 187
Schaltbilder 158
Schaltgetriebe für Mehrmotoren-Antrieb 200
— — Umroller 135, 176
Scheibenmühlen 7
Schnellbremsen 127, 132
Stellgeräte 330, 333
Sterndreieckschaltung 115, 291
Steuerung der Drehzahl 115, 184
—, Spannungs-Feld — bei Papiermaschinen 135
—, Spannungs-Feld — bei Kalandern 174
Stoff-aufbereitung 6, 309, 343
— -auflauf 11, 350, 353, 355
— -dichte 311, 322
— -löser 6, 341
— -pumpe 172, 297, 304, 353
— -straße 315
— -zentrale 345
Stoßsteuerung 98
Streichmaschinen 17, 264, 273
Strom-begrenzung 156
— -richter 94
— —, Steuerung der 97
— —, Silizium- mit Zusatzmaschine 113, 136
— -tor 100
— —, Silizium- 110

Tachometermaschine 170
Tachotron-Regelung 217
Thyratron 100, 110
Toleranzen von Papiergewicht u. Drehzahlen 169

Sachverzeichnis

Torduktor 164
Totzeit 144
Transduktor 100
Transistor 108
— -Regler 110
Trocken-gruppen 55
— -partie 356
— -schrank 11, 234

Umroller 14, 174, 254
—, Achs- 14, 176, 260
—, Differential- 73
—, Feucht- 14, 174, 177, 260
—, Tragwalzen- 14, 174, 254
Übergangsfunktion 143
Überholungskupplung 250, 271, 290, 298
Überlaufbegrenzung 157, 166

Vakuumbahnabnahme 278, 281
Venturirohr 320
Veredelungsmaschinen 17, 25, 263
Verzugszeit 143
Vorwahl der Geschwindigkeit 190

Walzen 20
Warte 361

Yankeemaschine 282

Zeitkonstante 142
—, Anlauf- 120
— der beschleunigten Bahn 189
—, elektromagnetische 119
— der laufenden Bahn 46
—, Totzeit 144
Zellenräder 320, 346
Zellfolien 13
Zellstoffkocher 5, 339
Zug-anzeige 209
— -aufrechterhaltung 30, 33
— -einstellung 30, 33
—, Schaltung der Züge 62, 210, 219
Zündwinkel 97
Zusatz-antrieb 274
— -maschine 91, 183
Zu- und Gegenschaltung 91
Zyklieranlage 321, 344

721/5/64 — III/18/203

Berichtigung

S. 48, Gl. (22): statt $e^{l/\tau}$ **lies** $e^{t/\tau}$
S. 184, 6. Zeile v. u.: statt einem Strom **lies** einen Strom
S. 218, 2. Zeile v. o.: statt elektromechanische Bauart
                      lies elektromechanischer Bauart

Schiller, Elektrische Antriebe

MIX
Papier aus verantwortungsvollen Quellen
Paper from responsible sources
FSC® C105338

If you have any concerns about our products,
you can contact us on
ProductSafety@springernature.com

In case Publisher is established outside the EU,
the EU authorized representative is:
**Springer Nature Customer Service Center GmbH
Europaplatz 3, 69115 Heidelberg, Germany**

Printed by Libri Plureos GmbH
in Hamburg, Germany